正しい戦争と不正な戦争

マイケル・ウォルツァー＝著　萩原能久＝監訳

Just and Unjust Wars

A Moral Argument with Historical Illustrations

風行社

JUST AND UNJUST WARS
A Moral Argument with Historical Illustrations

Forth Edition

by Michael Walzer

Japanese translation rights arranged with Perseus Books, Inc., Cambridge,
Massachusetts through Tuttle-Mori Agency, Inc., Tokyo

ホロコーストの犠牲者たちに
ゲットーの反乱者たちに
森のパルチザンたちに
収容所の叛乱者たちに
抵抗運動の闘士たちに
連合軍の兵士たちに
危難から同胞を救った者たちに
密出入国の勇者たちに
永遠に

〔原文フランス語〕
エルサレムにあるヤド・ヴァシエム☆の碑の銘文

☆ ヤド・ヴァシェム　Yad Va-shemとはヘブライ語で「決して消えない記憶」というような意味である。一九五三年に建設された、ホロコーストの犠牲者と英雄を記念するための巨大慰霊パークで、慰霊博物館、美術館、研究教育施設などが併設されている。一九六八年にこの碑文をヘブライ語で刻んだ英雄行為記念塔（Pillar of Heroism）が建立された。ウォルツァーがなぜフランス語で記しているのかは不明。またその訳も公式ウェブページ（http://www.yadvashem.org/）にある英訳とは一部異なっている。

〔目　次〕

凡例……〔XI〕
［第四版への序文］体制転換と正戦……1
［第三版への序文］……16
序　文……28
謝　辞……39
第一部　戦争の道徳的リアリティ……43
第一章　「リアリズム」に抗して……45
リアリストの議論　46
メロス島の対話　48
戦略と道徳　64
歴史相対主義　68
アザンクールの戦いについての三つの説明　70

目　次

第二章　戦争の犯罪……81
戦争の論理　83
カール・フォン・クラウゼヴィッツの議論　84
同意の限界　88
戦争の暴政　95
シャーマン将軍とアトランタ炎上　100
第三章　戦争のルール……106
兵士の道徳的平等性　106
ヒトラーの将軍たちの場合　111
二種類のルール　119
戦争慣例　123
降伏の例　127
第二部　侵略の理論……133
第四章　国際社会の法と秩序……135
侵略　135
政治共同体の権利　139
アルザス＝ロレーヌ問題　142
法律家のパラダイム　146
避けられないカテゴリー　153

カール・マルクスと普仏戦争　155
宥和論　159
チェコスロヴァキアとミュンヘン原則　160
フィンランド　164

第五章　先制行動……172
予防戦争と勢力均衡　174
スペイン継承戦争　179
先制攻撃　182
六日間戦争　184

第六章　内政干渉……193
自決と自助　194
ジョン・ステュアート・ミルの議論　194
分離　201
ハンガリー革命　201
内戦　208
アメリカのヴェトナム戦争　211
人道的介入　217
一八九八年のキューバと一九七一年のバングラデシュ　218

目　次

第七章　戦争目的、そして勝利の重要性 …… 232
無条件降伏　235
第二次世界大戦時の連合国の政策　235
調停の正義　244
朝鮮戦争　245

第三部　戦争慣例 …… 259

第八章　戦争の手段、そして正しく戦うことの重要性 …… 261
功利性と比例性　263
ヘンリー・シジウィックの議論　263
人権　270
イタリア人女性のレイプ　270

第九章　非戦闘員の保護と軍事的必要性 …… 278
個人の地位　278
裸の兵士　279
必要性《ネセシティ》の性質（一）　288
潜水艦戦――ラコニア号事件　293
ダブル・エフェクト　301
朝鮮における爆撃　305
占領下フランスの爆撃とヴェモルク奇襲　309

目　次

第一〇章　民間人に対する戦争――攻囲と封鎖……316
強制と責任　317
エルサレム攻囲（紀元後七二年）　317
退去権　324
レニングラード攻囲　324
目的の設定とダブル・エフェクト説　332
イギリスによるドイツ封鎖　335

第一一章　ゲリラ戦……343
軍事占領に対する抵抗　343
パルチザンの攻撃　343
ゲリラ戦士の権利　348
民間人支援者の権利　360
ヴェトナムにおけるアメリカの「交戦規則」　362

第一二章　テロリズム……377
政治的規準　377
ロシアの人民主義者・IRA・シュテルン団　379
ヴェトコンによる暗殺活動　383
暴力と解放　388

ジャン＝ポール・サルトルとアルジェの戦い　388
第一三章　復　仇……393
応報なき抑止　393
アヌシーのフランス国内軍捕虜　394
平時復仇の問題　406
キビエ攻撃とベイルート急襲　406
第四部　戦争のジレンマ……417
第一四章　勝利と正しく戦うこと……419
「驢馬の論理」　419
毛沢東主席と泓水の戦い　419
スライディング・スケールと極限状況からの議論　425
第一五章　侵略と中立……433
中立である権利　434
必要性《ネセシティ》の性質（二）　441
ベルギーの強奪　443
スライディング・スケール　446
ウィンストン・チャーチルとノルウェーの中立　446

第一六章　最高度緊急事態……462
必要性《ネセシティ》の性質（三）　462
戦争のルールを乗り越えて　468
ドイツ都市爆撃の決断　468
計算の限界　480
ヒロシマ　480
第一七章　核抑止……493
不道徳な脅しの問題　493
限定核戦争　502
ポール・ラムゼイの議論　508
第五部　責任の問題……519
第一八章　侵略という犯罪――政治指導者と市民……521
官僚の世界　524
ニュルンベルク――「閣僚訴訟」　530
民主的責任　536
アメリカ人とヴェトナム戦争　540
第一九章　戦争犯罪――兵士とその上官……550
戦闘の興奮のなかで　553

二つの捕虜の殺害記録　553
上官の命令　557
ソンミ村の大量虐殺　557
指揮権者の責任　568
ブラッドレー将軍とサン・ローの爆撃　570
山下大将訴訟　573
必要性《ネセシティ》の性質（四）　578
アーサー・ハリスの名誉剥奪　579
結論　582
あとがき——非暴力と戦争の理論……588
訳者あとがき……598
索引……ii

【凡例】

＊原書でイタリックになっているものはラテン語の慣用語や術語（例　a priori, jus ad bellum）以外は訳語の右に傍点をふった。また原書の見出しでイタリックになっている部分はゴシック体の活字を用い、傍点をふっていない。

＊原書で（　）表記されているものは訳書でもそのまま（　）を用い、ウォルツァー自身による補足書きで［　］が使われている部分も［　］を用いた。訳者による原文を補足する挿入は〔　〕を用いて区別してある。

＊原注はそれぞれ（1）、（2）という形で章末に、訳注に関しては用語解説的なものを☆、複数ある場合はさらに番号を付して見開き左端に、追加情報的なものに関しては〔1〕、〔2〕と原注とは区別したカッコを用いて章末の原注のあとに置いた。また原書で脚注に入れられているウォルツァーの注釈（＊を付したもの）については段落の後に置いた。

＊本書のキーになるラテン語の概念である jus ad bellum や jus in bello の訳語に関して、たとえば前者の場合、「戦争への（あるいは戦争に対する）正義」、「戦争への法」、「開戦法規」などいろいろ考えられるが、ウォルツァーの議論が必ずしも法的次元にとどまるものではないのでカタカナでユス・アド・ベルムとする形に統一した。また just war（theory）は文脈に応じて「正戦」、「正しい戦争」と訳し分けた。つまり、古代・中世以来の正戦論 bellum justum を踏まえた議論の場合は「正戦」と訳した。

＊同じくキーとなる概念である necessity という英語も文脈に応じて「必要（性）」と「必然（性）」に訳し分け、どうしても両方の意味をもたせたい場合は並記したりルビをふるなどした。その理由はウォルツァーが本書五四頁以下で説明しているニュアンスを日本語でも残すためである。

＊ウォルツァーの用語の使い方は必ずしも厳密とは言えない。たとえば legitimacy は本来、「正統性」と訳すべきであろうが文脈に応じて「正当性」とも訳したし、本来使い分けられるべき概念、たとえば intervention（干渉）と interference（介入）、あるいは reprisal（復仇）と retaliation（報復）、vengeance, revenge（復讐）も厳密には区別されていないよう

だが、本訳書では訳し分けておいた。ただし「人道的介入」に関する部分だけは、本来は「人道的干渉」と訳すべきなのだが前者の表現の方が我が国では定着しているので、その場合にのみ intervention を「介入」と訳している。

＊たとえば rule of war というときなどの rule はできるかぎり「ルール」、たとえば「戦争のルール」と訳したが、rule of engagement など明らかに法的に限定された意味で用いられている場合には「交戦規則」と訳した。その他にも同じ原語にたいして文脈に応じて異なる訳語をあてたものに punishment（罰、処罰、懲罰）や threat（脅し、脅威）、enforcement（強制、執行、遵守）などがある。

＊厳密に地名を指す場合は「広島」と訳したが、人類初の核兵器犠牲を象徴して用いられる場合には「ヒロシマ」と訳し分けた。

＊すでに邦訳のある文献からの引用については読者の便宜のために訳書の該当箇所を訳注で示したが、訳は適宜変更した。

〔第四版への序文〕

体制転換と正戦

I

二〇〇五年は第二次世界大戦終戦とドイツでの体制転換と民主化開始の六〇周年記念にあたる年であった。連合国は一九四五年七月にポツダムにおいて民主化へのコミットメントを確認したが、イギリスは民主主義が何を意味するのか賞賛に値する模範例を示した。連合王国〔イギリス〕では会議の進行中に選挙が行われたが、この国の偉大な戦時指導者であるウィンストン・チャーチルが敗北したのである。そして即座に、会談は（スターリンはさぞ驚愕しただろう）労働党の党首であるクレメント・アトリーが交代した。これこそ模範的な民主的契機である。強力な指導者に挑戦し、打倒することができるという野党の能力は間違いなく民主的政体にとって決定的なテストである。

ドイツの政治的再建は、少なくとも西側占領地帯では、ドイツ国民にそのような契機を実行させようとする取り組みであった。計画されていたのが民主主義の修復であって、無から（ex nihilo）の創造ではなかった――ワイマール共和国が存在したのはわずか一二年前であり、キリスト教民主党や社会民主同盟といった旧来の政党はただちに再結成された――という点に注目することが重要である。この理由から（そして他の理由からしてもそうなのだが）ドイツの事例は、しばしば主張されているように、最近、合衆国がイラクで行うとしていることの良い先例ではない。それでもなお、これは力ずくの修復であり、軍事的勝利と軍事的占領の帰結ではあった。かくして強制可能な民主化が正当化されうるのはいかなる時であり、そもそもそれは正当化されうるのかという問いが浮かび上がる。あるいは現代の論争で用いられている言葉で言い換えるなら、「体制転換」は戦争の正当理由か、ということである。これは『正しい戦争と不正な戦争』〔本書〕の中では間接的な形でのみ取り上げられた問題であるが、今、ここで取り上げておくべきだろう。

ナチスの場合は、体制転換は連合国によって遂行された戦争の帰結であって、原因ではなかった。ドイツ国家を変容させることが一九三九年にポーランド、フランス、イギリスによって布告された戦争の目的ではなかった。それでもこの戦争はパラダイム的な正戦であった。彼らの大義は武装侵略に抵抗するということであった。そして正戦のパラダイムに従えば、侵略への抵抗は侵略者の軍事的敗北とともに終息する。その後おそらく、講和交渉が存在する。そして交渉の過程で侵略の犠牲者とその同盟者は正当にも物質的賠償と将来の攻撃に対する政治的保障を求めることが許されるのだが、体制転換はこのパラダイムには含まれない。侵略とはある政府がとる犯罪的な政策とみなされるのであって、犯罪的な政府がとる政策なのではない――政府の犯罪的システムは言うに及ばず――というのが古典的な正戦論の特徴である。個々の指導者は戦争の後、法廷に立たされようが、政府のシステムが問題となるのではない。しかし侵略がそのシステムの特徴そのものから帰結する行為であるとわれわれが理解するなら――それをわれわれはナチスとの戦争から学んだのだが――、体制転換は戦後の清算になくてはならない特徴であろう。

もちろん、まず無条件降伏を、そしてその後に政治的再建を要求するということを正当化したのは、ナチス体制によって行われた侵略戦争だけではなく、その体制が追求したジェノサイド政策でもあった。ヒトラーやその取り巻きとの講和交渉など、第二次世界大戦の結果としては道徳的に想像できないものであった。それは第一次世界大戦において、ドイツ皇帝政権がもし内部から崩壊しなければ、そのドイツ皇帝と交渉するようなものであった。ナチスは去らなければならなかったのだ。それは反体制派ドイツ人がナチスを追放することができようと、できまいとである。この点に関しては、明白この上ない形で「人道的介入」☆の事例に適用される一般的な議論が存在する。ある政府が自国民や自国民の下位集団に対する大量殺害に手を染めている場合、殺害をやめさせるべく国境を越えて軍隊を派遣したどのような外国、あるいは国家の連合はまた、その政府を取り替えるか、あるいは少なくとも取り替えのプロセスを開始することにならざるをえない。ある政治体制を力ずくで転換させる正当な候補とみなすためには、侵略的攻撃性があることだけでは駄目で、そこには殺人を厭わない残忍さもなければならない。それでもなお、介入の主たる目的は殺害をやめさせることである。体制転換が必要なのはこの目的のためである。大量殺人をなす能力はあっても、大量殺人に手を染めはしていない権威主義体制は軍事的攻撃や政治的再建の対象とはならない。

一九九四年にルワンダへのアフリカの介入、ヨーロッパのあるいは国連の介入があったと仮定して欲しい。それは間違いなくなされるべき介入であったのだが、その軍事行動の当初の目的はツチ族の人々（そしてフツ族の

☆　humanitarian intervention は正しくは人道的干渉と訳されるべきであるが、我が国では「人道的介入」と訳されることが多いので「介入」という訳語を採用した。なお他国の内政問題に「口出し」をするのが通常「介入（interference）」であって、軍事的に「手出し」をするのが「干渉（intervention）」である。

同調者）の大量虐殺を止めるということであっただろう。しかしそれを実行し、生存者を救出するためにはフツ・パワー体制を転覆する必要があった。そしてその転覆に責任を負っている者は皆、好むと好まざるとにかかわらず、その代わりとなる政府を作り出すことに対するある程度の責任をもまた負うことになるだろう。そのような責任を現地勢力と、さらにまた国際的機関と分かち持った方が賢明ではあったのだろうが、責任を完全に放棄する方法、それも正しい方法などなかった。

そしてひとたび介入勢力が政治的再建の作業に取りかかるや、彼らがなぜ民主制を目標とするべきなのか、あるいは少なくとも民主主義の実践のための道ならしをするべきなのか、その然るべき理由はいくつもある。それらの理由は民主主義に基づいた体制の正統性と関係しているが、その体制は文字通りの（そして進行中の）民族自決を通して確立されるし、またその体制が持つ相対的な気前の良さによるところもある。真の民主主義国は（たとえ外国でのその経歴に多少の傷があるとしても）自国の市民の大量殺人に手を染めたりはしてこなかった。しかし侵攻された国に、——たとえば宗教的指導者が占める支配的な役割といったものを含む——他の正統性の伝統が存在するとしたらどうか。民主主義が要求するような法的平等に反対する強力な伝統主義——その最も決定的な（そして多く見られる）反対は女性に平等を認めることへの反対である——が存在するとしたらどうか。私は民主化が漸進的なプロセスでなければならなかった事例や、民主主義の原則がなんらかの妥協を強いられざるをえなかった事例を想像することができる。人道上の危機が正しくも介入の引き金となった場合ですら、外国の考え方やイデオロギーが威圧的に押しつけられることは最低限にとどめられることが期待されよう。介入勢力には政治的な転換が任されているのであって、文化的な転換ではない。いずれにせよ、介入勢力がどのようにして（暫定的に）支配している人々の習慣や信念を変える作業にとりかかれるのか、容易には想像できない。交渉と妥協はこのようなプロジェクトにとって必要となる強制よりもほぼ確実により良いものである。

それにもかかわらず、しばしば正戦と人道的介入は強力で正当化可能な民主化の機会であろう。――そしてそれはときには伝統的な階層秩序や習慣慣行――女性を政治の領域から排除することはその明白な例である――への攻撃を要求するものである。そこで第二次世界大戦以後のもうひとつの体制転換の事例を考察してみよう。アメリカによる日本の占領である。占領軍当局によって押しつけられた憲法はジェンダーの関係を規定するすべての法律は「個人の尊厳と両性の本質的平等に立脚して、制定されなければならない」☆と規定していた。六〇年後の今日、この条項を廃止しようとする右翼からの圧力――その主張によると、伝統的な日本的価値を守るためだそうだが――がある。しかしこの条項を廃止する可能性があるということこそが、この憲法がアメリカの押しつけであったことを立証しているとも言えよう。日本人は今や自分たちの社会におけるジェンダー関係の構造について議論をしなければならない。そして彼らの多数派が支持する用意のあるものであればどんな構造にすることも可能だろう。この意味で押しつけられた民主主義も擁護可能である。それは他のどのような体制がそうであるよりも変更が容易（open-ended）なのである。

Ⅱ

かくして、われわれは第二次世界大戦の結果と考えてもよい正当化されうる体制転換の事例を有しているし、（実現はされなかった）ルワンダの事例を有している。それではイラクの事例は存在する、存在したのだろうか。

☆　日本国憲法第二四条二項。

一九九一年の湾岸戦争において、合衆国と同盟国は古典的な正戦パラダイムに厳格に沿った形で戦ったことを想起して欲しい。これらの国々は、クウェート侵攻が決定的に打ち砕かれるやいなや戦闘を停止した。これらの国々はバグダッドに進軍しなかったし、バース党政権を転覆させ、政権交代させることを目論まなかった。またイラク国民がサダム・フセインをその職から追い落とすことができるよう、なんらかの手を打つこともしなかった。逆にこれらの国々はサダムの支配に対する反乱を呼びかけておきながら、反乱者たちを支援することに失敗したのだし、さらに悪いことに、彼らを救出することにも失敗した。合衆国の高官たちはサダムをヒトラーになぞらえたが、同盟国はこの対比に応じた行動をとらなかった。それはプロパガンダか、それ以上のものではなかった。確かにこれらの国々は、バース党政権の将来の行動に制約を課そうとはした。そしてその制約はこの体制のかなり暗澹たる展望に根拠を置いていた。それでも、われわれがイラク国家の国体的性格と考えてよいもの——それが独裁的であれ、民主的であれ、世俗的であれ、宗教的であれ、人権を認めるものであれ、蹂躙するものであれ、その官僚制が恣意的に行為しようが、法的に制約されて行為しようが——これらのことすべてはアメリカによって主導された連合によってなされた戦争と平和に関する決定にとっては重要なことではないと判断されたのである。

二〇〇三年頃までには合衆国と、今や数少なくなったその同盟国の立場は劇的に変化した。確かに第二次ブッシュ政権は開戦の決断を支える多種多様な理由を挙げていた。その理由は日替わり状態であった。しかしすべての理由は、今回こそバグダッドに進軍してバース党政権を交替させるという必要性を示唆するものであった。その最も重要な理由はイラクが大量破壊兵器を現に保有しているか、あるいは近い将来に製造可能となるであろうことの危険性であった。しかし（たとえば）フランスが大量破壊兵器を所有しているという事実が、戦争のきっかけとなるなどとは想像だにできないだろう。イラクを危険視させていたのはその体制の性質であった。サダム政権は内在的に侵略的で内在的に殺人を厭わないものだと合衆国政府は主張した。この政権が過去に侵略に手を染めたように、この政権は過去に自国民に大量虐殺を働いてきた。そこでアメリカの指導者たちは、この事例の場合、過去はプロローグだったのだと主張したのである。かつて生じたことは、体制が交替しないかぎり、再び繰り返されるだろうというのである。

かくしてイラクはドイツや日本の事例、あるいは（仮説的なものにとどまる）ルワンダの事例と同類のものではなかった。この戦争は侵略への対応でも、人道的介入でもなかった。その大義は（一九九一年の時のように）現実にイラクが隣国を攻撃したからでも、攻撃の差し迫った脅威があるからでもなかった。その大義は、現在進行形の大量虐殺があるからでもなかった。その大義は直接的に体制転換であり――このことが意味するのは、合衆国政府がユス・アド・ベルム☆の教説に重大な拡張を加えることを支持する議論を行ったということである。侵略的で殺人を厭わないような体制の存在は、たとえその体制が実際に侵略や大量殺人に手を染めていなくとも、戦争の正当なきっかけとなると主張されたのである。よりなじみのある言い方をすれば、これは予防戦争を支持する議論である。しかし予防攻撃の理由は、やがてはあらがいがたく「われわれ」を「彼ら」に対峙させることになる勢力均衡の危険な変動が生じているという標準的な認識ではなかった。それは悪の体制についての根本的に新しい認識であった。

二〇世紀の政治を経験したり、それに省察を加えたことのある人で悪の体制が存在するということを疑う人は

☆　ユス・アド・ベルムおよびユス・イン・ベロという用語に関しては八一頁以下の本文と訳注を参照のこと。

いまい。また、われわれがそのような体制に対して、その真の性格を見抜いた政治的・軍事的対応を企図する必要があるということ関して、いかなる疑念も存在しえない。だとしても、体制転換、それ自体が戦争の正当理由になりうるなどとは私は思わない。世界の中でわれわれが行為するとき、特に軍事的な行動をとるとき、われわれは「人間の為す悪」に対応しなければならないが、それは「彼らが現に為している悪」と読解されるのが最良なのであり、彼らがなしうる悪に対してであるとか、過去に為した悪に対してではない。侵略と大量虐殺は戦争の正当な大義であり、これらのひとつひとつにタイムリーかつ強力な仕方で対応していくという、われわれがまだ学んでいないことを学ばなければならない。しかし侵略や大量虐殺をなしうる体制の存在は、これまでのものとは異なる対応を必要としている。

最初の湾岸戦争の後、イラクに科せられた厳格な封鎖態勢は、こうした異なる対応の実験であった。封鎖には三つの要素があった。第一のものは武器の輸入を阻止することを意図した経済封鎖だった（それはまた、より「スマート」な制裁を考案することもできたはずなのだが、食料や医薬品の供給にも影響を与えた）。第二の要素は大量破壊兵器の国内での開発を食い止める、国連によって組織された査察体制であった。第三の要素は国土の北部と南部に設定された「飛行禁止」区域であり、これによってイラクの空軍が自国民に向けて使用されることが不可能となった。この封鎖態勢は、われわれが今日知っているように、極めて効果的であった。少なくとも、あるひとつの意味でそれは効果的だったのである。それは武器の開発と大量殺人の双方を阻止し、二〇〇三年の戦争を不要なものとしていたのである。しかしそれは別の意味で失敗だった。戦争を食い止めることができなかったからである。

この失敗の主たる理由は、明らかにイデオロギーに駆り立てられたブッシュ政権の政策にある。それは最初から封鎖よりも体制転換と戦争を偏愛していた。しかしそれほど明白ではないが、強調されておかなければならない別の理由も存在する。封鎖が機能しているという根拠に基づいて戦争に反対した国家は、自分たちがそれを機能させていたのではないのである。それらの国々は、封鎖態勢に参加も、支援すらもしていなかった。サダムのイラクへの封鎖は多国籍的な事業として開始されたが、最終的にほとんどすべての仕事を行っていたのはアメリカであった。もし多くの国が、あるいはほんの数ヶ国だけでも多くの国が経済封鎖に加わり、査察にこだわり、北部イラクと南部イラクの航空機封鎖に協力していたならば、合衆国政府による単独行動的な封鎖態勢の撤回はありえなかった（あるいは、少なくとも実際にそうだったほど容易ではなかった）だろう。封鎖が国際的なプロジェクトであったならば、アメリカの権力もまたその中に封じ込められていたにちがいない。

ここに集団的安全保障の意味に関するわかりやすい教訓がある。悪の体制、ないしは危険な体制に対して働きかける、戦争には及ばない措置がとられるべきであるなら、それは国家の集団による共同作業でなければならない。それは共同歩調のコミットメントを要求する。集団的安全保障は集合的プロジェクトでなければならないのだ。もし安全保障のコストが一国のみに割り振られ、その他方で他国は通常業務を履行するのであれば、それは成功しないだろう。コストを負担する国家が無期限にそれを負担し続けることなど想定されえない。向こう見ずな政治家たちは封鎖に対する手っ取り早くて根本的な代替案というアイディアの誘惑に負けるだろう。そして体制転換は明らかな代替案のひとつなのだ。

私は封鎖体制の諸要素を「戦争に及ばない措置」として描き出してきた。実際、それらのすべてが武力の行使（あるいは査察の場合は武力による脅し）を含んでいるが、このことが通常業務に熱心な諸国家が参加を拒絶する理由である。国際法的には、経済封鎖（公海上での停船）と飛行禁止区域の強制（レーダー爆撃と対空軍事施設の設営）

は戦争行為である。しかしこれらのものが現実の戦争状態とは極めて異なるものであると認めるのは常識でもある。二〇〇三年五月以前と以後のイラクを比べてみて欲しい。そうすれば確かに、封鎖は全面攻撃よりもずっと正当化しやすいだろう。この書物のなかで徹底的に議論しておいた予防戦争に反対する議論は、私が思うに、戦争に及ばない武力の予防的行使にはあてはまらない——というのも、戦争に及ばないということは、戦争がもつ予測不可能でしばしば破局的な帰結がないということを意味するからである。武力による封鎖は、サダム・フセインのそれのような体制によってもたらされる危険について分別をもてば正当化されうる。

しかしながら封鎖は体制の倒壊をもたらしはしないし、イラクの事例の場合、もたらしはしなかった。だとすれば、それがなぜ新体制をつくりだす短期間の戦争より望ましいのか。これは、戦争が短期間に終わるものではないと判明した後ですら、難しい問題である。しかし私は、二〇〇三年には忍耐の方がより良い政策であったと信じている。封鎖がサダムの体制を無害化させて以降、それは事実、この体制を弱体化させた——というのも、この種の体制は無害なままであり続けることはできないからである。しかしその効果が完全に現実のものとなるにはまだほど遠かった。短期的には、この体制は封鎖を乗り切ることができた。したがって最も説得力のある、開戦を支持する議論は、封鎖態勢にコストがかかり、それ自体リスクを背負い込んでいること、それを無期限に続けることができないこと、戦うという決定がたぶん、わかりやすい功利計算に立脚すれば勝利するだろうということであったのだろう。しかしこの議論は破綻している。というのも、そういった方向での計算が成り立つのは、われわれが戦争に見込まれるコストを楽観的に見積もった場合だけだからであり、私が思うに、われわれにはその種の楽観主義は許されてはいないのだ。他国の国民にわれわれが課さんとしているリスクの性質に鑑みれば許されないとは、道徳的意味で、である。

したがってイラクの事例は、戦争に及ばない武力の行使に関してわれわれに考えさせるものがある。国連が是認し、合衆国が執行した一九九一年から二〇〇三年にかけての封鎖態勢は、この行使の唯一ありえた例である。武力はつねに最後の手段でなければならないとする、二〇〇二年から二〇〇三年にかけてフランスが国連において行った議論にもかかわらず、戦争に及ばない武力は明らかに戦争それ自体に先行する。ユス・アド・ベルム〔戦争への正義〕に関する議論はそれ故、ユス・アド・ヴィム〔武力への正義〕に拡張される必要がある。われわれは緊急に、武力の正しい行使と不正な行使の理論を必要としているのである。この理論は過度に寛容な、あるいは寛大な理論であってはならないが、間違いなく正しい戦争と不正な戦争の理論より寛大なものになるだろう。われわれにとっての当面の問題は、寛大さが体制転換や民主化にまで至るものであるかどうかということである。私がすでに示唆しておいたように、このことは予防に関する問題と密接に関連している。予防戦争は標準的な正戦論においても、国際法においても正当化されえないが、われわれが想定しているような「予防的武力行使」は、過去に侵略的に、あるいは殺人的に行動してきた野蛮な体制をわれわれが相手にしているのであって、この体制がまた同じ事を繰り返すだろうとわれわれが考えるだけの根拠があれば、正当化されうる。そのような場合にはわれわれがしようとするのは封鎖だが、期待しているのは体制転換である。そしてわれわれは、それが可能であるならいつでも、このより遠大な目標を達成することができるような封鎖政策を正当にも立案してよい――このことは新体制（新しいかぎりは民主的でもある体制）を作り出すためには、限定的にではあるが武力を行使してよいということを意味する。

私はこの武力行使に必要な制限に後で立ち返るが、それを行う前にこれが内政不干渉という古典的原則に直面して、それとどういう関係があるか考察しておきたい。内政不干渉の原則は、一国の体制はその国の歴史や文化、政治を反映したものであるべきであって、どこか他国のそれではないという考え方に立つ。ジョン・ステュアート・ミルが論じたように、自由の体制はその擁護のために自分たちの命を賭けるほど自由を尊ぶ人々を必要としている。しかし戦争に及ばない体制転換は現地人の評価や現地人のリスク覚悟に十分な余地を残している。それはかなり間接的なので、一九四五年の日本との関連ですでに私が提起しておいたような問題を生じさせないのである。再びイラク北部の飛行禁止区域のことを考えて欲しい。これは確かに一種の人道的介入であった。それはクルド人の大量虐殺を阻止するのに役立ったが、それは南部におけるシーア派の大量虐殺後に期待されて当然のものであった。このもっともな理由は、私が思うに、予防的干渉を正当化するに十分なものであった。飛行禁止区域はまた、クルド人自治区の誕生を認めさせた一種の体制転換を生み出したのである。これもまた正当化しうるだろうか。クルド人の自治は外部から課せられた体制ではなかった。封鎖体制が自治を可能ならしめたのは事実だが、新体制が要求された方が先であり、その後クルド人自身の手によって生み出され、維持されたのである。封鎖は民族自決を求める現地人の要求に答えたというよりも、それを先取りしたということもあるかもしれない。しかし封鎖を組織した諸国家が旧体制を打倒したのではないのだから、これは不正な先取りではない。またそれらの諸国は、いやしくも新体制が存在するとして、それを確立したわけでもない。それらの諸国は内政不干渉原則ギリギリのところで活動を展開したのであり、それに違反したのではない。もし侵略と大量殺人に対する予防が正当化されるとしたならば、それは体制転換のこうした間接的な型だろう。

しかし戦争に及ばない武力が行使される機会には制限があるし、それが行使される方法にも制限――ユス・アド・ベルムとユス・イン・ベロに対応した制限――がある。私はすでに、侵略の脅威や大量虐殺の脅威と関連した二つの重大局面について議論しておいた。しかしどんな国家、あるいは一群の国家がこの脅威を認識し、封鎖体制を組織する道徳的義務を有するのか。集団的安全保障は集団的承認に依存している。しかしながら、目下のところ、侵略や大量虐殺の脅威に応答する国際的主体や地域的提携の能力は、現実の侵略や大量虐殺に応答しうるそれらの能力より、おそらくさらに開発が遅れているだろう。だからわれわれは双方の場合において、単独行動主義的行動がもちうる正統性を認めなければならない。しかし単独行動主義は前者の場合、後者の場合よりもうまく機能はしない。戦争に及ばない武力は——特にそれが経済制裁や武器の禁輸を含む場合には——それが効果的であるためには多くの国の協力を必要とする。すでに述べたことだが、繰り返すに値するので再度言っておく。戦争と大量虐殺を回避するためには、武力行使の用意のある集団的関与が必要である。ヨーロッパが今日、ヨーロッパとしても、合衆国と協力した形でも、関与する姿勢を示そうとしないのは悲しいことに事実である。そして合衆国は、ここ数年のところ、抑制された分別あるやり方で武力を行使するよりも戦争に訴えがちであるように思える。

戦争に及ばない武力が行使される場合には、それは民間人を保護することができるよう、戦争での振る舞いが制限されるのと同じように制限されるべきである。このことは経済封鎖の場合、特に重要である。そこでは、たとえ経済封鎖のターゲットが政府であって民間人ではないとしても、民間住民が不可避にリスクにさらされるからである。コリン・パウエルが「スマートな制裁」と呼ぶ政策は——それは政治的にスマートであるだけでなく、道徳的にもスマートであるつもりで言われている——こうしたリスクを削減するものと想定されている。それは間違いなく次の正当な機会に試みられるべきであろう。実質的に民間人から食物や医薬品を奪い取るような封鎖を正当化などできない。しかしながら、一九九〇年代にサダムがやったように、ある野蛮な政府が封鎖の評判を貶めるために、故意に自国民間人の生活必需品不足を増大させるような場合には、われわれは何をなすべきだろうか。国連は石油・食料交換計画で対応したが、私はこの努力から、どうした方がいいのかに関してだけでも、何かが学習されたと思いたい。そのような対応は、たとえ封じ込めに帰せしめられる飢餓と疾病が実際はターゲットになった政府の所業だとしても、明らかに必要である――これこそ、ターゲットをしぼるということが正当化されるさらなる証拠である。

戦争に及ばない武力は直接的で強制力を伴った民主化を可能にするものではない。ドイツと日本の事例はここでは参考にならない。強制力を伴った民主化が、あまり効率的ではないものの進められている現段階でのイラクも然りである。私は別な形での民主化の進め方を擁護してきた。それは不当にも二〇〇三年には拒否されてしまったが、間違いなく再び注目されるだろう。封鎖は民主主義へのもうひとつ別の経路を開く。そこでは、野蛮な体制に対する国際的非難や追放、抑制を利用しつつ、民主化の実際の作業は現地の政治主体に担われるものでなければならない。しかしこのことは、体制転換論における次のステップを示唆している。戦争は直接的に政治的再建をもたらしうるが、戦争に及ばない武力の行使はただ間接的なものにとどまる。しかしもうひとつ別の形での直接行動が存在するのだ。それは「武力に及ばない政治」とでも呼ぶべきもの、非強制的な政治、彼らなりのやり方で体制転換を目指しているヒューマン・ライツ・ウォッチやアムネスティ・インターナショナルなどのNGOの活動を含む。

これらの団体のような集団の最も重要な活動は、民主主義が必要としているたぐいのシビル・ソサエティを――利益集団、労働組合、専門家共同体、社会運動、政党が連携した世界を――育成するということである。武力鎮圧や検閲に反対することでNGOは国家から独立した組織に活動の余地を開くのだし、現場で活動する人々は、政治活動を可能ならしめる組織論的な技能を現地の人々に教え込んでいる。こうした組織、こうした人々は少なくとも民主的な政治過程への潜在的貢献者である。しかしながら本当に野蛮で危険な政府の場合には彼らの実際の貢献が始まる前により強制的な政治的干渉が必要だろう。武力に及ばない政治は戦争に及ばない武力に依存しているのである。実際、われわれはこの相互作用を後援し、支持しなければならない――なぜならば、この二つが一緒になってはじめて、われわれは戦争それ自体を回避することができるからである。

第二次世界大戦末の連合国の政策は、体制転換が正戦の余波のなかで正当化されうることを思い起こさせてくれる。私は体制転換へのより間接的なアプローチもまた正戦の以前に（そして正戦の代わりに）正当化しうることを論じてきた――実際、このアプローチの成功は戦争を不必要で、それ故にこそ不正なものにするだろう。そしてもしわれわれがそのような回り道の方を選び取り、野蛮な体制に対する武力による封鎖の方を、集団的安全保障の方を選び取るなら、われわれは戦争の恐るべき破壊性なしに正義に到達しうる術をみいだすだろう。

マイケル・ウォルツァー

〔第三版への序文〕

本書が書かれてからおよそ四半世紀経ったが、こんにち読み返してみても、一九七〇年代の半ば当時にいずれはそうなるだろうと予想していたほどには古びていないように思う。世界はいまだに暴力的である。戦争の形態は、多くの政治指導者や将軍、メディア・コメンテーターや公の場で発言する知識人たちが抱いた期待に比べ、まったくもって変わっていない。新しい戦争は、いつものことであるが、古い戦争を髣髴させる。イランとイラクのあいだの血なまぐさい紛争を考えてみてほしい。一九八〇年から一九八八年まで続いたそれは、第一次世界大戦の再現であるかのようだった。比較的狭い戦場において粗暴なやりかたで交戦する大規模な軍隊、マシン・ガンや大砲の砲火の中へ一団となって突撃する若い男たち、死傷者に無関心な将軍たち。同様にペルシャ湾で一九九一年におきた戦争も、はるかに進歩したテクノロジーによって戦われたにもかかわらず、朝鮮戦争の政治的・法的・道徳的構造と同じ構造を持っていたし、クウェート砂漠をゆく戦車の縦隊は、私の年代の人々には第二次世界大戦での北アフリカにおけるロンメルとモンゴメリを思い起こさせたのだった。[☆1] 一九八〇年代にアメリカ合衆国の兵士たちがグレナダとパナマに侵攻した時、[☆2] その短い戦闘は一九世紀から二〇世紀初頭の植民地での小競り合いとおどろくほど似ていた。これらの戦争に先立って、あるいはこれらと同時に、またこれらを後づけする形で行われた道徳的議論は、『正しい戦争と不正な戦争』〔本書〕のなかで扱われた道徳的議論と非常に近いものである。役者は代わっても台詞は同じである。

しかし戦争と言説の双方において、ひとつだけ、量的にも質的にも重大な変化がある。私が「介入」という名の下に論じた諸問題（第六章）は、本書の主要な関心にとっては周辺的なものだったが、これが中心へと劇的に移動してきた。次のように言っても誇張ではないだろう。世界のほとんどの人々がこんにち直面している最大の危険は、その人たち自身の国家によってもたらされており、国際政治の主要なジレンマは危機に瀕した人々を軍事力によって外部から救出するべきか否かということである、と。「人道的介入」という概念は長い間国際法の教科書の中には存在してはいたが、それが現実の世界に生じたのは、いってみれば、主に帝国を拡張するための口実としてだった。アステカ人の人身御供の慣習をやめさせるため（他にも理由はあったが）スペイン人がメキシコを征服して以来、この用語はたいていは皮肉めいたコメントを惹起してきた。たしかに、人道的介入について批判的な目を向けることは今でも必要ではあるものの、しかしこれに対して軽い皮肉を述べるだけで話を片付け

☆1　「ロンメル」 Erwin Rommel（1891-1944）．ドイツ陸軍元帥。第二次世界大戦で北アフリカのドイツ軍を指揮し「砂漠の狐」との異名をもつ。後にヒトラー暗殺計画に関与したとされ、服毒自殺を強いられる。
「モンゴメリ」 Bernard L. Montgomery（1887-1976）．第二次世界大戦連合軍司令官となり、一九四四年陸軍元帥に任命されたイギリスの軍人。弱小な兵力と補給不足にもかかわらず、北アフリカ戦線で、戦車戦力の機動力を駆使した神出鬼没の機動戦を展開し、当初はイギリスを圧倒していたロンメルも、モンゴメリの着任後、次第に劣勢に追い込まれていく。

☆2　「グレナダ」　ビショップ政権の社会主義路線に対して一九八三年の一〇月、アメリカとカリブ諸国が侵攻した。
「パナマ」　国防軍のノリエガ将軍と政府（デルバジェ大統領）との対立が深刻化して政情不安が増し、八九年五月の選挙における反ノリエガ派候補への選挙妨害を契機として、同年一二月にアメリカ軍が侵攻した。その後ノリエガ将軍は逮捕されアメリカに連行されて裁判にかけられた。

ることはもはや不可能である。

介入を現代の戦争における最も重要な、あるいは少なくとも最も興味深いものとするに至った歴史的経過と最近の政治的状況を列挙するのは簡単である。もっとも、それが始まったばかりの今、それを理解するのはそれほどたやすくないのだが。古い帝国の解体と民族解放の成功、国家の数の増加、領土をめぐる言い争い、民族的あるいは宗教的少数派の不安定な立場――これらすべてが、おもに新興の国々においては、激しい型のアイデンティティ・ポリティクスをうみ出し、不信と恐怖の気分の広がりを生み、そして、ホッブズの「万人の万人に対する戦争」に近いある種のものへの転落を生み出した。実際には（もし緻密に読まれたならホッブズの書物においても同様だが）これはまさしく、ある人々の他の人々に対する戦争であり、そしてたいていどちらかの側が国家の支援を得ているか、あるいは単純に国家そのものである。ある場合には闘争の目的は所与の領土内での政治的支配権をめぐるものであるが、この目的はしばしば父祖の土地（ancestral homeland）であると言われている土地を排他的に領有することであり、ゆえに「民族浄化」や大量虐殺（あるいは、もっと可能性の高いものとして両者の結合）が国家の政策になる可能性が存在する。

この点において、当事者をのぞいた全世界の人々に対して、試練が課されている。「われわれは、介入するまでのあいだにどれだけの規模の人間の苦しみを見る覚悟があるのか」。新しいコミュニケーション・テクノロジーを考慮すれば、この試練はとりわけ強力なものである。大多数のケースにおいて、現在では、この「見る」[☆1]は文字通りの意味であり、それに聞く行為が付随する――われわれがたとえば、スレブレニツァでの大量虐殺の生存者がすすり泣く声を聞き、ほかにも殺されたか、あるいは「消えた」両親や子どもたち、友人たちについてのあまりに多くの悲しく恐ろしい話を聞いたようにである。民族浄化（ethnic cleansing）や大量虐殺は阻止しなくてはならないということに同意するのは簡単だが、どうやってそれが実現するのか、その方法を見出すことは決して簡単なことではない。誰が介入するのか、どんな権威のもとでか、どんな種類のどの程度の武力を行使してか――これらは困難な問題であり、そしてこれらが今や戦争と道徳についての中心的問題である。

第六章で読者は単独行動主義的介入（unilateral intervention）が擁護されているのに気づくだろう。「人類の道徳的良心に衝撃をもたらす」犯罪がまさにおこなわれつつある時、それを止めることができるならどの国家であれ止めに入らなくてはならない――あるいは、最低限、止める権利を持っていると私は論じる。これは既存の国際社会内部で、それを根拠とした議論であり、私はこんにちでもなおそうした議論をするつもりだ。この議論の適用はおそらく、ヴェトナムが「キリングフィールド」を終わらせるためにカンボジアに進軍した時[☆2]やタンザ

☆1　「スレブレニツァでの大量虐殺」　ユーゴ解体後のボスニア紛争において一九九二年ごろから始まったいわゆる民族浄化の中で、一九九五年に虐殺が起きた東ボスニアの安全区域の町の名。七月一二日からのほぼ一週間、セルビア人勢力が大規模殺戮を行ったという。七〇〇〇人以上の男性が殺され、これはほぼ町のムスリム人口を消滅させたことになる。「第二次世界大戦以来、ヨーロッパで起きた最大の虐殺」と言われている。

☆2　「ヴェトナムのカンボジア進軍」　一九七五年から七九年までカンボジアを支配したクメール・ルージュは共産主義を掲げ、頭脳労働者層を中心とする多数の国民を殺害した。犠牲者数は諸説あるが一〇〇万人単位（一五〇万前後という見解が多い）と言われる。一九七八年一二月にヴェトナム軍がプノンペンに侵攻し占領して政権を倒した。「Killing Field」はプノンペン近郊にあるクメール・ルージュが大量虐殺を行った丘の呼称である。クメール政権当時、現地で活動していた*New York Times*紙の記者シャンバーグ（Sidney Schanberg）が彼の通訳をしたカンボジア人を主人公にして書いた*Death and Life of Dith Pran*（一九七六年、ピューリッツァ賞）の映画化のタイトルにもなっている（一九八四年英・米制作）。

ニアがイディ・アミン政権を倒すためにウガンダに進軍した時[1]のような、小国が地域的に介入するケースにおいてもっとも顕著であろう。地球規模の利害をもった大国による介入は隠された動機に関する疑念をまねく色彩が強いだろう。しかし小国も同様に隠された動機を持っているものである。政治的生活において純粋な意志のようなものはありえない。介入は介入主体の道徳的潔白さに依拠して行われるものであろうはずがない。

近年ではほぼ確実に、正当化しえない介入よりも正当化しうる単独行動主義的介入が行われたことの方が多い。しかし多くの正当化しえない介入拒否も起きている。おそらく「正当化しえない」というのはあまり適切な言葉ではないだろう。チベット[2]やチェチェン[3]、またインドネシアによる併合後の東ティモール[4]のような場所においては、介入を踏みとどまる説得力があり堅実な理由が与えられているかもしれない。しかしそれであっても、それらの理由は道徳的には釈然としないものである。一般的な問題点として、介入はたとえそれが正当化される場合でも、たとえ恐ろしい犯罪を防止するのに必要不可欠である場合でも、たとえそれが地域的・世界的な安定にとって脅威とならない場合であってすら、不完全義務――どんな特定の行為主体（agent）にも帰されない種類の義務――なのである。誰かが介入しなくてはならない、だが国際社会のどの特定の国家も、道徳的にそうする義務をもたないのである。そしてこうしたケースの多くにおいて、誰も介入しない。実に、人々には、見聞きしておきながら何もしないということが可能である。大量虐殺が進行していながら、それをやめさせる力のあるどの国も、もっと差し迫った課題や競合する優先事項を抱えているとの決定をくだす。介入にかかると見込まれるコストが高すぎるのである。

人々をしてよりよい、より信頼しうる行為主体を探しに向かわせるのは、どのような過剰な介入行使よりも、この介入忌避（neglect）にほかならない。介入忌避の長い歴史も、いまわれわれが問題にしているケースでの介入の正しさを減じることにはならない、と私は強調しておきたい。これは、チベットや東ティモール、南スーダンの人々をわれわれが救出できなかったのだから、道徳的一貫性をつらぬくためにはコソヴォの人々に対しても同様に救出に向かうべきではなかった、などということではない。多少異なる言葉遣いではあるが、このような議論はあたりまえに行われている、しかし私からすると明らかに間違いであるように思われる。それでもなおわ[☆5]

☆1　「タンザニアのウガンダ進軍」　ウガンダのアミン独裁政権による隣国タンザニアへの侵攻（一九七八年）に対してタンザニア軍がウガンダに逆侵攻した。

☆2　「チベット紛争」　一九五〇年の中国人民解放軍侵攻以来、緊張が続いていたチベットと中国であるが、五九年にダライ・ラマ一四世がインドに亡命し、臨時政府を樹立するも、六五年にはチベット自治区として中国に併合されて、東チベットは青海省としてチベットから分離されてしまう。非暴力闘争を訴え続けたダライ・ラマ一四世は八九年にノーベル平和賞を受賞するが、同年、チベットにとどまりチベット仏教をまとめていたパンチェン・ラマ一〇世が死去するや、後継者の一一世とは別の少年を中国政府が指名し、対立は続き、しばしば暴動に発展している。活発な外交活動を展開し、国際世論を味方につけているダライ・ラマだが、チベット問題を国際問題化しようとする動きに中国は「内政干渉」として反発している。

☆3　「チェチェン紛争」　一九九一年にロシアからの独立を宣言して以来、チェチェンとロシアのあいだには武力衝突が続いている。戦争は膠着したまま、ロシア国内での自爆テロ攻撃が繰り返され、すでに数百人の死者が出ている。九六年に一度は膠着した戦争状態を打開すべく、二〇〇一年まで独立問題を凍結する宣言が行われたが事態は一向に改善される気配がない。

☆4　「東ティモール紛争」　一九四九年にインドネシアの一部として西ティモールが独立した一方、東ティモールはポルトガル領のままにおかれた。七四年に独立運動が起きた際、共産主義色を警戒したスハルトによる介入がなされ、七五年の独立宣言にもかかわらず東ティモールは翌年に併合された。国連総会で非難決議が採択されたが、介入は行われていない。なお東ティモールは国連主導の住民投票によって二〇〇二年に独立、二一世紀最初の独立国となった。

れわれは多くの介入失敗を憂うべきであり、個々の国家や地域的同盟が今までにやりくりしてきた仕方よりも首尾一貫して行動するような行為主体を探すべきなのである。

　人道的介入は国家主権の侵害を伴うので、何らかの種類の超国家的権威を有する、あるいはもっともなものとして主張しうる行為主体――つまり国際連合や国際司法裁判所といった国際機構――を探し求めるのは当然のことである。私は、グローバルに徴募された志願兵によって形成され、それ自身の将校集団を有し、命令を、たとえば国連安全保障理事会から受けるような軍隊を想像することができる。おそらく向こう二、三十年のあいだ、そのような軍隊を形成し作戦行動にあたらせるという実験的試みが続けられるであろう。国連による軍事力の行使は、単一の国家による同種のものの行使よりもいっそう大きな正統性をおそらく備えるであろうが、しかしそれがいくらかでもより正しく、より時宜を得たものであるかは明らかではない。国連による政治は、その加盟国の多くによる政治がそうでないのと同じく高邁なものではないし、介入の決定はそれが局地的であれグローバルであれ、個別になされたのであれ集団的になされたのであれ、つねに政治的決定なのである。その動機は複合的なものであろう。集団的な行動への意志は、個別的な行動への意志と同じ程度に不純である（そしてより緩慢になされがちである）。

　それでもなお、国連による介入は単一国家による介入よりも好ましいものとなろう。それはおそらくより広い合意を反映する。この用語が国際政治に妥当する限りにおいて、それはより民主的であろう（現今のように組織化された安全保障理事会はもちろん寡頭制である）。そしてそれは、その下で大量虐殺や民族浄化が犯罪行為とみなされ規定どおりに抑制される、世界市民的なコスモポリタン法の支配の現れの最初の兆候となるかもしれない。しかしながら、グローバルな軍隊を備えたグローバルな体制でさえ、適時適所で力強い行動をとることにしばしば失敗するであろう。その場合、それに代わって他のいずれかの存在が、それは実際には国家でも国家同盟でもありえようが、正当にその行動をなしうるのかという問いが立ち上がる。カンボジアやウガンダにおけるような人道的介入は、国連による承認を得ることはなかっただろうし、国連が実際に否認つまり反対投票をしていたなら不可能であっただろう。☆6 単一のグローバルな行為主体に頼ることには、明白な不利益が存在するのである。

しかしそうした全面的な頼みの綱となるものは、近い将来においてはありそうもない。それがもしありうるとしても、ゆっくりと実験的に試みられるであろう。そうしているあいだに、介入する（あるいはしない）という決定は、コソヴォの際になされた決定とおおよそ同じような仕方で――ひとつあるいはそれより多い主権国家間の政治的、道徳的討議によって☆7――なされることになろう。国家による行動は避けられず、したがって国家による政治は避けられない。必然的に、現代の国際社会における一般的な特徴である不信と嫉妬が、個別の諸国家間

☆5　「スーダンの内戦」　スーダンの内戦は一九五五年の英領統治時代にさかのぼる。軍の階級における人種問題をきっかけとした反乱を契機に、内戦は七二年のアジスアベバ和平合意まで続く。その後、南部で発見された油田をめぐる経済的な利害によって八三年から再び内戦が勃発した。

☆6　「国連の対応」　ヴェトナムによるカンボジアへの介入の直後に招集された国連安保理では、ヴェトナムの武力行使への非難が多数を占め、ヴェトナムを支持したのはソ連とその衛星国など八ヶ国であった。しかしソ連の拒否権行使によって、停戦、全外国軍隊の撤退、不介入原則の厳守を謳った決議は採択されなかった。タンザニアによるウガンダへの介入は、安保理、総会のいずれにおいても審議されていない。

☆7　「コソヴォ空爆」　一九九九年三月、ＮＡＴＯ軍は、新ユーゴスラヴィアのコソヴォ自治州における、セルビア治安部隊によるアルバニア系住民に対する虐待の抑止を理由に、同国への空爆を行った。この空爆は、安保理の決議を経ないままＮＡＴＯ諸国独自の判断で行われた。

においてなされる討議を染め上げるはずである。しかし、一般市民が、ある特定の介入における中心的な政治的、道徳的諸問題をはっきり認識しそれに関心を集中させることができなくてはなるまい。市民がそうするのに役立とうというのが、正戦論の、さらには今なお本書が有する目的である。侵略と自衛から大量虐殺と介入へという関心の移り変わり（それは話の一部分にすぎない。われわれは決して旧来型の戦争にけりを付けたわけではない）は必要な議論をほとんど変えるものではない。

中心的な問題は以下のとおりである。

（1）ある特定の国家の領土に居住する人々にとって、主権と領土保全の価値とは何であるか。この問いへの回答は介入に対する道徳的障壁を築く。この価値が大きくなるほど、この障壁も高くなるのである。ある所与の国家の領土内に二つの民族、エスニック集団、または宗教的共同体が存在し、これらのうちのひとつの共同体の成員が他の共同体の成員を組織的に殺害し、駆り集め、追放し始めたなら、その価値は小さくなり障壁は低くなる。

（2）どの程度の殺害が「組織的な殺害（systematic killing）」であるのか。どれだけの数の殺人によって大量虐殺となるのか。どれだけの人々が退去を強いられれば、われわれは「民族浄化」について語ってよいのか。国境の向こう側においてどれだけ物事が悪くなれば、国境の力ずくの横断が正当化され、戦争が正当化されるのか。

（3）戦争が正当化されたなら、誰がそれを戦うべきなのか。誰かがその権利を有するのか。その義務が誰かにあるのか。介入に関する標準的な議論は、中立性についての議論がそうであるように、この問題に取り組まなければならない。ある国家は戦争中の他の二つの国家、一方が正しく戦い、他方が不正に戦っている二つの国家に対して、中立的たりうるという主張を、私は第一五章で擁護しているけれども、そうした主張を行うのは困難である。しかし、ある国家は、一方の国民ないし人民が他方に大量虐殺を働いているとき、果たして中立を主張しうるであろうか。

（4）もしひとつの国家ないし諸国家の集団（または国際連合）が介入を決定したなら、その介入はどのように遂行されるべきか。いかなる種類の軍事力によって、介入する軍隊の兵士のどれだけの犠牲、侵攻を被る国の兵士および民間人のどれだけの犠牲を伴ってであろうか。この後者の問いは、ＮＡＴＯが、自分たちの兵士のリスクを（ゼロにまで）縮減するよう計画された介入の形態を選択したコソヴォ戦争において、とりわけ尖鋭なかたちで提起された。☆ いかなる政治的ないし軍事的指導者であれ、彼の兵士の生命を危険にさらさないような戦闘方式を発見しようと当然のことながら望むであろう。民主国家においては、これはまず第一に配慮されざるをえないことである。しかし、彼らの生命は使い捨てができるが、われわれの生命はそうではないという不動の政策は、私が思うに、正当化されえない（兵士の道徳的平等性についての議論は第三章を、非戦闘員の保護についての議論は第九章を参照のこと）。

（5）介入を計画し遂行するに際して、侵攻軍（invading forces）はいかなる種類の平和を追求するべきか。私は第六章において、侵攻者の人道的な意図を測る決定的なテストは、とりわけ単独の介入の場合、ひとたび軍事的勝利が得られ、大量虐殺と民族浄化が阻止されたなら、すぐにそこを立ち去るつもりが侵攻者にあるかどうかにかかっていると主張する。彼らが、みずからの戦略的利益ないし帝国主義的野心を追求しているのではないこと、彼らはみずからが救った人民の属する国家を支配しようというかなる要求をも有さないことの、彼らが示

☆「死者ゼロ主義」 ユーゴ空爆においては地上軍は派遣されず、「死者ゼロ主義」が貫かれた。

しうる最良の証拠がそれなのである。しかしこの「介入してすぐ立ち去る（in and out）」テストは四半世紀後では、より頼りなく見える。いくつかの事例において（ソマリア、ボスニア、東ティモールを考えよ）[☆1]、人道主義は、救出された共同体の平和を維持し、その継続的な安全性を確実なものとするために、ある種の護民官的な役割においてそこにとどまり続けることをおそらくは要求するであろう。だが、ある国家がそもそも介入を拒否することになったのと同一の動機によって、別の国家は、最近の経験によって示唆されるように、介入してもあまりにも早急に立ち去ってしまう。[☆2]これらの国家は何よりも介入によるコストを回避し縮減することに関心を有しているのである。帝国主義的な拡大が問題となるのではない。幸か不幸か、介入を訴える国々の多くは帝国主義的な野心の対象ではない。危険は道徳的無関心にあるのであって、経済的な貪欲さや権力欲にあるのではないのだ。

すべての介入は、すべての正しい介入に話を限定しても、民主的国家によって行われるわけではなく、それ故、すべての介入が市民によって討議されるわけでもない。このことは、戦争一般の場合と同様である。正戦論の用語は、今日、ほとんどあらゆる場所において、正統性を持つ支配者によって用いられることもあれば、正統性をもたない支配者によっても用いられている。私には軍事的介入を開始した指導者たちによって、私がまさに取りあげた諸問題への言及なしに擁護されるような軍事的介入を想像することができない。しかし、民主的な国家においてのみ、市民はその議論に、自由かつ批判的に参加することができる。本書は、こうした市民のために、正戦論が民主的な意志決定にとって必要な指針であるという信念をもって執筆された。

われわれが兵士を戦闘に派遣するか否かを議論するとき、とりわけそれが他所の国への介入のための兵士の派遣であるとき、関心は高くなる。指導者や一般市民は、何をすべきかをめぐって苦悩し、議論し、（非暴力的に）戦う必要さえあろう。そして彼らが苦悩し議論し戦うとき、彼らは、私が本書においてしたのと同じように事例を持ち出し、正戦論の用語を用いるであろう――彼らの行いは暴君がそうするのよりは正しい。なぜなら彼らは自分たちの同胞市民との見解の相違を尊重するであろうから。この意味において、正戦論という理論は正戦の実践の対極にある。それはつねに議論であって、決して侵攻ではないのである。しかしそれでも、その理論から、ときには侵攻は正当化されるという結論が引き出されはする。

マイケル・ウォルツァー　一九九九年八月

☆1　「国連介入軍」　ソマリアでは一九九一年の大統領職をめぐる権力闘争を機に内戦が生じた。九二年三月に国連による仲介で停戦合意がなされ、停戦監視、人道的援助活動のための第一次国連ソマリア活動（UNSOM・I）が設置された。しかしその任務が難航したため、一二月には多国籍軍による統合機動部隊（UNITAF）が派遣され、九三年三月には第二次国連ソマリア活動（UNSOM・II）が設置された。だが、現地武装勢力による襲撃が相次いだため、治安の回復がならないまま、国連は九五年三月末日までに撤退した。

ボスニアの民族浄化に対しては一九九二年国連保護軍（UNPROFOR）が派遣された。しかしそれはスレブレニツァの虐殺を抑止することができなかった。

東ティモールは、その独立の是非を問う九九年八月の住民投票に際して、国連東ティモール・ミッション（UNAMET1）が現地に派遣された。独立決定以降、残留を求める勢力は独立派およびUNAMETを襲撃し、これを受けて国連はオーストラリアを中心とする多国籍軍（INTERFET）を派遣、続いて「国連東ティモール暫定統治機構（UNTAET）」が東ティモールの国家建設を支援した。

☆2　「早すぎる撤退」　ユーゴ空爆から半年後のOSCEコソヴォ派遣団の報告書によれば、セルビア人や彼らに協力したとみなされた人々に対する報復が吹き荒れたという。

序文

私は、戦争一般について考察することから始めたのではない。私が考察を始めたのは、特定の戦争、とりわけヴェトナムにおけるアメリカの干渉についてであった。私はまた、哲学者としてではなく、政治的活動家、パルチザンとしてそれに着手した。たしかに、政治哲学や道徳哲学は、難局にあって、われわれが支持する立場を選び、現実への関わりを持とうとする際にわれわれの役に立つべきである。しかし、それは間接的にでしかない。われわれは、危機の瞬間において、つねに哲学的であるわけではない。ほとんどの場合、そのような暇はないからである。わけても戦争は、真剣な取り組みとしての哲学とはおそらく相容れないような緊急性を課す。哲学者は、すでになされた政治的、道徳的選択に思いをめぐらせながら、過ぎ去った経験（あるいは他の人々の経験）を静寂の中で省察するワーズワース☆の言う詩人のようなものである。だが、それらの選択は、前もっての省察のおかげで使用可能となる哲学的用語においてなされる。たとえば、一九六〇年代末から一九七〇年代初頭にかけてのアメリカの反戦運動において、すぐに使える道徳的原則、そしてわれわれ全員が知っている――誰もが知っている――ひとまとまりの名辞や概念を用いることができたことは、われわれ全員にとって極めて重要なことだった。われわれの怒りや憤りは、それらを表現するために用立てられた言葉によって形どられ、その言葉は、たとえその意味や連関を事前に探査したことなどなくとも、われわれの口から発せられた。侵略と中立、戦争捕虜と民間人の権利、残虐行為と戦争犯罪について語るとき、われわれは数世代にわたる人々――そのほとんどの人についで聞いたこともない人々――の作品に頼っているのである。そのような語彙が必要ないのだったら、われわれはまだ幸せであったろう。しかしそれを必要とするのであれば、それに感謝すべきである。この語彙なくして、実際、われわれがそうしたように、ヴェトナム戦争について考察することはできなかっただろうし、ましてや他の人々にわれわれの考察を伝えることなどできなかったろう。

たしかに、われわれは利用できる言葉を、自由に使えたのだが、それはしばしば軽率であった。ときには、それはその場の興奮と党派的圧力によるものであったが、それはより深刻な原因をも有していた。われわれは、これらの言葉はいかなる適切な記述的用途をもいかなる客観的意味をも持たないと教える教育による痛手を被ったのである。科学の世界、社会科学の世界からさえ、道徳的言説は排除された。道徳的言説が表現するのは感情であって、認知ではない。そして感情の表現が正確でなければならない理由などない。あるいはむしろ、それが実現する緻密さはいかなるものであれ、もっぱら主観的なことがらにとどまる。それは詩や文芸批評の領域である。こうした見解は、かつてそうであったほど現在もはびこっているわけではないが、といってそれを今さら再演してみせる必要も私にはない（後にこの見解を詳細に批判するつもりである）。決定的なことは、われわれが、自覚的にであれ、無自覚的にであれ、ヴェトナムにおけるアメリカの振る舞いを批判するたびに、こうした見解に反論していたということである。というのも、われわれの批判は、現実世界についての、少なくとも報告という形態をとっているのであって、単にわれわれ自身の気分を報告したものではないからである。批判は証拠を必要とし

☆「ワーズワース」　William Wordsworth（1770-1850）．イギリスの桂冠詩人。フランス革命の勃発に際して、彼は当初その共和主義の理念に共鳴していたが、ジャコバン派による「恐怖政治」の報に接して革命に幻滅する。後に彼は、専制からの自由を維持する祖国イギリスを賛美する詩（「自由にささげられたソネット」『二巻詩集』、一八〇七年）を発表している。

た。いかにわれわれが道徳的言語のいいかげんな使い方のトレーニングを受けたにせよ、それはわれわれを分析と調査に追い立てたのである。われわれのうちでもっとも懐疑的な者でさえ、批判が真（あるいは偽）でありうるということは認めることができるようになっていた。

　この激しい論争の時代に、私は、いつの日か戦争についての道徳的議論に静穏かつ省察的な仕方で解決を与えることを試みようと心に決めた。私はいまでも、ヴェトナムにおけるアメリカの戦争に対するわれわれの抵抗の基礎にあった個別的議論（のほとんど）を擁護したい。しかしそれより重要なことは、私がしたように、そして多くの人々がするように道徳的な用語を用いて議論するという営み、それを私は擁護したい。それが本書である。それは、われわれの時折の軽率さに対する弁解であり、われわれの根本的な企図の弁明と受けとめられよう。

　さて、われわれが戦争と正義について論ずるときに用いる言語は、国際法の言語と似ている。しかしこの本は戦争の実定法に関する本ではない。そのような本はたくさんあり、私もしばしばそれらを参考にした。しかし法律の専門書はわれわれの道徳的議論に説得力ある説明や首尾一貫した説明を充分に与えるものではないし、専門書で考察されている二つのもっとも一般的な法へのアプローチは、ともに法律外の補足を必要としている。まず法実定主義（legal positivism）☆である。この分野では一九世紀後半から二〇世紀初頭にかけて、主要な学問的著作が生み出されたのだが、国連の時代に次第に興味を持たれなくなってしまった。国連憲章は新たな世界の憲法であると考えられていたが、しかししばしば論じられる理由から、実はそうではなかったことが判明してしまった。[1]国連憲章の厳密な意味について詳説することは今日、一種のユートピア的無駄話である。そして国連はときにやっと始まったばかりのことを既定のことのようにふるまうために、その裁定は――それを解釈することを生業としている実定法学者のあいだを除いて――知的尊敬も道徳的尊敬も集めはしない。法律家は紙の世界を構築し、その世界は決定的な点で、法律家以外の人間がいまなお住んでいる世界に対応できていない。

法への第二のアプローチは、政策目標（policy goals）の観点から方向付けられている。その提唱者は、目的をレジームに負わせること――ある種の「世界秩序」の達成――によって、ついでその目的に適合するように法律を再解釈することによって、現代の国際秩序の貧困に応答する。[2] 彼らは実際には、法的な分析の代わりに功利主義的議論を用いる。こうした代用はたしかに面白くなくはないが、哲学的弁護を必要としよう。というのも、国際社会の法を構成する習慣と慣習、条約と憲章は、単一ないし一連の目的の観点から解釈されるものではないからである。そしてまた、それらが求める判断が、功利主義的観点からつねに説明可能なものというわけでもない。政策志向の法律家は、実際には道徳哲学者や政治哲学者であり、そのように名乗るならそれが一番だろう。あるいは、法学者ないし法学の徒ではなく、立法者になりたがっているのだ。彼ら、もしくは彼らのほとんどは、国際社会の再構築――それはやりがいのある課題だが――に関わっているが、その現在の構造を詳しく説明することには関わっていないのである。

私自身の課題は異なっている。私は、法律家でなく単に市民（そしてときに兵士）である人々が、戦争についてどのように論ずるかを説明し、われわれが一般的に用いている用語を詳しく説明したいのだ。私はまさに道徳世界の現在の構造に関心がある。私の出発点は、われわれはしばしば、もちろんさまざまな異なる目的であって

☆「法実定主義」　実定法のみを法と認め、経験的考察と形式論理により理論構成をしようとする法学上の立場。法実証主義ともいう。自然法理論と対立する。国際法上は、条約や国際慣習法等によって国際法を論ずる考え方をさす。

も、相互に理解し合える様式で、議論を行うという事実である。そうでなければ、議論する意味がないだろう。われわれは自身の行いを正当化し、他者の行いを非難する。これらの正当化と非難は、刑事裁判所の記録のように研究することはできないが、それでも正当な研究主題である。その検討を通じて、人間の活動である戦争の包括的な見取り図と、多少とも体系的な道徳教義が明らかになると私は信じている。それは既成の法的教義と重なりあう場合もあるが、いつもそうだというわけではない。

　実際は、重なり合っているのは議論よりも語彙の方である。だから私は自分自身の言葉の使い方について、すこし断っておかなければならない。私はつねに、国際社会の法律（法律ハンドブックと軍事教範にみられるような）を、実定法と呼ぶことにする。それ以外に法について話す場合は、道徳律に言及している。われわれがその道徳律に従って生きることができない、あるいはそれに従って生きるつもりもないとしても、われわれはその一般原理の妥当性をともに認めているのである。戦争のルールと言うときは、戦闘行為についてのわれわれの判断を統括するより特殊な規則体系を考えることにする。これはハーグ条約[☆1]とジュネーヴ条約[☆2]のなかで、部分的に条文化されているにすぎない。そして犯罪と言う時、私は一般的な原理もしくは個別的な規則体系の侵害を述べている。だからある人々は、法廷に告訴されえないときでさえも、犯罪者と呼ばれうる。実定国際法はまったくもって不完全であるがゆえに、道徳原理の光に照らしてそれを解釈することがつねに可能であり、その帰結を「実定法」として考えることができる。このことはおそらく、法体系を肉付け、それを現在の形よりも魅力的にするためになされなければならなかったことである。しかしそれは私がここで行ったことではない。本書を通じて私は、侵略、中立、降伏、民間人、復仇といった単語を、あたかも道徳的な語彙の用語であるかのように扱う。ごく最近になって、これらの単語の分析と洗練は、ほぼ全面的に法律家の仕事となっているのだが、これらの単語は現在でも、これまでもつねに道徳的な語彙に含まれる用語なのだ。

私は政治理論と道徳理論の観点から正戦（just war）を再検討したい。それ故、私自身の作業は、西洋の政治と道徳性を最初に形作った宗教的伝統を、マイモニデス[3]、アクィナス[4]、ヴィットリア[5]、スアレス[6]といった著作家

☆1　「ハーグ条約」　一八九九年と一九〇七年にオランダのハーグで開かれた二回のハーグ平和会議で作成された諸条約で、戦時法規に関する多数の重要条約が締結された。前者では、国際紛争平和的処理条約、陸戦ノ法規慣例ニ関スル条約、一八六四年八月二十二日ジェノヴァ条約ノ原則ヲ海戦ニ応用スル条約の三条約と、軽気球からの爆発物投下禁止宣言、毒ガス使用禁止宣言、ダムダム弾禁止宣言の三宣言が採択された。後者では、契約上ノ債務回収ノ為ニスル兵力使用ノ制限に関スル条約、開戦ニ関スル条約、陸戦ノ場合ニ於ケル中立国及中立人ノ権利義務ニ関スル条約、自動触発海底水雷ノ敷設ニ関スル条約、戦時海軍力ヲ以テスル砲撃ニ関スル条約、海戦ノ場合ニオケル中立国ノ権利義務ニ関スル条約、開戦ノ際ニ於ケル商船取扱ニ関スル条約、商船ヲ軍艦ニ変更スルコトニ関スル条約、海戦ニ於ケル捕獲権行使ノ制限ニ関スル条約、国際捕獲審検所の設立に関する条約（未発効）の一〇条約と、軽気球からの爆発物投下禁止宣言が採択された。

☆2　「ジュネーヴ条約」　一九四九年にスイスのジュネーヴで開かれた「戦争犠牲者保護のための国際条約作成のための外交会議」を経て作成され、発効した四条約。ジュネーヴ四条約、赤十字諸条約、戦争犠牲者保護条約ともいう。「戦地にある軍隊の傷者および病者の状態の改善に関する条約」（第一条約）、「海上にある軍隊の傷者、病者および難船者の状態の改善に関する条約」（第二条約）、「捕虜の待遇に関する条約」（第三条約）、「戦時における文民の保護に関する条約」（第四条約）からなる。

☆3　「マイモニデス」　Moses Maimonides（1135-1204）．コルドバ生まれ。中世ユダヤ教の賢者、哲学者、医者。新プラトン主義化したアリストテレス主義ともいうべき立場に立ち、哲学の目的は律法に合理的な説明を与えることにあると主張した。代表作は『迷える人々のための導き』。他に書簡『律法の書』が残されている。

の書物を、そして、その伝統を受け継ぎそれを世俗的な形につくりあげる作業を始めたフーゴ・グロティウス[☆7]のような著作家たちの書物を振り返るものである。しかし私は正戦論の歴史を試みたわけではなく、いくぶんか議論を例証的で説得力あるものにするために、ただ時折、古典的なテキストを引用したにすぎない[3]。私はよりしばしば、現代の哲学者と神学者（および兵士と政治家）を参照している。私の主要な関心は道徳的世界の成り立ちにあるのではなく、その現在の性格にあるからである。

おそらく、私の説明のもっとも問題となりうる特徴は、われわれ（we, our, ourselves, us）という複数代名詞の使用であろう。それが両義的なものであることはすでに私が示しておいたとおりである。この複数代名詞は二通りの仕方で、つまりヴェトナム戦争を非難するアメリカ人の集団を述べるためにも使えるし、（それに同意するにしろしないにしろ）その非難を理解するもっと大きな集団を述べるためにも使えるのだ。私は今後、われわれという単語を、この大きい方の集団に限定して使うことにしよう。その集団のメンバーが共通の道徳を分かち持っているということが、この本の決定的に重要な仮説である。第一章で、私はこの仮説を主張してみたい。しかしそれは単に主張（a case）であり、結論（conclusive）ではない。人はつねに、「あなたのこの道徳が何だというのか」と問うことができる。しかし、それは質問者が思っているよりも、もっと根源的な問いである。というのもこの問いは、道徳的合意の心地よい世界から彼を締め出すだけでなく、合意と不合意、正当化と非難のより広い世界から彼を締め出すからである。戦争の道徳世界が共有されるのは、誰の戦いが正義で誰の戦いが不正義かについて、われわれが同一の結論に達するがゆえにではなく、結論への道のりにおいて同一の困難を認識し、同一の問題に直面し、同一の言語を話すがゆえにである。そこから身を引くことは容易ではなく、それをなしうるのは悪意ある人か、おめでたい人だけである。

私は道徳をはじめから終わりまで完全に詳説しようとしているのではない。もし基礎からはじめようとすれば、私は決してそれを超え出ることができないだろう。いずれにせよ、なにが基礎なのか決して確信してはいない。倫理的世界の下部構造は根深く、終わりのない論争の観を呈するものである。しかし一方で、私たちは上部構造に暮らしている。建物は大きく、その構造は精巧で迷子になりそうである。しかしここで私はいくつかの案内図を提案することができる。つまり、いわゆる各部屋の見学ツアー、建築原理の議論を提案することができる。これは実践的な道徳の本である。現実世界における非難と正当化の研究はおそらく、われわれを道徳哲学のもっとも深遠な問いに近づけるが、それらの問いに直接関与することが必要なわけではない。実際、こうした社会参加を試みる哲学者はしばしば、政治的かつ道徳的な論争の緊急性を見失い、困難な選択に直面している人々の助けにはほとんどならない。さしあたり少なくとも、実践的道徳をその基礎と切り離し、この分離が道徳的生活の(それが現実的条件であるが故に)ありうべき条件であるかのように振る舞わなければならない。

しかしこのことは、人々が共通に下す非難と正当化を叙述する以上のことはなにもできないということを示唆しているのではない。われわれはこれらの道徳的主張を分析し、その一貫性を探求し、それらの実例の背後にある原理を明らかにすることができる。われわれは党派的忠誠と戦闘の緊急性よりも深いところにあるコミットメ

☆4 「アクィナス」 Thomas Aquinas(1225頃-74). イタリア盛期スコラ学の哲学者、神学者。
☆5 「ヴィットリア」 Francisco de Vitoria(1480?-1546). スペインの神学者。本書一一七頁の訳注も参照。
☆6 「スアレス」 Francisco de Suarez(1548-1617). スペインのイエズス会神学者、スコラ哲学者。
☆7 「フーゴ・グロティウス」 Hugo Grotius(1583-1645). オランダの法学者、政治家、古典学者、詩人、神学者、歴史家。

ントをあきらかにすることができる。このようなコミットメントが存在するのは自明のことであって、宗教的願望などではないからである。さらにわれわれは、実際には彼ら自身の利益だけを追い求めているにもかかわらず、これらのコミットメントを行っていると公然と自認する軍人や政治家たちの偽善を暴露することができる。偽善の暴露は、もっとも日常的で、そしておそらくはもっとも重要でもある道徳的批判の形式である。われわれが新しい倫理的原理の発明に訴えることはほとんどない。そのようなことをすれば、われわれの批判はわれわれがその人の行為を非難したいと思っている人々に理解できるようなものにはならないだろう。むしろわれわれは、そうした人々を彼ら自身の原理に従ったままにさせておく。もっとも、われわれがその原理を摘出し、彼らが以前には考えていなかったふうに配置し直すことは許されよう。

私には最善だと思える特定の配置、道徳世界の特定の見解が存在する。私は、われわれが戦争に関して行う議論がもっとも充分に理解されるのは、（他の理解も可能であろうが、）個人や結集した人々の権利に対する承認と尊重への努力としてであることを示唆したい。私が詳説しようとしている道徳性は、哲学的な形で言えば人権の教義であるのだが、その教義がおそらく前提としている人格、行為、意図の諸理念について、ここでは何も言うつもりはない。功利についての考慮が多くの点で構造に関わってくるが、それですべてが説明できるわけではない。それが関わってくる部分は、権利のそれに従属しており、権利に制約されている。それは何よりも、軍事極大化の古典的な形、たとえば宗教的十字軍、プロレタリアート革命、「戦争を終わらせるための戦争（war to end war）」にあてはまるのである。しかしそれは、私がこれから示そうと思っているように、より差し迫った「軍事的必要性（military necessity）」の圧力にとっても真実である。どの場合にも、われわれの行う非難（われわれのつく嘘）がもっともよく説明されるのは、われわれが生命と自由を何か絶対的な価値のようにみなし、道徳と政治のプロセスを、これらの価値が脅かされつつもそれを守り通すプロセスと理解する場合である。

実践道徳に固有の方法は、その性格からして決疑論的☆である。現実になされなければならない非難と正当化に興味があるからこそ、私は折に触れて歴史的な事例に立ち戻らざるをえないのである。私の議論は事例と事例のあいだを行き来するが、歴史的なリアリティの微妙なニュアンスや細部を示したいがために、体系的な提示を行うことはしばしば見送った。同時に、事例は必然的に輪郭のスケッチにならざるをえない。事例を典型的なものとするために私はその両義性を切り詰めなければならなかった。その際に私は正確さと公正さを心がけたが、実際にはしばしば議論の余地があり、ときに私の試みが失敗していることは疑いない。人々が現実にしてきた経験、現実に行ってきた議論について報告するということが私自身の感覚では私の企図にとって重要であるのだが、私の失敗に憤慨した読者は、諸事例が仮説的であるかのように――調査されたものというよりは発明されたものであるかのように――扱ってくれた方が有益であろう。討論のためにどのような経験と議論を選択するかに関して、私はヨーロッパの第二次世界大戦におおいに頼っている。それは私の記憶にある最初の戦争であり、私にとっては正当化された戦闘のパラダイムである。それ以外には、戦争文献のなかで広く形象化され、現代の論争のなかで一役買っているような明白な事例を取り上げるよう試みた。

☆「決疑論」　一般道徳原則に従った義務・行為のあいだに衝突が起こるとき、事例分析的な解釈手法によって善悪を判定しようとする方法。決疑論はまず、ある所与の一般的道徳規則がいつどのように適用されるべきかに関する模範的な事例から出発し、次に、その規則の然るべき適用の仕方がそれほど明らかでない事例に対して、類推を用いて推論する。こうした事例を考察することで、諸事例の持つ、道徳的に重要である類似点や相違点を明確にすることがその目的である。

この本の構造は、中心的な議論を紹介する第二章と第三章で説明される。ここではただ、戦争に関する私の道徳理論の提示が、理論内部の緊張に焦点を当てているということを述べておきたい。この緊張が、その理論を問題的にし、戦時における選択を困難で痛ましいものにするのである。緊張は、勝利と正しく戦うことのジレンマのなかによく表れる。これは、政治倫理の中心的課題である目的–手段問題の軍事的な形である。私は第四部において、それを直接取り扱い、その解決に成功、もしくは失敗している。その解決は、もしそれが機能するとすれば、政治一般において直面する選択にも重要なものであるに違いない。というのも、戦争はもっとも極端な場面だからである。もしそこで包括的で首尾一貫した道徳的判断が可能だとすれば、それはどこでも可能であろう。

一九七七年、マサチューセッツ州ケンブリッジにて

【原注】

（1）この理由のもっとも簡潔で強力な論評は、Stanley Hoffmann, "International Law and the Control of Force," in *The Relevance of International Law*, ed. Karl Deutsch and Stanley Hoffmann（New York, 1971）, pp. 34-66. 法の現在の状況を考慮して、私は初期の法実定主義者、とくに W. E. Hall, John Westlake, J. M. Spaight をもっとも頻繁に引用した。

（2）この種の先駆的業績として次のものを参照。Myres S. McDougal and Florentino P. Feliciano, *Law and Minimum World Public Order*（New Haven, 1961）.

（3）これらの著者の有用な研究として次のものを参照。James Turner Johnson, *Ideology, Reason, and the Limitation of War: Religions and Secular Concepts, 1200-1740*（Princeton, 1975）.

謝辞

戦争に関する本書を執筆するなかで、私は組織的にも、個人的にも多くの同盟者の支援を受けてきた。私がこの研究を始めたのは一九七一年から七二年にかけての学事年度の最中、カリフォルニア州スタンフォードの行動科学高等研究センターで働いていたときだった。序文と第一章の草稿を書いたのは、イスラエルのエルサレムにあるミシュケノート・シャナニム（平和の集落という意味である）においてであり、それは一九七四年の夏だった――この滞在はエルサレム基金によって可能となった。本書の骨格が完成したのは一九七五年から七六年にかけてであり、その当時私はグッゲンハイム・フェローだった。

過去九年にわたって、私は倫理・法哲学会のメンバーたちから学んできた。彼らの誰もが、本書での議論のいずれに対しても責任は有してはいないが、彼らは集合的な形で、本書の執筆と関わりを持ってきた。原稿のすべてを読み、多くの貴重な示唆を与えてくれたジュディス・ジャービス・トンプソンに私は感謝の言葉を述べたい。ロバート・ノージックとは戦争理論における最もやっかいな問題のいくつかに関して、友好的に争ってきた。彼の議論、仮説的事例、疑問や提案は私自身の議論の体裁を形作る助けとなった。

私の友人で同僚でもあるロバート・アムダーは、大部分の章を読み、しばしばそれについて私に再考を促してくれた。マーヴィン・コールとジュディス・ウォルツァーは原稿の一部を読んでくれた。内容や文体の問題に関する彼らのコメントは、適宜取り入れさせていただいた。私はまた、フィリップ・グリーン、イェフダ・メルツァー、マイルス・モーガン、ジョン・シュレッカーに感謝の言葉を述べたい。

スタンフォード大学での一学期間、そしてハーバードでの数年間、私は正戦に関する授業を担当したが、私は教えつつも、教わることが多かった──同僚からのみならず、学生からもである。私はスタンリー・ホフマンとジュディス・シュクラーの冷静な懐疑をいつも歓迎する。私はまた、チャールズ・バーミュラー、ドナルド・ゴルドシュタイン、マイルス・カーラー、サンフォード・レヴィンソン、ダン・リトル、ジェラルド・マッケルロイ、デイヴィッド・ポラックのコメントや批判から得るところが多かった。

ベーシック・ブックスのマーティン・ケスラーは、私より先に本書の構想を暖めていたと言ってもいいほどである。彼は本書執筆のすべての段階で、私を支え、励ましてくれた。

ほとんど作業を終えた頃、ベティ・バターフィルドが最終稿のタイプを引き受け、彼女にとっても私にとっても、驚くべきペースでやってくれた。彼女ぬきでは本書の完成は実際よりもはるかに遅れただろう。

テロリズムに関する第一二章のもとになった原稿は、一九七五年に『ザ・ニュー・リパブリック』誌に掲載されたものである。第四章と第一六章では一九七二年に最初に『哲学と公共問題』誌で展開した議論を下敷きにした。第一四章と第一五章では、一九七四年にイスラエルの哲学季刊誌である『イュン』で発表した論説の一部を用いた。この三つの雑誌の編集者には、これらの論説素材を用いる許可をいただき感謝している。

私は、その援助のもとで最初に世に出た題材を再録することをこころよく許可してくださったさまざまな出版社に対して感謝している。次のものがそれである。

Rolf Hochhuth, "Little London Theater of the World/Garden," の38—40行目、in *Soldiers: An Obituary for*

Geneva. Copyright © 1968 by Grove Press, Inc. 再録は Grove Press, Inc. の許可による。

Randall Jarrell, "The Death of the Ball Turret Gunner," の1行目、copyright © 1945 by Randall Jarrell. Renewed copyright © 1972 by Mrs. Randall Jarrell; and "The Range in the Desert," の21—24行目、copyright © 1947 by Randall Jarrell. Renewed copyright © 1974 by Mrs. Randall Jarrell. この両者は *The Complete Poems* に収録されている。再録は Farrar, Strauss & Giroux, Inc. の許可による。

Stanley Kunitz, "Foreign Affairs," の10—17行目、in *Selected Poems. 1928-1958*. Copyright © 1958 by Stanley Kunitz. この詩はもともと *The New Yorker* で公表された。再録は the Atlantic Monthly Press を介した Little, Brown and Company の許可による。

Wilfred Owen, "Anthem for Doomed Youth," の1行目、and "A Terre," の6行目、in *The Collected Poems of Wilfred Owen*, edited by C. Day Lewis. 再録は the Owen Estate and Chatto and Windus Ltd. および New Directions Publishing Corporation の許可による。

Gillo Pontecoro, *The Battle of Algiers*, edited and with an introduction by Pier Nico Solinas. Scene 68, pages 79-80. 再録は Charles Scribner's Sons の許可による。

Louis Simpson, "The Ash and the Oak" in *Good News of Death and Other Poems. Poets of Today II*. Copyright © 1955 by Louis Simpson. 再録は Charles Scribner's Sons の許可による。

第一部　戦争の道徳的リアリティ

第一章　「リアリズム」に抗して

およそ戦争をめぐって論じる際、人々はいつでも正邪の観点から論じてきた。またほとんど同じくらい昔から、なかにはそのような議論を馬鹿にして、それを戯れ言と評する者もいた。彼らの主張とは、戦争は道徳的な判断を超えている（もしくはそれ以前である）というものである。戦争は、日常性からかけ離れたものであり、戦争では、生そのものが賭けられているのであって、人間の本性は基本的な諸要素にまで貶められる。そこでは利己主義と必然性《ネセシティ》〔必要性〕による支配が貫徹しているのだ。ここでは、人々は自分たちや自分たちの共同体を守るために為さねばならないことを行うのであり、道徳や法はいささかの位置も占めない。*Inter arma silent leges* 戦争において〔1〕法は沈黙する。

しばしばこの沈黙は、勝ち負けの競争を伴う他の行為にも波及する。人口に膾炙したことわざにあるように、「恋愛と戦争では手段を選ばない」。要するに、何でもありなのである。つまり恋愛ではどんな策略や嘘も許され、戦争ではいかなる暴力も許される。われわれは賞賛することもできなければ非難もできない。結局何も言えない〔、というわけだ〕。ところが実際にはわれわれは、沈黙したためしなどほとんどない。恋愛と戦争に関して用いられる言語がかくも道徳的な意味に満ちあふれているのは、それが幾世紀にもわたる議論を経て発展してきたからこそなのである。恋愛については、信義、献身、貞節、恥、不貞、誘惑、裏切りが挙げられる。戦争については、侵略、防衛、宥和、虐待、残酷さ、残虐行為、大量虐殺。これらの言葉はすべて価値判断を伴っている。そもそも価値判断は、恋愛や戦争と同じく人間のごく当然の行為である。

しかしながら、われわれにはみずから善悪の判断をする勇気が欠けていることがしばしばあるのも確かであり、軍事紛争においてはなおさらである。人間の道徳的な境位は、恋愛と戦争をめぐる例の周知のことわざでは十分に尽くせない。むしろ恋愛と戦争の類似性より、両者の対照性に注目すべきであろう。恋の女神ヴィーナスを前にして人々は口やかましく、軍神マルスを前にして臆病になる。つまりわれわれは、個々の軍事攻撃を躊躇なく正当化したり、非難したりするのではない。そうではなく、自分の判断が戦争というものの本当の姿にたどり着いているという確信がないかのように、おずおずと自信なげに（あるいは逆に声高にずけずけと）正当化したり非難したりするのである。

リアリストの議論

まず問われるべきはリアリズムである。前に引用した「法の沈黙」という主張を擁護する人々は、恐るべき真理を発見したと主張する。要するに、非人道性と常々呼ばれているものは、切迫した状況下の人間の姿に他ならない。戦争は、洗練されたわれわれの虚飾を引きはがし、われわれのありのままの姿を明らかにする。彼らによれば、ありのままの姿は、われわれにある種の快楽を与える。つまり、恐れ、利己性の覚醒、抑圧されていた心の解放、残忍さ。彼らの主張はあながち間違いではない。これらの言葉は、時として記述である。もっとも逆説的であるが、記述は往々にして一種の弁明になってしまう。例を挙げよう。われわれの兵は、戦の中で残虐行為を犯してしまった。その通り。しかしこれこそ戦争が人間に迫ることであり、戦争とはそのようなものである、と。恋愛と戦争では何をしても許されるという先のことわざは、不正と思われる行為を擁護すべく唱道されているのである。だから、場合によっては不法であると評されるような行為に関わる際には、法は沈黙するよう強いられるのだ。ここに私自身の立論に関係する議論が提起されることになる。正当化、言い訳、必然性《ネセシティ》への、そして強要への言及。このような議論は、道徳をめぐる言説形態として認められるものであり、具体的な事例において力を発揮することもあるし、逆に力をもたないこともある。しかしながら他方で、戦争を必然性と強要の王国として、全般的に説明づけてしまう見解もある。このような説明づけの目的は、個々の事例をめぐる言説を展開することが無意味な饒舌のようなものであり、また恐るべき真理に対してわれわれが当の自分自身の目を背け覆い隠そうとして張りめぐらす煙幕のようなものであると決めつけることにある。私がまず立ち向かわねばならないのは、まさにそのような全般的説明づけに対してであり、それを片づけてはじめて私は自分なりの課題に取りかかることができるのだ。そこで、立ち向かう以上、そのような説明づけの源に遡り、ほとんど抗しがたい影響力を持つ説明の類型に注目したい。それは、歴史家トゥキュディデス[☆1]と哲学者トマス・ホッブズ[☆2]である。二〇〇〇年の年月が二人の人物を隔てているが、ある意味で二人は協力者である。というのも、ホッブズはトゥキュディデスの『歴史（ペロポネソス戦争の歴史）』を翻訳し、その上で、同書で展開されている議論を自分の『リヴァイアサン』で一般化したからである。もっともここで、トゥキュディデスとホッブズに対して、完全な哲学的応答をすることが私の目的なのではない。私の意図はただ、戦争や戦時中の行為について判断することは重大な企てであるということを、まず議論によって、次に例を用いて示唆することのみである。

メロス島の対話

アテナイ側の指揮官クレオメデスおよびテイシアスと、独立したポリスだったメロス島の為政者との対話は、[☆3]トゥキュディデスの『歴史』の山場のひとつであり、著者のリアリズムの真髄が表れている。メロスはスパルタ〔ラケダイモン〕の植民都市であった。メロスの人々は「それゆえ、他の島々のようにアテナイに従属することを拒否していた。ただ当初は、〔スパルタの側につくでもなく〕中立を保っていた。しかしながらその後、アテナイが島の土地を荒らして、従属するよう追い込んだとき、ついに彼らは公然と戦争状態に入った」(1)。これは、侵略についての古典的な説明である。というのも、侵略を行うことは、端的にはトゥキュディデスが描写するように、「人々を追い込む」ことだからである。とはいえ、トゥキュディデスは、このような描写はもっぱら外在的であると言っているように思われる。むしろ彼は、われわれに戦争の内なる意味を示そうとしている。彼の意を代弁しているのが、アテナイ側の二人の指揮官である。二人はメロス側に和平交渉の開催を要求し、その上で彼らは、軍事史において将軍たちがしたことがなかったような仕方で語る。彼らは言う。正義についての美辞麗句もわれわれには要らない。われわれの側としては、わが国はペルシアを打ち負かしたのだから支配者の座に着くのが当然だと言い張るつもりなどない。だからあなた方も、アテナイの人々をいささかも傷つけていないのだから、自分たちには他国からの干渉を受けない権利があると主張してはならない。そのかわり、われわれは可能なことは何か、必然的なことは何かについて話し合いたい。まさにこれこそ、戦争の本当の姿に他ならない。「彼ら〔アテナイ〕は、まさにみずからの力に見合った軍事力を備えて優位に立ち、弱者〔メロス〕は、強者が引き出せる条件を差し出す」[2]。

ここで必然性《ネセシティ》の軛《くびき》につながれているのは、メロスの人々だけではない。アテナイ人たちもそうせざるをえない点では同じである。クレオメデスとテイシアスは、アテナイは領土を拡張せねばならないと信じている。さもなくば、すでに獲得した領土を失うに相違ない。メロスが保っていた中立は、「われわれには弱みがあること、そしてわれわれの軍事力に対してあなた方が抱いているような憎悪が、われわれが支配してきた人々のあいだに広がっていることを証しだてよう」[3]。そして、人々が「従属の必然性に憤っている」あらゆる島々を挙げての反逆を招くであろう。そもそも、憤り、自由を渇望し支配者を恨むことのない被支配者などいようか。人々は「どこでも、自分たちが無敵であるかのように君臨しよう」と述べる際に、アテナイの指揮官が表現しているのは、栄光と支配への希求のみではない。都市国家〔ポリス〕間の政治における、より限定された次元での必然性《ネセシティ》をもで

☆1 「トゥキュディデス」 Thukydides（前460頃-400頃）．ギリシアの歴史家。ペロポネソス戦争に際してアテナイの将軍として従軍するも、アンフィポリス防衛に失敗して追放され、二〇年間の亡命生活を経て、前四〇四年に帰国。亡命生活中にアテナイとスパルタの両陣営から集めた資料と情報によって、その後ペロポネソス戦争史を『歴史』八巻（未完）にまとめる。その優れた文体と公平な態度によって史書の最高傑作のひとつに数えられる。

☆2 「トマス・ホッブズ」 Thomas Hobbes（1588-1679）．イギリスの哲学者・政治思想家。一六二九年にトゥキュディデス『歴史』の翻訳を発表。一六四〇年のピューリタン革命によりフランスに亡命、亡命中に執筆した『リヴァイアサン』を一六五一年、帰国の年に公刊。

☆3 「メロス島」 ギリシア、エーゲ海南部、キュクラデス諸島南西部の島。ペロポネソス戦争中、中立を保ったことがアテネの怒りを呼び、前四一六年、島の男はすべて殺され、女や子どもは奴隷にされた。エウリピデスの『トロイアの女たち』はこの事件に着想を得たといわれる。

ある。すなわち、支配するか、されるかである。仮にアテナイの将軍たちが可能なのに実際には征服しなかったとすれば、彼らは単に弱さを露呈しているのであり、攻撃を招くことになる。かくして「自然の必然性《ネセシティ》によって」(ホッブズが後に自分の著書で用いる表現)〔4〕、彼らは能うときに征服する。

他方、メロスの人々はといえば、征服者となるにはあまりに非力であった。彼らは、もっと過酷な必然性《ネセシティ》に直面する。降伏か、破滅か。「あなた方には、自分たちと対等な条件で勇猛さを競う相手などいない。……むしろ、あるのは、自分たちの安全についての助言役である」〔5〕。しかしながら、メロスの為政者たちは、安全よりも自由の価値を重んじる。「では、もしあなた方が、自分たちの支配力を保とうとし、同時に奴隷を解放するなら、最大の危機に直面するであろう。ところで、われわれはすでに自由な人々なのである。だから、もしわれわれがみずから奴隷状態となるのを甘受する以外どんな道も敢えて引き受けるべきでないとすれば、それは、われわれの心がもっとも道徳的に卑しく臆病であるということではなかろうか」〔6〕。もちろん、メロスの為政者たちには、アテナイが持つ力と運命に抗することは「極めて困難」であろうことは分かっている。けれども「にもかかわらず、われわれの側には神々がついているのだから、運命に関してわれわれは何ら劣っていようはずがないと確信する。そもそも、不正な人々を前にして、われわれは何らやましいことがないのだから」〔7〕。そして武力に関して言えば、彼らはスパルタからの支援を当てにしている。スパルタは「それでも血のつながりと自分たちの名誉ゆえに、それ以外のいかなる理由もなかろうと、われわれを守る義務を必然的に負っている」〔8〕。それに対してアテナイの将軍は答えて言う。しかし、神々もまた能う限り地を支配する。要するに、血のつながりと名誉など、必然性とは何の関係もない。スパルタは(必然的に)自分たちのことしか考えないだろう。「われわれの見るところ、ほぼどんな人間も、喜びを与えてくれる名誉を得ることにしがみつき、益を与えてくれるものに拘泥する」〔9〕。

かくして両者の議論は幕を閉じた。メロスの為政者たちは、降伏することを拒絶したのである。対するにアテナイ軍はメロスの都市に攻囲網を張って攻撃したが、スパルタはまったく援軍をよこさなかった。数ヶ月の戦闘の後ついに紀元前四一六年冬、メロスの市民の中には自分の国を裏切る者が出た。もはやこれ以上の抵抗は不可能と思われたとき、「アテナイ側の思うままにみずからを委ねた。そこでアテナイ側は、兵役年齢に達したすべての男性を殺害し、女性と子どもを奴隷にした。その後さらに自国から五〇〇人の男性をメロスに連れてきて、このメロスを植民市とした」。

アテナイ軍の指揮者とメロスの為政者の対話は、トゥキュディデスによる文学的かつ哲学的な創作である。メロスの為政者の言葉は、彼らが実際にそう語ったかのようである。しかしながら、彼らの型にはまった敬神と英雄気取りは、アテナイの将軍たちがもつ——古典的な批評家であるディオニシウス☆のいうところの——「邪悪さに裏打ちされた容赦のなさ」を際だたせるための引き立て役にすぎない。(2) 彼ら将軍たちこそ、しばしば信じがたい者と思われてきた。ディオニシウスが述べるように、彼らの言葉は「東洋の〔専制〕君主が発するにはふさわしいものだったが、……アテナイの人が発するものとしては適切ではなかった……」。＊おそらく、トゥキュディデスがわれわれに示唆しているのは、この不適切さが、言葉の上でのそれではなくむしろ彼らが守ってきた数々の政策のそれであるという点だと思われる。そして彼は、もし自分たちのおぞましい行為を「もっともらしい口

☆「ディオニシウス」　ハリカルナッソスのディオニシウス Dionysius of Halicarnassus. 生没年未詳。前一世紀後半のギリシアの修辞学者・歴史家。アウグストゥス治下のローマでギリシア雄弁術の教師となり、かたわらローマ史の研究に従事した。『文体論』、『トゥキュディデス論』、『ローマ古代史』などがある。

実」で糊塗しながら、実際に話したであろうようにアテナイの将軍たちに語らせてしまうと、われわれがこの大切な点を見落としてしまうかもしれないと考えているのだ。つまりわれわれは、もはやアテナイがかつての姿を失ったことを理解せねばならない。クレオメデスとテイシアスは、自由を掲げてペルシア軍と戦った高貴な人々、ディオニシウスの言うように「日常生活をかくも人道的なものにすべく力を注いだ」政治文化をもつ高貴な人々を体現してはいない。代わりに体現しているのは、都市国家アテナイが帝国化しながら没落していく有様である。だが、二人のアテナイ将軍が今日の意味での戦犯であるというわけではない。そもそも戦犯という発想はトゥキュディデスには与り知らぬものである。むしろ大切なのは、心の倫理的な調和つまり抑制と節度が確実に失われていく有様を、彼らが具現している点である。政治家としての二人の力量は損なわれ、「リアリスティックな」彼らの演説は皮肉にも、アテナイを破滅に追いやる遠征軍を〔メロス征服の〕わずか数ヶ月後にシケリアに対して派遣する無謀さや傲慢さと好対照をなしている。この見方からすれば『歴史』は一篇の悲劇であり、アテナイの人々はその悲劇の主人公である。(3) トゥキュディデスは、古代ギリシアの様式に則って、ひとつの道徳劇をわれわれに見せてくれているのである。トゥキュディデスの言わんとしていることは、エウリピデスの☆1『トロイアの女たち』に垣間見ることができる。メロスを征服した直後という状況下で書き上げられたこの作品が、殺人と奴隷所有が人間にとって持つ意味の重さを訴えようとしていること――さらには神々による報いを予言すること――は疑う余地がない。(4)

愚かなる人間ども〔死すべき者たち〕めが。町を毀し、神殿や死者の聖なる場所〔墓〕をば荒らした咎で、こんどはみずからが潰え去らねばならぬとは。

＊東洋の専制君主たちでさえ、アテナイの将軍たちほどにリアリズムに徹している訳ではない。ヘロドトゥスによれば、ギリシアに侵攻するという己の企てを初めて開陳した際、クセルクセスは戦いを仕掛ける際のごく常套的な表現を用いて語った。「わしはヘレスポントスに架橋し、ヨーロッパを貫いて兵を進め、ギリシアを討つ所存でいる。その目的はアテナイ人どもに、彼らがペルシア国ならびにわが父に対して働いた数々の悪業の報いを思い知らしめるためである」(『歴史』第七巻八〔訳文は松平千秋訳の岩波文庫〕)。クセルクセスが引き合いに出しているのは、アテナイ軍がサルディスを焼き払ったことであるが、これこそペルシアによるギリシア侵攻の口実と捉えられよう。この事例は、フランシス・ベーコンによる次の主張を裏付けるものである。「人間本性には正義感が深く刻みこまれている。ゆえに、国家は、――戦争が起これば数多の災禍が生まれるのは自明である以上――少なくとももっともらしく思われる何らかの根拠や対立の種がない限り、戦争を始めたりはしない」(第二九論考「王国と国家の真の偉大について」〔『ベーコン随想集』、岩波文庫、一三九―四〇ページを一部変更〕)。

しかしトゥキュディデスは実のところ、ここに引用した節が示唆していることとは少々異なった、そしてもっと世俗的な見地から、しかも単にアテナイについてというよりむしろ戦争そのものについて主張を行っているように思われる。おそらく彼は、アテナイの将軍たちの容赦のなさが邪悪さの表れであると受け取られることを意図していなかった。むしろ、忍耐の欠如、頑固さ、率直さ――いずれも軍隊の指揮官たるものが持つのは不適切といえない心のあり方である――の表れであると伝えたかったのである。ヴェルナー・イェーガー[☆2]が述べたよう

☆1　「エウリピデス」Euripides（前485-406）．ギリシアの三大悲劇詩人の一人。ソフィストと自然哲学の影響を受けつつ、悲劇における心理的、写実的要素を強めた。『メディア』、『トロイアの女たち』、『エレクトラ』等。

に、トゥキュディデスは、「力の原理は」道徳的な生き方を支える法則とは明らかに区別される「独自の法則が支配する、固有の領域を築く」と論じている。[5] まさにこの点に着目して、ホッブズはトゥキュディデスを読解したのであり、このような読解方法にこそわれわれはしっかりと向き合わねばならない。というのも、仮に力が支配する領域が実際に明確に区別され、また区別されることが、独自の法則による支配をいみじくも示しているのであれば、自然に転げ落ちていく石を批判できないのと同様、戦時中の政策を理由にアテナイ軍を批判することはできないことになるからである。メロスの人々の殺戮は、戦争という状況と自然の必然性《ネセシティ》に鑑みて説明づけられてしまう。ここでもまた、やはり言うべきことは何もない。いやむしろ、いかようにも言えるし、必然性《ネセシティ》は残酷であり戦争は地獄のようなものだと形容することもできる。ただしこのような言明は、言葉だけを取り出してみれば正しいように思われるにしても、この事例が持つ政治的リアリティをとらえるものではないし、アテナイの決断をわれわれが理解するためには役に立たない。

　もっとも、強調しておくべき点は、トゥキュディデスはアテナイの決断についてまったく何も語っていないことである。もしわれわれが、残酷な方針が詳細に説明されたメロスの評議会室でなく、そのような方針を最初に採用したアテナイの民会に自分をおいてみるなら、アテナイの将軍たちの議論はまったく違った響きを持とう。英語と同じく古典ギリシア語において必然性という語〔アナンケー〕は、「不可欠であることと、不可避であることという二つの側面を兼ね併せていた」[6]。クレオメデスとテイシアスは、後者に強調点をおきつつこの二つの意味をひとつにまとめ上げた。しかし私が思うに、二人は、民会では前者のみを唱えて、メロスの破壊はアテナイの支配の維持のためには必要（不可欠）であると主張することしかできなかったはずである。だがこの主張は、二つの意味で修辞の域を出ない。まず、支配領域を守ることそれ自体が必要不可欠なのかどうかという道徳的な問いに正面から答えていない。少なくともこの点に関して、懐疑的な考えを抱いているアテナイの人々がいた。さらに、支配領域が果たして（メロスに対して採用された政策が示すような）画一的な支配服従体制をとらなければならないのかと訝った人々はもっと多かった。第二に、この主張はかの将軍たちがもつ知識と洞察力を誇張している。彼らとて、メロスを滅ぼさなければアテナイが没落すると確信を持って述べているわけではない。むしろ彼らの議論は、蓋然性と危険性に立脚している。このような議論はつねに疑わしい。メロスを破壊すれば本当にアテナイ人に迫る危険は低くなるのか。他にとりうる政策はないのか。この政策をとる代償と考えられることは何か。この政策は正しいのだろうか。これが実行に移された時、他のポリスの人々はアテナイのことをどう考えるのだろうか。

こうしたことを論じはじめるなら、あらゆる種類の道徳的で戦略的な問いがわき上がってこよう。討議に加わる者たちにとって、結論は「自然の必然性によって」規定されたものにはならないだろう。結論はむしろ、彼らの抱く見解、あるいは討議の結論として彼らが抱くようになった見解に、さらには一個の人間としてまた集団として自分たちが自由になす決断に規定されることになるだろう。後になってかのアテナイの将軍たちは、あの決断は不可避だったと主張する。おそらくこれこそトゥキュディデスがわれわれに信じ込ませたいことに他ならない。しかしながら、この主張は後知恵でしかない。というのも、ここで政治的な討議の過程が介在することで、

☆2　「ヴェルナー・イェーガー」 Werner Jaeger（1888-1961）．二〇世紀を代表する古典文献学者・哲学者・アリストテレス研究家。ナチスの迫害を逃れてアメリカに渡る。*Aristoteles : Grundlegung einer Geschichte seiner Entwicklung*, Berlin : Weidmannsche Buchhandlung, 1923. *Early Christianity and Greek Paideia*, Cambridge: Belknap Press of Harvard University Press , 1961〔野町啓訳『初期キリスト教とパイデイア』、筑摩書房〕.

決断の不可避性が和らげられているからである。つまり、避けられないのは何であるかをトゥキュディデスが理解しえたのは、ようやくこの討議の過程が全うされた後である。この意味で、それが必然的なものだったかどうかの判断はつねに、その性格からして回顧的である――それは歴史上の人物の任務ではなく、歴史家の任務なのである。

そこでも、道徳的な見解に正当性を持たせるには、実在し行動した人物の視点に依拠せざるをえないのである。道徳的な判断をなすときわれわれは、そのような視点を追体験しようとする。あるいは似たような状況の下でわれわれなら何をなしただろう（もしくはなすであろう）と問いながら意志決定の過程を何度も振り返り、われわれ自身が将来になすだろう意志決定の予行演習をする。アテナイの将軍たちはそのような問いの重要性を認識している。というのも彼らは、「あなた方も、他の誰でも、われわれが持つのと同じだけの力を持ったなら同じことを行うであろう」[10]ことは間違いないと、自分たちがとった政策を弁護するだろうからである。とはいえ、これは疑わしい認識である。とりわけ「メロスの決議」がアテナイの民会では激しい反発を受けたことに思い至るならばなおさらである。したがって、われわれの視点はこの決議をめぐって討論している市民のそれである。われわれは何をなすべきか。

メロスを攻撃するというアテナイの決断、あるいは（これと同時になされたかもしれない）メロスの人々を殺戮し奴隷にするという決断を説明するものは何もない。プルタルコス☆1の主張によれば、「虐殺の首謀者は、かの決議を支持することを語っていた」[7]アルキビアデス☆2、つまりシケリア遠征を先導し仕組んだ者である。アルキビアデスは、実際にトゥキュディデスも書き留めている〔レスボス島の中心的ポリスであった〕ミュティレネの運命をめぐる論争におけるクレオン☆3の役割を演じていた。そこで、時間的に先行するこの議論に立ち戻ることには意味があろう。ミュティレネは、ペルシア戦争時以来アテナイの同盟ポリスであった。もっとも、公式にはいかなる形においてもアテナイの属国では断じてなかったものの、条約上はアテナイを支持するものとされていた。紀元前四二八年、ミュティレネはアテナイに反旗を翻し、スパルタと同盟関係を結んだ。激しい戦闘の後ミュティレネの都市は、アテナイ軍の手中に帰した。アテナイの民会は、「ミュティレネの全成年男子を処刑し……女性と子どもを奴隷にすることを決議した。彼らが、他のポリスのように支配されていたわけではないのに反乱したという理由で、反乱そのものの責任を彼らに帰したのである……」[8][11]。しかしながら翌日になって、アテナイ市民は「今までにない後悔の念に苛まれた。……そして、アテナイへの反逆を立案した人々だけでなく、ポリス全体を破滅させねばならないとする自分たちの決議が、いかに大それたものであり残酷でもあるか、真剣に考え始めた」。〔民会の決議をめぐって〕トゥキュディデスが記録しているのは、この〔ミュティレネ攻撃をめぐる〕後者の討議である。より正確に言うなら彼は少なくとも討議の一端を、二つの演説をわれわれに示す形で記録している。一方は当初の決議を支持するクレオンの演説であり、他方はその破棄を訴えるディオドトゥスの演説である。クレオンは、「共謀罪」と「応報的正義」の観点を中心に論じる。それに対してディオドトゥスは、死刑の抑止効果を

☆1　「プルタルコス」Plutarchos（46頃-119以降）．ギリシアの哲学者・伝記作家。『英雄伝』、『倫理論集』。
☆2　「アルキビアデス」Alkibiades（前450頃-404）．古代ギリシア、アテナイの政治家・将軍。ペロポネソス戦争で故国を敗北に導く原因をつくった。行動は、奔放、無節操といわれる。
☆3　「クレオン」Cleon（?-前422）．古代ギリシア、アテナイの政治家。ペリクレスの死後、アテナイ政界を牛耳ったデマゴーグの一典型。前四二七年アテナイに離反して鎮圧されたミュティレネ市民全員の処刑を提案し、賛成を得たが、この決定は翌日覆された。

批判の俎上に載せる。民会はディオドトゥスの見解をとる。それというのも、ミュティレネを破滅させたとしてもアテナイが結んでいる諸々の盟約が強固になるわけではなかろうし、支配領域の安定性が保証されるわけでもないだろうことを、はっきり確信したからである。しばしば指摘されてきたように、勝利を収めるのは利害《インタレスト》への訴えである。もっとも、覚えておくべきは、このディオドトゥスの訴えのきっかけとなったのは、アテナイ市民の後悔の念であったことである。政治的な打算ではなく道徳上の不安こそが、市民たちに自分たちの決議の実効性をめぐる苦悩をもたらしたのだ。

ところがメロスをめぐる討議では、相対立する二つの見解は、ミュティレネをめぐる討議の場合とはまったく逆転していたに違いない。そもそも応報的正義の議論を持ち出しようもなかった。メロスは、アテナイに些かの損害も与えていなかったからである。おそらくアルキビアデスは、トゥキュディデスが書き留めた将軍たちの如く語ったであろう。もっとも、私が指摘したように、将軍たちとは極めて重要な相違がある。今回の民会決議は必然的なものであると同胞市民に語った際、アルキビアデスは、力が支配する領域を統べる諸々の法則がこの決議を定めたのだと言いたかったわけではない。そうではなく、ただ単に、この決議は、(彼の見解によれば) 支配領域に従属するポリスのあいだに反逆が起こる危険を減らすためには必要であると言っているのである。そこで、おそらく彼に反対する人々は、メロスの人々と同じく、その決議は侮辱的かつ不正である、その上島々のポリスのあいだにアテナイへの恐怖よりむしろ憤りを遍く喚起するように思われる、と論じたであろう。それに、メロスはいかなる方法でもアテナイを脅かさなかった。さらに、別の政策をとった方がアテナイにとってさまざまな面で得になるであろうし、アテナイ人の自尊心に資するとも論じたであろう。それにおそらくは、アルキビアデスに反対した人々は、おそらくミュティレネの運命をめぐる討議の際に市民が抱いていた後悔の念を同胞市民に思い起こさせ、成年男子を虐殺し、女性と子どもを奴隷にするという残酷なことを今回も回避するよう促したであろう。にもかかわらずいかにしてアルキビアデスの主張が勝利を収めたのか、民会での投票の際、相対立する主張がどれほど僅差であったのか、われわれには知るよしもない。ただ、ミュティレネと同じくメロスの場合も民会の決定が既定路線だったとか、議論が無用のものであったと考えるべき理由はまったくない。想像をめぐらし、アテナイの民会に身を置いてみよう。そうすればそこに自由が存在していたことをなおも感じ取れる。

しかしながら、アテナイの将軍たちのリアリズムがもつ衝撃力は、さらに根深いものであった。それが否定しているのはそもそも道徳的決定を可能ならしめている自由だけではない。それは道徳的議論の意義をも否定しているのである。後者は、前者と密接に関連している。仮に、お互いに対する恐怖に突き動かされたわれわれは自分たちの利益になるように行動するに違いないとすれば、正義をめぐる議論は単なるおしゃべり以外の何ものでもありえないだろう。そのおしゃべりは、われわれが自分たちに向けて立てることが可能ないかなる目的とも、他人と共有しうるいかなる目標とも無関係だからである。これこそ、メロスの為政者と同じくらい安直にアテナイの将軍たちが「もっともらしい口実」を案出しえた理由である。つまり、この種の議論では何でも言える。発せられる言葉にははっきりとした指示語も、明確な定義も、そして論理的な含意もまったくない。つまり『リヴァイアサン』の中でホッブズが述べているように、「つねに属人的に、用いている人間と結びついて用いられ」、当人の欲求や恐れを表している。それ以外の何も表しはしない。「自分たちが気に入ることを、さらには自分たちの得になることだけを称揚する」のは、スパルタ人において「もっとも顕著である」だけでなく、まさしくどんな人間にも妥当するのである。別の言い方をすれば、後にホッブズが説明するように、徳や悪徳という名辞は「不確かな意味」(9)しか持っていないのだ。

ある人が分別と呼ぶものを、別人は恐怖と呼ぶ。ある人が残酷と評することを、別人は正義と評する。ある人が浪費と評することを、別人は度量と評する……等々。つまるところ、それらの名辞というものは、いかなる理性的推論の確実なる基礎にも決してなりえない。

「決してなりえない」。最高の言語的権威でもある主権者が、道徳的語彙の意味を確定するまではそうである。しかしながら戦争状態においては、「決してなりえない」は無条件である。なぜなら、その定義からして戦争状態では、支配する主権者などいないからである。実際のところ、市民社会においてすら主権者は、徳と悪徳が織りなす世界に十全な確実性をもたらしえていない。それゆえ道徳の言説は、つねに疑わしさを含んでおり、結局戦争は、道徳的意味をめぐる無秩序《アナーキー》の極端な場合にすぎない。他人の「もっともらしい主張」の本意を見抜いた上で、道徳説話《モラルトーク》を、誰もがうなずくような利害説話《インタレストトーク》に変容させる以外に、われわれが他者の言っていることを理解しうる道はない。このことは一般的にも妥当するが、暴力的対立の際にはなおさら当てはまる。自分たちの主張は正義に適っているとメロスの為政者が訴える時、彼らは支配されたくないと言っているにすぎない。同様に、もしアテナイの将軍たちが、アテナイは領域支配者に相応しいと主張したとすれば、彼らは単に征服欲と敗北の恐怖を表明していたにすぎないであろう。

　これは、道徳をめぐる議論がまとまらない――徒労感が募り、膠着状態が続き、怒りがわき起こり、しかも終わりがない――という日常経験を踏まえているが故に、説得力ある議論である。しかしながら、まさにリアリズムに立脚するにもかかわらず、この議論は日常経験の持つリアリティをとらえ損なっているし、経験の特質を説明しえていない。思うに、このことは、もしわれわれがミュティレネ攻撃の民会決議をめぐる討議に再度目を向けるならば、はっきり理解できる。先ほど引用した「ある人が残酷と評することを、別人は正義と評する……」という言を書いたとき、ホッブズの脳裏には、この討議があったとしてもおかしくはない。クレオンはアテナイ市民に向かって、皆さんは残酷だったのではまったくなく、正義に則った上で容赦しなかったのだと述べたけれども、トゥキュディデスが記すように、当の市民は自分たちの残酷さを悔いていたのである。もっとも、このことは言葉の意味をめぐる見解の対立ではまったくなかった。およそ意味というものが共有されていなかったとすれば、そもそも討議〔論争〕などありえなかったに違いないからである。アテナイ市民の残酷さは、アテナイに対する反逆の首謀者だけでなく、他の人々をも処罰しようとした企図の中にこそある。クレオンもまた、それが実際に残酷なことであろうと認めている。その上で彼は、自分の見解をしかと表明すべく、話を続ける。首謀者「以外の人」などミュティレネにはいない。「過ちをごく少数の人々だけに帰し、一般の人々を免責してはならない。われわれに対して戦った以上、人々も皆同罪である……」。

私には、議論をこれ以上辿ることはできない。そもそもトゥキュディデスが、そうしてくれていないからである。とはいえ、クレオンに対するはっきりした反論が存在することは疑いえない。それはミュティレネの女性と子どもの地位に関わっている。この反論には、さらなる道徳用語（たとえば無実）を用いることが要請されよう。もっとも――残酷さと正義をめぐる議論と同様に――この反論が特殊な定義を必要としているわけではない。そもそもここでの問題は定義ではなく、記述と解釈である。アテナイの人々は、道徳的語彙を共有していた。ミュティレネやメロスの人々ともそれを共有していた。さらに、文化の相違を考慮に入れたとしても、われわれともそれを共有している。自分たちの島の侵略は正義に背く不正義であるという、メロスの為政者の主張をアテナイの人々が理解するのはまったく困難ではなかったし、われわれにとってもそれは困難ではない。見解の対立が生じるのは共有された言葉を現実に適用するに際してなのである。このような対立は、相反する利害とお互いへの恐怖から生ずることもあるが、必ずそれらによって増幅させられる。しかしながら、対立の要因は他にもある。そのような要因は、人々が（たとえ同じような利害を有しており、お互いを恐れる理由などないとしても）道徳世界の中でみずからの位置を確保する際にとろうとする複雑かつ相異なる方途を説明するのに役立つ。まずは、（一般に戦争と政治において）認知と情報が極めて困難である点が挙げられる。だからこそ「当の事柄の真相」をめぐって論争が起きるのだ。さらに、共有している当の諸々の価値についてわれわれが執着する程度は、甚だしく相違する。そしてその価値が脅かされるときわれわれが敢えて赦そうとする行為においてこそ、この相違は著しい。またお互いの見解の要諦を理解するときでさえ暴力的な敵対関係へとわれわれを追い込むような、対立するコミットメントや義務が存在する。これらのことすべては十分に現実的であり、極めてありふれている。それは道徳をイデオロギーと言語操作の世界にするのみならず、誠実さ論争（good-faith quarrels）の世界にもするのである。いずれにせよ、操作しうる選択肢は限られている。誠実に話そうと話すまいと、自分の気に入ることだけを言うことなどできはしない。そもそも道徳説話《モラルトーク》には、有無を言わせぬ力がある。つまり、ある事柄が別の事柄を導出する。おそらくこれこそ、アテナイの将軍たちがそれを始めようとしなかった理由であろう。ホッブズの言葉を敷衍するなら、不正義と呼ばれる戦争は、嫌悪された戦争と同じではない。特別な理由をもって嫌悪された戦争が不正義の戦争なのであり、そのような烙印を押そうとする人なら誰でも、嫌悪するに足る個別具体的な証拠を示す必要がある。同様に、自分は正義に則って戦っていると主張するには、私は攻撃を受けた（メロスの人々がそうであったように「戦争に追い込まれた」）、もしくは攻撃すると脅されたことを主張せねばならない。はたまた他の某かによる攻撃の犠牲者を助けようとしているのだと訴えねばならない。これらの主張には、各々固有の含意があり、その含意によって私は言説の世界へと奥深く引きずり込まれる。その世界では私は際限なく話し続けることができるとはいえ、私が言いうることにはかなりの制限がある。私はかくかくしかじかと言わねばならないし、長い議論を展開すれば正しいことも、間違うこともあろう。しかし道徳説話《モラルトーク》を理解しようとして、話を、利害説話《インタレストトーク》に変容させる必要などわれわれにはない。道徳は、それ相応の仕方で現実の世界と関わっているからである。

ここで、ホッブズが挙げている例を考えることにしよう。『リヴァイアサン』の第二一章で、ホッブズは人間の「本性的な臆病さ」をわれわれが斟酌するべきであると力説する。「軍隊が戦う場合、一方は押しのけられることになる。あるいは双方が逃げ去ることもある。但し、逃げ去るにしても、裏切りによるのでなく恐怖からそうするのであれば、そのような軍隊は正義に悖って逃げたのでなく不名誉にも逃げたと評される」。まさに、価値判断というものがここに要請されている。つまり、われわれは臆病な者を裏切り者から区別しなければならない。仮に両者が「曖昧な意味」をもつ言葉であるとすれば、判断という営みは不可能かつ馬鹿げたことになる。どんな裏切り者も、本性的な臆病さを拠り所に弁明するであろう。そしてわれわれは、当の兵士が友か敵のいずれであったか、われわれの前進にとっての妨げだったのか、それとも同盟者であり支援者だったのかに応じて弁明を受け容れるか却下するであろう。思うに、われわれは時として実際このように振る舞っているとはいえ、われわれが下す価値判断がこういった観点からのみ理解されると考えるのは妥当ではない（ホッブズも具体的な事例においてはそのようには考えていない）。ある人を裏切り者と非難するには、われわれは当人について（彼が裏切り者であることを示す）特定の話を開陳しなければならないし、この話が正しいという具体的な証拠も示さねばならない。そのような話ができないのに当人を裏切り者と呼ぶなら、われわれは言葉を曖昧に用いているのではなく、単に偽りを述べているにすぎない。

戦略と道徳

道徳と正義は、軍事戦略とほぼ同じように語られる。戦略とは、戦争のもうひとつの語り方である。一般に、道徳をめぐる言説が持つさまざまな困難から逃れるべく、戦略という言葉が用いられるのであるが、この言葉を用いることは、〔道徳をめぐる言説と〕同じくらい問題をはらんでいる。策略、退却、側面作戦、兵力の集中等々の戦略用語の意味については、戦略家たちのあいだに合意がある。それにもかかわらず、戦略的に適切な行動手順をめぐっては見解の一致はない。まず彼らは、何をなすべきか論ずる。そして、戦闘が終わると今度は何が起こったのかをめぐって見解が対立する。仮に敗北しようものなら、誰に責任があるのかをめぐって議論を戦わせる。道徳と似て戦略は、正当化のための言語なのである。* 混乱に陥った臆病な指揮官は、己の躊躇や狼狽を、入念な計画の一環だったと言い抜ける。つまり、戦略上の用語は有能なる指揮官にとって有益であるのと同様、優柔不断な指揮官にとっても使い勝手がよい。もっともだからといって、戦略用語が無意味であるということにはならない。もし無意味であるなら、無能な指揮官が大いに栄えることになってしまおう。というのも、そうなると、そもそも無能であるとはどのようなことなのかについて、論ずる手だてがわれわれにはないからである。〔ホッブズが述べるように〕「ある人が退却と呼ぶことを、別人は戦略上の転進と呼ぶ……」ことになるのは、疑うべくもない。しかしながら、われわれには退却と転進の相違がしっかり分かっている。だから、当の事柄の真相を収集し、解釈するのが困難であるとしても、批判的な判断を下すことがわれわれには可能なのである。

*したがって、トゥキュディデスが道徳をめぐる言説について行ったように、われわれは戦略をめぐる言説を「解明」しうる。アテナイ将軍二人が、メロスの人々と議論した後、来るべき戦闘の策を立てるべく陣営に戻ると仮定しよう。二人のうち階級の高い指揮官方がまず口を開く。「われわれの兵力を結集させる必要性について、あるいは戦略的な奇襲の重要性についてご大層な議論を私にしてくれなくともまったく構わない。われわれは端的に正面攻撃を仕掛けるつもりだからである。理由はこうである。自分たちの組織編成をできるだけ完璧に〔して攻撃〕するというやり方もあろうが、事態はいかんともしがたく込み入った様相を呈している。そこで私は速やかな勝利を得なければならない。そうすればシケリア遠征をめぐる論争が始まる前に、私は栄光に彩られてアテナイへ戻ることができるからである。勝利のためには、われわれは何らかのリスクを背負わねばならなかろう。もっともこのことはたいした問題ではない。なぜなら、リスクは諸君が引き受けるものであり、私ではなかろうからである。もしわれわれが敗北するなら、私はともかくにも諸君を非難する。戦争とはそのようなものである」。戦略とは何故に無情で頑迷固陋な人間の用いる言語なのであろうか。右のような発言を想像すれば、理由は容易に理解される……。

戦略についてと同様道徳についても、われわれは判断を下しうる。というのも、道徳的な概念と戦略的な概念は、同じように現実世界を反映しているからである。両者は、単に、（しばしば聞く耳を持たない）兵士に、すべき事柄を指示する規範的な用語であるだけではない。それらは記述的な用語でもあり、それがなければわれわれは戦争について首尾一貫した方法で語ることができなくなってしまう。ここに、戦場から撤退する兵士たちがいるとしよう。彼らは、昨日と同じ戦場を行軍している。ところが、今日は昨日より兵士の数が減っているし、士気は下がり、武器を携えていない兵士の数も多く、負傷者も多い。われわれは、この状況を退却と呼ぶ。また、とある農村に住む男女、さらには子どもを整列させた上で射殺する兵士たちがいるとする。これを、われわれは大量虐殺と呼ぶ。

道徳的な用語と戦略的な用語が、命令の形をなし、加えてそれらに内包される見識がルールという形で表されるのは、用語の実質的内容が極めて明瞭である場合に限られる。降伏しようとする兵士の助命嘆願を決して拒否するな。側面防御を固めないまま決して前進するな。そのような命令をもとに、道徳的あるいは戦略的な戦争計画が立てられるかもしれない。その場合戦争での実際の行動が、計画に沿ったものであるかどうかに注意を払うことが大切になる。とはいえ、そうはならないということも推測できよう。戦争というものは、この種の理論的な統制に服しはしないからである。こうした特質は人間のすべての活動に共通している。もっとも、戦争の御しがたさの程度は、抜きんでているように思われる。『パルムの僧院』の中で、スタンダールは、他ならぬ戦略計画という考えを嘲笑する意図を込めて、ワーテルローの戦いを描写する。戦闘は混沌として説明され、それゆえまったく説明になっておらず、いわば戦闘に説明がつくという考え方の否定に他ならない。それはたとえばフラー少将が分析したようなワーテルローの戦いについての戦略的分析と並んで読まれるべきだが、彼の見解によれば、戦闘とは、ある作戦とそれに対する対抗作戦が組織的に繰り広げられることである。[10] 戦略家は、戦場での混乱や無秩序に無頓着なわけではないし、両者を戦争それ自体が持つ側面として、戦闘の緊迫状態が当然のこととしてもたらす帰結としてとらえることにやぶさかではない。しかしながら、彼は同時に、混乱や無秩序を作戦指揮における責任の問題として、また規律や統制の失敗としてもとらえる。彼は戦略上の命令が無視されていたとの見解を示す。裏返せば、戦略家は学び取るべき教訓を探し求めているのである。

この点で、道徳理論家も同じ立場にある。道徳理論家もまた、自分の規範がしばしば踏みにじられ、あるいは無視されるという事象に対処せねばならない。その上、戦争のさなかにいる人々はルールがしばしば自分たちの状況の極限性に適合的でないと思われるということへのより深い実感をもって、立ち向かわねばならない。とは言え、対処の方途がどうであれ、道徳理論家は戦争が目標を掲げ計画的に遂行される人間の行為であり、したがって行為の帰結に関しては誰かが責任を負うのだという理解を捨て去りはしない。戦局が推移する中で犯される幾多の犯罪あるいは侵略戦争そのものの犯罪性を目の当たりにして、彼は下手人を追及する。もっともこの追及には、誰も味方がいない訳ではない。そもそも、人類がなす他の災禍から戦争を区別する最も重要な特質のひとつは、戦争に巻き込まれる人々はただ被害者であるだけでなく協力者でもある、という点である。われわれは誰しも、巻き込まれた人々は自分の行動に対する責任を負うべきだと考える傾向がある（もちろん強要され致し方なかったという抗弁を認めることも場合によってはあろうが）。われわれがなす議論や判断は、時間をかけて繰り返し続けられていく中で、私が言うところの戦争の道徳的リアリティを形作っていく。すなわち、それは戦争をめぐり道徳的な言語によって叙述される、もしくは道徳的な言語が不可避的に用いられるあらゆる経験に他ならない。

戦争の道徳的リアリティは、兵士たちの実際の行動によってではなく人類がもつさまざまな考えに規定されるという点を強調することは重要である。このことは一面では、哲学者、法律家そしてあらゆる類の評論家の活動に規定されていることを意味する。とはいえ、そのような人々は、戦闘の経験と隔絶して仕事をしているわけではない。つまり彼らの見解は、それ以外のわれわれにとっても説得的と思われる方法によって、戦闘という経験を肉付けする限りにおいて意義を持つ。例を挙げよう。戦時には、兵士と政治家は苦渋の決断を下さねばならないとしばしば言われる。苦しみとは極めて現実的なものである。ここで言う苦しみは、戦闘が本来的にもたらす帰結のひとつではない。このような苦悶は、ホッブズの言う〔死への本能的〕恐怖の如きものでない。むしろ、まったくもって道徳をめぐるわれわれの見解の所産であり、道徳をめぐる見解が共有されて初めて、戦時に苦悶が共有されるのだ。ミュティレネの成年男性を殺害する決断に対して「自責の念に駆られた」のは、少数の例外的なアテナイ人でなく、市民全体であった。市民は自責の念に駆られ、お互いが抱く悔悟の念を分かることができた。というのも、彼らは残酷さの意味について理解を共有していたのである。こうして諸々の意味が付与されることで、われわれは現にある形で戦争を行うのである。ということは、戦争は別様でありうるし（そしておそらく別様でありえた）ということになる。

では、苦悶を感じない軍人や政治家についてはどうであろうか。われわれは、そのような者を、道徳的に無知であるとか、道徳的に無感覚であると評する。（本当に）難しい決断をなすことに何の困難も感じなかった将軍については、なおさら言うであろう。己の立場に起因する諸々の戦略的リアリティを理解していなかったと。あるいは、危険に対して無謀で無頓着だったと。さらに、この将軍をめぐっては、そんな人間には戦闘において戦ったり他人を指揮する資格などない、たとえば自陣右方が脆いことを彼は知るべきである、だから、彼はそのような危険を顧慮してそれを避ける方策をとらねばならない、と論を続けることもあろう。道徳に関わる決断をめぐっても、やはり同じことが言える。つまり、軍人や政治家は、残酷さと不正義が生ずる危険を認識し顧慮して、危険を回避する方策をとらなければならないのである。

歴史相対主義

しかしながら、前に述べた見解に抗すべく、ホッブズ的な相対主義が社会的もしくは歴史的な形態をとってしばしば提示される。この議論によれば、道徳や戦略に関わる知識は時と共に変容するし、政治共同体のあいだでもさまざまである。その上、私にとって無知に思われることがらが、他の誰かには見識のように受け取られるかもしれない。こうなると、変化や差違は疑うべくもなく現に存在するのであり、だからこそ語るのも込み入ったこのような説話が生まれてくるのである。ところが、道徳的な生き方を日常的に送るには、つまるところ道徳的な行為を判断するには、このような説話が大切であるという点が、安直にも強調されている。根本的に異質で似通っていない文化のあいだでは、知覚や悟性の働きにおいて本質的な対立が認められよう。戦争の道徳的リアリティについて言えば、われわれにとってのリアリティは、チンギス・ハーンにとってのそれと同じではないことは間違いない。いわんや、戦略的リアリティについてはなおさらである。しかしながら、たとえある文化において社会、政治面で根本的な変化があったとしても、道徳世界は影響を被らないか、もしくは少なくとも全容を保っているとすれば、われわれは道徳世界をわれわれの先人と共有しているとなお言いうるのである。そもそも、われわれが道徳世界を同時代の人々と共有していないということはまずない。だとすればわれわれは概して先人の行動を学ぶことで、いかにして同時代を生きる人々と共に行動すべきかを会得しているのである。その学習の前提は、彼らがわれわれと同様に〔道徳〕世界を捉えていた、というものである。この前提は、つねに正しいわけではない。とはいえ、われわれの道徳的な生き方（および軍事的な生き方）に安定性と一貫性があり続けているかぎりは十分すぎるほど正しい。仮に、世界観や高邁な理念が棄却されてきた――初期近代に、貴族の騎士道精神を称える態度が棄却されたように――としても、正しい行為についての観念は、しっかりと存続している。たとえば、軍律というものは、戦士の理想主義が消え去った後も存在する。このような存続に関して、私は後でさらに論じるつもりである。ただ今はこの点について、封建時代のヨーロッパから例をとりだして検討することで概括的に論証するつもりだ。封建時代は、ある意味で都市国家からなる古代ギリシアよりわれわれには疎遠であるが、にもかかわらずわれわれが道徳と戦略をめぐるさまざまな理解を共有している時代なのである。

アザンクールの戦いについての三つの説明

実際、この〔一四一五年の〕事例においては、両者のうち戦略をめぐる理解の共有がなされたか疑わしい。フランス軍の騎士の多くがアザンクールで戦死したが、彼らは戦いというものについてわれわれとは相当異なる考えを抱いていた。今日の論者は、彼らが「狂信的なまでに時代遅れの戦い方に固執した」（結局ヘンリー〔五世〕王は彼らとは別の仕方で戦った〔だからフランス軍に勝利した〕）と批判することも、さらには実践的な示唆を与えることすらも可能であると、依然として思っている。オマーンによれば、フランス軍の攻撃は「森を回避するという部隊展開を取り入れるべきであった……」[11]。「自信過剰」でなかったら、フランス軍の指揮官はこの作戦の利点が分かったであろうに。イングランド軍が自分たちの勝利を確信し、ヘンリー五世が戦闘を終結させるべく下した極めて重要な道徳的な決断についても、われわれは同様に述べることができる。イングランド軍は、多くのフランス軍兵士を捕虜にしたが、捕虜になった兵士は、戦線の後方に拘束されず集結させられていたのである。すると突然、遙か後方にある補給用天幕を目がけたフランス軍の攻撃によって、戦いが新たな局面に展開する恐れが出てきたように思われた。ここで、この出来事についての一六世紀のホリンシェッドの説明を紹介しよう（これは実質的にはそれ以前の年代記をなぞったものであるが）[12]。

……馬の背に跨ったかなりの数のフランス兵たち……その数は六〇〇人にも上る……こそ、突進してきた最初の者どもであった。彼らはイングランド軍の大小さまざまな天幕が軍隊から相当離れており、しかも天幕を防御するに十分な守備隊をまったく備えていないと聞き及び、ヘンリーの幕営地へと進軍したのである。……そして天幕を略奪しその中にあった大きな貴重品箱を壊し、中の手箱を持ち去った。これにとどまらず、少しでも抵抗すると自分たちが判断した従者を殺害した。ところが、フランス兵に恐れをなして逃げ去る従僕や小姓たちの叫び声を耳にするや否や、ヘンリー王は敵が再度兵力を結集し、新たな戦闘を仕掛けることがあるまいかと考えた。そこで彼は、常日頃示している寛大さとは裏腹に……捕虜は生かしておくと敵を利することになるのではと懸念した。そこで、喇叭の音を合図に「皆の者、……我が捕虜を手当たり次第殺害せよ」と命令した。

命令のもつ道徳的な特質は、「常日頃示している寛大さ」と「手当たり次第〔自制心を捨てて〕(incontinently)」という表現に示されている。つまり、各人が培い規範化された自制心〔後者に関しては一四一五年には規範として十分確立されていた〕を一気に壊すことを含意する。ホリンシェッドはさらに話を続けてこのような特質を詳しく説明した上で、殺害行為を容認しさえする。その際強調するのは、自軍が獲得した捕虜が戦いに再び加わりそうだという国王ヘンリー五世の危惧である。ホリンシェッドに忠実に則って『ヘンリー五世』を書いたシェークスピアは、ただ則るに留まらず、一方でフランス軍によるイングランドの従者虐殺を強調し、他方で抵抗した者だけを殺したという作者〔ホリンシェッド〕の主張を無視している。(13)

フルーエリン　子どもや荷物まで虐殺するとは！　こいつは明らかに兵法違反だ。いいかな、前代未聞の残虐行為だ。きみの良心にかけて答えてもらいたい。そうは思わんか。

しかしながら、同時にシェークスピアは皮肉混じりの寸評を加えずにはおれない。

ガワー　……その上、やつらはわが国王の天幕を焼き払い、中にあったものを全部もち去ってしまった。そこで陛下は、当然のことだが、各将兵にその捕虜たちの喉をかっ切らせたのだ。まったくすばらしい名君だよ。

一五〇年後にデイヴィッド・ヒュームは、シェークスピアと似たような叙述を、今度は皮肉を交えずに行う。むしろ、国王ヘンリー五世が自分の出した命令をついには取り下げたことを強調する。(14)

……少なからぬピカルディー出身の名士たちが……イングランド兵の軍用行李に襲いかかったことは、武器を持たずに［イングランドの］軍隊に付き従っている人々に脅威となった。結局人々は逃げ去った。敵が自分の廻りをぐるりと固めていることに気づいたヘンリーは、捕虜たちが呼応するのではと大いに危惧し始めた。そこで、彼は捕虜を処刑せよという一般命令を発する必要があると考えた。しかしながら、［処刑というものの］真の有様が分かったとき、彼は虐殺を止めさせた。折しも数多の命を救うことがなお可能であった。

ここでは、「[一般命令を発する]必要性」と「虐殺」のあいだの緊張関係に、道徳的な意味が込められている。虐殺とは人々をまるで畜生のごとく殺すことである――それは詩人ドライデンが綴ったように「それまで戦争だったものを大量虐殺に変えた」――のであるからもちろん、虐殺が必要不可欠と称されることはほとんどない。仮に捕虜たちを殺害することがそれほど簡単なことだったら、おそらく殺害もやむなしとするほど彼らは危険ではなかったことになる。実情を把握したときヘンリーは、(ヒュームがわれわれに納得させようとしているように)道徳的人間として、殺害の実行を止めさせたのである。

この出来事については、フランスの年代記作者や歴史家も、だいたい同じように記している。彼らの著述からわれわれが分かるのは、イングランド軍の騎士の多くが、自分たちの捕虜を殺せという命令を拒否したということである。しかも、拒否の主たる根拠は、人道性に由来するのではなく、むしろ自分たちが当てにしている捕虜受け渡しに伴う身代金を得るためであった。もっともそれだけでなく、「おぞましい処刑の実行が自分たちにもたらすであろう不名誉も考慮して」[15]のことであった。一方イギリスの論者たちは、当惑の度合いを隠せず、むしろ国王ヘンリー五世の命令に焦点を当ててきた。何と言っても彼は自分たちの国王だったからである。まさに、捕虜の扱いに関する戦争のルールが成文化された一九世紀後半には、そのような論者による批判は、ますます辛辣さを加えていった。たとえば「野蛮なる屠殺」や「冷血無比の大規模殺人」といった表現である。[16]ヒュームなら、こんな言い方はしなかったであろう。とは言え、このような言い方と、実際にヒュームが述べたこととの相違などたいした問題ではない。道徳ないし言語上の変容がそこに生じているわけではないからである。

われわれがヘンリーに対してみずから判断を下すには、アザンクールの戦いについてここで私が示しうるよりもっと詳しい状況説明が必要であろう。[17]しかも、たとえそのような説明が得られたとしても、戦闘のストレスや激化をどう評価するかは人によってさまざまであろうから、それしだいでわれわれの見解は異なったものになろう。しかしこのことは、戦略と道徳の両面において共通する状態を明確に示している。それは、われわれのあいだの最も鮮烈な不同意ですら、われわれの根底にある同意と共有された意味をもとに構成され、秩序化されている状態である。ホリンシェッド、シェークスピアそしてヒューム――伝統的な年代記作家、チューダー・ルネサンス期の劇作家、啓蒙時代の歴史家――にとって、さらにわれわれにとっても、ヘンリーの命令は詳しい検討と判断を要請する軍事行為の部類に入る。実のところ、彼の命令は道徳的に問題をはらんでいる。なぜなら、それは残酷さと不正義を犯すリスクを許容しているからである。まったく同様に、われわれはフランス軍の指揮官の戦闘計画を、戦略上問題があるものと捉えてよいだろう。なぜなら、その計画は、戦闘の準備を整えた陣地に対し正面から攻撃をかけるリスクを抱え込んでいたからである。したがって、このようなリスクを認識しなかった将軍は道徳や戦略について無知であると、改めて述べることは適切なのである。

道徳的な生き方において無知はまれであるが、不誠実はめずらしくない。問題をはらんだ判断を下す際に、苦悶を感じない軍人や政治家ですら、本当なら苦悶を感じるべきだということがたいてい分かっている。ヒロシマに原爆を投下する決断を下すに際して、夜眠れないようなことはまったくなかったというハリー・トルーマンの平然とした物言いは、政治指導者が通常述べる類のものではない。軍人や政治家はたいてい、意志決定の辛さを強調することが好都合であると考えている。つまり、苦悶は職務の重荷に他ならず、重荷を背負っていると見られることは、それに勝ることはない。うがった見方をすれば、職務を担う人の多くは、呵責を感じて当然だと思われているが故にのみ良心の呵責を感じているとさえ思える。仮に呵責を感じなければ、彼らは呵責を感じていると嘘をつくのである。政治家や軍人がつく嘘があまり変わっていないということこそ、われわれの価値観が時代をへだてて変わっていないことをもっとも明瞭に証明している。彼らが嘘をつくのは、自己を正当化するためである。そうすることで彼らは正義の特徴をわれわれに示してくれている。〔彼らに〕偽善を感じるということは、われわれがそこに道徳的な知見をみいだしているということである。偽善者の典型は、ソルジェニーツィンの『一九一四年八月』で描かれる帝政ロシア軍の将軍の如き人物である。彼が入念に作成した戦闘報告書は、彼が、戦闘を統制したり指揮したりする能力をまったく欠いていたことを隠しきれていない。少なくとも将軍には、語るべき話が、そして諸々の事柄や出来事に付すべき一連の名称があることが分かっていた。だからこそ語り、名称を付そうと努めたのである。彼の努力は、単なる物まねではなかった。それはいわば、無能な者が正しい理解に示す敬意であった。同様のことは、道徳の領域においても当てはまる。実のところ、語るべき話があり、戦争や戦闘について他者から道徳的に妥当と認められるような語り口もある。私は個別具体的な決定が必ず正しいもしくは誤っている、あるいは単に正しいとか誤っているとか言いたいのではない。道徳に関わる意志決定が意味を失わないよう世界をとらえる方法があると言っているだけである。偽善者は実際にはこれとは別様に世界を見ているのかもしれないが、彼はこのことを十分わきまえている。

戦時中の言説は偽善だらけである。そのような時局では正しいと思われることが極めて重要だからである。これは、道徳が危機に瀕していることを意味するだけではない。そもそも偽善者はそれを自覚していないことすらあろう。より重要なのは、偽善者の行為が偽善者ならざる他の人々によって判断され、その判断が偽善者に向けられる態度方針に影響するであろうということである。さもなければ、偽善には何の益もないことになろう。まさに、誰も真理を語らない世界で嘘をつくことに何の益もないのと同じである。偽善者は、われわれの道徳感につけこんでいる。したがって、われわれは偽善者の主張を真摯に受け止めた上で、そのような主張が道徳的リアリズムに則っているかどうか吟味してみる以外にないように私には思われる。偽善者は、人々が彼に対して期待しているように考え、行動しているふりをする。彼は、道徳的な戦争計画に沿って自分は戦っているのだとわれわれに訴える。たとえば、自分は市民を標的にしているのではない。自分は、降伏しようとする兵士たちの助命嘆願を受け容れている。捕虜を拷問したことはない、等々である。これらの主張が正しいことも、誤っていることもあろう。その当否を判断することは容易ではない。それでも（戦争計画が実際、単純ではないとはいえ）判断を下す努力をすることが大切である。実際、みずからを道徳的な人間であると称したいのなら、われわれは道徳的判断をなすべく努めねばならない。われわれがつね日頃そのように努めていることは明らかである。もし、戦争状態においてわれわれが皆アテナイの将軍やホッブズ主義者のようなリアリストになってしまったとすれば、道徳と偽善は共に絶えたも同然であろう。われわれはただ、何をなしたいのか、あるいは何をなしたのかを荒っぽくまたあからさまに、お互いに対して述べるだけであろう。しかしながら実は、われわれのほとんどが——戦争の最中であっても——欲していることのひとつは、道徳的に行為すること、あるいは道徳的に行為しているよう思われることに他ならない。われわれがこのように欲するのは、端的に道徳の意味を理解しているからである（少なくとも、道徳が一般的に意味すると考えられている内容を分かっているからである）。

私が本書で考究したいのは、そのような道徳の意味である。しかも私の意図は、道徳の意味の全般的な特質にではなく、むしろ戦争行為に対して道徳の意味を具体的に当てはめることにある。そこで、私は本書を通じて次のようなことを前提としておきたい。まず、われわれは現実に道徳世界の中でまさに行為している。第二に、個々の意志決定や決断は実に困難かつ問題をはらんでおり、同時に苦悶をかき立てるものである。しかもこれは道徳的世界の構造と関連している。第三に、言説というものは道徳世界を反映しており、われわれが道徳世界にたどり着くのに資する。最後に、道徳をめぐる語彙についてのわれわれの理解は、広く浸透しまた確固としているがゆえに、道徳的な判断を共有することができる。もしかすると、私が行おうとする議論が理解不可能で風変わりなものと思う人々が暮らす、われわれとは別の世界が存在しよう。しかしながら、そのような人々がそもそも本書を読むことはないだろう。仮に本書の読者が私の議論を理解不可能で風変わりであると考えるなら、それは道徳をめぐる言説をなすのが不可能だからでもなければ、私の用いる言葉の意味が定まっていないからでもない。そうではなく、われわれが共有する道徳を把握し敷衍することを、私自身が成し遂げられていないからである。

【原注】

（1）この引用や以下の引用は *Hobbes' Thucydides*, ed. Richard Schlatter（New Brunswick, N.J., 1975）, pp. 377-85（*The Hisotory of The Peloponesian War*, 5: 84-116）から採ったものである〔これらの引用文は、ギリシア語原典と異なる部分もあるが、ウォルツァーの思考に沿うため本文中の訳文は、英語による引用文を訳したものである。該当箇所は直接にギリシア語から訳したトゥキュディデス『歴史ⅠⅡ』（藤縄謙三訳、京都大学学術出版会）では以下のとおりである。「他の島々と違ってアテナイへの服従を受け容れていなかった。もっとも当初はどちらの陣営にも属さず中立を保っていたが、後にアテナイが領地を壊乱しながら同盟参加を強要してきたため、はっきりと敵方に回ったのである」（Ⅱ、第5巻、七二頁）。テクスト（S・ジョーンズ校訂のオックスフォード古典叢書）に従って訳文を一部修正〕。

（2）Dionysius of Halicarnassus, *On Thucydides*, trans. W. Kendrick Pritchett（Berkley, 1975）, pp. 31-33.

（3）F. M. Cornford, *Thucydides Mythistoricus*（London, 1907）, 特にその一三章を参照のこと。

（4）*The Trojan Women*, trans. Gilbert Murray（London, 1905）, p. 16〔ちくま文庫『ギリシア悲劇Ⅲ　エウリピデス（上）』、筑摩書房、六四〇頁。ただしJ・ディッグル校訂のオックスフォード古典叢書に従って一部修正。なおこの言葉は、ポセイドンの台詞である〕.

(5) Werner Jaeger, *Paideia: the Ideals of Greek Culture*, trans. Gilbert Highet (New York, 1939), I, 402.

(6) H. W. Fowler, *A Dictionary of Modern English Usage*, second ed., rev. Sir Ernest Gowers (New York, 1965), p. 168; cf. Jaeger, I, 397.

(7) *Plutarch's Lives*, trans. John Dryden, rev. Arthur Hugh Clough (London, 1910), I, 303. アルキビアデスはまた「自分のために囚われしメロスの女の一人を選んだ……」。

(8) *Hobbes' Thucydides*, pp. 194-204 (*The History of the Peloponnesian War*, 3: 36-49).

(9) Thomas Hobbes, *Leviathan*, ch. IV〔水田洋訳『リヴァイアサン』、岩波文庫、第四章〕.

(10) *The Charterhouse of Parma*, I, chs. 3 and 4〔生島遼一訳『パルムの僧院』、岩波文庫、第三章、第四章〕; J. F. C. Fuller, *A Military History of the Western World* (n. p., 1955), II, ch. 15.

(11) C. W. C. Oman, *The Art of War in the Middle Ages* (Ithaca, N. Y., 1968), p. 137.

(12) Raphael Holinshed, *Chronicles of England, Scotland, and Ireland*, 引用は William Shakespeare, *The Life of Henry V* (Signet Classics, New York, 1965), p. 197より。

(13) *Henry V*, 4: 7, II. 1-11〔訳文は小田島雄志訳『シェイクスピア全集　第三巻』、白水社、二〇八頁を参照（但し一部表現を変更)〕.

(14) David Hume, *The History of England* (Boston, 1854), II, 358.

(15) René de Belleval, *Azincourt* (Paris, 1865), pp. 105-06.

(16) J. H. Wylie, *The Reign of Henry the Fifth* (Cambridge, England, 1919), II, 171 ff. における諸見解の要約を参照のこと。

(17) ヘンリーの行動が擁護しうるものではないことを示唆する卓抜した詳細な説明に関しては John Keegan, *The Face of Battle* (New York, 1976), pp. 107-12を参照のこと。

【訳注】

〔1〕ウォルツァーの英訳 law は単数になっているがラテン語原文 leges は複数形である。キケローは、『ミロー弁護』で、いかにも弁論家らしく倒置させてこの表現を用いている（Silent enim leges inter arma: *Pro T. A. Milone Oratio*, 4.11. テクストは A. C. Clark 校訂の Oxford Classical Text）。

〔2〕この箇所の藤縄訳は以下のとおり。「強者はみずからの力を行使し、弱者はそれに譲る」（前掲書Ⅱ、七五頁）。

〔3〕該当箇所はギリシア語からの訳とウォルツァーの引用とではかなり異なっている。「それ〔諸君からただ嫌われること〕よりも、友誼が弱さの証しとして、逆に憎悪が力の証しとして被支配者たちに受け取られる、それこそが吾々には悩ましいのだ」（前掲書Ⅱ、七七頁。以下、この訳注では藤縄訳を適宜変更）。

〔4〕ただし、実際にホッブズがこのような表現を用いているわけではない。彼が用いる absolute necessity は、物体の運動をめぐる概念である。

〔5〕この箇所もギリシア語からの訳をあげておく。「なぜなら、今諸君が臨んでいるのは、卑怯の誇りを退け、勇敢さを誇るべく、双方が対等な立場で争われる競技の場ではなく、自分よりもはるかに強い相手に立ち向かうのを諦めて、わが身の安全を図るための審議の場なのだから」（前掲書Ⅱ、七九頁）。

〔6〕この箇所の藤縄訳は以下のとおり。「すると、諸君は支配者の地位を失わないために、そしてすでに隷従している国々は支配から解放されるために、互いがそれほどに大きな脅威を及ぼしているのが事実なら、まだ自由を保っているわれわれが、奴隷にされる前に、あらゆる可能性をつくして抵抗を試みないとすれば、それこそ卑賤と怯懦の振る舞いと言わねばなるまい」（前掲書Ⅱ、七八―七九頁）。

〔7〕この箇所の藤縄訳は以下のとおり。「だとすれば、神の配慮の厚さについては、吾々も決して諸君に劣るものではないと考える。なぜなら吾々の主張と行動には、敬神の態度にせよ、他の人間に対する要求にせよ、人間としての本性からはずれたものは何ひとつないからだ」（前掲書Ⅱ、八〇―八一頁）。なお、テクストでは、この言葉はメロス側でなく、アテナイ側のものである。ウォルツァーの引用文では、両者（五・一〇四―一〇五・1）が混同されている。

〔8〕この箇所の藤縄訳は以下のとおり。「たとえ他にいかなる理由がなくても、ただ吾々と血族を同じくし、恥を潔しとしないが故に、必ずや救援にやってくるに相違ない」（前掲書Ⅱ、八〇頁）。

〔9〕この箇所の藤縄訳は以下のとおり。「快楽を美徳とみなし、利益を正義と同一視することにかけて、ラケダイモン人の右に出るものはいないと思われる」（前掲書Ⅱ、八二頁）。

〔10〕この箇所の藤縄訳は以下のとおり。「諸君にせよ、他の誰にせよ、吾々と同じく支配者の地位にあれば、吾々と同じ行動に打って出るだろうと確信している」（前掲書Ⅱ、八一頁）。

〔11〕この箇所の藤縄訳は以下のとおり。「その他の者たちの処置については議論されたが、怒りに駆られたアテナイ人は、ここへ送られて来た者だけでなく、ミュティレネの成年男子全員を死刑に処し、子どもと妻女はすべて奴隷にすると決議した。彼らが特に非難したのは、他の同盟国の場合とは異なって、支配されていたわけでもないのに、離反してアテナイに対して反乱を起こしたことにあった」（前掲書Ⅰ、第3巻、二八二－八三頁）。

第二章　戦争の犯罪

戦争の道徳的リアリティは二つの部分に分けられる。戦争はつねに二度、価値判断にさらされるのである。一度目は、戦うにあたって国家が有する理由に関して。二度目は、国家が用いる手段に関して。第一の種類の判断は、その性質において形容詞的である。すなわち、われわれは特定の戦争が正しい、あるいは不正であると語る。第二のものは副詞的である。すなわち、われわれはその戦争は正しく、あるいは不正に戦われていると語るのである。中世の著述家たちは、その違いを前置詞の問題にしており、ユス・アド・ベルム（戦争への正義〈*jus ad bellum*〉）☆をユス・イン・ベロ（戦争における正義〈*jus in bello*〉）から区別していた。この文法的な区別は深い論点を指し示している。ユス・アド・ベルムがわれわれに求めているのは、侵略と自衛について価値判断をすることである。これに対して、ユス・イン・ベロがわれわれに求めているのは、交戦の慣習的なルールや実定的なル

☆　本書全体では jus ad bellum をユス・アド・ベルムとカタカナ表記している。ウォルツァーはここでこれを justice of war と英訳しているが、ここではそれを「戦争の正義」とは訳さずにラテン語に忠実に「戦争への正義」と訳した。

ールの遵守や違反について価値判断をすることである。この二種類の価値判断は論理的に独立している。正しい戦争が不正に戦われること、不正な戦争がルールに厳密に従って戦われることは、完全に可能である。しかし、この独立性は、たとえ特定の戦争についてのわれわれの見解がしばしばそうした観点に準拠しているとしても、それでもやはりわれわれを困惑させるものである。侵略を行うことは犯罪であるが、侵略戦争はルールに規定された行動である。侵略に抵抗することは正しいが、その抵抗にも道徳的な（そして法的な）制限がかけられている。ユス・アド・ベルムとユス・イン・ベロの二元論は、戦争の道徳的リアリティにおいてもっともやっかいなすべての問題の核心にあるのである。

戦争全体を理解することが私の目的なのだが、この二元論が戦争の全体性が持つ本質的特徴となっているので、私は各部分を説明することから始めなければならない。本章で私が示したいと考えているのは、戦争を始めることが犯罪であると述べるとき、われわれは何を意味しているのかである。そして次章で、私は犯罪であるような戦争を行っている兵士にさえ適用される交戦のルールが存在しているのはなぜかを説明しようと考えている。本章は第二部の導入になっており、第二部で私は、犯罪の性質を詳細に吟味し、妥当な抵抗の形態を記述し、正しい戦争を行うにあたって兵士や政治家が正当に追求することのできる目的を考察するつもりである。次章は第三部の導入になっており、第三部で私は、戦争の正当な手段や実質的ルールを論じ、そうしたルールがどのように戦闘状態に適用され、「軍事的必要性」によって緩和されるのかを示すつもりである。そののち初めて、目的と手段、ユス・アド・ベルムとユス・イン・ベロのあいだにある緊張関係に取り組むことができるであろう。

私は戦争の道徳的リアリティが完全な一貫性を持ったものなのかどうか確信を持てないでいる。しかし差し当たっては、それに関して何ごとかを述べておく必要はない。戦争の道徳的リアリティが認識可能で相対的に安定した形態を有しており、その各部分が認識可能で相対的に安定した仕方で結びついたり結びつかなかったりしていれば十分である。われわれは、恣意的にではなく、もっともな理由があって、そのように形成したのである。戦争の道徳的リアリティは、国家や兵士、つまり戦争の主人公に関する、およびその中心的な経験である戦闘に関するわれわれの理解を反映している。そのような理解の諸要素が私の直接の主題である。それらはわれわれが日々行っている批判的判断の歴史的産物であると同時に、またそうした判断を行うための必要条件にもなっている。それらは道徳的な（そして不道徳的な）企てとしての戦争の性質を決定しているのである。

戦争の論理

なぜ戦争を始めることがいけないのだろうか。われわれはその答えを知りすぎるほど知っている。人々は殺され、その数はしばしば巨大なものとなる。戦争は地獄である。しかしながら、それ以上のことを述べておく必要がある。というのも、戦争一般についてや、兵士の行為についてのわれわれの考えは、人々がどのように殺されるのか、そして殺される人々とは誰なのかに極めて大きく依存しているからである。それゆえおそらく、戦争の犯罪を記述する最良の仕方は、端的に、こうした点のいずれに関しても何の制限も存在していない、と述べることである。すなわち、考えうるあらゆる残酷な方法で人々が殺され、また年齢、性別、道徳的条件の区別なしに、あらゆる種類の人々が殺されるのである。こうした戦争の見方は、カール・フォン・クラウゼヴィッツの『戦争論』の第一章で鮮やかに要約されている。クラウゼヴィッツが戦争を犯罪と考えた証拠はないが、彼は確かに他の人々がそう考えるようにし向けたのである。後々の人々の考え方を形づくったのは、クラウゼヴィッツの（彼が後に行った修正よりむしろ）初期の定義であり、それはいくぶん詳細に考察してみる価値がある。

カール・フォン・クラウゼヴィッツの議論

クラウゼヴィッツは次のように書いている「戦争とは武力の行使であり、……理論的には制限を持ちえない」[(1)][〔1〕]。戦争という観念は、彼にとっては、どのような現実の制約があれやこれやの社会で観察されるとしても、無限性という観念を伴っている。もしわれわれが、「偶然的な」要素によって影響を受けない、いわば社会的な真空状態で行われる戦争を想像するならば、それは使用される武器、採用される戦術、攻撃される人々、その他どこにもまったく制約なしに戦われるであろう。というのも、軍事的行為は内在的な制限を知らないからである。また、クラウゼヴィッツが「人類愛的（philanthropic）」[〔2〕]と呼ぶこともあった外在的な道徳規範を組み込めるように、われわれの戦争概念を洗練させるということも不可能である。「われわれは、決して、矛盾を犯さずに、戦争の哲学に修正原理を持ち込むことができない」[〔3〕]。それゆえ、戦いが苛烈なものになればなるほど、双方の側での暴力の使用は、いよいよ全般的で激しいものとなる。そして、ますます概念上の意味における戦争（「絶対戦争」）に接近していくのである。そうなると、それがいかに危険で残酷なものであれ、戦争の範疇には入らず、戦争とはいえない暴力行為を想像することもできない。というのも、戦争の論理とは、端的に言って、道徳の極限へ向けて絶えずにじり寄っていくことだからである。これこそ、その過程が始動しだすと極めて恐ろしい（クラウゼヴィッツはそのことをわれわれに語らないのだが）理由である。侵略者は、彼が始めた戦闘のすべての結果に対して責任を負っている。特殊なケースでは、そうした結果を前もって知ることはできないかもしれないが、つねに結果は潜在的に恐るべきものである。かつてアイゼンハワー将軍は次のように述べた。「武力に訴えようとしているとき、……あなたは自分がどこに行こうとしているのかを知らなかった。……深みにはまればはまるほど、武力それ自体の限界を……除けば、まさに限界は存在しないのである」(2)。

クラウゼヴィッツによれば、戦争の論理の働き方はこうである。すなわち、「敵対する各々の側が、他方の側に強要することになる」(4)。その結果は「相互作用」であり、絶え間ないエスカレーションである。そこにおいてはどちらの側も、もし最初に行動を起こしたのだとしても有罪ではない。というのも、あらゆる行動が先制行動と呼ばれうるし、またほとんど確実に先制的だからである。「戦争は、力の最高度の行使へと向かう傾向がある」(5)。そして、それは、いっそうの無慈悲さへ向かうことを意味している。というのも、「相当量の流血に尻込みしない無慈悲な力の使用者こそが、相手が同じことをなしえないかぎり優位に立つに違いないからである」(3)(6)。それだから、トゥキュディデスとホッブズが「自然の必然性」と呼んでいるものに突き動かされた相手側は、なしうるときにはいつでも、相手側の無慈悲さに釣り合うだけの同じことをなす。しかしこうした記述は、エスカレーションがどのように起きるかに関する有益な説明ではあるが、私がすでに行った批判を免れるものではない。軍事的、道徳的な意志決定の具体的なケースに焦点を向けるや否や、われわれは抽象的な傾向によってではなく、人間の選択によって左右される世界へと参入するのである。エスカレーションへ向かう実際の圧力は、ある時は強かったり、ある時は弱かったりするだろうが、操作する余地がないほど圧倒的なものであることはほとんどない。戦争は、確かにしばしばエスカレートする。しかし、戦争はまた、(ときには)かなり安定したレベルの暴力や残酷さで戦われ、そのレベルは(ときには)低いのである。

クラウゼヴィッツはこうしたことを認めているが、絶対的なものへの肩入れを放棄してはいない。彼は次のように書いている。戦争は「その程度が、ときにはより強度なものとなり、またときには低強度なものであるかもしれない」。さらにまた、「絶滅戦争から単なる武装監視の状態まで、その重要性とエネルギーにおいて、あらゆる程度の戦争が存在しうるのである」(4)〔7〕。私が思うに、これら二つのあいだのどこかで、われわれは、すべてが許されるだとか、何でもありだとかいったことを語り始める。そのように語る場合、われわれは戦争の一般的な無限性ではなく、特定のエスカレーションや特定の武力行使に言及しているのである。誰もこれまで「絶対戦争」を経験してはいない。あれやこれやの紛争で、われわれはあれやこれやの残虐行為に耐える（あるいは、残虐行為を犯す）が、そうした残虐行為は、つねに具体的な表現で記述することができる。地獄に関しても同じである。私は、鞭やサソリ鞭、熱した焼き鏝、他者について考えることなしに、際限のない苦痛を概念化することはできない。〔8〕ところで、戦争は地獄であるとわれわれが述べるとき、われわれは何について考えているのだろうか。戦争のどのような側面が、その開始を犯罪行為とみなすようわれわれを導くのだろうか。

同様の疑問を、別の仕方で、考えてみることもできる。戦争は、武力行使が生じるコンテクストや、その意味が引き出されてくるコンテクストが何らかの形で特定されるのでなければ、それをひとつの武力行使として有効に描き出すことができない。ここでの問題は、他の人間活動（たとえば、政治や商業）の場合と同じである。重要なのは、人々が何をなしたか、つまり彼らがなす身体の動きではなく、彼らが作る制度や慣行、慣例である。それゆえ、戦争を「修正する」社会的、歴史的条件は、戦争それ自体に対して偶然的なもの、あるいは外在的なものとみなされるべきではない。というのも、戦争は社会的な創造物だからである。それは特定の時点において特定の仕方で、そしてときには少なくとも「力の最高度の行使」には抵抗するような仕方で具体化するのである。実際、何が戦争であり、何が戦争でないかは人々が決定する事柄（私は投票によってということを意味しているわけではない）である。人類学的説明と歴史的説明のいずれもが示しているように、戦争とは限定戦争であると人々は決定しうるし、相当に多様な文化的環境において、人々はそのように決定してきた。――すなわち、人々は、誰が戦うことができるのか、どのような戦術が受け容れ可能か、いつ戦闘は中断されなければならないか、勝利に伴ってどのような特権が付随するのかといったことに関して特定の見解を戦争という観念それ自体に持ち込んできたのである。＊限定戦争は、つねに時と場所に規定されたものであるが、そのことは、その先は戦争が地獄であるようなエスカレーションを含めてすべてのエスカレーションにあてはまる。

＊もちろん、これは、まさにクラウゼヴィッツが否定したかったことである。彼は専門用語を用いて、戦争とは決して戦争自身のルールによって構成された活動ではないと論じている。戦争は、決して決闘のようなものではない。決闘という社会的慣行は、ルール・ブックや慣習上の掟に明確に示された暴力行為だけを含み、またそれらから成っている。もし私が対戦相手を負傷させ、介添人を撃ち、さらに棍棒で相手を死に至るまで打ち据えたとすれば、私は彼と決闘しているのではない。私は彼を殺害しているのである。しかし戦争における同様の残虐行為は、それがルールを破るものであるにもかかわらず、なおも戦争行為（戦争犯罪）とみなされる。それゆえ、軍事行動は無制限であるという型にはまった、あるいは言語上の感覚が存在しているのである。そして、このことは間違いなく、そのような行動に関するわれわれの理解に影響を与えてきた。しかしながら、同時に、「戦争」やそれに関連した言葉は、少なくともときどきは、より限定的な意味で用いられている。ボーア戦争時にイギリス自由党の指導者の一人だったヘンリー・キャンベル＝バナーマン卿の有名な演説に示されているように「戦争はいつ戦争でなくなってしまうのか。それは野蛮なやり方で行われる時である……」。われわれは今現にボーア戦争に言及しているわけだが、この議論はその事例に特異なものではない。私は後で、別の例を提供するつもりである。

同意の限界

いくつかの戦争は地獄ではないので、そこから始めるのが最善であろう。第一のもっとも明らかな例は、若武者たちの競技的な闘い、舞台上に審判のいない大規模な武芸大会である。そうした例は、アフリカや古代ギリシア、日本、封建時代のヨーロッパに見出すことができる。これが、子どもだけでなく大人のロマンチストの想像力をもしばしば虜にする「武器を手にした競争」である。ジョン・ラスキン☆1はそれを彼自身の理想としている。「創造的な、あるいは根源的な戦争とは、そこにおいて、自然な活動力や競い合うことへの愛が、同意によって、美しい――それは命がけのものであるかもしれないが――遊戯の形式へと鍛え上げられる場である……」(5)。創造的な戦争は、恐ろしく血腥いものではないのかもしれないが、そのことは創造的な戦争に関して決定的なことではない。私は、武芸大会の残酷さを強調する記述を読んだことがあるが、それを読んでも誰も武芸大会の開催を犯罪であるとは言わない。私の考えでは、そのように言うことを不可能にしているのは、「同意によって」というラスキンの表現である。彼の語る美しき武者たちは、みずからが選択したことを行っている。だからこそ、これまでいかなる詩人も、第一次世界大戦における歩兵について書いたウィルフレッド・オーウェン☆2と類似の観点から武者たちの死を描きはしなかったのである(6)。

畜牛として死ぬ者のために弔鐘は鳴るか。

ラスキンは次のように書いている。「[戦争は] それを自発的にみずからの専門職業とした若者たちにとって、つねに盛大な気晴らしであり続けてきた……」。たとえわれわれには恐るべきものに見えたとしても、われわれは、彼らが選択したということを、彼らが選んでいるものが恐るべきものではありえないことを示す印として受け取っている。ことによると、彼らは、残忍な乱闘を気高いものにするかもしれないし、そうではないかもしれない。しかし、もしこの種の戦争が地獄のようなものであったならば、これらの血筋正しい若者たちは、何か別のことをしていたであろう。*

＊われわれは、一通の手紙の中に、幸福な戦士の気分を垣間見ることができる。それは、ルパート・ブルック☆3が、第一次世界大戦のまさに開始にあたって、それがどのようなものになるのかを知る前に友人に書き送ったものである。「一緒に来て死のうぜ。楽しいぞ」(Malcom Cowley, *A Second Flowering*, New York, 1974, p. 6からの引用)。

同様の主張は、戦闘が自発的なものであるときにはつねになされうる。また、戦闘に関与している者がみずか

☆1　「ジョン・ラスキン」John Ruskin（1819-1900）．イギリスの著述家・美術評論家・画家。オックスフォード大学美術史教授。晩年は芸術と社会の関連から社会問題、経済問題に取り組んだ。

☆2　「ウィルフレッド・オーウェン」Wilfred Owen（1893-1918）．イギリスの詩人。第一次世界大戦の戦争詩人中の第一人者。終戦直前に戦死。痛切な戦場体験から初期のジョージ朝風の詩風を脱し、「戦争の哀れさ」を義憤と人間愛をもってうたい上げた。「死すべき定めの若者のための賛歌（Anthem for Doomed Youth）」が有名。

☆3　「ルパート・ブルック」Rupert Brooke（1887-1915）．イギリスの詩人。フェビアン協会員として活躍。第一次世界大戦に参加してギリシアで病没した。ソネット集『一九一四年』（一九一五年）によって死後名声を確立した。

ら選んで戦っているのではないとしても、彼が悲惨な結果を招くことなしに戦いを止めるという選択をなしうる限りは、事情はそれほど変わらない。ある種の原始社会では、若者と呼びうるすべての年齢の集団が戦闘に送られた。個人は、不名誉と追放の危険にみずからの身を晒すことなしに、戦いを避けることはできないのである。しかし、戦場それ自体には、実効性のある社会的圧力や軍紀は存在していない。それゆえ、ホッブズが言うように、「両陣営で逃亡」[7]が起きるのである。逃亡が許されている場合には、原始的な戦争ではしばしばそうであったように、戦闘は明らかに短くなり、戦傷者もわずかとなろう。「力の最高度の行使」のようなものはどこにも存在していない。逃げ出さずに立ち止まって戦う者は、彼らの立場が要求する必然性によってではなく、自由な選択の問題としてそうするのである。彼らは、おそらくはそれを楽しんでいるがゆえに、戦闘の興奮を求めているのであって、その後に来る運命がたとえ極めて苦痛に満ちたものであったとしても、それを不正義と呼ぶことはできない。

傭兵や職業軍人の場合はより複雑であり、かなり注意深く吟味を行うことが必要である。ルネサンス期のイタリアでは、戦争は偉大な傭兵隊長が集めた傭兵たちによって、一部は投機的な事業として、また一部は政治的な思惑から行われた。都市国家や公国はそうした男たちに依存しなければならなかった。というのも、当時の政治文化は実効性のある強制を可能にするものではなかったからである。徴兵制の軍隊は存在していなかった。兵の徴集には金がかかり、それぞれの軍隊は相当の資本投資を必要としていたので、その結果、戦争は極めて限定された性質のものとなった。戦闘はたいていの場合、戦術的機動作戦の問題となり、物理的なぶつかり合いは稀だった。命を落とす兵士は比較的少数だったのである。二人の傭兵隊長が書いているように、戦争は、「武器を用いた現実の衝突よりも、むしろ勤勉さや狡猾さによって」[8]、勝ち取られねばならなかった。それゆえ、ザゴナーラにおけるフィレンツェ軍の大敗北では、マキァヴェリがわれわれに語っているように、「落馬して、ぬかるみで溺れ死んだロドリーゴ・デッリ・オビッツィと彼の従者二人の死を除けば、［戦闘で］死は生じなかった」(9)のである。とはいえ、ここでも私は戦闘の限定された性質ではなく、戦闘に先立ち、それによって戦闘が限定されるもの、すなわち戦争を選択することにおけるある種の自由を強調したい。傭兵は諸々の条項に署名しており、実際には作戦や戦術を選べないような場合にも、ある程度、奉仕の代価を決めることで指揮者の選択に条件をつけることができた。そのような自由があったのだから、彼らは極めて血腥い戦闘を行ったかもしれないが、その光景によってもわれわれは、戦争は犯罪であったと言ったりはしない。傭兵軍のあいだの戦いは確かに政治的紛争を解決する悪しき方法であるが、われわれがそれを悪しきものと判断するのは、兵士自身のためを考えてではなく、その運命が決められてしまう民衆のためを考えてなのである。

しかしながら、傭兵軍が、契約する以外には自分と家族を養う他の方法を見つけることができない、甚だしく貧窮化した人々のあいだから徴募されている場合には（たいていはそうなのだが）、われわれの判断はまったく異なったものになる。ラスキンは、武者について語るとき、この点を突いている。「次のことを心に留めておかねばならない。すなわち、正しく戦われるこの戦争というゲームの中に、たとえどのような徳や美がありうるとしても、諸君が貧弱な多数の歩兵を使ってゲームを行い、［諸君が］無数の農夫に剣闘士の戦争を強い［たのであれば］、……そこには徳も美もない」(10)。その場合、戦闘は、「大虐殺の馬鹿騒ぎ」になってしまう。つまり、戦闘の渦中において同意に基づくいかなる規律もありえず、命を落とす者は別の生き方をする機会を決して与えられることなく死んでゆくのである。地獄とは、彼らが決して選んだのではないリスクや、彼らが耐え忍んでいる苦痛や死に対して与えられた正しい名前である。そのような苦痛に対して責任がある人間は、正しくも、犯罪者と呼ばれる。

傭兵は、公開市場でそのサービスを売っている職業軍人《プロフェッショナル・ソルジャーズ》であるが、自分自身の君主や国民にだけ仕え、彼らとて軍務によって暮らしを立てているくせに傭兵という名を軽蔑している他の専門家《プロフェッショナルズ》も存在している。『戦争と平和』の中で、アンドレイ公爵は、次のように述べる。「われわれは、皇帝と国家に仕え、共通の大義の成功を喜び、失敗を悲しむ将校であるか、あるいは主人の大事に関心を持たない雇い人であるかだ」[11]。この区分は、あまりにも荒っぽい。実際には、中間的な立場が存在している。しかしながら、兵士が「共通の大義」への献身を戦いの理由にすればするほど、われわれはますます彼に戦いを強いることを一個の犯罪とみなすであろう。われわれは、彼の献身は国家の安全に対してのものであること、その安全が脅かされているときにのみ戦うこと、そしてその場合には戦わねばならない（彼は「追いこまれ」た）というように考える。それは彼の義務であって、自由な選択ではないのである。彼は、伝染病が蔓延しているあいだ、みずからの生命を危険にさらしている医師のようなものである。この医師は自身がその習得を選択した専門技術を使うのだが、彼がこの技術を習得したのは彼が伝染病を待ち望んでいたしるしではない。他方で、職業軍人は、ときに、まさに次のような争い好きの武者に似る。すなわち、愛国的な信念よりも勝利への渇望によって突き動かされており、それゆえ、われわれもおそらくはその死にそれほど心を動かされないような戦士である。少なくとも、われわれは、オーウェンが塹壕の中の仲間について語った次のようなことを言わないだろうし、また彼らもそのように言ってほしいとは思わないだろう。「人は、何かの病に罹患したように戦争にかかって死ぬ」[12]。そうではなく、彼らは、自分の自由意志によって死んだのである。

戦うことを強いられ、同意という歯止めが破られたときにはいつでも、戦争は地獄である。もちろん、このことはほとんどの場合に戦争が地獄であることを意味している。記録に残された歴史の大半を通じて、軍隊を配置し、兵士を戦闘に駆り立てる能力を持った政治組織が存続してきた。「創造的な戦争」への道を開くのは、政治的統制の不在か、あるいは細部におけるその機能不全である。私が提示してきた例は、地獄の境界線を定めている限界的な事例として理解されるのが最良だろう。われわれ自身は、地獄に居を定めて久しい——たとえわれわれが、戦うか戦わないかを決定する政府が人民によって選ばれる民主主義国家に暮らしていたとしてもである。というのも、私はいま、そのような政府の正統性を考察しているのではないからである。また私は、戦争が必要であると信じさせられ、進んで志願するよう誘導されて、戦争に賛成票を投じる兵士になる可能性のある人々の意志に直接的な関心を持っているわけでもない。ここで重要なのは、（ひとつの専門的職業としての）戦争、あるいは（戦時のあれこれの機会における）戦闘が、どの程度、兵士が自分の裁量で、そして本質的に私的な理由で行った個人的選択であるかである。戦いが法的義務ないし愛国的責務になってしまえば、たちまちその種の選択は事実上消失する。したがって、哲学者のT・H・グリーン☆が書いているように「戦闘員の生命の浪費は、国家権力が強いているものである。それは、軍隊が、自発的な入隊によって集められたにせよ、徴兵制によって集められたにせよ、等しく真実である」*。というのも、国家は、ある規模の軍隊が召集されることを命じ、強制や説得といったあらゆる手段を自在に操りながら、必要な人員の獲得に乗り出すからである。そして、国家が獲得した

☆「T・H・グリーン」 Thomas Hill Green（1836-82）. イギリスの哲学者。H・スペンサーの経験論的自然主義、J・S・ミルの感覚論に反対し、ドイツ観念論、ことにカント、ヘーゲルの影響を受け、新カント学派、新ヘーゲル学派の立場から、いわゆる自我実現論（self-realization theory）を提唱した。

人員は、まさにしがらみから戦争に行くか、良心の問題として戦争に行くかなのだが、もはや自分たちの戦いを緩和することはできない。戦いは、もはや彼らのものではないのである。彼らは政治の道具であり命令に従う。戦争の実行はより高度なレベルで決定される。おそらく兵士が命令への服従を義務付けられているのは、実際には特定の場合においてであるが、しかし彼らがたいていの場合命令に服従するという事実によって戦争は根本的に変わったのである。この変化は、近代という時代においては（歴史的な類似物は存在しているけれども）、徴兵制の効果によってもっともよく表されている。「これまでは、兵士は高価であったが、いまや彼らは安価なものになった。戦闘は回避されてきたが、いまや求められるものになった。いかに損耗が甚大であっても、兵士は召集令状によって速やかにその損耗を埋め合わせることができたのである」(13)。

＊グリーンは、私がここまで主張してきた命題に反論している。すなわち、もし「殺される人間が自由意志による戦闘員である」ならば、戦争において不正はなされていないという命題である。グリーンは、兵士の生命はただ単に兵士自身のものではないということを根拠にこの命題を否定している。「個人の生命に対する権利は、社会が彼の生に対して有する権利の単に別の面にすぎない」。しかし、それは、ある種の社会においてのみ真理であるように私には思われる。それは、とても、封建社会の戦士に対してなしえるような議論ではないのである。グリーンは、続けて、より説得力があると言えるが、彼自身の社会では自発的に戦っている兵士について語ることはほとんど無意味であると論じている。戦争はいまや国家の行為なのである。グリーンの『政治的責務の諸原理』の中の「戦争における国家の個人に対する権利」に関する章は、道徳的責任が近代国家において媒介される仕方についての極めて明晰な説明を与えている。私は、本章や後の章で、しばしばその説明に依拠した。

ナポレオンは、メッテルニヒに対して、一ヶ月に三万人を失ったとしても差し支えないと自慢したと言われている。おそらく、ナポレオンは、それだけ多くを失ってもやっていけたであろうし、それでもなお、自国での政治的支持を維持することができたであろう。しかしながら、私が思うに、もし彼がまさに「失わん」としている人々に尋ねなければならなかったとすれば、そうはできなかっただろう。兵士は、敵によって強いられた戦争、つまり国防戦争におけるそのような損耗に同意したかもしれないが、ナポレオンの戦ったような種類の戦争における損耗には同意しないだろう。兵士の同意（どのような形態において、それが求められ、与えられ、あるいは与えられなかったりするとしても）を求める必要は、確かに戦争の機会を制限するであろうし、もし他方の側からの相互作用が得られる見込みがともかくもあるのならば、戦争の手段もまた制限されるだろう。これが、私が念頭に置いている種類の同意である。二〇世紀の歴史から判断すれば、政治的な自己決定は適切な代替物ではないのだが、とはいえ、それより良いものを考えることは容易ではない。いずれにせよ、「武力の行使」がかつては持っていたいかなる魅力をも失い、絶え間ない道徳的非難の対象となるのは、個人の同意が欠如するときである。そして、そうなった後では、戦争はまた、その手段においてエスカレートしがちであり、必ずしもあらゆる限界を越えた手段がというわけではないが、普通の人間、政治的制約だけでなく政治的忠誠心も課せられていない普通の人間が可能ならば打ち立てたであろう限界を確実に超えた手段が用いられるのである。

戦争の暴政

戦争は、ほとんどの場合、暴政の一形態である。それは、トロツキー☆の次の弁証法に見える警句を言い換えることによって、もっともうまく表現される。「あなたは戦争に関心がないかもしれないが、戦争があなたに関心を持っている」。賭け金は高額であり、どこか別の場所にいて、何か別のことをすることの方を望んでいる個人に軍事組織が抱いている関心は、実際、恐ろしいほどのものである。それゆえ、戦争特有の恐怖とは、次のようなことである。すなわち戦争とは、みずからの企図や行動を選択した個人としてではなく、国家に忠誠をつくす、あるいは国家に束縛された成員としての人間によって、またそうした人間に対して武力が用いられるような社会的慣行であるということである。われわれが、戦争は地獄であると述べるとき、念頭に置いているのは、戦闘の犠牲者である。したがって、実際には、戦争は、神学的意味においては、地獄のまさに反対であり、厳密にその反対物であるときに限って地獄のようなのである。というのも、地獄においては、おそらくは、苦しみに値し、懲罰が適切な神の応答であるような行動を、そうと知りながら選択した人だけが苦しむのであるから。しかしながら戦争で苦しむ人の圧倒的多数は、それに見合うような選択をしていないのである。

私は、彼らが「無辜だ」と言おうとしているのではない。その言葉は、われわれの道徳的言説においては、特別な意味を持つようになっている。それは、そこでは、戦闘の参加者ではなく、傍観者を指しており、したがって、無辜の人々の集合は、同意を求めることなく戦争の方が関心を持ったすべての人々の部分集合（それはしばしば驚くほど大きな部分集合なのであるが）にすぎない。戦争のルールはたいていの場合、この部分集合だけを守る。その理由については私は後に考察しなければならないだろう。ルールが遵守され、兵士だけが殺され、民間人には一貫して危害が加えられないとしてもなお、戦争は地獄である。確かに近代戦争の経験のなかでも、第一次世界大戦の塹壕戦ほど、その恐怖を深くわれわれの心に刻み込んだものはない——そして、塹壕では民間人の生命が危険に曝されることはほとんどなかった。戦闘員と傍観者の区別は、戦争の理論においては極めて重要である。しかし、われわれの第一のもっとも根本的な道徳的判断はそれには依存していない。というのも少なくともひとつの意味において、戦闘中の兵士と戦闘に参加していない民間人はそれほど異なっていないからである。すなわち、もしそうすることができるのなら、兵士はほぼ確実に戦闘などに参加しないだろうからである。

戦争の暴政はしばしば、あたかも戦争それ自体が暴君であり、洪水や飢饉のような自然の力であるかのように、あるいは擬人化されて、人間を餌食とせんと追い回す残酷な巨人であるかのように描写される。それはトマス・サックヴィルの詩の次の数行に示されているが如くである。(14)

ついに戦争が立ち上がった、光り輝く武器を身に纏い、
残忍な顔つき、厳しい容貌、邪悪な顔色で、
右手には、抜き身の剣を持ち、
その剣は、柄まで、全部、血に染まっている、
そして、（王と王国が悔やんだ）左手には、
　飢饉と火を抱え、またそれだけでなく、
　戦争は町を破壊し、塔とあらゆるものを打ち倒した。

☆「トロツキー」　Leon Trotsky（1879-1940）．ロシアの革命家。レーニンを助けて十一月革命を遂行し、軍事委員として内戦状態を終息させた。レーニンの後継者と目されていたが、その世界同時革命論が急進的にすぎた面もあり、スターリン派との確執に破れ失脚。一九二九年国外追放となり、メキシコで暗殺された。

ここに示されているのは、軍服を纏い、大鎌の代わりに剣で武装した死神である。詩的イメージはまた、道徳的思考や政治的思考にも入り込んでいるが、私の考えでは、それは単に一種のイデオロギーとしてであって、われわれの批判的判断力を曇らせてしまっている。というのも、暴政の権力を抽象的な「力」として描き出すことは、一種の神秘化だからである。政治においてと同様、戦闘においても、暴政はつねに人間間の、あるいは人間集団間の関係である。戦争の暴政は、強制が双方の側に共通しているのでとりわけ複雑な関係である。しかしながら、ときには、それぞれの側を区別し、最初に抜き身の剣を手に取った政治家と兵士を特定することができる場合がある。戦争は自動的に始まるものではない。戦争は失火のように、分析することが困難で、責任を帰着させることが不可能に思われるような条件下で「勃発する」かもしれない。しかしたいていの場合、それは事故よりは放火に似ている。戦争には犠牲者という人間だけでなく、行為主体である人間も存在するのである。

そのような行為主体は、われわれがその者たちを特定できる場合には、正しくも犯罪者と呼ばれる。彼らの道徳的性質は、他の人々を強いた活動（彼ら自身がそれに従事していたかどうかにかかわらず）の道徳的リアリティによって決定されるのである。彼らは、彼らの決定から生じる苦痛と死に対して、あるいは、少なくとも戦争を自分から進んで選んだのではないすべての人の苦痛と死に対して責任がある。現代の国際法では彼らの犯罪は侵略と呼ばれている。私は後に、この犯罪をそうした名称の下で考察するつもりである。しかしながらわれわれは、まず初めに、それを暴政的権力の行使として理解しておくことができる。それは第一に、自国民に対する、そしてまた、相手側の国家が行う新兵徴募や徴兵事務所といった媒介を通じて、攻撃対象となった国民に対する暴政的権力の行使である。ところでこの種の暴政は、ほとんど国内の抵抗に出会わない。ときには現地の政治勢力が戦争に反対するが、そうした反対はたいていの場合、実際の軍事力の行使には無力である。戦争の長い歴史において反乱は珍しいことではないが、それらはジャックリーの農民一揆☆がそうであったように、革命闘争以上に迅速かつ残忍に鎮圧される。ほとんどの場合、現実の抵抗は敵国からのみ現れる。戦争の暴政を認識し、もっとも憤慨しそうなのは反対側に立っている人々である。そして、彼らがそうしたときにはつねに、戦いは新たな意味を帯びるのである。

兵士たちが、自分たちは侵略に抗して戦っているのだと信じるとき、戦争はもはや耐え忍ばなければならない状況ではない。それは抵抗することのできる犯罪――抵抗するためには、その結果に苦しまなければならないのだが――であり、兵士は勝利を望みうる。その勝利は戦闘の直接的な野蛮さから逃れるということ以上のものである。地獄としての戦争の経験は、より大きな野望と呼びうるものを生み出す。すなわち、敵国と和解することではなく、敵国を打倒し処罰すること、戦争の暴政を廃するとまではいかないにせよ、少なくとも未来の抑圧の可能性を小さくすることが目指されるのである。そして、いったんこの種の目的のために戦っているとなれば、勝つことが極めて重要となる。勝利が道徳的に決定的な意味を持つという確信が、いわゆる「戦争の論理」において重要な役割を演じるのである。われわれは、戦争が抑制なしに戦われるという理由で、それを地獄と呼ぶのではない。次のように言う方がより真相に近い。すなわち、一定の抑制が無視されるとき、戦争の地獄のようなあり方が、われわれを駆り立てて、勝利のために、なお残っているすべての抑制を捨てさせるのである。ここに究極的な暴政がある。侵略に抵抗する人は、侵略者の野蛮さを模倣し、おそらくはそれを上回ることさえ強いら

☆「ジャックリーの農民一揆」　一三五八年、フランス北東部におこった農民反乱。百年戦争による農地の荒廃、軍事奉仕の増大や重税などに反対した農民たちが蜂起したが、二週間で鎮圧された。

れるのである。

シャーマン将軍とアトランタ炎上☆

われわれは、いまや、シャーマンが最初に戦争は地獄であると宣言したとき、彼の胸中あったものを理解すべき位置にある。彼は単に経験したことの恐ろしさを描写していたのではないし、道徳的判断の可能性を否定していたのでもない。彼は、そうした判断を自由に行っていたし、また確かに自分自身を義士と考えていた。彼の格言は、戦争に関するひとつの全面的で完全な考え方の全体を見事に簡潔に要約している──私はそれを一面的で偏った考え方だと論じようと思うのだが、にもかかわらず強力である。彼の見解によれば、戦争は完全かつ端的にそれを始めた人間の犯罪であって、侵略（あるいは反乱）に抵抗する兵士は、勝利を引き寄せるために行ったどのような行為によっても決して非難されえない。戦争は地獄であるという一句は教説であって記述ではない。それは道徳上の議論であり、自己正当化の試みなのである。シャーマンは、激しく非難された行動のすべてが（それらは彼自身の行動であったのだが）無罪であると主張している。すなわちアトランタの砲撃、住民の強制退去や市を焼き払ったこと、ジョージア州を通る進軍といったものがそれである。彼がアトランタからの退去やその焼き払いを命じたとき、市会議員であり南部連合の司令官でもあったフッド将軍は、その計画に抗議した。フッドは次のように書いている。「それならば次のように言うことをお許しいただきたい。あなたが計画されている前代未聞の手段は、その意図的で巧妙な残酷さにおいて、戦争の暗黒の歴史の中でこれまで私の注意を引いてきたあらゆる行為を凌駕している」と。シャーマンは、戦争は確かに暗黒であると応えている。「戦争は残酷なものであり、それを洗練させることはできない」[15]。また、それゆえ、と彼は書き継いでいる。「わが国に戦争をもたらした者は、国民が吐きかけることのできるあらゆる悪態と呪いに値する」。しかしながら、彼自身は、そのような悪態に値する者ではまったくない。「私はこの戦争の開始に手を染めてはいない」。彼は、ただ戦っているだけであり、好んでそうしているのではなく、そうせざるをえなかったからなのだ。彼は武力を行使することを余儀なくされた。そして、（その町が二度と、南部連合軍の軍事的補給所として役に立たないようにするための）アトランタの炎上は、単に武力の行使のもうひとつの例にすぎず、戦争の合理的帰結のひとつなのである。なるほどそれは残酷ではあるが、残酷さは彼自身のものではない。いってみればそれは、南部連合国の人々に属している。「平和と繁栄の中にあって、国家を戦争に追いやったのはあなただ……」。南部連合国の指導者たちは、連邦法への服従を示すことによって、容易に平和を回復することができる。しかし、彼、シャーマンは軍事行動によってしかそれを為しえないのである。

シャーマンの議論は、戦争を開始し、その暴政を自分たち以外の者たちに押し付ける人々に対して一般に向けられる憤りを表している。もちろんわれわれは、その暴君が誰か名指しする段になれば意見が一致しない。しかし、その不一致が強く激しいものであるのは、ひとえにわれわれが道徳的に何が賭けられているかに関して一致しているからである。問題になっているのは死と破壊に対する責任であり、シャーマンはそのような問題に強い関心を示した唯一の将軍では決してない。また彼は、もし自分の大義が正しければ、みずからの周りに撒き散ら

☆「シャーマン将軍」　William Tecumseh Sherman（1820-91）．米国の南北戦争時の北軍の将軍。グラント将軍の後を継いで北軍総司令官になった。一八六四年にジョージアやカロリーナで彼が敢行した焦土作戦は近代的総力戦の先駆けとされる。

す死と破壊に関して非難されるいわれはない——というのも、戦争は地獄なのだから——と考えた唯一の将軍でもないのである。

ここで働いているのは、無限性というクラウゼヴィッツの考え方である。そしてもしこの考え方が正しければ、シャーマンの議論に対して、実際、どのような応答も存在しないだろう。しかしながら戦争の暴政が無限でないのは、政治的暴政が無限でないのと同じである。われわれが暴君を、同意なき支配という犯罪だけでなく、特定の犯罪で告発することができるのとまったく同様に、われわれは戦争という地獄の中で行われた特定の犯罪行為を認識し、非難することができる。われわれが、「誰がこの戦争を始めたのか」という問いに答える場合にも、われわれは兵士たちが与えた苦痛の責任を追及することをやめたわけではなかった。なされなければならないさらなる議論が存在しているのである。それこそが、シャーマン将軍が、戦争の残酷さは洗練されえないと断言しながら、にもかかわらず、自分はそれを洗練させていると主張した理由である。彼は書いている。「神は裁かれるであろう。……女性［や子ども］がひしめく町を背にして戦うことと、適切な時期に彼らをその友人や人々の中の安全な場所に移動させることのいずれがより人間的であるのかを」。これは別種の正当化である。そしてこの正当化が誠意を持って行われているかどうかにかかわらず、それが示唆しているのは（そしてそのことは間違いなく正しいのだが）、シャーマンは、アトランタの人々が犠牲になった戦争をたとえみずからが始めたわけではないとしても、その人たちに対して何らかの責任を負っていたということである。われわれが、もっぱら侵略の事実だけに焦点を絞るならば、われわれはそうした責任を見落としてしまい、あたかも戦争の過程においてなされるべき道徳的に重要な決定はただひとつだけ、つまり攻撃するのか、しないのか（抵抗するのか、しないのか）のみであるかのように語ってしまいがちである。シャーマンは戦争を、そのもっとも表面的な外皮でのみ判断しようとしている。しかしながら、内部の領域に関しても、語られるべき事柄は、彼自身が認めているように多く存在している。地獄にあってでさえ、より人間的であったりなかったりすること、戦いを制約のもとに置いたり置かなかったりすることは可能なのである。われわれは、なぜそのようなことがありうるのか理解してみようと努めなければならない。

【原注】

（1）クラウゼヴィッツは、いまでは、マイケル・ハワードとピーター・パレットの新しい翻訳で読まれるべきである、*On War*（Princeton, 1976）. しかしながら、当該翻訳は、私自身の著作が完成した後で出版された。それゆえ、私は、エドワード・コリンズの手になる優美ではあるが簡約化された版から、クラウゼヴィッツを引用している。*War, Politics, and Power*（Chicago, 1962）, p.65. Howard and Paret, p. 76も参照〔クラウゼヴィッツの訳に関しては篠田英雄訳の岩波文庫『戦争論』を参照したが、ウォルツァーが引用している英訳とはかなりニュアンスの異なる部分がある。ウォルツァーの理解したクラウゼヴィッツを優先して、可能な限り英訳からの翻訳をここでは採用し、必要な限りで訳注をつけることにする〕。

（2）一九五五年一月一二日の記者会見。

（3）Clausewitz, p. 64. Howard and Paret, pp. 75-76.

（4）Clausewitz, pp. 72, 204. Howard and Paret, pp. 81, 581.

（5）John Ruskin, *The Crown of Wild Olive: Four Lectures on Industry and War*（New York, 1874）, pp. 90-91〔御木本隆三訳『野にさく橄欖の冠』、東京ラスキン協会、一二七頁〕.

（6）Wilfred Owen, "Anthem for Doomed Youth," in *Collected Poems*, ed. C. Day Lewis（New York, 1965）, p. 44〔佐藤芳子訳『ウイルフレッド・オウエン戦争詩篇』、近代文芸社、一二七頁（但し一部表現を変更）〕.

（7）Thomas Hobbes, *Leviathan*, ch. XXI〔水田洋訳『リヴァイアサン』、岩波文庫、第21章〕. この種の原始的な戦争の記述に関しては、Robert Gardner and Karl G. Heider, *Gardens of War: Life and Death in the New Guinea Stone Age*（New York, 1968）, ch. 6を参照のこと。

（8）J. F. C. Fuller, *The Conduct of War, 1789-1961*（n.p., 1968）, p. 16〔中村好寿訳『制限戦争指導論：1789-1961 フランス革命・産業革命・ロシア革命が戦争と戦争指導に及ぼした衝撃の研究』、原書房、九頁〕における引用。

（9）Machiavelli, *History of Florence*（New York, 1960）, Bk. IV, ch. I,〔下記訳書では第六章〕p. 164〔米山喜晟・在里寛司訳『マキァヴェッリ全集3　フィレンツェ史』、筑摩書房、一七三頁〕.

（10）Ruskin, p. 92.

（11）*War and Peace*, trans. Constance Garnett（New York, n.d.）, Part Two, III, p. 111〔ちなみに岩波文庫『戦争と平和』（米川正夫訳）では該当箇所は「われわれは皇帝ならびに国家に仕え、友軍全体の成功を喜び、その失敗を悲しむ将校なのか、それとも主人のことには何の関係もないしもべなのか」と訳されている（『戦争と平和』（一）、二四二頁）〕.

（12）"A Terre," *Collected Poems*, p. 64.

（13）Fuller, *Conduct of War*, p. 35.

（14）Thomas Sackville, Earl of Dorset, "The Induction," *Works*, ed. R. W. Sackville-West（London, 1859）, p. 115.

（15）ここと、続く引用は、William Tecumseh Sherman, *Memoirs*（New York, 1875）, pp. 119-20から採られている。

【訳注】

〔1〕「戦争は一種の強力行為である……それは理論的に言えば、極度に達せざるをえないのである」（篠田訳、上巻、三二頁）。

〔2〕「人道主義者」（篠田訳、上巻、二九頁）。

〔3〕「戦争の哲学のなかへ、何か緩和の原理を持ち込むようなことをすれば、不合理に陥らざるを得ないのである」（篠田

訳、上巻、三一頁)。

〔4〕「交戦者のいずれもが自己の意思をいわば掟として相手に強要するのである」(篠田訳、上巻、三二頁)。

〔5〕「彼我双方の力の極度の使用」(篠田訳、上巻、三四頁)。

〔6〕「かかる強力を仮借なく行使し、流血を厭わずに使用する者は、相手が同じことをしない限り、優勢を占めるに違いない」(篠田訳、上巻、三〇頁)。

〔7〕「或る時には戦争らしい物になり、また或る時は戦争らしくないような物になる」(篠田訳、下巻、二六四頁)。「本来の撃滅戦から単なる武装監視にいたるまで、それぞれ重要性と遂行力とを異にする多種多様がなんら内的矛盾なく存立し得る」(篠田訳、上巻、四四頁)。

〔8〕ここでウォルツァーはサルトルの有名な言葉「地獄とは他者である」を念頭に置いていると思われる。

第三章　戦争のルール

兵士の道徳的平等性

戦うことを選んだ兵士のあいだで、さまざまな種類の抑制が生じるのは容易である。あるいは自然に、とさえ言えるかもしれない。それは、相互的な敬意と承認の産物であると言えよう。高潔な騎士の物語は、その大部分はつくり話にすぎないが、おそらくは中世後期には軍事上の作法が広く共有されており、ときには尊重されていたであろう。作法は貴族の戦士の便宜のために考案されたが、それはまた、自由に選ばれた活動に携わっているある種の人格としての彼らの自己意識も反映していたのである。騎士道は、騎士を単なる無法者や山賊から、そしてまた、必要からやむをえず武器を執らざるをえなかった農民の兵士から区別していた。私の考えではそれは今日でも生き延びている。封建時代の騎士の直系の子孫ではないとしても社会学的にそれに当たる職業軍人は、ある意味での軍事的名誉を信条として持ち続けている。しかし名誉や騎士道という観念は、現代の戦闘では小さな役割しか演じていないように見える。戦争文学においては、「昔と今」の対比が行われるのが通例である――あまり正確なものではないのだが、そこには一定の真実が含まれている。ルイス・シンプソンの次の詩はその一例である。(1)

マルプラケや[☆1]ワーテルローでは[☆2]
彼らは礼儀正しく誇り高かった
彼らは銃に恋文を込め
そして、頭《こうべ》を垂れて撃った
アポマトックスでも[☆3]また、思うに
いくつかの事柄は理解されていた……
だがヴェルダンと[☆4]バストーニュでは[☆5]

☆1　「マルプラケの戦い」　一七〇九年九月一一日。ベルギーを舞台にした、スペイン継承戦争の戦いのひとつ。
☆2　「ワーテルローの戦い」　一八一五年六月一八日。イギリスとオランダ、プロイセン軍がナポレオン一世を破った戦い。
☆3　「アポマトックスの戦い」　一八六五年。アメリカ南北戦争の戦いのひとつ。
☆4　「ヴェルダンの戦い」　一九一六年二月二一日（開始）。二五万人以上の死者が出た、第一次世界大戦の主要な戦いのひとつ。
☆5　「バストーニュの戦い」　一九四四年一二月－四五年一月。ドイツ軍によるバストーニュの包囲攻撃。

大いなる後退が
血は骨に苦く
引き金は魂を苦しめた……

しばしば言われることだが、騎士道は民主主義革命と革命戦争の犠牲者であった。大衆の情念が貴族的な名誉を打ち負かしてしまったのである。(2) このことは必ずしも正確なものとは言えないにしても、ワーテルローとアポマトックスの前に線を引くことができるということを意味している。戦争を醜悪なものにするのは、強制力の成功である。民主主義が、ひとつの要因であるのは、ただそれが国家の正統性と、さらには強制力の効率性を増大させる限りにおいてなのであって、(それがもし可能であるならば作法に従って戦おうとしている将校とは対照的に)武装した国民が、政治的熱情に奮い立たされ、総力戦にコミットした血に飢えた暴徒であるからではない。戦争を「大虐殺の馬鹿騒ぎ」に変えてしまうのは、国民が戦いのアリーナに立ち入ったとき彼らが行うことではなくて、私がすでに論じたように、彼らがそこにいるという単純な事実である。ヴェルダンやソンム☆では数千の兵士が死んでいるが、それは彼らが利用可能であり、いわば近代国家によって彼らの生が国有化されていたからである。彼らは愛国的熱狂に囚われて、鉄条網やマシン・ガンに向かって突進することを選んだのではなかった。血は彼らの骨にも苦く、彼らもまた、もし可能であるならば礼儀作法に従って戦っただろう。もちろん、彼らの愛国心は彼らが利用可能であったことを部分的に説明する。国家の訓練は単に彼らに強制されるだけではない。それはまた、家族や国のためにはなさねばならないと考えて、彼らが受け容れた訓練でもある。しかしながら、現代の戦闘に共通の特徴である、敵への憎悪、すべての抑制をすぐ投げ捨ててしまう心性、勝利への熱意――こうしたものは、大量の人間が戦闘に動員されなければならない場合にはいつでも、戦争それ自体が産み出すものである。それらは、民主主義が戦争になした貢献であるのと同じく、近代戦争が民主政治に与えた貢献でもある。

いずれにせよ、騎士道の死は道徳的判断の終焉ではない。兵士が自分の意志に反して戦っているのだとしても、われわれはなお彼らにある基準を守らせる――実際のところ、われわれはまさに、彼らは皆自分の意志に反して戦っていると考えているがゆえにそうするのである。軍事上の作法は貴族的な自由にではなく、軍事的な命令服従に基礎を置いたものになるよう近代戦争の諸条件の下で再構築される。ときには自由と服従は共存しており、それゆえわれわれは、臨床的に厳密にそれらのあいだの違いを検討することができるのである。戦争というゲームが復興するときにはいつでも、騎士道時代の洗練された礼儀正しさがそれとともに復興される――たとえば、自分たちを空駆ける騎士としてイメージしていた（そして大衆の想像の中にそう生き延びた）第一次世界大戦中の飛行士のあいだでそうであったように。地を這う奴隷と比較すれば、彼らはまさに貴族であった。彼らは、彼らみずからが考案した行動規範に従って戦った(3)。それに対して、塹壕には束縛の状態が存在しており、相互承認はまったく異なった形態をとっていたのである。一九一四年のクリスマスの日、一時的にドイツとフランスの部隊は一緒になり、各々の防御線のあいだにある緩衝地帯でともに飲み、ともに歌った。しかしそのような瞬間は最近の歴史では稀であるし、またそれも道徳を生み出すような機会にはなっていない。近代の戦争のルールは、実

☆「ソンムの戦い」　一九一六年七月一日―一一月一九日。フランスのピカルディ地方で行われたドイツ軍に対するフランス軍とイギリス軍の大攻勢。第一次世界大戦の最大の会戦と言われ、戦車が初めて投入された戦いとしても知られている。

践的な僚友意識よりもむしろ抽象的なそれに依拠しているのである。

兵士は近代戦争において、彼らの苦しみや痛みを誰かの責任と決めつけ、非難しないでは長く耐えることはできない。兵士たちが自国や敵国の支配階級を責めないことは、マルクス主義者が「虚偽意識」と呼ぶものの一例であるかもしれないが、事実、彼らの激しい非難は、もっとも直接には交戦中の相手に向けられるのである。塹壕の中では、憎悪の度合は高い。それが、あたかも敵側の兵士が個人的に戦争に責任があるかのように、負傷した敵がしばしば死ぬに任され——自警団にリンチされる殺人者ように——捕虜が殺される理由である。しかしながら、同時にわれわれは、彼らには責任がないことも知っている。憎悪は手紙や戦争の回顧録に繰り返し表現されているような、より反省的な理解によって中断され、乗り越えられる。それは次のような認識である。すなわち敵兵が行っている戦争がおそらくは犯罪的なものであったとしてもなお、自分自身がそうであるのと同様、敵兵には罪はない。武装しているのだから彼は敵である。しかし、彼はどのような特定の意味でも私の敵ではない。戦争それ自体は人格間の関係ではなく、政治的統一体とその人的道具のあいだの関係である。このような人的道具は、昔存在していた戦友でも、同じ戦士共同体のメンバーでもない。彼らは、自分が起こしたのではない戦争に捕らえられた「私とよく似た哀れな奴ら」なのである。私は彼らの中に私の道徳上の同輩を見出す。このことは単に、私は彼らの人間性を認めるということを意味するのではない。というのも人間同士という認識だけでは、戦争のルールを十分に根拠付けることはできないからである。犯罪者もまた人間である。必要なのはまさに、相手が犯罪者ではない人間であるという認識なのである。

彼らは私を殺そうとできるし、私も彼らを殺そうとできる。しかしながら負傷した者の喉を切り裂いたり、彼らが降伏しようとしているときに撃ち殺したりするのは不正である。私の考えでは、こうした判断は十分に明快なものであり、それが示唆しているのは、なお戦争は、とにもかくにもルールに統制された活動であり、許可と禁止のある世界――つまり、地獄のただ中にありながら、道徳的な世界だということである。戦争を起こす人間には許可証は存在しないが兵士にはそれがあり、どちらの陣営にいるかにかかわらず兵士は許可証を持っている。それは彼らの戦争の権利のうち、第一のもっとも重要な権利である。兵士は誰彼かまわずではなく、誰が犠牲に供されるかわれわれにもわかる人間を殺す資格を与えられている。彼らもまた犠牲に供される者であることを認識していなければ、われわれはそのような資格を理解することはほとんど不可能であろう。それゆえ戦争の道徳的リアリティは次のように要約することができる。すなわち兵士たちが、互いを敵として選び、自分たち自身の戦闘を計画して自由に戦うとき、彼らの戦争は犯罪ではない。兵士たちが自由なくして戦うとき、その戦争は彼らの犯罪ではない。いずれの場合にも、軍事行動はルールによって統制されている。しかしながら第一の場合には、ルールは相互性と同意に基づいており、第二の場合には、命令服従が共有されていることに基づいているのである。第一の場合には困難は生じないが、第二の場合には問題が生じうる。私の考えでは、われわれが塹壕や前線から後方の一般参謀に、そして皇帝に抗する戦争からヒトラーに抗する戦争へと目を転ずるならば、その問題はもっとも適切に探求することができる――というのも、そのようなレベルやそのような闘争においては、「犯罪者ではない人間」を認定することは実際、困難だからである。

ヒトラーの将軍たちの場合

一九四二年に、フォン・アルニム将軍[☆1]は北アフリカで捕らえられた。その時、アメリカの指揮官ドワイト・アイゼンハワーは参謀のメンバーから、「過ぎ去りし日の慣行を遵守すべき」であり、フォン・アルニムには監禁される前にアイゼンハワーを表敬訪問することが認められるべきであるという提案を受けた。歴史的にはそのような表敬訪問は単なる礼儀作法の問題ではなかった。それは軍事上の作法を再確認する機会だったのである。だから、同じ年にイギリスによって捕らえられたフォン・ラーフェンシュタイン将軍[☆2]は次のように報告している。「私は、執務室にいるオーチンレック[☆3]自身に……会いに行かされた。彼は私と握手し、こう言った。『あなたのお噂は、よく存じ上げています。あなたとあなたの師団は、騎士道精神を持って戦われた』[(4)]。しかしながら、アイゼンハワーは表敬訪問を認めることを拒否したのである。回想録の中で彼はその理由を次のように説明している[(5)]。

その慣習は、かつての傭兵は対戦相手に真の敵意を持っていなかったという事実に、その起源を有している。いずれの陣営も、戦いを愛しているために、義務感から、あるいはよりありそうなことだが金のために、戦っていた。……すべての職業軍人が武装した戦友同士であるという伝統は……今日まで生き延びている。私にとって、第二次世界大戦は、あまりにも直接的に自分とかかわる事柄なので、そのような感覚を抱くことができなかった。日々、第二次世界大戦が進行するにつれて、人間的な善や人間の権利を代表する武力が、……いかなる妥協も許されないような完全に邪悪な陰謀と対峙しているのだという……それ以前には決してなかったような確信が私の中で成長していったのである。

こうした見方からするなら、フォン・アルニムが立派に戦ったのかどうかは重要ではない。彼の犯罪は、そもそも戦ったということだったのである。そして同様に、アイゼンハワー将軍がどのように戦ったのかも重要でないのかもしれない。邪悪な陰謀に対抗するにあたって決定的に重大なのは勝つことである。騎士道はその存在根拠を失い、「武力それ自体の限界」を除けば、どのような限界も残されてはいないのである。

それはまたシャーマンの見方でもあった。しかし、シャーマンの見方は、彼自身やアイゼンハワーの行動について、あるいはフォン・アルニムやフォン・ラーフェンシュタインの行動についてすら、われわれが行っている価値判断を説明してくれるものではない。ここで、エルヴィン・ロンメル[☆4]のよく知られたケースを考察してみよう。彼もまた、ヒトラーの将軍の一人であった。そして、彼が自分の戦った戦争の道徳的な悪名を逃れることができたとは想像し難い。しかしながら、どの伝記作家もがわれわれに語るように、彼は高潔な人物であった。「ドイツ軍における彼の同僚や同輩の多くは、ナチズムの不正行為と結託することによって名誉を引き渡してしまったが、ロンメルは決して名誉を汚さなかった」。彼は、専門家《プロフェッショナル》であったが、その名にふさわしく「戦闘という兵士の任務」に全力を注いだのである。そして戦うときには戦争のルールを堅持した。彼は不正な戦争を、軍事的のみならず道徳的にも、正しく戦ったのである。「一九四二年一〇月二八日にヒトラーが出した特別奇襲命令を焼き捨てたのはロンメルであった。その命令は、ドイツの防御線の背後で遭遇した敵兵はすべてただちに殺

☆1　「フォン・アルニム」 Hans-Jürgen von Arnim（1889-1962）．ドイツ軍の上級大将。
☆2　「フォン・ラーフェンシュタイン」 Johann Theodor von Ravenstein（1889-1962）．彼は第二次世界大戦中、最初に捕虜となったドイツ軍将軍である。
☆3　「オーチンレック」 Claude Auchinleck（1884-1981）．第二次世界大戦に、ノルウェーや北アフリカなどでイギリス軍を指揮した。
☆4　「エルヴィン・ロンメル」 Erwin Johannes Eugen Rommel（1891-1944）．本書一七頁の訳注参照。

害されるべきであること……を決定したものだったのである」[6]。彼はヒトラーの将軍の一人であったが、捕虜を射殺しなかった。そのような人間は僚友なのだろうか。彼を礼儀正しく扱い、彼と握手することができるのだろうか。これらは道徳的行為に関する微妙な論点である。私はそうした論点がどのように解決されればよかったのかを知らないのだが、にもかかわらずアイゼンハワーの決断に共感を抱いている。しかしそれでもなお、特別奇襲命令を焼き捨てたロンメルは賞賛されるべきであることを私は確信しているし、そうした事柄について物を書いたすべての人もまた同様に確信しているように思われる。そしてそれは、戦争の性質に関する極めて重要な何かを暗示しているのである。

ヒトラーの侵略戦争に加担したロンメルを非難することを拒否しないまま、捕虜を殺さなかったことを理由に彼を賞賛することは大変奇妙なことだろう。というのも、さもなければ、彼は単に一人の犯罪者であって、彼が行ったすべての戦闘は、彼が照準を戦場での兵士に向けようが、捕虜、あるいは民間人に向けようが、殺人か、殺人未遂であるからである。ニュルンベルクにおけるイギリスの主任検察官が次のように述べるとき、彼はこうした議論を国際法の言語に翻訳している。「戦闘員の殺傷は、……戦争それ自体が合法であるところでのみ、……正当と認められうる。しかし戦争が非合法であるところでは、……殺傷を正当化するものは何もなく、そのような殺人は、他のどのような無法な盗賊団が犯した殺人とも区別されるべきではない」[7]。そしてそれゆえロンメルのケースは、誰かの家に侵入して住人の何人かだけを殺し、たとえば子どもや年老いた祖母は見逃したケースにまさにそっくりということになろう。すなわち、僅かな思いやりがないわけではないが、間違いなく殺人者なのである。しかしわれわれはロンメルをそのようには見ない。なぜだろうか。その理由はユス・アド・ベルムとユス・イン・ベロの区別に関係している。われわれは、兵士に責任がない戦争それ自体と、兵士に少なくとも自身の活動領域において責任がある戦争の遂行のあいだに線を引いているのである。将軍の場合、その線を跨ぎ越すことがある。しかしそのことは、まさに線が引かれるべき場所をわれわれがかなりよく知っているということを示唆している。われわれは政治的服従の性質を認識することによって線を引いているのである。ロンメルはドイツ国家の奉仕者であって、支配者ではなかった。彼は自分が戦う戦争を選ばず、アンドレイ公爵のように、彼の「皇帝と国家」に仕えたのである。われわれは彼のケースになお疑念を抱いており、また抱き続けるであろう。というのもロンメルは、彼の「皇帝と国家」に関してまったく不運だったというだけに留まらないからである。しかしながら一般に、みずからの政府のために戦っている兵士を、彼が将軍である場合ですら、われわれは非難しない。彼は盗賊団のメンバーやみずからの意志に基づく犯罪者ではなく、忠実で従順な臣民や市民なのであり、ときには彼が正しいと考える仕方で、個人的に大きなリスクを冒しながら行動しているのである。われわれは彼が、シェークスピアの『ヘンリー五世』の中でイギリスの兵士が語る台詞を口にすることを受け容れる。「おれたちは王様の家来だってことさえ知ってりゃ十分なんだ。かりに大義名分が王様になくたって、おれたちは家来として服従したんだってことで罪は消えるんだ」(8)。彼の服従は、決して犯罪的なものにはなりえないというわけではない。というのも、彼が戦争のルールを侵害した場合には、上位者の命令は抗弁理由にはならないからである。彼が犯す残虐行為は彼自身のものであるが、戦争はそうではない。戦争は、国際法においても通常の道徳的判断においても、王の事柄と考えられる。つまり国家政策の問題であって、個人的な選択の問題ではない——その個人が王である場合を除けば。

しかしながら、特定の人間が軍隊に入り、戦争に参加するかどうかは、個人の意志決定の問題と考えられるかもしれない。カトリックの著述家たちは長らく、もし戦争が不正義であることを知っているのならば、人は志願すべきでなく、まったく奉仕すべきでないと論じてきたのである。しかしカトリックの教義が要求する知識を手に入れることは難しい。だから疑わしいケースでは臣民は戦わねばならない、と最良のスコラ学者であるフランシスコ・デ・ヴィットリア☆は論じている――〔その場合、〕『ヘンリー五世』においてそうであったように、罪は指導者の肩にかかることになる。ヴィットリアの議論は、前近代の国家においても、政治生活がいかに強く戦時における選択という観念それ自体に対立していたかを示唆しているのである。彼は次のように書いている。「君主は戦争の理由を臣下に示すことがつねに可能ではないし、またつねにそうすべきでもない。そして臣下が戦争の正義に納得しないかぎり、戦争で任務を果たすことができないならば、そうした国家は大変な危機的状況に陥るであろう……[9]」。もちろん、今日ではほとんどの君主は、戦争の正義に関して臣民を納得させようと熱心に働きかけている。彼らは、つねに正直なものではないにしても「理由を示している」のである。そうした理由を疑問視したり、公然と疑ったりすることには勇気がいるし、ただ疑われているだけである限り、ほとんどの人は戦うよう（ヴィットリアが行ったのと似たような議論によって）説得されるだろう。彼らの法律遵守というルーティーンとなった慣習、恐怖、愛国主義、国家への道徳的傾倒、これらすべてがそのような過程に有利に働く。あるいは他に考えられる可能性として、国家の訓練システムが彼らを掴み上げ、戦争に送り込むときには彼らはあまりにも若すぎるので、そもそも道徳的決定をしたとはほとんど言うことができないのである[10]。

　母の胸に抱かれし眠りから、私は国家の手に落ちた

そうだとすれば、われわれは、その戦争の不正な性質（とわれわれが考えるもの）を理由に、いかにして彼らを非

難することができるだろうか。*

*しかし、ロバート・ノージックが論じるところによれば、これらの若者は「確かに、戦争のルールに抵触しない彼らの行為の全責任を免除するという慣行があるために、自分で考えるよう奨励されることがない」。このことは、正しい。彼らはそう奨励されているわけではない。しかしながら、われわれは、もし彼らが本当に非難に値しないのならば、他の人々を勇気づけるために〔フランス語の慣用句では「見せしめのために」という意味である〕、彼らを非難することはできない。ノージックは、彼らは実際に非難に値するのだと主張している。「自分の側の大義が正義であるかどうか……を決定することは、兵士の責任である」。責任を断固として全面的に課すことを旧来のように拒絶するのは、「道徳上のエリート主義」である（*Anarchy, State, and Utopia*, New York, 1974, p. 100〔嶋津格訳『アナーキー・国家・ユートピア』、木鐸社、一五七–五八頁〕）。しかしながら、政治共同体における権威の構造や社会化の諸過程の存在を認識するのは、単なるエリート主義ではない。そして、そうしたことを認識しないのは、道徳的な鈍感さであるのかもしれない。私は「われわれのそれぞれには他に転嫁できない何がしかの責任があるのだ〔1〕」とする点でノージックに同意する。本書の大半は、どの責任がそうしたものであるのかを述べようとすることに関わっている。

兵士には、まったく意志決定の余地がないわけではないが、彼らの意志は、限定された領域の中においてのみ独立しており、実効性を持っている。そしてほとんどの兵士にとって、そうした領域は狭いものである。とはいえ極端なケースを除けば、それは決して完全になくなるわけではない。ロンメルのように捕虜を殺すか生かして

☆「フランシスコ・デ・ヴィットリア」 Francisco de Vitoria（1480?-1546）. スペインのドミニコ派の神学者。正戦論の構築に多大の貢献をなし、スアレスとともにグロティウスに影響を与えた。

おくかを選択せねばならないといった戦闘過程のそうした機会においては、兵士は単なる犠牲者や、従うことを運命づけられた召使ではない。彼らは、自分の行うことに責任を負っているのである。われわれが責任を詳細に検討するような場合には、当然、その責任を限定しなければならないだろう。というのも戦争は依然として地獄であり、地獄とは兵士があらゆる種類の強要に服従させられる暴政だからである。しかしながら私の考えでは、兵士の行動に関してわれわれが実際に行っている価値判断が示しているのは、そのような暴政の中で、われわれはひとつの立憲的体制を苦心して作り出したということなのだ。戦争の駒にさえ権利と義務がある。

過去一〇〇年間に、これらの権利や義務は条約や協定の中で明確に記され、国際法に書き込まれてきた。戦争の駒を徴募する国家それ自体が、その相互的な殺戮の道徳的性質を取り決めたのである。もともとこの取り決めは、どのような意味でも兵士の平等性という考えに基礎づけられていたのではなく、主権国家の平等性に基礎づけられていた。主権国家は個々の兵士が国家よりも明白に所有している戦う権利と同等の権利（戦争をする権利）をみずからに要求したのである。私が兵士に関して行った議論は、最初は国家のために行われた。――あるいはむしろ、その指導者のために行われたのである。われわれが聞かされているところでは、彼らは決して故意の犯罪者などではなく、開始した戦争の性質がいかなるものであれ、できる限り国益に仕える政治家である、と。私は〔この後の章で〕、侵略や侵略の責任の理論について論じるときに、政治家が行っていることに関するこうした記述がなぜ不適切なのかを説明しなければならないことになるだろう。[11] 差し当たっては、次のように言っておけば十分である。すなわち、主権や政治的リーダーシップに関するこのような見方は、一度たりとも日常的な道徳判断と一致するものではなかったし、第一次世界大戦以降の年月のあいだに、戦争遂行が犯罪であると公式に認定されたことに取って代わられて、その法的地位を失ったのである。しかしながら、交戦規則は、取って代わられたのではなく、拡張され、精緻化された。そのため、われわれはいまでは戦争の禁止と、軍事的行動規約の両方を持っている。われわれの道徳認識の二元性は、法の中に確立されているのである。

戦争とは、「二つか、それ以上の集団に、武力による紛争の遂行を同等に認める法的状態」[12]である。そして、われわれの目的にとってはより重要なのだが、戦争はまた、実は主権国家のレベルではなく、軍隊や個々の兵士のレベルで同一の許容が含まれている道徳的状態でもある。平等な殺人の権利がなければ、ルールに統制された活動としての戦争は消失してしまい、それは犯罪と懲罰、邪悪な陰謀と軍事的な法執行によって取って代わられてしまうだろう。「戦争」という言葉が現れず、その代わりに「侵略」「自衛」「国際的強制行動」等々の言葉だけが用いられている国連憲章は、そのような消失の先触れであるように思われる。しかしながら、朝鮮における国連の「警察活動」でさえ、なお一個の戦争であった。というのも、そこで戦った兵士たちは、たとえ国家が道徳的に平等でなかったとしても、道徳的に平等だったからである。戦争のルールは、他のいかなる「武力による紛争」とも同様にそこにおいても妥当していた。そして、侵略者、被害者、警察にも平等に妥当していたのである。

二種類のルール

戦争のルールは、兵士が平等な殺人の権利を持つという中心的な原理に付属する二つの禁止事項群から成っている。第一の群は、兵士がいつどのように殺すことができるのかということを明確化しており、第二の群は、兵士が誰を殺すことができるのかということを明確化している。私の主要な関心は第二の群にある。というのも、そこにおいて、ルールの定式化や再定式化が戦争の理論における最難関の問題のひとつ――すなわち、攻撃や殺害の対象となりうる戦争の被害者を、どのようにして、そうあってはならない人々と区別すべきかという問題――に到達するからである。私は、もし戦争が道徳的状態であるとするなら、この問題があれやこれやの特定の仕方で答えられるに違いないと考えているわけではない。しかしながら、どのような特定の場合にも、ひとつの答えが存在していることは必要である。戦闘とはどの範囲までを指すのかに関して、諸々の制限が確立されている場合にのみ、戦争は殺人や大量虐殺から区別されうるのである。

ルールの第一のセットには、そのような根源的な問題はまったく含まれていない。兵士をいつどのように殺すことができるのかということを明確化しているルールは、決して重要でないわけではないが、にもかかわらず、戦争の道徳性は、そうしたルールが完全に廃棄されたとしても根本的には変わらないであろう。たとえば人類学者が記述しているような、戦士が弓と羽根のない矢で戦う戦闘を考えてみよう。矢は、羽根が付いている場合ほど正確に飛ぶことはない。矢は避けることができ、殺される人はわずかである。(13) この場合、矢が羽根付きでないというのは、明らかにひとつの良いルールである。そしてわれわれは、より優れてはいるが禁じられている武器を最初に装備し、敵に命中させる戦士を、正当に非難することができるかもしれない。しかしながら、彼が殺す人間はいずれにせよ、殺される可能性を免れえなかった。そして羽根付きの矢で戦うという集団的（種族間の）決定は、いかなる基本的な道徳原理も侵害するものではないであろう。事情は、この種の他のすべてのルールに関して同一である。すなわち、兵士たちは赤旗を掲げたお触れ役を先導に戦いに赴く、日没には戦いはつねに中断される、待ち伏せや奇襲攻撃は禁じられる、などといったことがそれである。戦闘の強度や継続期間、あるいは兵士の被害に限度を設けるあらゆるルールは、歓迎されるべきであるが、そうした制限のどれも道徳的状態としての戦争という理念にとって決定的に重要なものとは思われない。それらは、語の文字通りの意味において状況的なものであって、特定の時代や場所に高度に特化し、そこでしか使えない。また仮に、実際に多年にわたって維持されたとしても、それらはつねに社会の変化や技術革新、外国の征服といったものが引き起こす転換の影響を受けやすいのである。*

＊それらはまた、復仇原理によって正当化されるような種類の相互の側からの違反にも影響を受けやすい。一方の側に違反があれば、他方の側も違反しうる。しかし、こうしたことは、以下で述べられる別種のルールに関しては正しいとは思われない。第一三章の復仇に関する議論を参照のこと。

ルールの第二のセットは、同じように影響を受けやすいとは思われない。少なくとも、その条項の一般的な構造は、社会システムや技術とは関係なく存続しているように見える――あたかも、そこに含まれているルールは、正と不正という普遍的概念により密接に結びつけられている（私は実際にそうだと思っているが）かのようである。それらのルールには、ある種の人間集合を、戦闘が許されている範囲の外に置く傾向がある。それゆえ、そのメンバーの誰かを殺すことは、正当な戦争行為ではなく犯罪となる。その細部は、ところが変われば変化するが、これらのルールが指し示しているのは、戦闘員のあいだでの戦闘としての戦争という一般的構想、人類学的、歴史的記事の中に繰り返し現れてくる構想である。それは、戦争が実際に軍事的英雄どうしの戦いとなる場合にもっとも劇的に例示されている。多くの原始的な人々のあいだ、ギリシアの叙事詩、聖書に登場するダビデとゴリアテに見られるように。ダビデは言う。「誰の勇気も奴に呑まれてはなりません。僕《しもべ》が行って、そのペリシテ人と戦いましょう」。(14) ひとたび、そのような競技が合意されると、兵士たち自身は戦争の地獄から保護される。中世においては、まさに次のような理由から一騎打ちが推奨された。「全軍が倒れるよりは、一人が倒れるほうが良い」。(15) しかしながらさらに頻繁に見られたのは、戦争のための訓練も受けておらず、その用意もない人々、戦わないか戦うことのできない人々にのみ保護が与えられるということであった。すなわち、女性や子ども、僧侶、老人、中立を守る部族や都市あるいは国家のメンバー、負傷したり捕虜になった兵士といった人々に対してである。* これらの集団すべてが共通に持っているのは、戦争という事業に、いまのところ関与していないということである。誰かの社会的、文化的視座に応じては、そうした人々を殺すことは、理不尽で、騎士道に反し、不名誉で、野蛮で、残忍なことのように見えてくるかもしれない。しかし、何らかの一般原理がこうした価値判断すべてにおいて作動しており、攻撃から保護されているということが軍事への非関与に結びつけられているということは間違いない。戦争の道徳的リアリティに関する満足のいく説明とは、そうした原理を明確にし、その効力について何ごとかを述べるものでなければならない。私は、後に、この両方の事柄を果たそうと試みるだろう。

＊リストは、しばしば、特定の文化の性格を反映して、これよりさらに具体的かつ生き生きとしたものである。ここに古代インドのテクストから採った一例があるのだが、それによれば、次のような人間集団は戦闘という緊急事態に曝されるべきではない。すなわち、「参加することなく見物している人、悲嘆に暮れている人、……寝ていたり、喉が渇いていたり、疲れていたり、道を歩いていたり、完成していない差し迫った仕事があったり、美術に秀でていたりする人」（S.V.Viswanatha, *International Law in Ancient India*, Bombay, 1925, p. 156）が、それである。

しかしながらその原理の歴史的な細目は、その性格において慣例的なものであって、兵士の戦争における権利と義務は、原理のもつ効力がいかなるものであれ、原理から（直接的に）ではなく慣例から得られている。繰り返しておけば、戦争は一個の社会的な創造物なのである。さまざまな時代や場所で実際に守られたり破られたりするルールは、必然的に複雑な生産物であり、文化的・宗教的規範、社会構造、交戦国間の公式・非公式の交渉といったものによって媒介されているのである。それゆえ、非戦闘員の保護の細部は、戦闘の開始と終結はいつか、どの兵器が使われてよいのかを決めるルールと同程度に恣意的だと思われがちである。保護の諸々の細部は、重要性がはるかに高いのだが、しかし、同様に社会的な修正を免れない。国内社会における法とまったく同様に、それらはしばしば関係する道徳原理を不完全に、あるいは歪曲して具体化したものとして表れるだろう。したがってそれらは哲学的批判を免れないのである。実際、批判はルールがそれを通じて形成されてくる歴史過程の核心部分である。われわれは次のように言ってもよいだろう。すなわち、戦争はひとつの哲学的な創造物である、と。とはいえ、哲学者たちが自分たちの創造物に満足するはるか以前から、兵士たちは、その規準に拘束されている。兵士が平等に拘束されるのは、規準の内容や不完全性を引き合いに出さずとも、彼ら自身が平等だからである。

戦争慣例

私は、軍事行動に関するわれわれの価値判断を形成している一群の明確化された規範や習慣、職業上の掟、法的指針、宗教的・哲学的原理、相互の取り決めを、戦争慣例と呼ぶことを提案する。ここで問題になっているのはわれわれの価値判断であって、行動それ自体ではないということを強調しておくことは重要である。われわれは、戦闘行動を研究することによってはこの慣例の実質に到達することはできないが、それは、友人同士が実際にどのようにお互いを扱っているかを研究することによっては、友情という規範を理解することができないのと同様である。そうではなく、友情という規範は、友人同士が抱いている期待や彼らが述べる不満、彼らが用いる偽善の中にはっきりと現れている。それは戦争に関しても同じである。戦闘員間の関係はある規範的な構造を持っており、それは、彼らが行うことよりもむしろ彼らが語ること（そして戦闘員以外のわれわれが語ること）の中で明らかになる――おそらくは友人同士の場合と同様に、彼らが行うことは、彼らが語ることによって影響を受けているのではあるが。戦争慣例を直接的に是認するからこそ非難が浴びせかけられ、ときには、軍事攻撃や経済封鎖、復仇行為、戦犯裁判といったものを伴ったり、それらに引き継がれたりするのである。しかしながら、言葉も行為も、ひとつとして権威ある典拠も有してはいない。結局のところ、決定的なのは言葉の方である――いわゆる「歴史の審判」であって、それは、何らかの大雑把な同意が得られるまで論じ合う人々の価値判断を意味している。

　われわれの価値判断の条件は、実定国際法の中にもっとも明確に示されている。国際法は、主権国家の代表として行動する政治家や法律家や、彼らの合意を成文化し、その基底にある根本理由を探し出す法学者の作品である。しかし国際法は、徹底的に分権化した立法体系から生まれたものであり、扱いにくく柔軟性を欠いており、法規範の具体的細部を確定するために平行して存在すべき司法体系も持っていない。そうした理由から、法律ハンドブックは戦争慣例を発見すべき唯一の場所ではないし、戦争慣例が現実に存在していることはハンドブックの存在によってではなく、戦争が行われるたびにつねに惹起される道徳的議論によって示されるのである。戦闘の基本法《コモン・ロー》は一種の実践的決疑論を通じて発展する。それゆえ、本書の方法は次のようなものである。すなわち、われわれは、一般的な定式に関しては法律家に目を向けるが、戦争慣例を反映するとともにその活力を構成している特定の価値判断に関しては、歴史的な事例や実際の議論に目を向けるのである。私は、われわれの価値判断が長期的に見て曖昧さのない集合的形式をとりうるということを示唆しようとはしていない。かといって、われわれの価値判断は、その性質において特異なものでも私的なものでもない。それらは社会的にパターン化されており、そのパターン化は法的であるだけでなく、宗教的、文化的、政治的なものである。道徳理論家の任務は、全体としてのパターンを研究し、その最も深い根拠へと到達することである。

職業軍人の中には、戦争慣例に関して、しばしば独特の唱道者が見られる。騎士道は死に、戦いは自由ではなくなったが、職業軍人は彼らの一生の仕事を単なる殺戮から区別するそうした制限や制約への敏感さを維持している（あるいは、彼らの一部は間違いなく維持している）のである。確かに彼らはシャーマン将軍と同様、戦争が殺戮であることを知っているのだが、戦争はまた同時に、何か別のものでもあると信じているのも本当であるように思われる。これが陸軍将校や海軍将校が、戦争のルールを侵害するよう彼らに要求し、彼らを単なる殺人の道具に変えようとする文官の上司の命令に、長い伝統を守ってしばしば抵抗することになる理由である。抵抗はたいていの場合、無益であるが——というのも、結局のところ、彼らは道具なのであるから——、彼ら自身の決定の領域の中では、彼らはしばしばルールを守る方法を発見する。そしてそうしないときでさえ、そのとき彼らが抱いた疑念や事件後の正当化は、ルールの実質への重要なガイドとなるのである。少なくとも、ときには、自分が誰を殺すのかというまさにそのことが、兵士にとって重大な問題となる。

今日われわれが知っているように、戦争慣例は幾世紀もの期間を経て、詳解され、議論され、批判され、修正されてきた。しかしそれは、なお不完全な人為の所産のひとつにとどまっている。人間が作ったものだが、人間が自由に、あるいは首尾よく作ったものではないことは一目瞭然である。私の考えでは、戦争慣例は、人類の意志の弱さをまったく別にしても、必然的に不完全なものである。というのも、それは、近代戦争の慣行に適応させられているからである。それは、〔戦争の〕犠牲に供された軍隊同士が対戦するときにのみ存在することになる道徳的状態の諸条件を定めている（ちょうど、騎士道の規範が、自由人の軍隊がある場合にのみ存在することになる道徳的状態の諸条件を定めているように）。戦争慣例は、そうした犠牲者化を受け容れているか、あるいは少なくとも前提としており、そこから出発している。必要とされているのが戦争廃絶のプログラムである場合に、戦争慣例がしばしば戦争容認のプログラムとして描かれるのはこうした理由からである。戦争を正しく行うことによっては戦争は廃止されない。戦争を正しく行うことによって、戦争が容認されることもない。私がすでに述べたように、ルールが厳格に遵守された場合であっても戦争は地獄である。まさにそうした理由から、われわれは、ときに、ルールという考えそれ自体に憤激を覚え、その意味に関してシニカルになる。アンドレイ公爵が怒り心頭に発して述べているように、そしてそれは明らかにトルストイ自身の信念の表明でもあるのだが、ルールは、戦争が「生におけるもっとも堕落した事柄……」(16)であることを忘れさせるのに役立つだけなのである。

では、戦争とは何であり、戦争において成功を収めるために必要なものは何であり、軍事の世界における道徳とは何なのでしょうか。戦争の目的は、殺人です。戦争において用いられる方法——スパイ活動、背信行為やその奨励、国の荒廃、住民からの略奪、……詐欺や嘘——、これらは、軍事上の作戦と呼ばれます。軍人階級の道徳とは、まったくの自立性の欠如、すなわち、軍紀であり、無為であり、無知であり、残酷さであり、放蕩であり、酩酊なのです。

にもかかわらず、このすべてを信じている人々でさえ、特定の残酷で野蛮な行為に対して憤慨することもある。戦争は極めて恐ろしいものであるから、制約の可能性についてわれわれをシニカルにしてしまうのだが、そうなってくると、戦争があまりに酷すぎるので、われわれは制約の不在に憤激するのだ。われわれのシニシズムは、戦争慣例の不完全性を証し立てているが、われわれの憤激は、そのリアリティや、その実効性を証し立てているのである。

降伏の例

慣例はしばしば首尾一貫しないが、にもかかわらず拘束力を持っている。少しのあいだ、降伏に関する共通の慣行を考えてみよう。その詳細な特徴は、慣例的に（そして、われわれの時代には法的に）確立されている。降伏した兵士は、捕えた側との合意に入る。兵士は、捕えた側が、法律ハンドブックが「恩恵的隔離」[17]と呼んでいるものを彼に与えるならば、戦うことを止めるだろう。それは、たいていの場合、極度の強要の下でなされるので、平時であれば、まったくどのような道徳的重要性も持たない取り決めである。だが、戦争においては重要性を持つ。捕虜になった兵士は、慣例によって定められた権利と義務を得るのであって、それらは捕えた側に犯罪性がある可能性や、兵士が戦った大義の正当性や緊急性にかかわらず拘束力を持っている。戦争捕虜は逃亡を試みる権利を持っている——逃亡を試みたことを理由に、彼らを処罰することはできない。しかし、もし彼らが、逃亡するために監視兵を殺したとすれば、その殺害は戦争行為のひとつではない。それは殺人である。というのも、降伏したときに、彼らは戦いを止めることを誓い、殺す権利を放棄したからである。

こうしたことすべてを、ひとつの道徳原理の単純な表明として理解することは容易ではない。それは戦争の現実に適応し、取り決めをし、取り引きを成立させる（道徳原理を心に抱いた）人々の仕事である。おそらく、取り引きは、一般的には、捕虜にとっても、捕えた側にとっても同様に有益であるはずだが、あらゆるケースにおいてそのどちらかにとって、あるいは全体としての人類にとって必ず有益というわけではない。もしこの特定の戦争におけるわれわれの目的が、可能な限り早く勝利することにあるのならば、捕虜収容所の光景は実に不思議なものに思われるに違いない。ここにいるのは、くつろぎ、長期滞在に備え、戦争が終わる前に戦争から離脱し、たとえ（妨害行為や嫌がらせ、あるいはほかの方法を通じて）可能であったとしても、戦闘を再開してはならない兵士たちである。というのも、彼らは銃を突きつけられて、そうしないことを約束したのであるから。確かにそれらは、ときには破られることのありうる約束である。しかしながら、約束を守ることと破ることとの相対的な利得を計算するのが捕虜の役目ではない。戦争慣例は、絶対主義的な表現で書かれているのである。それゆえその条項を侵害すれば、身体的危険だけでなく、道徳的責任を賭することになる。しかし、そのような条項の効力とは何なのだろうか。諸条項は、究極的には、私が後で取り上げる諸原理、すなわち慈悲や撤退、保護の意味を説明する諸原理に由来している。それらは、直接的かつ具体的には、同意のプロセスそれ自体から引き出されているのである。戦争のルール、それらはしばしば、なにが最善かについてのわれわれの感覚とは相容れないのだが、人類の一般的な同意によって義務的なものになっているのである。

ところで、その同意はまた、一種の強要の下で与えられた同意でもある。地獄から脱出することができないので、われわれはその中にルールの世界を苦心して作り出したにすぎない、と言われるかもしれない。しかし、解放闘争、「戦争を終わらせるための戦争」といった脱出の試みを想像してみよう。確かにその場合には、ルールに従って戦うことは馬鹿げているだろう。重要課題のすべては勝つことであろう。しかし、勝つことはどんな場合でも重要なのだ。なぜなら勝利はつねに地獄からの脱出として記述されうるのだから。要するに、侵略者の勝利でさえ、戦争を終わらせるのである。それゆえ、戦争慣例に対しては、長い苛立ちの歴史が存在している。その歴史は、プロシアの参謀総長フォン・モルトケ将軍☆がザンクト・ペテルブルク宣言（戦争のルールを成文化しようとした初期の努力）に抗議して一八八〇年に書いた書簡の中に的確に要約されている。モルトケは次のように書いている。「戦争における最大の思いやりとは、戦争を速やかに終結へと導くことである。そのような見方からすれば、絶対的に好ましくないもの以外のあらゆる手段を用いることは、許されるべきである」[18]。フォン・モルトケは、戦争慣例の完全な否定の手前で立ち止まっている。彼は、何らかの特定されていない種類の絶対的な禁止があることを認めているのである。ほとんどすべての人がそうである。しかし、もしそれが「最大の思いやり」に達しないことを意味するとするならば、なぜ手前で立ち止まるのだろうか。これは、戦争の理論におけるもっとも一般的な議論の形式であり、戦争の実践におけるもっとも一般的な道徳的ジレンマの形式である。戦争慣例は、勝利と、よく言われることだが、永続的な平和への道を塞いで立っていることがわかる。その諸条項は、そしてこの特定の条項は、従われねばならないものなのだろうか。勝利が侵略の打倒を意味する場合には、問題は単に重要であるというだけではない。それはひどく困難なものでもあるのだ。われわれは一石二鳥を狙っている。すなわち、戦闘における道徳的な品格と戦争における勝利、地獄における秩序形成と、自分自身をその外側に置くことである。

☆「フォン・モルトケ」 Helmuth Karl Bernhard von Moltke（1800-91）．プロイセンの軍人。一八五八年から八八年にかけ参謀総長として普墺・普仏戦争の勝利に貢献した。近代的ドイツ軍の創始者にして、優秀な戦略家。

【原注】

（1）Louis Simpson, "The Ash and the Oak," *Good News of Death and Other Poems*, in *Poets of Today II*（New York, 1955）, p. 162.

（2）たとえば、Fuller, *Conduct of War*, ch. II（"The Rebirth of Total War"）を参照のこと。

（3）エドワード・リッケンバッカー（Edward Rickenbacker）の *Fighting the Flying Circus*（New York, 1919）は、空の騎士道に関する生き生きとした（そして、典型的な）説明である。一九一八年に、リッケンバッカーは、彼の飛行日誌に次のように書いている。「今日、決心した。……私は、不利な状況にあるドイツ野郎を決して撃たないだろう……」（p. 338）。一般的な説明としては、Frederick Oughton, *The Aces*（New York, 1960）を参照のこと。

（4）Desmond Young, *Rommel: The Desert Fox*（New York, 1958）, p. 137〔清水政二訳『ロンメル将軍』、月刊ペン社、二四二頁〕における引用。

（5）Eisenhower, *Crusade in Europe*（New York, 1948）, pp. 156-57〔朝日新聞社訳『ヨーロッパ十字軍――最高司令官の大戦手記』、朝日新聞社、一五二―五三頁〕.

（6）Ronald Lewin, *Rommel as Military Commander*（New York, 1970）, pp. 294, 311. また Young, pp. 130-32 も参照のこと。

（7）Robert W. Tucker, *The Law of War and Neutrality at Sea*（Washington, 1957）, p. 6n における引用。法律問題に関するタッカーの議論は、極めて有益である。また、H. Lauterpacht, "The Limits of the Operation of the Law of War," in 30 *British Yearbook of International Law*（1953）も参照のこと。

（8）*Henry V*, 4: 1, II. 132-35〔小田島雄志訳『シェークスピア全集　第三巻』、白水社、一九五頁〕.

（9）Francisco de Vitoria, *De Indis et De Iure Belli Relationes*, ed. Ernest Nys（Washington, D.C., 1917）: *On the Law of War*, trans. John Pawley Bate, p.176.

（10）Randall Jarrell, "The Death of the Ball Turret Gunner," in *The Complete Poems*（New York, 1969）, p. 144〔松本典久訳

『ランダル・ジャレル詩集』、近代文芸社、六三頁〕.

(11) 後述第一八章を参照のこと。こうした問題の歴史的な説明に関しては、C. A. Pompe, *Aggressive War: An International Crime*（The Hague, 1953）を参照のこと。

(12) Quincy Wright, *A Study of War*（Chicago, 1942）, I, 8.

(13) Gardner and Heider, *Gardens of War*, p. 139.

(14) *First Samuel*, 17: 32〔サムエル記1―17―32。ちなみに日本聖書協会の新共同訳ではこう訳されている。「ダビデはサウルに言った。あの男のことで、だれも気を落としてはなりません。僕（しもべ）が行って、あのペリシテ人と戦いましょう。」〕.

(15) Johan Huizinga, *Homo Ludens*（Boston, 1955）, p. 92〔高橋英夫訳『ホモ・ルーデンス』、中央公論社、一六四頁〕.

(16) *War and Peace*, Part Ten, XXV, p. 725.

(17) この合意の議論に関しては、私の論文 "Prisoners of War: Does the Fight Continue After the Battle?" in *Obligations: Essays on Disobedience, War and Citizenship*（Cambridge, Mass., 1970）〔山口晃訳「捕虜――戦闘後も戦いは継続するのか」『義務に関する十一の試論』、而立書房、一九二―二一四頁〕を参照のこと。

(18) *Moltke in Seinen Briefen*（Berlin, 1902）, p.253. この書簡は、著名な国際法学者J・C・ブルンチュリに宛てられたものである。

【訳注】

〔1〕ここでノージックが使っている表現 some bucks stop with each of us はアメリカの第三三代大統領トルーマン（一八八四―一九七二）が自分の机に記した言葉とされる The buck stops here.「責任は私が取る」を念頭に置いたものだろう。

第二部　侵略の理論

第四章　国際社会の法と秩序

侵略

われわれは侵略を戦争犯罪とみなしている。それが犯罪であるのは、侵略が平和――単なる戦闘の不在ではなく、権利をともなった平和、つまり侵略さえなければ存在しうる自由と安全の状況――を破壊することをわれわれが知っているからである。侵略者が悪であるのは、人々に対して自分たちの権利のためにその生命をリスクにさらすよう強いるからである。彼らには二者択一が迫られることになる。おまえたちの権利か、おまえたち（何名か）の生命か。市民の集団はさまざまなかたちでその二者択一に応える。彼らは自分たちの国家と軍隊の道徳的および物質的な条件いかんで、あるときは降伏し、あるときは戦う。しかし、彼らが戦ったとしても、それはつねに正当化されるのである。その苛酷な二者択一を考えるならば、ほとんどの場合、戦うことは道徳的に好ましい対応であろう。その正当化とその好ましさは非常に重要である。というのもそれらは侵略という概念のもっとも際立った特徴と、それが戦争理論においてもつ特別な位置を明らかにしているのである。

侵略が際立っているのは、それが、国家がほかの国家に対して犯しうる唯一の犯罪であるからである。そのほかはすべて、いわば非行である。国際法の言語には奇妙な語彙の貧困がある。国内で引き起こされた暴行、武装強盗、恐喝、殺害目的の暴行、あらゆるレベルの殺人に対応するものは、ひとつの名前しかもっていない。独立国家の領土保全あるいは政治的主権の侵害は、いかなるものも侵略と呼ばれる。それはまるである人の身体への攻撃、彼を強制しようとする企て、彼の自宅への侵入のすべてに、殺人の烙印を押すようなものである。こうした分類の拒否は、侵略行為の相対的な深刻さを区別すること——たとえば、国土の一部の占領あるいは衛星体制の押しつけを、征服それ自体、一国家の独立性の破壊（一九六七年のイスラエルの外相、アバ・エバン☆が「政治的殺害《ポリサイド》」と命名した犯罪）から区別すること——を困難にしている。しかし、そうした拒否には理由がある。あらゆる侵略行為はひとつの共通するものをもっている。それらは武力による抵抗を正当化し、そしてその武力は個人間ではしばしばありうることだが、国家間では生命それ自体をリスクにさらさずには行使されえないのである。われわれが戦争行為の手段と範囲にいかなる制限を加えようとも、限定戦争を戦うことは誰かを殴るようなものではない。侵略は地獄の門を開く。シェークスピアの『ヘンリー五世』はいみじくもこう語っている。(1)

このような二大王国があい争えば、おびただしい血が
流されるは必定だ、そしてその罪なき血の一滴一滴は、
非道な主張をもって凶刃に鋭さを加え、ただでさえ
短い人のいのちをむなしく浪費させたものにたいする

悲しみをこめた呪いであり、痛ましい恨みなのだ。

それと同時に、たとえ「おびただしい血が流される」ことがなかったとしても、抵抗されない侵略も依然として侵略である。国内社会では、人を殺さずに欲しいものを手に入れた強盗は、殺人を犯したときよりも明らかに罪が軽いであろう、言い換えれば、それよりも軽い犯罪に問われるだけであろう。その強盗が殺すつもりであったとすれば、われわれは彼の犠牲者がどうふるまったかで、彼の罪が決められることを認めている。侵略の場合、われわれはこうしたことを行わない。たとえば、一九三九年のドイツによるチェコスロヴァキアとポーランドの占領を考えてみよう。チェコ人は抵抗しなかった。彼らは戦争というよりも恐喝によってみずからの独立を失った。ドイツの侵略者と戦って死んだチェコ国民はいない。ポーランド人は戦うことを選び、多くの人々がその後の戦争で戦死した。しかし、チェコスロヴァキアの征服がより軽い犯罪であるとしても、それにふさわしい名前はない。ニュルンベルクにおいて、ナチの指導層はいずれの場合も侵略と告発され、いずれも有罪となった。(2) 繰り返すならば、こうした処遇の同一性には理由がある。われわれはドイツに対してチェコスロヴァキア侵略のかどで有罪宣告する。思うに、それはわれわれが、ドイツに――必ずしも孤立し、見捨てられた犠牲者がそれをなさなければならないというわけではないが――抵抗しなければならなかったと強く確信しているからなのである

☆「アバ・エバン」Abba Eban（1915- ）．イスラエルの外交官・政治家。南アフリカのケープ・タウンで生まれ、イギリスで教育をうける。イスラエル国連代表、大使を歴任した後、クネセット（国会）に議席を得、外務大臣（一九六六―七四）等を務めた。

る。

侵略を受けた国家が、その兵士の生命を賭けてまで抵抗するのは、その指導者と人民が自分たちは反撃すべきであり、反撃しなければならないと考えているからである。侵略は物理的のみならず道徳的にも強制的であり、侵略についてはそのことが一番重要だ。クラウゼヴィッツはこう述べている。「征服者は（ボナパルトがみずからをつねにそう称していたように）つねに平和を愛する者である。彼は抵抗されずにわが国に入りたがっている。これを防ぐためには、われわれは戦争を選ばなければならないのだ……」[3]。もし一般の人々が、そうした命令を一般的に受け容れないならば、侵略はそれほどひどい犯罪とは思われないかもしれない。もし彼らがある場合にはそれを受け容れ、ほかの場合にはそうしないならば、この〔侵略という〕単一の概念は崩れはじめ、われわれはやがて国内の犯罪リストと多かれ少なかれ同じようなリストを手にすることになるであろう。街頭での「金を出せ、さもなくば殺すぞ」という脅迫は答えやすい。私は金を渡して殺されるのを避け、強盗も殺人者にならなくてすむ。しかし、われわれは侵略の脅迫の場合にも同じように答えが選ばれるのを明らかに望んではいない。たとえそうなったときでも、侵略者の罪が軽減されることはない。彼はわれわれにとって重要この上ない権利を侵害したのである。事実、われわれは次のように考える傾向がある。それらの権利を守れなかったことは、それらに重要性を感じていなかったからでも、それらが（街頭での脅迫の場合のように）結局のところ生命それ自体ほど価値がないと信じているからでもなく、ただ防衛が絶望的であると厳然と確信したからにほかならない、と。侵略とは単一のそれ以上細分化不可能な犯罪である。なぜなら、それはどのようなかたちのものであれ、命がけで守るに値する権利を脅かすからである。

問題となっている権利は、法律書においては、領土保全と政治的主権として要約されている。これら二つは国家に属するのだが、究極的には個人の権利から導出されたものであって、だからこそこの二つは実効的なのだ。「国家の義務と権利は、それを構成している人々の義務と権利以外の何ものでもない」[4]。これは典型的なイギリスの法律家の見解であり、彼にとって国家は有機的全体でも神秘的合一でもない。そして、それは正しい見解である。国家が攻撃されるとき、脅かされるのはその構成員たちであり、それは彼らの生命だけでなく、彼らが形作ってきた政治的結社を含め、彼らがもっとも尊重しているものすべてである。われわれは、彼らの権利に言及することで、こうした脅迫を認識し、説明するのである。かりに彼らがみずからの統治形態を選び、自分たちの生を形づくる政策を形成していくことが道徳的に認められていないとすれば、外部からの強制はもはや犯罪ではないであろう。あるいは、彼らは自衛のために抵抗するよう強いられたのだ、とあっさり言ってしまうこともできないであろう。（生命と自由への）個人的権利は、われわれが戦争に関して行うもっとも重要な判断の基礎となっている。ここでは、それらの権利がそれ自体どのように基礎づけられているかを説明しようと試みることはできない。それらは人間であるとはどういうことかについてのわれわれの意識と関わるものだ、と言うだけで十分であろう。もし個人の権利が自然のものでないならば、われわれはそれらを発明したのであろう。しかし、自然のものであれ発明されたものであれ、それらはわれわれの道徳的世界の明白な特徴となっている。国家の権利はそれらの集合的な形式にすぎない。この集合化のプロセスは複雑なものである。もちろん、その過程において、個人の権利が持つ直接的効力の一部は失われることになる。にもかかわらず、その過程は一七世紀以来、通常そうであるように、社会契約論の観点からもっとも良く理解される。かくして、それは道徳的プロセスとなる。そして、それは領土と主権へのある要求を正当化し、別の要求を無効にするのである。

国家の権利はその構成員たちの同意に依拠する。しかし、これは特別な種類の同意である。国家の権利は個々の人間から主権者への一連の移譲をつうじて、あるいは個人間の一連の交換をつうじて構成されるのではない。実際に起きていることはさらに説明しがたいものである。長い時間をかけて、多くのさまざまな種類の共有された経験と協力的な活動が、共通の生をかたちづくっている。「契約」は結合と相互性のプロセスの比喩であり、その持続的な性質こそ、国家が外部からの侵略に対抗して保護しようとするものである。その保護は個人の生命と自由だけでなく、彼らの共有された生命と自由、彼らがつくった独立した共同体にも及ぶものであり、個人はときとしてそれに身を捧げることもある。何らかの特定の国家の道徳的地位は、それが保護する共通の生のリアリティと、その保護によって要求される犠牲がすすんで受け容れられ、そして価値あるものとみなされる度合いに依拠している。もし共通の生が存在しないならば、あるいは、もし存在する共通の生を国家が守らないのであれば、それ自体の防衛は道徳的にまったく正当化されないかもしれない。しかし、ほとんどの国家は多かれ少なかれ自国市民の共同体を守っている。そうした理由から、われわれは自衛戦争の正義を想定している。そして、真正の「契約」があるかぎり、領土保全および政治的主権が、個人の生命および自由とまったく同じように守られうると言うことは道理にかなっているのである。*

＊いつ領土と主権が正しく防衛されうるかという問いは、いつ一人ひとりの市民がその防衛に参加する義務をもつのかという問いと密接に結びついている。これらは両方とも社会契約論の争点にかかわるものである。第二の問いについては、

わたしの著書 *Obligations: Essays on Disobedience, War, and Citizenship* (Cambridge, Mass., 1970)〔山口晃訳『義務に関する十一の試論――不服従、戦争、市民性』、而立書房〕のなかで詳しく議論しておいた。とくに「国家のために死ぬ義務」と「政治的疎外と兵役」を参照のこと。しかし、その著書においても、また本書においても、わたしは少数民族――国民を構成する契約に完全には参加していない(あるいは、まったく参加していない)人々の集団――の問題については詳しく論じていない。こうした人々への徹底的な虐待は、軍事介入を正当化するかもしれない(第六章を参照)。しかしながら、それに至らないかぎり、国民国家の境界内の少数民族の存在は、侵略と自衛の議論に影響を与えるものではない。

また、個々人が自分たちの家庭を守るのと同じように、国民は自分たちの祖国を守りうると言うこともできるかもしれない。なぜなら、祖国は家庭が私的に所有されているように集合的に所有されているからである。言い換えれば、領土への権利は財産への個人的権利から派生しているのかもしれない。しかし、広大な範囲の国土の所有は、私が思うに、それが国家の生存と政治的独立の必要に何ほどか説得力のあるかたちで結びつけられないかぎり、かなりの問題を含むものでもある。そして、国家の生存と政治的独立の必要性は、それだけで領土的権利を発生させるように思われる。それは厳密な意味での所有権とはほとんど関係ない。事情はおそらく国内社会のより小さな財産権でも同じことであろう。たとえば、人はたとえ自分の家を所有していなくても、そのなかでいくつかの権利をもっている。なぜなら、外部からの侵入から守られる何らかの物理的な空間が存在しなければ、彼の生命も彼の自由も保障されないからである。ふたたび同じように、一国家あるいは一国民の侵略されない権利は、その構成員がこの一片の土地で築き上げた共通の生――それはどこかでつくられなければならなかった――から派生しているのであって、法的権原のあるなしではないのである。しかし、これらの問題は、係争地域の事例を見れば、より明らかになるであろう。

アルザス=ロレーヌ問題

一八七〇年、フランスと新生ドイツの両国は、ともにこれらの二つの州の領有を主張した。両国の主張はよくあるように十分に根拠のあるものだった。ドイツは古来からの経緯（その土地はルイ一四世による征服以前は神聖ローマ帝国の一部であった）と文化的および言語的な近親性を根拠とした。フランスは二世紀にわたる領有と実効支配を根拠とした。(5) こうした場合、どのように領有権を画定すればよいのであろうか。私が思うに、ここには法的権原云々ではなく、政治的責務にかかわる先行的な問題が存在している。住民は何を望んでいるのか。土地の問題は国民の意志しだいだ。どちらの主権が正統であるかに関する（したがって、どちらの軍隊の駐留が侵略にあたるのかに関する）決定は、当然のことながら、係争中の土地で生きている人々に属していた。その決定はその土地を所有している人々だけに属していたのではない。その決定は自分たちが築き上げた共通の生ゆえに、土地なき人々にも、町の住人や工場労働者にも属していたのである。大多数の人々は明らかにフランスに忠誠を示していた。そして、それで問題は解決されたはずである。たとえアルザス=ロレーヌの住民すべてがプロシア国王の借地人であると想像したとしても、その国王が自分自身の土地を占領することは、やはり住民の領土保全の侵害であり、また彼らの忠誠を斟酌すれば、フランスの領土保全の侵害でもあったのである。というのも、借地権とは、どこに地代を払うのかという問題だけだからである。つまり国民自身がみずからの税をどこに払い、どこの徴用に応じるかを決めなければならないのである。

しかし、この問題はそのようには解決されなかった。普仏戦争後、これら二つの州（実際には、アルザスのすべてとロレーヌの一部）はドイツによって併合された。フランスは一八七一年の講和条約で、ドイツに権利を譲渡したのである。その後の数十年間、この失われた土地を取り戻すためのフランスの攻撃が正当化されるかどうかという問題が、たびたび論じられた。ここでの争点のひとつは、署名された講和条約の道徳的地位をめぐるものであった。なぜなら、ほとんどの講和条約は強要のもとで署名されるからである。しかし、私はそのことには触れないつもりである。それよりも重要な争点は、権利がどれくらいの期間有効なのかという論点にかかわっている。さて、それにふさわしい議論が、イギリスの哲学者、ヘンリー・シジウィック☆によって一八九一年に提起されている。シジウィックはフランスに同情しており、その講和を「一時的な戦闘の停止で、不当な扱いを受けた国家によって……いつでも取り消されうる」とみなしたいと思っていた。しかし、彼はある重大な但し書きを付け加えている。(6)

われわれはこの敗北者の一時的な従属によって……新しい政治秩序が開始されたことを……認めなければならない。それはもともと道徳的な基盤がなかったけれども、割譲された領土の住人の感情の変化から、やがてそうした基盤を手に入れるかもしれない。時間と習慣と穏健な統治の効果をつうじて――そして、おそらくは旧来の愛国心をもっとも激しく感じている人々の自発的な亡命をつうじて――割譲された住民の多くは本国復帰を望まなくなるかもしれない……。こうした変化が起きたとき、不正な割譲をめぐる道徳的な効果

☆「ヘンリー・シジウィック」　Henry Sidgwick（1838-1900）．イギリスの倫理学者・経済学者。直覚主義の導入によって功利主義の限界克服を試みた。主著に『倫理学の諸方法』（*Method of Ethics*, 1874）がある。

は消え去るに違いない。その結果、割譲された領土を取り戻そうとする試みはどれもそれ自体、侵略となってしまうのである……。

法的権原というものは、中世の王朝政治においてそうであったように、周期的に復活し、再主張されながら、永遠に持続するものなのかもしれない。しかし、道徳的権利は共通の生の移り変わりに従うものなのである。それゆえ、領土保全は財産権から派生するわけではない。それはまったく異なるものである。この両者は、土地が国有化され、国民がそれを所有すると言われている社会主義国家では、おそらく結びついているのであろう。そうだとすると、もし彼らの祖国が攻撃されたとするならば、危険にさらされているのは、単に彼らの祖国だけでなく、彼らの集合的な財産でもあるということになる——もっとも、わたしは最初の危険のほうが二つ目のものよりも強く感じられるであろうと思うのだが。国有化は二次的なプロセスである。それは先行する国家の存在を前提としている。そして、領土保全は国家の生存の関数であって、国有化の関数ではない（ましてや私的所有の関数でもない）。領土の完結性《インテグリティ》を確立するのは、国民の結集である。そして、その侵犯が正当にも侵略と呼ばれる国境線が引かれうるのは、そうした場合だけであり、その所有権が居住と共同使用のもとで表明されないならば、その領土が他の誰かに属しているかどうかは、まったく問題にならないのである。

こうした議論は、強制的な入植や植民地化によって提起される大きな困難について、あるひとつの考えかたを示唆するものである。ローマ帝国の国境が、東あるいは北からの征服者（蛮族）によって侵犯されたとき、彼らは入植するための土地を要求し、もしそれが手に入らないならば戦争を仕掛けると脅した。これは侵略であろうか。ローマ帝国の性格を考えるならば、この問いは愚かに聞こえるかもしれない。しかし、それは以後何度も、そして帝国的な状況ではしばしば持ち上がった問いである。土地が実際のところ無人で利用可能であるときは、その答えは侵略ではないとなるはずである。しかし、土地が実際には無人ではなく、トマス・ホッブズが『リヴァイアサン』で述べているように、「十分な数の住民がいない」場合であったとすれば、どうであろうか。ホッブズはつづけてこう論じている。そうした場合、入植希望者は「彼らがそこで出会う人々を絶滅するのではなく、ともにより近くに住むよう強いる」べきである。(7)もともとの入植者の生命が脅かされないかぎり、そうした強要は侵略ではないであろう。というのも、新たな入植者は自分自身の生命を維持するためにしなければならないことを行っているのであって、「余分なもののために［それに］反対する人のほうが、その結果引き起こされる戦争について有罪である」(8)からである。ホッブズによれば、侵略の罪があるのは入植者ではなく、移動して場所を空けようとしない先住者たちなのである。ここには明らかに深刻な問題があるだろう。しかし、私はホッブズが領土保全を所有権として考えることを退け、その代わりに生命に焦点をあてたことは正しいと指摘したい。しかしながら、ここで問題となっているのは、個人の生命だけでなく、彼らがつくった共通の生でもあるということが付け加えられなければならない。われわれが人民の領土を画定する境界線と、それを守る国家に価値を推定するのは、こうした共通の生のためなのである。

さて、いかなるときに存在する国境線も、恣意的で、不器用に引かれており、過去の戦争の産物であるかもしれない。地図作成者は無知だったのか、酔っ払っていたか、買収されていたのかもしれない。それにもかかわらず、それらの線分は居住可能な世界を確立している。その世界のなかで、人々は攻撃から守られている（と想定してみよう）。その線分がいったん破られると、彼らの安全はなくなってしまう。私は境界線をめぐるすべての係争が戦争の理由であると言いたいわけではない。ときには、諸国家の現実的な必要に応じて、協定が受け容れられ、領土が形成されるべきであろう。よい国境はよい隣人をつくるのである。しかし、いったん侵攻がほのめかされ、あるいは実際に開始されたならば、ほかにはまったく手立てがないのだから、悪い国境を維持することも必要になるかもしれない。われわれは一九三九年のフィンランドの指導者たちの思考に、こうした推論が働いていたのを見るであろう。ソ連の要求はたかだかしれているということに確証があれば、彼らはそれを受け容れていたかもしれない。しかし、いったん犯罪者が家のなかに入ってしまえば、敷居のこちら側に安全がないのと同じように、国境のこちら側にも確証はないのである。それゆえ、国境線に大きな重要性を付与するのは、共通感覚だけである。権利がこの世界で価値を持つのは、それが空間的な場を持つ場合だけである。

法律家のパラダイム

もし国家が多かれ少なかれ個人と同じように実際に権利をもつのであれば、多かれ少なかれ個人から成る社会と同じような、国家から成る社会も想像することができるであろう。国際秩序と市民的な秩序との比較は、侵略の理論において決定的に重要である。わたしはそれをすでに何回か行ってきた。侵略を国家間での武装強盗あるいは殺人に相当するものとして言及すること、家庭と祖国あるいは個人的自由と政治的独立を比較することは、すべて国内類推(9)と呼ばれるものに依拠している。侵略をめぐるわれわれの原初的な認識と判断は、類推的な推論の産物である。法律家のあいだではよくなされることだが、そうした類推をよりつまびらかにするとき、国家から成る世界は、犯罪と刑罰、自衛、法執行などの概念をつうじてその特質のすべてに接近できるような政治社会の形をとる。

これらの概念は、現存する国際社会が根本的に不完全な構造であるという事実と矛盾しないことを強調したい。われわれが経験しているように、そうした社会は権利にはもとづいているが、しかし欠陥のある建物になぞらえられるかもしれない。その上部構造は、国家自体の上部構造と同じように、政治的紛争、協力的活動、商取引をつうじて立てられている。しかしその総体は権威のリベットで留められていないので、ぐらつき不安定である。それは人々がみずからの生存の条件を決定し、隣人と交渉し、取引しながら、そのなかで（ときに）平和に生きているという点で、国内社会のようなものである。しかし、あらゆる紛争が構造全体を解体の危機にさらすという点で、国内社会とは異なっている。侵略は国際社会を直接的におびやかし、国内犯罪よりもずっと危険であるのだが、それはそこに警察官がいないからである。しかし、それは国際社会の「市民」が自分自身を、そしてお互いを当てにしなければならないことを意味しているにすぎない。警察権力はすべての構成員のなかに配分されている。もしこれらの構成員が、単に侵略を封じ込め、あるいは早急に終わらせるだけなら、彼らはみずからの権力を十分に行使したことにはならない——それはまるで警察が、たかだか一人や二人を殺しただけの殺人者を制止し、その後放免してやるようなものである。構成員たる国家の権利は擁護されなければならない。なぜなら、社会がともかく存在しているのは、もっぱらそうした権利のおかげであるからである。もしそれらが（少なくともときに）守られなければ、国際社会は戦争状態へと陥るか、世界大での暴政へと転化してしまうであろう。

こうした想定から、二つの仮説が導かれる。第一のものは、すでに指摘したことだが、ひとたび侵略が行われたとき、軍事的な抵抗を支持する仮説である。抵抗は、権利を保持し、将来の侵略者を抑止するために重要なものである。侵略の理論は正戦の古い教説をあらためて表明する。それは戦うことがどのような場合に犯罪とみなされ、どのような場合に許容され、おそらく道徳的に望ましいとさえされるのかを説明する。* 侵略の被害国は自衛のために戦うのだが、その国は自分だけを守っているのではない。なぜなら、侵略は社会全体に対する犯罪であるからである。その国は自分のためだけでなく、社会全体の名のもとでも戦っているのである。他国はその被害国の抵抗に正当にも加担することができるが、その戦争は被害国のものと同じ性格をもっている。つまり、反撃するだけではなく、それを罰することも認められている。すべての抵抗は法執行でもあるのである。かくして、第二の仮説が導かれる。戦いが行われるとき、法が執行されうる、そして執行されなければならない国家がつねに存在しているにちがいない。誰かが国家から成る社会の平和を壊そうと決断したのだから、その者がその責任を負わなければならない。中世の神学者たちが説明したように、どちらの陣営もが正しい戦争などありえないのである。(10)

＊私はここで、戦うことは望ましくもなければ必要でもないとする、侵略への非暴力的な抵抗を支持する議論について語るつもりはない。この議論は、通常の見解の展開においては、それほど見られるものではない。実際、それは慣例に対して根本的な異議申し立てを提示している。もし侵略が戦争なくして抵抗されうる、少なくとも、ときに首尾よく抵抗されうるならば、それは一般に思われているほど深刻な犯罪ではないのかもしれない。こうした可能性とその道徳的な含意については、あとがきでとりあげることにしたい。

しかしながら、どちらの陣営も正しくない戦争もある。なぜなら、正義の観念がどちらにも付随していないか、あるいは敵対者がともに侵略者で、権利のない領土や権力を求めてたがいに戦っているからである。前者については、貴族の戦士の自発的な戦闘について論じたときに、すでに示唆したものである。それは人類の歴史においてあまりにも稀有なことなので、ここではそれについて語られるべきことはほとんどない。後者については、マルクス主義者が「帝国主義的」と呼んでいる戦争によって例証される。それは征服国と被害国ではなく、二つの陣営が相手への支配を企てているか、その両者がある第三者を支配しようと競い合っているという、征服国と征服国とのあいだで戦われるものである。レーニンは、二〇世紀初頭ヨーロッパの「持てる」国家と「持たざる」国家との紛争を次のように記述している。「……百人の奴隷をもつ奴隷所有者が、より『正しい』奴隷の配分を求めて、二百人の奴隷をもつ奴隷所有者と戦っていると想像してみよう。明らかに、こうした場合に『防衛』戦争ということばをあてはめるのは……まったくの欺瞞であろう……」[11]。しかし、ここで強調されなければならないのは、われわれがその欺瞞を見破ることができるのは、われわれ自身が正義と不正義を区別することができるかぎりにおいてのみであるということである。帝国主義戦争の理論は、侵略の理論を前提としている。もしすべての陣営のすべての戦争が征服もしくは征服を意図した行為であるとか、すべての国家は可能であればいつでも征服すると主張するのであれば、正義を支持する議論は始まる前から挫折しており、われわれが実際に行っている道徳的な判断は空想と嘲られるであろう。エドマンド・ウィルソン☆のアメリカ南北戦争に関する著作からの引用文を考察してみよう[12]。

歴史家たちが生物学や動物学の現象に関心を抱かないのは、深刻な欠陥である……と私は思う。海底の生命を紹介した最近の……ある映画のなかで、ウミウシと呼ばれる原始的な有機体が、その体の一端にある大き

☆「エドマンド・ウィルソン」Edmund Wilson（1895-1972）．アメリカの作家・文学批評家。冷戦におけるアメリカの軍事的活動に反対し、その活動によってむしろアメリカ人の市民的自由が侵害されていると論じた人物である。

な口腔で、小さな有機体をがぶりと飲み込むのが見られた。自分よりほんのわずかでも小さいウミウシに出くわすと、それはそいつも飲み込んでしまう。さて、人間によって行われる戦争も、ウミウシの貪欲さと……概して同じような本能に突き動かされているのである。

そうしたイメージにあてはまる戦争もたしかにあるだろう。しかし、それが南北戦争を研究するのにとても有益なイメージだというわけではない。それはまた、われわれの国際社会の通常の経験を説明するものでもない。すべての国家が隣国を飲み込もうとするウミウシ国家ではないのである。できうるならみずからの権利を平和的に享受しながら生活したいと思い、そうした願いを代表してくれる政治指導者を選んできた、そうした集団はいつも存在している。国家のもっとも重要な目的は捕食ではなく防衛であって、少なくとも多くの実際の国家はそうした目的に奉仕していると言うことができるであろう。そうした国家の領土が攻撃され、あるいは主権がおびやかされたときは、単に自然の捕食者をではなく、侵略者を探すことが道理にかなっている。それゆえ、われわれは動物学的な説明よりも侵略の理論を必要とするのである。

侵略の理論はまず国内類推を後ろ盾にしてはじめて具体的なものとなる。わたしはこの理論のそうした原初的な形式を、法律家のパラダイムと呼ぶことにする。なぜなら、それは法と秩序の慣例を一貫して反映しているからである。それはかならずしも法律家の議論を反映しているわけではないが、法的および道徳的な論争はここから始められるのである。[13] 後に、わたしは特定の戦争が正戦であるかどうかに関するわれわれの判断が、このパラダイムによって完全に決定されるわけではないことを指摘するつもりである。国際社会の複雑なリアリティはわれわれを修正主義的な視座へと向かわせる――しかもそれはかなりの修正である。しかし、このパラダイムの原型をまず理解しなければならない。それはわれわれの基本線であり、われわれのモデルであり、戦争の道徳的な理解にとっての根本構造なのである。われわれは個人と権利、犯罪と刑罰という馴じみのある世界から出発する。そうすれば、侵略の理論は次の六つの命題に要約されよう。

一　独立国家から成る国際社会が存在している。この社会の構成員は国家であって、私的な個々人ではない。世界国家の不在のなかで、個々人は自分の政府によってのみ保護され、彼らの利益はそれによってのみ代表される。国家は生命と自由のために創られるが、ほかの国家がこの同じ生命と自由の名のもとでそれを脅かすことはできない。かくして内政不干渉の原則が導かれるのだが、それについては後に分析することにしよう。私的個人の権利は国連の人権宣言のように国際社会においても認められうるのだが、その権利はこの社会の支配的な価値、すなわち、個別の政治共同体の存続と独立を疑問視することなくしては守ることはできない。

二　この国際社会はその構成国の権利——とりわけ、領土保全と政治的主権の権利——を規定する法を有する。繰り返すならば、これら二つの権利は、究極的には、個人の権利に、すなわち、共通の生を築き上げ、自由な選択としてのみみずからの生命をリスクにさらす権利に依拠している。しかし、それらに関連する法は国家だけに言及しており、その詳細は国家間の交渉によって、対立と同意の複雑なプロセスを通じて確定される。このプロセスは継続的であるので、国際社会には自然な形態というものはない。そのなかの権利も最終的に、ないしは厳密に決められているわけではない。しかしながら、いかなる時点でも、ある国民の領土をほかの国民のそれと区別し、主権の範囲と限界について語ることはできる。

三　ある国家による、他の国家の政治的主権もしくは領土保全への武力行使、あるいは切迫した武力による脅しは、侵略を構成しており、犯罪行為である。国内犯罪の場合のように、ここでの議論は現実のもしくは切迫した越境行為、すなわち、侵攻と物理的攻撃に焦点をしぼっている。さもなければ、恐ろしいことに、侵略への抵抗という概念は確定的な意味をもたないであろう。国家は明白かつ緊急の必要性がないかぎり、戦うよう強いられているとは言えないのである。

四　侵略は二種類の暴力的な対応を正当化する。被害国による自衛の戦争と、被害国とそのほかの国際社会の構成員による法執行の戦争である。誰もが被害国の支援に駆けつけ、侵略国に対して必要な武力を行使し、「民間人による犯人逮捕」に国際的に相当するものを行うこともできる。国内社会でのように、事故遭遇者の義務を正確に見分けるのは容易ではないが、この理論の傾向は、中立の権利を弱体化させ、法執行の任務への幅広い参加を要請することにある。朝鮮戦争では、こうした参加は国際連合によって権威づけられたが、そうした場合でも、戦闘に加わるかどうかの実際の決定は単独行動的なものである。このことは、街で襲われている人々を助けに飛び込む一般市民の決断にたとえれば、もっともよく理解されるであろう。

五　戦争を正当化しうるのは、侵略のみである。この理論の中心的な目的は戦争の機会を制限することである。ヴィットリア☆は「戦争を始めるにあたってはひとつだけ正当理由がある。すなわち、それは加えられた害悪である」(14)と述べている。実際に害悪が存在し、そして実際に加えられた（あるいは加えられる寸前である）ものでなければならない。国際社会では、それ以外の何ものも——とりわけ、宗教や政治のいかなる相違も——武力の行使を是認することはない。国内の異端や不正義は、国家から成る世界では起訴しえない。内政不干渉の原則はここからもまた導かれるのである。

六　侵略国家が軍事的に撃退された後、その国家を罰することもできる。処罰行為としての正戦という概念は非常に古くからあるものではあるが、その手続きも処罰の形式も、これまで慣習的および実定的な国際法においてしっかりと規定されてはいない。また、その目的も完全には明らかではない。それは報復を行うことなのか、それとも他の国家を抑止することなのか、またこの国家を制止もしくは改善することなのだろうか。これら三つはたいていこの分野に関する文献においてよく現れるものであるが、抑止と制止がもっとも一般に受け容れられているると言ってもよいであろう。それは人々が「戦争を廃絶するために戦争を行う」と語るときにたいてい彼らが念頭に置いていることである。国内での格率は、暴力を防ぐために犯罪を罰せよ、である。その国際的な類推表現は、戦争を防ぐために侵略を罰せよ、である。刑罰の適切な対象が国家全体であるのか、それとも特定の個人だけであるのかは、より難しい問題である。その理由については、あとで考察することにしよう。しかし、このパラダイムが意味するところは明らかである。もし国家が国際社会の構成員で、権利の主体であるならば、それは（何らかの形で）処罰の対象にもならなければならないのである。

避けられないカテゴリー

これらの命題は、戦争が起きたとき、われわれが行う価値判断を形成している。それらは筋の通った実用的な、強力な理論を構成しており、われわれの道徳意識を長いあいだ支配してきた。ここでそれらの歴史をたどるつもりはないが、それらが一八世紀と一九世紀においてさえ支配的であったことは強調するに値する。当時、法律家や政治家たちは、戦争遂行は主権国家の当然の大権であり、法的あるいは道徳的な価値判断に従属するものでは

☆「ヴィットリア」Francisco de Vitoria（1480-1546）．本書三五頁および一一七頁の訳注を参照のこと。

ない、と一様に論じていた。国家は「国家理性」から戦争に赴くのであり、その理性は特権的な性格をもつと言われていたので、それは説明すらされず、ただほのめかされるだけでよかった。それはすべての議論を終わらせるためのものだった。その当時の（大まかにはヴァッテルの時代からオッペンハイムの時代までの）法学文献における一般的な想定は、ホッブズ的な個人のように、国家はつねに戦う権利をもつということである。[15]国内社会から国際社会がではなく、自然状態から国家間の無政府状態が類推されているわけだ。しかし、こうした見解は当時の人々の想像力に訴えるものではなかった。侵略の理論に関する歴史の大家は次のように述べている。「戦争の観念とその開始は、普通の人にとって、そして世論にとっては、正しく遂行されれば十分な賛同を、そうでなければ非難と懲罰を要求する……つねに道徳的な意義を負荷されていた」[16]。この普通の人々が付与した意義は、まさしくわたしが説明してきた種類のものであった。かつてオットー・フォン・ビスマルクが嘆いていたように、彼らは恐ろしい戦争の経験を慣れ親しんだ日常生活の土台へと引き戻していたのである。ビスマルクはこう述べている。「世論はたいてい政治的な関係や出来事を、すぐに民法や私的個人の関係や出来事に対するのと同じ観点で考えようとする……。［これは］政治問題をめぐる理解がまったく欠如していることのあらわれだ」[17]。

それはその適用においてつねに見識のある、あるいは洗練された理解であるわけではないけれども、私はそれが政治問題をめぐる深い理解を示しているとみなしたいと思う。世論は戦争の具体的なリアリティと、殺し殺されることの道徳的な意味に焦点をあてる傾向にある。それは普通の人々が避けられない次のような問いを投げかける。われわれはこの戦争を支持すべきか。われわれはそれに参加し戦うべきか。ビスマルクはもっと大局的な視座に立っており、こうした問いを抱く人々を現実政治《レアルポリティーク》という高尚なゲームの駒に変えてしまう。しかし、最終的には、こうした問いは執拗に繰り返されるもので、そうした大局的な視座は生き延びえないであろう。戦争が実際に、人間ではない無生物の駒によって戦われる日が来ないかぎり、戦争行為は道徳的生き方から切り離すことができないのである。ビスマルクの同時代人のひとりの著作と、このドイツの宰相が策謀した戦争のひとつについて考察することで、われわれはその必然的なつながりを明白に理解することができる。

カール・マルクスと普仏戦争

ビスマルクと同様、マルクスも政治問題について独特の理解をしていた。彼は戦争を単なる政治の継続ではなく、その必然的かつ不可避な継続とみなし、個別の戦争を世界史的な図式という観点から描き出していた。彼は現存する政治秩序にも、既存の国家の領土保全や政治的主権にも関与しなかった。これらの「権利」の侵害は、彼にとって、いかなる道徳的な問題も提起しなかった。彼は侵略者の処罰を求めなかった。彼は侵略の理論には頓着せず、プロレタリア革命の大義を前進させるような結果だけを求めた。これはマルクスの一般的な見解をまったく特徴づけているものであるが、彼が一八七〇年のプロシアの勝利を待望していたのは、それがドイツの統一に発展し、新しいライヒにおける社会主義の組織化を容易にするからであり、それがドイツ労働者階級のフランス労働者階級に対する支配を確立するからであった(18)。

フランスは大敗しなければならない［と彼はエンゲルスへの手紙のなかで書いている］。もしプロシアが勝利を収めるならば、その国家権力の集権化は労働者階級の集権化にとって好ましいことになろう。ドイツの優勢は西欧の労働者階級運動の中心をフランスからドイツへと移し、そして……ドイツの労働者階級は理論的にも組織的にもフランスのそれに優位する。ドイツ人のフランス人に対する優位は……それと同時にプルードンなどの理論に対するわれわれの理論の優位を意味するのである。

しかし、これはマルクスが公に主張しえた見解ではなかった。それを公表すればフランスの同志たちのなかで彼が気まずくなるからだけではなく、それがわれわれの道徳的生き方の本質に直接かかわるものであったからである。ドイツの労働者階級のもっとも前衛的な構成員でさえ、ドイツの統一のためにフランスの労働者を殺すとか、国際社会主義の位階のなかで自分たちの党の（あるいはマルクスの理論の！）権威を高めるためだけに自分自身の生命をリスクにさらすといったことはしたがらないであろう。マルクスの議論は、その語のもっとも字義通りの意味において、戦うという決定の、あるいはドイツの行った戦争が、少なくとも最初は、正戦であったという価値判断としてありうる説明ではなかった。もしそうした価値判断を理解したいのであれば、われわれは国際労働者協会総評議会☆のイギリス人メンバーの単純明快な主張から始めたほうがよいであろう。ジョン・ウェストンはこう語っていた。「フランスが最初に侵攻したのである」[19]と。

われわれは今日、ビスマルクが懸命に、いつもの無慈悲さをもって、そうした侵攻をもたらそうと画策していたのを知っている。その戦争に先立つ外交的な危機は、ほとんどが彼の計略によるものであった。だが、彼の行ったことがフランスの領土保全あるいは政治的主権を脅すものであったと、説得力をもって言うことはできない。彼の行ったことがフランスに戦うことを強いたわけではなかった。彼は単にナポレオン三世とその側近の傲慢さと愚かさにつけ込み、フランスに責任を押し付けるのに成功しただけである。彼が非難していた世論に感謝すべきだろう。かくして、ジョン・ウェストンの議論や、ヨーロッパの平和を「軽率にも」破壊したのはナポレオン三世であると一八七〇年の七月に宣言したドイツ社会民主労働者党員たちの議論が訂正される必要はなかった。

「ドイツ国民は……侵略の犠牲者である。それゆえ……まことに遺憾ながら、「われわれは」この防衛戦争を必要悪として受け容れなければならない」[20]というわけである。また、その総評議会のためにマルクスによって起草された、普仏戦争についての国際労働者協会《インターナショナル》の「第一の呼びかけ」もそれと同じ見解をとっていた。「ドイツ側から見れば、この戦争は防衛戦争である」（もっとも、マルクスはつづけて「誰がドイツをみずから防衛する必要に追い込んだのか」と問い、ビスマルクの政治の本当の性格を匂わせているのだが）[21]。フランスの労働者たちは戦争に反対し、ボナパルト派を政権から追いやるよう求められた。ドイツの労働者たちは戦争に、しかし「その厳密に防衛的な性格」を維持するかたちで参加するように説かれていたのである。

およそ六週間後に、この防衛戦争は終結した。ドイツはスダンで勝利を収め、ナポレオン三世は捕虜となり、彼の帝国は打倒された。しかし、戦いはつづいた。なぜなら、ドイツ政府にとって戦争の主要な目的は、抵抗ではなく、拡張であったからである。すなわち、それはアルザス＝ロレーヌの併合であった。国際労働者協会《インターナショナル》の「第二の呼びかけ」のなかで、マルクスは正確にもスダン後の戦争をこの二つの州の人民に対する、そしてフランスの領土保全に対する侵略行為として説明している。彼はドイツの労働者と新しいフランスの共和国のどちらかが、近い将来その侵略を罰しうると信じていたわけではないが、それにもかかわらず処罰を求めていた。「歴史は、フランスから奪い取った土地の面積の大小によってではなく、一九世紀の後半に、征服政策を復活させた

☆「国際労働者協会総評議会」General Council of the International. 一八六四年にロンドンで結成され、七六年に解散した、労働者間の国境を越えた連帯を目指した国際労働者協会（正式名称は International Workingmen's Association）の最高機関。その後結成された同種の組織と区別して、通称第一インター（ナショナル）とも呼ばれる。

という罪の重さによって、その報いを斟酌するであろう」。[22] ここで驚くべきことは、マルクスが歴史をプロレタリア革命のためではなく、慣例的な道徳のために持ち出していることである。実際、彼はティルジット後のナポレオン一世に対するプロシアの戦いを引き合いに出しながら、自分が想定する報復はドイツ帝国に対する将来のフランスの攻撃という形をとるであろうと指摘している。それはまさしく、ヘンリー・シジウィックがドイツの「征服政策」によって正当化されると考えてもいた種類の戦争である。しかし、マルクスの綱領がいかなるものであれ、彼が侵略の理論で用いられている用語の範疇で思考しているのは明らかである。戦争の現実に直面し、社会主義的な外交政策の実行可能な形態を公に説明することを強いられたとき、彼は国内類推と法律家のパラダイムに、ほとんど文字どおり依拠しているのである。実際、彼は「第一の呼びかけ」のなかで、「私人の関係を統制すべきである道徳と正義の単純な法を、国家どうしの交渉をめぐる至高の規則として擁護すること」[23] が社会主義者の任務である、と論じていたのである。

これはマルクス主義的な教説であろうか。私はそうは思わない。それは道徳に関するマルクスの哲学的な言明と共通するところがないし、彼の書簡を埋めている国際政治に関する考察とも共通するところがない。しかし、彼は哲学者や書簡家だけであったのではない。彼は政治指導者であり、大衆運動の代弁者でもあった。これら後者の役割においては、戦争の意義をめぐる彼の世界史的な見解は、彼が下すよう求められた個別の価値判断に比べれば、それほど重要なものではなかった。そして、いったん判断を下すと、侵略の理論のカテゴリーは何ほどか避けられないものとなった。問題は、聴衆の「意識レベル」と、ときに見下して呼ばれるものに自分を合わせることではなく、その運動参加者たちの道徳的経験に直接的に語りかけることであった。ときには新しい哲学あるいは宗教が、そうした経験に新しい形式を与えることもなくはないだろう。しかし、それはマルクス主義の効果ではなかった。少なくとも国家間の戦争に関しては、そうではなかった。マルクスはただ侵略の理論をまじめに受け止め、そうしてビスマルクが不平をこぼしていた普通の人々、政治的な出来事に対して国内問題を考える際の道徳の観点から価値判断を下す人々の隊列の先頭に立ったのである。

宥和論

一八七〇年の戦争は困難な事例である。なぜなら、ナポレオン三世に異議を申し立てたフランスの自由主義者や社会主義者、アルザス＝ロレーヌの併合を非難したドイツの社会民主主義者を除いて、他の登場人物たちは誰もあまり魅力的ではないからである。道徳的な問題は不明瞭で、その戦いは双方の側がかわるがわる侵略戦争を行ったというより、むしろ実際には両陣営とも侵略戦争を行ったと論じることも難しくはないであろう。しかし、争点はつねに不明瞭であるというわけではない。歴史はみごとに明白な侵略の事例を提示している。戦史研究は実際そうした事例から始められている（私もそれから始めている）。それはアテナイのメロスへの攻撃である。しかし、わかりやすい事例はそれはそれで問題を、いやむしろ、ひとつの特徴的な問題を提起する。侵略はたいてい強力な国家による弱い国家への攻撃という形式をとるものである（だからこそ、それは非常に容易に見分けられる）。抵抗は無駄で、絶望的とさえ思われる。多くの生命が失われるであろうが、それは何のためであろうか。しかしながら、この場合でさえ、われわれの道徳的な好ましさの度合いは保たれている。われわれは抵抗を正当化するだけではない。われわれはそれを英雄的とみなしもする。明らかに、われわれは失われた生命の数から正義の価値を測るというわけではない。しかし、そうした評価のしかたがまったくお門違いというわけでもない。

誰が自分たちを無視する政治指導者に支配されたいと思うだろうか。したがって、正義と堅実さ《プルーデンス》はたがいに緊張関係にある。あとで、わたしは正義を支持する議論が堅実な思惑を組み入れている、さまざまな論法を説明するであろう。しかし、ここでは、法律家のパラダイムがそれらを徹底的に排除する傾向にあることを強調しておかなくてはならない。

このパラダイム全体は、一般に、功利主義的な観点から擁護されている。侵略への抵抗は将来の侵略者を抑止するために必要である。しかし、国際政治の文脈においては、もうひとつの功利主義的な議論をほぼいつでも聞くことができる。それは侵略者に屈することが戦争を避ける唯一の道であると示唆する宥和論である。国内社会においても、たとえば拒否もしくは抵抗のコストが耐えられないほど大きいとき、われわれはときに宥和を選び、誘拐犯や恐喝犯と交渉する。しかし、そうした場合、われわれは罪悪感を覚える。それはわれわれが抑止という、共同体の抱えるより大きな目的に貢献できなかったからだけでなく、もっと直接的には、われわれが強制と不正義に屈従したからでもある。われわれは譲歩したものが金銭だけだったとしても罪悪感を覚えるのに、国際社会では、それよりもはるかに重要な価値を進んで差し出さないかぎり、宥和はありえないのである。しかし、戦争のコストは、そうした降服支持論がしばしばとても強く主張されうるほどのものである。宥和はわれわれの道徳的な語彙のなかでは悪い語であるが、その主張が道徳的に愚かなわけではない。その議論は抵抗の望ましさというこれまでの私の仮説に対して、もっとも重大な異議申し立てとなっている。そこで、それについて少し詳しく検証してみることにしたい。

チェコスロヴァキアとミュンヘン原則

一九三八年の宥和を弁明するとき、ズデーテン地方のドイツ人が、結局のところ、民族自決の権利を与えられたのだと言われることがある。しかしこうした主張は、チェコ国内での何らかの形での自治か、ヒトラーがミュンヘンで要求したほど過激すぎるものではない国境線の変更で十分満たされる主張にすぎない。実際のところ、ヒトラーの目標は権利の擁護をはるかに越えるものであった。そして、チェンバレンとダラディエはそれを知っていたか、知っているべきであったのだが、それでも屈服したのである。[24] 彼らの行動を説明するのは、何らかの正義観によるものというよりも、むしろ戦争の恐怖であった。この恐怖は一九三九年に出版された、イギリスのカトリックの作家、ジェラルド・ヴァン☆の知性にあふれた小著のなかで理論的に表現されている。ヴァンの議論は、私が出会ったもののなかでも、正戦論を宥和の問題に直接応用しようとした唯一の試みである。それゆえ、私はそれを詳細に検討していくつもりである。彼は「ミュンヘン原則」と呼ばれたものをこう弁明している。[25]

もしある国民が、不正に攻撃されている彼らの同盟国の人々を守るよう求められているのに気づいたならば、たしかにみずからの責務を果たすべきではあろう……。しかしながら、権利のそのような放棄が、実際のところ、暴力の支配への取り返しのつかない屈服をかならずしも意味しないのであれば……正義のもとで主張されうるものほど好ましくはない条項に同意することで、全面対決という究極の悪を避けるようその侵略の被害国の説得を試みることは、その国民の権利であり、その義務でさえあるかもしれない。

☆「ジェラルド・ヴァン」Gerald Vann（1906-63）．イギリスのドミニコ会の倫理的・霊的著述家。

ここでの「義務」は単に「平和を求めること」――これはホッブズの第一の自然法であり、おそらくカトリックの目録でも上位におかれるものであろう――であるのだが、ヴァンの「全面対決という究極の悪」という言い回しは、その義務が目録上の実際の位置よりも上位のものと考えられていることを示唆している。正戦の教義では、法律家のパラダイムと同じように、侵略がまかりとおることはより大きな悪である。しかし、できうるかぎり暴力を避けることもたしかに義務である。これは国家の支配者がみずからの国民と同じくほかの国民にも負うべき義務であり、国際的な条約や慣例によって確立された責務を乗り越えるものかもしれない。しかし、この議論は最終的に限定条件をつける条項を必要としている。そして、私はそれが一九三八年の九月にも適用しえたであろうと考えている。その条項は検証するに値するものである。なぜなら、その目的はいつ宥和し、いつ宥和すべきではないかを、われわれにはっきり示すことだからである。

その政府がみずからの国境線あるいはみずからの影響圏を、あちらこちらで少しずつ、ある時期に継続的に外部へと拡張しようと奮闘している国家――エドマンド・ウィルソンのウミウシ国家というわけではないが、何かしら通常の「大国」に近いもの――を想像してみよう。たしかに、その圧力が加えられている国民は、抵抗する権利をもっている。同盟国だけでなく、おそらくそれ以外の国家も、彼らの抵抗を支援すべきであろう。しかし、被害国によるものであれ、他の国々によるものであれ、宥和はかならずしも不道徳であるというわけではない――これがヴァンの議論である。正義を犠牲にしてまでも平和を求める義務というのもあるのかもしれない。宥和は暴力への屈服を含んでいるのだが、通常の権力を想定するならば、それは「暴力の支配」への絶対的な服従を含むものではおそらくないであろう。絶対的な服従とはヴァンが「取り返しのつかない」という表現で表そうとしたものである、と私は考える。彼はそれを「永遠に」という意味で用いているはずがない。なぜなら、政府は崩壊し、国家は没落し、人民は反逆するものだからである。われわれは永遠については何も知らないのである。「暴力の支配」はそれ以上に難しい用語である。ヴァンは宥和の限界を、それがより大きな物理的強制力に屈服することを表すという地点に定めることができない。宥和とはつねにそのような意味である。道徳的な限界として、その語句はより異常で、より恐ろしいものを示さなければならない。絶え間ない暴力を行使し、ジェノサイド、テロリズム、そして奴隷化の政策を企てた人々の支配。そのような場合には、まったく単純なことだが、宥和とは世界の悪に抵抗することができなかったということになる。

さて、これがまさしくミュンヘン協定の実態であった。ヴァンの議論は、いったんその用語が理解されてしまえば、彼自身の立場を掘り崩すことになる。なぜなら、ナチズムが暴力の支配を体現しており、その本当の性格が当時十分に知られていたことは、疑いようのないことであるからである。そして、チェコスロヴァキアが一九三八年にナチズムに屈服したことも、疑いようのないことである。割譲を免れた領土と主権は――少なくともチェコ人によっては――守られなかった。そして、そのことも当時は知られていたのである。しかし、ヴァンの議論がほかの事例には適用されないものかどうか、という問題が残っている。私はポーランド戦については飛ばすつもりである。なぜなら、ポーランドもまたナチの侵略に直面したが、明らかにチェコの経験から学んでいたからである。しかし、その数ヶ月後のフィンランドの状況は異なっていた。そこでは「ミュンヘン原則」が、フィンランドのすべての友好国によって、そして多くのフィンランド人によっても力説されていた。彼らには、チェコの経験にもかかわらず、一九三九年の晩秋にソ連が突き付けてきた条件をのむことが「暴力の支配への取り返しのつかない屈服」となるであろうとは思われなかったのである。

フィンランド

スターリンのソ連は通常の意味での大国ではなかったが、フィンランド戦争に先立つ数ヶ月のその行動は、十分に、伝統的な権力政治の手法に従ったものであった。ソ連はフィンランドの犠牲の上に拡張を試みたが、突きつけた要求は控えめで、軍事的な安全保障の問題に密接にかかわるものであり、革命的な意図があったわけではなかった。スターリンの主張によれば、問題となったのは当時フィンランド国境からの射程範囲にあった、レニングラードの防衛以外の何ものでもなかった（彼はフィンランドの攻撃ではなく、フィンランド領からのドイツの攻撃を恐れていたのである）。彼はこう語っていた。「レニングラードを動かすことができない以上、われわれは国境を動かさなければならないのだ」[26]と。ソ連は彼らが奪おうとしたものよりも多くの（しかし価値はない）土地を明け渡すと申し出た。そして、その申し出は交渉に少なくとも主権国家間の領土交換らしき性格を与えるものであった。その会談の当初、マンネルヘイム元帥☆はソヴィエトの政策にいかなる幻想も抱いてはいなかったが、その取引を行うことを強く勧めていたのである。フィンランドがレニングラードのあまりにも近くにあることは、ソ連よりもフィンランドにとって危険なことであった。スターリンはフィンランドの将来的併合か、その共産主義国家への体制転換を意図していたのかもしれないが、それは当時はっきりとしていたわけではなかった。ほとんどのフィンランド人は、危険は十分深刻ではあるけれども、それよりは小さいものであると考えていた。彼らはもっと一般的な種類の侵犯と圧力を恐れていたのである。かくして、フィンランドの事例は「ミュンヘン原則」の有益なテストとなる。フィンランドは、戦争の殺戮を避けるために、自国が正当に主張しうる条件と比べて有利ではない条件に同意すべきであったのだろうか。その同盟国はそうした条件をフィンランドに強いるべきであったのだろうか。

最初の問いは、どちらにしても簡単には答えられない。その選択はフィンランド人のものである。しかし、われわれ第三者にも関心があり、戦うという彼らの決定が道徳的な満足とともに世界中で歓迎されたことを理解しようとすることは重要である。私がここで言及しているのは、戦争の初期につねに伴うが、長くはつづかない興奮ではなく、フィンランドの決定が模範となった意味についてである（なぜなら、安堵と恥辱がぎこちなく混ざり合って受けとめられたイギリス、フランス、そしてチェコの降伏の決定は、そうではなかったからである）。もちろん、戦争を含め、いかなる競争でも弱者への自然な共感や、彼が予想しえなかった勝利を収めるかもしれないという期待はある。しかし、戦争の場合は、これはとくに道徳的な共感であり、道徳的な期待である。それは、弱者は（たいてい）犠牲者か潜在的な犠牲者でもあるという認識にかかわっている。彼らの戦いは正しいのである。たとえ国家の存続がかかっていないとしても——実際、戦争が起きてしまえば、フィンランド人にとってはそうだったのだが——われわれは侵略者の敗北を望んでいる。それは近所の乱暴者がたとえ殺人者ではなかったとしても、われわれが彼の敗北を望んでいるのとまったく同じである。われわれの共通の価値は戦いによって強められ、高められる。ところが宥和は、それがよりよき知恵の一部であるときでさえ、それらの価値をおとしめ、われわれ皆を貧しいものにしてしまうのである。

しかしながら、スターリンがただちにフィンランドを制圧し、彼らをアテナイがメロスを扱ったように扱って

☆「マンネルヘイム元帥」Marshal K. G. Mannerheim（1867-1951）．フィンランドの軍人・政治家。はじめは帝政ロシア軍将校であり、ロシア革命に伴うフィンランドの独立宣言と内乱では政府軍（白軍）側の総司令官として勝利に貢献し、一九一八―一九年には事実上の国政における第一人者である摂政を務めた。一九三九年にソ連・フィンランド戦争が始まると最高司令官として戦争を指揮し、一九四四―四六年には大統領を務めた。

いたならば、その場合もまたわれわれの価値はおとしめられたであろう。しかし、このことが示唆するのは、降伏が望ましかったというより、むしろ集団的安全保障と集団的抵抗の決定的な重要性である。たとえば、スウェーデンがフィンランドとともに戦うために、公に軍隊を送ろうと企てていたならば、おそらくソ連の攻撃はなかったであろう。(27) そして、フィンランドの支援に駆けつけるというイギリスとフランスの計画は、不用意で自己中心的なものではあったが、フィンランド軍の早い段階での予想外の勝利と相まって、ソ連に交渉による解決を探るよう説得するのに、おそらく決定的な役割を演じたであろう。一九四〇年三月に画定された新しい国境線は、四ヶ月前にフィンランドに申し入れられたものよりも、〔フィンランドにとって〕はるかに悪いものであった。数千人のフィンランド兵（そして、それよりも多いソ連兵）が戦死した。数十万人のフィンランドの民間人が家を失った。しかし、それでもフィンランドの独立は擁護されなければならない。私はその収支がどう釣り合うのかわからない。ましてや、そうした擁護ができそうにない、せいぜい運まかせの展望であるように思われた一九三九年に、どう釣り合わされえたのかなど分かるわけもない。その価値は今日でさえも測ることができないであろう。☆それは政策決定の自由（いかなる国家もそれを絶対的にもつわけではないが、一九四〇年以後のフィンランドのそれは多くの国家よりも少ないものとなった）だけでなく、国民の誇りと自尊心をも含むものであった。フィンランド戦争が立派なものだったと一般に考えられているのは、独立が容易に何かと引き換えにできる価値ではないからなのである。*

*それゆえ、これらの計算が正しくなされることは（われわれはそれが何を意味するのかについて確信がもてないのだから）それらが正しい人々によってなされることほど重要ではないであろう。この点については、メロスとフィンランド

の決定を比較することが有益であろう。メロスは寡頭制国家で、戦闘を望んでいた指導者たちは、アテナイの将軍たちが民会に語りかけるのを許そうとはしなかった。彼らは民衆が少数の支配者たちのために、みずからの生命とみずからの都市国家をリスクにさらすのを拒否することを恐れていたのかもしれない。フィンランドは民主制国家であった。その国民はソ連の要求の正確な性質を知っていた。そして、政府の戦うという決断は、明らかに圧倒的な国民の支持を受けた。もしここでもまたフィンランドが模範とみなされるならば、その他の面でも侵略の理論に十分あてはまるであろう。宥和を拒否するという決定は、その結果生じることになる戦争を耐えなければならない人々によって（あるいは、彼らの代表によって）なされるのが最善なのである。もちろん、このことは国民集会でどんな議論がなされうるか、何も語ってはいない。そうした議論は大胆で英雄的であるというよりも、むしろ堅実で、用心深いものであるかもしれないのである。

「ミュンヘン原則」は、個々人の生存のために、独立の喪失もしくは浸食を容認するものである。それは権利の擁護にではなく、権力への順応にもとづいたある種の国際社会を指し示している。こうした見解には、明らか

☆　ソ連・フィンランド戦争は一九三九年一一月–四〇年三月（冬戦争）と一九四一年六月–四四年九月（継続戦争）の二つを指す。一九四〇年三月の停戦協定では、開戦前にソ連が要求した国境変更以上の領土割譲が課され、これを不服としてフィンランドは独ソ開戦に乗じ継続戦争に突入した。この時、ドイツと協力関係にあったことから、冬戦争のときに協力的であったイギリスは外交を断絶し、アメリカも外交関係を凍結した。継続戦争においてソ連による占領は免れるも、一九四七年のパリ講和条約では四〇年にソ連に割譲した領土は戻らず、さらなる領土割譲や賠償金を課せられた。フィンランドは二度の戦争の結果、最終的には国土の約一二パーセントを割譲することになり、四二万人の避難民が生じた。

にリアリズムがうかがえる。しかし、フィンランドの事例は、それとは別の見解にも、二重の意味でリアリズムが存することを示唆している。まず、権利は、それを死を賭してまで守らなければならない国民にとってさえリアルなものである。次に、それを守りとおすことは（ときに）可能である。わたしは宥和が決して正当化されえないと主張したいのではない。ただ、侵略者が攻撃を加えている価値がわれわれ全員にとって極めて重要なものであると指摘したいだけである。これらの価値はフィンランドのような国家の存在——実際、そのような国家は多い——のなかに要約されている。侵略の理論はわれわれの多元主義的な世界へのコミットメントを前提としており、そうしたコミットメントこそが抵抗を支持するという信念の内的な意味なのだ。われわれは、人々の共同体が、みずからの独立した運命を自由に形成する国際社会で生きたいと思っている。しかし、そうした社会は完全には実現されていない。それは決して安全なものではない。それはつねに防衛されなければならない。フィンランド戦争はその必要な防衛の模範例である。そうしたわけで、戦争に先立つ外交戦略の複雑さにもかかわらず、現実の戦いはそれ自体、道徳的にはいたって単純なのである。

権利の擁護は、戦うための理由である。私はここで、もう一度、最後に強調しておきたい。それが唯一の理由である、と。法律家のパラダイムは、それ以外のいかなる種類の戦争も禁止する。予防戦争、通商戦争、拡張と征服の戦争、宗教的十字軍、革命戦争、軍事干渉——国内でそれらに相当するものが国内法によって禁止されているのと同じように、これらはすべて禁じられ、しかも絶対的に禁じられる。あるいは、もう一度議論を繰り返すならば、国内社会の家庭や街頭でそれらに相当するものがそうであるように、これらはすべて、どちらの側から始めたかにかかわらず侵略的な行為を構成し、武力による抵抗を正当化するものである。

しかし、これだけではまだ戦争をめぐる道徳を完全に特徴づけたことにはならない。国内類推は決定的に重要な知的道具ではあるのだが、それは国際社会の完全に正確な図柄を提示するものではない。国家は実際には個人のようなものではなく（なぜなら、それらは個人の集積体であるからである）、国家間の関係もまた個人間の私的な交際のようなものではない（なぜなら、それらは同じように、権威ある法によって規定される形で組み立てられてはいないからである）。これらの差違は知られていないわけでも、曖昧なものでもない。私はもっぱら分析上の明瞭さのためにそれらを無視してきた。私は国内類推と法律家のパラダイムが、われわれの道徳的判断の説明として、大きな説得力をもつことを論じたかったのである。しかしながら、その説明はまだ不十分である。そこで、これから私は修正の必要を示唆する一連の問題と歴史的な事例を見なければならない。私は想定しうる修正の範囲をすべて語ることはできない。というのも、われわれの道徳的判断はあまりにも微細で複雑だからである。しかし、正義を支持する議論がこのパラダイムの修正を必要としている主要な論点は十分明白である。それらは長いあいだ法的および道徳的な論争の焦点だったからである。

【原注】

（1）*Henry V*, 1: 2, ll. 24-28〔小田島雄志訳『シェイクスピア全集　第三巻』、白水社、二六八頁〕.

（2）判事は「侵略行為」と「侵略戦争」を区別したが、当時は前者が包括的な用語として使われていた。*Nazi Conspiracy and Aggression: Opinion and Judgment*（Washington, D.C., 1947）, p. 16を参照のこと。

（3）Michael Howard, "War as an Instrument of Policy," in Herbert Butterfield and Martin Wight, eds., *Diplomatic Investigations*（Cambridge, Mass., 1966）, p. 199における引用。*On War*, trans. Howard and Paret, p. 370を参照のこと。

（4）John Westlake, *Collected Papers*, ed. L. Oppenheim（Cambridge, England, 1914）, p. 78.

（5）Ruth Patnum, *Alsace and Lorraine from Caesar to Kaiser: 58 B.C.-1871 A.D.*（New York, 1915）を参照のこと。

(6) Henry Sidgwick, *The Elements of Politics* (London, 1891), pp. 268, 287.

(7) *Leviathan*, ch. 30〔水田洋訳『リヴァイアサン（二）』岩波文庫、一九九二年（改訳）、二七三頁〕.

(8) *Leviathan*, ch, 15〔水田洋訳『リヴァイアサン（一）』岩波文庫、一九九二年（改訳）、二四七頁〕.

(9) この類推の批判については Hedry Bull, *Diplomatic Investigations* の第二章「国際関係における社会と無秩序」および第三章「グロティウスの国際社会の概念」を参照のこと。

(10) Vitoria, *On the Law of War*, p. 177を参照のこと。

(11) Lenin, *Socialism and War* (London, 1940), pp. 10-11〔マルクス＝レーニン主義研究所レーニン全集刊行委員会訳『レーニン全集　第二一巻』、大月書店、三〇七頁〕.

(12) Edmund Wilson, *Patriotic Gore* (New York, 1966), p. xi〔中村紘一訳『愛国の血糊、南北戦争の記録とアメリカの精神』、研究社出版、x頁〕.

(13) 国際連合の最近採択された侵略の定義が、このパラダイムにかなり従っていることは注目に値する。*Report of the Special Committee on the Question of Defining Aggression* (1974), General Assembly Official Records, 29th session, supplement no. 19 (A/9619), pp. 10-13を参照のこと。この定義は Yehuda Melzer, *Concepts of Just War* (Leyden, 1975), pp.26ff.において再録され、分析されている。

(14) *On the Law of War*, p. 170.

(15) L. Oppenheim, *International Law*, vol. II, *War and Neutrality* (London, 1906), pp. 55ff.を参照のこと。

(16) C. A. Pompe, *Aggressive War*, p. 152.

(17) Pompe, p. 152における引用。

(18) Franz Mehring, *Karl Marx*, trans. Edward Fitzgerald (Ann Arbor, 1962), p. 438における引用〔栗原佑訳『カール・マルクス　第二巻』、大月書店、一六三―六四頁〕。

(19) *Minutes of the General Council of the First International: 1870-1871* (Moscow, n.d.), p. 57.

(20) Roger Morgan, *The German Social-Democrats and the First International: 1864-1872*（Cambridge, England, 1965）, p. 206.

(21) "First Address of the General Council of the International Working Men's Association on the Franco-Prussian War," in Marx and Engels, *Selected Works*（Moscow, 1951）, I, p. 443〔大内兵衛・細川嘉六監訳『マルクス＝エンゲルス全集　第一七巻』、大月書店、五頁〕.

(22) "Second Address...," *Selected Works*, I, 449（強調はマルクスによる）〔『マルクス＝エンゲルス全集　第一七巻』、二五六頁〕.

(23) *Selected Works*, I, 441〔『マルクス＝エンゲルス全集　第一七巻』、三頁〕.

(24) 当時チャーチルによって行われた議論 *The Gathering Storm*（New York, 1961）, chs. 17 and 18を参照のこと。また Martin Gilbert and Richard Gott, *The Appeasers*（London, 1963）も参照のこと。チェンバレンにいくぶん同情的な最近の学術的な再評価に関しては Keith Robbins, *Munich: 1938*（London, 1968）を参照のこと。

(25) Gerald Vann, *Morality and War*（London, 1939）.

(26) Max Jakobson, *The Diplomacy of the Winter War*（Cambridge, Mass., 1961）, p. 117.

(27) ヤコブソン〔注(26)〕は、もしスウェーデンが一九三九年の秋にフィンランドへの支援を公に行っていたならば、ソヴィエト連邦はおそらく攻撃しなかったであろうという、スウェーデン首相の告白を伝えている（p. 237）。

第五章　先制行動

国家が開戦に踏み切る時の最初の問いもまた、もっとも答えやすいものである。誰が戦火を開いたのか。誰が軍隊に国境を越えさせたのか。これらは事実の問題であって、価値判断の問題ではない。もしその答えに異論の余地があるとすれば、それは政府が嘘をついているからでしかない。そのような嘘は、いかなる場合も、長もちはしない。真実はただちに明らかになる。政府は侵略の咎から逃れるために嘘をつくのだ。しかし、侵略に関するわれわれの最終的判断は、このような問いへの答えにかかっているのではない。道徳的な問題に直面する前に、さらなる議論や正当化の企て、嘘が待ち受けている。というのも、しばしば侵略は一発の銃声や、国境侵犯がなくても始まるからである。

個人も国家も、実行に移されたわけではないが差し迫った暴力に対しては、合法的にみずからを防衛することができる。自分が攻撃されそうなことに気づけば、戦闘の口火を切ることができる。これは国内法においても、国際社会を扱う法律家のパラダイムにおいても認められた権利である。しかしながら、ほとんどの法的な説明では、それは厳しく制限されている。実際、そのような制限が表明されれば、この権利が実体のあるものかどうかは定かではなくなる。たとえば、一八四二年のカロライン号事件（ここでは、この事件の詳細については論じない）[☆1]でのダニエル・ウェブスター国務長官[☆2]の議論がそうである。先制的な暴力を正当化するためには、「いかなる手段の選択も、いかなる討議の時間も残さない、急迫した、抗しがたい……自衛の必要」[(1)]が証明されなければならない、とウェブスターは述べている。それは攻撃がやってくるのを目視はしたが、まだその衝撃波がわれわれのもとに届いていない、そういう攻撃への対応しか認めないものである。この見方によれば先制行動は、いわば反射的な行動であり、最後の瞬間まで握り拳をあげてはならないのである。しかし、そのような行動を正当化するのに、多くの「証拠提示」はほとんど必要ない。もっとも強硬な侵略者でさえ、被害国に彼が最初の一撃を加えるまでじっとしていろと当然のことのように要求することはありそうにない。ウェブスターの定式化は国際法の研究者のあいだでは支持されているようだが、私はそれが切迫した戦争の経験を有効に扱うものではないと考えている。戦争は避けられないのではないかと疑い、最初に攻撃すべきかどうかと迷うとき、そこにはしばしば長時間の討議が、数時間、数日間、数週間にさえわたる悩ましいほどの討議がある。そうした議論は道徳的というよりも、むしろ戦略的な観点から語られるように思われる。しかし、その決定には道徳的な判断が加えられるの

☆1　「カロライン号事件」　一八三七年に英領カナダにおいて、イギリスが対岸の米国の港に停泊中のカロライン号を拿捕し放火した上、ナイアガラ瀑布に落としたことに端を発する事件。カロライン号は当時カナダの独立派に対し物資の支援等を行っている船舶であったため、イギリスはこの攻撃を自衛および自己保存の必要から行ったものと主張した。

☆2　「ダニエル・ウェブスター」　Daniel Webster（1782-1852）．アメリカの政治家・弁護士。下院議員を務めたあと、上院議員となった。一八四一－四三年には国務長官を務め、カナダとの国境画定を行い、ウェブスター＝アシュバーン条約を締結した（四三年）。一八五〇－五二年にも国務長官を務めている。

であって、そうした価値判断の予想、それが同盟国、中立国、そして自国民にもたらしうる帰結の予想それ自体が、戦略的な要素となっている。それゆえ、そうした判断の条件を正しく理解することが重要であり、そのためには法律家のパラダイムはいくぶん修正されなければならない。というのも、このパラダイムはわれわれが実際に行っている価値判断よりも制約的だからである。われわれは、潜在的な犠牲者が急迫した、抗しがたい必要に直面するまえでさえ、彼らに同情する気質を有している。

先制行動のスペクトルを思い描いてみよう。その一方の極には、ウェブスターの必然的で断固とした反射行動がある。もう一方の極には、予防戦争が、つまり予見や自由選択の問題としての遠い将来の危機を阻止する攻撃がある。私は危険が価値判断の問題であり、政治的決定が制約されていない方のスペクトルの端から着手し、われわれがいま正当化される攻撃と正当化されない攻撃のあいだに引いている線に向けてじわじわ進んでいくことにしたい。その地点で含意されているものは、ウェブスターの反射行動とは非常に異なったものである。そこではまだ、戦闘を開始するのか、それとも武装し、待機するのかなどの選択の余地がある。したがって、戦闘を開始する決断は少なくとも予防戦争を行う決断と類似しており、それがかつて予防を正当化すると考えられたものと区別される基準を見きわめることが重要である。なぜ境界線をスペクトルの一番端に引かないのか。その理由は、われわれが今日置かれている立場を理解するのに欠かせないものである。

予防戦争と勢力均衡

予防戦争は、それによって危険が測られるべき何らかの基準を前提としている。その基準はいわば目に見える形では存在しない。それは国境の差し迫った安全とは関係がない。それは心の眼のなかに、おそらく一七世紀から現在まで国際政治において支配的な思想でありつづけた、勢力均衡という理念のなかに存在する。予防戦争は均衡を維持し、勢力の均等な配分と思われていたものが優越と劣位の関係に変わるのを防ぐために行われる戦争である。勢力均衡は、しばしば国家間の平和の鍵であるかのように語られている。しかし、それはありえない。そうであるならば、それはかくもしばしば武力によって守られる必要もないであろう。エドマンド・バーク☆は一七六〇年にこう述べている。「ヨーロッパの自由と全体の平和を維持するために発明された、今日の誇るべき政策である勢力均衡は、その自由を維持したにすぎない。それは数え切れないほどの不毛な戦争を引き起こす元であった」(2)。もちろん実際には、バークが言及している戦争はたやすく数えられる。それらが不毛なものであったかどうかは、予防戦争と自由の維持のつながりをどう見るかにかかっている。一八世紀の英国の政治家とその思想的な支持者たちは、明らかに、それらのつながりを非常に密接なものとみなしていた。彼らは根本的に不均衡なシステムのほうがおそらく平和に向かうだろうと考えていたが、「世界大での君主制の危険には警戒」＊していた。彼らが勢力均衡のために戦争に突入するとき、彼らは自分たちが国益だけでなく、ヨーロッパ全体で自由を可能にする国際秩序を守っていると考えていたのである。

＊この文章はデイヴィッド・ヒュームの論文「勢力均衡について」からの引用である。ここでヒュームは、均衡のために

☆「エドマンド・バーク」 Edmund Burke（1729-97）．イギリスの政治家・著述家。多くの名演説を残したが、フランス革命を難じた『フランス革命の省察』は政友フォックスとの絶交の原因となった。政治家としてバークは保守的であったが、同時に正義と自由を熱烈に擁護した。

行われたイギリスの三つの戦争を「正義とともに、さらに、おそらくは必要性《ネセシティ》から開始された」ものとして説明している。もしそれを彼の哲学のなかに位置づけることができると分かっていれば、私は彼の議論を長く考察したであろう。しかし、『道徳原理に関する探究』（第一部、第三節）のなかで、ヒュームはこう書いている。「公的な戦争の猛威と暴力。それは敵対する陣営間の正義の停止以外の何だというのだろうか。彼らはこの美徳がもはや自分たちには有用でも有利でもないと認識しているのだ」。ヒュームによれば、この停止それ自体が正しいとも、正しくないとも言うことはできない。それは個人が「自己保存の命令だけを斟酌する」（ホッブズ的な）自然状態の場合のように、完全に必要性の問題である。正義の基準は切迫した必要性のかたわらに存在するということは、『論集』の発見である。これは、おそらく、いくつかの哲学的立場を日常の道徳的言説に持ち込むことができないことの、もうひとつの事例であろう。いずれにせよ、ヒュームが論じた三つの戦争は、どれもイギリスの存続にとって必要ではなかった。彼は勢力均衡が一般に有用であるとみなしていたから、それらを正しいとみなしていたのかもしれない。

これは古典的な予防の議論である。フランシス・ベーコン☆がそれよりも一世紀前に論じていたように、それは国家の支配者たちに、「隣国が（領土の拡大によって、貿易の保護によって、外交的接近などによって）かつて以上に自分たちを困らせるほど増長しないよう、十分な歩哨を立てる」[3]ことを求めている。そして、もし隣国が「増長」するならば、そのとき支配者は先延ばしせずただちに、最初の一撃を待つことなく戦わなければならない。「戦争が正しく行われうるのは、それに先立つ危害もしくは挑発があったときだけであるとする、一部のスコラ哲学者たちの意見は受け容れられるべきではない。というのも、そこには疑う余地もないのだが、たとえ攻撃されなくとも、切迫した危険の正当な恐怖だけで、戦争の合法的な理由となるからである」。ここでの切迫性は、何時間、あるいは何日待てばいいかという問題ではない。歩哨が隣国の勢力の増大を監視するとき、彼らは時間的な隔たりだけでなく、地理的な隔たりもじっと見ている。彼らはそれが勢力均衡を崩す、あるいは崩しそうになるやいなや、その増大を恐れるであろう。戦争は（ホッブズの哲学に見られるように）恐怖だけで正当化されるのであって、他国が実際に行っていることや、他国が示す悪意の兆候によってではない。堅実な支配者とは相手に悪意があることを想定するものなのである。

この議論は形式上、功利主義的なものである。それは二つの命題に要約できる。（1）勢力均衡はヨーロッパの自由を（おそらくはヨーロッパの幸福も）維持しており、それゆえ何ほどかのコストを払ってでも守る価値がある。（2）勢力均衡が決定的に崩れるまえに、早期に戦うことは防衛のコストを大きく減らすが、待機することは（自由もまた断念しないとすれば）戦争を避けることではなく、大規模に、悪条件で戦うことだけを意味する。この議論だけで十分に説得力はあるが、第二段階での功利主義的な反応を想像することもできる。（3）命題（1）と（2）の容認は危険であり（有用ではなく）、勢力関係に変化が生じたときはいつでも、確実に「数え切れないほどの不毛な戦争」へといたる。しかし、勢力の増大と衰退は国際政治の不変の特徴であり、完璧な安全保障と同じように、完璧な均衡というのもユートピア的な夢である。それゆえ、法律家のパラダイムか、何ほどかそれに類似したルールに依拠し、勢力の増長が威圧的に使われるまでは待機するのが最善である。これもまた十分に説得力がある。しかし、われわれが依拠するよう求められているこの立場が用意周到な立場ではないこと、

☆「フランシス・ベーコン」Francis Bacon（1561-1626）．イギリスの哲学者・政治家。大法官の地位まで栄進するが、一六二一年収賄の罪で一切の栄職が剥奪された。同年末罰の一部を赦されたが、以後隠棲、著述業に専念する。主著『ノヴム・オルガヌム』。

すなわち、それ自体功利計算によるものではないことを強調することが重要である。権力政治《パワー・ポリティクス》の根本的な不確実性を考えるならば、功利主義的な原則のもとで、その立場を――いつ戦い、いつ戦うべきではないかを決定することを――実際に主張することは、おそらくできないだろう。その計算を行うために知らなければならないことについて、試さなければならない実験、戦わなければならない――そして戦ってはならない――戦争について考えてみよう。いずれの場合にも、先制行動のスペクトルのどこにわれわれが道徳的境界線を引くかはまったく異なるやり方となる。

自分の隣人の悪意を想定することは、実際には堅実なことではない。それは単にシニカルなだけで、人はそのような世知に従って生きているわけでもないし、また生きることもできないだろう。われわれは自分の隣人の意図について価値判断を下さなければならない。そして、そうした価値判断が可能であるとすれば、われわれは悪意の証拠とみなされるいくつかの行為、もしくは一連の行為を前もって規定しておかなければならない。それらの規定は恣意的なものではない。私が思うに、それらはわれわれが脅かされることの意味について考察するときに生まれるものである。それは単に恐怖を感じるということだけではない。合理的な人々は真の脅威に恐怖を感じながら応じるだろうし、彼らの主観的な経験が先制行動の議論にとって些細なものだというわけではないとしてもである。そうだとしてもベーコンの「正当な恐怖」ということばが示唆するように、われわれは客観的な基準もまた必要としている。その基準は何らかの隣国の脅迫行為に言及しなければならない。というのも、私は（自然災害の危険を除けば）私を脅迫するだれかによってのみ脅されうるからである。そして、そこでは「脅す」は辞書どおりのことを意味している。すなわち、「脅迫をつうじて（何らかの危害を）与えるもしくはもたらすこと、危害を加えるという意志を表示すること」[4]である。われわれが勢力均衡のために行われる戦争を判断しなければならないのは、このような観念を用いることによってなのだ。そこで、一八世紀には予防戦争の模範例とみなされていたが、私には脅迫行為という悪しき事例と思われる、スペイン継承戦争について考察してみよう。

スペイン継承戦争

一七五〇年代に書かれたことだが、スイスの法学者、ヴァッテル[☆1]は正統な予防行為の基準を以下のように指摘している。「国家が不正義、強欲、思い上がり、野心の、あるいは帝国的な支配の渇望の兆候を見せたときはいつでも、それは警戒されるべき疑わしい隣国となる。そして、その国家が勢力を恐ろしいほど増大させたように思われる時点では、保証が要求されようが、それを与えることにも難色を示すのであれば、その企図は軍事力の行使によって妨げられうる」[(5)]。これらの基準は、後継のいないスペイン国王が死の床に伏していた一七〇〇年と一七〇一年の出来事を明らかに参照して定式化されたものであった。それよりもずっと前から、ルイ一四世はヨーロッパに不正義、強欲、思い上がりなどの明白な兆候を見せていた。彼の外交政策はあからさまに拡張主義的で、侵略的であった（もっとも、それは正当化が行われなかったということではなく、すべての企てられた領土獲得のために、古くからの権利と権原要求がむしかえされていたのだが）。一七〇〇年、彼は「恐るべき勢力の増大」をほぼ手にしたように思われた――彼の孫であるアンジュー伯爵[☆2]に、スペイン王位を授けたのである。いつもの傲慢

☆1　「ヴァッテル」 Emmerich de Vattel（1714-67）．スイスの法学者・外交官。ザクセンに仕官してベルン駐在の公使となった。ライプニッツおよびヴォルフの学説に親しみ、ヴォルフとともに一八世紀におけるグロティウス学派の代表的国際法学者である。

ぶりで、ルイは他国の君主たちに、いかなる言質や保証も与えることを拒否した。もっとも重大なことに、彼はアンジューがフランスの王位を継承することを禁止せず、それによって統一された強力なフランス＝スペイン国家の可能性を開いたのである。かくして、大英帝国に率いられたヨーロッパ諸国同盟は、ルイのヨーロッパ支配の「企図」とみなされたものに対抗するための戦争に突入した。ヴァッテルはこの事例にみずからの基準を極めて厳密に適用したものの、しかしながら冷静沈着にこう結論づけている。「その後になって［同盟国の］政策はあまりにも猜疑的でありすぎたことが明らかになった」。もちろん、これはあと知恵ではあるが、それでも知恵である。そして、その観点からこの基準を再定式化する努力が期待されるであろう。

単なる勢力の増大では、戦争の根拠には、あるいは根拠の端緒にすらなるはずがないように私には思われる。ベーコンが主張した商業的拡張（「貿易の保護」）の根拠はさらに不十分なものだが、これはそれと同じくらい不十分な理由である。というのも、これらの二つは、政治的に企図されたものではまったくなく、それゆえ意図の現れとはみなされえない展開を示しているからである。ヴァッテルが言うように、アンジューは「［スペイン］国民によって、その最後の主権者の意志に従って」王位に招かれた――すなわち、ここでは民主的な意志決定は問題外なのだが、彼はフランスのためではなく、スペインのために招かれたのである。イギリスの戦争に反対するパンフレットのなかで、ジョナサン・スウィフト☆3はこう問うている。「この二つの王国は、それぞれ別の政策原理……を持っているのではなかろうか」(6)。ルイが将来に関して約束するのを拒んだことは、企図を示す根拠とみなされるべきではない――それはせいぜい願望を示す証拠にすぎない。もしアンジューの継承がただちにスペインとフランスの緊密な同盟を開くものだったとしたら、それへの適切な回答はイギリスとオーストリアの緊密な同盟であったはずである。そうしていたならば、ルイの意図が明らかになるのを待ち、あらためて判断することもできたであろう。

しかし、ここにはもっと深い問題がある。脅迫行為を規定するとき、われわれは意図の兆候だけでなく、対応の権利もまた探求している。いくつかの行為を脅迫と説明することは、それらを道徳的な観点から、軍事的対応を道徳的に了解されうるものとする観点から説明することである。予防行為のための功利主義的な議論は、そうしたことを行わない。それはそのような議論がもたらす戦争があまりにも多いからではなく、そうした議論が別の意味であまりにもありふれていて、あまりにも通常的だからである。クラウゼヴィッツが異なる手段による政治の継続として戦争を記述したように、功利主義的議論は外交と武力のあいだの重大な相違を根本的に過小評価している。それは殺し合いが提起している問題を認識していない。おそらく、そうした認識は人間の生に価値を与える特定の観点に依拠しているのだろうが、一八世紀の政治家たちはそういう観点を持ち合わせていなかった。（マールバラとともに大陸に送られたイギリス兵士の何人が帰国したのか。それをわざわざ数えた人がいただろうか。）し

☆2　「アンジュー伯爵」 Philippe of Anjou（Philip V of Spain）（1683-1746）．ルイ一四世の孫、カルロス二世の遺言により即位、スペイン継承戦争（一七〇一－一三年）後、ユトレヒト条約により王位を確保したが、ネーデルランド、ジブラルタル、イタリア領を失った。いったん、子のルイス一世に王位を譲った（一七二四年）が、数ヶ月で没したため復位。パルマ、ナポリ、シチリアへの領土的野心を抱いてポーランド継承戦争（一七三三年）、オーストリア継承戦争（一七四四年）に参戦した。

☆3　「ジョナサン・スウィフト」 Jonathan Swift（1667-1745）．アイルランドの風刺作家。《桶物語》（一六九四年）、《書物の戦争》（一六九九年）で宗教と学問の腐敗を風刺した。イギリス文学中随一の風刺作品たる『ガリヴァー旅行記』が特に有名である。

かし、いずれにせよこの点は重要である。というのも、それはなぜ人々が予防戦争に納得しえないのかを示唆しているからである。われわれは自分が脅されるまで戦いたくはない。なぜなら、われわれが正当に戦いうるのは、そのような場合だけだからである。これは道徳的な安全保障の問題である。だから、ヴァッテルのスペイン継承戦争に関する結論は、そしてバークのそうした戦争の不毛さに関する一般論は極めてやっかいなものになるのである。もちろん、政治的な計算がときに間違うことは避けられない。道徳的な選択もそうであろう。完璧な安全保障といったものは存在しないのである。しかし、それにもかかわらず、侵略の意図を現に実現する手段として描かれて当然な兵士どうしの殺し合いと、遠い未来の自国への危険を表しているかどうかもわからない兵士どうしの殺し合いのあいだには、大きなちがいがある。前者の場合、われわれは明らかに敵意を抱き、戦争に備え、攻撃態勢に入った軍隊に直面している。後者の場合、その敵意は将来の想像上のもので、まったく正当な（脅迫的ではない）活動に従事している兵士に戦争を仕掛けることは、つねに非難の的となるであろう。したがって、単に性格上予防的なだけで、敵対者の意図を持った行為がなされるのを待ち、それから対応するというのではない攻撃は、道徳的に拒否されなければならないのである。

先制攻撃

さて、どのような行為が、戦争を正当化するのに十分な脅威とみなされるべきであり、実際にみなされているのだろうか。国家の行動は、一般に人間行動のように、その文脈から意義を帯びるので、それらを一覧表にまとめることはできない。しかし、否定的なものであれば、指摘するに値するものはいくつかある。政治指導者はしばしば高慢に大言壮語しがちだが、それだけでは脅威にはならない。危害は何ほどか物質的な意味においても「加えられ」なければならないのだ。典型的な軍拡競争を思わせる軍備のたぐいもまた、それが公式の、もしくは暗黙に合意された制限を越えないかぎり、脅威とはみなされない。法律家が「戦争に及ばない敵対行為」と呼ぶものは、それがたとえ暴力をともなうものだったとしても、戦争を遂行する意図の兆候と拙速に受け止められるべきではない。それは抑制された企て、すなわち限定的に争おうとすることを表しているのかもしれない。とどのつまりは、挑発は脅威と同じではない。「危害と挑発」は、スコラ派の著述家たちによって、正しい戦争の二つの原因として一般に結びつけられている。しかし、スコラ哲学者は国家の名誉、そしてより重要なことに、主権者の名誉についての同時代の観念を容認しすぎていた[7]。このような思想の道徳的な意義は、どうみても疑わしい。(今日では)侮辱が決闘のきっかけとならないように、それは戦争のきっかけにはならないのである。

そのほかにも、軍事同盟、動員態勢、部隊の展開、国境侵犯、海上封鎖がある——これらはどれも、言葉による威嚇をともなったにせよ、敵意のある意図の十分な指標とみなされることも、みなされないこともある。とはいえ、われわれが関心をもっているのは、このような種類の行動である。われわれは、いわば、敵を探し求めて先制攻撃のスペクトルを進んでいる。それは仮想敵もしくは潜在敵でも、単に今そこにいる悪意のある人々でもない。私が戦闘員と非戦闘員との区別に関してふたたび使うつもりの語句を使えば、それはすでにわれわれに害を与えている(そして、たとえ物質的な危害をまだ加えていなかったとしても、脅威によって、すでにわれわれに害を与えた)国家《ステート》と国民《ネーション》なのである。そして、この探求はわれわれを予防戦争の先へと向かわせるが、明らかにウェブスターがいう先制の寸前にとどまらせるものである。正当な先制攻撃と正当ではないものとの境界線は、差し迫った攻撃の段階ではなく、十分な脅威の段階で引かれるであろう。この言い方はどうしてもあいまいである。

私はそれに三つのことを含ませるつもりである。すなわち、傷つけようとする明白な意図、そうした意図を現実的な危険に変える積極的な準備の度合い、そして、待つこと、あるいは戦う以外の何かの方策をとることが、リスクをはるかに大きくする一般的な状況、である。この議論は、ヴァッテルの基準と比較してみれば、よりはっきりするかもしれない。過去の強欲と野心の兆候ではなく現在の特別な兆候が、「勢力の増大」ではなく現実の戦争準備が、将来の安全保障の拒否ではなく現在における危険の増大が、ここでは必要とされているのである。予防戦争は過去と未来に目を向け、ウェブスターの反射行動は直近の瞬間に目を向ける。他方、脅威のもとにあるという観念は、単純に現在と呼ぶべきものに焦点を当てる。私は〔現在が何をあらわすのかという〕時間の幅を特定することはできない。それは時間がなくて困り果てつつも、それでも人が依然として選択をなしうる時間の幅である。[8]

こうした時間がどのようなものであるかは、具体例を述べる際にもっとも明瞭になる。それは一九六七年の六日間戦争に先立つ三週間のうちに読みとられうるだろう。ここにあるのは、一八世紀のスペイン継承戦争と同様、二〇世紀の先制行動を理解するのに欠かせない事例である。そして、王朝政治から国民国家《ナショナル》政治への移行が多大の損失を伴ったものであったことがあまりに頻繁に強調されてきたが、いくつかの道徳的な利得ももたらしたことをそれは示唆する。というのも、国民国家《ネーション》は、とくに民主的な国民国家《ネーション》は、王朝ほど予防戦争を行いそうにはないからである。

六日間戦争☆

イスラエルとエジプトの実際の戦闘は、一九六七年六月五日、イスラエルの先制攻撃によって始まった。この戦争の最初の数時間、イスラエルは奇襲による優位に乗じようとしたことを認めなかったが、そのごまかしは長つづきしなかった。実際のところ、彼らは最初に攻撃することが、それに先立つ数週間の劇的な出来事によって正当化されると考えていた。それゆえ、われわれはそれらの出来事と、その道徳的な意義に焦点を当てなければならない。もちろん、さらにさかのぼって、中東におけるアラブ人とユダヤ人の対立の、すべての経緯に目を向けることもできるだろう。戦争には、明らかに、長い政治的で道徳的な前史があるのだ。しかし、先制行動はもっと狭い枠組みで理解されなければならない。エジプトは、一九四八年のイスラエルの建国は不正であり、その国家は合法的な実体をもっておらず、それゆえ、いつかは攻撃しなければならないと考えていた。このことから、イスラエルには自衛の権利がないのだから、先制行動の権利もないということが導かれる。しかし、自衛はどのような政治共同体にとっても第一の、争う余地のない権利であろう。それはひとえに、国家として成立した状況がどのようなものであれ、政治共同体がそこに存在するからである。*おそらく、そうした理由から、エジプトは、より公式の議論では、エジプトとイスラエルのあいだにはすでに戦争状態が存在しており、この状況が一九六七年の五月に企てたみずからの軍事行動を正当化する、という主張に頼ったのであろう。(9)しかし、これと同じような論法が、イスラエルの先制攻撃も正当化するだろう。私が思うに、両国間に停戦が存在していたことは少なくとも両国がほぼ平和な状態にあり、戦争の勃発には道徳的な説明が必要とされるとみなすのがもっともよい――

☆「六日間戦争」　一九六七年の、第三次中東戦争の別称。イスラエルの先制攻撃から開戦に至ったこの戦争で、イスラエルとエジプト・ヨルダン・イラクが衝突している。この戦争の結果、イスラエルはガザ地区とヨルダン川西岸地区を支配下におき、シナイ半島とゴラン高原を軍事占領下に置く。

その責務は戦闘を開始したイスラエルにある。

＊この権利の唯一の制限は、対外的ではなく、国内的な正統性にかかわっている。自国民の意志に反して確立され、暴力的に支配する国家（ないしは政府）は、外からの侵攻に対してさえ、自衛する権利を剥奪されよう。次章では、この可能性によって提起された問題のいくつかをとりあげるつもりである。

この危機は、五月の中ごろに、ソビエトの高官によって配布された、イスラエルがシリア国境に部隊を集結させているという報告書に起源を持つようである。この報告書が誤りであることは、現地にいる国際連合監視団によって、ほとんどすぐに立証された。それにもかかわらず、五月一四日、エジプト政府は軍隊を「最大警戒態勢」に入らせ、シナイ半島での大規模な部隊の増強に着手した。四日後、エジプトはシナイ半島とガザ地区から、国際連合緊急部隊を強制退去させた。この〔部隊の〕名称は緊急時に早急に立ち去ることを意図したものではないと思われるのだが、その撤退はただちに開始された。エジプトの軍事増強はその後もつづき、五月二二日には、ナセル大統領が、今後イスラエルの船舶にはティラン海峡[☆1]を通らせない、と宣言した。

一九五六年のスエズ動乱[☆2]の結果、この海峡は全世界から国際的な水路として認められていた。それはこの海峡の封鎖が開戦理由（casus belli）となることを意味しており、イスラエルは爾来、その立場をとり続けてきた。それゆえ、この戦争は五月二二日から開始され、六月五日のイスラエルの攻撃は単に最初の軍事的な衝突として説明されるかもしれない。戦争はしばしば、戦闘が始まるまえに始まるものである。しかし、五月二二日以後、イスラエル内閣が戦争に突入するかどうかをまだ議論していたことも事実である。そして、いずれにせよ、実際の暴力の発動は決定的な道徳的事件となる。もしそれがときには先行する出来事に関連づけて正当化できるとしても、それでもやはり〔それとは別個に〕正当化されなければならない。ナセルは五月二九日の重要な演説のなかで、もし戦争が起きるならば、エジプトの目的はイスラエルの破壊以外の何ものでもないと表明することで、イスラエルの正当化はより容易なものになったのである。五月三〇日、ヨルダンのフセイン国王[☆3]が、戦時下では、ヨルダン軍をエジプトの指揮系統のもとに置き、それによってエジプトの目的に共同歩調をとる条約に調印するために、カイロへと飛んだ。シリアはすでにそうした協定に合意しており、その数日後には、イラクもこの同盟に加わった。イスラエルによる攻撃は、このイラクの声明の翌日であった。

これらの行動がもたらした動揺と恐怖にもかかわらず、エジプトは自分から戦争を始めようとは意図していなかったようである。戦闘が終わってから、イスラエルはその過程で記録された資料を公表したが、そこにはネゲブ[☆4]侵攻の計画も含まれていた。しかし、これはおそらく、イスラエルの攻撃がシナイ半島で消耗したときの反撃

☆1　「ティラン海峡」　紅海とアカバ湾を結び、シナイ半島南東、アラビア半島西端のあいだに位置する。イスラエルの紅海への出口であり、海上交通の要。

☆2　「スエズ動乱」　一九五六年から五七年にかけての、第二次中東戦争の別称。それまで英仏が握っていたスエズ運河の支配権をめぐって、エジプトとイギリス・フランス・イスラエル間で戦われた。最終的にはアメリカが介入する形で英仏軍を撤退させ、結果的にエジプトはスエズ運河の国有を宣言することとなる。

☆3　「フセイン国王」　Hussein ibn Talal（1935-99）．ヨルダン王、フセイン一世。一九五二年に即位し、九九年まで在位。

☆4　「ネゲブ」　イスラエル南部の砂漠地帯。「ネゲブ」はヘブライ語で「乾燥」の意。

の計画か、あるいは将来における先制攻撃の計画だったのだろう。ナセルは、戦争を行うことなく海峡を封鎖し、自国の軍隊をイスラエル国境に維持することができれば、それで大勝利であるとみなしていたにちがいない。実際のところ、そうなれば大勝利となったであろう。なぜなら、それによって経済封鎖が確立されるだけでなく、イスラエルの防衛システムに圧力がかけられるからでもある。「そこでは軍事力構造において基本的な非対称性があった。エジプトは……常駐の正規兵からなる大軍をイスラエル国境に配置し、無期限に維持することができた。イスラエルはこれらの配置に、予備編制を動員することでしか対抗することができなかった。そして、予備役はあまり長期にわたって軍役につくことはできなかった……。それゆえ、エジプトは守勢に立つことができたのだが、イスラエルは危機が外交的に緩和されないかぎり、攻撃しなければならなかったのである」[10]。攻撃しなければならなかった。この必要性《ネセシティ》は、切迫した、抗しがたいものとは呼ぶことができない。しかし、ナセルを勝利させるというイスラエルの決定も、将来的にありうべき危険を引き起こすかもしれない勢力均衡の変化を意味するにすぎない、というわけではなかったであろう。イスラエルはつねに攻撃に晒されることになろう。それはイスラエルの安全保障が根底から覆ることを意味したであろう。そのような事態を望むのはよほどの決意を固めた敵だけである。

　最初のイスラエルの対応は、エジプトと同じように決然としたものではなかった。むしろ、この国家の民主的な性格とある程度関連した国内政治的理由から、ためらいがちで、混乱したものであった。イスラエルの指導者たちはこの危機の政治的解決——海峡の封鎖解除と両国軍隊の動員解除——を求めていたが、彼らには政治的な力も、効果的な支援もなかった。慌しい外交活動もつづけられたが、それもあらかじめ予想されていたこと、すなわち、西側の大国には、エジプトに圧力をかけたり、強制する気がないことを明らかにするのに役立っただけであった。戦争に訴える前に外交が展開されることがつねに望ましいだろうし、それによってわれわれは戦争が最後の手段であることを確信する。しかし、この事例の場合、その必要性を論証するのは困難だろう。外交努力の結果明らかになったのは、日ごとにイスラエルが孤立を深めているということだけだったように思われるのである。

その間、「国じゅうに激しい恐怖が広がっていた」。いったん戦闘が始まってしまうと、イスラエルの驚くべき勝利は、それに先立つ不安の数週間がまるでなかったかのようだった。エジプトは戦争熱の虜となり、ヨーロッパの歴史でも見覚えのある、予想された勝利に戦う前から浮かれていた。イスラエルの雰囲気は非常に異なっていた。それは脅迫のもとで生きることが何を意味するのかを示唆している。来るべき災厄のうわさが、際限なく繰り返された。恐れおののいた人々は、政府が十分な備蓄はあると宣言したにもかかわらず、食料品店に押しかけ、在庫のすべてを買い上げていった。軍人墓地には何千もの穴が掘られた。イスラエルの政治指導者や軍事指導者たちは、神経衰弱寸前の状態であった。[11] 私はすでに、恐怖それ自体では先制行動の権利とはならないことを論じた。しかし、この数週間のイスラエル人の不安は、ほとんど「正当な恐怖」の典型的な事例であるように思われる――なぜなら、まずイスラエルは（外国人監視団がただちに認めたように）実際に危険にさらされていたからであり、第二にイスラエルを危険にさらすことがナセルの意図であったからである。彼は実に頻繁にそれを語っていた。しかし、より重要なことに彼の軍事行動が限定的な目標のためのものではなかったことも真実だったのである。

イスラエルの先制攻撃は、私が思うに、正当な先制行動の明白な事例である。しかしながら、そのように言うことは、法律家のパラダイムの大幅な修正を示唆することである。というのも、それは軍事的な攻撃や侵攻がない場合だけでなく、そうした攻撃や侵攻を仕掛ける直接的な意図が（おそらく）ない場合にも、侵略がなされうることを意味しているからである。その一般的な公式は、このようなものになるにちがいない。すなわち、国家は、戦争の脅威に直面して軍事力を使わないことがみずからの領土保全や政治的独立を深刻に危うくするときはいつでも、軍事力を使ってもよい。そのような状況のもとでは、国家は戦うよう強いられており、侵略の犠牲者となっていると言ってもよいだろう。助けを求められる警察官がいない以上、国家が戦うよう強いられる瞬間は、おそらく安定した国内社会における個人の場合よりも早く訪れるのである。しかし、もしアメリカの「西部劇」のような不安定な社会を想像するならば、この類推はつぎのように言い直されうる。脅威にさらされた国家は、自分を殺す、もしくは傷つける意図を表明した敵に追われている個人のようなものである。間違いなく、そうした個人は、そうすることができるならば、追っ手の不意を突いてもよいだろう。

この公式は許可形である。しかしそれは制限も含んでおり、それは特定の事例に関連させた場合にのみ有用なものになりうる。たとえば、戦争に及ばない手段が、それと同じか、ほとんど同じ効果を期待させるものであるかぎり、戦争それ自体よりも好ましいのは明らかである。しかし、その手段がどのようなものであり、またどれだけの期間試されなければならないかを、ア・プリオリに規定することなどできない。六日間戦争の場合、「軍事力構造における非対称性」が外交努力に時間の制限を課していたが、それはほかの種類の国家と軍を巻き込んだ紛争にはあてはまらないだろう。「深刻な」というようなことばを含んだ一般的なルールは、人間の価値判断に広い道を開いている——法律家のパラダイムの目的は、明らかに、それを狭め、あるいは完全にふさぐことである。しかし、政治指導者がそうした判断を行い、ひとたびその判断が下されれば、その他の人々がそれを一様に非難しないことは、われわれの道徳的生き方の事実である。むしろ、われわれは、私が描こうと試みてきたような基準をもとに、彼らの行動を秤にかけ、評価する。そのようなとき、われわれは、いかなる国民国家《ネーション》も耐え忍ぶことができないような脅威がそこにあることを認識している。そして、そのような認識は、われわれが侵略を理解する際の重要な一部である。

【原注】

（1）D. W. Bowett, *Self-Defense in International Law*（New York, 1958）, p. 59. 私自身の立場は、ジュリアス・ストーン（Julius Stone）の *Aggression and World Order*（Berlley, 1968）における法学者の議論に対する批判に影響されたものである。

（2）*Annual Regitster*, in H. Butterfield, "The Balance of Power," *Diplomatic Investigations*, pp. 144-45からの引用。

（3）Francis Bacon, *Essays*（"Of Empire"）. 彼の論考 *Considerations Touching a War With Spain*（1624）, in *The Works of Francis Bacon*, ed. James Spedding et al.（London, 1874）, XIV, pp. 469-505も参照のこと。

（4）*Oxford English Dictionary*, "threaten."

（5）M. D. Vattel, *The Law of Nations*（Northampton, Mass., 1805）, Bk. III, ch. III, paras. 42-44, pp. 357-78. John Westlake, *Chapters on the Principles of International Law*（Cambridge, England, 1894）, p. 120を参照のこと。

（6）Jonathan Swift, *The Conduct of Allies and of the Late Ministry in Beginning and Carrying on the Present War*（1711）, in *Prose Works*, ed. Temple Scott（London, 1901）, V, 116.

（7）一八世紀になっても、ヴァッテルは、君主は「武力を使ってでも、侮辱の償いを要求する権利をもつ」と論じていた。*Law of Nations*, Bk. II, ch. IV, para. 48, p. 216.

（8）フーゴ・グロティウスのつぎの議論と比較してみよう。「危険は……時間の点において直接的で、切迫したものでなければならない。私は、もし攻撃者が明らかに殺意をもって武器を手にしているならば、その犯罪は未然に防がれうる、ということをたしかに認める。というのも、物質的なものと同じく道徳においても、何らかの広がりをもたない点はみいだされないからである」。 *The Law of War and Peace*, trans. Francis W. Kelsey（Indianapolis, n.d.）, Bk. II, ch. I, section V, p. 173.

(9) Walter Laquer, *The Road to War: The Origin and Aftermath of the Arab-Israeli Conflict, 1967-8*（Baltimore, 1969）, p. 110.

(10) Edward Luttwak and Dan Horowitz, *The Israeli Army*（New York, 1975）, p. 212.

(11) Luttwak and Horowitz, p. 224.

第六章　内政干渉

国家は他国の内政事情に決して干渉すべきでないという原則は、法律家のパラダイムからただちに導かれる。それはまた、さほど直接的ではなくより漠然としてはいるが、このパラダイムを裏書きし、説得力をもたせている生命と自由という構想からも導かれる。しかしこの構想はまた、しばしば不干渉の原則を無視することを要求するようにも思われる。そして、内政不干渉の原則それ自体というよりも、無視のルールとでも呼ばれるものこそ、道徳的関心と道徳的議論の焦点となってきたのである。いかなる国家であろうと、侵略戦争を行ったと認めながら、その上でその侵略行為を擁護することはできない。しかし、干渉はそれとは別ものとして理解されている。干渉という用語は犯罪行為としては定義されていないし、その実践がしばしば侵攻された国家の領土保全と政治的独立性を脅かすとしても、それでもときには正当化可能なのである。しかしながら、本章を始めるにあたっては、干渉はつねに正当化される必要があるという点を強調することがいっそう重要である。それを論証する責任は、他国の国内的取り決めを構築しようとしたり、あるいは生活条件を改めようとしたりするどのような政治指導者にも課せられる。そしてこの試みが軍事力を伴う場合には、この論証責任はとくに重いものとなる——

その理由は、軍事干渉が不可避に強制や損壊をもたらすからというだけではなく、主権国家の市民は、そもそも自分たちが強制や損壊を免れえないとするならば、その苦しみがお互い様のものであるよう要求する権利がある場合だけだと考えられているからである。

自決と自助

ジョン・ステュアート・ミル☆の議論

こうした市民とは、前提上、一個の政治共同体の構成員であり、その内政問題を集合的に決定する資格を有している。この権利が正確にどのような性質を持つかについては、ジョン・ステュアート・ミルがその著『自由論』（一八五九年）と同じ年に発表した短い論文のなかで巧みに描き出しているのだが、個人／共同体の類推が執筆中まさにミルの念頭にあったがゆえに、それはわれわれにとってとりわけ有益なのである。(1) 彼は次のように論ずる。国内の政治的取り決めが自由であるかどうか、また市民が自分たちの政府を選び、自身の名のもとに実施される政策を公に討論するかどうかにかかわらず、われわれは国家を自決権を有する共同体として処遇しなければならない。というのも、自決と政治的自由は同じ意味ではないからである。前者の自決とはより幅広い観念である。なぜなら、それは特定の制度的取り決めだけでなく、共同体がその取り決めに到達する――あるいは到達しない――までの過程をも意味しているからである。たとえ国家における市民が闘争の結果、自由な制度の創設にまで至らなかったとしても、国家はなお自決を行っている。しかし、もしその自由な制度が近隣国の侵入によって創設されるならば、その国家の自決は奪われているのである。政治共同体の構成員は自分たちの自由を自身で追求しなければならないが、それは個人が自分の美徳を自身で陶冶しなければならないのと同様である。外部のいかなる圧力によっても、個人が美徳を身につけることがありえないように、政治共同体の構成員が外部からの圧力によって自由となることもありえない。事実、政治的自由とは個人の美徳があるからこそ成り立つのであり、これこそ他国の軍隊では――おそらく、活発な抵抗を呼び起こし自決の政治を開始させる以外には――もっとも生み出せそうにないものなのである。自決とは学びの舎であり、そこでは美徳が学び取られ（あるいは学び取られず）、また自由が勝ち取られる（あるいは勝ち取られない）のである。暴政的政府に支配されるという「不運」を背負ってきた人民は特別に不利な条件下にあることをミルは認識している。なぜなら、そうした人民には「自由を維持するために必要な美徳」を発展させる機会が一度もなかったからである。しかしそれにもかかわらず、ミルは自助という厳格な教義に固執する。「自由を自分たち自身の努力で手に入れるという困難な闘争こそ、こうした美徳が開花する最良の機会なのだ」。

たしかにミルの議論は功利主義の用語で受けとめることもできるが、彼がたどり着いた結論の厳格さは、それがもっとも適切な受けとめ方でないことを示している。自決に関するミルの見方は、功利計算を不必要とする、あるいは少なくとも共同体の自由の理解に対しては副次的なものであるように思われる。彼の信念とは、干渉することが通常自由という目標にとって役立たないということではなく、自由の内実を踏まえるなら、それが必然

☆「ジョン・ステュアート・ミル」John Stuart Mill（1806-73）．イギリスの哲学者・経済学者。自由主義者とされるが、社会民主主義思想にも多大の影響を与えた。ベンサムの功利主義を発展させ、量的な快楽よりも質的な快楽、幸福に重きを置いた。主著に『自由論』、『論理学体系』、『経済学原理』などがある。

的に役立たないということである。政治共同体の（内部での）自由を勝ち取ることができるのは、その共同体の構成員のみである。この議論は、「労働者階級の解放は、ただ労働者自身によってのみ達せられうる」というよく知られたマルクス主義の格言が意味するものと似ている。(2) 次のようにも考えられるだろう。このマルクス主義の格言は前衛のエリート主義が労働者階級の民主主義に取って代わることを一切認めないが、同様にミルの議論は国外からの干渉が国内的闘争に取って代わることを一切認めないのである。

そこで、自決とは、可能な場合には「自由を自分たち自身の努力で手に入れる」ことに対する人民の権利のことであり、内政不干渉とは、その成功あるいは失敗が、他国の侵入によって妨害されたり阻止されたりしないことを保証する原則のことである。強調すべき点は、内政上の失敗という帰結から、流血の鎮圧に対してすら保護されるいかなる権利も存在しないということである。ミルの書き方は概して、まるで市民は自分たちにふさわしい政府、あるいは少なくとも、自分たちに「適合した」政府を得るだけだとミル自身信じ込んでいるかのようである。そして「人民が人民機関に適合していることを証明する唯一のテスト……は、人民が、あるいはこの争いを勝ち抜く相当数の人民が、自身の解放のために労苦や危険に立ち向かう意志を持っているということである」。誰も彼らに代わることはできないし、またそうすべきでもないのである。ミルの政治的対立に関する見方は非常に冷淡なものであって、自分たち自身の努力に誇りをもち、希望に満ちあふれた多くの反乱市民ならばこの見方を是認したとしても、そうは考えない人も多い。外部からの救援を求め、懇願し、それどころか要求しさえするような革命家の存在には事欠かない。救援に積極的な最近のアメリカの批評家は次のように論じている。すなわち、ミルの立場には、「国境線内の適者生存、たとえこの適者という言葉が、武力行使にもっとも精通している者を意味するとしてもだが、その適者が生き残るのだという意味で、自決に関するある種のダーウィン的定義『種の起源』の出版年も一八五九年である」」が含まれているというのである。(3) ただし、「適者とは武力行使にもっとも精通している者のことである」という言い方は公平でない。なぜなら、外部からの力添えでもないかぎり、武力では「労苦や危険に立ち向かう」覚悟をもった人民を抑え込むことなどできないだろうというのが、ミルのまさに言いたかったことだからである。そのほかの箇所については、このミル批判は多分正しいが、だからといってそこからどのような結論が生じるのかは良く分からない。「ダーウィン的」闘争への干渉が可能であるのは、その干渉が持続的で長期にわたって継続するものであるからだ。しかし、外国からの干渉は、もしもそれが一時の出来事であるなら、国内の権力バランスを自由陣営側へと決定的に傾けることは不可能である。その一方で、もし干渉が長期化するか断続的に繰り返されるなら、今度は干渉それ自体が、自由陣営側の勝利にとって最大の脅威となる可能性を生み出してしまうだろう。

問題となっているのが干渉ではなく征服であるなら、事情は異なるかもしれない。軍事的敗北と政府の崩壊は社会システムに大きな衝撃を与えるものであり、それは同国の政治的取り決めの抜本的刷新へと扉を開くことになるだろう。これは第二次世界大戦後にドイツと日本で生じたことであると思われる。この両事例は非常に重要なので、征服と刷新の権利が生じるのはいかにしてかという問題に関しては後に考察しなければならないだろう。ただし、その権利が国内的暴政が存在するすべての場合に生じるわけでないことは明らかである。それならば、革命が正当化されるときはいつでも干渉もまた正当化されるというのは正しくない。なぜなら、革命活動とは自決の行使のひとつであるが、逆に外国からの介入とは、自決の行使によってのみもたらされうる政治的権能を人民から取り去ってしまうものだからである。

以上のことが主権の法理論によって示される原理であり、これによって、国家の自由とは外国の支配と強制からの独立であると定義される。もちろん実際のところは、あらゆる独立国家が自由であるわけではない。しかし主権の承認こそが、自由を求める戦いと（ときには）その勝利が繰り広げられる競技場《アリーナ》を創出するためにわれわれがもつ唯一の方途なのである。われわれが保護したいと思うものは、こうした競技場《アリーナ》とその内部で進められる活動にほかならない。そしてそれを保護する方法とは、個人の保全《インテグリティ》を図るのとまったく同様に、越境の許されない境界と侵害の許されない権利を明確化することによってである。個人の場合と同じことが主権国家の場合にも当てはまる。すなわち、表向きは彼らのためであるとしても、彼らに対して行ってはならないことがあるということだ。

しかしそれでもなお、越境の禁止は絶対的ではない――その理由は、ひとつには国境線が恣意的で偶然的性質をもつからであり、もうひとつには国境内部の（諸）政治共同体と、国境を防衛する政府との関係が不明瞭だからである。ミルは自決について非常に一般的な説明しかしていないが、どういう場合に共同体が事実として自決的であるか、それが内政不干渉にいわば値するのはどういう場合かについては、いつもはっきりした答えがあるわけではない。もちろん一個人の場合でも同様の問題は生じるが、思うに、それはそれほど深刻ではないし、いずれにせよ国内法の枠組みのなかで処理される問題である。*しかし国際社会では、法は何の権威ある拘束力も持たない。それゆえ越境の禁止は、とりわけ禁止することがその目的にかなっているとは思われないような以下の三つの事例については、一方的な留保の対象となる。

＊国内類推の示唆するところでは、内政不干渉に値しない場合のもっとも明白な例とは、無能力者（子ども、知的障害等々）の場合である。無能力の人民すなわち野蛮人は存在しており、彼らの利益のためには外国が彼らを征服し従属の

もとに置かなければなければならないとミルは考えていた。「野蛮人は民族として［つまり政治共同体として］の権利を何ら有していない……」。それゆえ功利主義的原理が彼らに適用されることになり、帝国官僚がその道徳的更生に取り組むのも正当なことになる。同じような見方がマルクス主義者にも見られることを記しておくのは興味深い。彼らもまた、歴史的発展のある段階では征服と帝国支配を正当化していたのである。（Shlomo Avineri, ed., *Karl Marx on Colonialism and Modernization*, New York, 1969を参照のこと。）こうした議論が一九世紀ではどうであったとしても、今日では何の説得力ももたない。国際社会を文明社会と野蛮社会に二分することはもはや不可能であるし、発展原理に従ってどのように線を引こうとも、そのどちら側にも野蛮人は残ることになる。それゆえ私は、自助のテストは全人民に一律に適用されるものであると想定したい。

・ある特定の国境が明らかに二つかそれ以上の政治共同体を取り囲んでおり、そのうちひとつがすでに独立のための大規模な軍事闘争に従事している場合。つまり、問題となっているのが分離あるいは「民族解放」である場合。
・たとえ内戦下における当事者のいずれかが要請したものであるとしても、国外勢力の軍隊がすでに国境を越えてしまっている場合。つまり、問題となっているのが対抗干渉（counter-intervention）である場合。
・ある国境内部の人権侵害があまりにも深刻であるために、共同体、自決あるいは「困難な闘争」について語ること自体が、シニカルであるか不適切であると思われるような場合。つまり、隷属化あるいは大量虐殺の事例。

以上三事例のそれぞれにおいて干渉を支持するためになされる議論は、法律家のパラダイムのそれぞれ第二、第

三、第四の修正版となる。これらの修正版は、厳密な意味で自衛のためあるいは侵略に抗してなされるわけではない正しい戦争への扉を開くことになる。ただしこれには多大な注意が必要である。国家に他国侵攻の用意がある以上、修正論はリスクの高い取引である。

一八五九年の時点でさえ、第三の事例が知られていなかったわけではないが、ミルは最初の二つの事例、すなわち分離と対抗干渉の事例しか論じていない。彼が両事例を、内政不干渉原則の例外ではなく、その大義の否定的な実例であるとみなしていることは指摘しておくに値する。つまり、内政不干渉の大義が当てはまらない場合には、同原則は効力を失うということである。ミルの立場からは、この原則は次のように定式化するのがより精確だろう。すなわち、つねに共同体の自治を承認し、支持するために行動せよ。内政不干渉はほとんどの場合この自治の承認を伴うが、しかしつねにというわけではない。その場合われわれは別の方法によって、おそらくはたとえ国と国を隔てる国境線を越えて派兵することになったとしても、自治に前向きに関わっていることを証明しなければならない。しかし、道徳的に精確な原則は同時に非常に危険な原則でもあり、この議論についてのミルの説明はこの時点で、日常の道徳的言説のなかで実際に言われていることについての説明ではない。われわれに必要なのは、国境に対してある種のア・プリオリな尊重を払うことである。先に論じたように、国境とは共同体がこれまで有してきた中での唯一の境界なのである。そういうわけで、干渉が正当化される場合はつねに、あたかもそれが一般的ルールの例外であり、個別事例の緊急性や極限性によって必要とされているかのような場合に限られる。法律家のパラダイムの第二、第三、第四の修正版は型どおりの言い訳に似たものがある。自決とは何の関係もない「国家理性」のための干渉があまりにしばしば生じるため、異国の共同体の自治を守ろうというありとあらゆる主張に対してわれわれは懐疑的になってしまっている。それゆえはじめに指摘した特別な論証責任は、自衛を訴える個人あるいは政府に課せられるどんな論証責任と比較しても、いっそう厄介なものとなろう。干渉国は次のことを立証しなければならない。すなわち、自分が今関わっている事例は、一般的な事例の成り行きと考えられるものとは根本的に異なっているということである。ここでいう一般的な事例とは、外国が市民に道徳的支援のみを提供する場合に市民の自由あるいはその将来的な自由への寄与が最良の形でなされるような場合のことである。以下ではこうした立証方法に則って、イギリスは一八四八・四九年のハンガリー革命を守るために干渉すべきであったとするミルの議論を（ミル自身とは異なったかたちで）特徴づけてみたい。

分離

ハンガリー革命

一八四八年以前の長い期間、ハンガリーはハプスブルク帝国の一部だった。形式的には自前の議会をもつ独立王国だったが、事実上はウィーンのドイツ人当局に支配されていた。三月革命中にドイツ人当局の支配が突如崩壊した――それはメッテルニヒの失脚に象徴される――ことで、ブダペストの自由主義的民族主義者に道が開かれた。彼らは政府を立ち上げ帝国域内での自治（home rule）を要求した。つまり、彼らはその時点ではまだ分離主義者ではなかった。彼らの要求ははじめ受け容れられたが、連邦主義の機構につねに付きまとう問題、すなわち税収の管理や軍隊の指令系統といった問題をめぐって論争が巻き起こった。ウィーンで「秩序」が回復するやいなや、この体制の中央集権的性格を復旧しようとする試みが始まり、それはただちに軍事的制圧というおなじみのかたちを取るようになった。帝国軍がハンガリーに侵攻し、同地の民族主義者は抗戦した。ハンガリー人はいまや反逆者であり叛徒だった。彼らはオーストリア軍を撃退し、旧ハンガリーの大半を管理下に置くことによって、国際法学者が言うところの交戦権をただちに確立した。[☆1] この戦争の過程で、新政府は左派寄りに移っていった。こうして一八四九年四月に、コッシュート・ラヨシュ国家元首のもとで共和国の樹立が宣言されたのである。(4)

ハンガリー革命とは今風に言うなら民族解放の戦争であったと言えるかもしれない。ただし、旧ハンガリーの国境内には非常に多くのスラヴ人が居住しており、オーストリア人がハンガリー人の共同体の自治の要求に敵意を抱いていたのと同様に、ハンガリーの革命家はクロアチア人やスロヴェニア人の民族主義には敵意を抱いていた。だがこの問題については触れないでおこう。当時その問題は重視されてはいなかったし、ミルのような自由主義陣営の観察者の道徳的省察のなかには入ってこなかったからである。ハンガリー革命はとりわけフランス、イギリス、アメリカ合衆国での観察者たちに熱狂をもって歓迎され、その特使は熱烈に迎えられた。政府レベルでの反応はそれとは異なるものだったが、その理由はひとつには、内政不干渉こそ仏・英・米の三政府が同意する一般的ルールだったからであり、もうひとつには、仏・英の二政府が同時にヨーロッパの勢力均衡に賛同し、それゆえオーストリアの領土統一にも賛同していたからである。ロンドンでは、パーマストン[☆2]は公式かつ冷淡にこう言った。「オーストリア帝国の構成要素のひとつではないハンガリーについては、イギリス政府の関知するところではない」。(5) ハンガリーが求めていたのは軍事干渉ではなくただ外交上の承認だけであった。しかしイギリスが新政府と関係を結んだとすれば、それがどのようなものであれオーストリア政権は内政問題への介入であるとみなしていただろう。外交上の承認は加えて、イギリスをいっそうハンガリー側に近づけるような商業的結果をもたらしていただろう。なぜなら革命家は軍需品をロンドン市場で購入したがっていたからである。こうしたことにもかかわらず、いったん「相当多数の人民」が独立に賛同し、そのために戦う意志があることをハンガリー側が立証していたならば、公式の外交関係の樹立をミルの議論を用いて正当化するのはさして難しくなかっただろう。ハンガリーという政治共同体が存在することについては（その範囲については疑う余地はあっても）疑う余地はない。ハンガリーはヨーロッパでも最古の民族のひとつであり、たとえそれを主権国家として承認したとしても、オーストリア人民の道徳的権利を侵害することにはならなかっただろう。叛乱軍に対する軍事補給はたしかに複雑な問題であり、この点については別の事例を参照に後ほど立ち返ってみたいが、この事例では問題の複雑さは生じていない。ただしそのすぐ後に、ハンガリーは銃や弾薬以上のものを必要とするようになったのである。

一八四九年夏、オーストリア皇帝はロシア皇帝ニコライ一世に援軍を求め、ロシア軍はハンガリーに侵攻した。その一〇年後に、ミルはイギリスがこのロシアの干渉に自国による干渉でもって応答すべきだったと論じた。(6)ハンガリーがオーストリアに対して行った高潔な闘争にイングランドが加わるようなことがあれば、それは（堅実さ《プルーデンス》の問題は差し置くとしても）正しいことではなかっただろう。たしかにハンガリー国内のオーストリ

☆1　「コッシュート・ラヨシュ」　Kossuth Lajos（1802-94）．ハンガリーの政治家。一八四八年三月革命に刺激され、大マジャール主義による民族独立を要求。四九年四月にオーストリアより独立して臨時政府を統率した。

☆2　「パーマストン」　Henry John Temple Palmerston（1784-1865）．イギリスの政治家。ハンガリー革命当時は外相。国内改革には反対しつつも、対外進出政策を図り、東方問題ではトルコ帝国の保全を図ってフランスやロシアに対抗した。後に首相（在任一八五五—五八年、五九—六五年）を務める。

ア政府はある意味で外国のくびきであったが、それでもなお同様である。けれども、ハンガリー人がこの闘争に勝利しそうな気配を見せるやいなや、ロシアの専制君主が割って入り、オーストリア軍に自国軍を加え、身動きの取れないハンガリー人を激昂した抑圧者のもとへと連れ戻したのである。この場合、「それはあってはならないことであり、もしロシアが誤った側に支援を向けるなら、イングランドは正しい側を支援するつもりだ」とイングランド側が宣言していたとしても、それは誉ある美徳の行いだっただろう。

オーストリアのハンガリー支配に関して「ある意味で外国のくびき」と留保しているのは奇妙なことである。というのも、その意味はどうであれ、それは同時にハンガリーの独立闘争の高潔さと正しさをも留保することになるからである。ミルは後者までも留保することは意図していないので、われわれは前者の留保についても真剣に捉える必要はない。ミルの議論には、対抗干渉を正当化するのとまったく同時に、分離主義運動への支援をも正当化しようという――事実、一方をもう一方に収斂させようという――明らかな傾向が見られる。どちらの場合も介入を禁じるルールは棚上げされている。なぜなら一国外勢力が、法的にはともかく道徳的には異質であるにもかかわらず、すでに「内政」問題に、つまりは一政治共同体の民族自決に介入してしまっているからである。

ただし、この最初の〔ロシア側の〕介入で承認済みの国境線を越えてしまっている場合には、問題はより単純であると言っている点でミルは正しい。分離主義運動にまつわる問題とは、自国民を編成して、自由を求める「困難な闘争」に向けて駒を進めるまでは、分離主義運動が本当に一個の明確な共同体を代表しているかどうかがはっきりしないという点にある。民族自決の原則に訴えるだけでは十分でない。一共同体が事実存在し、その構成員が独立に賛同し、しかも自分自身の存在の条件を決定する覚悟と能力を有していることの証拠が示されなければならない。(7)* それゆえ、長期にわたる政治的で軍事的な闘争が必要なのである。ミルの議論は、沈黙した代表されない人々、あるいは未熟な運動、ただちに鎮圧された蜂起にまで及んでいない。しかし、植民地宗主国への抵抗を首尾よく動員するところまではいったが、対等でない闘争のなかで次第に屈してしまった小国を想像してみてほしい。思うに、その不可避の敗北を近隣諸国がただ傍観しているべきであるなどとは、ミルであれば言わないだろう。彼の議論は、外国からの干渉に対してと同様、帝国主義的、あるいは植民地主義的な抑圧に対しても、それに抗う軍事行動を正当化しているのである。国内の暴君だけはその対象に含まれていない。なぜなら、国際社会でのわれわれの目標とは〔ミルはそれは不可能であるとも論じているが〕、自由主義的あるいは民主主義的な共同体を創設することではなく、ただ独立した共同体を創設することに尽きるからである。独立のために必要であるなら、軍事行動はたとえつねに「堅実」とはいえないにせよ、「誉ある美徳の」行いではある。以上のミルの議論が衛星国家と大国の事例に当てはまることも付け加えておくべきだろう。それはロシアが行った一度目のハンガリー介入（一八四九年）をもとにしているが、二度目の、〔ソ連が行った〕介入（一九五六年）にもぴたりと当てはまる。

＊ここで次に生じる問題とは天然資源に関連した問題であり、それは分離闘争でもときおり焦点となる。私は先に「土地の問題は国民の意志しだいだ」と論じておいた〔第四章（一四二頁）〕。しかし、もしも分離によって土地だけでなく死活的に必要な燃料資源・鉱物資源を〔独立元の〕政治共同体から奪ってしまう場合には、たとえその国民が民族自決に対する意志と能力をもっていたとしても、分離の権利は生じないかもしれない。一九六〇年代初頭のカタンガをめぐる論争は、こうした場合に生じうる困難を示している——さらには、干渉国の動機についても懸念を惹起する。ただし、カタンガで欠けていたのは「困難な闘争」を自前で引き受ける能力をもった真正の民族運動であった。（Conor C.

O'Brien, *To Katanga and Back*, New York, 1962を参照のこと。）そうした民族運動が仮に存在したなら、私としても分離を支持したいと思う。しかしそうすると、今度は国際社会の分配的正義に関するより一般的な問題を問うてみる必要が出てくるだろう。

しかしこうした事例で美徳と堅実さがどう関係しているかを理解するのは容易ではない。ミルが意味するところは至極明快である。すなわち、ロシアに戦争の脅しをかけると、それはイギリスにとっても危険なことで、それゆえ「あらゆる国家が払う自国の安寧に対する配慮」と矛盾するものであったかもしれない、ということである。ところで、それが現実に危険であったかどうかはもちろんイギリス人が決断することであり、彼らを非難することができるのは、彼らが引き受けようとしたリスクが本当は微々たるものだった場合だけである。たとえ対抗干渉が「誉ある美徳の」行いであるとしても、それが道徳的要求の対象でないのは、まさにそこに危険が含まれているからである。ただし堅実さについては美徳についてよりさらに多くのことが言えよう。オーストリア帝国側の支持を決断したとき、パーマストンが考えていたのはイングランドのみならずヨーロッパ全体の安寧であった。ミル的立場の正義を認めつつも、こんにち言われるところの「世界秩序」原則に従って内政不干渉の方を選ぶことはまったく可能である。(8) そこで正義と堅実さとは、ミルが予想だにしなかった仕方で（いくぶん世知に長けた風合いで）対置されることになる。ミルは、おそらく単純素朴に、世界中のあらゆる政治共同体が外国からの支配の抑圧を逃れるなら、世界はもっと秩序だったものとなるだろうと考えた。さらに彼は、イギリスがいつの日か十分強大となり、必要な「精神と自信」を身につけて、「ヨーロッパ内で、一国の兵士が他国の反乱臣民に向かって砲火を浴びせることは許されない」と主張し、イギリスが「自由の人民からなる同盟の盟主の座」

に就くことさえ期待した。思うにこの古風な自由主義的自負を継承しているのが、現在のアメリカ合衆国である。――もっとも、一九五六年〔ハンガリー動乱〕時の合衆国指導者層は、一八四九年〔ハンガリー革命〕時のパーマストンと同様、その自負を実行に移すのは堅実ではないと考えたのだが。

合衆国政府が世界の他地域での自由と干渉を定義する仕方がこれまでいかに利己的であったかを踏まえるなら、以上のミル的自負を実行に移すいかなる権利も当時の合衆国にはなかった（そして現在もない）と言いうるかもしれない。しかしミルの時代のイングランドがそれよりもましな立場にあったとはとうてい言えない。仮にパーマストンがハンガリーの側に立って軍事的処置を計画していたなら、メッテルニヒの後継者であるシュヴァルツェンベルク公爵☆は「不幸なアイルランド」のことを引き合いに出すつもりだった。シュヴァルツェンベルクはロンドンのオーストリア大使に次のような書簡を送った。「大英帝国の広大な領土のどこで反乱が生じようとも、イングランド政府は法の権威をどのように維持すべきかをつねに熟知している……たとえそれが大量の流血の代償を伴うとしても」。彼は続けて、「われわれはそのことでイングランドを非難はしない」と記している。(9) 彼が求めていたのは互恵的関係だけであり、大国間にあるこの種の互恵的関係こそが堅実さの本質そのものであることは疑いない。

しかしながら、堅実さと正義をこれほど根本的に相容れないものとするなら、正義を支持する議論を間違って理解することになる。干渉あるいは対抗干渉を計画する国家は、堅実さの理由から、どれほどの危険が生じるか

☆「シュヴァルツェンベルク」 Felix Schwarzenberg（1800-52）．オーストリアの政治家。一八四八年三月革命によるメッテルニヒの失脚後首相となり、革命による国力の衰退を回復した。

を考量するであろうが、同時にまた、そして道徳的理由から、その干渉行為が、干渉によって利益を受けるべき人民や干渉によって影響を受けるその他全人民に対して、どれほどの危険を生じさせるかをも考量しなければならない。もし第三者に深刻なリスクを負わせるものであるなら、干渉は正しくない。つまり、リスクを他者に負わせることで正義が帳消しになるのである。オーストリア側の敗北はヨーロッパ平和の道を閉ざしてしまうだろうと考えるパーマストンが仮に正しかったとするなら、この敗北を決定づけるようなイギリスの干渉は（いかにハンガリーの闘争が高潔なものだとしても）「誉ある美徳の」行いとはいえなかっただろう。また、一九五六年にアメリカが仮に核戦争を脅し文句に使っていたとするなら、それが政治的にも道徳的にも無責任極まりないことは明らかである。ここまでは堅実さは正義を支持する議論のなかに位置づけられるし、またそうあるべきである。ただし、このように第三者の権利を尊重することは、大国の現地での政治的権益を尊重することと同じではない。またそれは、シュヴァルツェンベルク的互恵主義を受け容れることでもない。イギリスがオーストリアの帝国主義的要求を承認したからといって、イギリスに同様の承認を受ける資格が生じるわけではない。合衆国が東欧におけるソ連勢力圏を堅実さの理由から受け容れたからといって、合衆国に自国の勢力圏では何をしても良いという資格が生じるわけではない。民族解放と対抗干渉に抗弁しうる時効取得権（prescriptive rights）など存在しないのである。

内戦

ミルがそうしたように、クロアチア人とスロヴェニア人の要求を無視した上で、パーマストンは誤りを犯したとの想定でハンガリー革命を描写するなら、この革命は実質上干渉を支持するための模範的事例となる。こうした描写の仕方をすると、それは歴史的に見れば例外的な事例なのだが、こんにちにしてみれば仮説となりうる事例である。というのも、この描写のもとになっている次のような状況は、歴史上めったに生じないからである。すなわち、民族解放運動が、単一のまとまった政治共同体の要求を紛れもなく体現していた。それは少なくとも初めは戦場で持ちこたえることができた。紛れもない外国勢力から攻撃された。しかもその勢力の干渉を全面戦争のリスクを負うことなく抑止あるいは打破することができた。こうした稀有な状況である。むしろ歴史上より多く見られる状況とは、さまざまな党派や派閥がそれぞれ自分たちを共同体全体の代表であると主張しお互いに相争う中で、国外勢力を秘密裡に、あるいは少なくとも非公式に闘争へと引き込んでしまう錯綜した状況である。内戦で提起される問題が難しいのは、ミル的基準が不明確だからではなく――それはおそらく厳格な非関与を要求するだろう――、それが次第に破られる可能性があるし、事実日常的にそのように破られているからである。そうだとすると、直接かつ公然たる武力行使を対抗干渉と呼ぶのが妥当なのはどの時点かを確定するのは非常に困難になる。同様に、こうした武力行使が、すでに疲労困憊した分断国家の住民に対して、さらには考えられる第三者の全範囲に対して及ぼす影響を算定するのも困難である。

こうした場合、法学者は通常自助テストの修正版を適用する。[10] すなわち、現政府の直面する事態が、内政上の不和や反逆、叛乱以上のものでないかぎり、法学者は政府の側への支援を許容する――この政府こそ結局のところ、国際社会における共同体の自治の公的代表者にほかならないのだ。ただし、叛徒が国家の相当量の領土と人口を支配下に置くやいなや、彼らは交戦権を獲得し、政府と対等の立場になる。こうなった場合、法学者は厳格な中立を要請する。ところで、中立は慣例的に、随意的状態（operative condition）、つまり義務の問題ではなく選択の問題であるとみなされている。たしかに国家間の戦争についてはその通りかもしれないが、内戦の場合、中立を義務とすることには十分もっともな（ミル的）理由があるように思われる。なぜなら、いったん共同体が実質的に分裂するなら、外国勢力が国境内で軍事行動を展開することによって自決という大義に寄与することなどほとんど考えられないからである。以上の議論はモンタギュー・バーナード☆が簡潔に示しているものであり、彼のオックスフォード講義「内政不干渉の原則について」はその重要性においてミルの論文に匹敵する。「これは二つにひとつである。想定上の事例への介入は均衡を崩すかもしれないし、崩さないかもしれない。崩さない場合、介入はその目的を逸している。崩す場合、介入はそれがなければ最高権力者とはならなかったであろう側を優位に立たせることになり、おそらく国民自身であれば選ばなかったような主権者あるいは政府を設置することになる」(11)。

しかし、ある国外勢力が中立と内政不干渉の規範を侵害するやいなや、別の国外勢力も同様のことをする道が開かれる。事実、規範侵害には規範侵害でもって応酬しないことには、それこそ恥ずべきことと思われるかもしれない——たとえば、スペイン内戦の事例のように。この場合、イギリス・フランス・アメリカ合衆国が採った内政不干渉政策は、現地人の決断に扉を開いたのではなく、単にドイツとイタリアに「均衡を崩す」ことを許しただけであった(12)。こうした状況下では、いやしくも独立性と共同体の価値が維持されるべきであるなら、何らかの軍事的応答が多分必要である。ただ、たしかにこの軍事的応答は国際社会に通底する共有価値を支持してはいるが、それを法執行であると表現するのは決して正確ではない。その性質を法律家のパラダイムの用語で説明するのは簡単なことではない。なぜなら、内戦時の対抗干渉が目指すところは、最初に介入した国家を処罰することでもないし、かならずしもその軍事行動を抑制することですらないからである。そうではなく対抗干渉が目指すところは、当事国を固定化し、均衡を保ち、現地勢力間の闘争に一定程度のまとまりを回復することである。それはたとえるなら、警察官が、二人の人の喧嘩をやめさせるのではなく、ほかの誰かがその喧嘩に介入するのを押しとどめ、それが無理な場合は形勢不利な側に相応の手を貸すべきだというようなものである。警察官はその喧嘩の価値について何らかの考えを必要とするだろう。国内社会の通常の条件を踏まえるなら、警察官がそんな考えを持っているのは奇妙なことである。しかし国際世界にあっては、その考えは完全に適切である。むしろその考えこそ、われわれが本物の対抗干渉と見せかけの対抗干渉を識別する際の基準を提供しているのだ。

アメリカのヴェトナム戦争

一般的同意を集めるような仕方で、ヴェトナムのストーリーを語ることが可能であるとは私には思われない。公式的なアメリカ版ストーリー――すなわち、北ヴェトナムの南ヴェトナム侵攻によって戦闘が始まり、合衆国は条約上の義務に従ってそれに応戦したにすぎないというもの――は忠実に法律家のパラダイムをなぞっているが、そのうわべからしておよそ信じがたい。幸いにも、この説明を受け容れる者はほぼ誰一人としていないと思われるため、この点に拘泥する必要はない。以下ではより巧妙な型のアメリカ擁護論を追ってみたい。そのアメリカ擁護論は、内戦が存在したことは認めるが、そこでの合衆国の役割を、第一に正統な政府への支援として、第二に北ヴェトナム政権による密かな軍事行動に応戦するための対抗干渉として描いている。[13] ここで決定的なの

☆「モンタギュー・バーナード」Montague Berrard（1820-82）．イギリスの法律家で、オックスフォード大学における初代の国際法の教授となった。

は「正統な」という言葉と「応戦」という言葉である。第一の言葉が示唆しているのは、われわれが対抗干渉を行う際に味方している政府は、現地のもの、すなわちわれわれとは無関係の政治的プレゼンスを有しており、それゆえ外側から兵力が投入されないかぎりおそらく内戦に勝利することができただろうということである。第二の言葉が示唆しているのは、本章のこれまでの議論に合わせていえば、われわれの軍事作戦は他国の軍事作戦があった後に、均衡を図るために実施されたものだということである。どちらの示唆も嘘である。ただしどちらとも、対抗干渉が特別に限定的な性質を持つことを示しており、また他国の内戦に加わる場合には（少なくとも）言っておかなければならないことを指し示している。

第一次ヴェトナム戦争を終結に導いた一九五四年ジュネーヴ協定[☆1]において、北と南のあいだには暫定的な国境線が引かれ、一九五六年に予定された選挙までの期間、国境線の両側には二つの暫定政府が設置された[14]。南ヴェトナム政府が選挙の実施を許可しなかったとき、協定によって認められた正統性を喪失したのは明らかだった。ただここでは、この喪失についても、あるいは六十余国がそれでも南の新政権の主権を承認し、サイゴンに大使館を置いていたという事実についてもこだわるまい。外国が、個別的であろうと集団的であろうと、条約に署名したり大使を派遣したりすることで、政府の正統性を作り出したり取り消したりすることができるなどと私は思わないからである。決定的なことは、その政府の自国民のあいだでの評判である。仮に新政権が国内で支持を集めることに成功していれば、今日のヴェトナムはドイツや朝鮮とならんで分断国家となっていたことだろうし、一九五四年のジュネーヴはもうひとつの冷戦分割を用意したものとして記憶されるだけだっただろう。しかし民主主義が広まっておらず、選挙が日常的に操作されるような国で民衆の支持をテストするとはどういうことだろうか。そのテストとは、政府にとっても叛徒にとっても自助のことである。だからといって外国が手を貸せないわけではない。新政権の正統性を仮定してみると、支持を取りつけるためのいわば猶予期間がある。しかし、南ヴェトナムではこの猶予期間は悪用された。新政権が合衆国に依存し続けなければならなかったことは、新政権にとって決定的に不利な証拠である。一九六〇年代前半に新政権が軍事干渉を緊急に要請したことはよりいっそう不利な証拠である。ゴ・ディン・ディエム大統領[☆2]に対しては、モンタギュー・バーナードが最初に示した次の問いを投げかけざるをえない。「一体全体、自国民を従わせるために外国の手を借りようとしているような彼が、自国民を具現している［代表している］などとどうしていえるだろうか」[(15)]。事実、その具現化は決して成功しなかったのである。

以上の議論をより綿密に言えば次のようになるであろう。ある政府が、経済的・技術的援助、軍事補給、戦略的・技術的アドバイスを受け、それでもなお臣民を従わせることができないのだとすると、それは明らかに正統性を欠く政府である。正統性を社会学的に定義しようと道徳的に定義しようと、こうした政府はその最小限の基

☆1　「ジュネーヴ協定」　一九五四年七月二一日に「インドシナに関する九ヶ国会議」で調印された休戦協定。一九四六年以来の旧仏領インドシナにおけるインドシナ戦争（第一次ヴェトナム戦争）を終戦へと導いた協定で、これによりフランスはインドシナから撤退、北緯一七度戦を軍事境界線とする、南北ヴェトナム分割による敵対行為の終結とその監視体制などを定めた。

☆2　「ゴ・ディン・ディエム」　Ngo Dinh Diem（1901-63）．南ヴェトナムの政治家で、三〇歳にして王朝の内相となる。ジュネーヴ協定後、アメリカの強い支持で首相に就任。五六年に憲法を公布し、ヴェトナム共和国（南ヴェトナム）を発足させ、みずから大統領に就任し八年にわたり反共親米政策を指導。しかし政権の独裁制は国民の不満を招き、六三年ズオン・バン・ミンのクーデターで失脚、殺害される。

準を満たすことさえできていない。そうした政府が存続していること自体不思議なことである。その存続は外部からの手助けを受けているおかげであり、それ以外の、現地事情に基づく理由からではないというのが間違いない事実である。サイゴンの政権はほぼアメリカの作り出したものだったのであり、それゆえ同政権に加勢しその存続を保証する義務を負うなどという合衆国政府の主張はとても理解できるものではない。それはまるで、右手が左手に加勢すると言っているようなものである。同盟関係のあちら側には、独立した道徳的、ないしは政治的主体など存在しないため、そもそも本当の同盟など毛頭存在しないのである。自分自身に対する義務などというものが道徳的に重要ではないのと同様、自分の創造物に対する義務などというものも（個々人の個人的安全に関わるものを除いて）政治的に重要ではない。合衆国がヴェトナムに軍事干渉したとき、合衆国は他国に対する約束を果たすためにそうしたのではなくて、合衆国自体が考案した政策を遂行するためにそうしたのである。

以上の議論に対しては次のような反論がある。いわく、南ヴェトナム政府の民衆基盤が弱体であったのは、組織的転覆行動やテロリズム、ゲリラ戦のおかげであり、その大方は北側が主導し、支援していたのだと。たしかにそのような転覆行動があったこと、そして北側がそれに関与していたことは明らかに事実である。しかしその関与の程度と時期については大いに論争の余地があろう。法的な弁論趣意書（legal brief）を書こうというのであれば、こうした事柄は決定的に重要であるだろう。なぜなら、合衆国が依然正統な政府に経済支援と軍事補給しか提供していなかった段階で、北ヴェトナムは現地の叛乱を、人的にも物的にも不法に支援していたというのがアメリカの主張であるからだ。しかしこの主張は、その法的効力がどうであれ、ヴェトナムの事例の道徳的リアリティをどうも捉え損なっている。むしろ、合衆国は現地の政治基盤を欠いた政府――それもその後はいくつもの政府――を文字通り下支えしており、その一方で北ヴェトナムはその地方に深く根ざした叛乱運動に手を貸していたのだと言った方が良いだろう。叛徒にとっての北ヴェトナムの重要性と比べると、南ヴェトナム政府にとって、われわれははるかに死活的な存在だった。事実、国内の敵対者にすら自分では立ち向かえないほど南ヴェトナム政府が非力だったからこそ、アメリカはその関与を絶えずエスカレートさせていかざるをえなかったのである。そしてこの事実は、アメリカ擁護論についてもっとも深刻な疑問を惹起するに違いない。なぜなら、対抗干渉が道徳的に可能なのは、事前に自助のテストをパスした政府（あるいは運動、政党、その他の何であれ）のためだけであるからだ。

地方で叛徒が力をもっていた理由についてここで言えることはほとんどない。なぜ共産主義者はヴェトナムのナショナリズムを「具現化」することができ、南ヴェトナム政府はそれができなかったのか。多分、アメリカのプレゼンスの性質と範囲がこれと大いに関係していたのだろう。ナショナリズムとは、サイゴンのように外国の支援に依存している政府が容易に代表できるものではない。同じく重要なことは、ある者がたとえ北ヴェトナムの動きによって便益を受けたとしても、南ヴェトナム政府の場合のように外国代理人の烙印を押されることはなかったという点である。ヴェトナムのような分断国家では、境界線を一方から越えることはかならずしも他方の人々にとって外からの介入であるとはみなされない。朝鮮戦争の場合でも、仮に北側が大挙して進軍し三八度線を越えるのではなく、代わりに南側の反逆者と隠密の連絡を取っていたとすれば、それは現実とはまったく異なった様相を呈していたかもしれない。ただしヴェトナムとは対照的に、韓国側にはいかなる反逆も生じなかった――それどころか、韓国政府は相当の支持を集めていた(16)。冷戦によって生じたこうした分断線が国境という通常の意味を持つようになるのは、現地政府に何らかの忠誠心を感じる個々の市民をそれぞれに抱えた二つの政治共同体を、その分断線が現実に区切っているか、あるいはそのうち区切ることになる場合のみである。仮に南ヴェトナムがこの形態を取っていたとするなら、テロリズムとゲリラ戦を北側が大規模に認容していたことも踏まえ、アメリカの軍事活動は対抗干渉の資格を得ていたかもしれない。少なくとも、その名称については議論の余地があっただろう。しかし事実を踏まえれば議論の余地はない。

仮にアメリカの軍事活動が対抗干渉であったとしたら、結局のところわれわれが行うこととなった戦争の規模と範囲がそれにふさわしいものであったかどうかという問題は残る。もちろん、算術的にそれを完全に確定することはできないが、対称性についての何らかの観念がここでは重要である。ある国家が現地勢力間の闘争に一定程度のまとまりを維持、回復しようとする際には、その軍事活動は他方の干渉国が行う軍事活動とおおよそ同等でなければならない。対抗干渉とは均衡を図る行いである。これは以前に述べておいたことだが、今また強調しておくに値する。なぜなら、これこそ応答の意味についての深遠な真理を反映するものだからである。すなわち、対抗干渉の目標は戦争に勝利することではない。この真理が難解でも曖昧でもないことは、ケネディ大統領がヴェトナム戦争について与えた次の有名な説明に示されている。ケネディが言うには、「つまるところ、これは彼らの戦争だ。彼らこそ勝利あるいは敗北すべき存在なのだ。われわれはその手助けをし、装備を与え、アメリカ人を顧問として同地に派遣することはできる。しかし、戦争に勝利すべきなのは彼ら——共産主義者に抗するヴェトナム人民——なのだ」[17]。この見方は後のアメリカの指導者によっても繰り返されたが、残念なことに、アメリカの政策を説明しつくすものではない。実際のところ、アメリカ合衆国はもっとも驚くべき仕方でヴェトナム内戦の性質と次元を尊重しそこねたのであり、その理由は内戦がその性質を保ち、その次元で行われていた以上、われわれがその戦争に勝利することなどありえなかったからである。われわれの軍事技術的優越性を投入しうるような紛争レベルを探し求めるなかで、ついにはそれが、どこかよその国で行われている、アメリカの目的のためのアメリカの戦争となるまで、われわれは闘争を絶えずエスカレートさせていったのである。

人道的介入

正統性を有する政府とは、自国内の戦争を行える政府のことである。そして一国内の戦争に向けられる外からの支援を対抗干渉と呼ぶことが正しいのは、ただ次のような場合、すなわち、現地勢力が勝利や敗北を今一度自分たち自身で決することのできるよう、他国の先立つ干渉との均衡を図るものであり、それ以上のものではないような場合に限られる。内戦の結果が反映すべきなのは、干渉諸国の相対的な力関係ではなく、諸勢力の現地での力関係である。ところが、これとは別の事例もある。その場合、われわれはこの種の結果を期待しないし、現地なりの均衡が優先されることも望まない。一国内の支配勢力が人権の大規模侵害に手を染めている場合、自助というミル的意味における自決への訴えはそれほど魅力的とはいえない。自決への訴えは共同体全体にとっての自由と関連している。国家構成員（のうち相当数）の剥き出しの生存や最小限の自由が問題となっている場合、自決への訴えは何の効力ももたない。政敵や少数民族、宗教的宗派に対する奴隷化や大量虐殺が生じている場合、それに対しては、国外からの助けが来ないかぎり何の助けもありそうにない。そして、一政府が自国民に対して残虐に振舞っているとき、われわれは自決の理念が適用されるはずの政治共同体の存在それ自体を疑わざるをえないのである。

このような事例を見つけるのは難しくない。むしろ困惑させられるのはその数の多さである。抑圧的政府のリスト、人民虐殺のリストは恐るべき長さになる。ナチのホロコーストのような出来事は人間史上前例のないものであるが、より小規模の殺人はほとんどそれが日常的といえるほどにありふれている。他方で――あるいはおそらくまさにこうした理由から――「人道的介入」と呼ばれるものの明白な事例は非常に稀である。(18) 事実、人道的な動機が、ほかにいくつもある介入の動機のひとつにすぎないような混合的な事例を除いては、私は何ひとつ探し出せなかった。一国が、ただ人命を守るという目的で、自国兵士を他国に派遣することはないように思われる。他国民の生命は国内的政策決定の秤の上ではそれほど重みを持っていない。そこでわれわれは、混合的動機の道徳的意味について考えてみるべきだろう。* 介入がせいぜい部分的にしか人道的でないとしても、それはかならずしも人道的介入に対する反論となるわけではない。むしろそれは、懐疑的視点を持って人道性以外の動機をより詳しく見ていくことの理由となるのだ。

＊生命の危機に瀕しているのが同胞国民である場合には事情は当然異なる。外国で死の危機に瀕した市民を救出するためになされる干渉は慣例的に人道的介入と呼ばれており、生死の問題が実際に関わっている以上、その名称を否定する理由はない。ウガンダのエンテベ空港へのイスラエル軍の急襲（一九七六年七月四日）はその典型例になる可能性があると思われる。ここでは混合的動機など問題外の話だし、それもそのはずである。というのも、その唯一の目的はイスラエル国民を救出することであり、干渉軍は彼らに対して特別の責務を負っているからである。

一八九八年のキューバと一九七一年のバングラデシュ

この両事例は、民族解放あるいは対抗干渉の項目で取り上げてみても良かったかもしれない。しかし両事例はそれぞれ、スペイン政府とパキスタン政府が手を染めた残虐行為のゆえに、さらなる意味を含んでいる。スペイン人の残酷な所業の方は組織的な大量虐殺までは至っていないため、比較的論じやすい。当地に生活基盤をもち、見たところ農民の広範な支持を受けていたキューバ叛乱軍と戦うなかで、スペインははじめ強制再定住政策を計画した。彼らはそれを、あからさまに再集結収容（la reconcentración）と呼んだ。ウェイレル将軍[☆1]はその布告で次のことを命じた。(19)

農村地域あるいは要塞化された都市の外部に住む全住民は、八日後に軍が占領する都市内に集結させられることになる。これに従わない者あるいは所定地域外で発見された者は、すべて反乱者とみなし、相応の処分を課す。

「集結収容」それ自体が犯罪的政策であるかどうかは後に問うてみたい。スペインが犯した直接の罪とは、対象となる人民の健康状態にほとんど顧慮せずその政策を実施したため、数千人が病気を患い死亡したことである。キューバ人の生死は大衆紙のみならずアメリカ合衆国中で広く公表され、それが対スペイン戦争[☆2]を正当化する主要な理由として、多くのアメリカ人の心に刻み込まれたことは間違いない。こうして次の一八九八年四月二〇日の議会決議が生まれた。「キューバ島、これほどわれわれの国境と近接しているこの地で三年以上続いている忌

☆1　「バレリアーノ・ウェイレル」Valeriano Weyler y Nicolau（1838-1930）．一八九六年に、スペインによって、キューバの反乱を抑え込むために派遣された総督。前任者のカンポスが弱腰だったため、勇猛で鳴らしたウェイレルが送り込まれた経緯がある。

☆2　「米西戦争」一八九八年四月二五日から同年八月一二日まで行われた。フィリピンおよびキューバにおいて戦闘が行われ、結果としてスペインの、太平洋および南北アメリカにおける支配権が大幅に弱体化、アメリカの躍進を招く。

まわしい状態は、合衆国民の道徳的感覚に衝撃を与えるものであるが故に……」[20]。しかし、開戦に踏み切ることには別の理由もあったのである。

そのおもな理由とは、経済的および戦略的性質のものである。第一にそれは、キューバ産砂糖へのアメリカ人の投資と関係していた。すなわち財界の一部門にとっての利害の問題であった。第二にそれは、運河敷設予定地であったパナマ地峡に至る海路の関係、すなわちアメリカの版図拡大という目標を支持する知識人や政治家にとっての利害の問題であった。マハン☆1やアダムズ☆2、ルーズヴェルト☆3やロッジ☆4のような人物の計画のなかでは、キューバは周辺的要素を占めていたにすぎない。彼らが関心をもっていたのは、カリブ海よりも太平洋だったのである。ただし、カリブ海と太平洋を繋ぐ予定の運河があったからこそ、キューバは一定の戦略的価値をもったのであり、それゆえキューバ獲得のための戦争は、アメリカ人が帝国主義的冒険に向かう（そしてまたフィリピン征服に向かう）手始めとしてなら、やってみる価値のあるものであった。一般的に、米西戦争の原因をめぐる歴史家の論争においては、さまざまな形態の経済的・政治的帝国主義、市場と投資機会の追求、「国力拡大のための国力」[21]の追求に焦点が当てられてきた。ただし、この戦争が帝国主義には反対する政治家からも支持を受けていたこと――いやむしろ、キューバ人の自由が支持され、それゆえ、スペインの残虐な行為の結果としてアメリカの軍事力による人道的介入が支持されていたこと――は想起しておくに値する。しかしながら、ポピュリストや急進派民主党員が力説した介入と、実際に行われた米西戦争は大きく異なるものであった。

キューバの叛徒はアメリカ合衆国に三つの要請を行った。第一に、自分たちの暫定政府を正統なキューバ政府であると承認すること、第二に、叛乱軍に軍需品を供給すること、第三に、アメリカの軍艦がキューバ沿岸を封鎖しスペイン軍の軍需品を断つことである。その言い分では、こうした助けがあれば、叛乱軍は勢力を拡大し、スペイン人はそう長くは持ちこたえられず、ついにはキューバ人が自国の再興を（アメリカの助けを借りて）任され、内政事情を自分たちで処理するようになるだろうというのである。(22) これはアメリカの急進派が計画したことでもあった。しかし、マッキンリー大統領☆5やその顧問はキューバ人に内政事情を自分たちで処理する能力があるとは信じなかったか、あるいはキューバ再興が急進派に傾くことを恐れた。いずれにせよ、アメリカ合衆国は叛徒に承認を与えないまま干渉し、キューバ島に侵攻し、スペイン軍をただちに打倒しそれに取って代わったのである。この勝利が人道的効果をもたらしたのは間違いない。アメリカの軍事活動は驚くほど非効率的だったが、それでも米西戦争は短期間で終わり、キューバ民間人の惨状が拡大することはほとんどなかった。救援活動も、これまた当初は驚くほど非効率的だったが、それでも戦闘終結とともに開始された。この戦争に関する標準的文

☆1　「アルフレッド・セイヤー・マハン」 Alfred Thayer Mahan（1840-1914）．アメリカ海軍所属、海洋戦略論の古典的理論家。最終階級は少将。

☆2　「ブルックス・アダムズ」 Brooks Adams（1848-1927）を指すと思われる。歴史家・地政学者。第二代大統領のジョン、第六代大統領のジョン・クィンシーを輩出した名門アダムズ家族の一員でマハンの友人。

☆3　「セオドア・ルーズヴェルト」 Theodore Roosevelt Jr.（1858-1919）．アメリカ合衆国第二六代大統領。カリブ海政策を、海軍力を盾に推し進めた。

☆4　「ヘンリー・カボット・ロッジ」 Henry Cabot Lodge（1850-1924）．キューバへの干渉当時は、連邦上院議員を務めていた。

☆5　「ウィリアム・マッキンリー」 William Mckinley（1843-1901）．アメリカ合衆国第二五代大統領。米西戦争へと国を導き、フィリピンとカリブ海の旧スペイン植民地をアメリカにもたらす。暗殺にて没する。

献のなかで、チャドウィック提督[☆1]はそれが比較的無血の戦争であったことを誇っている。彼は次のように書き記している。「戦争それ自体は決して巨悪ではない。悪は惨禍のなかにあるのだが、その多くはかならずしも付随するわけではない。……合衆国とスペインのあいだで今始まっている戦争は、こうしたより大きな惨禍がほとんど存在しない戦争だった」[23]。惨禍は事実、存在しなかった。少なくとも、キューバ叛乱の長い年月のころに比べればはるかに少なかった。ただし、キューバに侵攻し、三年のあいだ軍事占領し、（プラット修正条項のもとで）最終的に大幅に限定された独立しか認めなかったことで、人道上の配慮というアメリカの公言に対して従来向けられていた懐疑主義的見方は大いに強化されることになった。一八九八年から一九〇二年までの施策全体は、当時が「海賊的時代」であったことを踏まえるなら、慈悲深い帝国主義の一例といえるかもしれない。しかしそれは人道的介入の事例ではない[24]。

このような事例においてわれわれが下す価値判断は、人道性以外の配慮が政府計画の勘定に含まれていたという事実によって、それどころか人道性が主要な配慮の対象でなかったという事実によってさえ、左右されるわけではない。人道性が主要な配慮であるなどということがはたしてありうるのか私には定かでないし、そもそも政府の複合的動機が社会の多元性を反映しているような自由民主主義社会のもとでは、それを測定するのもとくに困難である。またそれは、結果が慈悲深いものであったかどうかという問題でもない。アメリカの勝利の結果、再集結収容民は自宅に戻ることができた。しかし、仮にアメリカ合衆国がスペインの側に立って戦争に加わり、スペインと一緒になってキューバの叛徒を徹底的に打ち負かしていたとしても、住民は同様に自宅に戻ることができたであろう。「再集結収容」は戦時政策であって、その終わり方がどうであれ、戦争とともに終結するはずであった。決定的な問題は別の点にある。人道的介入とは、被抑圧者の側に立った軍事行動を含意しているのであり、それゆえ介入国側が、そうした人民の目標にある程度まで理解を示すことが必要とされるのである。介入国はそうした目標の実現に取り掛かる必要はないが、しかし同時にその実現を阻むものであってもならない。人民が抑圧された理由は、おそらく彼らが抑圧者にとって受け容れがたい目的――宗教的寛容、民族的自由その他何であれ――を追求していたからである。彼らのために干渉しておいて、彼らの目的に反することは許されない。被抑圧者の目標は必然的に正しいだとか、その目的を完全に受け容れる必要があるとか述べたいわけではない。ただし、アメリカ合衆国が一八九八年にそのつもりであった以上に、その目標には注意が払われてしかるべきだとは思われる。

以上の〔人道的介入に必要な特徴である〕被抑圧者の目標に対する考慮は、対抗干渉に必要な特徴である現地の自治に対する尊重と直接的な対応関係にある。これら二つの修正論的原則は、干渉は可能なかぎり不干渉に近いかたちでなされなければならないという共通の態度表明を反映している。第一の〔対抗干渉の〕場合、干渉の目的は均衡を図ることである。第二の〔人道的介入の〕場合、それは救命のためである。どちらの場合も、分離や民族解放闘争の場合はもちろんであるが、干渉国が自身に対して政治的特権を要求するのは正当ではありえない。そしてそうした要求がなされるときはいつでも（キューバを占領したとき、またプラット修正条項を課したときのアメリカ合衆国のように）、事の始めから政治権力がその目的だったのではないかとの疑いがもたれる。

一九七一年の東パキスタン（バングラデシュ）に対するインドの侵攻[☆2]は人道的介入の事例としてより適当であ

☆1　「フレンチ・エンザー・チャドウィック」French Ensor Chadwick（1844-1919）．アメリカの海軍軍人で、米西戦争では軍艦ニューヨークの指揮をとって活躍した。

る——その理由は、インド政府の動機が単一であったとか純粋であったとかではなく、インドの種々の動機が、ベンガル人の要求する行動方針とも一致する単一の行動方針に収斂したからである。この収斂があったからこそ、インドは東パキスタンにかくも迅速に介入し、またそこから早々に撤退したのであり、パキスタン軍を打倒したがそれに取って代わらなかったのであり、新興国バングラデシュを政治的にコントロールしなかったのである。もちろん、この政策の根底には道徳的関心と同じく戦略的関心もあった。その結果、インドの宿敵であるパキスタンは著しく弱体化したのであり、その一方でインド自身はといえば、不安定かつ一触即発の内政が長期間続きそうな見込みの極貧国に対して、その責任を負うことを避けたのである。けれどもインドの干渉は、それが厳密に定義されるところの救命であったため、人道的介入の名に値する。状況というものはときに、われわれのなかから聖者を作り出してしまうのだ。

　ベンガルでパキスタンが行った抑圧については、ここではそれほど多くを語らないでおこう。それは恐るべき物語であり、現在では相当詳しく記録されている[25]。当時は東部の一地方であった場所で生じた自治運動に直面して、パキスタン政府は一九七一年三月、文字通り軍隊を自国民に向けてけしかけた——いやむしろ、パンジャブの軍隊をベンガル人民に向けてけしかけた。というのも、東西の統一は当時すでに崩壊していたからである。その結果生じた大量虐殺は、崩壊を決定づけ修復不可能にしたにすぎない。軍隊はまったく方向を見失っていたというわけではなかった。将校たちは「死のリスト」を携帯し、そこにはベンガルの政治的、文化的、あるいは知的指導者の名前が載っていた。こうした指導者の追従者、すなわち大学生、政治活動家等々を殺戮するための組織的行動もあった。こうした集団以外の者に対しては、兵士は放任されており、放火、強姦、殺人をはたらいた。何百万ものベンガル人がインドに押し寄せ、彼らの到着、貧窮、空腹、さらには彼らが口にする信じがたい話、こうしたことが後のインドによる攻撃の道徳的基盤となった。「このような場合に、近隣国民の義務はただ黙って見ていることであるなどと論じるのは、まったくくだらない話だ」[26]。何ヶ月ものあいだ外交上の駆け引きが続いたが、しかしそのあいだにも、インドはすでにベンガルのゲリラを支援し、難民だけでなく戦闘員に対しても避難所を提供していた。一九七一年一二月の二週間にわたる戦争は一見したところパキスタンの空襲により始まったが、インドが侵攻を開始するのにこのような先立つ攻撃は必要なかった。それは別の根拠で正当化されていたのである。

ベンガルのゲリラがどれほどの力を有していたか、また三月から一二月にかけてどれほどの成果を残したかについては若干の論争点となっている。それは二週間の戦争時に彼らが果たした役割についても同様である。ただし明白なことは、ベンガルの闘争に道を開くのがインドのベンガル侵攻の目的なのではなかったということ、またゲリラに力があろうがなかろうが、それはこの侵攻に関するわれわれの見方に影響を与えないということである。一国の人民が虐殺されかけているとき、われわれは助けが来る前に自助のテストをパスするよう彼らに要求することはない。まさにそれが不可能であるからこそ、われわれが介入に向かうのである。そこで、インド軍の目的はパキスタン軍を打倒し、バングラデシュから立ち退かせること、つまりは戦争に勝つことであった。この〔勝利という〕目標は対抗干渉の場合の目標とは違うし、それには重要な道徳的理由があった。大量虐殺に手を染

☆2　「第三次印パ戦争」　一九七〇年に集中豪雨に見舞われた東パキスタンでは大量の死者が出て西パキスタンの管理能力が疑問視され、独立運動が広がった。それに対する軍事制圧で多くの難民がインドに流入する。インドは難民を支援するだけの力がなく、東パキスタンを独立させるべく干渉し、バングラデシュが誕生した。

めるような人民は、内政上の自決という通常の（たとえそれが通常は暴力的であっても）プロセスに加わる権利を失うことになる。その軍事的打倒は道徳的に必要である。

大量虐殺に手を染める政府や軍隊は、容赦なく犯罪者との烙印を押される（彼らはニュルンベルク綱領「人道に対する罪」において有罪である）。それゆえ人道的介入は、その他いかなる種類の干渉にもまして、国内社会で一般に法の執行や警察活動と考えられるものに近づいていくことになる。ただし同時に、人道的介入には国境の越境が不可避であり、それは法律家のパラダイム上否認されている——もっとも、国際社会の承認がある場合は別であると思うが。ここまで考察してきた事例では、法の執行は単独行動によるものであり、警察活動は自己任命である。ところで、単独行動主義は国際舞台では広く行われているが、その中身が国外侵略への応答というよりは国内暴力への応答である場合、われわれはそれをよりいっそう憂慮する。人道主義を隠れ蓑にして、国家が隣国を抑圧したり支配したりすることをわれわれは憂慮するのだ。またしてもこのような事例を見つけるのは難しくない。それゆえ、多くの法律家は件のパラダイムに固執する方を好むのである。だからといって干渉の（時々の）必要性まで否定する必要はないというのが、彼らの見方である。彼らは単に、その必要性を法的に承認することを否定するのである。人道的介入とは「法の領野ではなく道徳的選択の領野に属するのであり、それは個人がそうするように……国家もときに下さざるをえない選択なのだ」(27)。ただし、この定式化が説得力をもつのは、法律家が往々にしてやってしまうように、この定式化で話が終わらない場合に限られる。というのも、道徳的選択は単純に下されるだけではないからである。それはまた判断されるのであり、それゆえそこには何らかの価値判断基準がなければならない。判断基準は法によって提供されなかったり、あるいは法規定はどこかの時点で底を突いてしまったとしても、それでもなおその判断基準はわれわれが共有している道徳に含まれており、それが底を突いてしまうことはない。そこで、この共有された道徳については、法律家がその役目を終えた後もなお解明される必要がある。

当座の代替策が見あたらない以上、道徳は少なくとも単独行動を妨げるものではない。ベンガルの事例では代替策はなかった。たしかに大量虐殺は世界全体が関心を寄せる問題であったが、それに利害を有していたのはインドだけだったのである。この事案は公式には国連にもち込まれたが、何の活動も起こされなかった。また、仮に国連あるいは諸国連合が行動を起こしていたとしても、その道徳的質がインドの行った攻撃の道徳的質よりも優っていたかどうか、私には定かでない。数の論理に期待することといえば、個別的観点から離れ、道徳的ルールに合意を作り上げることである。ただしそのためには、現在のところ訴えるべき制度は存在せず、そこで訴えは人類全体に対して向けられることになる。諸国家がただ単に一緒になって行動したからといって、その個別的性質が失われるわけではない。政府が混合的動機をもつものであったとすれば、それは諸政府の連合についても同様である。たしかに、おそらく一部の目標は、連合を形成するための政治的取り引きによって取り消されるが、代わりに別の目標が付け加えられる。その結果生じる動機の混合は、一国家の政治的利害やイデオロギーと同じくらい、道徳的問題に関して偶然のものにすぎない。

人道的介入が正当化されるのは、それが「人類の道徳的良心に衝撃を与える」行為に対する（成功の合理的見込みを伴った）応答である場合である。この古風な言い回しはまったく正しいものであると私には思える。こうした場合に参照点となるのは、政治指導者の良心ではない。政治指導者は別に考えるべき事柄があるし、義憤や憤慨といった当たり前の感情を抑制することが必要であるかもしれない。参照点となるのは、一般の人々が日常的活動のなかで獲得してきた道徳的信念である。そして、この道徳的信念の視点から説得力ある議論をすることも可能である以上、国連待望論〔世界国家待望論、メシア待望論……〕とでも呼べるような受動的姿勢を取るべきいかなる道徳的理由も存在するとは思われない。

一大国が、衛星国家を管理下に置き続けるための唯一の方法は、衛星国家の全人口を一掃し、「信頼の置ける」人民によってその地を再植民地化することであると決断した場合を……仮定してみよう。そして、その衛星国家政府がこの方策に同意し、……必要な大規模殺戮の装置を作り上げたと仮定してみよう。ただ単に、必要な国連機関の決議が妨害されてしまい、この作戦がどの［構成国］に対する「軍事攻撃」でもないからという理由だけで、残りの国連構成国はこれを傍観し、座視するよう強いられるのだろうか。[28]

この設問は修辞的である。殺戮を阻止することのできる国家であればどこでも、少なくともそれを試してみる権利はもっている。法律家のパラダイムがこうした試みを否認しているのは事実であるが、そこから言えるのはただ、修正を加えないかぎり、このパラダイムは軍事干渉についての道徳的リアリティを説明できていないということにすぎない。

法律家のパラダイムの第二、第三、第四の修正版は次のかたちを取る。〔第二に〕分離独立運動を（それが代表者としての性格を示しているなら）支援するため、〔第三に〕他国の先立つ介入に対して均衡を図るため、そして〔第四に〕大量虐殺の脅威下にある人民を救助するためであるなら、国家には侵攻が許されるし、事後的には、開戦も正当である。以上の各事例では、われわれは主権という形式的ルールを侵害することも許容するし、われわれはその侵害を賞賛する、あるいは非難はしない。なぜなら、それは個人の生命と共同体の自由という価値を擁護するものであるからだ。主権それ自体はこうした価値の単なる一表現にすぎない。またしても、この公式は許可形（permissive）であるが、しかし個別事例を論じるなかで私が示そうとしてきたのは、正しい干渉の実際の要請はじつに制約形（constraining）であるということである。そこで、前に挙げた法律家のパラダイムの三つの修正版はこの制約も含むものであると理解しなければならない。この制約がしばしば無視されるため、内政不干渉という絶対的ルールに固執するのが最善であろうと（非先制行動という絶対的ルールに固執するのが最善であろうことと同じように）論じられることもある。しかしこの絶対的ルールもまた無視されるだろう。その場合、われわれはその次に起こることを判断する基準を失ってしまう。私がここまで描き出そうとしてきたのは、われわれは現にそうした基準を有しているということだった。この判断基準こそ、たとえ適用する際には困難で問題をはらむものだとしても、人権に対する深遠で価値のあるコミットメントを反映しているのである。

【原注】

（1）“A Few Words on Non-Intervention” in J. S. Mill, *Dissertations and Discussions*（New York, 1873）, III, 238-63.

（2）Irving Howe, ed., *The Basic Writings of Trotsky*（New York, 1963）, p. 397〔古里高志訳『トロツキー著作集　一九三七〜三八・上』、柘植書房、三七七頁〕を参照のこと。

（3）John Norton Moore, “International Law and the United States’ Role in Vietnam: A Reply,” in R. Falk, ed., *The Vietnam War and International Law*（Princeton, 1968）, p. 431. ムーア自身はとくに W. E. Hall, *International Law*（5th ed., Oxford, 1904）, p. 289-90 の議論を取り上げているが、ホールはミルを忠実になぞっている。

（4）簡単な概観としては、Jean Sigmann, *1848: The Romantic and Democratic Revolutions in Europe*, trans. L. F. Edwards（New York, 1973）, ch. 10を参照のこと。

（5） Charles Sproxton, *Palmerston and the Hungarian Revolution*（Cambridge, 1919）, p. 48.

（6） "Non-Intervention," p. 261-62.

（7） S. French and A. Gutman, "The Principle of National Self-determination," in Held, Morgenbesser, and Nagel, eds., *Philosophy, Morality, and International Affairs*（New York, 1974）, pp. 138-53を参照のこと。

（8） これは R. J. Vincent, *Nonintervention and World Order*（Princeton, 1974）, esp. ch. 9 の基本的な立場である。

（9） Sproxton, p. 109.

（10） たとえば Hall, *International Law*, p. 293を参照のこと。

（11） "On the Principle of Non-Intervention"（Oxford, 1860）, p. 21.

（12） Hugh Thomas, *The Spanish Civil War*（New York, 1961）, ch. 31, 40, 48, 58を参照のこと。Norman J. Padelford, *International Law and Diplomacy in the Spanish Civil Strife*（New York, 1939）は不干渉協定を信じがたいほどナイーブに擁護している。

（13） この立場の有益な表明は、すでに引用したジョン・ノートン・ムーアの論文のなかに見られる。右記注（3）を参照のこと。この公式の見方の例としては、Leonard Meeker, "Vietnam and the International Law of Self-Defence" in the same volume, pp. 318-32を参照のこと。

（14） ここでは G. M. Kahin and John W. Lewis, *The United States in Vietnam*（New York, 1967）の説明をなぞってみたい。

（15） "On the Principle of Non-Intervention," p. 16.

（16） Gregory Henderson, *Korea: The Politics of the Vortex*（Cambridge, Mass., 1968）, ch. 6を参照のこと。

（17） Kahin and Lewis, p. 146.

（18） エラリー・C・ストーウェル（Ellery C. Stowell）は *Intervention in International Law*（Washington, D. C., 1921）, ch. IIのなかで、いくつかのありうる事例を挙げている。最近の法学的見方（とより新しい事例）については、Richard Lillich, ed., *Humanitarian Intervention and the United Nations*（Charlottesville, Virginia, 1973）を参照のこと。

(19) Philip S. Foner, *The Spanish-Cuban-American War and the Birth of American Imperialism* (New York, 1972), I, 111における引用。

(20) Stowell, p. 122n. における引用。

(21) たとえば Julius W. Pratt, *Expansionists of 1898* (Baltimore, 1936) と Walter La Feber, *The New Empire: An Interpretation of American Expansion* (Ithaca, 1963) を参照のこと。また Foner, I, ch. XIV も参照。

(22) Foner, I, ch. XIII.

(23) F. E. Chadwick, *The Relations of the United States and Spain: Diplomacy* (New York, 1909), pp. 586-87. この数行はウォルター・ミリス (Walter Millis) が同戦争について著した見解 *The Martial Spirit* (n.p., 1931) のなかで、その題辞として示されている。

(24) Millis, p. 404. ミリスがまたアメリカの開戦の決断について次のように書いていることも記すべきである。「歴史においてこれ以上に明白な軍事的侵略の事例が記録されたことはほとんどない……」(p. 160)。

(25) イギリスのジャーナリストによる最近の説明としては、David Loshak, *Pakistan Crisis* (London, 1971) を参照のこと。

(26) John Westlake, *International Law*, vol. I, *Peace* (2nd ed., Cambridge 1910), pp. 319-20.

(27) Thomas M. Franck and Nigel S. Rodley, "After Bangladesh: The Law of Humanitarian Intervention by Military Force," 67 *American Journal of International Law* 304 (1973).

(28) Julius Stone, *Aggression and World Order*, p. 99.

第七章　戦争目的、そして勝利の重要性

戦争の近代主義的見方とでも呼べるものがランダル・ジャレルのある詩のなかで冷ややかに要約されている。(1)

利得や人の死はどうでもよい
　哀悼し、哀悼される者だけが記憶する
われわれが敗北した戦争を、そしてわれわれが勝利した戦争を
そしてこの世界は——以前と変わらないまま

戦争とは殺人である。これこそ戦争のすべてである。戦争に経済的原因があるとしても、その結果には変わりはない。そして戦争で死んだ兵士とは、はやりの言い方で言えば、浪費された（wasted）のである。このように浪費された人間に代わって、すでに死んでいった仲間に代わって、そして自分もまもなく死ぬだろうと知っている仲間に代わって、ジャレルは語っている。浪費された彼らの目線には権威が備わっている。その数がきわめて大

きいからだ。見通しのきく戦場で戦死者の数も少ない場合、兵士は自分の死には何らかの意味があるのだと思うことができる。犠牲やヒロイズムも、考えられる見解である。しかし近代戦の殺戮は、兵士の道徳的理解の範疇を超えている。シニシズムが彼らの最後の逃げ道になる。けれども、それはわれわれの最後の逃げ道ではないし、ジャレルの戦った戦争をわれわれが認識する際のもっとも重要なあり方でもない。事実、ジャレルの仲間の生存者の大半は、連合国が勝利し、ナチ体制を打倒したことで、この世界が以前とは異なった、より良い世界になっていることを肯定したいとなおも思うだろう。そしてこの生き残った兵士の目線にも権威がある。同じくその数がきわめて大きいからだ。人間的感性が絶望のあらゆる陰影に合わされてしまっているような時代にあってさえ、戦争で死んでいった者について、彼らの死は無駄ではなかったと言うことはなおも重要なことだと思われる。だからこそ、そう言うことができない、あるいはできないと思われる場合、われわれの悲嘆には怒りが混じるのである。われわれは罪人を探す。われわれはなおも道徳世界にコミットしているのである。

無駄死ではなかったとは何を意味しているのだろうか。死に値する目標、兵士の生命という価値をかけても高くないほどの結果がなければならない。正戦という理念にも同じ想定が必要である。正戦とは、勝利の道徳的緊急性があるような戦争のことであり、正戦で死ぬ兵士の死は無駄ではない。政治的独立、共同体の自由、人間の生命といった重大な価値が賭けられているのである。そのほかの手段が尽きている場合（これは重要な留保条件である）、こうした価値を守るための戦争は正当化される。その過程で双方に生じる死は道徳的に理解可能である——だからといって、それが軍事的愚行や官僚的失敗の産物であることを否定するわけではない。つまり、無意味ではない戦争にあってさえ、兵士が無意味に死ぬことはあるのだ。

ただし、勝利の緊急性がときにあるとしても、勝利するということが何を意味するのかはつねに明らかなわけではない。従来の軍事的見方では、戦争の唯一真の目的は「戦場において敵の主力を破砕すること」である。[2] クラウゼヴィッツは「敵軍の打倒」について語っている。[3] しかし多くの戦争はこうした劇的な結末に至らずとも終結するし、多くの戦争目的は敵軍の破砕や打倒に至らずとも上首尾に達せられる。戦争の正統な目的、それを目指すことが正しいといえるような目標を捜し求める必要がわれわれにはある。それはまた正戦の限定因子でもあるだろう。そうした目的がいったん得られるか、あるいは政治的に手の届く範囲に入ったならば、戦闘を止めるべきである。この時点を超えて死ぬ兵士は不必要に死ぬのであり、それゆえそうした兵士を戦闘に、そして死ぬかも知れないことに強要することは、侵略という犯罪それ自体と同類の犯罪行為である。にもかかわらず、正戦論については一般的に次のように言われている。いわく、実際には、破砕や打倒まで至らない時点でこの一線を引くことはできないであるとか、戦争がその究極的な終結点に到達するまで続くよう要求している点で、最も極端な軍事的議論と「道徳主義的」議論は見解を同じくしているであるとかの議論である。第二次世界大戦以後、正義の追求こそが二〇世紀型の戦争という惨禍に深く関わっていたのだと主張する一群の執筆家たちが現れた。[4] 彼らは自分たちのことを「リアリスト」と呼んでいたので、私もその名称を使うことにするが、彼らは実際にはトゥキュディデスやホッブズの追従者であったわけではない。彼らの議論はトゥキュディデスやホッブズの議論ほど一般的だったわけではないし、究極的には従来の道徳性に対してそれほど脅威だったわけでもない。その主張によると、正戦は十字軍と化してしまい、そのため正戦を行う政治家や兵士が求めるのは唯一、その大義にふさわしい勝利――すなわち完全勝利や無条件降伏――だけである。彼らが行う戦闘はあまりにも残虐で、そしてあまりにも長い。彼らは正義という種をまき、死という実を収穫しているというのだ。たしかにこれは強力な議論であるが、戦争行為と戦争目的のどちらに照らしてみても、道徳的議論として論じなければ意味をなさないと私は言いたい。リアリストが提案する改善策とは、正義をあきらめてより控え目な結果を目指そうというものであった。代わりに私が提案したい改善策とは、われわれはいずれにせよ正義を目指さないわけにはいかないのだから、正義についてより良く理解しようというものである。

無条件降伏

第二次世界大戦時の連合国の政策

リアリストの見解は次のように要約できるかもしれない。平和を規範的状態と捉えるのが民主主義・自由主義文化の特徴である。そこで、戦争を行うことが許されるのは、平和の維持、民主主義の存続といった何らかの「普遍的道徳原則」からの要求がある場合のみである。そしていったん戦争が始まれば、この道徳原則は絶対的に固守されねばならない。完全勝利だけが、軍事力という「悪の手段」に訴えることを正当化するだろう。平和や民主主義に対する脅威は完膚なきまでに破砕されなければならない。(5) ケチケメーティがその降伏に関する有名な著作で書いているように、「民主主義文化は根本的に非好戦的である。つまり、民主主義文化にとって、戦争が正当化されうるのは唯一、それが戦争撲滅のために行われる場合のみである。……この十字軍的イデオロギー……は、邪悪な敵国体制を根絶しないかぎり、戦闘を終わらせることはできないという信念のなかに反映されている」。(6) このイデオロギーに関する典型例（locus classicus）はウッドロー・ウィルソン☆の思想であり、それが具

☆「トマス・ウッドロー・ウィルソン」Thomas Woodrow Wilson（1856-1924）．第二八代アメリカ大統領。第一次世界大戦終結に向けて、一四ヶ条の平和原則を発表し、「勝利なき平和」の理想を示し、国際連盟を提唱した。

体化した最重要の事例として、第二次世界大戦時の連合国による無条件降伏の要求がある。

民主主義的理想主義に向けられる反論は、リアリストが描き出すように、兵士が無駄死にするほかないような、とても達成不可能な目標をそれが設定しているという点にある。これは道徳的反論であり、兵士が「悪の根絶」のような目標のために命を賭けるよう実際に要求されてきたとすれば、重要な反論である。結局、兵士がもっとも果敢に戦ったとしても、できることといえばせいぜい個別の戦争を終結させることだけであり、戦争そのものを廃絶することではない。できることといえば民主主義を個別の脅威から守ることであり、世界を民主主義にとって安全な場所にすることではない。ただ私としては、こうしたウィルソン的スローガンの意味は、リアリストの著作のなかでは過度に誇張されすぎていると考えたい。ウィルソンがアメリカ合衆国の第一次世界大戦参戦を決定した時点で、この戦闘は正義と理性の限界をすでに大幅に超えてしまっていた。「一世紀後もまだぬぐい去ることはないであろう人間社会の構造……が受けた損害」の最たるものはすでに生じてしまっており、この責任を帰すべきなのは無辜のアメリカ人ではなく、イギリス・フランス・ドイツの情け容赦ない政治家と兵士であった。ウィルソンの一四ヶ条は、ロイド・ジョージやクレマンソーが掲げた戦争目的よりははるかに控え目な条件で、ドイツ降伏を可能にするものだった。[7] 事実、こうした条件が実際の和平調停で重視されなかったというのがドイツ側の言い分であり（このことは真実である）、そこで二度目［の第二次世界大戦時］には連合国側が無条件降伏に固執するようになったのである。「第一次世界大戦後にドイツが使ったような議論をわれわれは許さない」とチャーチルは一九四四年二月に下院で語った。[8] ケチケメーティは次のように書いている。「無条件降伏政策は、一九一八年時の戦争についてウィルソン大統領がとった政治的行動とはわざとらしいまでに対照的である」。ただしこれが真実だとすると、ウィルソン的政策と反ウィルソン的政策、つまり条件付降伏と無条件降伏の双方がともに「戦争と平和の問題に対してアメリカが伝統的にとってきた、道徳主義的なオール・オア・ナッシングのアプローチ」に起因しているなどとどうして言えるのかは理解しがたい。(9)

　その理想主義にもかかわらず、ウィルソンが行ったのは限定戦だった。彼の理想がそれを限定的にしたのだ。（その限定が正しいものであったかどうかは別問題である。）また、たしかに連合国が条件提示を拒絶したのは事実だが、第二次世界大戦も無制限戦争ではなかった。チャーチルは下院で次のように断言した。無条件降伏の要求は、「〔われわれに〕野蛮なやり方で行動する権利が生じるとか、〔われわれが〕ドイツをヨーロッパ諸国のなかから抹殺したいと願うことを意味するのではない」。彼は次のように続けた。これが意味しているのは、「われわれを束縛するものがあるとすれば、それは文明に対するわれわれ自身の良心である。われわれは取り引きの結果として、ドイツ人に束縛されようとするのではない」(10)。連合国はドイツ政府に束縛されようとするのではないと言った方がもっと正確だっただろう。というのも、ドイツ国民、少なくともその大多数は、「文明」という標題に含められるはずだからである。彼らは文明的規範の保護を受ける資格があり、完全に征服者の思うがままにあしらわれることは決して許されない。ひとつの国民《ネーション》の無条件降伏などというようなものは（道徳的世界では）現実に存在しない。というのも、条件とは、人間関係という観念においてそうであるように、国際関係という観念そのものに内在するものであるからだ――そしてその条件とは、人間関係と国際関係のどちらの場合でもだいたい同じである。通常は当局が交渉相手としないような国内の犯罪者でさえ、無条件に投降することは決してない。犯罪者が法律に定められている以上の条件を要求することはできないにしても、その犯罪内容にかかわらず、人間そして市民として犯罪者が有する権利――たとえば拷問されない権利――を法律が承認していることは依然として真実である。諸国民《ネーションズ》は国際社会で同様の権利を有している。それはなかんずく、主権と自由を永久に剥奪され、

「抹殺」されない権利である。*

＊征服者は被征服国の市民を殺害し、奴隷化する権利を有していると法学者や哲学者はかつて論じていた。モンテスキューとルソーはこの見方に反対して、自然法あるいは人権の名において、征服者の特権は国家《ステート》にのみ及ぶものであり、国家を構成する個々人にまで及ぶものではないと主張した。「国家とは人間たちの結合であって、人間たち自身ではない。市民は滅びるかもしれないが、人間は生き残りうるのである」（*The Spirit of the Laws*, X. 3〔野田良之他訳『法の精神上』、岩波文庫、二六五頁〕）。「ときには、国家の構成員を一人も殺さずに国家を殺すことができる。戦争は、その目的を達するために必要でないいかなる権利をもあたえるものではないのだ」（*The Social Contract*, I. 4〔桑原武夫・前川貞次郎訳『社会契約論』、岩波文庫、二五頁〕）。ただこの見方もまだあまりに許容的である。というのも、個人の権利とは政治的結社の権利をも含むものであり、もしその市民が殺害され、あるいは国家が破砕されるなら、その人の一部分もまた死ぬことになるからである。特定の政治体制の破砕までもを弁護できるのは、後に論じるように、例外的状況においてのみのことである。

現実問題として、無条件降伏政策は二つの態度表明を含んでいた。第一に、「秩序だった降伏手順の詳細を彼らに伝える以外には」、連合国はナチス指導者と交渉せず、何についても一切取引を行わないということである。第二に、連合国が戦争に勝利し、ドイツを占領し、新体制を設立するまでは、いかなるドイツ政府も正統かつ権威ある政府とは認めないということである。当時のドイツ政府の性質を踏まえるなら、こうした態度表明が度を越した理想主義を示しているとは私には思われない。ただし、戦争で正当に追求しうることの臨界点を示してはいる。この臨界点とは、敵国を征服し政治的に再建することであり、この点まで達するのが多分正しいといえるのは、ナチズムのような敵に限ってのことである。アメリカ外交の講義のなかでジョージ・ケナン☆は、無条件降伏など口にすべきではなかったと述べているが、にもかかわらず「ヒトラーのような人間との妥協的平和など達成不可能なことであったし、また思いもつかぬことであったこと……」には同意している。[11]この言葉こそリアリスト的な道徳的判断だといえるかも知れない。明示的に断定してはいないものの、それはナチ政権が悪であると認定してはおり、正しくもナチズムを取引と妥協の〔道徳的〕世界の埒外に置いている。われわれはこのような事例についてだけ、征服や再建の権利を理解することができる。こうした権利はあらゆる戦争で生じるわけではない。思うにそれは対日戦争でも生じなかった。この権利が存在するのは、侵略国の犯罪性が、国際秩序上では政治的独立と領土保全という形で象徴されているにすぎない深遠な価値を脅かしている場合、しかもその脅威が、いかなる意味でも偶然的あるいは一過的でなく、その体制の本質そのものに内在している場合のみである。

ここで注意しなければならない。正戦が十字軍にもっとも近づくのはこの点である。十字軍とは宗教的・イデオロギー的目標のために行われる戦争である。その目的は防衛や法の執行ではなく、新たな政治秩序の創出と一斉改宗である。それは〔国内社会における〕宗教的迫害や政治的弾圧に国際社会上相当するものであり、正義を支持する議論が明白に否認するものである。しかしまさにナチズムの存在が、アイゼンハワー将軍と同じくわれわれを、第二次世界大戦に関してそれを「ヨーロッパでの十字軍」と想定するよう誘惑する。そこでわれわれは

☆　「ジョージ・フロスト・ケナン」 George Frost Kennan（1904-2005）．アメリカの外交官・国際政治学者。一九四〇年代から五〇年代にかけて、アメリカの外交政策を立案し、対ソ封じ込めを柱とする冷戦政策の基礎を築いた。主著に『アメリカ外交五〇年』（岩波書店）。

できるかぎり明確に、正戦と十字軍のあいだに一線を引かなければならない。一九世紀のイギリス人法学者による次の議論を考えてみよう。(12)

あらゆる国家に付帯する、思うがままの政府形態……を採用する一般的権利に対する第一の限定とは以下のものである。

他国政府への敵意を公言してはばからない原則に基づいた形態の政府を設立する権利は、いかなる国家も有していない。

この一線の引き方は非常に危険である。というのも、それが示唆しているのは、ある政府の「公言」を嫌うか恐れることに何らかの理由があるかぎり、われわれはその政府に対して戦争を仕掛けてよいということだからである。公言ということが問題なのではない。公言が実行に移されそうなのはいつか、そうでないのはいつかに関して明確な知見があるわけではないからである。特別に侵略の傾向に染まりやすい単一の政府形態があるとは思われない。一九世紀の多くの自由主義者が想定していたことだが、権威主義国家は民主主義国家に比べて戦争を行う傾向がより大きいとの想定はもちろん事実ではない。民主主義体制の歴史は、アテナイを始めとして、この想定のいかなる証拠も示していない。同様に、政府が国民の自決行為を体現しているのでないかぎり、他国政府への敵意もここで重要であるわけではない。ナチスは諸政府とだけでなく、諸国民とも戦争状態にあった。つまりナチスは、諸国民全体の存在そのものに対して敵意を公言していただけでなく、それを実行に移していたのである。そして征服と政治的再建の権利が生じるのは、この種の敵意に対する応答の場合のみである。

しかし、一九一八年に皇帝に反旗を翻したように、ドイツ国民がナチズムに反旗を翻し、自分たちで新体制を創出していたと想定してみよう。連合国はどうやら革命ドイツ政府とさえ交渉しないと決めていたようである。ケチケメーティは次のように書いている。「道徳を重視する連合国にとって、無条件という厳格なルールから少しでも譲歩するなら、それは悪しき過去の一部を敗者の降服後も残すことになり、みずからの勝利を無意味にしてしまうだろうと思われたのだった」[13]。実際には、この厳格さにはまた別の、もっとリアリスティックな動機があった。すなわち、ヒトラーに対峙する国々のあいだで相互不信があったことと、政治提携（coalition politics）が必要であったことである。西側諸国とソ連のあいだでは絶対的ルール以外に合意の道はなかった[14]。正義はそれとは別の方向を指している。その理由は、介入の実践を明確化し、大幅に限定しようとする際の理由と非常に近い。仮にドイツ人自身がナチズムの破砕に着手していれば、その手助けをすることに何の不思議もないが、ドイツ政体を外部から再建する必要はなくなっていただろう。ドイツ革命のようなものがあったとすれば、ドイツ征服は道徳的に不必要となっていただろう。ただ、実際には革命は生じなかったし、ナチ支配に対しても、抵抗は痛ましいほど少なかった。政治的に意味のある抵抗は政権それ自体の内部でしか現れなかったし、それも負け戦の末期になってからのことにすぎなかった。一九四四年七月のドイツ将校によるクーデターの試みのことである。平時であれば、こうした試みは自決行為とみなされたかもしれず、もしそれが成功していれば、他国はその新政府と交渉する以外に選択肢はなかっただろう。ナチスが行っていたような戦争を考えるなら、しかも叛乱将校もそれに深く関わっていたのだから、事情はさらに厳しくなる。私としては、一九四四年の時点で連合国には、ドイツの政治生活をさらに徹底的に刷新するよう求め、また強制する権利があったと考えたい。叛乱将校でさえ

（少なくとも一部にその用意があったように）、無条件降服に応じなければならなかっただろう。

無条件降伏を懲罰的政策とみなすのは正しい。重要なのは、それがどういう意味でそうなのかを正確に理解することである。懲罰的政策とは、ドイツ国民の政治的自由の一時的剥奪を宣言し、彼らを軍事的占領下に置くという限られた意味でのみ、彼らに懲罰を課すものであるはずだった。ポスト・ナチ体制そして反ナチ体制を樹立するまで、ドイツ人は政治的な保護下に置かれるということである。これはドイツ人が自分たちでヒトラーを打倒することができなかった結果であり、これこそ、ヒトラーとその追従者が他国民に与えた損害に対して、ドイツ国民が集合的に責任を負う際に第一にすべきことなのである。しかし独立の剥奪は、権利のさらなる喪失を意味してはいない。懲罰は限定的、一時的であり、チャーチルが言ったように、ドイツ国家が存在し続けることは前提とされていた。ところが、連合国は同時にさらに具体的かつ広範な懲罰も目指していた。連合国はナチの指導者層を生死を分かつ裁判に引き立てようと計画しており、それゆえナチ政権との妥協を拒絶したのである。ケチケメーティが論じるとおり、こうした目論見をもって戦争を行うことは、「教育の誤謬」（pedagogic fallacy）に屈すること、つまりは「正しい体罰という忘れがたい記憶のもと」[1]に平和な戦後世界を建設しようとすることである。しかしこれはうまくいくはずがない。なぜなら、抑止が国内社会で機能するようには国際社会では機能しないからである。国際社会では、アクターの数ははるかに少なく、その行いは型どおりでも反復的でもない。懲罰の教訓は執行者の側と受け手の側でまったく違った意味で取られる。そしてどのみち、状況の変化とともに、懲罰の意義はいずれ薄れてしまう。[15]ところで、「正しい体罰」とはまさに、法律家のパラダイムが要求するものであり、それゆえケチケメーティの批判はこのパラダイムのさらなる修正の必要性を指し示している。けれども、彼はただ抑止が効果的でないということだけを論じており、彼の議論は十分説得力があるにもかかわらず、決して確実に正しいというわけではない。私としては代わりに、国際社会の特殊な性質を考えれば、国内社会の法の執行を完全に再現することは道徳的に実行不可能であるが、しかし同時に、ナチズムの特別な性質を考えれば、ナチ党指導部の「体罰」は実際必要であったと主張したい。

国際社会の特殊な点は、その構成員が集合的性質をもつということである。個々の政策決定者は個々人からなる共同体の全体を代表しており、彼が行う侵略戦争や自衛戦争は地理的、政治的に広範囲の影響をもたらす。戦争は国内の犯罪や懲罰に比べていっそう多くの人々に影響を与えるのであり、そこでこうした人々の権利によって、われわれは戦争目標の限定を迫られる。われわれは個々人の行為というよりは集合的行為に焦点を当てた新版の国内類推を考案することになろう。その類推のもとでは、一国が他国に仕掛ける攻撃は、（たとえ文字通り犯罪的暴行であるとしても）暴行罪というよりも封建的収奪行為（feudal raid）に似ている。それは強盗というよりは血讐であり、その理由は、一般に受け容れられた警察がいないからというだけでなく、懲罰という儀式が暴力を断ち切るというよりは多分に増幅させてしまうからである。最も苛酷で度外れた方策――絶滅、追放、政治的な国土分断――をとらない限り、敵国から再興活動の能力を完全に奪うことはできない。これが貴族の氏族と似ており、逆に一般的な犯罪者とは異なる点である。しかしこうした方策は決して擁護できるものではない。だからこそ敵国は、道徳的にも戦略的にも、何らかの国際秩序のもとでの将来のパートナーとして処遇されねばならないのだ。

国家間の安定は、貴族の諸派閥と諸門閥の安定の場合と同様、あるパターンの協調と抑制にかかっており、政治家や兵士はそれを攪乱させなければうまくいく。ただしそのパターンは単なる外交上の産物ではなく、道徳的次元も有している。それは相互理解に立脚している。つまり、共通価値の世界のなかにおいてのみ、それは把握可能なのである。ナチズムとは、こうした世界の存在そのものに対する意識的かつ意図的な挑戦だった。つまり、絶滅、追放、政治的な国土分断という計画のことである。ある意味で、侵略とはヒトラーが犯した犯罪のなかで最も些細なものである。したがって、ドイツの征服、占領とナチ党指導者の裁判を、将来の侵略者を抑止しようとするための多大な（無益な）努力であったと描写するのはあまり正しくない。むしろそれを、集合的嫌悪の一表現、つまりわれわれ自身のもっとも深遠な価値を再確認するための一表現であったと理解するのがより適切だろう。(16) そこで、当時多くの人が言っていたように、対ナチ戦争は、仮にもそれが有意味に終結すべきであったとするなら、このような再確認をもって終結すべきであったというのが正しい。

調停の正義

無条件降伏政策は、ドイツ国民ではなくドイツ政府に向けられたものであって、ナチズムに対しては適切な応答であった。しかしつねに適切だというわけではない。法律家の言う意味での正義をなすことがつねに正しいとは限らない。（私はすでに、それが対抗干渉の目標ではありえないことを論じておいた。）リアリストの基本的な誤りとは、「普遍的道徳原則」を求めて行われるあらゆる戦いが、あたかも普遍的原則が具体的で多様な応用性をもたないかのように同一の仕方で行われなければならないと想定している点にある。そこでわれわれは、リアリスト的分析の要請によってではなく——なぜならリアリズムはいかなる道徳的要求も突きつけないし、その意味では侵略者もリアリストでありうるから——正義を支持する議論によって戦争目的に限定が付される事例を見てみる必要がある。

朝鮮戦争

朝鮮でアメリカが行った戦争は公式には「警察活動」と説明されている。いわく、われわれは全面的侵攻に抗して自衛する一国を助けるためにはせ参じ、国際社会で法を執行するという困難な作業にコミットしたわけである。それは国連の承認によりいっそう強化されたが、実際にはその条件は一方的に作られていた。ここでもまた、われわれは個別の敵とだけでなく侵略それ自体と戦っていたのだ。ところで、合衆国政府の戦争目的とは何だったのか。怒りには我慢強いが義憤に火がつくと怖いアメリカの民主主義が、北朝鮮体制の完全な根絶を目指すことになったに違いないと思う人がいるかもしれない。しかし現実には、われわれの当初の目的は限定された性格のものだった。戦地にアメリカ軍部隊を急派するというトルーマン大統領の決断をめぐって繰り広げられた上院での論争では、われわれの唯一の目標は北朝鮮軍を分断線まで追い返し、戦前の原状（status quo ante bellum）を回復することであるとの主張が繰り返された。フランダース上院議員は[☆1]、「三八度線より北に朝鮮軍を追撃……することは大統領の権限内にない」と主張した。政府広報担当官であったルーカス上院議員も[☆2]「その点はまったく同感」であった[17]。この論争では憲法上の案件に焦点が当てられていた。つまり、宣戦布告がなかった以上、大統領の「権限」は限定されたものだったからである。上院は同時に、宣戦布告して大統領の権限を拡大することを望んでいなかった。上院議員は保守主義的戦争とでも呼ばれるもので満足していたのである。リデル＝ハート[☆3]

☆1　「ラルフ・フランダース」Ralph Flanders（1880-1970）.

☆2　「スコット・ルーカス」Scott W. Lucas（1892-1968）.

☆3　「バジル・ヘンリー・リデル＝ハート」Sir Basil Henry Liddell Hart（1895-1970）．イギリスの軍事評論家、戦略思想家。近代戦争理論の発展に貢献したが、彼の理論はむしろドイツ陸軍に受け容れられた。

は次のように書いている。「本来的に欲求不満に陥っている膨張主義的国家はその目的を達成するために戦勝を得る必要がある……。保守主義的国家は……対戦相手の勝利を防ぐことによって自国の目的を……得ることができるのだ」(18)。

仁川でのマッカーサーの勝利の直後にわれわれ自身が三八度線を越境してしまうまで、以上がアメリカの目標だった。越境の決断はまったくもって理解しがたいが、それは民主主義的理想主義というよりは軍事的な傲慢《ヒュブリス》の一例であったように思われる。その決断に含まれていたより広範な政治的・道徳的意味が、当時はそれほど考慮されていなかったようである。越境という一手はもっぱら戦術的用語で弁護されていたからである。そこで言われていたのは、旧国境線で立ち止まってしまうなら、軍事的イニシアチブを敵に引き渡してしまうことになり、敵が新たな攻撃に向けて軍隊を再建するだけの余裕を与えてしまうというものであった。「侵略軍が仮想国境の後方に逃避することを許すべきではない」。オースティン大使は国連でこう述べた。「なぜなら、それは……平和に対する脅威を再生させてしまうからである」(19)。三八度線を仮想国境だとするこの奇妙な見解は差し置いておくとしよう（しかしそうだとすると、そもそもの〔北朝鮮からの〕侵略をいったいどうやって認識したのだろうか）。北朝鮮は軍事的聖域を持つ権利など有していないし、その再編成を防ぐという限定的目標のためなら、三八度線を越えて攻撃を仕掛けることも正当化されるとの主張はあながち説得力がないわけでもない。軍事侵攻への応答として、抵抗の完遂を目指すのみならず、将来の攻撃に備えて何らかの理にかなった安全保障を目指すのは正当である。けれども、旧国境線を越えたとき、われわれはより過激な目標も抱いていた。いまやアメリカの目標とは、またもや国連のお墨付きを得て、軍事力で朝鮮を統一し、新たな〔民主主義的〕政府を創出することだったのである。この目標のためには、北朝鮮国境内での限定的攻撃ではなく、国土全体の征服が必要だった。問題は、反侵略戦争が必然的にこのような遠大かつ高邁な目標を生み出すかということである。これが正義の要求することなのだろうか。

もしそうだとすると、それ以下のもので我慢した方がよかったのかもしれない。ただ、アメリカ人がその問いに肯定的に答えることは奇妙なことであろう。なぜなら、われわれは以前には、武力で国土を統一しようという北朝鮮の試みに対して、犯罪的侵略と公式に烙印を押していたからである。アチソン国務長官[☆2]が、朝鮮統一は決してわれわれの軍事的目的ではないと上院で（マッカーサー聴聞会の最中に）言ったとき、彼はその困難に感づいていたように思われる。われわれの目標はあくまで「侵略を行っている人民を検挙すること」である。彼は次のように続けた。こうすることで北側には政治的真空状態が生じ、そこで朝鮮は、武力によってではなく「選挙やそういった類のもの……によって」統一されることになるだろう。[20] たしかにこれは不誠実な物言いであるが、正義を支持する議論において何が必要なのかを示唆してはいる。アメリカの政策の道徳性を弁護しようとして、アチソンはわれわれの軍事活動が限定的な性質のものであると力説し、しかもそれが共産主義に対する十字軍であることを否定せざるをえなかった。しかし彼が実際に考えていたのは、われわれの警察活動が成功するためには北朝鮮の征服にきわめて近いものが必要になるということであった。

明らかにアチソンは、国内社会での法の執行との類推を念頭においていた。というのも、そこではただ単に犯

☆1　「仁川上陸作戦」　一九五〇年九月一五日、ソウルを奪還した戦闘のこと。

☆2　「ディーン・グッダーハム・アチソン」　Dean Gooderham Acheson（1893-1971）．トルーマン大統領下で国務長官を務める。朝鮮戦争においてマッカーサーの中国本土攻撃論に反対した。

罪行為を阻止し以前の原状を回復することだけでなく、犯罪者を「検挙」し裁判と懲罰のため拘束することでもあるからだ。しかし、こうした国内モデルの（それゆえに法律家のパラダイムの）特徴はそう簡単には国際的舞台《アリーナ》に引き継がれない。なぜなら、侵略者の検挙のためにはほとんどの場合軍事的征服が必要になり、しかもその征服は、実際に検挙される人々をはるかに超えて広範な影響を及ぼすことになるからである。それは戦争を長期化させ、そのなかでほぼ確実に多数の無辜の人々が死ぬことになる。しかも、それは先に見たように、一国全体を政治的な保護下に置くことになる。たとえその手法が民主主義的（「自由選挙やそういった類のもの」）であるとしても、やっていることは変わらない。なぜなら、それは被征服国の国民自身が取り替えたいと思っていなかった体制――事実、そのために彼らは直前まで死を賭して戦っていたのである――を取り替えることになるからである。その体制の活動が人類の良心に公然と背くものでないかぎり、その破砕は正当な軍事目標ではない。そして、いかに陰惨に描き出したとしても、北朝鮮の体制は当時そうではなかった。その政策は、ヒトラー時代のドイツよりはビスマルク時代のドイツの政策に近いものだったのである。その指導者は犯罪的侵略については有罪だったかもしれないが、彼らの身柄を確保し懲罰を加えることは、せいぜいのところある種の軍事的勝利から生じる周辺的利得にすぎず、そのような勝利を求める理由になるとは思われない。

ここでの議論は、戦争の期間と調停の形態に確固たる限界を設けるとしばしば言われている比例性の観点から展開できるかもしれない。朝鮮戦争の場合、戦闘の継続にかかるコストを侵略者を罰することの価値と天秤にかけることになるだろう。中国の侵攻とその帰結についての現在の知識を踏まえるなら、前者のコストは後者の価値と比例的でなかった（ので侵略者は決して罰せられなかった）と言うことができる。しかし、たとえこうした知識がなかったとしても、アチソンの「検挙」はそのありうる対価に値していなかったことを、説得力をもって示すことができたかもしれない。けれども他方で、この種の〔比例性の〕議論に特徴的なことは、戦争目標という概念を単純に拡張することによって、逆方面からも同じくらい強い論拠を示すことも可能だったということである。比例性とは手段を目的に合わせるという問題であるが、イスラエルの哲学者イェフダ・メルツァー☆が指摘しているとおり、戦時においては逆に目的を手段に合わせる、すなわち、当初の狭い目標を使用可能な軍事力・軍事技術に適合させるよう再定義するという圧倒的傾向が存在する。[21] おそらく北朝鮮征服を、侵略者を罰するための手段として弁護するのは不可能だった。しかしなお、侵略者を罰するための手段であると同時に、将来にわたる緊張関係の震源地となりかねない（実際にそうなった）国境を廃止するための——それゆえ戦争の勃発を防ぐための——手段として弁護するのは可能だったかもしれない。こうした議論では、目的を一定に保つことが必要なのだが、そのためにいったいどうすればよいのだろうか。実際には、正義それ自体への配慮によって制約が課されないかぎり、目的の肥大化はおそらく避けられない。

ところで、調停の正義とは複雑な概念であるが、その一定最小限の内容については、アメリカ指導者層は戦闘当初から十分承知していたように思われる。いったんこの最小限の内容が達せられたなら、戦闘の継続によって

☆「イェフダ・メルツァー」 Yehuda Melzer. ウォルツァーの下で学んだイスラエルの哲学者。ウォルツァー自身がかつてメルツァーの正戦論に関する著書に次のような書評を書いている。「彼は間違いなく軍事的戦闘について書き記している大部分の法学者や哲学者よりもそれについて深い理解を有している。しかしそうした個人的な理解は行間に滲み出ているにすぎない。というのも、これは——冷静で、禁欲的で同時に本質的問題を取り扱うという——言葉の最良の意味において道徳哲学だからである」（"Review of Concepts of Just War by Yehuda Melzer," *Political Theory*, Vol. 5, No. 2 (May, 1977), pp. 268-71）。

いかなる価値が付加されようとも、継続を拒否するのは敵国民の権利である。[*] 北朝鮮体制はこの権利を疑いなく間違ったかたちで体現していたが、これまで見てきたように、そのこと自体は征服と再建の戦争を行うための十分な理由にはならない。侵略者側の罪とは個人または共同体の権利に挑戦したことであり、それゆえ侵略に応答しようとする国家は、いったん基本的価値が守られたならこの挑戦を繰り返してはならない。

*あるいはこれは自国民の権利である。シェークスピアの『トロイラスとクレシダ』(第二章第二節)にある戦時の比例性についての古典的議論を考えてみたい。ヘクターとトロイラスがヘレンの引き渡しについて言い争っている。

ヘクター　だがあの女は犠牲を払ってまで引きとめる
　値うちがないのだ。
トロイラス　なんだって値うちはこっちがつけるんです。
ヘクター　いや、ものの値うちは個人の欲望だけで
決まるのではない、それ自身尊ぶべきものがあるから
尊い価値を有するのであって、値うちをつけるものの
勝手にはならない。たとえば神を祭る儀式を
神以上に値うちありとするのは偶像崇拝というもの。
〔小田島雄志訳、白水社、七三―七四頁〕

トロイラスは議論をヘレン自身からトロイの戦士の名誉へとすばやくすり替えることで、言い争いには勝利している。なぜなら、名誉の値うちであれば、事実、個人の欲望だけで決まると思われるからだ。この論点のすり替えは典型的な

ものであり、これに対抗しようとするなら、自分自身の名誉のために一都市全体をリスクにさらす権利はトロイの戦士にはないという道徳的主張に訴えるしかない。問題は、犠牲に神以上の値うちを見出すことではなく、犠牲になりそうな人々がかならずしもその神を信じておらず、その崇拝を共有していないということである。

いまや〔先制行動、分離、対抗干渉、人道的介入に続く〕法律家のパラダイムの第五の修正を示すことができる。国家は集合的性質をもつため、拘束や懲罰という国内社会の慣習は国際社会の要請にそうたやすくは適合しない。拘束と懲罰が重大な抑止効果をもつ可能性は低く、強制とリスクにさらされる人民の数を縮小させるというよりも増大させてしまう可能性が非常に高い。しかもそれらを実施するためには、政治共同体全体を標的にする以外にないような征服行為が必要になる。ナチのような国家に向けられた場合を除けば、正しい戦争には保守的性質がある。つまり、国内社会の警察業務の目標とは対照的に、正しい戦争の目標は、不法な暴力を根絶やしにすることではなく、ただ個別の暴力行為に対処することだけである。それゆえその権利や限界も、正義を支持する議論によって、抵抗や回復、理にかなった予防に限定されるのである。このような限定さえ、見かけほど制約的ではないのではないかと私は思っている。侵略国に対して、その征服は決して成功するはずがないと思い知らせるためには、相当に決定的な軍事的敗北がしばしば必要となるだろう。そもそもその指導者が高望みでもしないかぎり、侵略国が戦闘を開始することなどないのは明白である。そして被害国にたとえ最低限の安全保障でも提供するような和平調停が成立するまでには、さらなる軍事行動が必要となるかもしれない。たとえば撤退、非武装化、軍縮、外部者による調停などがそれである。* 以上を個別事例の状況に合わせて何らか組み合わせたものが、正当な戦争目的となるのだ。たとえ「侵略の懲罰」には至らずとも、軍事的敗北はつねに処罰的であり、以上列挙した予防的措置もまた処罰には変わりなく、それが国家主権の一定の格下げを含むものである以上、事実それは集合的処罰なのである。

＊このリストをさらに広げて、和平調停がなされるまであるいは調停が定める一定期間のあいだ、敵国領土を一時的に占領することも含めることができる。しかし、将来の攻撃に備えた安全保障の一施策としてでさえ、併合は含まれない。それは部分的には、マルクスが（アルザス＝ロレーヌを引き合いに出して）「第二の呼びかけ」で示唆した理由による。「もし境界を軍事上の利害によって決めるべきだとしたら、要求にははてしがないであろう。なぜなら、どういう軍事線にもかならず欠陥があって、その外側の地域をいくらか併合すれば、その軍事線を改善できるからである。そのうえ、境界を終局的に、また公正に決めるなどということは、決してできるものではない。なぜなら、それは、いつでも征服者が被征服者におしつける境界にちがいなく、したがって新しい戦争の種子をはらんでいるからである」〔「フランス＝プロイセン戦争についての第二の呼びかけ」大内兵衛・細川嘉六監訳『マルクス＝エンゲルス全集　第十七巻』、大月書店、二五五―五六頁〕。ただし、軍事線のなかにも「欠陥」の大小があるということ、それゆえマルクスが反対している議論は説得的にも非説得的にもなりうるということも真実である。併合に対するより強力な異論とは、併合される土地の住民の権利に依拠するものであると私は考えている。

「戦争の目的はより良き平和状態をもたらすことにある」[22]。そして正義を支持する議論の枠内でより良きという言葉が意味しているのは、戦前の原状と比べてより危険が少ないということ、領土的拡張に対して脆弱性を減少させるということ、一般の人々にとって、そして彼らの内政上の自決にとってより安全であるということだ。以上のキーワードはすべて相対的な性格を有する。すなわち、脆弱性がない（invulnerable）のではなく、脆弱性を減少させる（less vulnerable）ということであり、安全である（safe）ということではなく、より安全である

（safer）ということだ。正しい戦争とは限定戦である。正しい戦争を行う政治家や兵士には、堅実かつリアリスティックであるべき道徳的理由があるからだ。しかしながら、度を越してしまうことも戦争にはつきものであり、それにも多くの理由がある。正義を支持する議論のある種典型的な歪曲がそのひとつであることを否定したいとは思わない。独善や熱情というかたちで堕落した民主主義的理想主義はときに戦争を長期化させるが、それは貴族的プライドや軍事的傲慢《ヒュブリス》、宗教的、政治的不寛容の場合も同様である。デイヴィッド・ヒュームの論文「勢力均衡について」からの次の数行は、このリストに「頑迷と激情」も付け加えるべきことを示唆している――このゆえに一八世紀イギリスの政治家たちのような洗練された者たちでさえ勢力均衡を弁護しているのだ。(23)

おくれおくれて一六九七年にライスワイクで結ばれた和議☆1は、実に、とっくの昔の九二年に提議されたものであった。一七一二年にユトレヒトで締結された講和☆2は、一七〇八年に……一二年の場合と同様の好条件のもとに、結末をつけることができたと思われるものである。また、四八年に、エクス・ラ・シャペル〔アーヘン〕☆3で、われわれが喜んで受け容れたと同じ条件を、一七四三年にフランクフルトで相手側に与えることができただろう。……たびたび行われた対仏戦争の半数以上……の原因は、隣国民たちの野望よりも、それ以上に、われわれの政治的思慮を欠いた激怒である。

☆1　「ライスワイク条約」　一六九七年九月二〇日、大同盟戦争（一六八八―九七年）を終わらせた条約。
☆2　「ユトレヒト条約」　一七一二年に結ばれたスペイン継承戦争を終わらせる平和条約。
☆3　「エクス・ラ・シャペル」　一七四八年に結ばれたオーストリア継承戦争の講和条約（別名、アーヘンの和約）。

リアリストは（非現実的にも）単一の敵を求めてきた。現実には、十分に展開された道徳的教義の助けがないかぎり、扱いきれないほど多くの敵を招くのみである。

アメリカの朝鮮戦争をめぐる白熱した論争のなかで、紛争の拡大を望む政治的・軍事的人物はしばしば次の格言を引用した。戦争では勝利に代わるものはない。言っておくべきだが、この考えはウッドロー・ウィルソンよりもクラウゼヴィッツの方に直接的に由来する。どちらにしても、そこで勝利の定義が示されていない以上、それは取るに足らない考えである。朝鮮戦争の事例では、この勝利という言葉は、おそらく敵が完膚なきまでに叩きのめされ、一縷の望みも絶たれたような状態を意味していただろう。この意味だとすると、この格言は道徳的のみならず歴史的にも誤りであると言って差し支えない。しかもそれが誤りであることは限られた人々にしか分からないわけではない。それでもそのことは一九五〇年代前半のアメリカ指導者層のあいだで広く受け容れられており、アメリカ政府も難局のただ中にあって勝利に代わるものを追求し続けることができたのである。ただし別の意味ではこの格言は正しい。つまり、正しい戦争においては、その目標が適切に限定されたうえではあるが、勝利に代わるものは事実存在しないということである。もちろん別の結果も存在はする。しかしそれを受け容れるなら、かならずや基本的な人間的価値の代償をいくらか払うことになろう。そしてこれが意味するのは、ときに戦争を長期化させる道徳的理由があるということだ。捕虜の強制送還の問題をめぐって朝鮮との交渉が手詰りに陥っていた長い年月のことを考えてみてほしい。☆ 和平が戦争それ自体と同じくらい強制的にならないよう、アメリカ側の交渉官は送還に関して自由選択の原則を譲らなかったし、この点について譲歩するくらいなら戦闘の継続も厭わなかった。彼らはおそらく正しかったが、今となってここで問題となっている価値を測るのは容易でない――ここで比例性の原理を適用するのが正しいだろう。いずれにせよ、正義を支持する議論から言えることは、戦争の終結が早すぎる可能性もあるということだ。戦闘を止めたいという人道的衝動はつねにあるし、停戦を要求する大国（あるいは国連）の働きかけもしばしばある。しかし、こうした停戦が人道性という目標に寄与するかというと、かならずしもそうとは言えない。「より良き平和状態」を創出しないかぎり、停戦は、戦闘が後にいっそう激しさを増して再開されるであろう状況を単に設定していることにもなりかねない。あるいは、戦争を行ってでも避けるべきであった価値の損失を認めてしまうことにもなりかねない。

戦争目的の理論を形作っている権利は、そもそもその戦闘を正当化した権利と同一である――その権利とは何よりもまず、敵国家さえが持つ、国家として存続する権利と、例外状況を除けば国家であることに伴う政治的大権（political prerogatives of nationality）のことである。この理論は堅実さとリアリズムを支持する議論も含んでいる。つまり、総力戦を実質的に禁止するものであり、思うにユス・アド・ベルムのその他の条項ともかみ合っている。しかし、戦争手段の理論〔ユス・イン・ベロ〕については事情は異なっているため、ここで話を転じなければならない。そこでは正義を支持する議論の内部で、緊張関係または矛盾さえ生じているように思われる。正義をなすという緊急の必要にせまられて、政治家や兵士がときに不正に行為するようになる、つまり制約なしに十字軍的熱情をもって戦うようになるのは、戦争目的に関連することではなく、戦争行為に関連することである。

侵略、侵略とみなしうる戦争の脅威、さらには干渉と対抗干渉を正当化する植民地主義的抑圧や外国の介入、それらの特徴について合意が達せられた以上、この世界の敵を特定することもできたことになる。それはつまり、

☆　停戦なしに、一九五一年七月―一九五三年七月のあいだに行われた交渉のこと。

正しく抵抗しうる（あるいはおそらく抵抗すべき）政府や軍隊である。こうした抵抗の結果生じる戦争はこれらの政府や軍隊の責任であり、戦争という地獄は彼らの犯罪である。そして、こうした政府や軍隊の指導者がその犯罪のゆえに処罰されなければならないかというと、かならずしもそうとは言えないが、きわめて重要なことは、彼らがその犯罪から便益を得ることを許すべきでないという点である。もし彼らに正しく抵抗しうるとするなら、その抵抗は同時に完遂されねばならない。こうして、いかなる手段をもってしても戦うという誘惑が生じる――そこでわれわれは戦争概念における根本的な二元論として本書第一部で描き出したもの〔ユス・アド・ベルムとユス・イン・ベロ〕に直面する。というのも、政府や軍隊が相対的にどれほど有罪であったとしても、それは交戦法規の関知するところではないからである。ユス・イン・ベロの理論は、たしかにそれもまた生命と自由の権利に基づいてはいるが、侵略の理論とは独立して存在し、それとは別のものである。ユス・イン・ベロの理論によって課せられる限定は、侵略者とその対抗者に等しく区別なく課せられる。しかも、こうした限定――戦闘中の節度――を受け容れるなら、たとえ節度ある目的であったとしても、戦争目的の実現は困難になってしまうかもしれない。すると、このルールは正当理由のために無視することができるのか。私はこの問いに答え、あるいは答えを導きうるいくつかの方法を提案してみようと思うが、しかしそれもこのルールそれ自体の本質と実際上の働きを精査してみてからのことである。

【原注】

（1）"The Range in the Desert," *The Complete Poems*, p. 176.

（2）B. H. Liddell Hart, *Strategy*（2nd rev. ed., New York, 1974）, p. 339〔森沢亀鶴訳『戦略論――間接的アプローチ』、原

書房、三七一頁〕．リデル＝ハート自身はこれとは異なった、はるかに複雑な立場を取っている。

（3）*War, Politics and Power*, p. 233; cf. the new translation of Howard and Paret, p. 595.

（4）ラインホルト・ニーバーの仕事はこの集団の主要な触発源であり、ハンス・モーゲンソーはそのもっとも体系的な理論家だった。本章の私の目標にとってより直接的に重要な著作としては、George Kennan, *American Diplomacy: 1900-1950*（Chicago, 1951）〔近藤晋一・飯田藤次訳『アメリカ外交五〇年』、岩波書店〕; John W. Spanier, *The Truman-MacArthur Controversy and the Korean War*（Cambridge, Mass., 1959）〔中村好寿訳『朝鮮戦争と戦略論争』、原書房〕; Paul Kecskemeti, *Strategic Surrender: the Politics of Victory and Defeat*（New York, 1964）を参照のこと。「リアリスト」への有益な批判としては、Charles Frankel, *Morality and U.S. Foreign Policy*, Foreign Policy Association Headline Series, no. 224（1975）を参照のこと。

（5）Spanier, p. 5〔前掲書三頁〕.

（6）Kecskemeti, pp. 25-26.

（7）ウィルソンの「世界観」と妥協的平和への希求との関連については、N. Gordon Levin, Jr., *Woodrow Wilson and World Politics: America's Response to War and Revolution*（New York, 1970）, pp. 43, 52ff. を参照のこと。

（8）*The Hinge of Fate*（New York, 1962）, p. 600〔毎日新聞翻訳委員会訳『第二次大戦回顧録　第十六巻』、毎日新聞社、九五頁〕.

（9）Kecskemeti, pp. 217, 241.

（10）*Hinge of Fate*, p. 600〔前掲書九五頁〕. 一九四四年一月一四日のチャーチルの内閣覚書（p. 599）も参照のこと。

（11）*American Diplomacy*, pp. 87-88〔前掲書一〇四頁〕.

（12）Robert Phillimore, *Commentaries Upon International Law*（Philadelphia, 1854）, I, 315.

（13）Kecskemeti, p. 219.

（14）Raymond G. O'Conner, *Diplomacy for Victory: FDR and Unconditional Surrender*（New York, 1971）を参照のこと。

（15）Kecskemeti, p. 240.

（16）懲罰を公的非難と捉える一般的見方としては、"The Expressive Function of Punishment," in Joel Feinberg, *Doing and Deserveing*（Princeton, 1970）, ch. 5を参照のこと。

（17）Glen D. Paige, *The Korean Decision*（New York, 1968）, pp. 218-19〔関寛治監訳『アメリカと朝鮮戦争――介入決定過程の実証的研究』、サイマル出版会、二二五頁〕.

（18）*Strategy*, p. 355〔三八八頁〕.

（19）Spanier, p. 88〔七三頁〕における引用。

（20）David Rees, *Korea: The Limited War*（Baltimore, 1970）, p. 101における引用。

（21）*Concepts of Just War*, pp. 170-71.

（22）Liddel Hart, *Strategy*, p. 338〔三七〇頁〕.

（23）Hume, *Theory of Politics*, ed. Frederick Watkins,（Edinburgh, 1951）, pp. 190-91〔小松茂夫訳『市民の国について　上』、岩波文庫、二九頁〕.

【訳注】

〔1〕Kecskemeti, pp. 239-40.

第三部　戦争慣例

第八章　戦争の手段、そして正しく戦うことの重要性

戦争慣例の目的は、交戦国、軍の指揮官、そして個々の兵士の、敵対行為に関する義務を確立することである。これらの義務が、侵略戦争を行う国家と兵士にとっても、自衛のための戦争を行う国家と兵士にとってもまったく同じであるということは、すでに述べてきた通りである。戦闘行為に関して価値判断をくだす際に、われわれは、戦争の正当理由をまったく考慮しない。それは、個々の兵士の道徳的地位は、どちらの側でもまったく等しいからである。彼らは、自国への忠誠心と法への服従によって戦争へと導かれているのである。彼らは、自分たちの戦争が正しいと信じやすく、その信念の根拠は必ずしも理性的な検討の結果ではなく、それどころか往々にして政府のプロパガンダを鵜呑みにしたようなものであるが、それでも、彼らは犯罪者ではない。彼らは一人ひとり、道徳的には対等な存在として対峙しているのである。

国内類推はここではほとんど役に立たない。安定した市民社会においては、活動としての戦争（戦争の開始ではなくて戦争行為そのもの）に相当するようなものはない。たとえば、その目的が似たような種類のものであるとしても、武装強盗とは異なる。実際、戦争慣例を特徴付けているのは、類似性ではなく相違である。どのように

違うかの説明は簡単である。以下のような事例を考えてみればよい。（一）銀行強盗の過程で、強盗のひとりが、拳銃を手に取ろうとした警備員を撃ったとしよう。強盗は、たとえ正当防衛を主張しても、殺人罪となる。彼には銀行強盗をする権利はないので、銀行の警備員から身を守る権利もないのである。武器を持たない、たまたま居合わせた人、たとえば、預金しようとしていた客を殺害するのにまさるとも劣らず、警備員を殺害することも有罪である。強盗仲間は、彼らからすると必要な、警備員の殺害については彼を称え、一般人の殺害については理不尽で危険なことであるとして彼を責めるかもしれない。しかしわれわれは、彼に対してそのような判断を下しはしない。なぜなら、必要性《ネセシティ》という概念は、犯罪行為には適用されないからである。そもそも、銀行強盗をする必要性《ネセシティ》などなかったのであるから。

さて、侵略もまた犯罪行為であるが、それに関与する人々についてのわれわれの見解は大きく異なる。（二）侵略戦争の過程において、兵士が、自国の守りについている敵軍の兵士を撃ったとしよう。通常の銃撃戦だとすれば、これは殺人とは呼ばれない。兵士は戦後、かつての敵からさえも、殺人者とはいわれることはない。逆に敵軍の兵士がこちらの兵士を撃った場合も同様である。どちらも犯罪者ではなく、したがって双方とも自衛のための行動をとったと言えるのである。われわれが彼らを犯罪者と呼ぶのは、彼らが非戦闘員や無辜の部外者（民間人）や、負傷したり武装解除された兵士を標的にしたときだけである。もし、投降しようとする者を撃ったり、制圧した町の住民の大量虐殺に加担するなら、われわれは躊躇なく彼らを非難する（または、すべきである）。しかし、彼らが戦争のルールに従って戦う限り、非難することはできない。

決定的な点は、戦争のルールは存在するが、強盗（もしくはレイプや殺人）についてのルールは存在しない、ということである。戦場における道徳的平等性が、戦闘を国内の犯罪と区別する。戦闘の過程で行われることを判定する際には、ヘンリー・シジウィック☆が述べているように、「われわれは、双方の戦闘員を、それぞれ自分自身は正しい側にいると信じているものとして扱わなければならない」。その上で「正義の名の下で、そして道徳的制限の下で戦う交戦者の義務は、どのようにして決定されるべきか」(1)をわれわれは問わねばならない。あるいはより直截に、彼らが行う戦争の正当理由を不問に付しつつも、兵士はいかに正しく戦うことができるのかを問わねばならない。

功利性と比例性

ヘンリー・シジウィックの議論

シジウィックはこの問題に、戦争慣例についての最も一般的な功利主義的見解をまとめたような、二重のルールをもって答える。敵対行為において、「実質的に目的（勝利）へと向かわない危害、もしくは危害の大きさに比べて目的への貢献度がわずかな危害」は許されない(2)。ここで禁止されているのは、過度の危害である。二つの基準は、過剰の度合いを決定するために提供されている。ひとつめは勝利それ自体、すなわち軍事的必要性《ネセシティ》と呼ばれるものである。二つめは、ある種の比例性の概念に依拠している。われわれは、個人に対する直接的害悪だけでなく人類の永続的利益への危害も含む「為された危害」と、その危害が勝利という目的達成に果たす貢献とを比較衡量しなければならない。

☆「シジウィック」Henry Sidgwick（1838-1900）．本書一四三頁訳注を参照のこと。

しかしながら、上述のような議論は、個人や人類全体の利益の価値を、求められている勝利よりも低く位置づけるものである。いかなる武力の行使も、戦争の勝利に相当な程度貢献するものは、許容されがちである。いかなる将校も、彼の立てた攻撃作戦の「貢献度」を主張すれば、その意志を通すことができよう。ここでもまた、比例性は適用するのが困難な基準であることが分かる。戦争のもたらす破壊と比較衡量されるべき価値について、独立した確固たる見解を築くための出来合いの方法が存在しないからである。われわれの道徳的価値判断は（もしシジウィックが正しければ）、純粋に軍事的考慮に左右され、資格を持った専門家による、戦闘の状況や軍事戦略についての分析の前ではほとんど力を持たないだろう。その行為が、帰趨を決する上で必要か重要である、または非常に有用であると心から信じており、そして信じるに足る十分な理由がある兵士たちを、彼らが戦闘中ないし戦時中に行ったまさにその行為について非難するのは難しいだろう。異なる結果の相対的功利性については判断しないとわれわれが合意している以上、この結論は避けえないと、シジウィックは明らかに考えていた。そうだとすれば、われわれは、兵士は彼らが戦う権利を持っている戦争において、勝つために力を尽くす権利があると考えなければならない。これは、彼らは勝つためにしなければならないことは何でもすることができる、ということを意味する。彼らは、それが勝つことに本当につながっているならば、可能な限りの力を尽くすことができる。実際、彼らは可能な限り早く戦いを終わらせるために、できる限りの力を尽くすべきである。戦争のルールは、目的のない、もしくは理不尽な暴力だけを排除するのである。

しかしながらこの一歩は、決して小さなものではない。戦争のルールが実際に実効的なら、戦争の残虐さのかなり多くの部分をなくすことができるだろう。というのも、戦争の過程で命を落とす人々の多くは、兵士であれ民間人であれ、その死が「実質的に目的［勝利］へ向けたもの」ではないか、あるいはその目的への貢献度が実に「わずか」であると言わねばならないからである。このような死は規律のない兵士の手に恐ろしい兵器を委ね、愚かで狂信的な指令官の下にこれら武装した兵士を委ねてしまったことによる、避けがたい結果にすぎない。あらゆる軍事史は、戦闘が要請するものからかけ離れた、暴力と破壊の物語である。一方で大量虐殺、他方で大量虐殺とほとんど変わらない、誤った計画に立脚した無駄な戦闘の物語である。

シジウィックの二つのルールは、軍事力の効率的な行使を課そうとするものである。そこでは規律と計算が求められる。もちろん、およそ堅実な軍事戦略というものには、これと同じことが求められる。シジウィックの見解では、良い指揮官とは道徳的人物である。部下の兵士が民間人に牙を向けないよう目を配り、戦いに集中させる。兵士を戦場に送り出すのは戦闘計画を十分に練ってからであり、それは最小限の時間とコストで勝つことを目指す計画である。それは、（ボーア戦争における）パーデベルクの戦い☆でのロバーツ将軍のような人物である。彼はボーア人の塹壕への正面攻撃という司令部副将軍のキッチナーの命令を、みすみす生命を失わせることは「事態の緊急性によって正当化されるとは思えない」と述べて中止した。(3) 単純な決断ではあるが、戦時には一般に思われるほどよくあることではない。この決断が人間の生命についての深い考察の末のものであったかどうかは私には分からない。ロバーツは、（自分の部下をただ殺戮されるために戦場に送りはしなかった将軍であるという）自身の将軍としての名誉だけを考えていたのかもしれないし、翌日の戦闘を再開する余力が残らないことを懸念

☆　「パーデベルクの戦い」（一九〇〇年二月一八日から二七日）　この戦闘で、ロバーツ卿はボーア軍を打ち破り、これによりボーア軍は弱体化し、イギリス軍はレディスミスを解放することができた。なおボーア戦争では司令官のホレイショ・キッチナーによって、悪名高い強制収容所（矯正キャンプ）戦略が展開された。これによって一二万人のボーア人が強制収容所に入れられ、二万人が死亡したとされる。

したのかもしれない。いずれにせよ、このような決断こそ、シジウィックが求めたものであった。

しかし功利性と比例性という制約は非常に重要ではあるが、それが戦争慣例のすべてではない。実際、それらはわれわれが兵士や将校たちについて下す価値判断の最も重要な部分を説明していない。もし戦争慣例がそれですべてなのであれば、戦時における道徳的生き方は、実際のそれよりずっと容易であっただろう。戦争慣例が兵士に損益計算を促すのはある一定の限度までであって、その先に、戦争慣例は、それを破るには多大な道徳的コストを払うことになる一連の明確なルールを打ち立てる。――それはいわば道徳の砦である。また、兵士は、彼が置かれた戦闘状況の必要性に言及することや、彼の行為こそが明らかに勝利に貢献する唯一の要素であったと論じることによって、ルール違反を正当化することはできない。そのような理由付けを行ったしても、兵士はシジウィックの制限を破ったことには決してならない。なぜなら、シジウィックが求めたのは、兵士が……まさにそのように理由付けすることだけだったからである。しかし、この種の正当化は、法的にも道徳的にも、受け容れられないか、あるいはつねに受け容れられるものではない。アメリカ陸軍の軍事法典によれば、「それらの行為は、軍事的必要性の概念を基礎に発展し規定されてきた限度において、慣習法によっても条約法によっても禁じられているので、……一般に承認されない」[4]。さて、シジウィックの基準が適用されないというのであれば、一体これらはどのような性質の行為であり、それを禁止する根拠はどこに求められるのか。「軍事的必要性」が禁止規範を形成するうえでどのように考慮されるのかについては私は後ほど述べる。当面はその一般的な性格に関心を向けよう。

交戦中の軍隊は、戦争で勝利をめざす権利は持っているが、勝つために必要である、あるいは必要だと思われることを何でも行う権利を持つわけではない。彼らは一連の制約に服する。これらの制約は、国家の合意に基づくものでもあるが、道徳的原理においてもそれと独立した基盤を持っている。このような制約が説明され、軍事的行為がその要求するところに従って行われるのが良いことであるのはもちろんだが、それらの制約が功利主義的な仕方で説明されてきたとは思われない。個別具体的な帰結の功利性から離れて抽象的に、ユス・イン・ベロにのみ焦点を合わせると、功利計算は極端に制限される。一連のものとして将来に向かって無限に続いていくあらゆる戦争が、シジウィックのルール以外の制約に服さないのであれば、それが人類にもたらす結果は、その同じ一連の戦争に対してさらなる禁止規範が課された場合よりもひどいものになるだろう。＊しかし、だからといって、どの禁止規範が正しいものであるかなどと言っているわけではない。正しい禁止がどれであるかを理解するために、戦争を一定のやり方で戦うことが、長期的にみてどのような効果を持ちうるかを計算してみても（それは途方もなく困難な仕事であるが）、それは必ず、無制約な功利主義的議論と衝突するだろう。その議論とは、いまここで勝利することは、一連の戦争を終わらせ、将来の戦いの可能性を減らし、あるいは直接的な恐ろしい結果を回避することであるとするような議論である。したがって、求められる勝利にとって有用で、それと比例しているものは何であれ許容されるべきであることになる。功利主義は明らかに、その帰結についてわれわれが（相対的に）明確な考え方を持っている場合に最も効果的である。こうした理由から、功利主義がわれわれに示すのは、個々のケースにおいて戦争のルールが乗り越えられるべきかどうかということなのであって、このルールがどのようなものなのかではない。――シジウィックの最小限禁止は戦争のルールの手前にあり、乗り越ええないし、決して乗り越えられてはならない。

＊もうひとつの功利主義的議論としては他に、モルトケ将軍のものがある。さらなる禁止規範は戦闘を単に長引かせるだ

けであり、「戦争における最大の思いやりは、戦争を早く終わらせることである」というのである。しかし連続する戦争を想定するなら、この議論はおそらく成り立たない。所与の一定の制約下では、戦争は何ヶ月もかかるものと仮定しよう。もし交戦者の一方がルールを破れば、戦争はより速やかに終わるかもしれないが、それは他方がそれに応酬しそこなうか、または応酬できなかった場合のみである。もし両者へ課せられた制約の度合いが低ければ、戦争はより短くなるかもしれないし長くなるかもしれない。そこに一般的法則はない。そしてもしある戦争によって制約が破られれば、それは次の戦争において守られはしないだろう。短期的な利益が得られても、それは長期的な均衡のなかでは意味を持たない。

制約がなくなり、勝利と敗北の実質的な効果がバランスをとって比較検討されうる時期に至るまで、功利主義は単に戦争慣例（シジウィックの二つのルールと、その他共通に受容されているもの）を一般的に承認するだけである。この承認を行った後は、功利主義は、およそ特定のルールは示そうとはせず、行動の一定の筋道を提示するだけである。制約をいつ外してよいかは、戦争の理論において最も難しい問題のひとつである。私は第四部においてこの問題に答えることにしたいが、そこでは功利主義的計算の積極的役割を描き出すつもりである。その役割とは、勝利が決定的に重要である、もしくは、敗北すればとてつもなく恐ろしい結果となるので、道徳的にも軍事的にも、戦争のルールを乗り越えることが必要な、特別な場合を明確に設定することである。しかしそのような議論は、われわれがシジウィックのものを超えるルールを認識し、その道徳的な力を理解してはじめて可能になるのである。

さしあたって目下のところは、戦争慣例の一般的承認の性質について厳密に考えておくことは意味のあることである。制限された形で戦争を行うことの功利性には二種類ある。それは、被害の全体量を減らすことと関わるだけでなく、平和を回復して、戦前の活動を再開する可能性を残しておくということと関わる。というのも、われわれが、どちらの側が勝利するかについて（少なくとも公式には）無関心であるとするなら、これらの活動が、戦前と同一ないし同種の担い手によって、実際に再開されるであろうことを認めなければならないからである。そして、勝利とはある意味で、一定期間は交戦者間の沈静状態でもあるということを理解することが重要である。そしてそれが可能となるためには、シジウィックが述べたように、戦争は「復仇を引きおこしたり、長く続く苦しみをもたらすような危険」を避けるように戦われなければならない。(5) シジウィックが念頭に置いていた長く続く苦しみとは、もちろん、（一八七一年のアルザス＝ロレーヌ地方の併合のように）不正であると考えられた帰結から生じるものであるが、不必要、残忍、不公正、また単に「ルールに反する」と考えられる軍事行為からも生じうるであろう。敗北が、正当な戦争行為として広く受け容れられている行為の帰結であるならば、少なくとも、尽きることなくつのり続けるルサンチマンを残したり、解消されないわだかまりを残したり、個人的ないし集団的な報復の必要性を強く感じたりするようなことはないはずである。（敗北した国家の政府や軍の上層部には、そのような感情を煽るべき理由があるかもしれないが、それはまた別の問題である。）ここでもその起源もとうに忘れられ、その正しさももはや問題とされないような一族間における血讐と類推することが可能であろう。この種の確執は長い年月にわたって続き、ときおり父や、成人した息子や、叔父や甥などの一族の一員が殺され、ついで他方の一族の一員が殺されるということが起きる。それ以上のことが起こらない限り、和解の可能性は残されている。しかしもし誰かが怒りや激情のままに、もしくは事故や間違いによるものであったとしても、女性や子どもを殺してしまった場合には、大量虐殺が大量虐殺を呼び、どちらかの一族が全滅させられるか、追放されるまで止まらないだろう。(6) この事例は少なくとも、国家間の断続的に繰り返される戦争に似ている。交戦国の一方の完全な降服にまで至らない平和をもたらすためには、一定の制約が共有されていなければならず、それが多少なりとも一貫して守られていなければならない。

どのような制限であろうと、それが実際に共有されている限りそれは有益である、というのはおそらく正しい。しかし、有益であるという理由だけで受け容れられるような制約など存在しない。戦争慣例はまず第一に、多くの人々にとって道徳的な説得力がなければならない。何が正しいかについてのわれわれの感覚に一致しなければならない。そうしてはじめて、その戦争慣例を、軍事的決定への深刻な障害として認識し、個々の具体的ケースにおけるその功利性について議論することができるのである。というのは、そうでなければ、考え得る無限の障害や、歴史的に記録された膨大な障害の中から、どれをわれわれの議論の主題とすべきかが分からないからである。戦争のルールに関しては、功利主義は新たに創り出す力を欠いている。〔勝利への〕「貢献度」や比例性という最低限の制限を超えたところでは、慣習法と条約をその中身が何であれそれを単に承認し、あるいはそれらが乗り超えられなければならないと示唆するだけである。しかし功利主義は、慣習法や条約自体を与えてくれるわけではない。それを得たいのであれば、われわれは、再び権利の理論に立ち戻らねばならない。

人権

イタリア人女性のレイプ

権利の重要性は、シジウィックが本論のついでに紹介している、ある歴史的な事例において最もよく表現されているように思われる。一九四三年にモロッコ兵が自由フランス軍と共にイタリアで戦った例を見てみよう。彼らは契約に基づく傭兵部隊で、その契約には敵国領域内におけるレイプや掠奪の許可も含まれていた。（イタリアは、一九四三年一〇月にそのバドリオ政権が対独戦争に参加するまでは敵国領域であった。その時点で、レイプや掠奪の許可が撤回されたのかどうかは私には定かではない。もし撤回されたとしても、それは機能していなかったようだ。）数多くの女性がレイプされた。戦後イタリア政府が彼女らにささやかな年金を支給したことから、そのおおよその数は知られている。(7)さて、このような特権を兵士に与えることを支持するのは功利主義的な議論である。それは、はるか昔にヴィットリアが行った、掠奪権についての議論の中で登場する。彼は、もしそれが「軍隊の士気を高める拍車として、戦争の遂行に必要」であれば、ある町を掠奪の対象とするのは違法とは言えない、と述べている。(8)この議論が今問題にしている例に適用されたとすると、シジウィックなら、おそらく「必要」というのはここでは使い方を間違っており、レイプや掠奪が軍事的勝利へ果たす貢献は、被害者の女性に加えられる危害と比較すれば「ほんの些細なもの」にすぎない、と答えるだろう。まったく説得力に欠ける回答というわけではないが、かといって完全に納得できるものでもなく、われわれがレイプを非難する理由の根源にも触れていない。

モロッコ兵に与えられた許可の何に対してわれわれは反対するのか。われわれの価値判断は、レイプが単に男性の士気高揚のための、些細で能率の悪い「拍車」であるなどという事実に固執するものではない（それがそもそも士気高揚の拍車であるとすればだが。勇敢な男性が最もレイプをしがちだなどとは私には思えない）。平時であれ戦時であれ、レイプは犯罪である。なぜなら、それは襲われた女性の権利を侵害するものだからである。傭兵に女性を餌として差し出すことは、彼女をまったく人間として扱っておらず、あたかも戦争の報償やトロフィーのように単に物として扱っていることになる。彼女を一個の人格として認めることこそ、われわれの価値判断を形作るものなのである。*「申命記」の——この書は女性の戦時における扱いを規制しようとした、私が知る限り最初の試みであると思われるが——以下の一節が明確に示しているように、人権についての哲学的概念がまだ存在しないときでさえ、このことは真実なのである。(9)

汝、汝の敵との戦いに出でし時、汝の神エホバがこれを汝の手に渡し、汝がこれを捕虜として捕らえたるとき、汝その捕虜の中に姿の貌美《かたちうるわ》しき女を見、その女を欲し妻に娶ろうとするなら、その女を汝の家に連れて行くべし。……女は、自分の父と母のため、一ヶ月のあいだ、嘆き悲しまなければならない。その後、汝は彼女のところに入り、これが夫となりこれを汝の妻とすべし。……もし汝が彼女をもはや好まなくなりし時は、女をその心のままに自由の身とすべし。決して金のために女を売ってはならない。汝は、彼女を奴隷として扱ってはならない。……

これは現代の考え方には遙か遠く及ばないが、ユダヤの王たちの時代にそうであったように、今日でもそれを遵守するのは困難だと思われる。このルールについてどのような神学的・社会学的見解が適切であろうとも、そこに息づいているのは、捕虜となった女性が、捕らわれたという事実にもかかわらず一人の人間として尊重されなければならないという観念である。だからこそ、彼女が性の対象とされる前に一ヶ月の服喪期間があり、求婚があり、また奴隷扱いの禁止があるのである。彼女はその権利の一部を失ったと言えるかもしれないが、全部ではない。われわれ自身の戦争慣例も同様の理解を要求する。シジウィックの二つのルールと、それを超えて存在する禁止のいずれもが、まさに権利という言葉でこそ適切に観念できる。「正しく戦うこと」というルールは結局の所、戦争の急迫性とは無縁であり、またそれに抗う道徳的立場を有する人々を認めるという一連の承認につきる。

＊『人間の人格』と題された力強いエッセイの中で、シモーヌ・ヴェイユは、われわれが他人に対して何をなしえて、何をなしえないかということについての、このような議論の仕方を批判している。権利について語ることは、彼女によれば「心の底からの抗議の叫びであるべきはずだったものを、執拗で激しい非難の応酬へ」変えてしまう。そして彼女は、自分の議論を、われわれのものとよく似た例に適用している。「もし若い少女が売春宿に放り込まれれば、彼女は自分の権利について語ることはないだろう。そのような状況においては、その言葉はひどくそぐわないものに聞こえるだろう」（*Selected Essays:1934-1943*, ed. Richard Rees, London, 1962, p. 21）。ヴェイユは、その代わりに、われわれに何か神聖なもの、人の中に宿る神のイメージへ目を向けさせようとしているのかもしれない。おそらくそのような絶対的なものへのまなざしは必要だろうが、私は、彼女が、権利について語ることは「場にそぐわない」と主張するのは間違っていると思う。実際、人権についての議論は、女性に対する性的虐待を含む、抑圧に対する闘いにおいて重要な役割を果たしてきているからである。

正当な戦争行為とは、その行為の対象とされる人々の権利を侵害しないものである。問題となるのは、繰り返すが生命であり自由である。もっともここではわれわれはそれらを集合的に所有されているものというより、個々人のレベルで考えている。その内容を、今までに用いた言葉を使うと以下のようにまとめることができる。自分自身の行為によって、権利を放棄したり失うようなことがない限り、何人も戦うことや生命をリスクにさらすことを強いられず、戦争を仕掛けるぞと脅されたり〔実際に〕戦争を仕かけられたりすることもない。この基本的な原理が、われわれの戦時の行為についての価値判断の根底にあり、その内容を形づくる。実定国際法には十分反映されていないが、そこで確立されている制限は、この原理を源としている。法律家たちは、この種の法的ルールは単に人道的性格のものであるとか、レイプや民間人の意図的殺害の禁止は一片の思いやり以上のものではないかのように語ることがある[10]。しかし、兵士がこれらの禁止を尊重したとしても、それは彼らが、優しさをもって、紳士的に、もしくは寛大に行動している、ということではない。彼らは正しく行動しているのである。彼らが人道的な兵士であるなら――単にレイプしたり殺したりしないだけでなく、たとえばみずからの食料を民間人に分け与えたりするというような――要請されている以上のことを行うだろう。しかし、レイプや殺人の禁止は、権利の問題である。法はこの権利を承認し、特定し、制限し、そしてときには歪曲さえするが、創設することはない。そしてわれわれは、仮に法的承認がない場合であっても、自分たち自身でこの権利を承認することもできるし、〔実際、〕ときには承認している。

国家はその構成員の権利を守るために存在しているが、権利を集団的に擁護することが、個々人にとっては問題を孕んだものになるのが戦争の理論の難しいところである。ただちに問題となるのは、戦っている兵士自身が、自発的に戦争を選んだと言える場合は稀であろうが、彼らがそれを守るために闘っていると思っている、まさにその権利自体を失うということである。兵士は、戦闘員として、そして潜在的な捕虜として、戦争上の権利を獲得するが、いまや敵の思うままに、攻撃され殺されうる存在となる。彼らの個人的な願いや思惑が何であれ、戦うことによって彼らは生命および自由への資格を失う。侵略国家と違って、彼ら自身が何の犯罪も犯していないときでさえ失うのである。ナポレオン*がかつて述べたように「兵士とは殺されるための存在」なのである。まさに戦争が地獄である所以である。しかし、もしわれわれが地獄にいるとしても、それでも兵士以外の誰も殺されるための存在ではない、と言うことは可能である。この区別こそ戦争のルールの基盤である。

*この言葉を引用するのは、それが表現している軍事的ニヒリズムを承認するためではない。ナポレオンは、とりわけ彼の晩年には、戦争に関する文献に頻出するこの種の見解と結びつけて評価されてきた。ある著者によれば、この種の見解は、彼が「たくましさ」と呼ぶところのリーダーの資質を表現しているという。ナポレオンの豪語する「余は一〇〇万の人命でも気にはしない」という言葉は、このたくましさの究極の例である、とこの著者は言う（Alfred H. Burne, *The Art of War on Land*, London, 1944, p. 8）。もっとましな呼称を思いつかなかったのだろうか。

兵士以外の者は誰でも自分自身の権利を保持している。そして国家には、自分たちのやっているのが侵略戦争であろうとなかろうと、こうした権利を守る義務と資格がある。しかしいまや国家はそれを戦うことによってではなく、（非戦闘員の保護についての詳細を規定する）協定に参加することによって、またそのような協定をみずから遵守し、相手に互恵主義的な遵守を期待し、この協定に違反した軍事指導者や個々の兵士を処罰するという脅しによって、達成しようとしている。この最後の点は、戦争慣例の理解にとって決定的に重要である。侵略国家であっても、戦争犯罪を犯した者——たとえば、民間人をレイプしたり殺したりした敵国の兵士——を罰することは、正当にできる。戦争のルールは、侵略国にもその相手国にも、等しく適用される。そしてわれわれは今や、相互に戦争のルールに服することが要請されているのは、兵士たちが道徳的に等しい立場にあることのみによるのではないことを理解する。それはまた民間人の権利でもあるからなのだ。侵略国のために戦う兵士は犯罪者ではない。したがって彼らの戦争上の権利はその敵対者のものと等しい。侵略国に対抗して戦っている兵士も、犯罪者になる許可が与えられているわけではない。したがって彼らもその敵と同様の制約に服するのである。これらの制約の強制《エンフォースメント》は、国際社会における法執行《エンフォースメント》の一形態であり、故意に無辜の局外者を殺害する「警察官」

と戦う犯罪国家によっても、この法は執行《エンフォース》されうる。なぜならこのような局外者は、彼らの国家が誤って戦争を始めたとしても、その権利を失うわけではないからである。侵略に抵抗して戦争をしている軍隊は、侵略国家の領土保全や政治的主権を侵害することはできるが、その兵士は敵の民間人の生命や自由を侵害することはできない。

戦争慣例は、まず、戦闘員は戦場においては平等であるという見解を基盤とする。しかし、より深いところでそれを支えているのは、非戦闘員は、権利を持った人々であり、たとえ正当なものであっても何らかの軍事的目的のために利用されることのない存在であるという考え方である。この点では、この議論は国内社会におけるものと大きく異なるものではない。たとえば、正当防衛で闘っている者が、無辜の局外者や第三者を攻撃したり傷つけたりすることを禁止されているのと同じである。彼が攻撃できるのは自分を攻撃してきた者だけである。しかしながら、国内社会では、国際社会におけるよりも局外者や第三者を区別することが相対的に容易である。国際社会では、国家や軍隊が集合的性格を持つため、区別がより難しくなる。実際、その区別はまったく不可能だとしばしば言われる。兵士は強制された民間人にすぎないのであり、民間人は自発的に戦場で軍隊に協力するからだというのである。その結果、戦時における行為についてのわれわれの価値判断は、被害者に当然払われるべき尊重にではなく、何がその戦闘に必要であったかだけに依拠することになってしまう。ここに、戦争のルールは権利の理論に基盤を有すると論ずる誰もが直面する決定的な試練がある。戦闘員と非戦闘員の区別を理論的に信頼できるものにすること、つまり戦時・戦闘時における個人の権利の歴史の詳細な報告を提供すること——個人の権利がどのように奪われ、失われ、(戦争の権利と)引き替えにされ、そして回復されてきたのか——がなされなければならない。これが以下の諸章での私の目標である。

【原注】

（1）*The Element of Politics*, pp. 253-54.

（2）*The Element of Politics*, p. 254; ほぼ同様の立場からの現代の著作として、R. B. Brandt, “Utilitarianism and the Rules of War,” 1 *Philosophy and Public Affairs* 145-65（1972）を参照のこと。

（3）Byron Farwell, *The Great Anglo-Boer War*（New York, 1976）, p. 209.

（4）*The Law of Land Warfare*, U. S. Department of the Army Field Manual FM 27-10（1956）, para. 3. この規定についての議論は、以下を参照のこと。Telford Taylor, *Nuremberg and Vietnam*（Chicago, 1970）, pp. 34-36, Marshall Cohen, “Morality and the Laws of War,” *Philosophy, Morality, and International Affairs*, pp. 72ff.

（5）*The Element of Politics*, p. 264.

（6）血讐の「道徳性」の一例については、Margaret Hasluck, “The Albanian Blood Feud,” in Paul Bohannan, *Law and Warfare: Studies in the Anthropology of Conflict*（New York, 1967）, pp. 381-408を参照のこと。

（7）この件については、Ignazio Silone, “Reflections on the Welfare State,” 8 *Dissent* 189（1961）で述べられている。デ・シーカ（De Sica）監督のTwo Womenという映画は、イタリアの歴史におけるこの時代の出来事を下敷きにしている。

（8）*On the Law of War*, pp. 184-85〔伊藤不二男訳「〈戦争の法について〉の特別講義」、伊藤不二男『ビトリアの国際法理論』、有斐閣、三三八頁〕。

（9）*Deuteronomy* 21: 10-14〔「申命記」二一章一〇―一四〕. このくだりは、スーザン・ブラウンミラー（Susan Brownmiller）による「レイプについての真のヘブライ的概念」についての分析においては無視されている。*Against Our Will: Men, Women, and Rape*（New York, 1975）, pp. 19-23.

（10）たとえば、McDougal and Feliciano, *Law and Minimum World Public Order*, p. 42 and *passim* を参照のこと。

第九章　非戦闘員の保護と軍事的必要性

個人の地位

戦争慣例の第一の原則は、ひとたび戦争が開始されるや、兵士は（彼等が負傷し、または捕虜とならない限り）いかなるときにも攻撃にさらされうるというものである。そして戦争慣例に対する第一の批判は、この原則が集団立法（class legislation）の一例であって、不公正であるというものである。この原則は、心から望んで戦闘という仕事に従事している兵士などほとんどいないということを考慮していない。ほとんどの兵士はみずからを戦士とみなしてはいない。少なくとも戦士であることが彼らの唯一の、または主要なアイデンティティではなく、また戦闘は彼らの選択された職業でもないのである。さらにまた、彼らの時間のほとんどを戦闘に費やすのではなく、彼らはそうできるときには何時でも戦争を無視するのである。ここで私が考察対象とするのは、兵士が単に戦わないことによってみずからの生存権を回復するように見えるという、軍事史において頻発する事象である。実際には彼らは生存権を回復するのではないが、そのように見えることは、生存権が保持される根拠をわれわれが理解することの助けとなるであろうし、当該事例に関する諸々の事実は生存権の喪失の意味を明らかにするであろう。

裸の兵士

同じような話が戦争回想録と前線からの手紙の中で繰り返し登場する。その話は次のような一般的形式を有している。偵察または狙撃の任務についている一人の兵士が、彼に気づいていない一人の敵兵を捕捉し、照準を定めて容易に殺害できる状態となり、射撃するかその機会を放棄するかの決定をしなければならない。そのような瞬間には、射撃することに対する大きな抵抗感がある――その理由は、必ずしもつねに道徳的なものではないが、それでも私が行おうとする道徳に関わる議論に関連している。疑いなく、これらの事例では、深層心理における殺人への不安感が一定の役割を演じている。実際に、この不安感は戦闘自体に対する兵士たちの抵抗感についての一般的説明として提示されてきた。第二次世界大戦における戦闘行動に関する研究の過程において、S・L・A・マーシャルは前線にいる大多数の者が一度として発砲しなかったことを見出した。(1)彼は、これを何よりも彼らの市民的な躾教育（civilian upbringing）、つまりその過程において獲得された、他の人間を意図的に傷つけることに対する強力な抑制の結果であると考えた。しかし、私が挙げる諸事例においては、この抑制は決定的な要素ではないように思われる。体験を記した五名の兵士たちの何れもが「非発砲者（non-firer）」ではなかったし、私が語りうる限りにおいて、彼らの物語の中で重要な役割を演じる他の人々もそうではなかった。さらに、殺害しなかったことや殺害を躊躇したことについての理由を彼らは挙げているのであるが、マーシャルが質問した兵士たちはほとんど理由を挙げることができなかったのである。

（1）第一の事例を詩人ウィルフレッド・オーウェン[☆1]が一九一七年五月一四日にイングランドの兄弟に宛てて書いた手紙から引こう。[(2)]

俺たちは切り通しの道に沿って行軍していたが、そのとき俺たちは怯えきっていた。自分たちの左後方の何処かにいるドイツ軍の前哨部隊を通り過ごしてしまったにちがいないことが分かっていたから。突然、叫び声が響いた。「土手に伏せろ。」大慌てで銃剣を装着し、銃床の覆いを取り去り、弾薬入れを開け、目を上げたとき、俺たちが見たものは、まるで地中へと飛び込もうとしている（それこそが奴がやりたかったことに違いないと俺は信じている）かのように、頭を下げ、腕を前に伸ばして、俺たちに向かって脱兎のごとく走りよる、たった一人のドイツ兵だった。誰も奴を撃とうとはしなかった。奴は余りに滑稽に見えた……

恐らくは誰もが発砲命令を待ち受けていたのだが、オーウェンが言いたかったのは、誰も発砲を望まなかったということである。滑稽に見える一人の兵士は、その時点では軍事的脅威ではない。彼は戦闘員ではなく、単なる人なのであって、人を殺す者はいない。この場合、確かに殺すことは余分なことであったろう。この滑稽なドイツ兵はただちに捕虜とされた。しかし、他の事例が示唆するように、そのようなことは必ずしもつねに可能ではなく、殺すことに抵抗感を覚えたり、それを拒絶することは軍事的選択肢の存在とは何の関係もない。存在するのはつねに非軍事的選択肢なのである。

（2）ロバート・グレイヴス[☆2]は彼の自叙伝『さらば古きものよ』の中で、彼が負傷者でも捕虜でもない「ドイ

ツ兵を撃つことを止めた」唯一の瞬間を回想している。(3)

支援線の塚の掩蔽銃眼から狙撃していたとき、望遠照準ごしに敵兵を見た。距離はおそらく七〇〇ヤードあったが、そいつはドイツ軍の第三線で風呂を浴びていた。裸の男を撃つには忍びなかった。そこで小銃をかたわらの軍曹にわたし、「射撃は君のほうがうまいからやってくれ」と言った。銃弾は命中したが、やったとき私はその場にいなかった。

ここに含まれているものが道徳的感情であるとすることには私は躊躇する。確かにそれは階級の垣根を超えるものと考えられる道徳的感情ではない。それでも、仮にわれわれがそれを男らしくない、または英雄的でないと思える行動について、将校や紳士が抱きがちな軽蔑として描くとしても、依然としてグレイヴスの「嫌気」は道徳的に重要な認識に依存している。滑稽な人間と同様に、裸の人間は兵士ではない。そして、従順で、かつおそらくは無感情な軍曹が彼と共にいなかったならば、どうであったろうか。

（3）スペイン内戦中にジョージ・オーウェル☆3は、類似した経験を共和国軍前線の前方の位置からの狙撃兵と

☆1　「ウィルフレッド・オーウェン」Wilfred Owen（1893-1918）．本書八九頁の訳注を参照のこと。

☆2　「ロバート・グレイヴス」Robert Graves（1895-1985）．イギリスの詩人・小説家・評論家。第一次世界大戦に志願従軍するが砲弾の破片で重傷を負う。妻との離婚後イギリスを捨てマヨルカ島に移住するが第二次世界大戦が勃発するとイギリスに帰国して歩兵部隊に志願する。六〇年代にはオックスフォード大学詩学教授を務める。

して有した。階級が下の者に銃を手渡すということは、オーウェルにはおそらく決してありえなかったであろう。いずれにせよ、彼は無政府主義者部隊に属し、そこには階級は存在しなかったのである。(4)

ちょうどその時、ひとりの兵隊が、たぶん上官に何か報告にいくのであろう、塹壕から飛び出して、胸墻の上に全身を丸見えにして走り出した。彼は服も着け終わっていなかったらしく、走りながら両手でズボンがずり落ちないようにしていた。私はその男を撃つのをひかえた。たしかに私は射撃はあまりじょうずな方ではなく、一〇〇ヤードの距離で走っている人間に命中させるだけの自信はなかった。……それにしても、私が撃たなかった理由のひとつには、そのズボンのことがあった。私は「ファシスト」を撃ちにきたのだった。しかしズボンがずり落ちないようにしている人間は「ファシスト」ではない。それは明らかに、私と同じような一個の人間であって、どうしても撃つ気にはなれないのである。

オーウェルは、「撃つべきではない」というよりも「撃つ気にはなれない」と述べているが、この二つのあいだの相異は重要である。しかし、基本的認識は他の事例におけるのと同一であり、より十全に明確化されている。さらに、オーウェルはわれわれに、これは「戦争においてつねに生起する類の事柄である」と語っている。もっとも、彼がいかなる証拠をもってそれを述べ、また彼の意味するところが、撃つ気にはならないという点にあるのか、それとも「つねに」撃たないという点にあるのかは、私には分からないのであるが。

(4) 第二次世界大戦に従軍したイギリス兵であったラーレー・トレヴェリアン☆4は「アンツィオの日記」を出

版したが、その中で次の挿話を物語っている。(5)

素晴らしく派手な日の出だった。すべてのものがピンクのゼラニウムの色となり、鳥たちはさえずっていた。ノアが彼の虹を見たときに、感じたに相違ないような感覚にわれわれは襲われた。突然、ヴァイナーがところどころ禿げあがっているヒース原野の向こうを指差した。ドイツ軍の軍服を着た一人の人間が、夢遊病者のようにわれわれの攻撃最前線を超えてさ迷っていた。そのとき彼が戦争を忘れ去っていたこと、そして——われわれがそうしていたように——暖かさと春の徴候に夢中になっていたことは明らかだった。「奴を片付けますか」とヴァイナーは抑揚のない声で訊いた。私は即座に決心しなければならなかった。「いや、脅かして追い払うだけにしておきたまえ」と、私は答えた。

ここでは、オーウェルの一節におけると同様、決定的な特色は「われわれがそうしていたように」している「私と同じような」男の発見である。もちろん、お互いを撃ち合う二人の兵士は瓜二つである。つまり、一方は他方

☆3 「ジョージ・オーウェル」George Orwell（1903-50）．イギリスの作家。スターリニズムを風刺した『動物農場』や全体主義社会の逆ユートピアを描いた『一九八四年』の他に、みずから参加したスペイン内戦における国際義勇軍の内情を描いた『カタロニア賛歌』がある。

☆4 「ラーレー・トレヴェリアン」Raleigh Trevelyan（1923- ）．イギリスの著述家・編集者。アンツィオの戦いとイタリアにおける第二次世界大戦の最終局面を描き出した代表作『要塞（*The Fortress*）』（「アンツィオの日記」はその副題）は四〇年代における最良の戦記物と言われている。

がしていることをしているのであり、両者が独特に人間的な活動とでも呼ばれうる事柄に従事しているのである。しかし、「一個の人間」であるとの感覚は、明白な理由によって、異なる種類のアイデンティティに依存するのであり、それはいかなる脅威からも完全に無関係なものなのである。それが「軍事的必要性」の圧力に影響を受けないことはないとしても、（陽光に夢中となっている）春の共通体験は好例である。

チェスタロン軍曹だけが笑わなかった。今頃あのドイツ兵の同僚たちは正確にわれわれの塹壕の位置を告げられているであろうから、われわれはあの男を殺すべきだった、と彼は言った。

軍曹たちは戦争の重荷の大半を荷っているようである。

（5）私が見出した中で最も思慮深い記述は、第一次世界大戦でオーストリア軍と戦ったイタリア軍兵士、エミリオ・ルッス☆によるものである。彼は後に社会主義の指導者となり反ファシストとして亡命した。当時中尉であったルッスは、夜間に伍長一名と共にオーストリア軍の塹壕を見渡せる位置へと移動した。彼はオーストリア人たちが朝のコーヒーを飲んでいるのを見て、ある種の当惑を覚えた。それは敵側の戦線に、何か人間的なものを見出すことなどありえないと彼が思いこんでいたかのようである。(6)

われわれが何度も攻略に失敗したその強固に防御された塹壕は、最後には生者の住んでいない、われわれのまったく知らぬ謎に包まれた恐ろしい幽霊たちの隠れ家と思えるようになっていた。ところが今われわれの目の前に彼らの真の生活が姿を現したのだ。われわれと同じように制服を着た兵士たちが動いたり、話したり、コーヒーを飲んだりしていたが、それはちょうど同じ時間にわたしたちの後方で友軍の兵士たちがしているのと同じ事だった。

一人の若い将校が現れ、ルッスは彼に狙いを定める。そのときそのオーストリア人はタバコに火をつけ、ルッスは躊躇う。「そのタバコが彼と私のあいだに唐突な関係を作り出した。煙を見たとたん、私もタバコを吸いたくなった……」。完全に狙いを定めながら、彼は自分の決定について思いをめぐらす時間を有する。彼は戦争が正当化された、「非情なる必要性」だと感じた。彼は彼の指揮下にある者たちに対して彼が負う義務を認識した。「自分には撃つべき義務があることを私は知っていた」。そして、それでも彼は発砲しなかった。彼は躊躇した。何故ならば、そのオーストリア人将校はみずからを脅かしていた危険について余りにも完全に気付いていなかったからだ、と彼は記している。

私は次のように理由付けた。一〇〇人、あるいは一〇〇〇人の兵を指揮して、一〇〇人もしくは一〇〇〇人の敵に対して攻撃をかけることと、ただひとりだけを他の兵士たちから切り離して「動くな、おまえを撃ち

☆「エミリオ・ルッス」Emilio Lussu（1890-1975）．サルデーニャ島自治運動の闘士。一九三八年に発表した『戦場の一年』において、第一次世界大戦時の従軍体験を描き、死と隣り合わせの戦争の馬鹿馬鹿しさをリアルに告発、反ファシズムを訴えた。

殺す」と告げることは違うことだ……戦うということと、ひとりの男を殺すことは別のことなのだ。こんな風にひとりの人間を殺すのは殺人なのだ。

グレイヴスと同様、ルッスは伍長を振り返ったが、（おそらく、彼が社会主義者であったからであろう）それは質問のためであって、命令のためではなかった。「なあ――こんなひとりだけを俺は撃てない。おまえは撃ちたいか」。……「私だって嫌です」。ここでは、彼の仲間と共に戦っている軍隊の構成員と、一人でいる個人とのあいだの線が明確に引かれたのだ。ルッスは人間の獲物を追い回すことに抵抗した。しかしながら、狙撃兵がそれ以外に何をするのであろうか。

滑稽に見える兵士、入浴中の、ズボンがずり落ちないようにしている、陽光に夢中になっている、喫煙中の兵士たちを殺すことは、現在われわれが理解している戦争のルールに反するものではない。それでも、これら五名による拒絶は、戦争慣例の核心に迫るもののように思われる。誰かが生存権を有すると述べることは何を意味するのであろうか。それを述べることは、私にとって脅威とならず、その行動には平和と友愛の香りが漂い、その人格は私自身の人格と同様に価値あるものである、同類の被造物を承認することである。敵とは、それとは異なったものとして描かれるべきであり、敵を見る諸々のステレオタイプはしばしばグロテスクではあるものの、それらのステレオタイプは一定の真実を含んでいる。敵が私を殺そうとするとき、彼は彼自身を私から、そしてわれわれが共有する人間性から疎外する。しかし、その疎外は一時的なものであり、人間性はすぐに戻る。これら五つの話の各々においてステレオタイプを打破する平凡な行為によって人間性は回復されるようである。彼が滑稽であること、裸であること等々によって、ルッスが述べているように、私の敵は変化し、一人の人間へと変えられる。「人間へと！」

もしも、われわれがこの人間を一意専心の兵士であると仮定するならば、事例は異なったものとなるであろう。入浴や朝の喫煙において、彼は来るべき戦闘についてのみ、そしてどれだけ多くの敵を彼が殺すかについてのみ考えている。まさに私がこの本を書くことに従事しているのと同様に、彼は戦争の遂行に従事している。彼はそのことをつねに、またふさわしくないことこの上ない瞬間にも、考えるのである。しかし、このことは通常の兵士にはありえないような光景である。実際には、彼の企ては戦争ではなく、むしろこの戦闘で生き残ること、そして次の戦闘を回避することである。ほとんどの場合、彼は隠れ、恐れ、発砲せず、傷の軽さ、故郷への帰還、長期休暇を祈る。そして、われわれが休憩中の彼を見るとき、自分たちもそうするであろうように、彼が故郷と平和について考えていると想定する。そうであるとするならば、どうして彼を殺すことが正当化されうるだろう。それでも、五つの話の中でほとんどの兵士たちが理解しているように、それは正当化される。彼らの拒絶は、彼らにとってさえも、軍務に直面して雲散してしまうように思われる。それでも、道徳的認識に根差しているそれらの拒絶は規律正しい決定よりも胸に迫るものである。それらは思いやりの行為であり、それらが何らの危険をもたらさないか、その後にごくわずかに勝利の公算を低める程度であるならば、それらは職務超過行為[1]になぞらえられよう。それらの行為は道徳的に要求される以上の事柄を行うことを含意するのではない。それらは、許容されていること以下の事柄を行うことを含意しているのである。

許容性の基準は個人の諸権利に依拠しているが、それらの権利によって正確に決定されるのではない。というのも、その定義はその歴史的性格からも理論的性格からも、複雑な過程であり、軍事的必要性の重圧により相当程度に条件付けられるからである。今こそ、その重圧によって何がもたらされえて、何がもたらされてはならないかを見極めるべきときであり、「裸の兵士」などの事例が有益な示唆となる。一九世紀には「裸の兵士」の一形態、すなわち、担当区域外またはその境界で歩哨に立っている者を保護するための努力がなされた。この一人でいる人物を区別するために与えられた理由は、五つの話の中で示されたものと類似している。あるイギリスの戦争研究者は次のように書いている。「遠距離からの発砲によって一人でいる歩哨を殺すことを表現するのに殺人以外の名称は存在しない。それは佇んでいるヤマウズラを撃つようなもので［ある］」[7]。同一の思考は、アメリカ南北戦争中に北軍のためにフランシス・リーバー☆が起草した軍事行動規則の中で明らかに作用している。「前哨、歩哨、小哨は、彼らを追い払うための場合を除いて発砲されえない……」[8]。さて、戦争においてこの思考が、ルッスが述べているように、一〇〇人対一〇〇人、一〇〇〇人対一〇〇〇人で実際に戦っている兵士のみが攻撃されうるのだというように拡張されたことは容易に想像できる。そのような戦争は、公式にまたは非公式に事前に宣言され、何らかの明確な方式で終了する一連の戦闘からなるであろう。敗残兵の追跡は許容されえたし、その結果、どちらの側も決定的な勝利の可能性を否定される必要はないのである。しかし、永続的な妨害、狙撃、待ち伏せ、奇襲――これらすべては除外されるであろう。実際に戦争はこのようにして戦われたのだが、この取り決めは決して安定したものではなかった。なぜならば、そのような取り決めでは、より大規模でよりよい装備を有した軍隊が組織的に有利となるからである。軍事的必要性に訴えながら、敵側の兵士たちの脆弱性についての何らかの制限を固定することを一貫して拒絶（この拒絶の極端な形態がゲリラ戦である）するのは弱い側である。これは何を意味するのであろうか。

必要性《ネセシティ》の性質（一）

その訴えはひとつの標準的形式をとる。それは次のように言われる。あれこれの活動の過程は「可能な限り最少の時間、生命および金銭をもって敵を屈服させるために必要である」(9)。それこそがドイツ人が言うところの戦数[2]（*Kriegsraison*）、すなわち戦争理由の中核なのである。このドクトリンは、戦争に勝利するために必要とされるいかなることをも正当化するだけでなく、戦争の過程での損害のリスクを減らすため、または単に損害もしくは損害の可能性を減少させるために必要ないかなることをも正当化する。実際に、それは必要性に関するものではまったくない。それは蓋然性とリスクについての符丁による話し方、あるいは誇張法による話し方なのである。仮に、国家、軍隊、および個々の兵士にリスクを減らす権利が認められるとしても、特定の行動がその目的のために必要とされるのは、他の行動が戦闘の見込みを改善することがまったくない場合にのみである。しかし、戦争の見込みを改善しうると思われる戦術的選択肢や戦略的選択肢は、つねに幅広く存在しているであろう。なしうる複数の選択肢があり、それらは道徳的でもあり、軍事的でもある。そのなかには許容される選択肢も、戦争慣例によって除外される選択肢もある。もしも慣例がこのようにして区別をしないのであれば、それは戦争や戦闘の現実の戦われ方に対してほとんど影響を与えないであろう。それは便宜的な準則でしかない――それは現実の交戦状態の圧力の下でシジウィックの二つのルールから帰着するであろう事柄なのである。

☆「フランシス・リーバー」 Francis Lieber（1800-72）. プロイセンから米国に移民し、リンカーン大統領のもとで捕虜の取扱いを含む戦争に関する成文化された法規を世界で初めて作った人物。彼が起草した、通称「リーバー・コード」の正式名称は「陸戦の法規・慣例に基づく軍隊の守るべき規則」だが、一八六三年に米国陸軍省によって公布された。彼はドイツ哲学を輸入することで、アメリカにおける体系的政治研究の創始者ともなった。

「戦数（reason of war）」とは、殺害を免れないだろうとわれわれが前もって考える理由がある人々を殺すことのみを正当化する。ここに含まれていることは、蓋然性とリスクの計算というよりも、その生命が問題となっている人々の地位をどう考えるかである。「裸の兵士」の事例は次のように解決される。集団としての兵士は平和的活動の世界から区別される。彼らは戦うために訓練され、武器を供給され、命令によって戦うことを要求される。疑いなく、彼らは必ずしもつねに戦うのではないし、戦争は彼らの個人的企てでもない。むしろ、それは彼らの集団の企てなのであり、この事実が決定的に個々の兵士を彼らが後に残した民間人から区別するのである。*もしも、つねに危険に曝されていると個々の兵士が警告されるならば、民間人の生活と兵士の生活はさほど大きな断絶とはならない。実際に、民間人に警告するということは、事実上その者に戦いを強制することであるが、兵士はすでに戦うよう強制されたのである。つまり、彼がみずからの祖国は防衛されなければならないと考えているか、徴兵されたかして、彼は軍隊に参加したのである。しかしながら、彼個人に対する直接的攻撃によって彼が戦うよう強いられたのではないことを強調することは重要である。それ〔個人への直接的攻撃〕は侵略という犯罪を個人レベルで繰り返したにすぎないからである。彼がすでに戦士であることのみを理由として彼個人が攻撃されうるのだ。彼は危険人物へと変えられたのであり、彼には選択肢はほとんどなかったであろうが、それでも、彼を危険人物へと変えられることを彼自身が許容したと述べることは正確なのである。このことを理由として、彼は危険に晒されている自己を発見する。彼の身に迫る現実のリスクは減少されもしようし、増大もしよう。そして、ここで軍事的必要性、さらには思いやりや寛大の観念が自由に活動する。しかし、リスクは、彼の権利を侵害することのないままに、頂点にまで高められうるのである。

＊マルク・ブロックは、一九四〇年のフランスの敗北に関するその感動的な報告においてこの区分に関して次のように批判した。「国民の危機に直面し、すべての市民に課される義務に直面して、すべての成人は平等なのであって、奇妙に歪んだ心の持ち主のみが彼らのうちのいずれかの者のために保護の特権を主張しうるのだ。結局、戦時において何が「民間人」なのであろうか。彼は、その年月の重み、その健康、その職業がゆえに実効的に武器を執ることが妨げられている以上の何者でもない……何故に［これらの要素が］彼に共通の危険から免れるという権利を付与するのであろうか」（*Strange Defeat*, trans. Gerard Hopkins, New York, 1968, p. 130）。しかし、理論的問題は、保護がどのようにして獲得されるかを記述することではなく、どのようにしてそれが喪失されるかを記述することである。本来、われわれはすべて保護されている。攻撃されないというわれわれの権利は通常の人間的関係の特徴である。その権利は、「実質的に」武器を執る者の場合は失われる。なぜならば、彼らは他の人々に対して危険を課するからである。この権利は武器をまったく執らない者には保持されるのである。

戦闘員の地位を兵士という集合《クラス》を越えて拡張することは、近代戦においてありふれたことではあるが、それを理解することはよりいっそう難しい。軍事技術の進歩がこのことに影響したと言えよう。なぜならば、今日の戦争は軍事的活動であると同時に、また経済的活動でもあるためである。軍隊が戦場にうって出られるようになる以前に、おびただしい数の労働者が動員されなければならない。そして、軍隊がいったん戦闘に従事するならば、兵士たちは装備、燃料、弾薬、食糧等々の絶え間ない流れに根本的に依存する。そうなれば、戦線の後ろ側の敵軍を攻撃することが、特に、戦闘自体が順調に推移していない場合には、大きな誘惑となる。しかし、戦線後方を攻撃することは、少なくとも名目的には民間人である人々に対する戦争を遂行することである。これはどのようにして正当化されうるのであろう。ここでもまた、われわれが下す価値判断は、関係者となる人々についてのわれわれの理解に依存する。われわれは、戦争のための活動（warlike activities）を理由として権利を喪失した者とそうではない者のあいだに線を引こうとする。一方の側には、漠然と「軍需労働者（munitions workers）」と呼ばれる人々の集合《クラス》があり、彼らは軍隊のための武器を製造するか、彼らの労働が戦争遂行に直接的に役立っている。他方の側には、英国の哲学者G・E・M・アンスコムの言葉によれば、「戦いもせず、戦いの手段を有する者たちへの供給に従事していない」[10]すべての人々がいるのである。

妥当性を有する区分は、戦争遂行のために働く人々とそうではない人々のあいだではなく、兵士たちが戦うために必要とするものを作る人々と、それ以外のわれわれすべてと同様に、兵士たちが生きるために必要とするものを作る人々のあいだにある。軍事上必要な場合には、戦車工場では労働者が攻撃、殺害されうるが、食品加工工場ではそうではない。前者は、兵士の集合《クラス》と同一視される――私はこれを部分的に同一視されると述べるべきであろう。なぜならば、これらの者は武装し、戦う用意ができているのではなく、したがって（彼らの家庭ではなく）彼らの工場において、つまりは彼らの敵にとって脅威となり、害悪となる活動に従事している場合にのみ攻撃されうるからである。後者は、仮に軍隊用の糧食のみを加工している場合であっても、〔戦車工場の労働者と〕同様の活動に従事しているのではない。彼らは、医療用品、衣料品、その他平時においても戦時においても何らかのかたちで必要とされるものを製造している労働者と同様なのである。確かに軍隊は巨大な胃袋を持っており、戦おうとするならばその胃袋は満たされなければならない。しかし、軍隊を軍隊たらしめているのはその胃袋ではなく、その武器なのである。その胃袋に食料を供給している人々は、とりたてて戦争のための事柄を行っているのではまったくない。だからこそ、彼らは他の民間人と同一のものとされ、彼らは攻撃から保護されるのである。われわれは彼らを無辜の民と呼ぶ。これは彼らがみずからの権利の喪失を結果するようなことを行わなかったし、行っていないことを意味する専門用語である。

以上の境界線は、私が思うに、洗練され過ぎてはいるだろうが、説得力がある。より重要な事柄は、その線が圧力の下で引かれるということである。〔以下で〕われわれは、戦闘に従事する兵士と休息中の兵士の区別から始め、次に集団としての兵士と民間人の区別に話題を移し、さらに経済動員の過程の中で、あれこれの民間人の集団が戦闘行為への直接的寄与を行うことを認めることとする。この寄与がひとたび明白に確立されたならば、「軍事的必要性」のみが、関係する民間人が攻撃されるか否かを決定することができる。他の何らかの方法で、かつ重大な危険を伴うことなく、彼らの活動が停止され、またはその製品が押収もしくは破壊されうるならば、彼らは攻撃されてはならない。戦争法はこの義務を通常承認してきた。たとえば、海戦規則の下では、軍需品搬送中の商船の船員は、彼らが行っている仕事にもかかわらず、攻撃を受けない権利を有する民間人とかつてみなされた。それは、彼らに発砲することなく彼らの船舶を捕獲することが可能であった（そして、現在もときには依然として可能である）からである。しかし、発砲なしに捕獲することが不可能となったときにはいつでも、その義務は終止し、その権利は消滅する。それは確保された権利ではなく、戦争法上の権利であって、諸国家間の合意と軍事的必要性というドクトリンにのみ依存する。潜水艦戦の歴史はこの過程を見事に例証している。この過程を通じて民間人の集団が、いわば地獄の道連れとなったのだが。この歴史を検証することで私はまた、このような民間人の巻き添えに抵抗することが道徳的に必要となる点を示唆するつもりである。

潜水艦戦――ラコニア号事件

海戦は伝統的に最も紳士的な戦闘形態であった。それはおそらく極めて多数の紳士が海軍に入隊したからであるとともに、より重要なこととして、戦場としての海洋の性質によるものであろう。唯一それに匹敵する陸上の環境は砂漠である。つまり、両者は民間人である住民が存在しないか比較的希薄である点で共通している。そのために、戦闘は格別に純粋な、戦闘員間の戦闘であって、他の何者も巻き込まれない——それはまさにわれわれが直感的に戦争とはそうであって欲しいと思うようなものである。しかしながら、この純粋さは、海洋が輸送に広範に使用されるという事実によって損なわれる。軍艦は商船に遭遇するのである。この遭遇を律する諸規則はかなり詳細であるし、過去においても詳細であった。[11] 潜水艦の発明以前に考案されたために、それらの規則は、道徳的前提だけでなく、技術的前提をも内包している。軍需品を搬送する商船は、公海上で合法的に停船させられ、乗船され、捕獲され、捕獲要員により港湾に引致されえた。もしも、商船員がこの過程のいずれかの段階で抵抗したならば、その抵抗を制圧するために必要ないかなる武力の行使もまた合法であった。彼らが平和裡に服従したならば、彼らに対していかなる武力も行使されてはならなかった。もしも、その船舶を港湾に引致することができなかったならば、「乗組員、乗客、文書の安全を提供するという絶対的義務を条件として」その船舶を沈没させることもできた。最も頻繁にあったのは、これら三者のすべてを軍艦に乗船させることによってこの義務を履行することであった。そのとき、乗組員と乗客は、彼らの軍艦との遭遇が戦闘によるものではなかったために、戦争捕虜とはみなされず、民間人たる被抑留者とみなされたのである。

さて、第一次世界大戦中、潜水艦の指揮官たち（そして彼らを指揮した政府高官たち）は、軍事的必要性に訴えつつ、この「絶対的義務」に従って行動することを公然と拒絶した。潜水艦は甲板上が軽装備であって、体当たり攻撃に対して極めて脆弱であったため、潜水艦の司令官たちは魚雷を発射する以前に浮上させることはできなかった。潜水艦の司令官たちは、みずからもまた帰港するのでなければ、みずからの数少ない乗組員から捕獲要員を供することもできなかった。また、その空間的余裕がなかったために、商船員を乗船させることもできなかった。それゆえに、彼らの方針は、沈没後の生存者への援助についての若干の義務を受容したものの、「その場で撃沈」であった。「その場で撃沈」は、とりわけドイツ政府の方針であった。それに代る唯一の選択肢は、潜水艦をまったく使用しないことか、非効率的に使用することであり、それは制海権をイギリス海軍に譲り渡すことになったであろうと、その方針の擁護者は論じた。戦争終了後、おそらくはドイツの敗戦を理由として、伝統的規則が再確認された。第一次および第二次世界大戦の全主要参戦国によって批准された〔ドイツによる批准は一九三九年〕一九三六年のロンドン海軍議定書は、[3]明示的に次のように規定した。「潜水艦は、商船に対する行動については、水上艦船が従うべき国際法の規則に従うことを要する」。海戦法の尊敬される権威によれば、「第二次世界大戦の経験にもかかわらず」規則を擁護する者がそうしなければならないという〔程度のものである〕ものの、これは依然として「拘束力ある規則」なのである。[12]

われわれはこの経験を最もよく理解する方法を、一九四二年にドイツ潜水艦隊司令部司令長官デーニッツ☆により発せられた有名な「ラコニア令」にただちに立ち返ることによって得ることができる。デーニッツは、潜水艦に対して警告なしに攻撃することのみならず、撃沈された船舶の乗組員に対するいかなる救出行為も行わないように求めた。「撃沈された船舶の乗組員を救出するすべての試みは終結されねばならない。これには海上の人間

☆「カール・デーニッツ」Karl Doenitz（1891-1980）．最終階級は海軍元帥（大提督）。ヒトラー死後の大統領を務めた。潜水艦作戦の第一人者で「海のロンメル」と恐れられた。ニュルンベルク裁判では「侵略戦争の積極的遂行」などの罪で禁錮一〇年の判決を受け、服役。一九五五年に釈放された。

を揚収すること、転覆した救命ボートを引起こすことおよび食糧および水を供給することを含む」[13]。当時この命令は大きな憤激を巻き起こし、戦後デーニッツがニュルンベルクで告発された罪の中にこの命令の発出が含まれていた。しかし、裁判官たちはこの罪について有罪判決を下すことを拒絶した。彼らの決定の理由について詳しく考察したいと私は思う。しかしながら、彼らの文言が不明瞭であるため、彼らの理由が何でありえたのか、そして、海上での救難を要求しまたは要求しないことについてのいかなる理由をわれわれが有しえるのかについて問うこととしたい。

問題が救難以外の何物でもなかったことは明白である。国際法の「拘束力ある規則」にもかかわらず、「その場で撃沈」という方針は裁判所によって問題とされることはなかった。商船と軍艦の区別がもはやあまり意味をもたないものと、裁判官たちは明らかに判断していた[14]。

戦争勃発後間もなく、イギリス海軍省は……自国商船を武装させ、多くの場合それらを武装護衛艦により護送させ、潜水艦発見の際にその位置を報告するように命令を発した。このようにして、海軍の情報警戒システムに商船を統合したのである。一九三九年一〇月一日に海軍省は、可能な場合にはUボートに体当たりするようイギリス商船が命じられた［ことを］発表した。

この点において、商船の船員は軍務のために徴用され、それゆえに、まさに彼らが兵士であるかのように彼らを奇襲することは許容された、と裁判所は判断したように思われる。しかし、この論理それ自体は、できのよいものとは言えない。商船の船員の徴用が不当な潜水艦攻撃に対する（または、そのような攻撃の高い蓋然性にすら対する）反応であったとするならば、それ〔商船の船員の徴用〕はそれら同一の攻撃を正当化するために援用されえないからである。最初に「その場で撃沈」という方針が正当化されなければならない。潜水艦の発明はそのことを「必要」とした。海上を通じての供給――それは軍事行動であり、その参加者はつねに攻撃を免れえない――は今や〔商船乗組員等の安全を確保するという〕非暴力的な禁止に服するものではなくなったのであるから、旧来の諸規則は、法的にではないとしても、道徳的には停止されたのである。

しかしながら、「ラコニア令」はそれをはるかに超えるものだった。というのも、陸上の傷兵と異なり、海上の無力な船員は、戦闘がいったん終了しても救助される必要がないということを、この命令は示唆したからである。デーニッツの論理は、潜水艦はその母港で安全な状態となるまで、戦闘は実際に決して終了しないというものであった。商船の撃沈は、長く緊張した闘争の第一撃でしかなかったのである。レーダーと航空機が広大な海洋を単一の戦場に変えたのであり、潜水艦は、ただちに回避行動を開始しなければ、大きな困難に遭遇したか、遭遇するに違いなかったのである。(15) 船員はかつての〔陸上の〕兵士よりも恵まれ、あたかも彼らが民間人であるかのような準戦闘員（near-combatants）という特権階級であったが、今や突然に、より恵まれない状況に置かれたのである。

ここで再び軍事的必要性から発する議論に出くわす。またわれわれは再び、何よりもリスクに関する議論をみいだす。デーニッツは、仮に潜水艦乗組員が彼らの犠牲者を救出しようとするならば、彼らの生命は危険にさらされるであろうし、何らかの程度で探知と攻撃の蓋然性は増大するであろうと主張した。さて、このことはつねにそうであるというわけではないことは明白である。北極海における連合軍の護送船団の破壊に関する報告の中でデイヴィッド・アーヴィングは、ドイツ潜水艦がみずからのリスクを高めることなく浮上し、救命ボート中の商船船員に援助を申し出た諸事例を記述している。[16]

タイヒェルト海軍少佐の潜水艦U四五六は……攻撃魚雷を発射した。タイヒェルトは彼の潜水艦を救命ボートに接近させ、船長のストランド大佐に乗船するように命じた。彼は捕虜となった。船員たちは充分な水があるかを質問され、潜水艦の将校から缶詰の肉とパンを手渡された。彼らは、二、三日後に駆逐艦により揚収されるであろうと告げられた。

これはデーニッツの命令がこのような援助を禁止するわずか二、三ヶ月前に、その活動を完全に安全裡に行う条件の下でなされた。護送船団PQ一七は離散してしまい、護衛艦から見捨てられた。同船団はもはやいかなる意味においても戦力ではなかった。ドイツ軍が空海を制していた。戦闘は明らかに終了しており、軍事的必要性が救助の拒絶を正当化することはほとんど不可能であった。類似した状況のもとでそのような拒絶が「ラコニア令」によるものとされうるならば、私が想像するに、デーニッツは戦争犯罪について実際に有罪とされたであろう。しかし、ニュルンベルクにおいてこのようなことは何も示されなかったのである。

ところが裁判所は、異なった諸状況のもとでの救助の拒絶はそれに付随するリスクにより正当化されるという、軍事的必要性からなされる議論を公然と採用することもなかった。それにかえて、裁判官たちは拘束力のある規則を再確認した。「仮に指揮官が救助できないならば、……彼は商船を撃沈することはできない」と彼らは論じた。しかし、彼らはその規則を執行せず、デーニッツを罰しなかった。デーニッツの弁護士により証言を求められた合衆国海軍のニミッツ提督☆は、裁判官に次のように述べた。「合衆国の潜水艦は、そうすることにより不必要なリスクや付加的なリスクにさらされるならば、敵の生存者を救助することは［一般に］ない」。イギリスの政策も類似していた。このことを勘案して、裁判官は「デーニッツの判決は、潜水艦戦に関する国際法違反を理由としては評価されない」と宣言した。[17] 交戦者間の非公式の共謀によって当該法は実質的に書き換えられたとする弁護人の議論を裁判官は認容しなかった。しかし、明らかに裁判官は、この共謀が当該法を執行不可能（または少なくともその違反について一方当事者のみに対する執行は不可能）なものとしたと感じた。――これは正しい司法判断ではあるが、道徳的疑問の余地は残されているのである。

実際に、デーニッツと連合国側の彼の相手方は彼らが採用した方針についての諸々の理由を有していたし、それらの理由は戦争慣例の枠組みに大まかには適合していた。傷ついた、または無力な戦闘員はもはや攻撃の対象とはならない。その意味において彼らは生存権を回復した。しかし、彼らは、戦闘が継続し、彼らの敵の勝利が不確定である限り、援助を得る権利を与えられない。ここで決定的なのは軍事的必要性ではなく、商船員の戦闘員集合《クラス》への同化である。兵士たちは、彼らも、彼らの敵も戦争の猛威にみずからをさらしたのであるから、彼らの敵のためにみずからの生命を危うくする必要はない。しかしながら、その猛威に対して安全であるか、その猛威から保護されるべき若干の人々が存在し、それらの人々もラコニア号事件に関連するのである。

ラコニア号は、戦前からの中東の駐屯地から帰国する二六八名のイギリス軍兵士とその家族、そして一八〇〇

☆「チェスター・ウィリアム・ニミッツ」Chester William Nimitz（1885-1966）．アメリカ海軍の軍人、最終階級は元帥。第二次世界大戦中のアメリカ太平洋艦隊司令長官および連合軍の中部太平洋方面の陸海空三軍の最高司令官として日本海軍を駆逐し、数多くの戦果をあげた。マッカーサーとは事あるごとに対立し、原爆の使用にも反対の立場であった。

名のイタリア人捕虜を搬送中の定期船であった。ラコニア号はUボートによる魚雷攻撃を受け、アフリカ西海岸沖で沈没した。Uボートの指揮官は船の乗客が誰であったのかを知らなかった（定期船は連合軍により軍用輸送船として広く利用されていた）。デーニッツがその撃沈と水中にある人々の身元を知ったとき、彼は大規模な救助活動を命じた。当初その活動は、他の多数の潜水艦を投入するものであった。[18] イタリア軍艦も現場へ急行するよう要請され、当該撃沈に責任を負うUボートの指揮官は一般への救助を求めて英語で無線発信した。しかし、逆にそれらの潜水艦は数機の連合国軍機により攻撃されたが、それらの飛行士たちは恐らく眼下の海で何が起こっていたのかを知らなかったか、彼らに告げられた事柄を信じなかったのであろう。この混乱は戦時においてまったく典型的なものであり、それは相互の恐怖と不信がない交ぜとなった全当事者の無知である。

実際には、それらの航空機はほとんど損害を与えなかったのだが、デーニッツの反応は激しいものであった。彼は、ドイツ軍指揮官たちに救助活動の対象をイタリア人捕虜に限定するよう命令した。イギリス軍兵士とその家族は漂流するがままに放置された。海上に見捨てられた婦女子というこの惨状とそのような惨状の繰り返しを要求するように思われたそれに続く命令こそが、非道なものと広範に考えられた――「無制限」潜水艦戦はその当時までに一般的に受容されていたとはいうものの、私にはそのように考えられたことは正しいものと思われる――のである。というのも、われわれは民間人の周囲に諸権利の輪を描き、兵士は民間人の生命を守るために（若干の）リスクを負担するものと仮定されているからである。そのことは、兵士が彼らの度を超えるとか、よきサマリア人である、あるいはそうでないといった問題ではない。彼らはまず、民間人の生命を危うくする者たちであり、仮に彼らがこのことを正当な軍事活動の過程において行うとしても、依然として彼らは彼らが与える損害の範囲を制限するための何らかの積極的努力を行わなければならない。まさにこれが、連合国側の攻撃以前のデーニッツ自身の立場であったし、ドイツ軍最高司令部の他のメンバーからの批判にもかかわらず、彼がとった立場だったのである。「私はこれらの人々を海中に投げ出すことはできない。私は［救助活動を］継続するつもりだ」。ここに含まれている事柄は思いやりではなく、責務なのであり、われわれが「ラコニア令」に対して価値判断をするのはその責務という点においてなのである。非戦闘員のために行われる救助活動は、攻撃を理由として一時的に中断されうるが、単に攻撃が発生する（または再開する）であろうことを理由として攻撃以前に中止されてはならない。というのも、少なくともひとつの攻撃はすでに発生し、無辜の民を死の危険にさらしたからである。いまや彼らは助けられなければならない。

ダブル・エフェクト

戦争慣例に関する第二の原則は、非戦闘員はいかなるときにも攻撃されてはならないということである。彼らは決して軍事活動の目的や標的にされてはならない。しかし、ラコニア号事件が示唆するように、何者かが彼らに攻撃を仕掛けるからではなく、他の誰かに対して遂行されている戦闘に近接した場所にいるというだけで、非戦闘員はしばしば危険にさらされる。私が論じようと努めてきたのは、そのとき必要とされることは、戦闘が中止されるべきであるということではなく、民間人を害することがないように一定程度の注意が払われるべきであるということである――このことが意味しているのは、極めて単純に、戦争の文脈の中で民間人の諸権利をわれわれが最大限承認するということである。しかし、どの程度の注意が払われるべきであろうか。そして、それに関わる個別の兵士のどのような負担のもとでか。戦争法はそのような事柄について何も述べていない。戦争法は、最も残酷な決定が現場の人間によって、彼らの通常の道徳的観念や彼らが従事する軍隊の軍事的伝統のみを参照して下されるに委ねている。時折、それらの兵士の一人が彼自身の決断について記そうとすることがあるが、それが暗い場所を進む際の光となりうるのである。ここに挙げるのは、フランク・リチャーズの第一次世界大戦の回想録の中に記された事件であり、下士官兵による数少ない報告のひとつである。[19]

待避壕や地下壕に爆弾を投ずる場合には、まず、爆弾を投げ、その後の様子を見ることがつねに賢明だった。しかし、地下壕のいくつかには民間人がいたので、この村落でわれわれは非常に注意深くなければならなかった。われわれは地下壕に大声を掛けて確認した。もう一人の男と私はひとつの地下壕に二度大声を発したが、何の返事もなかった。われわれが女性の声を聞き、一人の若い女性が地下壕の階段を昇ってきたとき、われわれは爆弾のピンをまさに抜こうとしていた。……彼女と彼女の家族は……［その地下壕から］数日間出ていなかった。彼女たちは、攻撃が継続中だと考えたし、われわれが最初に大声を発したときには、あまりの恐怖のために答えることができなかったのだ。もしも、その若い女性が実際にそうしたように、叫び声を上げていなかったなら、われわれは彼女たち全員を傷つけるつもりもなく殺してしまっていただろう。

傷つけるつもりもなく殺した、なぜならば、彼らが最初に大声を発したからというのである。しかし、彼らが［前もって］大声を発することなく、フランス人家族を殺したならば、それは単なる殺人であるとリチャーズは信じていた。しかも彼は大声を発する際に一定のリスクを負っていた。というのも、もしも、その地下壕にドイツ軍兵士がいたならば、彼らは発砲しながら這い出てきたであろうから。警告なしに爆弾を投げる方がより堅実であったであろう。その意味は、彼がそうすることを軍事的必要性が正当化したであろうということである。実際に、後にわれわれが見るように、彼は他の諸々の根拠によっても正当化されたであろう。それでもなお、彼は大声を発したのである。

このような事例において最も頻繁に援用される道徳原則が、ダブル・エフェクトの原則である。中世のカトリックの決疑論者により最初に生み出されたダブル・エフェクトは複雑な観念であるが、同時にそれは道徳的生き方に関するわれわれの通常の考え方に緊密に関係している。それが軍事的、政治的論争において使用されているのをしばしば見かける。それと知った上でのことか、知らないままでのことか、将校たちは彼らの計画中の活動が非戦闘員を害する可能性がある場合にはその言葉を論ずる傾向にあるようだ。カトリックの著作家たち自身も頻繁に軍事上の事例を使用する。「敵に対して発砲している兵士が付近にいる若干の民間人を誤射してしまうことを予見する」場合に、われわれが何を考えるべきか示唆することが彼らの目的のひとつである。[20]そのような予見は戦争においてはまったく普通のことである。兵士たちが付近の民間人を危険にさらすことなく戦うことは、砂漠と海洋における場合を除いて、おそらく不可能である。しかも、民間人が攻撃を受けることを免れないのは、付近にいることによるのではなく、戦闘に何らかの寄与を行うことのみによるのである。ダブル・エフェクトは非戦闘員への攻撃の絶対的禁止と軍事活動上の正当な行為とを調和させる方法である。フランク・リチャーズの例に従って、その調和が余りにも安易に行われていることを私は議論したいが、まず、われわれはダブル・エフェクトがどのように編み出されれかを厳密に考察しなければならない。

議論は次のように進められる。悪しき結果（非戦闘員の殺害）をもたらしそうな行為を実行することは、次の四つの条件が守られるならば、許容される。[21]

（1）その行為それ自体は善であるか、少なくとも善でも悪でもなく、つまり、われわれの目的にとって、戦争の正当な行為である。
（2）その直接的効果が道徳的に認容可能――たとえば、軍需品の破壊や敵兵の殺害のように――である。
（3）その行為者は善意を有している。すなわち、彼は認容可能な効果のみを目的としている。悪しき効果は彼の目的のひとつではなく、またそれは彼の目的のための手段でもない。
（4）善なる効果は、悪しき効果の許容を相殺して余りあるほどに充分に善である。それは、シジウィックの比例性原則のもとで正当化可能でなければならない。

議論の要点は第三項に置かれている。同時に発生する「善なる」効果と悪しき効果、つまり兵士の殺害と付近にいた民間人の殺害は、後者ではなく前者に向けられた単一の意図の結果である限りにおいてのみ擁護されうる。戦時における目標設定の大きな重要性をこの議論は示唆し、また目標にすることができるターゲットを正しく制約する。しかし、私が思うに、意図されなかったが予見可能であったすべての死者についてわれわれは考慮しなければならない。なぜならば、その数が大きなものになりうるからである。そして――弱い制約である――比例性の原則のみに従って、ダブル・エフェクトは何でもありの正当化を提供する。それが故に、この原則は怒りに満ちた反応やシニカルな反応を招いている。民間人の死が私の行為の直接的効果であるのか間接的効果であるのかがどのような相違を生み出すというのか。それはその死亡した民間人にとってはどうでもいい問題である。また、もし、私が極めて多くの無辜の民を殺害することになると事前に知っており、それでも意に介さずやり通そうとするのであれば、どのようにして潔白たりうるだろうか。[22]

われわれはよりいっそう具体的な方法でその問題を問うことができる。フランク・リチャーズは、もしも彼が警告を与えることなく爆弾を投じたならば、潔白であろうか。ダブル・エフェクトの原則は彼にそうすることを許容したであろう。多くの地下壕は実際に敵兵により使用されていたのであるから、彼は正当な軍事行動に従事していた。「警告なしに爆弾を投ずること」を彼の一般方針とすることの効果は、彼が殺されたり障害を負うリスクを低減することと、その村の占領を迅速化することであり、これらは「善なる」効果である。さらに、明らかにそれらのみが彼が意図した事柄なのであって、民間人の死は彼自身の目的に何ら益するものではない。そして最後に、長期的に見れば比例性は、彼に有利に、あるいは少なくとも不利にならないように傾くであろう。為された害悪を想定してみても、それは勝利への貢献によってバランスがとられよう。それでもリチャーズが警告の大声を発したときに、彼は確かに正しいことをしていた。道徳的人間が行動すべきように、彼は行動していた。彼の行為は任務の要請を超えた英雄的戦いの一例ではないが、まったくもって正しい戦い方の一例である。それはわれわれが兵士に期待する事柄である。その期待についてのより正確な論述を試みる前に、よりいっそう複雑な戦闘の状況においてそれがどのように機能するのかを考察することとしたい。

朝鮮における爆撃

ここで私は、朝鮮においてアメリカ陸軍が戦争を遂行した方法についてのイギリス人ジャーナリストの報告を追うこととする。それが完全に正しい報告であるかどうかは私には分からないが、私はその歴史的正確性よりも、それが提起する道徳的問題に興味を抱いている。さて、これは平壌への道程での「典型的」遭遇戦である。アメリカ軍の一大隊が、抵抗に会うこともなくゆっくりと、低い丘の影の中を前進した。「行程の半分を進み終え、われわれは今や峡谷の中央部にいた……それがやってきたときは、無防備な道に一列に連なっていた。耳障りな機関銃の音がして、われわれの周囲に土ぼこりが巻き上がった」[23]。部隊は停止し、遮蔽物を求めて散開した。「丘の中腹に……猛砲撃を加え、機関銃で空気を切り裂きながら」三輌の戦車が現れた。「この酷い喧噪の地獄の中で、敵を見つけ出したり、敵の火力を推し量ることは不可能であった」。一五分もたたないうちに「ロケット弾を発射しながら丘の中腹に急降下しかける」何機かの戦闘機が到来した。これが「膨大な生産力と物質的な力から生まれた」新たな戦闘技術である、とそのイギリス人ジャーナリストは記している。「慎重な前進、敵の小火器、停止、航空機による緊密な支援、大砲、慎重な前進等々」。それは兵士の生命を救うよう構想され、そのような効果を持つかもしれず、あるいは持たないかもしれなかった。「それが民間人の男や女、子どもを無差別かつ大量に殺すこと、そして彼らの財産をすべて破壊することは確かである」。

しかしこれとは異なった戦い方も存在する。もっともそれは「兵士にふさわしい」訓練を受け、「遭遇戦むき（roadbound）」ではない兵士たちにのみ可能となる戦い方でもある。偵察隊を敵の裏をかいて前方に派遣する〔という方法がそれである〕。この戦い方は結局、多くの場合にそうなのだが、この事例と同様の結果になる。というのも、戦車と航空機が北朝鮮軍の機銃手をしとめ損なったからである。「少なくとも、一時間以上たってから……ベーカー歩兵中隊の一小隊が、丘の尾根の直下にある雑木林を通って前進を始めた」。しかし、第一の頼みの綱はつねに砲撃であった。「敵が一発撃つごとに破壊の洪水で返礼された」。そして砲撃は特徴的なダブル・エフェクトをもたらしたか、あるいは時々ではあるがもたらした。敵兵は殺害され、同様に偶然にその付近に居合わせたいずれかの民間人も殺害されたのである。民間人を殺害することは砲兵隊や航空機に出動を要請した将校たちの意図ではなかった。彼らはみずからの部下への配慮から行動していた。そしてそれは正当な配慮である。

部下の兵士の生命を尊重しない将校によって戦時に指揮されることなど誰も望まないであろう。しかし彼は民間人の生命をも尊重せねばならず、だからこそ部下の兵士たちの生命も尊重しなければならない。部下の兵士たちが自分たちを救うことはできないからといって、無辜の人々を殺害することによって将校は部下の兵士たちを救うことはできない。それは単に兵士たちが多くの無辜の民を殺害することができないということにとどまらない。仮に、特定の事例や、時間の幅のなかで、比例性〔の原則〕が有利に作用するとしても、私が思うに、われわれは次のように言うだろう。重砲が持ち出される前に、偵察隊が派遣されなければならず、そのリスクは負担されねばならない、と。自分たちは決して朝鮮で戦争を遂行することを自分で選んだのではないと、偵察に派遣される兵士たちは論ずることができるし、それには説得力がある。それでも彼らは兵士である。彼らの戦争法上の諸権利にはそれと併存する諸々の義務が存在し、それらの第一のものは民間人の諸権利に注意を払うこと——より正確には、彼ら自身によってその生命が危険にさらされる民間人の諸権利に注意を払うことである。

　したがって、ダブル・エフェクトの原則には訂正が加えられる必要がある。二つの結果が二重の意図の産物である場合にのみダブル・エフェクトは擁護可能であると私は論じたい。この二重の意図とは、第一に「善」が達成されること。第二に予見される害悪が可能な限り縮減されることである。それゆえ、先に挙げた諸条件のうちの第三の条件は次のように再述されうることになる。

（3）その行為者は善意を有している。すなわち、彼は認容可能な効果を厳格に目的としている。悪しき効果は彼の目的のひとつではなく、またそれは彼の目的のための手段でもなく、含まれる害悪に注意しつつ、また負担も負いつつ、彼はその害悪を最小化することを求める。

民間人の死を意図しないとすることだけでは余りにも安易である。戦闘状況のもとでは、ほとんどの場合に兵士たちの意図は厳格に敵に向けられる。そのような場合にわれわれが求めるものは、民間人の生命を救うための積極的なコミットメントについての何らかの兆候である。単に比例性のルールを適用し、軍事的に必要とされる以上の民間人を殺害しないというだけではない――このルールは兵士たちにも適用されるのであり、些細な目的のために誰も殺されてはならない。民間人は何かそれ以上の権利を有している。仮に民間人の生命を救うことが兵士の生命をリスクにさらすことを意味するならば、そのリスクは受容されなければならない。しかし、われわれが要求するリスクについての制約は存在する。結局のところ、これらは意図せざる死と正当な軍事行動であって、民間人を攻撃することに対する絶対的〔禁止〕のルールは適用されない。戦争は必然的に民間人を危険にさらす。それは戦争の地獄のもうひとつの側面である。われわれはただ、兵士たちがもたらす危険を最小限のものとすることを兵士たちに要請しうるのみである。

兵士たちが正確にどの程度までそれを行わねばならないかについて述べることは困難であり、このことが故に、そのような事項について民間人が権利を有すると主張することは奇妙に思われるであろう。このことは何を意味しうるであろうか。攻撃をされないという権利のみならず、死の一〇分の三の確率を民間人に課すことは正当化されないのに対して、一〇分の一の確率は正当化されるというように、何らかの程度のリスクにさらされないという権利を民間人は有するのであろうか。事実、許容されるリスクの程度は、目標の性質、その瞬間の緊急性、利用可能な技術等々と共に変化するであろう。民間人は「然るべき配慮」を受ける権利を有すると単純に述べることが最良であると私は考える。(24)* 事態は国内社会においても同一である。ガス会社が私の住む街路の下を通るガス管の作業を行うときに、その作業員が極めて厳格な安全基準を遵守することについての権利を私は有する。しかし、もしも近隣の通りでの爆発の切迫した危険によりその作業が緊急に必要とされるならば、その安全基準は緩和されうるし、それで私の権利が害されることにはならない。さて、われわれが国内社会で慣れ親しんだ基準は戦争においてつねに緩和されるものであるということを除き、軍事的必要性は市民社会の緊急性とまったく同様に作用する。しかしながら、このことは、何らの基準も存在せず、関連する何らの権利も存在しないということではない。二次的な効果が発生しそうな場合にはつねに二次的な意図が道徳的に必要とされる。そこで戦時における次の二つの事例を考察するならば、二次的な意図の限界を画定することにわれわれは一歩前進することができよう。

＊「然るべき配慮」についての価値判断は相対的価値、緊急性等々を含むがゆえに、（少なくとも間接的効果に関連する）功利主義的な議論と権利をめぐる議論は完全に別個のものではないと言わねばならない。それにもかかわらず、比例性原則により要求される計算と「然るべき配慮」により要求される計算は同一ではない。配慮についての可能な限り最高度の基準が受容された後であっても、起こりうる民間人の犠牲は依然として目標の価値に対して不釣合いでありうる。その場合、攻撃は中止されねばならない。あるいは、より多くの場合にそうなのだが、軍事計画の立案者たちは、仮にその攻撃が攻撃者にとっての最小限のリスクのもとで実行されるとしても、その攻撃に随伴する犠牲は目標の価値に対して不釣合いではないと決定するだろう。そのとき、「然るべき配慮」は付加的な要件なのである。

占領下フランスの爆撃とヴェモルク奇襲

第二次世界大戦中、自由フランス空軍は占領されたフランス内の軍事目標に対して爆撃を実行した。不可避的に、彼らの爆弾はドイツの戦争への取り組みのために（強制により）労働していたフランス人を殺した。そして、これもまた不可避的に、それらは攻撃された工場の近隣に単に偶然に生活していたフランス人を殺した。このことは飛行士たちに残酷なジレンマを与えた。彼らは攻撃を放棄したり、他の誰かに肩代わりを要請することによってではなく、自分たちがより大きなリスクを引き受けることでこのジレンマを解消した。「われわれを正確な爆撃――すなわち、極めて低高度での飛行――にますます専門化させていったのは……フランス自体を爆撃することに関するこの一貫した問題であった。それはよりいっそうリスクがあったが、より大きな正確性を与えてくれた……」(25)。ドイツの収容所からの脱走の後に自由フランス空軍に勤務したピエール・マンデ＝フランスはこのように語っている。もちろん、爆発物を持ったパルチザン部隊やコマンド部隊がその同じ工場を攻撃しようと思えばできた（おそらくそうすべきであった）。そうしていれば、それは単によりいっそう正確であるのみならず、その工場で働いている者を除き、いかなる民間人も危険にさらされることはないというように、彼らの目的は完全に満たされたであろう。しかし、そのような攻撃は甚だしく危険であったであろうし、成功の見込み、特に反復した成功の見込みは極めて薄かったであろう。その種のリスクはフランスが予測したもの以上であったし、フランス軍兵士にとってすらそうであった。そこで、おおまかに言って、それ以上のいかなるリスク負担もその軍事的冒険を失敗へと運命づけるか、二度と繰り返せないほど余りにも犠牲が大きいという点にリスクの限度は固定される。

ここには明らかに軍事的判断の自由度が存在する。戦略家と立案者は、彼ら自身が想定する理由から、彼らの目標の重要性と彼らの兵士の生命の重要性を比較衡量するであろう。しかし、たとえ目標が極めて重要であり、脅威にさらされる無辜の民の数が比較的小さいとしても、彼らは民間人の犠牲を出す前に、兵士たちをリスクにさらさなければならない。一例として、私がみいだした、航空機による攻撃にかえて奇襲部隊による攻撃が試みられた第二次世界大戦中の事例を考察してみよう。占領されていたノルウェーのヴェモルクにある重水工場が一九四三年にイギリス特殊作戦部隊（ＳＯＥ）（Special Operations Executive）のために活動していたノルウェー奇襲部隊により破壊された。☆ドイツの科学者による原子爆弾開発を遅延させるために、重水の生産を停止させることは死活的重要性を有した。攻撃を空から試みるべきか地上で行うかについて、イギリスとノルウェーの将校たちは議論し、民間人の犠牲の可能性がより低いことを理由として、後者を選択した。(26) しかし、それは奇襲部隊には極めて危険であった。最初の試みは失敗し、その過程で三四名が命を落とした。より少数の人員による二回目の試みは――奇襲部隊自体を含むすべての関係者が驚いたのだが――犠牲者を伴うことなく成功した。繰り返しはないと考えられた単一の作戦のためにそのようなリスクを負うことは可能である。多数の別個の出来事からなる長期間にわたる「戦闘」にとって、そのようなことは不可能であったろう。

☆「ヴェモルク重水工場の破壊」　ナチス・ドイツの原爆製造計画を阻止すべく、ノルウェーのヴェモルクにあった重水工場への攻撃が何度か試みられた。その第一弾は一九四二年一一月のイギリス軍による作戦である。二機のグライダーで三四人のコマンド部隊を送り込み、重水工場を破壊するというものであり、先発の四名は空挺降下でノルウェーへの侵入に成功したが、本隊のグライダーは悪天候により墜落し作戦は失敗する。四三年二月、今度は六名の特殊部隊員が空挺降下でノルウェー侵入に成功し、先の作戦で先発した四名と合流、重水工場に侵入し爆破に成功する。この特殊部隊員はイギリス軍に志願したノルウェー人であった。しかし、重水工場は二ヶ月後には再開される。そこで今度はアメリカ軍がＢ―17による一大空爆作戦を敢行、七〇〇発を超える五〇〇ポンド爆弾を投下し、これにより重水工場は完全に停止し、ドイツはノルウェーでの重水工場の再建を断念する。ノルウェーに残った重水のドイツ本国への移送も、ノルウェー国内に留まっていた特殊部隊員が、移送船を爆破し、ここにナチスの原爆製造計画は断たれることになる。

戦争中、その後にヴェモルクでの生産が再開され、警備が著しく強化されると、重水工場はアメリカ軍機により空爆された。爆撃は成功したが、二二名のノルウェー民間人の死亡という結果となった。この点において、ダブル・エフェクトはその空爆を正当化するように作用するように思われる。実際に、修正を施す前のかたちでなら、このダブル・エフェクト原則はそれ以前にも作用していたであろう。軍事的目的の重要性と実際の犠牲者数（事前に予見可能であると仮定しよう）がまずは空爆を正当化したであろう。しかし、われわれが民間人の生命に付与する特別な価値がそれを排除するのである。

さて、フランスやノルウェーの民間人と同様に、ドイツの民間人の生命にも同一の価値が付与されている。もちろん、自国民や同盟国の国民について、そのような敬意を払い、またそのコストを負担することには、付加的な感情的理由のみならず道徳的な付加的理由が存在する（私が挙げた二つの事例が被占領地への攻撃を含むものであったあったことは偶然ではない）。兵士たちは彼らが置き去りにした民間人に対して直接的な義務を負っている。それは、彼らが兵士であることの目的そのものと彼らの政治的忠誠に関連している。しかし、権利の構造は政治的忠誠とは独立に存在している。権利の構造は、いわば、人道それ自体と特定の人間に対する義務を生み出すのであって、単に同朋市民に対する義務を生み出すのではない。戦争をどのようなものとわれわれが考えようと、ドイツ兵の戦争法上の諸権利がフランス兵の諸権利と何ら相違しなかったように、ドイツ民間人の諸権利――彼らは戦闘を行わず、戦闘の手段を供給することにも従事していなかった――は、フランス民間人の諸権利と何ら相違するところはなかったのである。

しかしながら、占領されたフランス（またはノルウェー）の事例は、他の面で複雑である。仮にフランス軍飛行士たちが彼らのリスクを軽減し、高高度で飛行したとしても、彼らが惹起した付加的な民間人の死亡についてわれわれは彼らのみに責任を帰することはないであろう。彼らはその責任をドイツ軍と分け合ったであろう。——それは、部分的にはドイツ軍がフランスを攻撃し、占領したからであるのみならず、（われわれの直接的な目的にとってよりいっそう重要であることとして）フランス人労働者をドイツの戦争機械（war machine）に奉仕するよう強制し、フランスの工場を正当な軍事目標に転換し、付近の居住地区を危険にさらしつつ、フランス経済をドイツ自身の戦略的目的ために動員したからでもある。直接的・間接的効果の問題は強制の問題によって複雑化される。意図せざる民間人の死亡についてわれわれが価値判断を下すとき、最初にそれらの民間人がどのようにして戦闘地域に存在するようになったのかをわれわれは知る必要がある。おそらく、このことは、誰が彼らをリスクにさらしたのか、そして彼らを救うためにいかなる積極的努力が行われたのかということを問う別の方法であるにすぎない。しかし、それはここまでまだ私が取り組んでいない諸問題を提起する。それらの諸問題は、われわれが別の、もっと古い種類の戦争に目を向けたときに、最も劇的に明らかとなるのである。

【原注】

（1）S. L. A. Marshall, *Men Against Fire*（New York, 1966）, chs. 5 and 6.

（2）Wilfred Owen, *Collected Letters*, ed. Harold Owen and John Bell（London, 1967）, p. 458（14 May 1917）.

（3）*Good-bye to All That*（rev. ed., New York, 1957）, p. 132〔工藤政司訳『さらば古きものよ』、岩波文庫、一二三〇–三一頁〕.

（4）*The Collected Essays, Journalism and Letters of George Orwell*, ed. Sonia Orwell and Ian Angus（New York, 1968）, II, 254〔小野協一訳「スペイン戦争回顧」、『オーウェル著作集　II』、平凡社、一二四一頁〕.

（5）*The Fortress: A Diary of Anzio and After*（Hammondsworth, 1958）, p. 21.

(6) *Sardinian Brigade: A Memoir of World War I*, trans. Marion Rawson (New York, 1970), pp. 166-71〔柴野均訳『戦場の一年』、白水ブックス、一五五―五九頁〕.

(7) Archibald Forbes, J. M. Spaight, *War Rights on Land* (London, 1911), p. 104における引用。

(8) *Instructions for the Government of Armies of the United States in the Field*, General Orders 100, April, 1863 (Washington, 1898), Article 69.

(9) M. Greenspan, *The Modern Law of Land Warfare* (Berkeley, 1959), pp. 313-14.

(10) G. E. M. Anscombe, *Mr. Truman's Degree* (privately printed, 1958), p. 7; また "War and Murder" in *Nuclear Weapons and Christian Conscience*, ed. Walter Stein (London, 1963) も参照のこと。

(11) Sir Frederick Smith, *The Destruction of Merchant Ships under International Law* (London, 1917) および Tucker, *Law of War and Neutrality at Sea* を参照のこと。

(12) H. A. Smith, *Law and Custom of the Sea* (London, 1950), p. 123.

(13) Tucker, p. 72.

(14) Tucker, p. 67.

(15) Doenitz, *Memoirs: Ten Years and Twenty Days*, trans. K. H. Stevens (London, 1959), p. 261.

(16) *The Destruction of Convoy PQ 17* (New York, n. d.), p. 157; 他の例については、pp. 145, 192-93を参照のこと。

(17) *Nazi Conspiracy and Aggression: Opinion and Judgment*, p. 140.

(18) Doenitz, *Memoirs*, p. 259.

(19) *Old Soldiers Never Die* (New York, 1966), p. 198.

(20) Kenneth Dougherty, *General Ethics: An Introduction to the Basic Principles of the Moral Life According to St. Thomas Aquinas* (Peeksill, N. Y., 1959), p. 64.

(21) Dougherty, pp. 65-66; cf. John C. Ford, S. J. "The Morality of Obliteration Bombing," in *War and Morality*, ed. Richard

Wasserstrom（Belmont, California, 1970）. 私はここでダブル・エフェクトをめぐる哲学的論争を何ら論評することはできない。ダウアーティは（極めて簡単な）教科書的記述を提供し、フォードは注意深い（そして、勇気ある）適用を行っている。

(22) 無辜の民を殺すことが直接的であるか間接的であるかによって相違は生じないという議論の哲学的なバージョンについては Jonathan Bennett, "Whatever the Consequences", *Ethics*, ed. Judith Jarvis Thomas and Gerald Dworkin（New York, 1968）を参照のこと。

(23) Reginald Thompson, *Cry Korea*（London, 1951）, pp. 54, 142-43.

(24) これらの問題を考察する際に、私はチャールズ・フリードの次の文献に助けられた。Charles Fried, "Imposing Risks on Others," *An Anatomy of Values: Problems of Personal and Social Choice*（Cambridge, Mass., 1970）, ch. XI.

(25) マルセル・オフルスのドキュメンタリー映画の公刊されたテキスト Marcel Ophuls, *The Sorrow and the Pity*（New York, 1972）, p. 131 からの引用。

(26) Thomas Gallagher, *Assault in Norway*（New York, 1975）, pp. 19-20, 50.

【訳注】

〔1〕ウォルツァーは superogatory acts と記しているが superrogatory acts の誤記とみなして訳した。ドイツ語訳では該当部分は「個々人に過度な要求を行う行為」と訳されている。

〔2〕「戦数」とは特定の状況の下では、軍事上の必要性から戦争の法規・慣例を遵守する義務から免れることができるとするドイツの学者によって唱えられた考え方であり、その濫用のおそれから批判も多いが、ウォルツァーが持ち出している「軍事的必要性」の概念と大きく異なるものではない。

〔3〕ロンドン海軍議定書（the London Naval Protocol of 1936）の正式名称は「潜水艦の戦闘行為に関する議定書」である。

第一〇章　民間人に対する戦争——攻囲と封鎖

攻囲（siege）は総力戦の最古の形態である。その長い歴史は、技術的進歩と民主主義革命のいずれもが戦争状態を戦闘員以外に及ぶものとする決定的な要素ではないことを示唆している。古代においても近代においても同様、しばしば民間人は兵士と共に攻撃されてきたし、あるいは兵士をおびき出すために攻撃されてきた。民間隠れ場所（civilian shelter）とでも呼びうるものを軍隊が探し求め、銃眼つきの胸壁の背後、あるいは都市の建物の中から戦う場合や、脅威にさらされた都市の住民が軍事的保護の最も直接的な形態を求め守備隊を駐屯させることに同意する場合にはつねに、そのような攻撃がありうる。その場合、市壁内の狭い範囲に閉じ込められた民間人と兵士は同一のリスクにさらされる。近接性と欠乏が民間人と兵士をひとしく脆弱なものとする。あるいはおそらくそれほど均等なリスクではないかもしれない。この種の戦争においては、戦争がいったん開始されると、非戦闘員が殺される可能性の方が高い。兵士たちは防護された区域から戦い、まったく戦うことのない民間人は「無用の口（useless mouths）」（私は戦争文学作品からこの言葉を引用した）へとたちまちにして変えられるのである。民間人は、いつも後回しで、兵士たちの残り物のみにありつけ、最初に死ぬ。レニングラード攻囲では、ハンブルク・ドレスデン・東京・広島・長崎という近代版地獄絵図を総計したよりも多くの民間人が死んだ。古風な様式においてであるとしても、おそらく彼らはよりいっそうの苦しみにも苛まれながら死んだ。二〇世紀の攻囲に関する日記や回想録は、たとえば、ローマ人によるエルサレム攻囲に関するヨセフス☆の身の毛もよだつ物語を読んだことのある人にとっては、まったく慣れ親しんだものである。そして、ヨセフスによって提起された道徳的諸問題は、二〇世紀の戦争について考えたことのある人には、慣れ親しんだものである。

強制と責任

エルサレム攻囲（紀元後七二年）

集団的飢餓は辛い運命である。両親と子どもたち、友人たちと恋人たちはお互いにお互いが死にゆくのを見なければならず、死は恐ろしいほど引き伸ばされ、それが完結するはるか以前から人間を肉体的にも道徳的にも破壊する。次のヨセフスが残した一節は、世界の終末のように響くものの、ローマ人による攻囲の比較的早い時期に関するものである。(1)

☆　「ヨセフス」 Josephus Flavius（37-100頃）．帝政ローマ期の政治家・著述家。六六年に勃発したユダヤ戦争では当初ユダヤ軍の指揮官として戦ったがローマ軍に投降し、ティトゥスの幕僚としてエルサレム陥落にいたる一部始終を目撃した。後にこの顛末を記した『ユダヤ戦記』を著した。

> 出入りの自由を奪われたユダヤ人には、助かる望みが完全に断たれてしまった。今や飢えはますます深刻になり、市民を家ごとあるいは一族ごと滅ぼしていった。家という家は赤子を抱える死んだ女たちであふれかえった。路地という路地は年老いた者たちの屍で埋まった。栄養失調で腹が膨れあがった若者たちが市場を徘徊し力尽きてそこに倒れて死ぬ者もいた。今や死者の数があまりに多く、生きている者たちが、それらを埋葬することができないほどであった。また、自分自身の運命がわからなかったために、埋葬に尻込みした。そして、多くの者が他人を埋葬している最中に、折り重なるように倒れて息を引き取った。……まだ生きている者の多くがみずからの墓に赴き、そこで死んだ。このような惨状であったが、悲しみの声も嘆きの声もあがらなかった。あまりの飢餓のひどさに人々の感情が麻痺していたからである。死ねない者たちは、涙も枯れ果てて、自分たちよりひと足先に休息を得た者たちを見つめていた。町は沈黙に包まれた。

これは直接の見聞ではない。ヨセフスはローマ軍と共に市壁の外にいた。他の著作者たちによれば、攻囲において最も長く耐えるのは女性であり、実際の死に先行する致命的な無気力に最も早く陥るのは若い男性である[2]。しかし、〔ヨセフスの〕報告は充分に正確であり、まさに攻囲とはそのようなものである。さらに言えば、攻囲とはそのような狙いをもったものなのである。ある都市が包囲され、食糧を奪われたとき、ヨセフスが描く老人たちのように個々の兵士が街路で倒れ死ぬまで、守備隊が持ち堪えるであろうということは、攻撃側が予期することではない。通常の都市住民の死は、民間人や軍の指導者たちに判断を強いることが期待されている。目標は降伏である。その手段は敵軍の敗北ではなく、民間人の死という恐るべき光景である。

どのように詳細に説明されようと、ここではダブル・エフェクトの原則は何らの正当化ももたらさない。これらは意図的な死である。それでも、攻囲戦は戦争法により禁止されていない。「飢餓により［都市の］征服を試みることの妥当性は問題とされてはならないという一般的ルールが存在するならば、攻囲は大きな例外であり、もしもそれが道徳的に認可されるのであれば、ルール自体を破砕するように思われる種類の例外なのである」(3)。民間人の死は目的とされてはならないという一般的ルールが存在するならば、攻囲は大きな例外であり、もしもそれが道徳的に認可されるのであれば、ルール自体を破砕するように思われる種類の例外なのである。それがなぜ生み出されたかをわれわれは考察しなければならない。囲まれた都市という死の罠の中に民間人を閉じ込めることが、どのようにして正しいと考えられうるのであろうか。

明白な解答は単に、都市の攻略がしばしば重要な軍事目標——都市国家の時代においてそれは究極の目標であった——であり、正面攻撃が失敗した場合に、攻囲が成功のために残された唯一の手段であるというものである。しかしながら、実際には、攻囲が正当化可能であると考えられるためには、正面攻撃の失敗すら必要とされない。攻囲軍にとって、座して待つことは攻撃することよりもはるかに安上がりであり、そのような計算は（われわれが見たように）軍事的必要性の原則によって許されている。しかし、この議論は攻囲戦の最も興味深い弁護ではなく、それによって指揮官たち自身がみずからの良心を満足させるものではないと私は考える。ヨセフスは代替的説明を示唆している。彼は次のようにわれわれに述べている。ティトゥス☆は極めて多くのエルサレム人の死を嘆き、「そして、天に向って両手を差し上げ……それが彼の仕業ではないことの証人を神に求めた」(4)。それは誰

☆「ティトゥス」Titus Flavius Vespasianus（39-81）．父ウェスパシアヌスとともにユダヤ戦争のエルサレム攻囲軍に参加していたが、ウェスパシアヌスがネロの後継皇位を狙うべくイタリアへと戻った後はティトゥスが残された軍の指揮を執り、エルサレムを陥落させて反乱をほぼ鎮圧することに成功する。父の死後に帝位を受け継いでローマ皇帝となるがわずか二年で死去。その善政が惜しまれたとされる。

の仕業だったのであろうか。

ティトゥス自身以外には二群の候補者のみが存在する。条件を受け容れて降伏することを拒絶し、都市民に戦うよう強制した、その都市の政治指導者や軍事指導者たち、または、その拒絶に黙諾を与え、戦争のリスクを負うことに同意したように思われる、都市民自身である。ティトゥスは黙示的に、そしてヨセフスは明示的に、これらの可能性のうちの前者を選択している。彼らは次のように論じている。エルサレムは狂信的なゼロータイ〔熱心党〕によって占められており、彼らはもしそうでなければ降伏する用意があった穏健なユダヤ人大衆に戦争を強いたのである。おそらくこの見解には一定の真実が存在しているだろうが、それは満足の行く議論ではない。それはティトゥス自身を、自分自身の計画と目的がないままに、他者の頑迷さにより開始された破壊についての非人格的主体に変えてしまう。そして、それは、降伏しない諸都市（それが都市にあてはまるならなぜ国にあてはまらないだろうか）が正当に全面戦争にさらされることを示唆する。これらのいずれもが説得力ある主張ではない。しかしながら、われわれがそれらの両方を拒絶するとしても、攻囲戦における責任の帰属は複雑な問題である。この複雑さが説明を助けるが、それでも戦争法における攻囲の特異な地位をそれが正当化するのではないと私は論ずるつもりである。それはまた、ダブル・エフェクトの原則が役割を演ずる前に答えられなければならない道徳的問題が存在していることをわれわれに理解させる。これらの民間人はどのようにして、いまや彼らが（意図的にまたは偶発的に）殺される場である戦場のそんなに近くにいることになったのであろうか。彼らはそこにみずからの選択でいるのであろうか。それとも、彼らは戦争や死と遭遇すべく強制されたのであろうか。

実際に、都市はその市民の意志に反して——戦場で打撃を受け、市壁の内側に退却する軍隊によって、遠隔地にいる指揮官の戦略的利益に奉仕する外国守備隊によって、あるいは何らかの種類の政治的に強力な少数者である好戦的な人々によって――防守することはできる。もしも彼らが有能な決疑論家☆であるならば、これらのいずれかの集団の指導者は次のように理由をつけるであろう。「他の場所ではなくここで戦うというわれわれの決断の結果として民間人が死ぬだろうということをわれわれは知っている。しかし、殺人を行っているのはわれわれではないし、そのような死はいずれにしろわれわれを益することはないであろう。それはわれわれの目的ではないし、われわれの目的の一部でもなく、われわれの目的のための手段でもない。食糧を徴収し配給することによって、われわれは民間人の生命を救うためにできることのすべてを行うであろう。死ぬ者はわれわれの責任ではない」。明らかに、このような指導者たちはダブル・エフェクトの原則のもとでは非難されえない。しかしそれにもかかわらず――その都市の住民が防守を辞退する限り――彼らは非難されうる。中世の歴史においては、この種の事柄についての多くの事例が存在する。市民は降伏を望み、貴族的戦士は戦いの継続を（市民にではなく）誓約する(5)。このような場合、戦士は市民の死について何らかの責任を確実に負う。攻囲軍は都市外にいるのだから、戦士は都市内での強制の行為主体であり、民間人は両者のあいだで罠にはめられた状態である。しかし、このような事例は、古典期においてと同様、今日稀である。政治的統合と市民的規律が達成されている都市では、住民は防守されることを期待し、攻囲の負担を、必ずしもつねに物質的にではなくとも、精神的に耐える用意がある。同意が防守者に許可を与えるのだが、この同意がなければ防守はありえない。

攻撃する者たちについてはどうであろうか。彼らが条件を付して降伏を提案するものと私は想定する。これは単純に集団的な助命に相応するものであり、つねに提供されるものでなければならない。しかし、降伏は拒絶さ

☆「決疑論」　本書三七頁の訳注を参照。

れる。その場合、二つの軍事的選択肢が存在する。ひとつは、都市の要塞が砲撃され、市壁が強襲される可能性である。疑いなく民間人は死ぬであろうが、攻撃する兵士たちはその死について自分たちには咎がないと正当に言うことができる。彼らは殺人行為をしてはいるが、ある重要な意味において、それらの死は彼らの「行い」ではない。降伏拒絶によって攻撃者たちは免責されたのであり、降伏拒絶は戦争のリスクを受容したこと（あるいは、道徳的責任が降伏を不可能とした防御軍の側に転嫁される）を意味する。しかし、この主張は、正当な軍事活動に実際に付随した死についてのみ妥当する。降伏拒絶は民間人を直接的な攻撃目標に変えるのではない。結果的に民間人のうちのいくらかは都市内における戦争のための活動に動員されるであろうが、降伏拒絶によって民間人は戦争に参加したのではない。彼らは単に彼らの「固有且つ永続的な居所」にいるのであり、攻囲された都市の市民としての彼らの地位は戦争中の国の市民としての地位と何ら異なるものではない。もしも彼らを殺していいのならば、誰を殺してはならないであろうか。しかし、その場合、第二の軍事的選択肢は排除されるように思われるであろう。〔第二の軍事的選択肢とは〕都市は攻囲されてはならず、孤立させられてはならず、そこにいる人々を組織的に餓死させてはならないというものである。

法律家たちも強制と同意をめぐる諸問題が直接的および間接的効果をめぐる諸問題に先行することを承認するものの、彼らは異なる線引きを行ってきた。マキァヴェリの『戦争の技術』からの次の事例を考察してみよう。(6)

アレクサンドロス大王は、レウカディア征服を熱望した。彼はまず、隣接する諸都市の支配者となり、それら諸都市の住民すべてをレウカディアに逃げ込ませた。ついに、その都市は余りにも多くの人々で一杯となったため、飢饉によりアレクサンドロスは時をおかずにその都市を陥落させた。

マキァヴェリはこの戦略を強く支持したが、この戦略が軍事的慣行において受容されることは決してなかった。さらに、単純に軍事作戦のために都市郊外の障害物を除去するため、あるいは攻囲軍が食糧を与える余裕がない人々を追い出すというように、強制的移住の目的がアレクサンドロスの目的よりも慈悲深いとしても、この戦略は受容されない。アレクサンドロスがそのような動機から行動し、そしてレウカディアを攻撃により奪取したとしても、避難民のいかなる付随的な死亡についても、強制的にそれらの者を戦争のリスクにさらしたのは彼であるから、依然として彼の特別な責任となるであろう。

法的規範は現状（*the status quo*）である。[7] 攻囲軍の指揮官は、その都市内に常住してきた人々——いわば、自然にそこにいる人々——について責任を負うとみなされず、また自身が責任を負うとも考えない。そこに自発的にいる人々、つまり戦争に関する一般的な恐怖のみによって駆られ、市壁による保護を求めた人々についても同様である。指揮官はそれらの人々をその死地へと強制したのではないから、彼らがどれほど酷い状態で死のうと、また彼らが酷い状態で死ぬことが彼の目的にどれほど役立っていようと、彼はこれらの人々について明確な立場にある。司令官は、彼らを閉じ込める前に、彼らに都市の門をくぐらせたのではない。これは線引きについての理解可能な方法であると私は推測するが、私にはそれが正しい方法であるとは思われない。困難な問題は、攻囲を完全に排除することなく異なる線引きが可能であるかというものである。攻囲戦に関する長い歴史の中で、この問題は特有の形式をとっている。すなわち、都市が包囲された後に、民間人がみずからを飢餓から救い、集団的な食糧供給に対する圧力を緩和するために、彼らが都市を去ることを許されるべきかである。より一般的には、民間人を攻囲された都市に閉じ込めることは、彼らを都市に追い込むことと道徳的には同一ではないのか。そして、もしそうであるとするならば、戦い、飢えるために残る者が残ることを選択したのであると本当に言いうるようにするため、民間人は都市から出されるべきではないだろうか。エルサレム攻囲のあいだ、エルサレムから逃げ出したすべてのユダヤ人を磔刑に処するようティトゥスは命じた。それは、ヨセフスが彼の物語の中で、彼の新しい主人のことで謝罪する必要を感じる一点である[8]。しかし、ここで私は現代の一例に向き合いたい。なぜならば、これらの諸問題が第二次世界大戦後のニュルンベルク裁判所によって直接的に論じられたからである。

退去権

レニングラード攻囲

一九四一年九月八日に前進するドイツ軍によりレニングラードが東方への最後の道路と鉄道の連結を断たれたとき、レニングラードは三〇〇万人を超える人々を抱え、そのうちの約二〇万人が兵士であった[9]。これは概ねこの都市の平時の人口であった。約五〇万人が攻囲開始以前に疎開させられたが、バルト諸国、カレリア地峡、レニングラードの西方および南方の郊外からの難民によってその数は相殺されていた。これらの人々は引き続き移送され続けなければならなかったし、その都市からの疎開自体も速められなければならなかった。ソヴィエト当局は恐ろしいほどに非効率的だった。しかし、疎開はつねに困難な政治問題である。早期に、かつ大規模に避難を組織することは敗北主義に思われる。それは都市の前の防衛線を軍が維持できないであろうと認めたことになるからである。さらに、資源と労力が軍事的防衛に集中されねばならないときに、疎開は巨大な努力を必要とすると通常言われている。そして、危険が切迫しているときですら、それは民間人の抵抗にあう可能性がある。政治は二種類の抵抗を生み出す。敵を歓迎し、敵の勝利から利益を得ることを希望する者からの抵抗と愛国的奮闘から「脱走する」ことを望まない者からの抵抗である。不可避的に、疎開を組織しているまさにその当局も脱走を不名誉に思わせるようなプロパガンダ活動を行う。しかし、より大きな抵抗は、土地と血縁に深く根ざした、非政治的な性格のものである。すなわち、自分の家を離れること、友人や家族から離れること、難民になること、これらをひとは望まないのである。

ここにあげた理由のすべてにより、九月八日以後にレニングラード市民の大部分が同市に閉じ込められたことは、攻囲の歴史において異常なことではない。また、彼らは蟻の這い出る隙間もなく閉じ込められたのでもない。ドイツ軍はラゴダ湖の西岸でも東岸でもフィンランド軍と合流することはできず、そのため当初はボートで湖を横断し、湖が凍結したときは〔氷の厚みに応じて〕徒歩、橇、貨物自動車の順に、ロシア内陸部への疎開経路が残されていたのである。しかしながら、大規模な護送車両部隊の組織が可能となる（一九四二年一月）まで、極めて少数の人々が脱出できただけであった。より直接的な疎開経路が利用可能であった——それはドイツ軍前線を通るものであった。攻囲は、レニングラード南部に大きな弧を描いて維持されたために、長さは長距離にわたっていたが、場所によっては手薄でかろうじて保たれていた。民間人が徒歩で前線をすり抜けることは可能であったし、市内で絶望感が増大するにつれて、数千人がそれを試みたのである。これらの試みに対して、ドイツ軍司令部は、最初に九月一八日に発せられ、その二ヶ月後に繰り返された、脱出をいかなる代償を支払っても阻止せよとの命令により応えた。「歩兵部隊が民間人を……射撃しなくても済むよう、われわれの前線から最大限の距離をもって、可能な限り早期に砲門を開くことによって、かかる企図のいかなるものをも阻止するために」大砲が使用されるべきであった。[10] この命令の直接的・間接的結果として何人の民間人が死亡したのかについての報告を私はひとつも見つけることができなかった。また、歩兵が実際に銃口を開いたのか否かも私は知らない。しかし、ドイツ軍の努力が少なくとも部分的には成功を収めたと仮定するならば、砲撃音や射撃音を聞きながら、多数の脱出志望者が市内に留まったに相違ない。そして、そこで彼らの多数が死んだ。一九四三年に攻囲が終了する以前に、百万人以上の民間人が飢餓と病気により死亡したのである。

ニュルンベルクでは、一九四一年六月から一二月に北部方面軍を指揮し、それゆえにレニングラード攻囲作戦の最初の数ヶ月について責任を負った陸軍元帥フォン・レープは、九月一八日の命令を理由として正式に戦争犯罪で起訴された。[☆1]弁護においてフォン・レープは、彼が行ったことは戦時における慣習的慣行であったと主張し、判事たちは、法律入門書を参照した後に、〔フォン・レープの主張への〕同意へと導かれた。彼らはアメリカの国際法の権威であるハイド教授を引用した。「攻囲された場所の指揮官が、食糧の備蓄を消費する者の人数を減少させるために、非戦闘員を退去させるならば、降伏を早めるためにそれらの者を追い返すことは、極端な方法ではあるものの、合法である」[(11)]。「退去させられた」民間人と自発的に立ち去る民間人を区別する何らの努力も払われなかったし、またおそらくその区別はフォン・レープが有罪か無罪かには無関係である。いずれの場合にも攻囲された軍隊にとっての利益は同一であろう。攻撃者に、それが可能な場合には、その利益を阻止することを、戦争法は許容している。「法が別のものであることをわれわれは望むかもしれないが、われわれが発見する法のままに法を執行しなければならない」と裁判官は述べた。そして、フォン・レープは無罪を宣告されたのである。

民間人が攻囲された都市から退去することを許可された事例を裁判官は発見できたはずである。普仏戦争中に、スイスはストラスブールから民間人を限定的に疎開させることに成功した。一八九八年のサンチアゴ砲撃命令の前に、アメリカ軍指揮官は民間人に同市から退去することを許可した。日本軍は一九〇五年に旅順に閉じ込められた非戦闘員のために自由な脱出路を申し出たが、この申し出はロシア当局によって受け容れられなかった。[12] しかしながら、これらの事例はいずれも攻撃する側が強襲によって都市を奪取する見込みを有していた事例であり、何らの費用も伴わない人道的態度を指揮官たちが示そうとした——指揮官たちは自分たちが非戦闘員の諸権利を承認しているとは言わなかったであろう——のである。しかし、防守する側が緩慢な飢餓にさらされつつ、待ち続けられる場合には、先例は異なる。一八七七年の露土戦争中のプレヴナ攻囲はよりいっそう典型的である。[13]

オスマン・パシャ☆2の食糧供給が滞り始めると、彼は市内にいた老いた男女を集合させ、ソフィアまたはラコヴォへの彼らのための自由通行を要求した。グルコ将軍［ロシア軍指令官］は拒絶し、彼らを送り返した。

☆1　「フォン・レープ」Wilhelm Ritter von Leeb（1876-1956）．ドイツの軍人。第二次世界大戦でC軍集団司令官を務めたが、独ソ戦の最中にヒトラーと対立して解任された。最終階級は陸軍元帥。ニュルンベルク裁判では誤った証拠に基づいて起訴され懲役三年の判決を受けたが、捕虜となってすでに三年が過ぎていたため釈放された。

☆2　「オスマン・パシャ」Osman Pasha（1832-1900）．トルコの軍人。露土戦争のプレヴナ防衛戦は人類史上始めて、塹壕にこもった小銃をもつ兵士に、同じく小銃と手榴弾だけをもつ歩兵が攻撃したケースである。ロシア軍に完全包囲され、救出軍もなく、プレヴナからソフィア方面に出撃することを決心したオスマン・パシャは激戦の末、みずからも重傷を負い降伏する。この降伏が露土戦争の転換点となった。パシャは休戦協定成立後ロシアから英雄として帰還しスルタンからガーズィー（常勝将軍）の称号を受けた。一八九三年から九七年まで陸相を務め、トルコ軍の近代化にも功績を残した。

この事例を引用する国際法研究者は、次のようにコメントを付している。「彼の計画に損害を与えることなく、彼は他のことを行いえなかった」。陸軍元帥フォン・レープはグルコ将軍の輝かしい事例を思い起こしていたのかも知れない。

グルコやフォン・レープの両者に対抗して提示される必要がある議論は、九月一八日のドイツ軍の命令の文言により示唆されている。レニングラードに戻るならば死んでしまうであろうと確信した多数のロシア人民間人が、砲火にもひるむことなく、ドイツ軍前線に向けて前進したと仮定しよう。歩兵隊は彼らに発砲したであろうか。士官たちには明らかに確信はなかった。その種類の事柄は、ヒトラーの軍隊においてすら、特殊な「死の軍団（death squads）」の仕事であって、通常の兵士の仕事ではなかった。確かに何らかの嫌気、あるいは何らかの拒絶すらもが存在したであろうし、確かに拒絶することは正しいことであったであろう。あるいは、これらの同一の難民が殺されないものの、一斉に捕えられ、投獄されたと仮定してみよう。攻囲された都市の指揮官に対して、彼が降伏するまでそれらの人々は食糧もないままに拘束され、組織的に餓死させられるであろうと通告することは、戦争法のもとで認容されえたであろうか。これを認容されえないものと裁判官が判示したであろうことには（裁判官がときに捕虜を殺害する権利を承認したにしろ）疑念の余地はない。裁判官は、私が仮定したような別の事例なら、フォン・レープが実際に監禁した人々について彼に責任があることに疑念を持たなかったであろう。しかし、都市の攻囲はそれとどう違うのか。

都市の住民は、その市壁内に住むことを彼らが自由に選択したものの、攻囲のもとで生活することを選択したのではない。攻囲自体は強制の行為であって、現状原則の侵害であり、攻囲軍の指揮官がどのようにしてその効果についての責任を免れうるのか私は理解できない。市内の民間人や兵士が降伏を拒絶するという点で政治的に団結しているとしても、攻囲軍の指揮官は全面戦争を遂行する何らの権利も有しない。攻囲のもとで民間人を組織的に飢餓にさらすことは、「慣習により許容されているものの、慣習がそれにより規定されている原則の紛れもない侵害である」(14)ような軍事行動のひとつである。

唯一正当化可能な行動は、私が思うに、哲学者マイモニデス☆により一二世紀にまとめられた攻囲に関するタルムード法（マイモニデス版は一七世紀にグロティウスにより引用されている）の中で示されている。「占領を目的としてある都市が攻囲されるとき、みずからの生命を救うために逃げ出そうとする者に脱出の機会を与えるために、都市は四面すべてを囲まれてはならず、三面のみが許される……」(15)。しかし、これは救いようがないほど無邪気であるように思われる。どのようにして三面で一都市を「囲む」ことが可能であろう。そのような一文は、みずからの国家もみずからの軍隊も有しない人々〔つまりユダヤ人〕の文献の中にのみ現れうると言えよう。それは軍事的観点からではなく、難民の観点から提示された議論である。しかしながら、それは極めて重要な点、すなわち、攻囲の恐怖の中で人々は難民となる権利を有するということを示している。そうだとすると、もしもそれがいやしくも可能であるならば、攻囲軍はそれらの人々の逃避のための道を開く責任を負うと言われなければならないのである。

実際の局面では、多くの人々が退去することを拒絶するであろう。私は攻囲のもとにある民間人を罠におちた、捕虜のような人々として描いてきたが、都市における生活は捕虜収容所における生活とは異なるのであって、それより極めて劣悪でも、極めて良好でもある。ひとつには、そこに為されなければならない重要な仕事が存在す

☆「マイモニデス」Maimonides（1135-1204）．本書三三二頁の訳注を参照。

るからであり、それが為されなければならない共通の理由が存在するからである。攻囲された都市は集合的ヒロイズムのアリーナであり、土地への通常の愛情が消え去った後でさえも、脅威にさらされた都市で培われた感情の働きは、少なくとも若干の市民にとっては、立ち去るのを困難とする。[16] もちろん、軍隊にとって本質的な役務を提供している民間人は立ち去ることを許されない。彼らは事実上徴兵されているのである。それゆえに彼らは、攻囲における民間人の英雄たちと並んで、徴用以降は軍事攻撃の正当な目標である。自由な脱出路の提供は、その都市に留まることを選択する人々や留まるよう強制される人々のすべてを、仮にそれらの人々が彼らの「固有且つ永続的な居所」にいるだけだとしても、何か守備兵のような存在に変える。彼らはみずからの民間人としての権利を放棄したのである。この場合、人々が、保護された民間人であり続けるためには故郷を捨てなければならないということは、戦争が強圧的であることのもうひとつの証左である。しかし、それは攻囲軍の指揮官に対する非難ではない。指揮官が彼の包囲線を民間人である難民に開くとき、彼は彼自身の活動の直接的強圧性を縮減しているのであり、またそれを行ってから、彼はおそらくその活動（それが何らかの重要な軍事的目的を有するものと仮定して）を継続する権利を有するのである。自由脱出を提供することで、彼は民間人の死に対する責任を免責されるのだ。

この点において、議論はよりいっそう一般的なものとされる必要がある。われわれが攻囲（そして、後にわれわれが見るようにゲリラ戦）のような民間人を密接に巻き込む戦争の形態について価値判断を下すとき、強制と同意の問題は直接性と間接性の問題に対して優先されなければならないということを私は示唆してきた。どのようにして民間人が軍事的危険にさらされた地点に到来したのかをわれわれは知りたい。彼らに対していかなる力が行使されたのか、いかなる選択を彼らは自由に行ったのか。〔これらについては、次のような〕幅広い可能性が存在する。

（1）彼らは彼らの表向きの防守者により強制されているのであり、その場合それら防守者は、仮に彼らを殺害することはないとしても、発生する死について責任をともに負担しなければならない。

（2）彼らは防守されることについて同意し、そうすることで防守軍の軍事指揮官は責任を免れる。

（3）彼らは攻撃者により強制され、危険にさらされた場所に駆り立てられ、殺されたのであり、その場合はいずれにしろ犯罪なのであるから、その殺害が攻撃の直接的効果であるのか付随的効果であるのかは問題とならない。

（4）彼らは強制されたのではないが、攻撃されたのであり、つまり、彼らの「自然な」場所で攻撃されたのであって、この場合にダブル・エフェクトの原則が適用され、飢餓による攻囲は道徳的に受け容れられない。

（5）彼らは攻撃者により自由脱出を提供され、それ以後留まる者は、直接的であれ間接的であれ、殺されても正当である。

後に私は修正を加えるものの、これらの中では最後の二つが最も重要である。ニュルンベルクにおいて陳述され、あるいは再陳述されているように、それらは、当時の法の明確な破棄を必要とする。そして、それによって私が一般的に受容されていると考える原則、すなわち、兵士は民間人が戦闘地域から退去することを援助する義務を負うという原則を確立し、実質を与えることとなる。攻囲の場合には、戦闘自体が道徳的に許されるのは、兵士がこの義務を満たすときのみであると、私は言いたい。

しかし、このようなことが軍事的にまだ可能であろうか。自由脱出が提供され、相当な数の人々によって受け容れられたならば、攻囲軍はある種の不利な条件の下に置かれる。今やその都市の食糧供給ははるかに長く継続するであろう。過去において攻囲軍指揮官が受け容れることを拒絶してきたものが、まさにこの不利な条件なのである。しかしながら、この不利な条件が戦争慣例によって課される他の不利な条件とは異なる種類のものであるとは、私には思われない。それによって攻囲作戦がまったく実行不可能になるわけではなく、幾分難しくなるだけであって――近代国家の無慈悲さを勘案するならば、取るに足りない程度に難しくなるだけであると言わねばならない。なぜならば、攻囲されている都市における多数の民間人の存在が軍隊への供給に影響を与えることは許されそうにないからである。そして、レニングラードの例が示唆するように、民間人の多数の死亡が都市の防守に影響を与えることは許されそうにない。レニングラードにおいて、民間人は餓死したが、兵士たちは飢えなかったのである。他方で、ラゴダ湖が充分に凍結すると民間人はレニングラードから疎開させられ、食糧供給は同市にもたらされた。異なった状況において、自由脱出は、都市に対する正面攻撃を強いたり（なぜならば、攻囲軍も供給問題を有するであろうから）、攻囲期間の大幅な延長を強いるというように、より大きな軍事的相違をもたらすこともあろう。しかし、これらは受容可能な結果であり、攻囲軍指揮官が事前にそれらについて計画していなかった場合に、彼の計画にとって「有害」であるにすぎない。いずれにしろ、彼が天に向けて手を差し上げ、彼が殺す民間人について「それは私の仕業ではない」と（おそらく、彼が欲するであろうように）言いたいならば、彼は民間人に退去する機会を申し出る以外の選択肢は持たないのである。

目的の設定とダブル・エフェクト説

しかしながら、たとえば、侵攻軍が農作物と食糧の組織的破壊に着手した場合、あるいは海上封鎖により死活的に必要とされる物資の輸入が断ち切られた場合のように、一国全体が攻囲の状況に陥った場合、この問題はより困難となる。ここでは自由脱出は実行可能な選択肢ではなく（それには大規模な移住が必要となろう）、責任に関する問題が若干異なった形態をとる。供給の確保と拒絶をめぐる闘争が現代の戦争と同様に古代の戦争においても共通の特徴であることは、再度強調されなければならない。それは近代的な戦争法が形成されるはるか以前に立法の主題であった。たとえば、「申命記」は果樹を切り倒すことを明示的に禁じている。「ただし実を結ばない木とわかっている木は切り倒して、あなたと戦っている町にむかい、それでもってとりでを築く……ことができる」(17)。しかし、この禁止を尊重した軍隊はほとんどないように思われる。ギリシアでは明らかにそのような禁止は知られていなかった。ペロポネソス戦争中、オリーヴ果樹園の破壊は侵攻軍の事実上最初の活動であった。カエサルの『ガリア戦記』から判断するならば、ローマ人は同じ方法で戦った(18)。初期近代においては、農作物の科学的な破壊が可能となるはるか以前に、戦略的荒廃という考え方は軍隊指揮官のあいだでは一種の伝統的な知恵であった。「［三十年戦争において］帝国軍がその地の軍事用の産物を入手できないようにするために、プファルツ☆1は荒廃させられた。［スペイン継承戦争において］マールバラ☆2は同様の目的のためにバイエルンの農場と農作物

☆1　「プファルツ」　ファルツとも日本語表記される。英名 Palatinate。神聖ローマ帝国内のライン川中流部両岸の地域（現在のラインラント・プファルツ州）にあたる下プファルツとバイエルンの高地を占める上プファルツからなるプファルツ伯の領地であり、三十年戦争では上プファルツが失われた。

を破壊した……」[19]。南北戦争においてシェナンドア峡谷は荒廃させられた。シャーマン将軍のジョージア行軍の際の農園焼却は、とりわけ、南部連合軍を飢餓にさらすという戦略目標を有していた。より進歩した技術を有するわれわれ自身の時代には、ヴェトナムの広範な地域が類似の破壊行為のもとに置かれたのである。

このような取り組みは、その間接的効果が何であれ、敵の武装軍隊に対してのみ向けられるべきであることを、現代の戦争法は要求している。都市内の民間人は正当な目標であると考えられてきたが、民間人全般はそうではない。数においては膨大であるが、彼らは戦略的荒廃の偶発的犠牲でしかない。ここでの許されうる軍事的目的は、敵軍への物資供給を不可能とすることであり、将軍たちが――民間の住民を「罰する」ことにより戦争を終了させようと試みたシャーマン将軍のように――その目的を逸脱するならば、彼らは通例、非難されてきたのである。そうあるべきであるのはなぜかを理解することは簡単であるが、そうであるのはなぜかについては、私は確信を持てない。自由脱出が不可能である場合には、民間人に対するいかなる直接的攻撃も排除されるのである。しかしながら、このことは民間人にとって大きな保護とはならない。なぜならば、まず民間人への補給を破壊しなければ、軍事的な補給を破壊することはできないからである。道徳的に望ましいルールはスペイトによって次のように述べられている。「南部連合諸州や「ボーア戦争中の」南アフリカにおいて存在したような特別な条件の下で……敵がみずからの糧食を非戦闘員により保持されている穀物等の余剰に依存しているならば、指揮官は戦争の必要によりその余剰を破壊または没収することを正当化される」[20]。しかし、そのことは軍隊が民間人の余剰だけを食べて生きている場合には妥当しない。よりありそうなのは、軍隊が食糧供給を受けた後に残されたものので、民間人が何とかするように強制されるという場合である。したがって、戦略的荒廃は「軍需品」を目標にするものではないし、またそういったものではありえず、食糧供給一般を目標とするのである。そして、民間人は兵士たちが苦境を感じるはるか以前に苦難を被る。しかし、その苦難を押し付けているのは誰なのであろうか。備蓄食糧を破壊する軍隊であろうか、それとも残されたものを自己のために没収する軍隊であろうか。この疑問は、イギリス政府による第一次世界大戦正史の中でとりあげられている。

イギリスによるドイツ封鎖

封鎖は、その起源においては、単純に海上攻囲、すなわち、全船舶の封鎖地域（通常は主要港）への出入りを禁じて、可能な限りすべての物資供給を絶つという「海上における包囲（investment by sea）」であった。しかしながら、この遮断を一国全体の貿易に拡張することが法的または道徳的に正当化可能であるとは考えられなかった。敵国の経済活動は正当な軍事目標とは決してなりえないという見解を、一九世紀のほとんどの注釈家たちは共有していた。もちろん、軍需品供給の拒絶は許容されていたし、公海上の船舶の停止および捜索の可能性を前提として、戦時通商の規制のための精巧な規則が発展させられた。「禁制品」として区分され、没収に服する物品の一覧表が、交戦国により定期的に公表された。これらの一覧表はより長く、より包括的になる傾向にあったが、海戦法規は、軍用であることが確実でない限り捕獲されえない「条件付禁制品」（食糧と医療品を含むと一般的に考えられる）の範疇の存在を定めた。これに関連する原則は、戦闘員／非戦闘員の区別の拡張であった。「商

☆2 「マールバラ」 John Churchill Marlborough（1650-1722）．イギリスの軍人。ジェームズ二世に重用されていたが、名誉革命ではウィリアム三世を支持。アン女王に見込まれイギリス・オランダ連合軍の総司令官となり、スペイン継承戦争に参加し、一七〇四年のブレンハイムの勝利でルイ一四世の野望を挫き国民的英雄となった。

品の捕獲は、それが［敵］国の海軍および陸軍の資源を弱体化することが目的でなくなり、民間住民に直接的な圧力を加えるようになるや否や、不当なものとなるのである」(21)。

第一次世界大戦の最中に、これらの規則は二つの方法、すなわち、まず封鎖の観念を拡張することにより、次にすべての条件付禁制品について軍事的使用を想定することにより、骨抜きにされた。その結果が全面的な経済戦争、つまり、その目的や効果において戦略的荒廃に類似する物資供給をめぐる闘争であった。ドイツはこの戦争を潜水艦を用いて行い、少なくとも海面を制したイギリスはドイツの沿岸すべてを封鎖する通常の海軍力を用いた。このとき勝利を収めたのは、通常兵器の方である。護送輸送船団方式が最終的に潜水艦の脅威に打ち勝ったが、リデル＝ハート☆1によれば、封鎖がドイツ敗北の決定的要因であったとされている。リデル＝ハートは、「最終的崩壊に終わる緩慢な弱体化の亡霊」が一九一八年の破滅的攻撃を行うよう最高司令部を駆り立てたと論じている(22)。より直接的でより非軍事的な帰結も封鎖にその原因を求めることが可能である。一国の「緩慢な弱体化」は不幸にも個々の市民の実際の死をもたらす。その戦争の最後の数年間にドイツでは民間人が餓死することはなかったが、大規模な栄養失調が疾病の通常の影響力を高めた。戦後に実施された統計的研究は、インフルエンザやチフスといった疾病を直接的原因とする五〇万人程度の民間人の死亡を示しているが、それは実際にはイギリスによる封鎖により生じた欠乏に起因したものであった(23)。

イギリスの当局者は封鎖を、ドイツ軍の潜水艦戦に対する復仇と称することによって法的に弁護した。しかしながら、われわれの目的にとってより重要なことは、物資供給の遮断がドイツ民間人を目的としていたことを彼らが一貫して否定したことである。正史が述べているように、内閣は「敵の武力に対して」向けられた「限定的経済戦争」のみを計画した。しかし、ドイツ政府は「軍隊と彼らに向けられた経済上の兵器〔封鎖〕とのあいだにドイツ国民を挿み込むことによって、そして負わされた苦難を一般民衆に耐えさせることによって」その抵抗を維持したのである。(24) この一文は嘲笑を誘うが、それでも海上封鎖（または陸戦における戦略的荒廃）について他のいかなる弁護も想像することは難しい。この議論のカギは「負わされた」という受動態の動詞である。誰がそれを負わせたのか。船舶を停止し、積荷を没収したのはイギリス人だが、彼らではない。彼らはドイツ軍のみを狙い、軍事的目標のみを追求したのである。そして、正史編纂者はドイツ人自身が民間人を経済戦争の前線へと押し出したことを——あたかもソンムの戦い☆2においてドイツ軍が民間人を敵陣近くの塹壕へと駆り立てたかのように——示唆している。そこではイギリス軍は正当な軍事作戦の過程において彼らを殺すほかはなかったというのである。

われわれがこの議論に従おうとするならば、実際にイギリス軍はドイツ民間人の緩慢な餓死から得た利益を目的としなかったなどという、ありそうもないことをわれわれは前提としなければならないであろう。このお目出度い盲目性を見れば、それらの民間人の死についてイギリスが無罪であるという主張は、最終的には受け容れ難

☆1　「リデル＝ハート」Liddell Hart（1895-1970）．二四五頁の訳注を参照。

☆2　「ソンムの戦い」the Battle of Somme．第一次世界大戦最大の会戦。一九一六年七月一から同一一月一九日までフランス北部のピカルディ地方を流れるソンム河畔の戦線において展開された。西部戦線の塹壕戦の膠着を打開しようとしたもので、イギリスとフランスの連合軍がドイツ軍に対する大攻勢をしかけた。ドイツ軍の防衛陣地は守りが固く、七月一日の攻撃は失敗に終わる。イギリス軍は戦死一万九二四〇人、戦傷五万七四七〇人ほかの損失を被り、戦闘一日の被害としては大戦中でもっとも多い。最終的には両軍合わせて一〇〇万人以上の損害を出した。当時の新兵器であった戦車が投入された戦いとしても知られている。

いものの、少なくとも興味深い。何よりもまず、英国正史編纂者がこの主張を、民間人を餓死させる（攻囲の場合に当てはまる）戦争法上の権利を単純に主張するよりも、このような複雑な形式で行っていることが興味深い。第二に、イギリスの無罪がドイツ人に対する告発に極めて根本的に依拠しているために、その主張は興味深い。修正されたダブル・エフェクト原則が彼らの採用した戦略を禁じているのであるから、「民間人の挿み込み（interposition）」なくしては、イギリスの言い分は通らないのである。

もちろん、ドイツ政府が封鎖と軍隊とのあいだに民間人を「挿み込んだ」と述べることは誤りである。民間人は、彼らがそれまで暮らしてきた場所にいただけである。もし彼らが国内食糧供給線内の軍隊の背後にいたとするならば、そこが彼らがつねに存在してきた場所なのである。資源に対する軍隊の優先権主張は封鎖の危急性に対応するために創出されたのではない。さらに、少なくとも戦争のまさに最後の数ヶ月まで、おそらくドイツ人の大半によってその主張は受け容れられていた。それゆえ、イギリス軍が敵軍を狙ったとき、民間人がそこに存在すること、そして民間人がみずからの通常の場所、すなわち、「固有かつ永続的な居所」にいることを知りつつ、民間人を通り越して（*through*）目標を狙っていたのである。ドイツ軍との関係においては、ドイツの民間人は、イギリスの民間人がイギリス軍と有していたのとまったく同一の関係に置かれていた。イギリスは彼らドイツ民間人を殺すことを意図していなかったであろう。彼らを殺すことは（仮に、われわれが正史を真面目にとらえるならば）、内閣によって設定された目標のための手段ではなかった。しかし、イギリスの戦略の成功が民間人の死に依存していなかったとしても、それにもかかわらず、それらの死を回避するために何の手も打たないことをその戦略は必要としたのである。兵士たちに弾が当たる前に、民間人に弾が当たらなければならなかったのであって、この種の攻撃は道徳的に受け容れ難い。兵士は彼の軍事目標を注意深く狙わなければならず、非軍事目標を避けるようにしなければならない。彼は、彼が確実に命中させることができるとする判断がもっともである場合にのみ、射撃することが許される。直接攻撃が可能な場合にのみ、攻撃することが許される。彼は偶発的な死のリスクを冒すことはできるが、自分自身と敵とのあいだに民間人がいたからという単純な理由によって、民間人を殺すことは許されないのである。*

*しかしながら、「挿み込み」（または強制）の問題がまず解決されなければならないということは、依然として真実である。一八七〇年の普仏戦争からの事例を考察せよ。パリ攻囲のあいだ、フランス側は、ドイツ軍への軍事物資を運搬する列車を攻撃するために、非正規兵を敵の前線内で使用した。ドイツ側は列車内に民間人の人質を置くことで応えた。今や「確実に命中させる」ことは、それが依然として正当な軍事目標であっても、もはや不可能であった。しかし、列車内の民間人は彼らが通常いる場所にいるのではなかった。彼らは本来的に強制されたのである。そして、仮に彼らの死が現実にはフランスによってもたらされたとしても、彼らの死についての責任はドイツ軍指揮官にある。この点については、*Anarchy, State and Utopia*, p.35 におけるロバート・ノージック（Robert Nozick）の「脅威の無辜なる盾（innocent shields of threat）」を参照のこと〔嶋津格訳『アナーキー・国家・ユートピア』、木鐸社、五五頁。ちなみに同訳書では「脅威（者）の罪なき盾」と訳されている〕。

この原則は、非戦闘員のための充分な供給を行うことが可能であり、それが実際に行われる場合を除いて、海上封鎖の拡張された形態やあらゆる種類の戦略的荒廃も排除する。それは、戦争において、少なくとも戦闘員間で、共通して受容されてきた原則ではない。しかし、私が思うに、それは他の戦争慣例の要素にも合致するし、現代戦の重要な形態自体との関連において、道徳的理由と同様に政治的理由によって、徐々に受容されてきた。

農作物と食糧の組織的破壊は対ゲリラ戦において頻繁に用いられる戦略であって、そのような戦いに従事する諸政府が問題となる領域や住民に対する主権を一般的に主張するゆえに、そうした政府は民間人への食糧供給についての責任を受け容れる傾向がある（これは民間人がつねに食糧を供給されてきたということを意味はしない）。まさにここに含まれる事柄を、私は次章で考察するつもりである。ここでは、攻撃軍が民間人をリスクにさらす戦略を採用する場合にはつねに、それらの者に対して主権が主張されない敵側の民間人ですらも攻撃軍の責任となることを私は論じてきたのである。

【原注】

（1）*The Works of Josephus*, trans. Tho. Lodge（London, 1620）: *The Wars of the Jews*, Bk. VI, ch. XIV, p. 722〔秦剛平訳『ユダヤ戦記　3』、山本書店、一〇五―六頁。なおウォルツァーは Bk. VI, ch. XIV と記しているが該当箇所は Bk. V, ch. xiiである〕.

（2）たとえば、次の素晴らしい回想録を参照のこと。Elena Skrjabina, *Siege and Survival: The Odyssey of a Leningrader*（Carbonville, Ⅲ., 1971）.

（3）Charles Chaney Hyde, *International Law*（2nd rev. ed., Boston, 1945）, III, 1802.

（4）*The Works*, p. 722〔前掲書、一〇七頁〕.

（5）そのような場合における貴族的義務に関して、次の文献がある。M. H. Keen, *The Laws of War in the Late Middle Ages*（London, 1965）, p. 128.

（6）*The Art of War*, trans. Ellis Fameworth, rev. with an intro. By Neal Wood（Indianapolis, 1965）, p. 193〔服部文彦・澤井繁男訳「戦争の技術」、『マキァヴェッリ全集　1』、筑摩書房、二五〇頁〕.

（7）次の議論が最も優れている。Spaight, *War Rights*, pp. 174 ff.

（8）*The Works*, p. 718〔前掲書、九四—九五頁〕.

（9）私は次の文献に従う。Leon Goure, *The Siege of Leningrad*（Stanford, 1962）.

（10）Leon Goure, p. 141; *Trials of War Criminals before the Nuremberg Military Tribunals*（Washington, D. C., 1950）, XI, 563.

（11）引用は次の文献からのものである。Hyde, *International Law*, III, 1802-03.

（12）Spaight, pp. 174ff.

（13）Spaight, pp. 177-78.

（14）Hall, *International Law*, p. 398.

（15）*The Code of Maimonides: Book Fourteen: The Book of Judges*, trans. Abraham M. Hershman（New Haven, 1949）, p. 222; Grotius, *Law of War and Peace*, Bk. III, ch. XI, section xiv, pp. 739-40.

（16）Skrjabina, *Siege and Survival*, "Leningrad"を参照のこと。

（17）*Deuteronomy* 20: 20〔「申命記」二〇章二〇〕.

（18）*Hobbes' Thucydides*, pp. 123-24（2:19-20）; *War Commentaries of Caesar*, trans. Rex Warner（New York, 1960）, pp. 70, 96（*Gallic Wars* 3: 3, 5: 1）.

（19）A. C. Bell, *A History of the Blockade of Germany*（London, 1937）, pp. 213-14.

（20）Spaight, p. 138.

（21）Hall, *International Law*, p. 656.

（22）B. H. Liddell Hart, *The Real War: 1914-1918*,（London, 1937）, p. 473.

（23）この研究はドイツの複数の統計学者により行われたものであり、結果はベルにより受容されている。しかしながら、これらの結果をイギリスによる封鎖の「成功」のしるしとみなすことには、ベルは若干消極的である。p. 673を参照のこと。

(24) Bell, p.117. 同一の論理がフランスの歴史家により展開されている。Cf. Louis Guichard, *The Naval Blockade: 1914-1918*, trans. Christopher R. Turner（New York, 1930）, p. 304.

第一一章　ゲリラ戦

軍事占領に対する抵抗

パルチザンの攻撃

奇襲はゲリラ戦の本質的な特徴であり、待ち伏せ攻撃は古典的ゲリラ戦術である。もとよりそれは在来型戦争の一戦術でもある。待ち伏せにともなう潜伏と偽装は、将校や紳士にとってはかつては嫌悪を催すものであったが、戦闘の正当な形態として長きにわたって認められてきた。しかし在来戦において正当とみなされない種類の待ち伏せ攻撃がひとつある。それはゲリラ部隊とその敵がいつも出くわす道徳的な困難性を明確に提起するものである。自然の、というよりむしろ政治的遮蔽物や道徳的遮蔽物のかげに隠れる待ち伏せがそれである。ひとつの例は、ドイツ陸軍大尉ヘルムート・タウゼントによって示されたもので、マルセル・オフュルスのドキュメンタリー映画『哀しみと憐れみ』に描かれている。☆タウゼントはドイツ占領時代にフランスの田舎を行軍していた一個小隊について語っている。ドイツ兵たちは芋掘りをしているフランス人の農夫、ないしは農夫のように見えた若い男たちの一団のそばを通り過ぎた。しかしその男たちは実際には農夫ではなくレジスタンスの一員であった。ドイツ兵が通り過ぎた後、その「農夫たち」はシャベルを投げ捨て、畑に隠してあった銃を取り出して発砲した。兵士のうち一四名が撃たれた。数年後になっても、この大尉は依然として憤っていた。「それが『パルチザン』の抵抗だって。私はそうは思わない。私にとってパルチザンというのは、彼らを識別できる何かを、特別の腕章か帽子を身につけた人々のことを言うのだ。芋畑で起こったことは殺人だ」(1)。

腕章と帽子に関するこの大尉の議論は、ハーグおよびジュネーヴ諸条約すなわち戦時国際法からの単なる引用であるが、私はこれについては後でさらに言及するつもりである。まずここではパルチザンが二重に偽装していたことに注目することが重要である。彼らはおとなしい農夫を偽装し、そしてフランス人であることを偽装した。この場合のフランス人とは、降伏した一国家の市民であり、彼らにとって戦争は終了していた。(それはちょうど革命闘争におけるゲリラがみずからを非武装の民間人のように偽装すると同時に、まったく交戦状態にない国家の忠実な市民を偽装したことと同じことである。) 待ち伏せ攻撃がこれほど完全に成功したのはこの二番目の偽装による。ドイツ兵は自分たちが前線ではなく後方にいると考えており、そのため彼らは戦闘準備の態勢になかったのである。彼らは斥候を先行させておらず、畑にいる若者を疑わなかった。パルチザンによる奇襲の成功は、実際の戦闘では実質的にまず不可能であった。その奇襲の成功は、国家の降伏がもたらす保護色と表現することができるものから得られたのであり、その効果は明らかに降伏の基礎となっている道徳的かつ法的了解をむしばむものである。

降伏は明らかにある種の合意と交換である。すなわち兵士個人は戦争の終わりまで恩恵的に隔離されることとの交換に戦いをやめることを約束し、政府は公的生活の平常への復帰と交換に、その市民が戦うことを中止することを約束する。「恩恵的隔離」と「公的生活」の正確な条件は法律書の中で明確に述べられているので、ここで詳説する必要はないと思う。(2) 個々の兵士の義務もまた明確に述べられている。兵士は捕虜収容所から脱走し、あるいは占領地から逃亡を試みることができるし、もし彼らがその脱走や逃亡に成功すれば、再び戦うことも自由である。その場合彼らは戦う権利を再び獲得する。しかし彼らは彼らを収容している隔離施設や占領軍に抵抗することは許されない。もし捕虜が脱走の際に看守を殺害した場合には、その行為は殺人である。もし敗戦国の市民が占領当局を攻撃した場合には、その行為は、「戦時反逆」(ないしは「戦時反乱」)というまことに冷厳な名を冠せられるし、また冠せられていた。そのような政治的信頼の破壊は、反乱やスパイ行為のような通例の反逆と同じく、死刑をもって罰することができるのである。

しかし「反逆者」はこれらのフランス・パルチザンの適切な名称とは思われない。実際にはまさにフランス・パルチザンや第二次世界大戦における他のゲリラ戦士たちの経験が法律書から「戦時反逆」を事実上消滅させる事態をもたらし、戦時の抵抗をめぐるわれわれの道徳的議論から信頼の破壊という考え方を消し去ったのである(そして平時の反乱もまた、それが外国勢力ないし植民地支配に向けられたときには、同様に考えられるようになった)。今日われわれは、個々人がその政府の決定や軍隊の運命に自動的に包摂されることを否定するに至っている。わ

☆「マルセル・オフュルス」Marcel Ophuls (1927-). ドイツ生まれでアメリカに帰化した映画監督・ドキュメンタリー作家。一九六九年に製作され、七一年に公開されたインタヴュー映画『哀しみと憐れみ』で、ヴィシー政権時代のフランス人の対独協力やユダヤ人迫害といった「陰の歴史」を明るみに出し、六〇年代にド・ゴールによって作られた「レジスタンス神話」を打ち砕いた。それ以来、大戦期の歴史を見直す際の焦点はフランスの対独協力の告発に移った。父のマックス・オフュルスも映画監督で「風雲児」、「忘れじの面影」などの作品で知られる巨匠である。

れわれはたとえ戦争が公式には終了した後であっても、祖国と政治共同体を守りたいとの道徳的コミットメントを彼らが感じるかもしれないと理解するようになってきた。(3) 結局のところ、一人の戦争捕虜は、彼が捕らえられても戦闘は続き、彼の政府は存在し、彼の祖国は依然守られ続けていることを知っているのである。しかし国家の降伏の後では問題は異なる。もし守るに値する価値が依然として存在するならば、普通の人々、すなわち何ら特別の政治的地位も法的地位も有さない市民を除いて、誰もそれを守ることはできないのである。私は、そうした価値が存在する、あるいはしばしば存在するというのが一般的感覚であると考えるし、それが故にわれわれは、普通の人々にある種の道徳的権威を与えたいと感じるのである。

この道徳的権威付与は、新しくかつ価値のある民主主義的な感性を反映しているとはいえ、しかしそれがまた深刻な問題を引き起こすことになる。もし敗戦国の国民が戦う権利をまだ持つならば、降伏の意味は何であるのか。そしてどのような責務が征服した軍隊に課せられうるのか。もし占領当局がいついかなる時も、あらゆる市民の手によって攻撃の対象となるならば、占領地域の平常の公的生活は存在しないことになる。そして平常の生活もひとつの価値である。それは敗戦国の国民の大多数が最も強く望むことである。レジスタンスの英雄たちは、平常の生活を危険にさらすのであり、われわれはレジスタンスがみずから引き受けねばならないリスクを理解するために、彼らが他の人々に与えるリスクを比較秤量しなければならない。さらにもし占領当局が実際に毎日の平穏な生活の回復を目的とした場合に、彼らには彼らがもたらした安全を享受する資格があろう。だとすると彼らは武装したレジスタンスを犯罪活動として取り扱わねばならなくなる。かくして私が始めた物語は（映画の中では結末はないが）このように終わることになる。生き残った兵士は態勢を立て直し、反撃することになろう。パルチザンの一部は捕らえられ、殺人者として裁判にかけられ、有罪とされ処刑される。私が思うに、われわれはこうした処刑を、ナチスの戦争犯罪のリストに加えることはないであろうし、同時にその有罪判決に与することもないであろう。

こうして状況は次のように要約することができる。レジスタンスは正当である、そしてレジスタンスの処罰も正当である。これは単に倫理的価値判断を停止し、それを放棄しているように見えるかもしれない。それは実際には軍事的敗北についての道徳的リアリティを正確に反映している。私はわれわれのこうしたリアリティに対する理解が、この〔レジスタンスも、その処罰も正当であるとする〕二つの立場をめぐるわれわれの見解とは無関係であることを再び強調したい。パルチザンを反逆者と呼ぶことなく、われわれはレジスタンスを非難することができる。パルチザンの処刑を犯罪と呼ぶことなく、われわれは占領を憎むことができる。もちろん、われわれがその物語を変更し、手を加えるならば、問題は変わってくる。もし占領当局が降伏合意に盛り込まれた彼らの責務を果たさなければ、彼らは占領者の資格を失う。そしてひとたびゲリラ闘争が一定の深刻さと強度に達した場合には、われわれは戦争が実質的に再開されたと決定することができる。通告が示され、戦線（それがたとえ線ではないとしても）が再び確立され、兵士たちは、たとえ奇襲攻撃をかけられても、それを奇襲と呼ぶ権利はもはやなくなる。かくして占領当局によって捕らえられたゲリラは、――それはつまり、ゲリラが戦争慣例にしたがって戦うということを前提とすればだが――戦争捕虜として取り扱われねばならなくなる。

しかしゲリラはそのような方法では戦わない。ゲリラ闘争は、占領軍やみずからの政府に対してのみならず、戦争慣例それ自体に対しても破壊的である。農夫の格好をし、民間住民のあいだに隠れて、彼らは戦争のルールの最も根本的な原則に挑戦している。そのルールの目的は、個人一人ひとりがひとつの属性を明確にすることである。人は兵士か民間人かのどちらかでなければならない。イギリスの『軍事法規便覧』はこの点についてきわめて明快である。「兵士であるか、民間人であるかが、特権、義務、法的無資格を区別し、……一個人は兵士か民間人のどちらに属するかを明確に選ばねばならないし、両方の特権を享受することは許されない。ことに……敵対国の軍隊構成員を殺傷することが許されない一個人は、したがってもし捕らえられあるいは生命の危険にさらされた場合に、平和的な市民であると主張できる」(4)。しかしながらこれこそゲリラが行う、あるいは時折行うことである。そこでわれわれはパルチザン攻撃の物語のもうひとつの結末を想像することができる。パルチザンは首尾よく戦闘から離脱し、離散して彼らの家へと向かい、平常の仕事に赴く。ドイツ軍部隊がその夜に、その村に到着した時、ドイツ軍はゲリラ戦士と村人の区別ができなかった。ドイツ軍はその後どのようにしたか。もし捜索と尋問——これは警察の仕事であって兵士の仕事ではない——によってパルチザンの一人を捕まえたならば、ドイツ軍は彼を逮捕された犯罪者として扱うべきか、戦争捕虜として扱うべきか〔今は降伏とレジスタンスの問題はとりあえず考えない〕。さらに、もし彼らが誰も捕まえられなかったら、村全体を罰することができるか。もし、パルチザンが兵士と民間人の区別をしないのであれば、なぜドイツ軍がしなければならないのか。

ゲリラ戦士の権利

この例が示すように、ゲリラはみずからが民間人を攻撃することによって戦争慣例を破壊するのではない。少なくとも民間人を攻撃するということが彼らの戦闘の必然的な特徴なのではない。そうではなくてむしろ彼らは敵が民間人を攻撃するきっかけを与えるのである。〔兵士か民間人のどちらであるかの〕単一の属性を受け容れるのを拒否することによって、ゲリラは敵が戦闘員と非戦闘員に「別個の特権と……法的無資格」を許容することを不可能にしようと狙うのである。ゲリラの政治的信念には、兵士か市民かの選択を拒否することの弁明が絶対に必要である。彼らは言う。人民は決して軍隊によって守られない。戦場にいるのは抑圧者の軍隊だけである。人民はみずからを守るのである。ゲリラ戦は「人民の戦争」であり、それは群民蜂起（*levée en masse*）の特別の形態であり、下から権威を付与されているのである。ヴェトナム民族解放戦線のパンフレットによれば、「解放戦争は人民みずからによって戦われ、全人民が……戦争の原動力である。……農村地帯の貧農だけではなく、都市部の勤労者、労働者が、知識人、学生、会社員とともに敵との戦いに赴くのである」(5)。ヴェトナム民族解放戦線が、その準軍事部隊をヤン・クォン、文字通り訳せば民間人の兵士と称していることは、彼らの意図を雄弁に物語っている。ゲリラの自己像は、人民の中に隠れた孤独の戦士ではなく、戦争のためにすべての人民が動員され、自分は多くの者の中の一人、その忠誠なメンバーであるというものである。ゲリラは言う。もしお前たちがわれわれと戦うならば、お前たちは民間人と戦わねばならない。お前たちが戦う相手は軍隊ではなく、民族《ネーション》なのだ。だから、お前たちはまったく戦うべきではない。それでももし戦うというのであれば、女・子どもを殺すお前たちは野蛮人だ。

実際には、ゲリラはその民族《ネーション》のごく少数――最初の攻撃を始めるときには、極めて小さな部分――を動員しているにすぎない。残りの者たちを動員するためには、彼らは敵の反攻に依存している。彼らの戦略は戦争慣例の条件によって組み立てられている。ゲリラは敵対する軍隊に、無差別の戦争態様をとることの非難を負わせようと望んでいる。ゲリラは、彼らが真に人民の兵士である（人民の敵ではない）ことを証明するために、〔戦闘員と非戦闘員の〕区別をしなければならない。そしてゲリラにとっては、この然るべき区別を行うことは比較的容易であることも正しいし、おそらくそのことは重要である。このことは、ゲリラが（彼らの同国人に対してさえ）テロリストのような作戦を行わない、人質をとったり、村落を焼き討ちしたりすることなどないということ意味している訳ではない。たしかにゲリラ鎮圧戦に従事する部隊よりも一般的にそうしたことを実行することが少ないとはいえ、ゲリラはこれらのことすべてを実行する。なぜならゲリラは誰が敵で、敵がどこにいるかを知っているからである。ゲリラは少人数で、小火器を携え、至近距離で戦うが——彼らと戦う兵士たちは制服を着ているのである。たとえゲリラが民間人を殺害する場合でも、彼らは区別をすることができる。ゲリラはよく知られた官僚や、悪名高い敵方への協力者などを目標にしているのである。もし「全人民」が真に闘争の「原動力」ではなくとも、全人民がゲリラの攻撃目標というわけでもないのである。

こうした理由によって、ゲリラ指導者とその広報係は、彼らが追求する目的のみならず、使う手段についても道徳的優位を主張できるのである。しばらくここで毛沢東の「八項注意」☆を考えてみよう。毛沢東は（後述するように）決して非戦闘員の保護という考え方をとってはいなかった。しかし彼は軍閥と国民党が支配する中国において、共産主義者だけが人民の生命と財産を尊重すると言わんばかりにそれを書いたのである。「八項」は共産ゲリラを彼らの先行者、つまり伝統的な中国の山賊や、当時地方を略奪していた当面の敵から区別することを目論んでいた。それは軍事的美徳が民主主義の時代にどれほどラディカルに単純化されるかということを示している。(6)

一　言葉使いは穏やかに

二　買い物は公正に

三　借りたものは返す

四　壊したものは弁償する
五　人を殴ったり罵ったりしない
六　農作物を荒らさない
七　婦人をからかわない
八　捕虜をいじめない

最後の項目はことに問題をはらんでいる。なぜならゲリラ戦の条件においては、捕虜を釈放しなければならなくなることは、しばしばゲリラの大多数が疑いなく嫌うことであるからである。しかし少なくともときにはそうしたことが行われることがある。『海兵隊雑誌』に最初に掲載されたキューバ革命の報告記事はそれを示している。(7)

同じ日の夕方、私は小さな町の守備隊の数百名からなるバチスタの軍隊が降伏するのを目撃した。彼らは自動小銃で武装した反乱兵が囲む窪地に集められ、ラウル・カストロの熱弁を聞かされた。
「われわれは君たちがわれわれとともにとどまり、君たちを悪用した主人と戦うことを望む。もし君たちがこの申し出を断るならば――私はこれを繰り返さない――君たちは明日、キューバ赤十字の保護のもとに

☆「八項注意」とは、一九二八年四月に井岡山という革命本拠地にて、毛沢東の労農赤軍第四軍が結成されたときに全軍に対して発せられた軍規である。そのとき「八項注意」と並んで「三大規律」も公布され、以後これらは中国人民解放軍の軍歌にもなった。

送られる。いったん君たちがバチスタの支配のもとに戻った時、君たちがわれわれに武器を向けないことを望む。しかし、もし君たちがわれわれに対して武器を向ける場合でも、このことは覚えておいて欲しい。われわれは今回、君たちを捕らえた。再び捕らえることもできる。われわれが君たちを捕らえた時、われわれは君たちを脅したり、いじめたり、殺したりしない。……もし君たちが二度、さらに三度までも捕らわれようとも……われわれはまさに今しようとしているように、再び君たちを釈放する。」

しかしながらたとえゲリラがこのように行動したとしても、彼ら自身が捕らえられたときに、戦争捕虜の権利を与えられるかどうか、あるいは彼らがそもそも戦争の権利を有するかは明らかではない。なぜならもしゲリラが非戦闘員に戦争を仕掛けないならば、彼らはきっと兵士に対しても戦争を仕掛けないからである。「芋畑で起こったことは殺人である」。彼らは密かに、狡猾に、警告なしに偽装して攻撃した。ゲリラは戦争慣例がよって立つ暗黙の信頼を侵害したのである。すなわちいやしくも民間人が兵士から安全である限り、兵士は民間人のあいだにいるとき安全と感じられねばならない。毛沢東がかつて示唆したように、ゲリラと民間人の関係は魚と海のようなものであるというのは違う。現実の関係は、むしろ魚と他の魚の関係であり、ゲリラは小魚の群れの中に現れたり、鮫の群れの中に現れたりする可能性があるのである。

少なくともこれこそゲリラ戦のパラダイム的形式である。それはそうした戦争がつねに、また必然的にとる形態ではないと私は言い足さなければならない。ゲリラ戦士に要求される規律と機動性は、しばしば国内に退却避難できる場があることを想定していない。彼らの主要部隊は通常、その国の辺境にある根拠地の外で活動する。そしてまことに奇妙なことだが、ゲリラ部隊が大きくなり、安定してくると、その構成員は制服を着用するようになる。たとえばユーゴスラヴィアのチトー[☆1]のパルチザンは、識別できる服装をしていたが、これは彼らが遂行したような戦争においては、明らかに不利になるものではなかった。(8) すべての証拠が示唆しているのは、戦争のルールとはまったく関係なく、他の兵士と同じように、ゲリラは制服を着るのを好むということである。それは仲間意識や団結の意識を強化する。いずれにせよ、ゲリラの主要部隊から攻撃された兵士たちは、攻撃が始まるや否や、敵が誰かを知る。制服を着用した者に待ち伏せされた兵士たちも、程なく知ることになる。そうした攻撃の後、ゲリラが「消え去った」時、彼らはしばしば村落ではなく、ジャングルや山岳地帯に姿を消すので、退却は道徳的な問題を引き起こさない。この種の戦闘は容易に、第二次世界大戦でのウィンゲート将軍の「チンジット」[☆2]部隊や、「メリルの略奪者」[☆3]部隊のような、陸軍部隊の非正規戦闘と化していく。(9) しかしこれは大多数の人々がゲリラ戦について論ずる際に思い浮かべるものではない。ゲリラの広報係が（ゲリラの敵とともに）練り

☆1　「チトー」 Tito（1892-1980）．旧ユーゴスラヴィアの政治家・最高指導者。本名は Joship Broz（ヨーシプ・ブローズ）。分裂状態にあったユーゴの共産党を再建するとともに、第二次世界大戦では対独抵抗運動を組織し、最盛時は八〇万人にもおよぶパルチザン部隊を育て上げた。戦後は首相から大統領となり、六三年以降は終身大統領として多民族国家ユーゴスラヴィアの一体性を保持しうるカリスマ的存在となった。

☆2　「ウィンゲート将軍の『チンジット』部隊」 Wingate's "Chindits." 一九四三年二月一四日、オード・ウィンゲート准将が指揮するイギリス空挺部隊は、中部ビルマに潜行を開始し、山を越えて日本軍後方地域に潜入、鉄道や橋梁を爆破、後方攪乱に成功したが、日本軍の激しい掃討作戦の結果、大損害を受けて帰還した。さらに一九四四年二月にもウィンゲートは二回目のビルマ侵入を開始した。今回は大量のグライダーを使用した大規模な空挺作戦で、日本軍はインパール・フーコン両作戦の後方を攪乱され掃討に努めたが、敵を完全に捕捉することはできなかった。なおこの作戦中ウィンゲートは飛行機事故で死亡した。

上げたゲリラ戦のパラダイムは、ゲリラ戦の――そして後に検討するように、ゲリラ鎮圧戦の――道徳的困難に対して正確に焦点を定めている。こうした道徳的困難を取り扱うために、私は単純に、そのパラダイムを受け容れ、ゲリラを、彼らがそのように取り扱われることを要求している、大海の魚群の中の魚として扱うこととしたい。それではゲリラの戦争の権利とは何か。

法的なルールは、それ自身、問題がないとは言えないけれども、単純で明快である。兵士が有する戦争の権利を得るためには、ゲリラ戦士は「遠方から認識することのできる固着の特殊標章」を身につけ、「兵器を公然と携行」しなければならない(10)。認識可能性、固着、公然などの意味について、長々と検討することはできるが、それによって多くを学べると私は考えない。実際にはこうした要請はしばしば棚上げされる。敵の侵入や外国の暴政に反抗する民衆の蜂起のような興味深い事例の場合にはことにそうである。人々が集団で（*en masse*）蜂起した場合には、彼らは制服を着用することを要求されない。また彼らは兵器を公然とは携帯せず、戦う場合も彼らが通常行うように待ち伏せする。彼らは隠れているのでその兵器を公然と携行することはほとんど期待できない。ゲリラ戦の法的研究の先駆者の一人であるフランシス・リーバーはトルコに対するギリシアの反乱を取り上げているが、その事例ではトルコ政府はすべての捕虜を殺すか奴隷とした。彼は次のように記している。「しかし文明国の政府は、ギリシア人の……続けた山岳ゲリラ［戦］がトルコの捕虜に対する行為に影響しているという事実を受け容れることはできないと考える」(11)。

法規の中ではごく不完全にしか明らかにされていないが、核心にある道徳的な問題は、認識できる服装や公然と携行された兵器とは関係せず、策略と偽装として民間人の服装を用いることに関係する*。フランス人パルチザンの攻撃は完全にこれに合致し、ドイツ兵の殺害は、戦争というよりも暗殺に近いといわねばならないと私は考える。暗殺であるとするのは、それが奇襲であったからではなく、単純に、それにともなった偽計の種類と程度によるのである。その偽計は公職者、あるいは政党指導者が、友人や支持者、もしくは無害な通行人を装った政敵によって撃ち倒されるときに、そこに含まれる偽計と同じである。そして――私はこれについては大いに納得しているが――フランスにおいてドイツ軍は個々の兵士の暗殺を正当視させるようなやり方で、民間人を攻撃したというのが実状かもしれない。それはちょうど公職者や政党指導者が残虐で死に値する暴政者であるという場合と同じようなものである。しかし暗殺者は戦争のルールによる保護を主張することはできない。なぜなら彼らは異なった活動に従事しているからである。ゲリラが民間人の偽装を必要とする他の企ての大部分もまた「異なっている」。それらはさまざまな形態のスパイ活動と妨害行為すべてを含むものである。そうしたことは通常の軍隊の秘密工作員が敵戦線の背後で遂行する行為とそれらを比較することによって最もよく理解できる。そうした工作員の大義がたとえ正しいものであっても、彼らが戦争の権利を有さないことは広く合意されている。秘密工作員は彼らの仕事に必然的にともなうリスクを承知している。そして私は同じような企てに従事するゲリラにつきまとうリスクについて、異なった説明をする理由はないと考える。ゲリラの指導者はその仲間のために戦争の権利を主張するが、民間人の服装を策略のために用いるゲリラと、偽装したり、暗闇に紛れたり、戦術的奇襲を行う等々に依存するゲリラとを区別することには、それが可能であるならば意味がある。

☆3　「メリルの略奪者」 “Merrill's Marauders.” アメリカ軍のフランク・メリル准将の指揮下、ビルマ・ルートの確保に当たった米軍部隊のあだ名。「略奪者」部隊は、開戦当初日本軍が用いていた奇襲戦法を駆使してジャングルを抜けて日本軍陣地の側面を突き戦果をあげた。

*民間人の服装をする場合と、敵の制服を着用するのは同じ問題である。デニーズ・レイツは、ボーア戦争の回顧録の中で、ボーア人ゲリラがしばしばイギリス兵から奪った制服を着用していたことを報告している。イギリス軍司令官キッチナー卿は、イギリス軍の制服を着用していて捕らえられた者は全員射殺すると警告し、少なからぬ捕虜が後に処刑された。レイツは、「われわれの誰も、真に必要である時を除いて、捕獲した制服を敵を欺くために故意に意図して着用した者はいなかった」と主張する一方で、それにもかかわらず、レイツはイギリス兵の制服を着たゲリラに発砲をためらった二人のイギリス兵が殺されたことを指摘して、キッチナーの命令を正当化している。(Deney Reitz, *Commando*, London, 1932, p. 247.)

しかしながら、ゲリラ戦のパラダイムによって提起される諸問題は、この区別によっては解決されない。というのはゲリラは単に民間人として戦うのではなく民間人のあいだで戦っているからであり、それには二つの意味がある。第一に、ゲリラの日々の生活はどんな場合でも、通常の軍隊よりもゲリラの周辺にいる人々の日々の生活とかなり密接に結びついている。ゲリラは彼らが守ると主張している人々と生活しているのに対して、通常の部隊は、ふつう、戦争ないしは戦闘が終了した後にのみ市民のもとに投宿するのである。第二に、ゲリラは彼らが住んでいるところで戦い、彼らの陣地は、基地でも、哨舎でも、兵営でも、砦でも、要塞でもなく、村落なのである。したがってゲリラはたとえ彼らが「人民の戦争」に村人を動員することに成功していないときでも、村人に根本的に依存しているのである。さて、すべての軍隊は、補給、人員の補充、政治的支持といった面で、その自国の民間住民に依存している。しかしこの依存は通常間接的であり、国家の官僚制や経済の交換システムがそこに介在している。したがって食料は農民から市場取引のために協同組合に送られ、食品加工工場から輸送会社が軍の糧食倉庫に運び込む。しかしゲリラ戦においてはその依存は直接的である。すなわち農民は食料をゲリラに直接手渡す。それは税として受け取られるか、あるいは毛沢東の八項注意の第二項にしたがって、対価が支払われるかのどちらかであるが、二者の関係は対面関係である。同様に普通の市民はある政党に一票を投じるかもしれない。その見返りとしてその政党は、戦争努力を支持し、指導者には軍事情勢の説明が求められるのである。しかしゲリラ戦においては、民間人が提供する支持は、はるかに直接的である。彼は説明される必要はない。彼はすでに最も重要な軍事機密を知っている。彼は誰がゲリラであるかを知っている。もし彼がその情報を秘密にしておかなければ、ゲリラは敗北するのである。

彼らの敵は言う。ゲリラは村人の支持、あるいは少なくとも沈黙を勝ち取るために恐怖に依拠していると。しかしゲリラが（つねに得ている訳ではないが）大衆の広範な支持を得ているとき、彼らはおそらく他の理由で支持されていると考えた方がいいだろう。あるアメリカのヴェトナム戦争研究者は次のように記している。「暴力は二、三の個人の協力を説明できるかもしれないが、ひとつの社会階級［貧農］全体の協力を説明することはできない」[12]。民間人の支持を得るために民間人を殺せば事足りるのであれば、ゲリラはつねに不利な立場に立たされることになるだろう。なぜなら敵は彼らにはるかにまさる火力を持っているからである。「殺人者が人口の大部分に対してすでに機先を制し、その暴力行為の対象を明確に定義された少数派に限定していなければ」、殺人は殺人者にとってマイナスに働くであろう。したがってゲリラが人々のあいだで戦い、成功する時は、人々のあいだで大きな政治的支持を得ていると想定するのが最上なのである。人民、あるいはその一部は、ゲリラ戦において共謀関係にある。その戦争は彼らの共謀関係なしには不可能である。このことは人々がゲリラを援助する機会を探し求めているということを意味しない。人々がゲリラの目的に共感している時であってすら、平均的な民間人は彼らの家にゲリラを匿うよりも、むしろ彼らのために投票することの方を好むと想定することができる。しかしゲリラ戦が人々のあいだに強化された信頼関係を作り、たとえ民間人がつねに兵士たちに提供する役務と機能的に同じものを提供したにすぎないとしても、人々は新しい方法でゲリラとの信頼関係を築いていくようになるのである。なぜなら信頼関係はそれ自身、機能的等価物をもたない付加サービスだからである。兵士は彼らの背後にいる民間人を守ると想定されるのに対し、ゲリラは民間人のあいだにあって民間人によって守られると想定されるのである。

しかしゲリラがこの保護を受け容れ、かつそれに依存するという事実は、ゲリラから戦争の権利を奪うとは私には考えられない。実際のところ、そのまさに正反対の議論の方がより説得的である。すなわちもし人々が集団で蜂起した場合に、人々が有することになる戦争の権利が、人々から支持され守られている非正規戦士に譲渡された――その際にはその支持が少なくとも自発的であることが前提となる――とする議論がそれである。なぜなら兵士は個々の武人としてではなく、政治的道具として、共同体の奉仕者として戦争の権利を得ているのであり、共同体は見返りに、その兵士への役務を提供するものだからである。ゲリラが〔この兵士と共同体の関係に〕類似の、あるいは同じ関係に立つ場合にはいつでも、ゲリラは同様の身分となる。すなわち、私が記したような形において、人々が協力的で共謀関係にある場合にはいつでもそうなのである。人々がこの承認と支持を与えない時は、ゲリラは戦争の権利を得ることはなく、敵が彼らを捕らえたときには正当にも彼らを「山賊」ないしは犯罪者として扱うことが許される。しかし人々の支持が相当程度にある場合には、慣例的に戦争捕虜に与えられてきた恩恵的隔離がゲリラに与えられる（これは彼らが暗殺ないし妨害行為の特定の行為によって有罪でない限りにおいてであり、そうしたことを行った場合には兵士もまた、罰せられるのである）。*

＊私のここでの議論は、「交戦団体の承認」に関して法律家が行う論議と同種のものである。彼らが問うているのは、反乱者（ないし分離独立派）の団体はひとつの交戦団体として承認されるべきか、そして確立された政府のみに慣例的に属する戦争の権利が認められるべきかという問題である。解答は通常の場合、反乱団体が領域的基礎を確立した後になって承認が与えられるというものであった。なぜならそうなると反乱団体は実際に、それが支配する地域に居住する人々に責任をとることによって、ひとつの政府のように機能するからである。しかしこれは在来型の戦争ないしはそれに近い戦争を想定している。ゲリラ闘争の場合においては、われわれは反乱者と人民の然るべき関係を異なった形で評価しなければならないであろう。ゲリラが戦争の権利を得るのは、彼らが人民の面倒を見る時ではなく、人民がゲリラの「面倒を見る」ときである。

この議論はゲリラの権利を明確に確立するものである。しかしながらそれは人々の権利についての最も深刻な問題を提起する。そしてそれらはゲリラ戦に対する決定的に重要な疑問である。その闘争に人々が寄せる信頼関係は新しい形で戦闘のリスクに人々をさらすことになる。現実にはこのリスクの性質とその程度は、〔敵側の〕政府とその同盟者によって決定されることになる。したがって決定の重荷はゲリラからその敵に移ることになる。ゲリラの敵は（われわれも同じく）、ゲリラが享受し、活用している人々の支持の道徳的重要性を熟考しなければならない。民間人の生命を危険にさらすことなく、民間人のあいだで戦っている人々を敵に回して戦うことは大変難しい。これらの民間人は保護を失うのであろうか。あるいは彼らは戦時においてゲリラと共謀しているとはいえ、依然としてゲリラ鎮圧部隊に対して保護される権利を有するのであろうか。

民間人支援者の権利

もし民間人がまったく〔戦争の〕権利を持たない、あるいは持たないと思われたならば、民間人のあいだに隠れることから得られる利益は小さいものとなる。したがってその意味では、ゲリラが求める優位は——もし敵がためらいを持たないなら別の優位を得ることになるけれども——敵のためらいに依存する。反ゲリラ戦がきわめて困難なのはこの理由からである。こうしたためらいは、実際のところ、道徳的基盤を有すると私は論じたいと思うが、それのみならず、それらにはある種の戦略的な基盤もあると最初に示唆しておくことは価値があろう。ゲリラが兵士と民間人の区別を曖昧にするように（彼らは可能な時はいつでも意図的にそのようにする）行動する場合ですら、その両者の区別を強調するのがゲリラ鎮圧戦部隊の利益になる。「叛乱鎮圧」に関するすべてのハンドブックは同じ議論を展開している。すなわち必要なことはゲリラを民間住民から孤立させ、彼らによる保護から ゲリラを切り離すと同時に、民間人を戦闘から守ることである。[13] 最後の点は通常戦争においてよりも、ゲリラ戦においてより重要である。なぜなら通常戦争においては「敵国民間人」の敵意が前提となるが、ゲリラ闘争にあっては、敵国民間人の同情と支持を求めなければならないからである。ゲリラ戦は政治的、さらにはイデオロギー紛争でもある。第一次世界大戦においてアラブ人ゲリラを率いたT・E・ローレンス☆は次のように記している。「われわれの王国はそれぞれの人間の心の中にあり……われわれがひとつの地方の民間人に、われわれの自由の理想のために死ぬことを教えることができれば、その地方では勝利を収めるであろう」[14]。もしこの同じ民間人が、これとは反対の理想のために生きること（あるいは軍事占領の場合においては、秩序と平常の生活の再建が得られること）を教えられさえすれば、勝敗は逆転する。これが、戦闘が人々の「知的・情緒的支え（hearts and minds）」をめぐるものと言われる時の意味である。そうした戦いにおいては、ゲリラが人々のあいだで生活しているために、人々をゲリラと同じように攻撃し殺してよい敵として扱うことによっては勝利を収めることはできない。

しかしもしゲリラを人々から孤立させることができなかったらどうなるだろうか。もし群民蜂起が現実であり、プロパガンダの単なる一部ではなかったらどうであろうか。軍事ハンドブックにはそうした疑問が提起されず、解答もなされていないのが特徴的である。しかしながらこの問題点に達したならば、なされるべきひとつの道徳的議論がある。すなわち反ゲリラ戦は――戦略的観点からすれば決して勝利できないという理由からだけではなく――もはや遂行できないという議論である。それは遂行できない。なぜならばそれはもはや反ゲリラ戦ではなく、社会全体を敵に回した戦争だからである。それは現実の戦闘のなかでは民間人とゲリラを区別することができない、全住民に対する戦争である。しかしこれはゲリラ戦の限られた事例である。実際には人々の戦争の権利はそれ以前に問題になってきているのであり、私はこれからその権利について、説得力のある定義付けを与えるよう試みたい。

再び占領下のフランスにおけるパルチザン攻撃の例を考えてみよう。もし待ち伏せ攻撃の後、パルチザンが近

☆「T・E・ローレンス」Thomas Edward Lawrence（1888-1935）．アラビアのロレンスとして知られているイギリスの軍人・考古学者。オスマン帝国（トルコ）に対するアラブ人の反乱を支援し、その成功に貢献した。もっとも彼はイギリス帝国主義の手先であり、その行動は一貫してイギリスの国益に奉仕するもので、彼はアラブ側を利用していたにすぎないとの説もある。

隣の農村に隠れた時、パルチザンが紛れ込んだ村の農民の権利は何であろうか。ドイツ兵が夜になって到着し、待ち伏せ攻撃に直接加わり、あるいは関与した人々を捜索し、さらに将来の攻撃を阻止する方法を探求したと仮定してみよう。ドイツ兵がそこで遭遇する民間人は敵意を持っているが、戦争慣例の意味において彼らを敵とすることはできない。なぜなら彼らは兵士の捜索活動に対して現実には抵抗していないからである。彼らは実際のところ、警察の尋問に対して民間人がとりがちなまさにそうした振る舞い、つまり受動的でとりとめのない、はぐらかしたような態度をとる。われわれはここで国内の非常事態を想定し、警察がそうした敵意にどのように正当に対応するかを考えねばならない。兵士は彼のやっていることが警察的な仕事になったときには、それ以上のことはできない。なぜなら民間人が敵意を持っているという点では同じだからである。尋問、捜索、物品の押収、夜間外出禁止令――これらすべては通常受け容れられているように（私はその理由の説明をしないが）思われる。しかし容疑者の拷問、人質、無辜の人々あるいは無辜とおぼしき人々の抑留はそうではない。[15] 民間人はそうした状況にあっても依然として権利を有している。もし彼らの自由がさまざまな方法で一時的に制限されても、それは権利の全面的剥奪ではないし、また生命がリスクにさらされることもない。しかしながらもし仮にドイツ軍部隊がその村を通過中に待ち伏せされ、農家や納屋の隠れ場所から射撃されたとしたならば、この議論はより難しいものになってくる。その時何が起こるのかを理解するためには、われわれはもうひとつの歴史的実例をみなければならない。

ヴェトナムにおけるアメリカの「交戦規則」

ここにヴェトナム戦争での次のような典型的な事例がある。「〔ロン・アン省の〕国道一八号線を移動中のアメリカ軍の一部隊がひとつの村から小火器による射撃を受けた。これに応戦するために戦術指揮官はその村に対する砲撃と爆撃を要請し、結果として多数の民間人死傷者と広範な物的破壊がもたらされた」[16]。こうしたことは何百回、それどころか何千回も起こったに違いない。農村を爆撃し砲撃するのがアメリカ軍の普通の戦術であった。われわれにとって特別に関心の対象であるのは、それがアメリカ合衆国陸軍の「交戦規則」によって許されたことであり、またそれが、ゲリラを孤立させ、民間人の犠牲を最少にする結果となる、と言われていたことである。

国道一八号線近くの村に対する攻撃はまるで軍隊の損害のみを最少にするように意図されていたようにみえる。それはまた私がすでに検討したもうひとつの慣行の実例のようにもみえる。すなわち兵士たちを困難とリスクから免れさせるための近代火力の無差別使用である。しかしこの事例における困難とリスクは、在来型戦争の前線において遭遇するどのようなものともまったく異なっている。村に入った陸軍の偵察部隊が敵の陣地を探し出し、破壊することができることはまったくありえないことである。兵士たちは……不機嫌で無口な村人が住む村を発見する。そこにはゲリラ戦士が隠れているかもしれない。ゲリラの「要塞」は村人の家や小屋と区別がつかない。兵士たちは敵の銃火をあびるかもしれないし、もっとありそうなことは、地雷や仕掛け爆弾で戦死者を出すかもしれず、仕掛けられた場所を村人は皆知っているが誰も教えようとしないのである。こうした状況下では、その村が軍事的拠点であり、正当な目標であると兵士たちが信じることは難しくない。そして、その村が拠点であるとの思い込みがあれば、すべての他の敵の陣地と同様に、たとえ敵の発砲がない前であっても、確実に攻撃されるであろう。事実、これは戦争の初期においてアメリカの方針となっていた。すなわち敵からの発砲が当然のこととして予測される村落に対しては、兵士がその村落に入る前に、またたとえ部隊の進入が計画されていなくても、事前に砲撃・爆撃がなされた。そのようなやり方で、どのようにして民間人の犠牲を最少にすることができるのか、それ以上に、どのようにして民間人の心を勝ち取ることができるのであろうか。アメリカの交戦規則の発展は、この疑問に答えようとするものだった。

ジャーナリストのジョナサン・シェルが説明しているように、この交戦規則の決定的に重要な点は、村落に対する破壊に先立って、民間人に警告を与え、それによって民間人は、ゲリラとの関係を絶つか、ゲリラを排除するか、あるいは民間人みずからが村を去ることができるという点である。(17) その目的は戦闘員と非戦闘員の分離を強制することであり、その手段はテロであった。ゲリラ戦における共謀には巨大なリスクが付きまとっているが、その共謀はもっぱら村落全体に負わせることができるリスクであり、それ以上の細分化は不可能であった。これは民間人がゲリラ活動に人質としてとられているということではない。むしろ民間人は、その活動が明白に軍事的なものではない場合ですら、みずからの活動の責任を負わされるのである。民間人の行動が時折明らかに軍事的であったこと、一〇歳の子どもがアメリカ兵に手榴弾を投げた（そうした攻撃の発生率はおそらく兵士によって誇張されており、兵士の民間人に対する行為を幾分か正当化しようとするものだが）という事実は、この責任の性質を曖昧にしている。しかしひとつの村が敵側であるとみなされるのは、女性や子どもが戦うことを辞さないと覚悟しているからではなく、彼らがゲリラに対する物質的支援を拒む気がなく、ゲリラの所在、あるいは地雷や偽装爆弾の場所を明らかにするつもりがないからなのだ、ということは強調されねばならない。

これらの交戦規則は次のようなものである。（一）もしアメリカ軍部隊がひとつの村から発砲を受けた場合には、その村を警告なしに爆撃あるいは砲撃できる。村人は彼らの村が発砲拠点として使用されることを阻止することができると推定され、それが実際にできようとできまいと、村人は、村がそのように使われるかどうかを前もって確実に知りうると推定されていたのである。いずれにせよ、発砲それ自体が警告である、なぜならそれに対して反撃の発砲が予想されるからである。――しかしこのパターンがおなじみになるまで、アメリカ軍がかくも常軌を逸した比例性に反する反応をすると村人が予想していたとは考えがたい。（二）敵側であることが明らかであると思われた村落はどこでも、もし住民がパンフレットの投下やヘリコプターの拡声器によって事前に警告されれば、爆撃し砲撃することができた。これらの警告には二種類あった。まず時折なされる特殊な性格の警告で、攻撃直前に、村人が退去する時間のみを与えるため（その場合にはゲリラも村人とともに退去できるが）に行われる警告がある。二つ目は一般的な警告で、もし村人がゲリラを追い出さなければ攻撃が行われるということを示す警告である。

アメリカ海兵隊はヴェトコンをかくまう村落をただちに破壊することを躊躇しない。……選択するのはあなた方だ。もしあなた方の村落をヴェトコンが戦場として使うことを拒否するならば、あなた方の家と生命は救われるだろう。

この申し出を断れば、家も生命も保証しない。選択を強調しているにもかかわらず、これはリベラルな見解からほど遠い。なぜなら問いかけられている選択が極めて集団的なものだからである。もとより脱出《エクソダス》は個人の選択である。人々はヴェトコンが支配する村落から逃れ、身内とともに他の村へ、都市へ、あるいは政府の運営するキャンプへ避難することができる。しかしながらたいていの場合は、村人は爆撃が始まった後にようやく避難した。その理由は村人が警告を理解していなかったからか、あるいはそれを信じなかったから、もしくは絶望のあまり単に彼らの家だけは被害を免れると望んだかのいずれかである。したがって、まったく選択させることなく、敵が支配していると思われる地域から村人を全員強制的に移動させることが人道にかなっていると考えられることもあった。こうして第三番目の交戦規則が実施されるようになった。(三) ひとたび民間住民が退去したら、その村と周辺の地域は自由に爆撃し砲撃しうる「自由爆撃地帯(free fire zone)」と宣言される。その地域になおもとどまり続ける者は皆、ゲリラか「筋金入りの」ゲリラ支援者とみなされる。強制移動は、自然の偽装を枯葉作戦が引き剥がすように、民間人の偽装を引き剥がし、敵を白日の下にさらけ出したのである。[18]

これらの交戦規則を考える際に、最初に指摘しておかなければならないのは、これらが根本的に効果がなかったということである。シェルは次のように記している。「私の調査が明らかにしたことは、これらの制限を適用する手続きは、実際にはその制限が完全に意味がなくなるまでに修正、変更、無視されたことで……」ある。[19] 実際のところ、しばしば警告はなされず、字の読めない村人にリーフレットは役に立たず、強制退去は多数の民間人を置き去りにした。あるいは、強制移動させられた家族には適切な受け容れ先の準備はなく、彼らは家と農地に舞い戻ることになった。この交戦規則の効果がないことが、その規則に固有の、あるいは適用された状況に固有のものでないかぎり、もちろん、これらのことのどれも交戦規則そのものの価値を云々するものではない。このことは明らかにヴェトナムにあてはまる。なぜならゲリラが人々の大きな支持と、村落において政治的組織を確立している場所で、村人がゲリラを追い出したい、あるいは追い出すことができると考えるのは非現実的であるからである。このことはゲリラの支配が望ましいかどうかという問題とは無関係である。このことは、ドイツの労働者の家が爆撃され、その家族が殺されても、彼らがナチスを打倒すると考えることが非現実的であるのと同じである。したがってその交戦規則が提供する唯一の保護は、ゲリラに対して平和な村から出て行けというのではなく、民間人に対して、戦場になる可能性の高い場所から避難することを勧告するか、ないしは強制することである。

さて、在来型の戦争においては戦場から民間人を退去させることは明らかによいことである。実定国際法は可能であればどこでもそれを行うことを要求している。同じように攻囲された都市においては、民間人は退去を許されねばならず、もし民間人が（私が論じてきたように）それを拒否した場合には、民間人は防衛にあたっている兵士とともに攻撃されうるのである。しかし戦場や都市は、限定された地域であり、戦闘も攻囲も普通は限られた期間しか継続しない。民間人は退去し、また戻ってくる。ゲリラ戦はこれとは甚だしく異なるだろう。戦場はその国の国土の大部分を超えて広がり、毛沢東が記したように、その戦闘は「引き延ばされる」。したがって、適切な類似事象は、一都市に対する攻囲ではなく、より大きな領域に対する封鎖、ないし戦略的荒廃である。アメリカの交戦規則の根底にあった政策は、実際にはヴェトナムの農村人口の大部分、数百万の男女、子どもたちを追い立て、再定住させることを目論んでいた。しかしそれは途方もない仕事であり、その計画が犯罪にも等しいことはしばらく措くとしても、それを達成することを可能にする十分な物的・人的裏付けは、まったく見せかけに過ぎなかった。したがって民間人は砲撃され爆撃される村落に住み続けることを余儀なくされたのだが、そのことは分かったうえでのことであった。

何が起こったのか、手早く記述しておく[20]。

一九六七年八月、ベントン作戦の期間、「平定」キャンプが満杯の状態になったため、陸軍部隊はそれ以上の難民を「作り出」さないように命じられた。陸軍はそれにしたがった。しかし索敵撃滅作戦は続いた。一方では今や農民には、彼らの村に対する空襲が呼び寄せられる前に警告されないことが日常化した。満杯状態となった平定キャンプに入る余地がなくなったために、農民は彼らの村で殺されたのである。

私はこの種の問題が、ゲリラ鎮圧戦においてすら、つねに起こった訳ではないことを――キューバの叛乱とボーア戦争にその起源を有する強制再定住と「強制収容」という政策は、十分な物的・人的裏付けをもって人道的な方法で実行されることは稀ではあるとしても――指摘しなければならない。ヴェトナムとは反対の事例もある。(21)一九五〇年代初頭のマラヤにおいては、ゲリラは農村人口の比較的小さな部分の支持しか得ておらず、限定的再定住（強制収容所ではなく新しく建設された村）は機能したように思われる。いずれにせよ、戦闘が終了した後、再定住したほとんどの村人は以前の家に戻りたがらなかったと言われている。(22)それは道徳的成功の十分な基準ではないが、そうした計画がとりあえず許容されるひとつの兆候である。政府は（比較的少数の）自国の民間人を一般的に受け容れられる社会的目的のために再定住させる権利があると考えられているから、その政策はゲリラ戦時だからといって全面的に排除されなければならないわけではない。しかしその人数が限られたものでなくなれば、一般に受け容れられることは難しくなる。そしてそこでは、平時においてもそうなのだが、適切な経済的支援と、それ相応の生活空間を提供する必要がある。ヴェトナムにおいてそれはまったく不可能であった。戦争の規模はきわめて大きく、新しい村落は建設できなかった。難民収容所は惨憺たるものであり、何十万という家を失った貧農が都市に押し寄せ、そこで新しい浮浪者《ルンペン》プロレタリアートとなった。彼らは惨めで病気がちで職もなく、あるいは低賃金の雑用仕事ないしは召使、売春婦等々としてあっという間に搾取の餌食となったのである。

民間人の死者を避けるという限定された意味において、仮にこうした方法が機能したとしても、アメリカの交戦規則と彼らが具体化した政策はとうてい擁護できないものである。それは比例性の原則すら侵害していよう。――われわれがすでに何度もみてきたように、破壊と苦痛の程度を測る尺度がいとも簡単につり上げられてしまうので、比例性の原則を実行することは決して容易ではないのである。しかしヴェトナムにおける場合にこの議論は疑う余地のないもので、再定住を擁護する議論は最終的にベンチェ省の町について、アメリカ人士官が語ったようなことになるからである。彼は言う。われわれはその町を救うためにその町を破壊しなければならなかった。[23]ヴェトナムを救うためにわれわれはヴェトナムの地方文化と村落社会を破壊しなければならなかった。確かにその方程式は役に立たず、再定住政策は少なくともヴェトナムでの戦闘それ自体の文脈においては是認することはできない。(思うに、国際政治の国政術という高等数学にふけることはいつでも可能なようである。)

しかしこの交戦規則はさらに興味深い問題を提起する。しかるべく警告された民間人がゲリラを追い出すことのみならず、彼らみずからが退去することを拒んだ場合を想定して欲しい。交戦規則が含意するように、その民間人を攻撃し、殺害することができるだろうか。何が彼らの権利なのか。彼らは戦闘が彼らの村で戦われることから、確実にリスクにさらされることになる。そして彼らが受け容れるリスクは通常の戦闘よりも著しく大きくなるであろう。増大するリスクは私がこれまで説明したように、ゲリラと民間人の密接な信頼関係から生じる。少なくとも道徳の領域においてはそうした密接な信頼関係の唯一の結果がそれであることを私はここで指摘したい。それはきわめて深刻である。反ゲリラ戦は通常の軍隊にとっては恐ろしく重圧のかかるものであり、その部隊がしかるべく、たとえよく訓練され注意深くとも、民間人は必ず彼らの手にかかって死ぬのである。いったん交戦に従事し始めた一人の兵士は、(たとえば)一五歳から五〇歳ぐらいのすべての男性の村人をやみくもに射撃するが、それは兵士が通常の銃撃戦のもとにあったのではないという理由でおそらく正当化される。この種の戦闘から生じる無辜の死者も、ゲリラと民間人ゲリラ支援者の責任であり、兵士の方はダブル・エフェクトの原則によって免罪される。しかしここで強調されねばならないのは、ゲリラ支援者たちは政治的支持をゲリラに与えているだけでは集団であれ、識別できる個人であれ、正当な目標ではないということである。ひょっとすると、民間人の一部は、(ゲリラ戦一般においてというのではなくて)暗殺や妨害行為の特定行為における共謀の責任を負うことになるかもしれない。しかしその種の責任は、ある種の司法機関の前で証明されねばならない。戦闘に関して言えば、こうした民間人を、銃撃戦も始まっていないのにその場で撃つことは許されない。また彼らの村落が、攻撃拠点として使われる可能性がある、使われると予測されるという理由だけで攻撃されてはならず、たとえ警告がなされた後であっても、無差別に爆撃され、砲撃されてはならない。

アメリカの交戦規則は、戦闘員と非戦闘員の区別を認め、それに対応しているが、それはうわべだけである。実際にはアメリカは、非戦闘員を忠誠的か不忠誠的か、友好的か敵対的かに分ける新しい区別を作り上げた。同じような二分法が、アメリカ兵が攻撃した村落について、彼らの主張の中に作動しているのをみることができる。「この場所はほぼ全部がヴェトコンに支配されているか、ヴェトコンの味方である」。「われわれはここの全員が筋金入りのヴェトコンか、少なくともそうした支援者だと考える」。[24] この種の発言において強調されているのは、村人の軍事的活動ではなく、彼らの政治的な忠誠である。政治的な忠誠の問題に関してすら、その発言は明らかに間違っている。なぜなら少なくとも村人の一部は子どもであり、子どもについてはまったくそうした忠誠を語ることはできないからである。いずれにせよ、私が占領下のフランスにおける村人の例についてすでに論じたように、政治的な敵意があるからといって、人々が戦争慣例の意味での敵になるわけではない。(もしそうであったならば、戦争が中立国において行われる場合を除いて、民間人の保護は存在しないことになる。）民間人は彼らの生存権を取り上げられるようなことは何もしていない。そして、村人に似ており、彼らにかくまってもらっている非正規戦闘員に対する攻撃においてもその権利は可能なかぎり最大限に尊重されねばならない。

私は軍事戦略家のようには、こうした攻撃について語ることはできないが、それがとりうる形態について若干触れておく必要がある。私は戦略家が語っていることのいくつかを紹介することができるだけである。遠方からの砲撃と爆撃は軍事的必要性の観点から疑問の余地なく擁護されてきた。しかしそれは戦略的にも道徳的にもいかがわしい議論である。なぜなら他により効果的な戦い方があるからである。イギリスの叛乱鎮圧作戦の専門家は次のように記している。農村に対する「重武装ヘリコプター」の使用は、「その作戦が通常の戦争と実質的に区別がつかないまでに悪化した場合にのみ正当化できる」[25]。私はそれでもこうしたヘリコプターの使用が正当化されうることに疑問を持つが、しかし私が再び強調したいのは、この専門家が把握している事柄である。それは叛乱鎮圧作戦においては、区別のための戦略と戦術が必要であるということである。ゲリラを打倒することができる（また同様にゲリラが勝利できる）のは接近戦においてのみである。貧農の村落については、これは二つの異なった種類の作戦を示唆しており、その両者はともに文献のなかで徹底的に議論されてきた。「低強度作戦」地域においては、村落はゲリラの支援者と内通者を探索するために必要な政治的で警察的な任務の訓練を特別に受けた小部隊によって占領されねばならない。ゲリラが効果的に支配し、激しく戦っているところでは、村落を包囲して、強行突入を行わなければならない。バーナード・フォール[☆1]は一九五〇年代のヴェトナムにおけるこの種のフランスの攻撃の詳細を報告している[26]。ここで必要となるのは、大量の兵員、専門的経験、技術を直接的に作戦を支えるために投入することであり、その作戦は火力が比較的正確に発揮できる状況においてゲリラに戦闘を強いるか、あるいは兵士による包囲網のなかにゲリラを追い込むということである。もし兵士が適切に準備されて装備されていれば、彼らはこの種の戦闘において、耐えられないリスクを冒す必要はなく、また無差別破壊を加える必要もない。フォールが指摘するように、この戦略にはきわめて大量の兵員が必要になる。「攻撃側と防御側の兵力比が一五対一、さらには二〇対一でなければ、敵の部隊に対する封鎖を成功させることはできない。なぜなら敵は地形に明るく、防衛組織の優位があり人々の同情があるからである」。しかしこれらの比率はゲリラ戦においてしばしば実現した。こうした「包囲・強襲」戦略は、もし第二番目の、より深刻な困難がなければ著しく成功を収めたであろう。

強襲の際に村落が破壊されない（あるいは破壊されるべきではない）が故に、そして村人が再定住させられることなどないが故に、特別編成された任務部隊が撤退するやいなや、ゲリラはつねに戻ってくることができる。作戦が成功するためには、軍事作戦が政治的活動によって引き継がれることが必要である。――ヴェトナムにおけるフランス軍もその後を引き継いだアメリカ軍も、どちらもこれを真剣な形で実施することができなかった。遠方からの村落の破壊という決定は、この失敗の結果であり、それはゲリラ戦が通常の戦争へと「悪化」したということと同じ事ではまったくないのである。

反乱の軍事的進展のある時点において、あるいは反乱に対抗する政府の政治的能力が凋落するある時点において、ゲリラと限られた地域で戦うことが不可能になってくることは大いにありうる。兵員がもはや十分でなく、さらにありそうなのは、政府が特定の戦闘に勝利することはできても、すでに持久力を失っているということである。戦闘が終わるや否や、村人は叛乱部隊が帰還することを歓迎する。その時政府（とその外国の同盟国）は、事実上人民戦争に、あるいはむしろ人民戦争と化してしまった状況に直面している。しかしながら人民戦争という名誉ある呼称は、ゲリラ運動が人々の圧倒的な支持を勝ち取った後に用いることができるものである。それは決してつねに実現するわけではない。人々の支持がまったくないゲリラ団がいかに容易に破壊できるかを知るには、ボリヴィアのジャングルにおけるチェ・ゲバラ[☆2]の水泡に帰した作戦を研究するだけで足りる。[27] そこからわれわれは増大していく困難の連続性をたどることができる。この連続する流れのある時点で、ゲリラ戦士は戦争の権利を獲得し、さらに進んだ時点において、政府がその闘争を続ける権利が疑問視されねばならなくなるのである。

　最後の点は兵士が認識し承認するような問題ではない。というのは、もし攻撃が道徳的に可能であるならば、反撃も排除することはできないというのが戦争慣例における公理（かつ戦争のルールにおける制限）であるからである。ゲリラが民間大衆に寄り添い、それによって彼らの非脆弱性を確保するということがあってはならない。しかし道徳的には戦うことがつねに可能であるとしても、必ずしも勝利のために必要なことは何をしてもよいと

☆1　「バーナード・フォール」Bernard Fall（1926-67）．ウィーン生まれのフランス人でアメリカのハワード大学教授。子どものころナチス占領下のフランスで両親を失う。ヴェトナム問題の専門家となりしばしば現地で従軍取材を行うが、インドシナに駐留していたフランス軍が「移動野戦慰安所」を設置していたことを暴露したりもした。四〇歳の若さでヴェトナム従軍取材中に地雷に触れて亡くなった。

☆2　「チェ・ゲバラ」Che Guevara（1928-67）．本名エルネスト・ラファエル・ゲバラ・デ・ラ・セルナ（Ernesto Rafael Guevara de la Serna）。アルゼンチン生まれのマルクス主義革命家で、キューバのゲリラ指導者としてカストロを援助した。革命後はキューバで閣僚を歴任したが一九六五年に辞職。ボリヴィアのゲリラ闘争に加わるが人民の支持を得られず二〇名前後のゲリラ部隊とともに行動中、政府軍のレンジャー大隊の襲撃を受けて捕えられ、その翌日に処刑された。

いうことにはならない。在来型であれ、非在来型であれ、いかなる闘争においても、戦争のルールはある時点において、一方のあるいは他方の勝利の障害になりうる。しかしながらそれがもし無視されてしまえば、まったく無価値なものになってしまう。だからこそまさにそれが課する諸制限が最も重要なのである。われわれはこのことをヴェトナムの事例において明確にみることができる。ゲリラが村落において政治的な基礎を固めるまでは、私が簡潔に示した代替戦略が（イギリスがマラヤで勝利したように）考えられる勝利の方法であった。その勝利が実質的に戦争を終わらせたのである。私が思うに、その勝利は、それ以前から続いていた政治的・軍事的闘争から決定的な形で区別することのできるものではない。しかし（道徳的な怪物ではなく、できるかぎりルールにしたがって戦う）普通の兵士が、老人や女性、子どもまでもが彼らの敵であると確信するようになった場合にはいつでもそのような事態が生じてくると、ある程度まで確実に言うことができる。そのようになった後では、徹底的に民間人を殺害し、彼らの社会と文化を破壊することに体系的に取りかかる以外に、戦争を行うことができるとは考えにくい。

これについてさらに言っておきたいことがある。これまでみてきたように、戦争の理論においてはユス・アド・ベルムとユス・イン・ベロに関する考察は論理的に独立しており、われわれがそのどちらかに拠って下す価値判断が必ずしも同じである必要はない。しかしここではこの二つがひとつになる。戦争に勝つことなどできないし、勝ってはならないのである。なぜ勝てないのか。それは唯一の利用できる戦略が、民間人に対する戦争を含むものだからである。なぜ勝ってはならないのか。それは代替戦略をありえないものにしている民間人の支持の程度が、同時にゲリラをその国の正統な支配者にしているからである。ゲリラに対する闘争は、不正な方法でしか遂行できない闘争であるのみならず、不正な闘争である。外国勢力によって行われる戦争は侵略戦争である。

現地政権のみによって行われる戦争の場合には、暴政行為である。ゲリラ鎮圧軍の立場はこうして二重に擁護できないものとなる。

【原注】

（1）*The Sorrow and the Pity*, pp. 113-14.

（2）法的な事情についての有益な概観としては Gerhard von Glahn, *The Occupation of Enemy Territory*（Minneapolis, 1957）を参照のこと。

（3）たとえば以下を参照のこと。W. F. Ford, "Resistance Movements and International Law," 7-8 *International Review of the Red Cross*（1967-68）and G. I. A. D. Draper, "The Status of Combatants and the Question of Guerrilla War," 45 *British Yearbook of International Law*（1971）.

（4）Draper, p. 188 における引用。

（5）Douglas Pike, *Viet Cong*（Cambridge, Mass., 1968）, p. 242 における引用。

（6）Mao Tse-tung, *Selected Military Writings*（Peking, 1966）, p. 343.

（7）Dickey Chapelle, "How Castro Won," in *The Guerrilla — And How to Fight Him: Selections from the Marine Corps Gazette*, ed. T. N. Green（New York, 1965）, p. 223.

（8）Draper, p. 203.

（9）Michael Calvert, *Chindits: Long Range Penetration*（New York, 1973）を参照のこと。

（10）Draper, pp. 203-04.

（11）*Guerrilla Parties Considered With Reference to the Laws and Usages of War*（New York, 1862）. リーバーはハレック将軍の求めに応じてこのパンフレットを著した。

（12）Jeffrey Race, *War Cames to Long An*（Berkeley, 1972）, pp. 196-97.

(13) 以下のものを参照のこと。*The Guerrilla — And How to Fight Him*; John McCuen, *The Art of Counter-Revolutionary War*（London, 1966）; Frank Kitson, *Low Intensity Operations: Subversion, Insurgency, and Peacekeeping*（Harrisburg, 1971）.

(14) *Seven Pillars of Wisdom*（New York: 1936）, Bk. III, ch. 33, p. 196.

(15) これらの限界を超える兵士たちの生々しい様子については Victor Kolpacoff のヴェトナム戦争についての小説 *The Prisoners of Quai Dong*（New York, 1967）を参照のこと。

(16) Race, p. 233.

(17) Jonathan Schell, *The Military Half*（New York, 1968）, pp. 14ff.

(18) 強制再定住の説明については Jonathan Schell, *The Village of Ben Suc*（New York: 1967）を参照のこと。

(19) *The Other Half*, p. 151.

(20) Orville and Jonathan Schell, letter to *The New York Times*, Nov. 26, 1969; quoted in Noam Chomsky, *At War With Asia*（New York, 1970）, pp. 292-93.

(21) ボーア人農民のためにイギリスが作った収容所の説明については Farwell, *Anglo-Boer War*, chs. 40, 41 を参照のこと。

(22) Sir Robert Thompson, *Defeating Communist Insurgency*（New York, 1966）, p. 125.

(23) Don Oberdofer, *Tet*（New York, 1972）, p. 202.

(24) Schell, *The Other Half*, pp. 96, 159.

(25) Kitson, p. 138.

(26) *Street Without Joy*（New York, 1972）, ch. 7.

(27) Regis Debray, *Che's Guerrilla War*, trans. Roosemary Sheed（Hammondsworth, 1975）の説明を参照のこと。

第一二章　テロリズム

政治的規準

「テロリズム」という言葉が最も頻繁に用いられるのは革命の暴力を表現する場合である。それは秩序の擁護者たちに対するささやかな勝利であるが、そうしたテロルの用い方を秩序の擁護者たちも決して知らないわけではない。全住民を体系的にテロルの恐怖に陥れることは、在来型戦争でもゲリラ戦でも用いられる戦略であり、過激な政治運動と同じく確立された政府も採用する戦略である。その目的は一国民あるいは階級の士気を挫き、団結を骨抜きにすることであり、その方法は無辜の民を行き当たりばったりに殺害することである。この無作為性がテロリストの活動の決定的に重大な特徴である。長期にわたって、恐怖を拡散させ、激化させることを望むならば、体制、政党、政策のような個別の事柄に結びつけて特定される具体的な人々を殺すことは望ましくない。死は偶然に、個々のフランス人やドイツ人、あるいはプロテスタントのアイルランド人やユダヤ人に対して、彼らが彼らであるという理由でのみ訪れるものでなければならない。するとついには、彼らが致命的な危険にさらされていると感じ、政府に彼らの安全をめぐって交渉することを要求するようになる。

戦争においては、テロリズムは敵の軍隊との交戦を回避するひとつの方法である。それは「間接的アプローチ」戦略の極端な形態である。(1)それは多くの軍人がそもそも戦争と呼ぶことを拒否するほどあまりに間接的である。これは道徳的価値判断の問題であるのと同じく、職業軍人としてのプライドの問題でもある。ドイツの都市に対するテロ爆撃に抗議した第二次世界大戦中のイギリスの一提督の発言を考えてみよう。「われわれがドイツの陸海軍を打倒する代わりに、ドイツの女性や子どもに対して爆撃を行うことによって戦争に勝利する（ことができる）などと想像するとは、われわれは救いようのない非軍事的国民である」(2)。ここでのキーワードは非軍事的という言葉である。この提督はテロリズムを正しく民間人の戦略としてみている。それは政治的手段による戦争の継続を表していると言ってもよいだろう。普通の人々にテロを働くということは、何はさておき、国内の暴君がやることである。アリストテレスが記しているように、「［潜主〔＝暴君〕の］第一目的にして究極の目標は、被統治者の精神を粉々にすることである」(3)。このイギリスの提督はテロ爆撃の「第一目的にして究極の目標」を同じように説明している。彼らが追求したことは、市民の士気の破壊である。

暴君は軍人にこの方法を教え、軍人は近代の革命家にそれを教えた。これは大まかすぎる歴史である。私がそれを持ち出すのは、あくまでもより正確な歴史的問題点を明らかにするためである。厳密な意味においてテロリズムは無辜の民に対する無差別殺人であり、第二次世界大戦後に、すなわちテロリズムが在来型戦争の特徴となってから後に、革命闘争の一戦略として出現した。戦争と革命の両方の事例において、ことに職業軍人の将校と「職業的革命家」の中にある、ある種の戦士の名誉が、このテロリズムの進展に歯止めとなっていた。極左と超国家主義《ウルトラナショナリズム》の政治運動によるテロの使用の増大は、一九世紀後半に最初に作り出された政治的規準の崩壊を示しているが、その規準は、同時期の戦争法の出現とおおむね類似した関係にある。この規準を守っても、革命闘志がテロリストと呼ばれることがなくなった訳ではないが、実際には彼らが関わった暴力は現代のテロリズムと似たところはほとんどない。それは無差別殺人ではなく暗殺であり、そこには一線が引かれていたが、その線が非戦闘員と戦闘員を区別する線に政治的に照応したものであるとわれわれが理解するのはさほど困難なことではない。

ロシアの人民主義者☆1・IRA・シュテルン団

いわゆるテロリストが、その規範にしたがって行動した、あるいは行動を試みたいくつかの事例によって、革命の「名誉の規準」を最もよく示すことができる。私は三つの歴史的事例を選んだ。第一はアルベール・カミュ☆2がその戯曲『正義の人々』の材料としたので、よく知られている事件である。

（1）二〇世紀初頭、ロシアの革命家グループは過激派弾圧に個人的に関わっていた帝政ロシアの高官、セルゲイ大公の殺害を決意した。彼らは大公の馬車の爆破を計画し、指定された日にそのメンバーの一人が馬車がい

☆1　「ロシアの人民主義者」　具体的には社会革命党を指す。社会革命党（通称エスエル党）は人民主義とマルクスの申し子のような政党で、ナロードニキの流れをくみ、ロシア帝政の打倒と土地革命をめざした。二月革命によって政権を担ったが一〇月革命後、左右に分裂し勢力を失った。

☆2　「アルベール・カミュ」 Albert Camus（1913-60）．フランスの小説家・評論家・実存主義者。主要作品に『異邦人』、『シーシュポスの神話』、『ペスト』などがあるが、そのどれも人間の運命のある種の非条理さと自由を求める人間の尊厳をテーマにしたものである。評論『反抗的人間』をめぐるサルトルとの論争も有名である。

つも通る道筋で待ちかまえた。馬車が近づいた時、爆弾をコートの下に隠し持った若い革命家は、犠牲になるのが大公が一人でないことに気づいた。大公は膝の上に二人の小さな子どもを抱えていた。暗殺しようと待ち構えていた若者はこれを見てためらい、足早に立ち去った。彼は別の機会を待つことにしたのである。カミュはこの判断を受け容れた同志の一人に次のように言わせている。「破壊するにも正しいやり方と間違ったやり方があるわ、限界ってものがあるわ」(4)。

（2）一九三八年から一九三九年にかけて、アイルランド共和国軍はイギリスで一連の爆弾テロを行った。この一連のテロ活動において、一人の共和国側の闘士がコヴェントリーの発電所にあらかじめセットされた時限爆弾を運ぶことを命じられた。彼は爆弾をかごに入れ自転車で運んだが、曲がり角を間違って、迷路のような街路で道に迷ってしまった。爆発の時間が迫り、パニックに陥った彼は、自転車を乗り捨て、逃走した。爆弾は爆発し、五人の通行人が死亡した。（当時の）アイルランド共和国軍においては、誰もこれをその大義のための勝利であるとは考えなかった。その事件に直接関わったメンバーはひどくショックを受けた。近年の歴史家によれば、その一連の爆弾テロは、通りすがりの無辜の人々の殺害を避けるために、周到に計画されていたという(5)。

（3）一九四四年一一月、イギリスの中東問題担当大臣モイン卿☆はシオニスト右派のシュテルン団の二人のメンバーによってカイロで暗殺された。二人の暗殺者は数分後に一人のエジプト人警察官によって逮捕された。暗殺者の一人は逮捕された時の模様を法廷で次のように述べている。「われわれは警察官のオートバイによって追跡された。私の背後には同志がいた。私は警察官が彼に近づくのをみた。……私は簡単に警察官を殺すことができたが、私は……数発、空に向けて発砲するだけに甘んじた。私は同志が自転車から落ちるのを目撃した。その警察官はもう少しで彼のところに達しようとしていた。そのときも私は一発で警察官を倒せたけれども、そうしなかった。それで私は捕まった」[6]。

これらの事例に共通することは、殺すことが可能である人々と殺すことが許されない人々とのあいだにテロリストが画したある種の道徳的区別があることである。殺すことが可能である人々のカテゴリーには、その軍事的訓練とコミットメントによって、テロリストに対してただちに脅威となる武装した人々は含まれない。その代わりに、抑圧的であると考えられている体制の高官や政治家が含まれる。そうした人々は、もちろん戦争慣例や実定国際法によって保護されている。法律家が暗殺に難色を示し、政治公職者が非軍人に分類されてきていることは特徴的なことである（しかも愚かなことではない）。それらの人々は決して正当な攻撃目標ではないのである[7]。しかしこの地位付与はわれわれが共通して持つ道徳的価値判断をほんの部分的にのみ反映しているにすぎない。なぜならわれわれは犠牲者によって暗殺の是非を判断するからであり、犠牲者がその性質においてヒトラーのような人物であるときには、われわれは暗殺者をそれでも兵士とは呼ばないものの、彼の行為をまず賞賛すると思われる。第二のカテゴリーである殺すことが許されない人々については、問題はあまりない。政治的加害に――つまり、不正と考えられている法の運営と執行に――関わっていない普通の市民は、彼らがそうした法律を支持しているか否かにかかわらず、攻撃から保護されている。こうして貴族の子弟、コヴェントリーの通行人、エジプト人警察官でさえ（彼はパレスチナにおけるイギリスの帝国的統治には何の関係もない）、これらの人々は戦時にお

☆「モイン卿」Lord Moyne 本名は Walter Edward Guinness（1880-1944）。アイルランドの政治家・実業家。ビール醸造で有名なギネス家の出身。一九四二年六月九日、イギリスの植民地担当大臣であったモイン卿は貴族院で「ユダヤ人は古代ヘブライ人の子孫ではないから、聖なる土地の正統な領土回復要求権を持っていない」と発言。これに怒ったイツハク・シャミール率いるシオニスト・テロ集団シュテルン団がエジプトのカイロで彼を暗殺した。

ける民間人のように扱われる。彼らは民間人が軍事的に無辜であるのと同じく政治的に無辜である。しかしながら現代のテロリストが殺害しようとするのはまさにこうした人々なのである。

戦争慣例と政治的規準は構造的に類似しており、政府高官と市民のあいだの区別は、軍人と民間人のあいだの区別に（両者の区別が同じではないとしても）照応している。私が思うには、両者の背景に存在し、二つの区別に説得力を与えているのは、目標とするか目標としないかのあいだの道徳的差違である。あるいはより精確には特定の人々を、彼らが行ってきた事柄、あるいは行っている事柄を理由に目標とすることと、彼らが誰であるかという理由からだけで無差別に人々の集団全体を目標にすることとのあいだの道徳的な差違である。前者の種類の目標設定は体制や政策に反対して起こされた限定的闘争にふさわしいものである。後者のものはすべての限界を超えてしまう。それは人民全体に計り知れない恐怖を与え、個々の構成員が送っている（大部分は無辜の）日々の生活のあらゆる瞬間、いついかなる瞬間もが組織的に暴力的な死にさらされてしまう。街角やバス停に仕掛けられた爆弾、カフェやパブに投げ込まれる爆弾——それは、犠牲者がひとつの集合的アイデンティティという逃れることのできないものを共有していることを度外視するならば、目的のない殺人である。これらの犠牲者の一部は攻撃から保護されるべきなのであるから（原罪からくる責任を除いて）、戦闘的政治活動家の武器使用を取り締まり統制するいかなる規準も、少なくとも最低限は好意的に受けとめられよう。それはテロリスト攻撃の意図的な無差別性に対するかなり大きな前進である。兵士を殺すことよりも高官を殺すことの方が容易に感じられようが、それは国家が軍事を担当する者を徴兵するようには、政治を担当する者を徴集することが滅多にないからである。官吏は官職を職業として選んだのである。

しかしながら兵士と官吏はもうひとつの点でも異なっている。兵士の活動の危険な性質は事実の問題である。

他方官吏の活動の不正ないし抑圧的な性質は政治的価値判断の問題である。この理由のためにテロルの政治的規準は戦争慣例と同じ地位を決して獲得しなかった。暗殺者はその原則を厳格この上なく守ったとしても、いかなる権利も主張することはできない。抑圧と不正について暗殺者とは異なる価値判断をする人々からすれば、政治的暗殺者も、それこそ普通の市民を殺す者と同じで、単なる殺人者である。このことは軍人についてはあてはまらない。軍人が政治的に判断されることはまったくなく、彼らが殺人者と呼ばれるのは、非戦闘員を殺害した時のみである。政治的殺人は、そうした戦闘とはまったく異なるリスクを負わせることになるが、そのリスクの性質は、政治闘争の継続する期間に、恩恵的隔離のようなことが存在しないという事実によって、最もよく示されている。かくして最終的にセルゲイ大公を殺害した若いロシアの革命家も、モイン卿を暗殺したシュテルン団のメンバーと同じように、殺人罪で裁判にかけられ処刑された。これら三人の事例は、これまた捕らえられたIRAの闘士のように、普通の市民の死に責任があるとして取り扱われた。そうした取り扱いは、たとえわれわれがその事件に関わった人々の政治的価値判断と、彼らが暴力に訴えたことを支持していたとしても、私には適切であると思える。他方において、たとえわれわれが彼らの価値判断を共有しないとしても、彼らにはある種の道徳的な敬意が与えられる。それは彼らがテロリストであるという理由からではなく、彼らが自分の行為に限界を設けたからである。

ヴェトコンによる暗殺活動

非戦闘員の保護の場合のように、テロリズムの政治的規準の正確な限界を定義することは難しい。しかしわれわれは政府の官吏が大規模に攻撃されたゲリラ戦を調べることによって、おそらくはひとつの定義に近づくことができよう。一九五〇年代末のある時点を発端として、ＮＬＦ（民族解放戦線）は、南ヴェトナムの地方における統治構造の破壊を目的とした一連の暗殺活動を行った。一九六〇年から一九六五年のあいだに、約七五〇〇人の村役場や地区役場の官吏がヴェトコンの活動家によって殺害された。あるアメリカのヴェトコン研究者は、これらの官吏はヴェトナム社会における「自然な指導者」であると表現し、「いかなる定義によってもこの解放戦線の行為はジェノサイドに等しい」と論じている。(8) この議論は、すべてのヴェトナムの自然な指導者は政府の官吏である（それでは誰が解放戦線を率いているのか）とみなし、それ故、政府の官吏は文字通り国家の存立にとって不可欠であると推定している。これらの仮説にはまったく説得力がないので、「いかなる定義によっても」指導者の殺害が全人民の破壊と同じではないと言わねばならない。テロリズムはジェノサイドを予示しているかもしれないが、暗殺はそうではない。

一方民族解放戦線の暗殺活動は、私がこれまで使ってきているような官職の概念の限界に突き当たった。解放戦線は、官吏の行っていた業務が――たとえば公衆衛生に関わる官吏など――解放戦線が反対した特定の政策と何の関わりもない場合でさえ、政府から報酬を支払われていた者なら誰でも官吏のなかに含める傾向があった。(9) また聖職者や地主のように、政府に代わって特定の方法で彼らの非政府的な権威を使った人々を官職と同一視する傾向があった。彼らは明らかに、聖職者であり地主であるからという理由だけで誰彼かまわず殺したのではない。暗殺活動は、個々の行動の詳細に細心の注意が払われて計画されており、そして「説明のつかない殺人などひとつもなかったことが保証」されるような一致協調の努力がなされていた。(10) それでも殺傷対象の幅は、物騒な方法によって広げられたのである。

私が考えるに、次のように論ずることができるかもしれない。官職者というのは誰であれ定義からして不正な

（と推定される）体制の政治的取り組みに携わっているのであり、それはちょうど軍人が、実際に戦っているか否かにかかわらず戦争努力に携わっているのと同様である、と。しかし近代国家によって出資され報酬が支払われる活動の多様性は著しく多岐にわたり、それらすべてを暗殺の理由にすることは過激に過ぎるし度を超しているように思われる。その政治体制が事実、抑圧的であると仮定しても、その抑圧の手先《エージェント》を探すべきであり、断じて政府のエージェントを探すべきではない。私人については、まったく責任を免除されていると私は考えている。もちろん、彼らとて政治的暴力ではなく、社会的政治的圧力（それは通常、ゲリラ戦においては激化する）の通常の形態にさらされている。この点では市民の場合も民間人と同様である。もし彼らの政府に対する、あるいは戦争に対する支持が、彼らを殺す理由として許されるならば、殺傷対象とされることから保護された人を選び出すために引かれた線はただちに消えてしまうであろう。政治的暗殺者は、一般にそうした線が消えることを望まないことは指摘する価値がある。彼らには慎重に目標を選び、無差別殺人を避ける理由がある。あるヴェトコンのゲリラは彼を捕らえたアメリカ兵に次のように語った。「シンガポールで、反逆者たちがある時期、路面電車を六七台目ごとに爆破し……翌日は三〇台目ごとだったらしいが、そんなことが続いたそうだ。しかしあまりに多くの人々が不必要に死んだために、人々の心は反乱者に対して硬化したと聞いている」[11]。

ここまで、大部分の政治的活動家闘士は、みずからを暗殺者などではまったくなく、むしろ死刑執行人と考えていることを私は指摘してこなかった。彼らは自警的正義（vigilante justice）の革命ヴァージョンに携わっている。あるいはふつうはそのように主張する。このことは一部の官吏を殺害し、他を殺害しないことの今ひとつの理由を示唆しているが、それはまったくの自己描写にすぎない。通常の意味の自警は、あらっぽく軽々しくではあるが、従前の犯罪の概念に対して適用されるものである。革命家たちは新しい概念を擁護しようと戦うが、それについて広い合意があるとはとても思えない。彼らは官吏が「人民に対する罪」によって実際に有罪であり、あるいは有罪であるかぎり、官吏を殺傷してもよいと考えている。しかし即物的な真実は次のことである。官吏を殺傷してよい、あるいは普通の市民よりも殺傷対象にしてよい理由は、彼らの活動がそうした描写の余地を残しているからに他ならない。政治権力の行使は危険なビジネスである。私は暗殺者を擁護するためにこのことを言っているのではない。自警的正義がほとんどの場合、悪しきたぐいの法執行であるように、暗殺はほとんどの場合、下劣な政治である。その下手人は、政治的衣装をまとっているものの、通例はギャングであり、ときに狂人である。それでも「正しい暗殺」は少なくとも可能である。そしてその種の殺人を目的として他のすべての種類の殺人を否定する人々は、手当たりしだいに殺人を行う者と区別されなければならない。──彼らはかならずしも正義の執行者ではない。それについては異論がありうるから。しかし彼らは名誉ある革命家である。カミュの戯曲の登場人物の一人が語るように、彼らは「すべての人類から忌み嫌われている」革命を欲してはいない。

政治的規準がいかに具体的に規定されていようと、テロリズムはその規範に意識的に違反するものである。なぜなら普通の市民が殺されるのに、彼らの個人的活動の観点からすれば、何の防護も提供されない──防御など提供されえない──からである。死者の名前と職業を前もって知ることはできない。彼らは彼らに似た人への恐怖というメッセージを伝えるために殺害されるからに他ならない。メッセージの内容は何か。それは私が思うに、何でもありえよう。しかし実際上テロリズムは全人民、ないしは階級に対して向けられているので、最も極端で残酷な意図──とりわけ暴政的な抑圧や強制移住、あるいは攻撃にさらされている人々の大量殺害を伝えようとする傾向がある。したがって現代のテロリスト攻撃はほとんどの場合、国民としての存在価値を根本的に奪われた人々に向けられる。たとえば北アイルランドのプロテスタントやイスラエルのユダヤ人などがそれである。テロリストの攻撃活動が表明しているのは価値の剥奪である。だから攻撃にさらされる人々が敵との妥協が可能であると信じることはまずありえない。戦争においてテロリズムは無条件降伏の要求に結びつけられ、同じように、いかなる種類の妥協的解決をも排除しがちである。

その近代的な現れ方として、テロルは戦争と政治の全体主義的形態である。それは戦争慣例と政治的規準を粉砕する。それはこれ以上の限定が不可能と思われる道徳的限界を破壊する。というのも、民間人と市民のカテゴリーのなかには、テロから保護されることを主張しうるような、どのような下位集団も存在しないからである(子どもは除く。しかしもし子どもの親が攻撃され殺されるならば子どもも攻撃から「保護されて」いるとは言えないと私は考える)。ともあれテロリストもそのような主張を行わない。彼らは誰でも殺すのである。こうしたことにもかかわらず、テロリズムはテロリスト自身のみならず、彼らのために弁明する哲学者によっても擁護されてきた。その政治的な擁護は軍人が民間人を攻撃したときにいつも述べられるようなこととほぼ同型である。それは軍事的必要性からのあれやこれやの議論の焼き直しである。* たとえば、もし抑圧された人々が解放されるべきであるならば、テロリストの活動以外の選択肢はないといったようなものである。さらには以下のようなことがいつもそうだったと語られる。すなわちテロリズムは唯一の手段であり、したがってそれは抑圧的政治体制を破壊し、新しい国家を樹立するための通常の手段である。(12) 私がこれまで検討してきた事例は、こうした主張が誤りであることを示唆している。私が考えるにそうした主張を行う者は、歴史的来歴をとらえそこない、ある種の悪性の健忘症を患っており、すべての道徳的区別を、それらを苦心の末に作り出した人々もろとも消し去ろうとしているのだ。

＊政府の官吏のみならず革命家にとっても、この議論は強要と必要性《ネセシティ》（これは滅多に信じられないが）についての特定の事例の分析から、戦争は地獄であり、すべてが許されるという主張にしばしば堕落してしまう。たとえばシャーマン将軍の見解は、イタリアの左翼であるフランコ・ソリナスによって支持されている。ソリナスはポンテコルヴォ監督の映画「アルジェの戦い」の脚本を書いているが、その中でアルジェリア民族解放戦線のテロリズムを擁護している。「何世紀にもわたって彼らは戦争が決闘と同じようにフェアプレーであることを立証しようとしてきたが、戦争はそのようなものではなく、したがってどのような戦いの方法を用いてもいい。……それは倫理とかフェアプレーの問題ではない。われわれが攻撃しなければならないのは、戦争それ自体であり、戦争に導いた状況である」（*The Battle of Algiers*, edited and translated by Pier Nico Solinas, New York, 1973, pp. 195-96）。第一六章で論じている、ヒロシマへの原爆投下を擁護するアメリカ政府当局者の議論と比較せよ。

暴力と解放

ジャン＝ポール・サルトル☆1とアルジェの戦い

しかし広く流布しているという理由から、戦時に関する論議とは直接的な類似性がないにもかかわらず、ここで取り上げざるをえないもうひとつの議論がある。アルジェリア民族解放戦線のテロリズムを正当化せんと、サルトルによって寄せられたフランツ・ファノン☆2の『地に呪われたる者』の序文にそれは最も露骨な形で定式化されている。次のものはサルトルの議論は要約した文章である。(13)

一人のヨーロッパ人をほうむることは一石二鳥であり、圧迫者と被圧迫者とを同時に抹殺することであるからだ。こうして一人の人間が死に、自由な一人の人間が生まれることになる。

ヘーゲル風のメロドラマ風味を効かせたサルトル一流の調子で、彼は心理的解放の行為であるとみなしているものをここで示している。奴隷が主人に反抗し、肉体的に主人と対決し、彼を殺した時にのみ、奴隷はみずから自由な人間になる。主人が死に、奴隷が生まれ変わる。たとえもしこれがテロリストの行為に対する信じるに足る理解だとしても、この議論は説得的ではなく、二つの明白かつ有害な疑問を残している。第一に一対一の関係は必要なのであろうか。一人のヨーロッパ人の死は一人の自由なアルジェリア人を生み出すのか。もしそうであるならば、アルジェリアに住むヨーロッパ人の数は十分でない。アルジェリア人がサルトルが言うような手段によってみずからを自由にするためにはもっと多くのヨーロッパ人を呼び寄せねばならないであろう。もしそうでないならば、解放されるための殺人を行った者以外の他の人々がどのようにして解放されるのかが問われねばなら

☆1　「ジャン＝ポール・サルトル」 Jean-Paul Sartre（1905-80）．フランスの実存主義哲学者・文学者。マルクス主義の批判者として出発しながら、後に共産党の強力な支持者となり「行動する知識人」として妻、ボーボワールと共に政治活動に積極的に参加した。主著に『存在と無』、『弁証法的理性批判』、小説『嘔吐』などがある。

☆2　「フランツ・ファノン」 Franz Fanon（1925-61）．アルジェリア独立運動で指導的役割を果たした思想家・精神科医・革命家。今日のポストコロニアル理論の先駆者としても評価されている。第二次世界大戦ではみずから志願してフランス軍に参加して戦ったが、戦後リヨンで精神医学を専攻。一九五三年にアルジェリアの病院に赴任するが、一年後アルジェリア革命が勃発すると、アルジェリア民族解放戦線を支援し、やがてみずからもそのリーダーの一人となった。闘争の間隙を縫って『地に呪われたる者』を執筆するも白血病に冒され、独立を見ることなく三六歳の若さで死去。

ない。……どのようにして。殺人を傍観することによってか。新聞で殺人に関して読むことによってなのか。どのように他人によってなされる経験が（実存主義の哲学者の示すように）個人の解放の過程において重大な役割を演じることができるのかは理解しがたい。

第二の疑問はより馴染みのある問題を提起している。すべてのヨーロッパ人が抑圧しているのか。子どもを含むすべてのヨーロッパ人が抑圧者であるとサルトルが考えているのではないかぎり、彼がそう信じているとは考えがたい。しかしもし一人の抑圧の手先を攻撃し殺害することのみが解放であるならば、われわれはテロリズムの政治的規準に戻ることになる。サルトルの見地からすればそれが正しいことなどありえない。なぜなら彼が擁護している人々は明らかにその規準を拒否しているからである。彼らは手当たり次第にヨーロッパ人を殺した。その様子は（歴史的に正確な）映画「アルジェの戦い」のよく知られている、フランス人のティーンエージャーが飲み、踊りに集うミルクバーに時限爆弾が仕掛けられる一場面に描かれている。[14]

ミルクバー・爆発・屋外・昼間

ジュークボックスが通りの真ん中まで飛ばされる。血糊、肉片、破片……。白煙と叫び声、すすり泣き、ヒステリックな少女たちの金切り声。一人の少女は片腕を無くし、自暴自棄になって泣き叫ぶ。誰も彼女を落ち着かせられない。……サイレンの音が聞こえ……救急車が到着する……。

こうした出来事を主人と奴隷のあいだの実存主義的邂逅として描き直すのは容易ではない。確かに武力闘争が人間の自由のために必要であった歴史上の時期がある。しかし尊厳と自尊がそうした闘争の結果であるとするならば、それは子どもたちへのテロリストの攻撃と両立することはできない。そうした攻撃が抑圧の不可避の産物であるとの議論は、ある意味においては正しいと私は考える。憎しみ、恐怖、支配の欲望は、抑圧される側、抑圧する側に等しくある心理的な特徴であり、双方の側でそれを最後まで演じきるということが根源的に定められていると言いうる。しかし抑圧に対して革命闘争を際だたせているのは、われを忘れた激怒や無差別の暴力ではなく、抑制と自制である。革命家は彼が自由を獲得するのと同じ方法で、直接、敵と対決し、それ以外の人に対する攻撃を控えることによって、彼の自由を顕現するのである。革命の闘士が官吏と普通の市民の区別をすることは、無辜の民を救うのみならず、彼ら自身が無辜の民を殺すことから救われることになる。戦略的価値が何であれ、政治的規準は心理的解放につながっている。血塗られた闘争に追い込まれた人々のあいだにあって、それは自尊心のための鍵となる。同じことは戦争慣例についても言いうる。おそるべき強制の文脈のなかにおいても、兵士は彼らが道徳律にしたがうときに、最も明確に彼らの自由を主張することになる。

【原注】

（1）しかし「間接的アプローチ」戦略の最大の主唱者であるリデル＝ハート（Liddell Hart）はテロリストの戦術に一貫して反対している。たとえば以下を参照のこと。*Strategy*, pp. 349-50（テロ爆撃に関する章である）.

（2）Rear Admiral L. H. K. Hamilton, quoted in Irving, *Destruction of Convoy PQ 17*, p. 44.

（3）*Politics*, trans. Ernest Barker（Oxford, 1948）, p. 288（1314a）〔このアリストテレス英訳からの引用は、日本語訳のものとかなりニュアンスが異なる。日本語訳では次のようになっている。「(僭主が狙う的の) ひとつは、被支配者の心を卑小なものにしておくことである」。牛田徳子訳『政治学』、京都大学学術出版会、二九七頁〕.

（4）*The Just Assassins*, in *Caligula and Three Other Plays*, trans. Stuart Gilbert（New York, 1958）, p. 258〔白井健三郎

訳「正義の人々」、『カミュ全集　5』、新潮社、一一三頁〕. 実際の史実は以下に叙述されている。Roland Gaucher, *The Terrorists: from Tsarist Russia to the OAS*（London, 1965）, pp. 49, 50 n.

（5）J. Bowyer Bell, *The Secret Army: A History of the IRA*（Cambridge, Massachusetts, 1974）, pp. 161-62.

（6）Gerold Frank, *The Deed*（New York, 1963）, pp. 248-49.

（7）James E. Bond, *The Rules of Riot: Internal Conflict and the Law of War*（Princeton, 1974）, pp. 89-90.

（8）Pike, *Viet Cong,* p. 248.

（9）Race, *War Comes to Long An,* p. 83. これが示唆するように、攻撃されたのは公衆衛生に携わる官吏や、教師たちやその他の最良の人々――彼らは反共活動に従事する可能性があったからだが――である。

（10）Pike, p. 250.

（11）Pike, p. 251.

（12）思うにこれはマキァヴェリにさかのぼる議論である。創始者や改革者たちに必要であった暴力についての彼の記述の大部分は特定の人々、すなわち旧支配階級の構成員の殺害と関連している。たとえば以下を参照のこと。*The Prince*, ch. VIII and *Discourses*, I: 9.

（13）*The Wretched of the Earth*, trans. Constance Farrington（New York, n.d.）, pp. 18-19〔鈴木道彦・浦野衣子訳『地に呪われたる者』（フランツ・ファノン著作集　3）、みすず書房、九頁〕.

（14）*Gillo Pontecorvo's The Battle of Algiers*, ed. Piernico Solinas（New York, 1973）, pp. 79-80.

第一三章　復仇

応報なき抑止

一九一六年にイギリスがドイツの封鎖を行ったとき、彼らはそれを復仇と呼んだ。一九四〇年にドイツがロンドンに絨毯爆撃を開始したとき、ドイツも同じように自己を正当化した。復仇のドクトリンほど濫用されがちな、公然と濫用されている戦争慣例は他にはない。というのもこのドクトリンは、その他すべての戦争慣例と比べても甘い、あるいは、少なくともかつてはそうだと考えられていたからである。それは、通常であれば犯罪に相当する行為を、敵によって先に為された犯罪への反応として行われたという理由で正当化する。戦争のルールについて批判的なある平和主義者は、「復仇とは、自分が間違っていると思うことを、他の誰かが最初に行ったという口実でみずからも行うことである」(1)と書いている。そしてまた最初にそれを行うのはつねに他の誰かであろう、と書き足している。こうして復仇は悪事の連鎖を生み出す。その連鎖にあとから加わった責任のある者はみな、他の行為者を指差して「おあいこだ（*tu quoque*）」と言うことができるのである。

しかし復仇の明白な目的は、この連鎖を断ち切り、復仇という最後の行為をもってその時点で悪事をとどめることなのである。ときには――それほど多くはないが――その目的が実現されることもある。実現されたひとつの例からまず始めよう。そうすれば少なくとも長年にわたって受け継がれてきた見解――たとえば、一九世紀のフランスのある法律家の「復仇は、戦争を完全に野蛮なものとしないための手段である」(2)という見解――の意味を理解できるだろう。

アヌシーのフランス国内軍捕虜

一九四四年夏、フランスの大部分は戦闘地域であった。連合軍はノルマンディーで戦っていた。パルチザンはフランス国内軍に組込まれ、連合軍およびアルジェリアにおかれたドゴール派暫定政府の双方と連携し、フランス国土のあちらこちらで広く展開していた。彼らは戦闘記章を着用し、公然と武器を携行していた。一九四〇年の休戦がもはや効力を失っており、軍事的衝突が再開されたことは明白であった。それにもかかわらず、ドイツ当局は捕らえたパルチザンを依然として、略式処刑に付すべき戦時反逆者、もしくは戦時反乱者として取り扱い続けた。たとえば連合軍の上陸の翌日にカーンで捕らえられた一五人のパルチザンはただちに銃殺された。(3)そして続く数ヶ月間、戦闘の勢いが増すに従って略式処刑も続いた。フランス国内軍はこのような処刑について暫定政府に苦情を訴え、暫定政府の側としてもドイツに対して公式な抗議を行った。ドイツは暫定政府を承認していなかったため、この抗議を受け付けなかった。ドイツ軍の記録によれば、フランスはドイツ人捕虜に対し復仇を行うと脅したという。しかしながら、引き続き行われた処刑は、そのような復仇を引き起こすことはなかった――それはおそらく、占領下のフランスの外で召集された暫定政府直属の部隊は、通常、ドイツによって戦争捕虜の地位を与えられていたからである。
一九四四年八月、フランス南部で多くのドイツ兵がパルチザンに降伏を始め、フランス国内軍の指導者たちは、突如として暫定政府の示した脅しを実行する立場におかれた。「ドイツが八〇人のフランス人捕虜を処刑したことが判明し、かつ、さらなる処刑が差し迫っていた時、アヌシーのフランス国内軍司令部は、その手中にある八〇人の捕虜を、引き換えに処刑することを決定した」(4)。この時点で赤十字が介入し、処刑の延期を取り付け、ドイツに対して今後捕らえたパルチザンを戦争捕虜として取り扱うよう合意を求めた。パルチザンは六日間待ったが、ドイツからの回答が得られなかったので八〇人の捕虜を銃殺した。* この復仇の効果は、ドイツ軍が追い詰められており、またドイツ軍の決定には他の多くの要素も介在したにちがいないので、簡単には分からない。しかしながら、アヌシーの銃殺の後、パルチザンが一人も処刑されなかったことははっきりしている。

*どうしても理解に苦しむのだが、こうしたケースにおいて、兵士たちは処刑されたと公示し、実際には彼らをどこかに隠すだけでは駄目なのか。なぜ本当に殺さなければならないのか。戦争慣例ではさまざまな種類の奇計が許されているのだから、ここでもそれが除外されなくともよいはずである。しかし私は、そのような策略が試みられた例をまったく見つけることができなかった。

ある意味で、このケースに価値判断を下すのは容易である。フランスが署名し、フランス国内軍も再確認している一九二九年のジュネーヴ条約は、戦争捕虜に対する復仇を明確に禁じている(5)。他のどのような無辜の人々の集団にも同様な保護は与えられていない。捕虜が特別扱いされているのは、降伏とは、生命と恩恵的隔離の保障を意味する契約だからである。彼らを殺害することは、信頼の裏切りであり、実定戦争法に違反する。しかしここでは復仇の一般的ルールに対するこの例外に焦点を当てるつもりはない。それは無辜の人々の意図的な殺害が、合法もしくは道徳的に正当であると主張されたことがかつてあったかどうかという大きな問題につながるものではないからである。そして、そのような問いに対して、殺害されることが許容される者とそうでない者がいるとすすんで答えようとする人がいるとは私には思えない。フランス国内軍捕虜の例が有用なのは、それが復仇の典型的事例を提供しており、また、少なくとも初めのうちは「復仇者」の側にわれわれが共感を覚えやすい事例であるという点である。

この種の復仇は、戦争慣例の執行をその目的としている。国際社会においては、ロックのいう自然状態のように、すべての構成員（すべての交戦国）は、法を執行する権利を主張する。この権利の内容は、国内社会におけるものと同じである。第一にそれは、罪を犯した人々を罰する応報の権利である。第二には、犯罪的行為から自身や他者を守る抑止の権利である。国内社会においては、この二者は多くの場合一体である。犯罪行為は、犯罪者の処罰、もしくは罰するという脅しによって抑止される。少なくとも、それは広く受け容れられた教義である。しかしながら国際社会においては、そしてとりわけ戦時には、二つの権利は等しく執行可能なものではない。罪を犯した当人に辿り着くのはしばしば不可能だが、フランスのパルチザンが行ったように、つまり無辜の民を「罰する」ことによってさらなる犯罪行為を防ぐ、あるいは防ごうと試みることはつねに可能である。その結果は、一方的法執行といわれるかもしれない。すなわち応報なき抑止である。

それはまた、過激な功利主義——実際、功利主義の哲学者たちがその存在をやっきになって否定しようとするほど過激な功利主義——の代表例であるといわれるかもしれない。しかしそれは、戦争の理論においても、戦争の実践においてと同様によくみられる一般的なものである。功利主義に対する最もよくある批判のひとつは、ある種の状況下における計算が、当局に対して無辜の者を「罰する」(処罰の名のもとに殺害または投獄する)ことを要求することになるという点である。この批判に対するふつうの反応は、そうならないように、従来どおりの受け容れやすい結果をもたらすように、計算をし直すことであった。[6] しかし国際法の歴史において、また戦時の行動に関する論争において、そのような計算のやり直しの努力は忘れ去られてしまった。復仇は、驚くほど直截に、功利主義的根拠によって擁護されてきた。少なくとも、戦闘という特殊な状況において、功利計算は実際に無辜の民を「罰する」ことを要求してきた。交戦国の政治的・軍事的指導者はみな、敵の行き過ぎた犯罪をチェックする他の手段がないと主張して、そうした要求を行ってきた。中立的な観察者や法律の学者、尊敬すべき博士たちは、これを「極限事例」では(それに該当するかに関しては当然、しばしば論争の対象となったが)ありうる議論だとして一般的に承認してきた。したがって復仇は、権威ある学者によれば「戦争法の原理」である。なぜなら「すべての攻撃は誰かを罰するもの、可能であれば罪ある者を、そうでなくても誰かを罰するもの」だからである。[7]

これは魅力ある原理ではないし、復仇が伝統的に承認されてきた理由をそれだけで説明するのは不正確であろう。つまるところ戦時においては、無辜の民はしばしば結局のところ、戦争を早く終わらせ、もしくは犠牲を減らすといった功利性の名のもとに攻撃され殺害されてきたのである。しかしそのような攻撃は復仇と同等の地位を有するものではない。復仇に一定の効用が実際あるとして、復仇を独特のものにしているのはその功利性ではなく、別の性質である。復仇は戦争慣例の最も基本的な特徴なのであり、古代の同害報復法／復讐法(*lex talionis*)の再来だという人々はこの性質を誤解している。[8] 復讐は悪に悪で返すものであり、復仇について重要な点は、その悪が繰り返されたものではあっても、仕返しでなされたものではないということである。新たな犯罪は新たな犠牲者を生む。犠牲者はひょっとして犯罪者と同じ国籍をもつかもしれないが、本来の犯罪者とは別の人間である。具体的に誰を選択するかは（功利性に関する限り）まったくその人の属性とは関係がない。この意味において、復仇はぞっとするほどモダンなものである。しかしながら、そこには復讐の残り香がある。し返すという考え方ではなく、反応するという考え方である。復仇は、過去を振り返り、相手に倣うという特徴をもっており、それは、一定の制約を遵守するためにみずから能動的に〔違法に〕行動することはしないという態度を示唆する。「彼らが先にやったのだ」。この言いようは道徳的議論を伴うが、それはさして強い議論でも、発展性のあるものでもないだろう。しかしそれは、復仇と、同様に功利的な戦争慣例違反との違いを示すのに役立つ。戦争を早く終わらせるためには犯罪を犯してもよいという権利はないが、敵が先に為した犯罪行為に対処するためには、かつては犯罪（もしくは、さもなければ犯罪と呼ばれるであろう行為）を犯す権利があると考えられていた。

復仇のこの過去志向性は、復仇を制限する比例性の原則に現れている。比例性原則は、たとえばダブル・エフェクトの教義のようなものとはまったく異なり、また、はるかに明確である。アヌシーにおいて、八〇人のフランス人が殺害されたことに応じて八〇人のドイツ人を殺害する決定をしたとき、パルチザン司令部はその規定に厳格に沿って行動した。復仇は、先行する犯罪に照らして制限されるのであり、それが抑止しようとする犯罪によってではない（その効果や期待される効果によってではない）。この点は功利主義的発想をする論者たちによってしばしば論争の対象とされてきた。たとえばマクドゥーガルとフェリシアーノがまさに典型的な形で論じている。「許容される暴力の……質と程度は、敵の、最初の犯罪的行為の反復もしくは継続に関する損益計算の予測に影響を与え、これを終了させせまた将来も差し控えさせることを目ざして、合理的に計画されるものである」[9]。そのように計画される暴力の程度が、敵によるもともとのそれよりも大きくなるかもしれないことを、彼らは認める。アヌシーのケースでは、より少なくてすんだかもしれない。四〇人、あるいは二〇人、一〇人のドイツ人の殺害でも、八〇人の殺害と同様の効果を持ったかもしれない。しかし、どのように計算が働いたとしても、この種の未来志向的な比例性は、戦争について書く理論家一般にも、通常の実務家にも、決して受け容れられてこなかった。第二次世界大戦中、たしかにドイツはしばしば、ドイツ人が一人殺害される毎に一〇人の人質を銃殺することによって、ヨーロッパの占領国におけるパルチザンの行動に反応した。(10) この比例性は、ドイツ人の生命の相対的価値についての特殊な見解の反映、もしくは「敵の予測等に影響するよう合理的に計画されたもの」であるかもしれない。しかしいずれにせよ、そのような慣行は世界中で非難された。

もちろん、非難されたのは実際に比例がとれていないからだけでなく、それに先立つパルチザンの行為が多くのケースにおいて、戦争慣例の違反とは考えられていなかったからである。したがってドイツの反応は、単に功利主義的な抑止であって法の執行ではない。復仇が過去志向的であることのもうひとつの特徴として、反応の対象となる先行行為は、犯罪すなわち、承認された戦争のルールに対する違反でなければならない。それだけでなく、復仇の特殊な性格が維持されなくてはならないとするなら、そのルールは戦線のどちらの側においても等しく承認されていなければならない。一八一二年の戦争☆において、イギリスが復仇という手段に訴えたとき、そのような行為が野蛮であると考えた英国下院の野党議員は、なぜ国王陛下の兵士諸君は、アメリカ・インディアンと戦ったとき捕虜の頭皮を剥いでこなかったのか、北アフリカ・バーバリー海域の海賊と戦ったとき、なぜ奴隷にしなかったのかと尋ねた。(11) 思うにその答えは、頭皮を剥いだり奴隷にしたりすることを、インディアンや海賊たちが違法であるとは考えていなかったからであろう。そのような行為をイギリスが真似しても、それは決して法の執行だとは思われなかったであろう（それになんらの抑止効果もなかっただろう）。それは、何が適切な戦闘行為であるかについての敵方の考えを確認するだけに終わる。復仇は、応報なき抑止を含むかもしれないが、それでもその抑止は何かに対する反応でなければならない。そして復仇が反応するのは戦争慣例の違反に対してである。戦争慣例がないのであれば、復仇もありえない。

同時にわれわれは、復仇において通常必要とされる行為を無条件に違法とするある慣例が存在することによって、復仇を受け容れ難く感じる。もし無辜の民を殺すことが、最も深遠な理由で誤りであるならば、彼らを殺害することがどうして正しいと言えようか。国際法に関する論文の中では、復仇の擁護はつねに条件付きである。まずそれが好き好んで行われるのではないこと、次にその事例がいかに極限的な例であるかについて何事かが述べられているのである。[12] しかしながらこの最後の条件が何を意味するのかはよく分からない。実際すべてのルールの違反は、十分に「極限的」であるからこそ、比例性を保っている反応が正当化されるのではないだろうか。真に制約となるのは過去指向的比例性の方である。それはたとえば、この章の始めに述べた、二つの、復仇と言い立てられている行為を禁じる。しかし極限性はまったく制約にならない。復仇が行われるのは、敵の犯罪が戦争努力全体、もしくは戦争がそもそも始められることになった大義に甚大な危険を与える場合にのみだ、などということはまったくもってありえない。復仇の目的は、戦争に勝つことや大義が挫かれるのを阻止することではなく、単にルールの執行だからである。おそらく極限性を主張する意味は、好き好んでやるのではないということを主張することと同じである。両者とも、復仇は最後の手段であるという見方を示している。再び現実に戻れば、実際に、この最後の手段をとる前に要求される唯一の行動は、一九四四年フランスがドイツに行ったような公式の抗議と、あれやこれやの犯罪的行為が続けられるのならば同じやり方で応えるぞという脅しである。しかし、法執行と軍事行動両者の方法について、より多くを要求する人もいるであろう。たとえば、フランス国内軍は捕虜のパルチザンの処刑に関わったドイツ兵を、戦争犯罪人として扱うと宣言することもできただろう。告訴された人々のリストを公表することさえもできる。一九四四年のドイツの軍事的立場を考えれば、そのような宣言は大きな効果を持っただろう。もしくはパルチザンは、仲間が収容されている監獄や収容所を急襲することができたかもしれない。捕虜の兵士を処刑する場合にはまったく存在しないようなリスクが伴うにしても、そのような攻撃は不可能ではない。

最後の手段であるという見解を真剣に受け取めるなら、それは復仇を根本的なやり方で制限することになるだろう。しかしパルチザンが宣言を発表し、ドイツに処刑を止めさせることができないまま急襲を行ったらどうだろうか。そうなればドイツが捕虜を銃殺しても正当化されるだろうか。「仮借なき敵は、相手に対して、野蛮な暴力行為の繰り返しに対して身を守る他の術を残さない」[13]。しかし本当のところは、危険の程度も、効果の程度もだいたい似通った他の手段がつねに存在するのである。処刑反対論を主張したからといって、パルチザンが最後の手段を使ってはならないということにはならない。それはたとえば、軍事的急襲が彼らの最後の手段なのだと言っているだけである。攻撃が失敗すれば、また試みるだけである。それ以外に為すべきことはない。（復仇

☆「一八一二年の戦争」　米英戦争（1812-14）をさす。「第二次独立戦争」とも呼ばれる。ナポレオン戦争中、イギリスが海上権を侵害したことに対してアメリカが宣戦布告を行ったが、ナポレオン戦争の終結とともに講和が結ばれた。アメリカの社会経済に与えた影響としては、イギリスからの商品が流入しなくなったことにより、北部の工業が進展するも、戦後の再流入で大きな打撃をこうむり、一八一六年以降の保護関税政策につながる。これによって南部との格差は拡大した。

も失敗するかもしれない——むしろ通常はそうである。すると、その後はどうなるか。）これが、私が擁護したい結論であり、ここでもまたドイツ人捕虜の立場と性質を顧慮することによって私はそれを擁護するつもりである。

彼らは何者か。かつては兵士であった。いまや武装を解かれ無力である。おそらく彼らの中には戦争犯罪人がいるだろう。捕虜のパルチザンの殺害に関与した者もいるだろう。だからこそ彼らは裁判にかけられるべきであって、即座に銃殺されてはならないのである。われわれは、彼らの罪に関する証言を聞き、正しく罰せられるべき者を罰するのだと確信したい。裁判だけが、われわれが戦争のルールにコミットしていることの証となる。しかしここには、犯罪的決定を行ったわけでも、実際に遂行したわけでもない、普通の捕虜がいるだけだと仮定しよう。彼らの日々の活動は、彼らの敵のものとほぼ同じである。彼らが即座に銃殺され、犯罪の被疑者を扱う場合よりも残虐に取り扱われてよいといえるだろうか。数人を恣意的に他の捕虜から選別し、彼らの死を公表するためだけに処刑する。これがすべて正義の名の下になされるのだ。信じ難いことである。捕虜の殺害は、殺人である。そう呼ぶのはまったく正しい。殺人者になることによってわれわれがどんな犯罪を防止したいと願っているかはその際、無関係である。捕虜たちは、彼らの命を使って戦争を抑止する戦略をつむぎだすための単なる材料ではないのだから。捕虜としてさえ、いや捕虜だからこそ、彼らにはわれわれに対抗する権利がある。

近年の国際法が顕著に示している傾向は、無辜の民に対する復仇を非難するものであり、その理由は基本的に私が示したようなものである。被害者が無力であるから、彼らは軍事的攻撃の対象から除外されているのであり、彼らが犯罪的行為に関与していないから、彼らは応報的暴力の対象から除外されているのである。一九二九年のジュネーヴ条約では、すでに見たように、捕虜の保護がうたわれている。一九四九年の諸条約では、傷病兵、難破船の兵員、占領地域における民間人にも同様の保護が与えられた。[14] この最後の規定は、人質の殺害すなわち、軍事的目的のために無辜の民を利用するという模範的な事例を実効的に禁じている。直接関わっていない人々で、復仇の対象となることが法的に正当化される余地があるのは、敵国内の民間住民である。政府や軍に良きふるまいをさせるために、その国の国民は、かなり遠回りにではあるものの人質にされうる。復仇をこのように解することは、「敵国の国民が……交戦国の管理下におかれたり捕虜になったりして、もはや敵の力の基盤としての有用性を失ったときには、彼らはもはや暴力の正当な対象ではなくなる」という一般原則の論理的拡張であると論じられてきた。(15) しかし、これは一般原則の位置付けを誤ったものである。それは復仇だけでなく敵国民間人への第一撃をも容認する。どれだけ彼らが平和的なことしかしていなくとも、結局、このような民間人は「敵国の力の重要な基盤」であり、軍隊に政治的・経済的支援を行っているのである。子どもでさえも、敵国の力の役に立つことから「除外」されはしない。彼らは大きくなって、兵士になったり、軍需工になったりする。しかしそのような人々は戦争慣例によって守られている。彼らには、捕虜や傷病兵と同様、無辜の者の集合に属することが認められている。この最近の法の発展の根底にある目的は、(原則として) すでに十分に拡張されている一般原則をさらに拡張することではなく、復仇が正当化されるとかつては考えられていたような特殊な状況下で、一般原則の違反を防ぐことにある。そしてそうすることに十分な理由があるのなら、近年引かれてきているような線を引く理由はないように思われる。*

＊しかしながら、現在の法的状況の理由を説明することは難しくはない。敵国民間人への復仇を行うという脅しは、今日の核抑止システムに不可欠な特徴であり、政治家や兵士はそのシステムの放棄をおごそかに宣言しようとはしない。さらに、核抑止が脅しのみに依拠しており、脅された行為の性質が、道徳的な信念を持つ人々なら最後の瞬間にその実行

を拒否するようなものであっても、事前にその禁止に合意する者など存在しない。核時代以前のアメリカの法律家は、「無辜の民に対するいかなる残虐な行為、特に非戦闘員が戦争のストレスを覚えるようなものは、脅しの必要があると思われても、勇敢な者なら避けるべき行為である」と書き記している（T. D. Woolsey, *Introduction to the Study of International Law*, New York,1908, p. 211）。しかし、彼らがそのような行為を避けるということが事前に知られていたら、脅しは効果をもつだろうか。核抑止の問題については第一七章で取り上げたい。

かくしてここで必要な価値判断は以下のように簡潔にまとめることができる。われわれは、無辜の民に対するすべての復仇を、彼らが「交戦国の管理下におかれ」ていようと、いまいと、非難すべきである。これは、かつて一般に擁護されていた慣行に対して、しかもその場しのぎのどうでもよい議論に裏付けられていたのではない慣行に対して根本的な制限を加えるものである。しかし私は、古くさい議論がまったく用済みだと言うつもりもない。そこでは、最初の犯罪と、それに対する復仇的反応のあいだのある種の道徳的な相違が正しく指摘されている。非常に醒めた見方をすれば、これら二者は悪循環となっている――そしてこの循環は「暴力が暴力を生む」というもっともらしい格言で完全に説明されよう。しかしながら、この格言はときには誤っていることもあり、それよりさらに重要なのは、この格言が、反応としての制限された暴力と、そうでない暴力を区別できないということである。アヌシーのフランス司令部の立場にたってみれば、この循環は違ったものに見えてくる。このケースにおけるドイツの罪はフランスのものより大きい。なぜならそれはドイツが先に、何らかの軍事的利得のために戦争慣例上のルールを破ったからである。フランスは反応し、ルールを再構築するという目的を掲げて同じ違反を行った。私には、この二者の違いをどう測ればいいのか分からない。おそらく違いはそれほど大きくないかもしれない。しかし両者の犯罪を同じ名前で呼ぶとしても、そこに違いがあるということは強調に値する。

戦争のルールの最も重要なものに関して言っておくなら、法を執行するためにルールに反する行為を行うことは禁止されている。復仇の原理は、無辜の人々の権利が問題になっていない、戦争慣例のさほど主要でない残りの部分に適用されるにすぎない。たとえば、毒ガス使用の禁止について考えてみよう。毒ガスの使用は連合国による即座の復仇を招くだろうという、第二次世界大戦初期にウィンストン・チャーチルがドイツに発した警告は、完全に正当である。[16] なぜなら、兵士は戦争を行う権利だけを持っているのであって、ある兵器によっては攻撃されうるが、他のある兵器によっては攻撃されないというようなそれ以上の基本的な権利を持っていないからである。毒ガスに関するルールは、法的には確立されたが、道徳的に要請されたものではない。したがって、それに対する違反があった時、ルールを回復することだけを目的とし他の軍事的目的をもたず、最初の違反行為と類似しつつも比例性にかなった違反のみが道徳的に容認できる。なぜならば、自分たちの対峙している者たちが、すでに正当な軍事攻撃の対象と化しているからである。この場合は戦争の範囲と程度を制限するすべての非公式的合意や相互的合意の場合と事情は同じである。ここでは、復仇の脅しが執行の主要な手段であり、したがって脅したり、それを実行したりすることをためらう理由は何もない。この種の制限に対して違反があった時、それらは消滅し、そこにはもう比例性のルールを守ってみずからの違反を制限しなければならない理由はないと反論されるかもしれない。しかしそういえるのは、復仇が古い制限を回復するのに失敗したときだけである。まず最初に回復が試みられなければならない。その意味で、われわれは依然として復仇を戦争の野蛮さに対する制限として用いることができるのである。

平時復仇の問題

しかし、これらすべては、通常の種類の戦争がすでに進行中であることを前提としている。そこでの問題は攻撃の態様ないし手段である。平時の復仇の場合に、問題となるのは攻撃そのものである。それは国境の向こう側からやってくる、なんらかの急襲である。攻撃を受けた国は、こちらも第二撃で応えるが、それが目指すのは、戦争のルールを再確認することではなく、破られた平和を再び確立することである。ここで繰り返される犯罪は、武力の行使であり、主権の侵害である。それは侵略とよばれ、自衛として正当化がはかられるかもしれない。つまり、ユス・アド・ベルムの用語を用いた議論である。しかし、復仇に適用されるべきユス・イン・ベロの理論によって確立された復仇に特有の制限が守られている限り、それは「戦争に及ばない軍事的措置」にとどまる。したがって以下ではそれらの制限に関して論じるのが適当であろう。[17]

キビエ攻撃とベイルート急襲

「平時復仇」という用語は必ずしも正確ではない。法律の教科書は「戦争」と「平和」にその主題を分けているが、歴史の大半はどちらの言葉でも的確に表現しえない中間世界（*demi-monde*）である。この中間世界にこそ、復仇は通常、関係している。それは叛乱、国境での武力衝突、停戦、休戦といった時期に特有の行動形式である。さて、そのような時期の特徴は、武力行動がいかなる意味においても必ずしも単純に国家の行動とはいえない点にある。それらは、正規官吏の行為でも、公的命令により行動する兵士の行為でもなく、（しばしば）ゲリラ集団やテロ組織によって――彼らは正規官吏により黙認され、あるいは支援されているかもしれないが、その直接の管理下にはない――行われるものである。したがって、一九四八年の建国以来イスラエルは、隣接するアラブ諸国からやってくるパレスチナ・ゲリラやテロリストから繰り返し攻撃を受けているが、これらの集団は公式にはアラブ諸国の軍隊に所属しているわけではない。このような攻撃への対応として、イスラエル当局は永年にわたって――いわば復仇の政治学や道徳を試すが如く――ほとんどすべての形態の反撃を試みてきた。それは、理論家が望みうる（あるいはそれ以上の）あらゆる事例を提供するような、残忍で異常な歴史である。そしてこの歴史から、平時復仇が平和の回復に貢献するということが導けないとすれば、不正な攻撃に対してとりうる手段はもはや何もないということにもなってしまう。

パレスチナ人による急襲のほとんどは、ゲリラではなくテロリストの仕業である。つまり、第一一章と第一二章での議論に従えば、彼らは無作為に民間人を標的にしている。国境付近で働く農夫、田舎道を走るバス、村の学校や家々などが彼らの標的である。したがって、アラブ＝イスラエル紛争というより大きな文脈についてどのように考えるとしても、彼らには正統性がないことは疑いの余地がない。また、イスラエル人が何らかの方法で対応をする権利があることも明らかである。その権利は国境を越えたいかなる急襲の場合についても存在するが、その急襲が、直接抵抗できない民間人を対象としている場合には特に明確に存在する。それでも、イスラエルの特定の反応の仕方は実際、問題の多いものである。なぜならそのような場合に何をなすべきかは難しい問題だからである。公的には戦争状態にない近隣の国に匿われているテロリストを標的とすることは容易にはできない。あらゆる軍事的反撃は、平時復仇につきもののある種の非対称的な性質をもつ。すなわち、最初の急襲攻撃は公的なものではなく、それに対する反撃は、他国の主権を侵す主権国家の行動となるからである。このような主権侵害に対してどのように価値判断すべきだろうか。平時復仇を規定するルールとは何であろうか。

第一のルールはお馴染みものである。テロリストの急襲が民間人を狙ったものであっても、復仇で同じことをしてはならない。その上、「復仇の実行者」は、その攻撃で民間人を巻き添えにしないように配慮しなければならない。その行動に関しては、平時復仇は、正に戦争それ自体と同じであり、この点に関するわれわれの価値判断は非常にはっきりしている。例として、イスラエルによるキビエ急襲を考えてみよう。(18)

ロッド空港近郊の村で、女性一人とその子ども二人が殺害されたのを受けて、イスラエルは一九五三年一〇月一四日、ヨルダンの村キビアに夜襲をかけた。……〔彼らは〕村の中に侵攻し、住民をかき集め、四五軒の住宅を爆破した。すべての家から事前に退避がなされていたわけではなく、四〇人以上の村人が瓦礫の下敷きになった。……この夜襲のあまりの残虐さに、イスラエルの内外で激しい抗議が巻き起こった……

これらの殺害はおそらく「意図的ではなかった」とはいえないだろうし、またそれを回避するための然るべき配慮がなされたと述べることもまったく無理である。したがってこれらの抗議は正当で、それらの殺害は犯罪であったことになる。しかし、もし民間人にまったく死者がなく、あるいは、イスラエルの地上作戦によるほとんどの復仇がそうであるように、ヨルダン正規軍との銃撃戦の過程でごく少数の民間人だけが殺された場合はどうであろうか。急襲それ自体について、また、(イスラエルの民間人の殺害にはまったく関与していないが) その過程で殺されたヨルダン人兵士について、破壊された家々について、われわれは何が言えるだろうか。これは標準的な軍事行動ではないが、平時復仇としては最も一般的な形態なのである。その目的は強制である。近隣国の高官に圧力をかけ、平和を維持させ、その国境線の内側でゲリラやテロリストを抑制させようというのである。しかし、それは直接的あるいは継続的な強制ではないし、そうするには本格的な侵攻が必要となるだろう。復仇は、警告の形態のひとつである。もしわれわれの村が攻撃されれば、そちらの村も攻撃されるだろうという警告である。したがって、復仇はつねに、その前になされた急襲への対応でなければならない。そしてそれは、非戦闘員保護のルールの適用について、過去指向的な比例性のルールに支配されている。生命の重さ同士を比較できるものではないが、第二撃は性質と程度において第一撃と同種のものでなくてはならない。

これら二つの制約が守られている限り、私はこの種の反撃を擁護したいと思う。強調するが、防御はいかなる意味でも、極限状態や最後の手段という観念に依存したものではない。平時においては、戦争が最後の手段である（長期にわたるテロ攻撃は、もしその繰り返しを終わらせるための他の手段がない場合は、戦争を正当化するかもしれない）。復仇は、外交的手段が効を奏しないと判明した後になされる最初の武力攻撃である。繰り返すが、それは「戦争に及ばない軍事的措置」、すなわち戦争の代替手段であり、この性格付けが復仇の擁護にとって重要なのである。しかし、一般的な議論は依然として困難なままである。それは、もうひとつの歴史上の事例、すなわち（キビエの事件とは対照的に）非戦闘員保護のルールと比例性のルールが誠実に遵守された例に目を転じればよく分かる。

一九六八年、パレスチナによるテロの目標は、イスラエル本土からイスラエル航空とその乗客たちへと移っていた。その年の一二月二六日、二人のテロリストがアテネ空港で離陸準備中のイスラエルの飛行機を攻撃した。[19]その時点で、約五〇人の人々が搭乗していた。実際に殺されたのは一人だけだったが、テロリストの目的ができるだけ多くの人々を殺害することだったことは確かである。彼らは、飛行機の窓に銃を向け、座席の高さを狙った。この二人はアテネ警察に逮捕され、ベイルートに本部のあるパレスチナ解放人民戦線（PFLP, Popular Front for the Liberation of Palestine）のメンバーであることが判明した。彼らはレバノンのパスポートを携えて旅行していた。それまでの数ヶ月、イスラエルは繰り返し、ＰＦＬＰのような団体を支持していることについて「責任を逃れる」ことはできないと、レバノン政府に警告していた。そこで、イスラエルは劇的な復仇を行った。

アテネにおける攻撃の二日後、イスラエル特殊部隊はヘリコプターでベイルート空港に着陸し、レバノンのライセンスを持つ民間航空会社所属の飛行機一三機を破壊した。イスラエルのあるニュース報道によると、特殊部隊は「みずからを大変なリスクにさらしながら……民間人の被害を回避するため最大限の配慮をした。乗客も地上整備員も飛行機から降ろされ、近隣の人々も安全な場所へ避難させられた」。どのようなリスクがあったにせよ、死者はでなかった。もっとも、後にレバノン当局は、攻撃の際二人のイスラエル兵士が負傷したと主張してはいるが。軍事的な観点からは、この急襲は見事な成功であった――道徳的観点からもそうであったと私は思う。それは、アテネでの事件に明確に対応しているだけでなく、手段においても同等で比例性が保たれており（人命の損失に対するお返しには多大な物的資産の破壊を行えるから）、民間人の死を回避するように実行されたからである。

これらのことにもかかわらず、ベイルート急襲は――とりわけ、レバノンの主権に対する攻撃の深刻さがゆえに――当時大いに批判された（国連では非難決議が採択された）。民間人の犠牲者がでなかったならば、キビエの事件でも重視されたのは、やはりヨルダンの主権侵害であっただろう。民間人の殺害は人道に対する侮辱であるが、軍事施設への攻撃や民間財産の破壊は、ある国家に対して狙いを絞った、より直接的な挑戦となる。実際、それが攻撃の目的であった。一方で兵士の脆弱性が、また他方で飛行機、ボート、建物などの脆弱性が、主権国家の脆弱性に依存している。もし国家が脆弱であれば兵士もそうである。なぜなら、兵士は、国家の権威の、目に見える象徴であり、その活動のための手足だからである。民間人の財産も脆弱である。なぜなら所有者が無辜であるということは、その人格にのみ関わることであって、その所有物にまでは及ばない（あるいは必ずしも及ばない）からである。人命に対しわれわれが認めている価値とは、実際に戦争遂行や国防に関わっている場合にのみ、それに従事した人の生命への権利が失われるというほど高いものである。しかし、財産に与えられている価値はこれより低いので、財産を保護しこれに税金をかける国家自身が攻撃にさらされるときは、いつでも財産権は失われる。個人は、課税はされても正当な攻撃対象になることはないが、財産、あるいは少なくともある種の財産は、たとえ所有者がそうでなくても正当な攻撃対象となりうる。* しかし、この議論は国家の責任に依存するものであり、それはいまだに決着がつかないままである。

＊これはおそらく、法律家が、復仇の諸事例において、一般市民は「その国家と同一視される」と論じる際に念頭に置いていることである。この同一視は決して全面的なものではありえない。それは個人の権利まで消滅させはしない。また私が思うに、この同一視の効果は私人の家屋には及ばない。（それがテロリストの基地として使用されているのでもない限り）居住者が無辜であれば、家屋にも罪がないと思われる。

イスラエルの議論は、実定法（あるいは少なくとも国連の成立以前の時代の実定法）の定式に沿ったものであった。レバノン政府には自国領土がテロ活動の基地として使用されることを防止する義務があったとイスラエルは主張した。この義務が現実的であることを誰も否定しないと思われる。しかし、（レバノン自身による議論ではないが）レバノン側にたって、ベイルートの政府は実際にそれを引き受ける能力を有していなかったとも論じられている。

一九六八年以来の数々の出来事は、この主張を証明しているように思われるかもしれない。もしそれが正しければ、イスラエルの攻撃を擁護することは困難だろう。ある人々に圧力を加えるために、それとは関係のない無辜の民の所有物を破壊することは確かに間違っている。その人々とて、ともかく、現に行っているのとは異なる行動をとるにとれないのだ。それでも確立された政府の能力は決して安易に否定されてはならない。なぜなら、一定の主権の喪失は、政治力不足の法的・道徳的帰結だからである。もし、政府が統括していると自負する領域内の住民を文字通りコントロールすることができず、国境を警備できていないとしたら、そしてもしその無能力がゆえに近隣国が被害を被っているとしたら、その政府に代わってコントロールしたり警備したりすることは、明らかに許容される。それは一般に復仇のための急襲に許される限界を超えるものであるかもしれない。この点では、復仇は国内社会における応報的懲罰に類似している。懲罰が道徳的な主体を前提としているように、復仇は政治的責任能力を前提としている。この想定は、可能な限り維持し続けるに値するものである。

決定的な問題は、ある主権国家が他国からその義務を果たすよう強制されうるかどうかである。国連の公式な立場は、この種の法執行は、戦争のルールの制約の下で行われたとしても、違法であるというものである。[20] この立場は、（実定）法を宣明するという国連の一般的な権限にもとづくのみならず、少なくともときにはその法を国連自身が執行するための準備と能力を持っていることにももとづいている。しかし、一九六八年当時のこの世界機構〔国連〕には、法を執行する準備も能力もなかったことは明らかだ。それ以来、いかなる時期にも国連がその準備も能力も有したことなどないのである。国連の個々の加盟国が、儀式にすぎないような場合にどう投票しようとも、自国民の命が危険にさらされているような場合に復仇を放棄する覚悟があるという保障はどこにもない。復仇は国家実行により明確に承認されてきており、その実行の背後にある（道徳的）根拠は依然として説得的であるように思われる。国連が実際に行ってきたことのどれも、国連が現在行使している影響のどれをとっても、そこに示唆されているのは国際社会における法的・道徳的権威が一極に集中していないということである。*

＊イスラエルの復仇に対する国連のお決まりの非難決議について、リチャード・フォーク（Richard Falk）は以下のように記している。「このような状況におけるイスラエルの行動の自由に対するこうした制約の公正さについて疑義がだされるかもしれないが、それはそもそも、法の外でのアピールである。国連の機関が特定の武力行使を授権したり禁止したりする手続き的な能力を有しているからである。国際社会において……『合法』的なものを『非合法』なものから最も明確に区別するのは、まさにこの能力の発現にほかならない」。私は、代替的な救済の手段を提供することなしに自力救済を禁止することとは、国内であれ国際であれ、立法府にできるとは思わないが、その問題は法律家に委ねよう。フォークが正しいとするなら、法の外でのアピールとは道徳的アピールであり、それが成功するなら、新しく宣明された「法」はおそらく台無しにされることになるし、また確実にそうならざるをえないと言わなければならない。"International Law and the US Role in Vietnam: A Response," in Falk, ed., *The Vietnam War and International Law*, Princeton, 1968, p. 493を参照のこと。

しかし、国連の立場がまったく非現実的であることだけでは、平時復仇の正統性は確立されない。ケルゼンの『国際法の原理』を編集したロバート・タッカーは、その中で、復仇を擁護する者は「国家による単独の武力行使は、ほとんどの場合、法の目的に資するものであったということ」を示さなければならないと主張している。(21) これは、論拠を国連の実効性から復仇そのものの有用性へと移すものであるが、歴史的に検証してみると、結果はおそらく、「復仇をする側」を決定的な形で支持するものにはなりそうにない。しかし、復仇の基盤は、その全体としての実効性にあるのではない。それは、中間世界の、困難な状況の中で、一定の効果を模索する権利である。そのような状況が存在する限り、この権利も存在しなければならない。まさにその同じ困難な状況によって、（ロックの自然状態におけるように）正当な行動が完全に満足のいく帰結をもたらしえないような場合であってもそうである。もしある特定の事例において復仇の失敗が確実であるならば、明らかにその復仇は試みられるべきではない。しかし、実質的に成功する機会があるのであれば、復仇はつねに被害国の正当な手段である。自国民への攻撃に対して、受身のままにとどまることを要求される国家などないのであるから。

復仇は戦争慣例から「平時」の世界へ持ち込まれた慣行である。なぜならそれは適切に制限された軍事行動の形態を提供するからである。この慣行を廃止するよりも、制約を守る方が、私が思うに、望ましいだろう。復仇のための急襲に従事する兵士たちは、国境を超えて攻撃を行うが、速やかに引き上げる。彼らは破壊的な行動を行うだろうが、それも一定の限度までである。主権を侵害するが、それを尊重もしている。そして最後に、彼らは無辜の民の権利に配慮するだろう。復仇はつねに、戦争のルールに反する犯罪や平和の小規模な侵害といった、特定の違反行為に対する限定的な対応である。復仇はしばしば行われるが、侵攻や干渉、無辜の生命への襲撃の隠れ蓑として使われたのでは正しく行われたとは言えない。国家の権利や人権が侵害されざるをえないような、極限状態や危機の瞬間があるかもしれない。しかし、そのような瞬間は、我が方の敵による特定の犯罪から生まれるのではない。そのような場合の違反を復仇と呼ぶのは有益ではない。法律書や軍事史の中で私が遭遇した復仇のどの事例をとっても、この語のいかなる意味でも極限状態とはいえなかった。戦争慣例にも極限状態についての定めはない。極限状態は、いわば慣例の定める規定を超えたところにある。その性質と由来については、本書の第四部で検討しようと思う。復仇についての本章の分析は、戦争の通常の手段についての議論の締めくくりである。ここからは、われわれの目的の道徳的緊急性がときに要請するように思われる、戦争の特殊な手段の検討に移る。

【原注】

（1）G. Lowes Dickinson, *War: Its Nature, Cause, and Cure*（London, 1923）, p. 15.
（2）H. Brocher, "Les principes naturels du droit de la guerre," 5 *Revue de droit international et de legislation comparée* 349（1873）.
（3）Robert B. Asprey, *War in the Shadows: The Guerilla in History*（New York, 1975）, I, 478.
（4）Frits Kalshoven, *Belligerent Reprisals*（Leyden, 1971）, pp. 193-200.
（5）Kalshoven, pp. 78ff.
（6）たとえば、H・J・マクロスキーとT・L・S・スプリッゲの以下の著作における論考を参照のこと。H. J. McCloskey and T. L. S. Sprigge in *Contemporary Utilitarianism*, ed. Michael D. Bayles（Garden City, New York, 1968）.
（7）Spaight, *War Rights*, p. 120.
（8）Spaight, p. 462.
（9）McDougal and Feliciano, *Law and Minimum World Public Order*, p. 682.
（10）最も野蛮なナチの復仇のひとつについては Robert Katz, *Death in Rome*（New York, 1967）を参照のこと。
（11）Spaight, p. 463n.
（12）グリーンスパンが典型的である。「甚だしく重大な場合にのみ、復仇への途が開かれるべきである」。Greenspan, *Modern Law of Land Warfare*, p. 411.
（13）Lieber, *Instructions*, Article 27（強調引用者）.
（14）Kalshoven, pp. 263ff.

（15）McDougal and Feliciano, p. 684.

（16）Churchill, *The Grand Alliance*（New York, 1962）, p. 359. ここで私が擁護する分類と似たものが、ウエストレイクによっても提案されている。「戦争の法は、人間の本性と道徳に非常に深く根差したものであるので、契約の地位のみに基づいて議論ができるものではない。ただし、その条約のみで処理しうるあまり重要でない点についてはその限りではないが」（Westlake, *International Law*, II, 126）。

（17）「非戦時復仇（non-belligerent reprisals）」については、Kalshoven, p. 287ff. を参照のこと。

（18）Luttwak and Horowitz, *The Israeli Army*, p. 110.

（19）この急襲の詳細と評価については以下を参照のこと。Richard Falk, "The Beirut Raid and the International Law of Reprisal," 63 *American Journal of International Law*（1969） and Yehuda Blum, "The Beirut Raid and the International Double Standard: A Reply to Professor Falk," 64 *A. J. I. L.*（1970）.

（20）一九六四年四月九日の安全保障理事会における一般的非難決議を参照のこと。Sydney D. Bailey, *Prohibitions and Restraints in War*（London, 1972）, p. 55 に引用されている。

（21）Hans Kelsen, *Principles of International Law*, 2nd ed., rev. Robert W. Tucker（New York, 1967）, p. 87.

第四部　戦争のジレンマ

第一四章　勝利と正しく戦うこと

「驢馬の倫理」

毛沢東主席と泓水の戦い

紀元前六三八年、中国史における春秋時代として知られる時代に、宋と楚の二つの封建国家は、中国大陸中央に位置する泓水で戦った(1)。襄公に率いられた宋の兵は、川の北岸で戦闘態勢を整えていた。楚の軍は徒歩で川を渡らねばならなかった。楚軍が川の半分まで渡っていたところで、襄公の家臣の一人が主君のもとに進み出て言った。「敵は多勢で、こちらは小勢です。敵が全員川を渡りきる前に、彼らを討つようお命じ下さい」。襄公は拒否した。敵の軍が北岸に辿り着いたものの、まだ陣形を組み直していない頃合いを見計らって、家臣はもう一度、戦闘開始の許しを請うた。しかし、襄公は再度それを拒んだ。楚の軍列がきちんと整列したのを見届けてようやく、襄公は攻撃の命令を発した。その後の戦いで、襄公自身は怪我を負い、彼の軍隊は敗走した。歴史書☆1によれば、宋の人々は彼らの統治者を敗北のかどで責めたてたが、彼はこう言った。「手負いの兵士に追い討ちをかけ、白髪まじりの兵士を捕虜にするような真似は君子のなすべきことではない。古代の諸王は戦う場合も、不利な場所にいる敵は攻撃しなかったものだ。私は、亡国〔殷〕の後裔ではあるが、陣形の整わない敵に向かって、進撃の太鼓を打ち鳴らすようなことはしたくないのだ。」

毛沢東がある現代的な主張を行うために、彼のストーリーをこの歴史書から引用するまでは、これは封建時代の武人の規則体系、この場合は無名の武将の規則体系であった。「われわれは、かの宋の襄公ではないし、彼の驢馬の倫理はわれわれにとっては役に立たない」と、彼は『持久戦について』（一九三八年）☆2という演説の中で断言した。(2) 毛沢東の演説は、ゲリラ戦術の革新的な議論であった。しかしながら、宋の襄公に対する彼の議論は西洋の読者同様、中国の読者にもなじみのものである。勝利はつねに貴族的な名誉よりも重要であるとする襄公の家臣のように、これは現場の人間のあいだでは共有された議論である。しかし、勝利が「道徳的に」重要とみなされる場合、すなわち、戦闘の結果が正義の見地から考察される場合にはじめて、それは明らかに戦争の理論へと足を踏みいれることになる。泓水の戦いの後およそ二〇〇〇年、共産主義革命の二〇〇〇年以上も前に、儒家の墨子は毛沢東の事例を、あたかもそのことを知っていたかのように、完璧なまでに描いていた。(3)

為政者によって迫害されたり、抑圧されたりしている国があるとしよう。賢人はこのような害を天下から取り除くために、軍を挙げ、悪を行う者を罰しようとする。彼が勝利を収めたとき、もし儒家の教えに従うなら、命令を軍に発してこう言うだろう。「逃亡者を追ってはならない。甲冑を失った敵を討ってはならない。もし、戦車がひっくり返ったら、それを起こすために乗っていた者を助けなければならない」と。もしもこ

れがなされたなら、暴力的な人間や秩序を破壊するような人間が逃げのびて、天下から害がなくならないだろう。[☆3]

墨子は義の戦（Righteous War）の教義を信じていた。毛沢東は中国に正戦論という西洋の理論を導入した。明らかに、これら二つの思想には微妙な相違点があるが、私にはここではそれに分け入ることはできない。しかし、それらはどこか主要な点で異なっているというわけではない。両者は勝利と正しく戦うこととのあいだの緊張関係を同様のしかたで提示し、墨子と毛主席にとっては、それらは同一の解答を示すものなのである。すなわち、正しく戦うという封建時代のルールは単に捨て去られる。緊張関係はそれが認識されるや否や克服される。その

☆1　ここでいう歴史書とは『左伝』のことである。紀元前六三八年一一月、宋の襄公は泓水にて楚軍と戦火を交えることとなった。敵方である楚軍が川を完全に渡りきり、隊列を組みなおすまで、襄公は進軍を命じなかったため、宋軍は惨敗を喫した。この敗北に対し国内から襄公への非難の声があがるものの、襄公は「君子は傷を重ねず、二毛を禽《とりこ》にせず（手負いの兵士に追い討ちをかけたり、白髪まじりの兵士を捕虜にしたりはしない）」と主張し、その翌年戦いの負傷がもとで亡くなった。この逸話は「宋襄の仁」として知られている。

☆2　「持久戦について」（原題「論持久戦」）は、一九三八年五月末に延安で開催された抗日戦争研究会で、毛沢東が行った演説である。そこで彼は中国は最終的には勝利するが、持久戦になるのは必至ととらえ、三段階の持久戦を述べる。

☆3　墨子は『春秋穀梁伝』から儒家の教えを引用した上で、この例を述べている。その教えとは「君子は、戦いに勝った場合、逃げる敵は追わず、隠れている敵は討たず、倒れている敵は車に乗せてやる」というものである。だが、悪人が跳梁跋扈するような国においては儒家のこのような教えはさらなる不義を生むだけだと墨子は考える。

ことは、交戦規則がまったくないことを意味しているわけではない。私はすでに毛沢東の「八項注意」を引用した。[☆1]それは、民主主義的な様式で古い武人訓を要約したものである。しかし、毛沢東自身にとってこの「八項」は明らかに、ゲリラ戦における功利主義的要求を反映したものでしかなかった。その要求が勝利というより高い効用に反することはありえないものであった。――彼だったら、ウィルソン的な理想主義をマルクス主義的黙示論と組み合わせたような仰々しい用語でそれを描き出すだろう。「戦争の目的は戦争を除去することである。……人類の戦争時代は、われわれ自身の努力によって終結するだろう。そして疑いなく、われわれが遂行する戦争は最終戦争の一部なのだ」(4)。そして、最終戦争においては、誰もこの「八項」を主張することはないのである。対立が危機的な様相を示すときはいつでも、例外が容易に作り出される。たとえば、八項の最後にある「捕虜を残虐に扱ってはならない」という項目を考えてみたい。毛沢東はまた、作戦行動中のゲリラ部隊は捕虜を連れてはいけないとも言っている。「まず捕虜に武器の引き渡しを要求すること、そして次に離散させるか処刑することと、それが最もよいのである」(5)と。捕虜は権利主体とはみなされないので、離散か処刑かという選択は純粋に戦術的であり、またすべての場合において不正な扱いを防止するルールを主張するなら、おそらく「驢馬の倫理」の例になってしまうのである。

また、古い武人の規則体系において権利が問題とされたことはない。襄公は、負傷した兵士を攻撃したり、陣形の整っていない軍隊を攻撃したりすることは卑劣で品位を欠くことだと信じていた。戦闘とは、同等の力を有する者同士のあいだで初めて可能となるものであり、そうでなければ、戦争が貴族的な徳を示す機会にはならなかっただろう。勝利が道徳的に最優先の課題であると確信している者の誰もが、こうした見解に我慢できないということは容易に理解できる。もし、世界が暴力と侵略に支配されているならば、宋の襄公の（疑問の余地のない）徳など何の役に立とうか。実際、襄公の徳が軍事的勝利よりも重要になるような戦争なら、それは極めて重要性の低い戦争に思われるであろう。だからこそ、宋の軍隊の敗北後に襄公の家臣は論難したのだ。「追い討ちをかけるのが不愍だというなら、はじめから傷を負わせないほうがよろしい。白髪まじりを捕らえるのが哀れだというなら、いっそのこと敵に降参した方がましであろう」(6)☆2。全力で戦うか、あるいはまったく戦わないか。このような議論は、しばしばアメリカ的な思考の典型だと言われてきたが、実際には戦争の歴史において普遍的なのである。いったん軍隊が現実に動き始め、特に義戦ないしは正戦に従事したら、戦争慣例に違反し、またその特定のルール違反にいざなうような圧力がたえず生み出されていくのである。そして、交戦国が認める用意がある以上に――それは利害を損なってしまうことになる――ルールは破られるのである。それらのルールが破られるのは軍事的必要性のみの理由からではない。その議論はあまりに多くのことを、しかもそのために戦争が行われている大義とは無関係に、正当化するのである。ルールはその大義のために破られるのだ。違反行為が弁解されるのは、ある種の型の正義の論じ方を用いてである。

その見方からすれば、戦いに値するいかなる戦争においてもこれらのルールは存続しえない。それらのルールはせいぜいのところ「経験則」、名誉（あるいは効用）の一般指針でしかなく、それは、それを遵守することが勝利への要求と対立するような事態になるまでのあいだのみ、遵守されるものにすぎない。しかし、これは戦争慣

☆1　「八項注意」　本書三五〇頁以下、およびその訳注を参照のこと。
☆2　襄公の家臣であり、庶兄でもある目夷（字は子魚）が発した言葉である。彼は襄公とは対極の考えの持ち主で、かねてより公の分別の無さを嘆いていた。

例の位置づけを誤解している。もし戦士の名誉よりも非戦闘員の保護を考えるなら、そしてゲリラ戦の自分勝手さよりも人権の保護を考えるなら——すなわち、戦争のルールにおいて真に根本的なものに注意を払うなら——、勝利と正しく戦うこととのあいだの対立はそう容易には解消されない。たとえば「八項」で与えられた保護が道徳的な要求であると解し、ゲリラの一群によって強奪、略奪されたときには人々が憤慨するのはもっともなことであると認められるならば、毛沢東のルールは、彼本人がそれに付した以上の重要性を帯びるのである。ルールは単に棚上げにされえないだけではなく、また、功利主義的なやりかたで、あれかこれかの望ましい結果と比較秤量されうるものでもない。というのは、無辜の民の諸権利は、正義の兵士に対しても不正義の兵士に対しても同様の道徳的有効性を持つからである、

それでもルールを破り彼らの権利の侵犯を支持するような主張がなされている。それも必ずしも悪者よばわりされるとは限らない兵士や政治家によってである。それゆえ、これを的はずれな議論と決めてかかってはならない。さらに言うとすれば、われわれは何がポイントであるか、まったくもってよく理解している。つまり、戦時における賭け金がときにいかに高まり、勝利がいかに必要なものであるのか、承知しているのである。シモーヌ・ヴェイユ[☆1]が記しているように「それは、ひとたび征服された後に決して元に戻らない人々がいるから」[7]である。まさに共同体の存続がかかっているのであろう。それなら、戦闘の成り行きを判断する中でその後生じうる結果を考えることがどうしてできなくなってしまうのだろうか。他の点ではそうでなくともこの点においてまさに、功利計算に対する抑制が解かれるにちがいないのである。しかしながら、われわれにその抑制を解く傾向があるとしても、勝利のために侵害されてしまった諸権利が真正な権利であり、それがしっかりと基礎づけられ、原則的には不可侵のものであるということを、われわれは忘れることはできない。そして、この原則に関して驢

馬のごとく愚かなことなどひとつもないのである。まさに人々の生命がかかっているのである。それゆえに、戦争の理論はそれが完全に理解されると、あるジレンマを引き起こす。それは、あらゆる理論家（幸いなことに、あらゆる兵士ではないにしても）が可能な限り解決しなければならないジレンマである。そしていかなる解決策も、それがユス・アド・ベルムとユス・イン・ベロの双方の強制力を認めないのであるならば、まじめなものとは言えないのである。

スライディング・スケール[☆2]と極限状況からの議論

当面の問題は、正戦を遂行している兵士と不正義な戦争を遂行している兵士とを区別するべきなのかということである。いわゆる戦闘員の平等性を否定するたぐいの主張を掲げて、この問題を提起するのは、もちろん、自分は前者のグループの構成員であると主張する人々である。このような主張はその性質からして個別的なものなのだが、一般的形態をとる。こうした要求はすべて、以下の主張を含んでいるのだ。それは、私がこれまで擁護してきたような平等性など慣例的なものにすぎず、戦争の権利に関する真理はスライディング・スケールによって最もよく表現されるとする主張である。「正義の度合いが高いほど、より正しい」。哲学者のジョン・ロールズ

☆1　「シモーヌ・ヴェイユ」　Simone Weil（1909-43）．フランスの女性思想家。工場労働やスペイン内戦への参加など社会的実践を積み、のちにカトリック神秘主義の境地に至る。

☆2　「スライディング・スケール」　伸縮法とも訳され、対象に応じて基準点が移行する尺度をさす。たとえば物価の変動に応じて決定され直される大学の学費などがその適用例である。

は次のように語る際に、これと似たようなことを考えていたのだろう。「正戦にあってさえ、ある形態の暴力は断固として許しがたい。そして、ある国が戦争を始める権利が疑わしく不確かなものである場合、その国が用いうる手段への制限はそれだけ厳しいものとなる。正当な自衛の戦争において、それが必要であれば許されるような行為は、より疑わしい状況ではきっぱりと排除されよう」[8]。私の大義が有する正義が大きければ大きいほど、この大義のためにそれだけ多くのルールを——そのうちのいくつかはつねに不可侵であるとしても——破ることができる。同様の議論は、結果に照らして持ち出すこともできる。私の敗北によってより多くの不正義が生じそうであるなら、敗北を回避するためにより多くのルールを——そのうちのいくつかはつねに不可侵であるとしても——破ることができる。この立場の利点は、（ある種の）権利の存続を認めつつも、その一方でなお、侵略に抵抗している兵士が勝利のために不可欠だと信じている（いくつかの）ことをするための道が開かれている点にある。これによって、一方の側の大義が有する正義が戦い方に影響を与えることが許されてしまう。しかしながら、正確にはどの程度の違いが認められるかは根本的に不明確であるし、正義が勝利するために現在、戦争という地獄に放置されている人々の地位もまた曖昧なのである。この議論の実際上の効果は、その支持者が望む以上に広範にわたるものであるだろう。私はだが、歴史上の多くの事例を検討しうるまでは、この効果について何も言うつもりはない。それでもまず、この議論の構造についてもう少し述べておくべきだろう。

私が記述してきたように、戦争慣例によれば、正当な戦闘と容認しえない暴力とのあいだを自在に伸び縮みするスライディング・スケールがあてはめられるような行為の幅など存在しない。あるのは線だけである。それは完全には明白とはいえないものの、一方と他方とを区分する意味を持つだけの線である。この見方に従うなら、ロールズから引用した議論は、境界線にある事例は戦争をする権利が疑わしいような国を排除すべく体系的に決定されるべきであり、あるいは、その国の軍事的・政治的指導者がその境界線から一定の距離を保つべきであるということを意味すると受けとめられる。その際、彼らの大義の疑わしさが彼らの方法の疑わしさを倍加することなど決してないのである。この後者は良心を懇願するだけのものかもしれない。そしてそれはつねに良いことなのだ。しかし、ロールズの議論から引き出されうるもうひとつ別の意味もある（もっとも私は、それが彼自身の意図だとは思わないが）。「断固として許しがたい」行為の集合は非常に狭く保たれるべきであり、戦争のルール内にスライディング・スケールが適用されるような余地が残されるべきであるとの解釈がそれである。この余地内でxを指すために、スケールをスライドさせることの効果は、はっきりと言っておくべきなのだが、その点を超えない限り軍事行動におけるすべての制約を取り除くことではなく、むしろ有用性と比例性の抑制のみを残しておくことである。このスライディング・スケールは、規則や権利が締め出そうとする、かの功利計算に道をあけるのである。それは、一般的に許しがたい行為や、権利に準ずるものという新しい集合を生み出しはするが、それは、大義を有する兵士――あるいは自分たちの大義が正しいと信じている兵士によって徐々に切り崩されていくのである。だからそれによって、そういった軍人はおぞましいことができたり、また彼ら自身の良心に従いつつ、彼らの仲間や支持者のあいだで、自分たちがなした恐るべきことを擁護できたりするのである。

さて、このスライディング・スケールの議論の極端な形態とは、正戦に従事している兵士が戦闘において有益ならばいかなることでもなしうるとする主張である。これによって実質上、戦争慣例は無効化され、その慣例が保護すると想定されていたところの権利は否定されるか、一時停止にされる。正義の側の戦争の権利は全体的なものであり、彼らの行動がどのような非難を受けようと、それは他方の側の指導者たちのせいなのである。これまで見てきたように、シャーマン将軍☆はこのような戦争観をとり、私はそれを「戦争は地獄」教説と呼んできた。

それは、勝利と正しく戦うこととのあいだの緊張関係の解消というよりはむしろ、その道徳的重要性の否定なのである。彼にとって問題となる唯一の種類の正義とはユス・アド・ベルムである。その先にあるのは、合理的な人間がつねに耳を傾けるような思慮しかない。彼らは、無辜の人々を無駄に殺すことに資産を浪費する気はない。しかしながら、彼らは勝利に必要と思われるときには、あまりに簡単に人殺しを行う。スライディング・スケールはいかなる場合にもそうなってしまうものなのかもしれない。しかし、それは少なくともルールや権利の存在を認めようとする主張は擁護するので、彼らの議論は切り離して分析することが求められる。

よく言われているように、スライディング・スケールにとって代わる唯一のものは、道徳的絶対主義の立場である。スライドに抵抗するためには、戦争のルールが一連の絶対的かつ無条件の禁止命令であるということ、そしてたとえ侵略を頓挫させるためであっても、ルールの正当な違反など決してありえないということが考えられなければならない。(9) しかし、侵略が極めて脅威的な形態をとるにいたった近代においては特に、これは採用することの困難な立場である。おそらく、宋の襄公が武人の規則体系を自分の王朝のために破らなかったのは正しかった。しかし、防衛の対象となるのが国家それ自体や、それが保護する政治的共同体であり、またその共同体構成員の生命や自由であるとするならば……、*Fiat justicia ruat coelum* たとえ天が落ちてこようと正義を行えという命法は、ほとんどの人にとってもっともらしい道徳理論にはならない。

〔道徳的〕絶対主義の直前で立ち止まり、続く章で私が擁護しようとしているもうひとつの代替理論がある。それは次のような格言に集約されるだろう。「天が（本当に）落ちてこない限り、正義を行うべし」。これは極限状況での功利主義である。というのも、正しい戦争においてさえも決して自明のことではないようなある極めて特殊な事例において軍事的行動を唯一規制するものは有用性と比例性であるということをそれが容認しているからである。戦争のルールに関する私の議論を通じて、私はこの見解に抵抗し、その効力を否定してきた。たとえば次のような見解に反対する議論を私は行ってきた。その見解とは、「極限事例においては」一般市民が攻囲された街に閉じ込められたり、無辜の民への復仇に巻き込まれてもいいというものである。〔私がこれに反対なのは〕極限状況という観念が、戦争慣例を作る際に占める場を持たないからである。さもなくば、戦闘とはつねに極限的なものであると言われるなら、この観念は慣例の内部に取り入れられよう。ルールは、戦争という日々の極限状況に順応していく。もしわれわれが何らかのルールをともかくも持つべきであり、無辜の人々の権利に注意を傾けるなら、これ以上のどんな順応もありえはしない。しかし、今問題となっているのは、ルールを作ることではなく、ルールを破ることなのだ。われわれは、道徳的規則体系の形式や内実を知っている。絶望や大惨事の予兆の瞬間にも、そのルールによって生きるべきか（おそらくそして死ぬべきか）ということを決定しなければならないのである。

　スライディング・スケールは少しずつ慣例を切り崩し、かくして人権侵害も「やむをえない」と自分で信じこんでいるような政策立案者に道を明け渡してしまう。極限状況からの議論は慣例のあまりに唐突な破棄を許す（あるいは要求する）。しかし、そうなる以前には長期間にわたる切り崩しの過程に耐え忍ぶ状態が続く。なぜ切り崩しに耐え忍ぶのかといえば、論争中の権利の性質やその権利を有する人々の地位にそれが関係しているからである。私が議論しようとしているのは、これらの権利が切り崩されたり蝕まれたりしてはならず、いかなるものもそれらを傷つけられないということである。だからこそ権利は乗り越え（*override*）られなければならない。(10)

☆「シャーマン将軍」　William Tecumseh Sherman（1820-91）．本書一〇一頁の訳注を参照のこと。

それゆえに、ルールを破ることはつねに難題であり、それを行う兵士や政治家が、これによって生じる道徳上の結果や自分たちの行動が引き起こした罪の重荷を受けとめる覚悟をしなければならない。それでもやはり、おそらく彼はルールを破る以外の選択肢を持っていない場合もある。つまり、意味ありげにも必要性《ネセシティ》と呼ばれうるものに、彼は最終的には向き合うことになるのだ。

戦争のルールと侵略の理論のあいだの、つまり、ユス・イン・ベロとユス・アド・ベルムのあいだの緊張関係は、四つの異なった方法で扱うことができる。

（1）戦争慣例は功利主義的議論の圧力の下では（「驢馬の倫理」と嘲笑され）いとも簡単に棚上げされてしまう。

（2）慣例は大義の道徳的緊急性にゆっくりと屈していく。正しい側の権利は高められ、敵の権利は見下げられる。

（3）いかなる結果が生じようと、慣例は持ちこたえ、権利は厳格に尊重される。

（4）慣例は乗り越えられるが、それは切迫した破局に直面したときのみである。

これらのうちの二番目と四番目はもっとも興味深く、またもっとも重要である。この二つが説明するのは、権利とは何かについて何らかの感覚を有する道徳的にまじめな人々がいかにして、それにもかかわらず戦争のルールに違反し、残虐行為を激化させ、その暴虐非道を拡大させるのかということである。四番目のものは私には正しい議論に思われる。それは二種類の正義を最もよく説明するし、両者の説得力を最も完全に認めるものである。

私は続く章でこれに焦点を当てていきたい。が同時に、スライディング・スケールの欠陥や危険性の指摘も試みるつもりである。まずは、中立の実践——おそらく戦争慣例で最も議論となっている特徴——を含む若干の事例を見ていく。中立権はある種の非戦闘員の保護の一部でもあるので、それは〔本書の〕もっと前〔の章〕で取り上げておくべきものだったのかもしれない。しかしながら、それが生み出した議論は、戦争における権利の内容に関する問題を提起するよりも、その権利の効力や持続に関する問題を提起する。ルールを破るまでどれくらい待たねばならないのか。私が擁護したい答えとは、毛沢東主席の格言を裏返すことで最もよく表現される。われわれ自身の慣例に関して、そしてまさに最後の瞬間までわれわれは皆すべて宋の襄公である。

【原注】

（1）*The Chinese Classics*, trans. and ed. James Legge, vol. V: *The Ch'un Ts'ew with The Tso Chuen*（Oxford, 1893）, p. 183.

（2）*Military Writings*, p. 240.

（3）Arthur Waley, *Three Ways of Thought in Ancient China*（Garden City, New York, n.d.）, p. 131における引用。

（4）*Military Writings*, pp. 81, 223-24.

（5）*Basic Tactics*（New York, 1966）, p. 98.

（6）*The Chinese Classics*, V, 183.

（7）*The Need for Roots*, trans. Arthur Wills（Boston, 1955）, p. 159.

（8）*A Theory of Justice*（Cambridge, Mass., 1971）, p. 379〔矢島鈞次監訳『正義論』、紀伊國屋書店、二九三頁〕. ヴィットリアの *On the Law of War*, p. 180と比較せよ。「……戦争ということで行われるいかなることも、正戦に従事する人々の主張にとって最も有利なように解釈される。」

（9）これは、すでに引用した二つの論文 *Mr. Truman's Degree* と "War and Murder" におけるG・E・M・アンスコムの立場のように思われる。

（10）道徳的原則を override する（乗り越える）ことが何を意味するかという議論のために、ロバート・ノージックの "Moral Complications and Moral Structures," 13 *Natural Law Forum* 34-35 and notes（1968）を参照のこと。

第一五章　侵略と中立

中立の理論は二重の形式を持つが、それが最もよく表現されるのは（また慣例的に表現されるのは）権利についての用語においてである。諸国家は第一に中立である権利（*right to be neutral*）を持ち、それは主権の一側面にすぎない。二つの他国間の予想される、または継続中の紛争において、国家はいわゆる「第三者」の状況を自由に選び取ることができる。そしてもしそうすれば、国家は実定国際法において詳細に規定されている中立権（*neutral rights*）を手に入れる。戦争慣例一般がそうであるように、当初の権利〔中立である権利〕そして後に続く諸権利〔中立権〕は、交戦国の道徳的性格や戦争の予想される帰趨に関係なく存在する。しかし交戦国のひとつが侵略者であるとか、その結果が壊滅的なものになるだろうとわれわれが確信すれば、それだけいっそう非関与の可能性を否定すべきであるように思われる。いかなる国家であれ、隣国の破壊をどうして傍観できようか。傍観する権利を破棄すれば、破壊を回避できるかもしれないなら、第三者であるわれわれがどうして傍観する権利を尊重できようか。

これらの問いが第二次世界大戦後の時代において特に強硬に主張されてきたが、実際、それらの問いに含まれた議論は旧来のそれと変わるものではなかった。たとえば一七九三年のイギリスの宣言を見てみよう。そこでは次のように述べられている。フランス革命政府の政治的・軍事的政策が「すべての周辺国を共通の危険へと巻き込んでいる。すべての法と財産の継続的侵害によってのみ存在する悪の進行を止めるという……権利が周辺国には与えられ……その義務が課せられている」[1]。この種の宣言の実際上の結果は明白である。もし周辺国がその義務を果たさないのならば、それを果たすよう強いられるまでである。中立権の侵害を容易にするために、ある者は戦闘の緊急性を主張し、またある者は中立の権利を骨抜きにし、否定する。中立の歴史は、極限状況からの議論や、スライディング・スケールによって擁護された、そのような侵害の多くの例を示す。そこで私はそれらの擁護論を分析するために、その歴史に言及することにしたい。しかしその前に私は中立それ自体の性質と戦争慣例におけるその地位について、若干ではあるが語らねばならない。

中立である権利

中立とは集団的で自発的な非戦闘の形式である。それが集団的であるのは、個人の状況に関係なく、政治的共同体のすべての成員にその利益が当てはまるという意味においてである。兵士も市民も、彼らの国家が「戦争遂行に関与していない」限りにおいて、等しく保護される。非関与の権利は等しくすべての市民に割り当てられる。中立が自発的であるのは、それが他国間の戦争や見込まれる戦争の際に、いかなる国家も自由にとることのできる立場という意味においてである。個人は徴兵されえても、国家はされえない。国家は他の国家が中立を公式に認めるよう求めるであろうが、しかしその立場は単独で取りうるものであり、承認は不要である。ドイツが一九一四年にベルギーに侵攻した際に破棄した「紙切れ」は、ベルギーの中立を確定しなかった。それを確定したのはベルギー国民自身であった。仮にドイツが公式に保障を破棄したり、その期限切れを待っていたとしても、ドイツの侵攻は当時言われていたように犯罪となっただろう。ベルギーが中立国家の権利を主張するだけでなく、その義務を守っている限りは、それは犯罪であっただろう。

この問題についての国際法は精巧かつ緻密であるけれども、これらの義務は簡単に要約されうる。交戦国の大義が有する正義について、あるいは隣国感情、文化的類似性、もしくはイデオロギーの一致と無関係の、交戦国に対する厳密な公平性が求められているのである。(2) どちらかの側に立って戦うことが禁止されるだけではなく、すべての公的な区別が禁じられるのである。このルールは極めて厳格である。もしその違反があれば、中立権は剥奪され、中立国は交戦中の国のどちらでも、その違反によって損害を受けた側による復仇にさらされるだろう。しかしながらそのルールが適用されるのはただ国家の行動に対してのみである。一般市民は、政治的運動を行ったり、資金を集めたり、さらに義勇兵（国境を越えて敵陣を急襲をすることはできないのであるが）を集めたりするといったさまざまな方法で自由に立場を選び取ることができる。より重要なことは通常の貿易パターンは両交戦国とも維持してよいということである。それゆえに何らかの国の中立が他方に対してよりも一方の側に有益なこともありうる。戦闘中の国家の側からする限りでは、中立は等しい利益にはほとんどならない。＊ 私的な共感や支援のバランスも、貿易のバランスも交戦国間で釣り合うことはありえないからである。しかしどちらも相手の側が受け取る非公式の援助に不満を言うことはできない。これはやむをえない援助なのであり、それは中立国の存在そのもの、その地理、経済、言語、宗教などに由来するのであって、市民への最も厳しい強制によってしか禁じることはできない。しかし中立国にはみずからの市民を強制するよう求められたりはしない。どちらか一方の側を援助する明確な行為を採らない限り、その国は関与しないという義務を履行しているのだし、それゆえ関与しないという権利を享有する地位が自動的に与えられるのである。

＊中立国はときに、交戦国とのすべての交易を禁じることによって完全な中立を求めてきた。しかしこれは妥当な行動ではないと思われる。なぜならもし通常の貿易バランスが一方の交戦国に有利なら、全面的な通商禁止は他方に利することになるからである。ゼロポイントはないのであり、戦前の原状（*status quo ante bellum*）が唯一の理にかなった基準と思われる。

この権利の道徳的な基礎は、しかしながら、まったくもって明白であるとは言い難い。その理由としてまずあげられるのが、その国内類推がそれほど魅力がないからである。政治的、道徳的生き方において、「中立者」は直感的に好まれる人物ではない。隣人同士の口論があったとして、おそらく彼はそれを避ける権利をもつだろうが、それでは彼らのもめ事はどうなるだろうか。われわれは再び問わなければならない。彼は路上で隣人が襲撃されているのを傍観することができるだろうかと。そんなときに隣人は「お前は私の味方なのか敵なのか」と言わないだろうか。革命のスローガンであれば、この言葉はおそらく、不当な圧力や来るべき報復的措置の脅しを暗示もしよう。しかしこの事例では、その言わんとすることはもっと簡単でそれほど異議のあるものではない。確かにここでの厳密な中立、〔すなわち〕何らかのしかたで区別をして被害者の味方をすることを拒否することは、尋常なことではなく奇妙であろう。隣人とは遠く離れて他人の不幸を注視している単なる観客ではない。彼らの共有する社会生活は一定の相互的な関心を含んでいる。その一方で、もし私が隣人に「味方する」義務があるとしても、私には彼の救出のために駆けつける義務はない。――第一にそれは彼の味方をする効果的な方法ではないだろうし、第二にそれは私にとって危険であるかもしれないからだ。私は争いごとに関わるリスクを計る権利を持つ。しかしそのリスクがささいなものであると想定してみよう。私が先頭に立つとすれば、われわれの中にはそれを見ている者が多くいるのだから、私は他者の助けを当てにすることができる。もしくはすぐそこに警察官が立っていて、私は彼が先頭に立つのを当てにすることができる。その時私は中立である権利を失い、私が回避したり弁解をしたり、あるいは見て見ぬふりをしようとすれば、非難されるべきものと確実に考えられよう。

しかし国家の権利は異なっていて、それはすぐそこに警察官がいないからだけではない。なぜなら、侵略の被害者であると考えられる、攻撃にさらされている国家のために潜在的に役立ちうる多数の国家が存在しているし、軍事力の圧倒的な優越が存在しているからである。この軍事力の動員を阻止するものがあるとすればそれはおそらく、戦争慣例と中立の権利である。そのような事例においてさえその権利は有効である。なぜなら戦争におけるリスクは国内の争いごとのそれとは大いに異なるからである。数年前にジョン・ウエストレイクは「中立は、戦争への介入が正義を促進をする可能性が低い、もしくはそれを為すには中立国に莫大なコストがかかりすぎるというのでないかぎりは、道徳的に正当化しえない(3)」と論じた。破算は避けられるべきであるが、それは国家の破算だけであろうか。国家が戦争に加わると、紛争の性質や同盟国の力、軍の準備や戦闘能力に応じて、ある程度までみずからの生存を危険にさらす。これらのリスクは甘受される場合もあれば、されない場合もある。しかし同時に国家は不確定の数の市民を避けえない死へと運命づける。国家はもちろん、どの市民がそれに該当するのか知ることなどない。しかし決定は覆らない。いったん戦闘が始まれば、兵士は（そしておそらく民間人も）死ぬことになる。中立の権利はこの事実から生じるのである。他の戦争慣例の条項と同じようにそれは戦争を強制することには限界があることを示す。少なくとも一団の人々、自分たちの生命をリスクにさらさない選択をした中立国家の市民たちは、そうしなければならないということから保護されるだろう。

しかしなぜこれらの人々は、他の多くの者が戦闘へと引き込まれているときにそれを免れ、自由でいることが許されるのだろうか。彼らに中立の権利が与えられるのはいかなるありうべき方法によってなのだろうか。特定の国家の中立であろうとする決断が、その国が戦争に参加した場合よりも、より多くの人々が殺害されることを意味する状況をわれわれが想像した場合、この問いは特に重要である。なぜならその国の軍隊の参加が形勢を変え、何週間もしくは何ヶ月も戦闘を短縮することになるかもしれないからである。しかしそのような国家の指導者は、あたかもすべての人間の生命がいつでもすべての政策決定者にとって同じ道徳的重要性をもつかのように計算するよう求められはしない。自国民の生命は他国民のリスクとのバランスをとったり、損失を減らしたりするために戦争において割り当てることのできる国際的資源ではない。それは無辜の民の生命なのである。中立国の兵士に関しては、彼らがいまだに攻撃されていないか、戦闘を強いられていないことを意味するにすぎない。彼らはいまだ参戦していないが、彼らが参戦していないことに異議を唱える権利を持つ者などいない。おそらくこの不参戦は運の問題であり、成功した中立の事例ではしばしば地理の問題である。しかし人々がそのような問題において幸運を享受してよいように、国家も地理的条件を享受している、あるいは享受してよいとみなされているのである。*

*しかしこの議論は市民の（生命というよりも）財産や繁栄に関する場合は当てはまらないようである。国家が経済的に侵略国を差別するとして、そのコストがかなりのものであるとしても、その差別がその国を戦争に巻き込まない限り、

そうする義務がありそうである。侵略国は当然、差別的な措置に対しもし必要なら武力で応える権利を持つ。しかし彼らがつねに応えることができる位置にいることはないであろうし、もしいなかったとしたら、その措置は道徳的に要請されるものにすぎない。国際連盟が一九三六年のエチオピア戦争に対しイタリアに経済制裁を発動したとき、その要求は法的なものでもあった。しかしエチオピアの訴えだけがあって連盟の決定がなかったとしても、道徳的義務は派生していただろう。いずれにせよ、この事例は戦争の理論における財産権の相対的な地位を示唆している。

中立の市民は攻撃から保護されている。戦争の強制力は決して、紛争の具体的な原因や戦争当事国の軍組織によって画定された限界を超えてことさらに拡大されることはない。中立国の指導者たちはこの状態を維持する権利があるのである。国内の非関与を道徳的に疑問視するまさにその連帯感が、国際的な舞台ではそれを義務にするのである。そうする義務があるのである。実際彼らは、同胞たる自国民にとって中立を失うことの帰結を考慮して、そうする義務があるのである。この一団の人々は、お互いの命を第一に守らなければならない。彼らはこれを、自分たちに攻撃をしかけてくるのではない限り、他の人々を殺すことによってなすことはできない。中立のルールは、しかしながら、自分たちが死ぬよりも他者が死ぬことを容認することでそれがなしうることを示唆している。もし自分たちが——おそらく集団的安全保障のために——そのような一部の人々に対して義務を引き受けているのであれば、もちろんその時、彼らが死ぬことを認めることはできない。それ以外の場合には、たとえそれを主張することが不名誉と思われようとも、その権利は有効なのである。

しかしこの権利が否定されうるひとつの場合がある。ある巨大な強国が、単にあれかこれかの国家を狙ってではなく、より広いイデオロギー的、帝国的目的を持って征服のための軍事行動を開始したと想像してみよう（簡単に想像可能なことであるが）。そのような軍事行動に対して、もし最初の抵抗が失敗したら、実際多くの他の国々も脅威にさらされるかもしれないのに、なぜただ最初の犠牲者によってのみ抵抗がなされるべきだろうか。あるいは侵略はいかなるところにおいてもすべての人の脅威であるという一般的な議論を考えてみよう。侵略は犯罪と同じで、誰かが止めないと、それは拡大する。ここでもまた当面の犠牲者のみがひとり戦う理由はない。彼らは将来の犠牲者、つまり他のすべての国々のために戦っているのであり、この国々は彼らの戦闘や死による利益を享受しているのだ。どうして傍観することができるだろうか。ウィルソン大統領は一九一七年四月二日の戦争教書でこの立場をとり、こう言った。「中立は、世界の平和と人々の自由が係っているときには、もはやふさわしくも望ましくもない[4]」。彼はおそらく道徳的にふさわしくないと言いたかったのだろう。なぜなら戦争に代わる実際的な選択肢、すなわち中立の継続が明確に存在していたからである。その選択肢に反対する議論は次のように行われなければならない。特定の侵略国が勝利し次の征服へと移っていると想像してみて、もしくはある勝利の結果、侵略国の影響が急速に増加したと想像してみるとして、その時平和と自由は一般的な危機にあるといわれねばならない。そしてその時、継続中の中立は道徳的にふさわしくはない。なぜなら中立国が他国同士の争いで他国民が死ぬのをほうっておく権利がある、もしくはあるかもしれないとしても、自分たちのために他者が死ぬのをほうっておくことは許されないからである。国際社会のすべての成員に共有される危険は、いまだ具体的な形で現れてはいないとしても、すべての人にとって道徳的強制力を持つのだ。

この議論は、しかし、「想像すること」に不自然に頼りすぎである。その想像に関しては一般的な合意などないのだし、それはまたしばしば事後になってありえないものだったと判明するものである。たとえば第一次世界大戦のあらゆる考えうる結果が、平和や自由への普遍的な脅威を引き起こす（もしくは実際の結果以上に巨大な脅威となる）と考えられたことは、今日とても奇妙に思える。そしてこれは戦争がひとつの行動、一連の侵略行動から始まったと認めたとしてもそうである。ありうべき帰結に関するまったく悲観的な見方や、この事例の場合は過度に誇張された見方を伴わずに、犯罪的攻撃を単に認識することだけでは、中立国の指導者たちにウィルソン大統領の引き出したような結論を要求することなどできない。彼らは、自国や世界全体は現実の危機にはないと想像することで、つねにそうすることを拒否しうる。これは確かに状況に対する単独行動主義的な見方であり、この立場をとる指導者と議論することは（私にはこの傾向が強いようであるが）できる。しかし彼と彼の人民はそう行動する権利がある。それが中立の権利の現実なのだ。

必要性《ネセシティ》の性質（二）

しかしこの点に関して、根本的な道徳的決定権は中立国にないのかもしれない。交戦国もまた中立の権利を尊重するか否かという選択権を持つ。これらの権利の侵害は、――私が思うに係争中の相手国に対する攻撃よりも非関与国に対する攻撃のほうが悪いという原理に立脚して、――特に悪質な侵略だと通常考えられている。最初に暴力に訴えた側を大目に見るという考え方をわれわれがとらない限り、これはいかがわしい原理であるように思える。一方、中立国への攻撃は、戦争責任それ自体が評価の難しい問題かも知れないが、通常の場合は特に明白なたぐいの侵略である。厳密に公平性を維持している国家の境界線を軍隊が越えるとき、その行為を犯罪行為と認めることにはさほどの困難はない。武力攻撃に及ばない侵害は、より認識しづらいが、非難すべきものであることはほぼ同様である。というのもその侵害は相手側の軍事的反応を招き、それを正当化するからである。もし中立が崩れ戦争が新たな領域と人民へと拡大されるのであれば（相手側がそれ相応の反応をすると仮定すれば）、その罪は最初の侵害者のそれである。

しかしもし中立がもっともな大義のために、たとえば国家の存続や侵略の打破のために、もしくはより大きな枠組みとして、「われわれが知っているような文明」のために、あるいは全世界の「平和と自由」のために侵害されるとしたらどうなるだろうか。ここにユス・アド・ベルムとユス・イン・ベロのあいだの衝突のパラダイム的形態がある。交戦国は正戦の危急性に迫られたものであると信じている。中立国はみずからの権利に確固としてとどまっている。中立国の市民は誰か他の人の危急性のためにみずからを犠牲にする義務などない。交戦国は戦いの目的が死活の極めて重要なものであることを語る。中立国は戦争のルールを引き合いに出す。どちらの側も完全には説得力を持たないのだが、われわれはある特定の場合にはどちらかを選ばなければならない。私は中立権の方に賛成の立場から可能な限り強力な主張を行うよう試みてきた。中立権の侵害はほぼ確実に無辜の民の殺害（または殺害の原因発生）を含意するから、たとえ見定められている目的が非常に重要だとしても軽々しく考えてはならない。実際、われわれは、重要な目的のために戦っている良き人々は、しぶしぶ中立国に侵攻し、その市民を戦闘へと強いているのだとしてそれを受け容れがちである。この気乗りしない態度が持つ利点は、われわれが中立権が不当に侵害された次の二つの事例に目をやれば明らかになるだろう。最初の事例は、必然性という抗弁に基づくものであり、次の事例は、正義の度合いが高ければ高いほどより正当であるという議論に関わる。最初の事例はアテナイがメロス島を攻撃して以来もっとも有名な中立侵害であり、私はそれに、本来は戦時中のプロパガンダにつけられたものである［「ベルギーの強奪」という］名称を与えた。

ベルギーの強奪

一九一四年八月のドイツによるベルギー攻撃は、それがドイツ人自身によって中立権侵害であると公然かつ正直に述べられたという点において異常なことであった。宰相フォン・ベートマン・ホルヴェーク☆が帝国議会で行った八月四日の演説が想起されるに値する。(5)

諸君、われわれはいまや必然的切迫状態（state of necessity）にいる。そして必然的切迫性は法を知らない。われわれの軍隊はすでにベルギーの領土に足を踏み入れたのだ。

諸君、これは国際法違反である。なるほど確かに、フランス政府はブリュッセルに対して、敵国がベルギーの中立を尊重する限りでフランスはその中立を尊重すると宣言した。しかしフランスが侵攻の用意ができていたことをわれわれは知っている。フランスは待てるだろうが、われわれは待てない。フランスによるライン下流のわが部隊への側面攻撃は破滅的な事態となりかねないのである。したがってわれわれはベルギー政府の正当な抗議を無視せざるをえなかった。悪は——私は公然と言うが——われわれがそこで犯す悪は、われわれの軍事目的が達成されれば、われわれはすぐにでもそれを善にするつもりである。

われわれのように脅かされ、みずからの至高の財産のために戦う者は、どのように自分自身の道を切り開

☆「テオバルト・フォン・ベートマン・ホルヴェーク」　Theobald von Bethmann Hollweg（1856-1921）．ブランデンブルク州知事、プロイセン内相、帝国内相などの職を経て一九〇九年に帝国宰相となる。一九一七年、皇帝ヴィルヘルム二世の最後通牒的命令で退陣。

いていくかのみを考えることが許されているのである。

これはメロス島におけるアテナイの将軍の「率直さ」と完全に同じではないが、率直な演説である。なぜならこの宰相は、ドイツの侵攻を擁護しつつも道徳世界の外に出てはいないからである。彼は悪が為されたことを認め、戦闘が終了した後にその悪を善にすることを約束した。この約束はベルギーの人々からは真剣に受けとめられなかったのではあるが。彼らの中立が侵害され、国境が踏み越えられたのだから、この侵攻者から何らかの善を期待する理由など彼らは持ち合わせていなかった。彼らはまた自分たちの独立が尊重されるなどとも信じなかった。彼らはこの侵攻に抵抗する道を選び、彼らの兵士が戦い死んでいくなかで、ドイツ人が為した悪が一体どのように善になるかを理解できようもなかったのである。

フォン・ベートマン・ホルヴェークの議論の説得力は賠償の約束にあるのではなく必然性という抗弁にある。この機会にもう一度、この抗弁が何を意味するのかを考えるのが有益だろうし――また軍事史一般においてそうであるように、それが人が思うほどのことを何も意味していないことを示唆するのが有益でもあるだろう。われわれは宰相の演説の中にこの観念が機能する二つのレヴェルを明白に見て取ることができる。ひとつには、道具的もしくは戦略的レヴェルがある。主張されているのは、もしドイツが敗北を避けたいのであればベルギーへの攻撃は不可欠であるということだった。しかしこれはありそうもない議論である。参謀本部にとってこの攻撃はずっと以前からフランスに対して強力な一撃を与え、ドイツが東部戦線でロシア軍と全面的に交戦する前に西部戦線において早期に勝利するのに最も危急の手段のように思われていた。(6) しかしそれは、ドイツの領土防衛の唯一の手段というわけでは決してない。ライン下流へのフランスの侵攻は結局、もしドイツ軍がさらに北へ(ベルギーの国境線に沿って）作戦行動に投入されたならば、ドイツ軍の裏をかくものでしかなかった。宰相の主張の真意は、ベルギー人が犠牲にされたなら勝利の公算が高まるだろうしドイツ人の生命が救われるだろうということだった。しかし、後に誤りだと判明したこの期待は、必然性とは何の関係もなかった。

この議論の第二のレヴェルは、道徳的なものである。この攻撃が単に勝つために不可欠であるだけでなく、勝つことそれ自体が不可欠である、なぜならドイツは「至高の財産」のために戦っているのだからという議論である。私はフォン・ベートマン・ホルヴェークが何をドイツの至高の財産と考えていたか分からない。おそらく彼の心の中には、敵国に対する勝利によってのみ維持される名誉や軍事的栄光についての何らかの考えがあったのかもしれない。しかし、名誉や栄光というのは自由の王国に属するものであり、必然性《ネセシティ》の王国に属するものではない。われわれは、独立国としてのドイツの存続、あるいはその国民のまさにその生命が危険にさらされているときにのみドイツの勝利は道徳的に不可欠（必須、必要）であるとみなせるかもしれない。しかしドイツの大義はどこからどう見ても、到底そのようなものではなかった。賭けられていたのはアルザス＝ロレーヌであり、アフリカのドイツ領植民地などであった。したがってこの議論は両方のレヴェルにおいて失敗している。私が思うに、ベルギーの中立侵犯が擁護できるとしても、その前に両方のレヴェルで議論が成り立っていなければならなかったはずである。

このドイツ宰相は、真の極限状況のときにのみ適切なものたりうる、まさにそうしたたぐいの議論を持ち出しているのである。彼はあらゆる種類の欺瞞を拒否する。彼はベルギーがみずからの公平の義務を怠っているとは言い張らない。彼はフランスがすでにベルギーの中立を侵犯しているとも主張しないし、フランスがそうする恐れがあるとさえも主張しない。彼はベルギーが（フランスの）侵略に直面した場合に手出しをしないことなどありえないとは論じていない。彼は戦争慣例の効力を認めており、したがって中立権の効力も認めている。彼はこの権利の乗り越えに賛成の意を表明しているのだ。彼はその乗り越えを望んだが、それは最後の瞬間にではなく極めて初期の段階でだったのであり、ドイツの存続が危険な状態にある時ではなく、危険がまだ通常の種類ののであったときに望んだのだ。だから彼の主張は説得力をもたない。主張の構成は正しいが、その内容が正しくないのである。その当時ですらそれが説得力があるとは考えられていなかった。ドイツ軍の侵攻はほとんど全世界的に（多くのドイツ人によっても）非難された。それがイギリスが参戦の決断を下し、高い士気を持ちえたことの重要な理由であり、そしてまた他の中立諸国——特にアメリカ合衆国——において見られた、同盟国側の大義に対する共感の重要な理由でもある。(7) この戦争に左翼の立場からの反対運動を先導したレーニンでさえ、ベルギー防衛は戦いに値する理由であると考えた。「国際条約の遵守に関心を抱くすべての国家が、ベルギーの自由と賠償の要求を満たすためにドイツに宣戦布告したと想定しよう。このような場合、社会主義者が支持するのはもちろんドイツの敵国側である」(8)。しかし彼は、これが戦争にとって本当に大切なことではない、と続けて言う。彼は正しかった。全体としての戦争は正義と不正義という用語で安直に記述するにはふさわしくない。しかしベルギー侵攻の場合は別である。われわれは、今やもっと難しい事例に目を向け、それをもっとずっと詳細に検討しなければならない。

スライディング・スケール

ウィンストン・チャーチルとノルウェーの中立

一九三九年、イギリスとフランスがドイツに対して宣戦布告した翌日、ホーコン七世☆はノルウェーの中立を公式に宣言した。国王と彼の政府の政策は、政治的あるいはイデオロギー上の無関心の上に築かれているわけではなかった。「われわれはノルウェーにおいて思想的中立性を持ったことはない」と外務大臣は書き記した。「そして私はそれを欲したこともない」。ノルウェーの政治的、文化的な結びつきは、連合国とのものであり、この時期を研究している歴史家たちがわれわれに語ることにはそれを疑う余地があるようには見えなかった。「ノルウェー人たちは民主主義の高い理想や個人の自由、国際的な正義を固く信じていた」(9)のである。しかしながら、彼らにはそうした理想のために戦う用意はなかった。戦争は、ヨーロッパの強大国のあいだでの戦いであり、あまりにも小国であり、伝統的にヨーロッパの権力政治（*Machtpolitik*）には関わり合いにならないノルウェーは、事実上軍備を持たないも同然だった。それをめぐって戦争に至ることになってしまった争点がいかに道徳的に重要なものだったにせよ、ノルウェー政府は、いかなる決定的な方法によっても干渉することができなかっただろう。大きなリスクを引き受けることなしには、そもそも干渉などできる術もなかった。政府の第一の課題は、ノルウェーが依然として無傷であり、国民が最後まで生き残るのを確実にすることだった。

この目的を胸に、政府は「積極的中立」（neutrality in deed）という厳格な政策を導入した。結局はこの政策は、ノルウェーの通常の貿易のほとんどが連合国側、特にイギリスを相手とするものであったにもかかわらず、ドイ

☆「ホーコン七世」　King Haakon VII. 在位は一九〇五年から一九五七年。デンマーク王フレデリク八世の次男であり、ノルウェー独立に際して初代国王となる。ドイツがノルウェーを占領した際には、イギリスに逃れて臨時政府を樹立し、ノルウェーにおける抵抗運動を指揮した。

ツに有利に働いた。というのもドイツは鉄鉱石の供給源を高い割合でノルウェーに依存していたからである。鉱石はスウェーデン北部のエリヴァレで採掘され、夏の数ヶ月間にはスウェーデンのバルト海に面した町ルレオから海上輸送された。しかし冬にはバルト海は凍結するので、鉱石は最も近い不凍港であるノルウェー沿岸のナルヴィクまで鉄道で運ばれた。ドイツの船はそこで鉱石を積み込み、イギリス海軍を避けるため、ノルウェーの領海から出ないように海岸沿いを運んだ。このように、ドイツの鉱石供給はノルウェー（とスウェーデン）の中立によって守られ、またこの理由からノルウェーへの侵攻は、ヒトラーの当初の戦略計画には存在しなかったのである。それどころか「（ヒトラーは）意見の中で、ノルウェーのみならず、スカンジナビアにとって最良の態度は、完全な中立をとることであると繰り返し強調した」(10)。

イギリスの見方はこれとは大きく異なっていた。何ヶ月もの「まやかし戦争（phony war）」☆1のあいだ、スカンジナヴィアの中立は閣議で絶え間なく話題となった。第一海事卿（First Lord of the Admiralty）であったウィンストン・チャーチルは、鉄鉱石の輸送禁止を狙った計画を矢継ぎ早に提案した。これはチャンスであると彼は主張した。これはドイツに対して、電撃的な一撃を与える千載一遇のチャンスである、と彼は論じた。ドイツがフランスと低地三国〔オランダ・ベルギー・ルクセンブルグ〕を攻撃するのを待つ代わりに、連合国はヒトラーに彼の兵を分散させ、――チャーチルはドイツが鉱石供給のために戦うことを決して疑わなかった――世界の中でも、イギリス海軍の力が最も効果的に発揮できる場所で戦うことを強いることができるからである(11)。フランスもまた、彼らの国土への攻撃を待つのに乗り気ではなかった。サー・エドワード・スピアーズ☆2はダラディエ首相☆3について「彼の軍事問題に関する視点は、可能な限りフランスから遠い地でなされる軍事作戦に限定されていた」と記している(12)。ノルウェーの首相も似たような考えを持っていたことは疑いえない。しかし、そこには以下のような違いがある。ノルウェー人はフランスで戦われるのを見ることを望み、フランス人がノルウェーで戦う準備を進めていた戦争はフランスのものであり、ノルウェーのものではなかったという点である。チャーチルも同様の困難に直面していた。ノルウェーの中立は、彼の計画のどれにとっても障害だった。おそらく、それは単に道徳的で法的な障害だった。彼は、ノルウェー人が彼らの中立が故に激烈な戦闘を行うとは予想してはいなかったかもしれないが、しかしなおその障害は重要な障害であったからである。というのも、イギリスには国際法と国際正義を尊重する点で敵国と自分たちが異なることを示したがる傾向があったからである。「すべてのカードは、これらの中立国とプレイするとき、われわれに不利に働く」。帝国参謀のアイアンサイド将軍[☆4]は日記でこう打ち明けた。「ドイツは自分に都合がよければ中立国を尊重するつもりなどないが、われわれは中立国を尊重しなくてはならない」[(13)]。ノルウェーの中立権尊重は実際、ドイツには好都合だったが、イギリスには都合が悪かったのであ

☆1　「まやかし戦争」　第二次世界大戦において、ポーランド戦後から翌年春のドイツの西部攻勢までの期間を指す。この期間中、海上での戦闘は散発していたものの、独仏国境線をはさんで対峙していた両軍には緊張のかけらも無く、戦争とは言い難い牧歌的なムードが漂っていたことからアメリカの新聞が名付けた名前。

☆2　「サー・エドワード・スピアーズ」　Sir Edward Spears（1886-1974）．一九三一年から一九四五年までイギリスの国会議員。一九四〇年、彼はチャーチルの個人的な代理人としてフランスに送られた。彼はまた後にシャルル・ド・ゴール将軍に送られたイギリス代表団の長を務める。

☆3　「エドアール・ダラディエ」　Édouard Daldier（1884-1970）．フランスの首相を一九三三年、一九三四年、一九三八年から一九四〇年と三期務めた人物。一九三八年のミュンヘン会談においてはミュンヘン協定に調印を行った。

☆4　「エドマンド・アイアンサイド」　William Edmund Ironside（1880-1959）．一九三六年に将軍となり、一九三九年にはイギリス軍参謀長となる。

るから、このケースは特に難しいものであった。

ソ連・フィンランド戦争は連合国の戦略家（と道徳家）に新しい可能性を開いた。ドイツのポーランド攻撃については沈黙していた国際連盟は、手のひらを返したようにソ連の侵略戦争の遂行を非難した。「熱烈にフィンランドを支持」したチャーチルは、盟約のもとでのイギリスの義務を果たすため、ナルヴィク、エリヴァレ、ルレオを経由して兵を送ることを提案した。〔1〕参謀によって練られた計画に基づけば、三つの師団がノルウェーとスウェーデンを横切る「通信網（lines of communication）」を防衛するあいだ、兵士の一大隊のみがフィンランドに到達する予定だった。それは鉄鉱石の輸送を止めるだけでなく、それを鉱脈ごと奪取し、春には予想されるドイツの反応に備えて塹壕を掘るというものであった。(14) それはスウェーデンとノルウェーに対するドイツの侵攻と、二つの国における大規模な軍事作戦をもたらすことがほぼ確実な、大胆な計画だった。「ノルウェーへのドイツの攻撃によってわれわれは失うものよりも多くのものを得る」とチャーチルは主張した。このようなことを聞かされれば即座に、ノルウェーが失うものよりも多くのものを得るのか聞きたくなろう。明らかにノルウェーはそうは考えなかった。彼らはイギリス兵の自由な通行を許可して欲しい旨の、度重なる要求を拒絶したのである。内閣はともかくも遠征に傾いていたが、遠征軍司令官に用意された命令は、「わずかな抵抗」しかない場合にのみ進軍することが許されただけのものだった。アイアンサイド将軍は、成功のために重要となる政治的意志が存在しないことを心配した。「われわれは……何事に対しても極めてシニカルであり続けるしかない。鉄鉱石を止めることを除いては」(15)。内閣は、フィンランドを隠れ蓑にすることに関して、十分シニカルであるように見えた。しかしながら、蓋を開ければ、閣僚たちはそれなしでの計画にはおよび腰で、フィンランドが一九四〇年の三月に平和を嘆願した時、計画は棚上げされた。

そこでチャーチルはより控えめな提案をした。彼は、ドイツの商船を、イギリス海軍が拿捕するか沈めることのできる大西洋におびき出すために、ノルウェー領海での機雷散布を行うよう要請した。それは彼が開戦後すぐに行った提案であり、彼のより大きな計画が座礁しようとするごとにそれを持ち出した提案でもある。しかしながら、この「優雅で控えめな敵対行為（genteel little act of bellicosity）」でさえ、反対に直面した。内閣はチャーチルの当初の提案（一九三九年九月）には好意的であるようにうかがわれた。「外務省の中立に関する主張は説得力があり、私はそれに勝てなかった。私は、私の論点をありとあらゆる方法で、折に触れて主張し続けた」。リデル＝ハートが指摘しているように、似たような計画が一九一八年に持ち出され、最高司令官ビーティ卿☆によって拒絶されていたことを想起すると興味深い。「小国とはいえ、国民の士気の高揚している国の領海へ、大挙して侵入し威圧をかけるということは、英国大艦隊（Grand Fleet）の最も忌み嫌うところである、と司令長官〔ビーティ卿〕は述べた。ノルウェー軍は抵抗するであろうし、そうなれば流血は避けられない。『それはドイツ軍が犯した罪に劣らぬ大罪となるであろう。』と司令長官は語った」[16]。この言葉は、いくぶんか古風な響きがするが（また、ビーティの言葉の最後の一文は一九三九年から一九四〇年に繰り返し述べられたとしても、そのときにはもはや的はずれだと言うべきだろう）、多くのイギリス人は以前と同じく同様の嫌悪感をおぼえていたのである。この傾向は、文民政治家よりも、職業外交官や職業軍人において、より強かった。たとえばアイアンサイド将軍は、必

☆「ディヴィッド・ビーティ」　David Beatty（1871-1936）．第一次世界大戦においてイギリス海軍を率いた提督。三九歳にして海軍少将となったのは、非王族としては、ネルソン提督以来の大抜擢であった。彼は一九一六年にはイギリス大艦隊の司令官に任命され、一九一九年に海軍元帥となる。

ずしも彼がそう装っているほどシニカルな人物ではないのだが、彼の日記にこう記している。ノルウェー領海での機雷散布は、「ドイツが中立船を扱っていたやり方への復仇だが……それは一種の全体主義的な戦争形態のはじまりとなるだろう」[17]。

敵の政治的性格から判断して、いずれにしてもイギリスがそのような戦争を行うことになることをチャーチルはおそらく信じていたのだろう。彼はナチス体制の性質と長期的目標に焦点を合わせた道徳的議論で自分の提案を弁護した。ビーティの嫌悪感に賛同していなかった上に、そのような嫌悪感がイギリスのみならず、ヨーロッパ全体を大惨事にさらすと彼は内閣に報告した[18]。

われわれは法治世界の再建と小国の自由擁護のために戦っている。もしわれわれが敗北すれば、それは野蛮な暴力時代の出現を意味し、単にわれわれにとってのみならず、ヨーロッパにおける小国全部の独立的存続にとってもまた致命的な結果になる。国際連盟規約の名において、連盟と連盟の意味するすべてのものの事実上の代行者として行動しているわれわれは、尊重と確立が求められているまさにその法の慣例のある部分を、一時的に破ってもよい権利を、実にその義務をもっている。われわれが小国の権利と自由のために戦っているときに彼らはわれわれの行動を妨げてはならぬ。侵略国家がすべての法を破って一連の利益を得、その上、護と励行の任に当たる者の障害になってはならぬ。法の文言が、この最高度緊急事態に際して、法の擁被侵略国の法に対する本来の尊重を口実として、他の一連の利益を得ることは、正当でもなく、合理的でもない。人道的であることが合法的であることよりも、われわれの指標でなければならない。

これは説得力のある議論である。しかし誤解を招くような話術を使用しているため、詳細な検討が必要である。まず、イギリス人を法の支配の擁護者とするチャーチルの主張を受け容れることにしたい。（実際は、彼らがチャーチルの提案を何ヶ月も拒否し続けたことこそが彼らがこの称号をみずからに要求していたことの証拠である。）イギリスを国際連盟の「事実上の代行者」として捉える主張さえも、事実上（virtual）という字句を実際の（actual）代行者ではないと理解する限りでは正確な主張かもしれない。ノルウェーの領海に侵攻するというイギリスの決定は戦争に関与しないというノルウェーの決定と同様に単独行動主義的なものであった。問題は、チャーチルがイギリスの大義が有する正義から導き出せると信じ込んでいたその帰結にある。

　彼は、ある大義が有する正義の度合いが高ければ高いほど戦闘における権利が増加するという、私がスライディング・スケール論法と呼んだ議論の一種を用いている。* チャーチルの場合にはその権利はしかし、ドイツに対抗する権利である。イギリスはドイツが盾にとっている法的慣例を破る権利を持っていると彼は述べる。しかし法的慣例には（少なくともときには）道徳的な根拠もある。中立に関する法は交戦国の保護を主たる目的とするのではなく中立の市民の生命を保護するためである。「法の文言」を盾にとっていたのは実はノルウェーであって、ドイツはその副次的受益者にすぎなかった。この順位はスライディング・スケールにまつわる決定的な難点を示唆している。イギリス人の大義が有する正義が彼らの権利をいかに増加させようと、彼らがノルウェー人を危険にさらしたり殺したりする権利は、ノルウェー人の権利が同時に縮小されることなしには得られないだろう。スライディング・スケール論法はこのような対称性を必要不可欠な前提にしているが、その対称性がいかにして生じうるのか、私には理解できない。正義の側にはより多くの行動が許されると語るだけでは不十分である。軍事的な行動の主体についてと同様、その客体についても語られなければなるまい。誰に対して行動がなされるか。

このケースにおいてその客体は戦争に巻き込まれ、その戦争に関して何らの責任も有さないノルウェー人である。彼らは法の支配に対しても、ヨーロッパの平和にも刃向かったわけではない。いかにしてその彼らが攻撃の対象になりえたのだろうか。

＊スライディング・スケールを一般的に支持するフーゴ・グロティウスは、中立に関して特に明白な立場をとっている。「以上の議論に従って、われわれはなぜ正戦を行う国家が戦争に関与していない国家の領域を占領することが許されるのかが理解できる」。彼はこの議論に三つの条件を加えるが、そのひとつ目はノルウェーのケースに当てはめることは難しい。その条件とは、「敵がその領域を強奪し回復不可能な損害を与える、想像上の危険ならぬ現実的危険が存在する時」である。しかしそれに対してチャーチルならばドイツが強奪の努力をせずとも、強奪に伴うあらゆる利益を享受していると主張したことだろう。*Of the Law of War and Peace*, Book II, Chapter ii, Section x〔一又正雄訳『戦争と平和の法第一巻』、酒井書店、二七九頁〕.

チャーチル内閣の議事録にこの問いへの暗黙的な答えがある。彼は明らかにノルウェーがドイツとの戦いに関与すべきであると信じている。それはイギリスにとってその関与が有益なものだったからのみならず、イギリスとフランスがもし「恥ずべき平和」を強いられた場合、疑いなくノルウェーが「次の犠牲者」のひとつとなるからでもあった。チャーチルは、一方で侵略と不法な暴力に、他方で正当な抵抗に直面した場合、中立権は消失するべきであると主張する。少なくとも、侵攻者が全体的な脅威となる場合、つまり法の支配や小国の独立などに脅威となる場合、消失するべきである。イギリスがドイツの将来の犠牲者に代わって戦っているのだから、その将来の犠牲者は戦闘を妨害せずに、むしろ中立権を犠牲にするべきである。この議論は、道徳的な忠告として一九三九年から四〇年の状況に照らして、私には完全に正当なものに思われる。しかし、次のような難点が残る。中立権の犠牲はノルウェーがドイツを脅威としてみなした場合に要求されるのか、それともイギリスがそうした場合に要求されるのか。チャーチルは一九一七年のウィルソンの議論、すなわち中立は道徳的にふさわしいことではないとの議論を繰り返している。しかし、この議論は中立国家の指導者ではなく、一交戦国の指導者によってなされる場合には危険な議論である。今や中立権はもはや自発的に放棄される問題ではなく、「一時的失効(abrogation for a time)」の問題になる。そして後者の表現さえも婉曲語法である。人命が賭けられているのだから、戦争が終わった後でチャーチルが死者を生き返らせるつもりでもなければ、失効は一時的なものとはならない。

多くの戦争においては、一方の側が正義にのっとって戦っている、あるいはおそらくそうである、または相手側より、より多くの正義をもって戦っているともっともらしく主張することができよう。これらすべての場合において、敵が全体への脅威となるとされよう。第三者が中立である権利は、この区別を無視し、その脅威を認めたり、認めなかったりする道徳的な権利である。第三者が彼ら自身に対する脅威を認めたならば戦うことになるかもしれないが、それを認めなければ彼らを強制的に戦わせることは正当な行為になりえない。彼らが道徳的に盲目で、鈍感で、自己中心的であるからと言って、この欠点が義をなす側の資源として使われることは許されない。しかしながら、これこそがまさにチャーチルの議論の効果であった。スライディング・スケールは、第三者の権利が正戦(または正戦と主張されているもの)を行っている国家の国民と兵士に譲渡される一手法である。

チャーチルの回顧録の中にはスライディング・スケールを前提としないもうひとつの議論がある。それは「最高度緊急事態(supreme emergency)」という慣用句に最も明白に示唆されよう。緊急事態において、中立権は乗り越えられる（overridden）が、それが乗り越えられた場合、中立権が毀損された、弱体化された、喪失されたとわれわれが主張することはできないのである。中立権が乗り越えられるのは、先にも述べたように、まさにそれが有効性を持ったまま存在しており、それが人類の偉大で（必然的な）勝利への障害となっているからに他ならない。イギリスの戦略家にとって、ノルウェーの中立性はまさにこのたぐいの障害であった。今でこそ、イギリスの戦略家が、ドイツの戦争準備に対し、鉱石海輸阻止が及ぼすであろう効果を大いに誇張したように見える。しかし彼らの状況分析は誠実になされたものであったし、ヒトラー自身もそれを共有していたのである。「スウェーデンからの鉱石を、いかなる事情であれ失うことはできない」と一九四〇年二月にヒトラーはファルケンホルスト将軍☆に言った。「われわれがそれを失うことになれば、やがてこん棒で戦争を行わなければならなくなってしまう」[19]。そのような魅力的な展望がイギリス内閣に大きく影響を及ぼしたのであろう。ノルウェーの中立権侵害に踏み切るにあたって、イギリス内閣は正義の理論に基づいた単純な功利主義的な論拠を有していたのである。その正義の理論とは、ナチズムを打倒するためには中立権侵害は軍事的に必要であり、ナチズム打倒は道徳上、必要不可欠であるというものであった。

ここでもまた、用いられているのは二段階論法であり、このケースでは二段階目の、すなわち、道徳的必要性は明白であるという議論が作動する（なぜそうなのかは次章で説明したいと思う）。それ故に、われわれはベートマン・ホルヴェークの立場よりチャーチルの立場にはるかに共感できるのである。いずれにせよ、彼らが行っている手段上・戦略上の主張は、ノルウェーの事例においても、ベルギーの事例においても、議論の余地がある。連合軍はいまだ一戦も交えていなかったうえ、西側陣営は、ドイツの電撃戦（*Blitzkrieg*）の戦闘能力を過小評価していた。さらに、航空機の軍事的重要性は未知のものであった。イギリスはいまだ英国海軍（Royal Navy）を完全に信頼していたのであった。とりわけ第一海事卿は確かにこの信頼を有しており、彼のすべてのノルウェー計画は海軍力にかかっていた。一九四〇年の初頭の状況を「最高度緊急事態」と位置づけたチャーチルのような人物だけが、六ヶ月後のイギリスの危機的状況を描写する言葉をまだ持っていたのであった。実際のところ、イギリスがようやく「小国とはいえ、国民の士気の高揚している国の領海へ、大挙して侵入し威圧をかけるという」決断をしたころ、イギリスは敗戦を回避することなどを考えておらず、逆に（一九一四年のドイツと同じ様に）、電撃的勝利を考えていたのである。

したがって、イギリスの打った手は、中立権を乗り越え、最後の瞬間にではなく、最初の一手としようとしたもうひとつの事例である。われわれがそれをドイツのベルギー攻撃のように厳しく非難しないのは、われわれがナチ体制の性質を理解しているからだけでなく、一国全体に及ぶ大惨事の瀬戸際にイギリスを追い込んだその後の出来事を振り返って見られるからである。しかし、ここでもチャーチルはその大惨事を予見していなかったことを強調しなければならない。彼が擁護した行為を理解し評価するにあたって、開戦してまだ月日が浅いころの彼の目線に立って、彼がしたとおり考えるようにしなければならない。そうすると、次の問題に尽きる。ナチズムを打倒するために、無辜の民の権利の侵害も含め、いかなる行為も許されるのか。私が主張したいのは、必要なことは実際にやるしかないということだが、一九四〇年の四月において、ノルウェーの中立侵害は必要ではなかったということである。侵害は単に便宜的なものにすぎなかったからである。結局、無辜の民を犠牲にしてま

☆「ファルケンホルスト将軍」　Nikolaus von General Falkenhorst〔ウォルツァーは Falkenhurst と綴っている〕（1885-1968）．ドイツのノルウェー侵攻に際して、ヒトラーに計画立案を命じられた人物。ノルウェー侵攻当時、歩兵科大将。

でナチと戦うリスクを減少することは許されることなのか。戦闘がいかに正義にかなったものであったとしても、疑いなくそれは許されないことであろう。チャーチルの主張は、危機の現実性と極限性に依拠しているのだが、しかしここでは（彼自身の見解でも）危機は存在しなかったのである。「まやかし戦争」はまだ最高度緊急事態に至っていなかったのである。緊急事態とはそういうものだが、この緊急事態も不意に到来した。その危険性が最初に明らかになったのはノルウェーでの戦闘であった。

イギリス軍は最終決断を三月の末に下し、四月八日、リーズ☆に機雷が敷設された。翌日、ドイツはノルウェーを侵攻したのであった。ドイツ軍は、イギリス海軍をかわし、北はナルヴィクまでの沿岸全線にわたって部隊を上陸させた。この行為は、機雷散布そのものへの反応というより、ヒトラーの工作員や戦略分析家につつぬけであった、何ヶ月にもわたる計画、論争、躊躇への反応であった。それは確かに早すぎたし、あまりにも唐突なものであったが、チャーチルが予期し、期待していた反応であった。ノルウェー軍は勇敢に戦ったが、それも短期で終わった。イギリス側は、悲劇的にも、自分たちの都合で攻撃に対し無防備にした国を守る準備さえできていなかったのである。確かにイギリス軍部隊による、対抗した上陸作戦がいくつか敢行され、ナルヴィクが陥落し、一時的にイギリスの支配下に置かれた。しかし、海軍はドイツ空軍に対抗する力はなく、まだ第一海事卿の職にあったチャーチル自身も幾度も屈辱的な撤退を強いられた。[20]ドイツの鉱石供給は、戦争期間中確保されていたが、それはあたかもノルウェーの中立が尊重されていたかのようであった。ノルウェーは、ファシスト政権下にある被占領国であって、多くの兵士が戦死した。こうして「まやかし戦争」は終結を迎えたのであった。

一九四五年のニュルンベルク裁判では、ノルウェーに対する侵略戦争を計画し遂行した罪でドイツ軍指導者は起訴された。リデル＝ハートは、「厚顔無恥にもイギリスとフランス両国政府がこの起訴を是認したのは、……

まったく理解に苦しむのである」[21]と記している。彼の憤りは、正義の交戦国の主張であれ、不正義の交戦国の主張であれ、中立権は等しく不可侵であるという確信に由来するのである。そのとおりであった。戦後イギリスは、リーズの機雷敷設が国際法違反であったこと、またドイツには、ノルウェーに侵攻し征服する権利はないとしても、少なくともある種の軍事的手段を講じる権利はあったことを承認した方がまだよかっただろう。ヒトラーの率いるドイツが征服戦争において、いやしくも某かの権利を有していたであろうという議論が持つ異常性を私は否定するつもりはない。しかしドイツの権利はノルウェーの権利を経由して実現したものであって、中立の慣行を認める限りは、それを回避することはできないのである。最高度緊急事態においては、確かに「強行突破して前進する（to hack one's way through）」必要もあろう。しかし、熱望的に、あるいは早過ぎる段階でそのように前進することは美徳ではない。なぜなら、この場合、強行突破の対象になるのは相手国の軍ではなく、無欠の権利を持つ無辜の民であり、その民の生命が賭けられているからである。

【原注】

（1）Philip C. Jessup, *Neutrality: Its History, Economics, and Law*（New York, 1936）, IV, 80（強調は引用者による）.

（2）W. E. Hall, *The Rights and Duties of Neutrals*（London, 1847）は中立法についての最良の説明である。

☆「リーズ」　「通路」とも呼ばれていた保護海域の水路のことである。ノルウェー沿岸では、ドイツが鉄鉱石輸送の際に、この「通路」を利用していた。この「通路」は、ノルウェーの沿岸に数多く浮かぶ島々とスカンジナヴィア半島のあいだの狭い海域であり、ここに機雷を散布すれば、ドイツの輸送ルートを押さえられた。一九四〇年四月八日に、イギリスは「通路」の三箇所の海域に機雷を散布している。

（3）Westlake, *International Law*, II, 162.
（4）この演説は *The Theory and Practice of Neutrality in the Twentieth Century*, ed. Roderick Ogley（New York, 1970）, p. 83に再録されている。
（5）*The Theory and Practice of Neutrality*, p. 74.
（6）Liddell Hart, *The Real War*, pp. 46-47.
（7）アメリカの反応の一例として、以下を参照のこと。James M. Beck, *The Evidence in the Case: A discussion of the Moral Responsibility for the War of 1914*（New York, 1915）, 特に第四章。
（8）*Socialism and War*, p.15.
（9）Nils Oervik, *The Decline of Neutrality: 1914-1941*（Oslo, 1953）, p. 241.
（10）Oervik, p. 223.
（11）Churchill, *The Gathering Storm*（New York, 1961）, Bk. II, ch. 9.
（12）*Assignment to Catastrophe*（New York, 1954）, I, 71-72.
（13）*Time Unguarded: The Ironside Diaries 1937-1940*, ed. Roderick Macleod and Denis Kelly（New York, 1962）, p. 211.
（14）*Ironside Diaries*, p. 185.
（15）*Ironside Diaries*, p. 216.
（16）*History of the Second World War*（New York, 1971）, p. 53〔上村達雄訳『第二次世界大戦』、フジ出版社、六九頁〕.
（17）*Ironside Diaries*, p. 238.
（18）*The Gathering Storm*, p. 488〔毎日新聞翻訳委員会訳『第二次大戦回顧録　第三巻』、毎日新聞社、一二七頁〕.
（19）Oervik, p. 237.
（20）軍事作戦の詳細には、J. L. Moulton, *A Study of Warfare in Three Dimensions: The Norwegian Campaign of 1940*（Athens, Ohio, 1967）を参照のこと。

（21）*History of the Second War*, p. 59〔『第二次世界大戦』、七五頁〕. 一九四〇年二月一四日のアイアンサイド将軍の記録を参照。「ウィンストンは、ドイツにスカンジナヴィアを侵犯させ、そしてわれわれにナルヴィクに進行する契機を与える唯一の手段として、中立国ノルウェーの領海での彼が主張する機雷散布に全力で取り組んでいる」（*The Ironside's Diaries*, p. 222）。

【訳注】

〔1〕この計画は極めて巧妙なものだった。イギリスの遠征部隊はフィンランドでの対ソ連作戦を名目に進軍する予定だった。実際のところは、フィンランドに到達する前にノルウェー、スウェーデンを必ず通過することになり、その途上でナルヴィク、エリヴァレを制圧し、ドイツの鉄鉱石供給源を絶つ手はずであった。しかし結果的にドイツは素早くノルウェーに侵攻し、イギリスはノルウェーの求めに応じて出兵するも、ドイツ軍がすでに全ノルウェーの飛行場を占領しており、海軍・陸軍が中心だったイギリスはドイツ空軍に阻まれて有効な攻撃ができなかった。

第一六章　最高度緊急事態

必要性《ネセシティ》の性質（三）

危機は誰もが抱えるトラブルから生じる。「緊急事態」と「危機」は、われわれの精神に、しばしば野蛮な行動をとらせようとする際に用いられる常套句である。とはいえ人々の暮らしや国家の歴史には危機的局面ともいえるものもある。確かに、戦争はそのようなときである。すべての戦争は緊急事態であり、すべての戦闘は転換点となりうる。恐怖とヒステリーは戦争においてつねに潜在しておりそれはしばしば現実のものとなる。それらはわれわれを恐ろしい措置や、犯罪的行為に向かわせる。戦争慣例は、必ずしも効果的なわけではないが、ともかくにも、そうした措置への障害物となる。少なくとも、われわれが見てきたように、それは原理的に、通常の軍事活動の危機には持ちこたえる。「最高度緊急事態」としての一九三九年のイギリスの苦境に関するチャーチルの説明は、そのような抵抗を克服するために考案された、レトリック上の強調のひとつだった。しかし、彼の語り口の中にはもっともな議論も含まれていた。そこでは戦争の通常の恐怖（と、すさまじいばかりのご都合主義）を超えた恐怖と、その恐怖に対応した危険が存在するということ、そしてこの恐怖と危険が、戦争慣例が禁止しているまさにそうした措置を必要としていることがそれである。いまやここで賭けられている額は、そうした措置をとるよう駆り立てられている人々にとっても、彼らの犠牲になる人にとっても極めて高額なものとなるから、われわれは「最高度緊急事態」に暗に含まれている議論に注意深く耳を傾けなければならない。

この語法はしばしばイデオロギー的に使われるが、この表現の意味は、常識の問題である。これは、必要性《ネセシティ》という概念が用いられる二つのレベルに対応した、二つの基準によって定義される。すなわち、第一のものは、危険の切迫と関連し、第二の基準はその性質と関連している。この二つの基準は共に適用されねばならない。どちらかひとつだけでは極限状況の説明としても、また、その極限状況が要求していると想定される常軌を逸した措置の弁護論としても十分ではない。差し迫っているが深刻ではない、深刻だが差し迫ってはいない——どちらかひとつでは最高度緊急事態とはならないのである。しかし、戦時下にある人々はまれに、彼らが直面している（ないしはお互いに相手に課そうとしている）危険の深刻さについて合意することなどめったにできないので、切迫性の観念がしばしば一人歩きしてしまう。そうなるとわれわれは背水の陣論と呼ぶのが最もふさわしい議論に出くわす。それは、通常の抵抗手段に望みがないか、あるいはそれを使い切ってしまったとき、すべてが（勝つために必要なすべてのことが）許されるとする議論である。イギリスの首相であったスタンリー・ボールドウィン☆は、

☆「スタンリー・ボールドウィン」　Stanley Baldwin（1867-1947）．首相在任は、一九二三年から一九二四年（ここで一時退陣）、一九二四年から一九二九年、一九三五年から一九三七年。ナチス・ドイツに対しては宥和政策をとるが、積極的な宥和政策をとったチェンバレンほどではなく、消極的宥和政策と言われる。

一九三二年のテロ爆撃の危険に関して、次のように書いている。(1)

規約、条約、協定、何でもいいが、何らかの形の爆撃の禁止のいかなる形が戦争中に効果的だろうか。率直に言うと、私はそんなものはないと思っているが、だからといってわれわれ自身や、どこか他の国々の善意を云々しているのではない。誰かが武器を隠し持ち、追いつめられて殺されかかっているとするなら、彼はそれがどんなものであれ、また彼がどんな代償を払うことになれ、その武器を使うだろう。

この記述について第一に言うべきことは、ボールドウィンは文字通りそれを当てはめるために国内類推を持ち出したわけではないということである。兵士や政治家は、一般的に、軍事的敗北が目前に迫っているとき、もはや背水の陣だと言うが、ボールドウィンはこの極限状況観を是認している。自国内での生き残りということから、類推は国際領域での勝利に飛躍しているのである。ボールドウィンは、もしそうした手段が、死を免れるか、軍事的敗北を回避するために必要となる（必須である）ならば、人間は必然的に（不可避に）極限的手段を採用するつと主張した。しかしこの論議は、二つの点で誤っている。個人は自分たちのリスクを引き受けるよりはむしろつねに無辜の人々を攻撃するものであるというのは、まったくもって正しくない。非常に多くの場合、リスク（そしておそらくは死ぬこと）を受け容れるのが彼らの務めであるとすら言える。この点で道徳的な生き方一般と同じく「なすべきこと」は「可能であること」の範疇にある（"ought" implies "can"）。われわれがひとに要求を掲げるのは、人々がそれに従って生きることが可能であることを知っているからである。われわれは、自分自身のためにではなく、自国民のために行動している政治指導者に同じ要求を掲げられるだろうか。それは自国民の直面している危険に依存するだろう。敗北がもたらすのは何か。若干の領土の変更なのか、（指導者の）体面が潰れることなのか、莫大な賠償金の支払いか、あれやこれやの政治的再建か、国家の独立性の喪失か、何百万人もの人々の流浪や死か。こうした場合はつねに背水の陣である。しかし人が直面する危険は実にさまざまに異なった形をとり、形が異なっているということが重要なのだ。

極限的措置を採用し、またそれを弁護しようとするなら、その危険は並はずれた、恐ろしいたぐいのものでなければならない。戦時においてはおそらく、そのように描写されるものはそう珍しくない。多くの場合、敵は並はずれたものであり、恐ろしいものと考えられている——少なくともそのように言われることが多い(2)。兵士は国や家族の存続のために戦っていると信じ、自由、正義、文明自体が危険にさらされていると信じているなら、いっそう猛り狂ったように戦うようになる。しかし冷静な観察者がこのような状況の現実性を認めることは稀であり、おそらく戦闘参加者の多くが、その考え方がプロパガンダの役割を果たしていることを理解している。戦争は必ずしも、片方の勝利がもう一方にとって人的災害になるような、究極の価値の争いではない。そのような事態を疑問視し、戦時のレトリックに対して慎重な警戒を養う必要がある。そして極限状況に関する議論を査定できるための目安となる基準を探さなければならない。人間的危機の地図を描き、そこにおける絶望と惨事の領域に印を付けなければならない。その地域だけが、真の意味での必然《ネセシティ》の王国である。私はヨーロッパにおける第二次世界大戦の経験をもう一度用いて、この地図のだいたいの輪郭を示唆してみたい。というのも、ナチズムは究極事例の極限にある事例であり、そこではわれわれは一様に恐怖と嫌悪感を感じざるをえないのである。

このことは、ナチズムがわれわれの生の中で気高いとみなされているものすべてに対する究極的な脅威であり、たとえ生き残ることができた人にとってすら極めて残忍で堕落的な支配のイデオロギー、支配の実践であったことを当時信じていたし、三〇年後の今も信じている人になり代わって、私がいずれにせよ正しいとみなそうとすることである。だからこそ、もしナチズムが最終的に勝利してしまうという帰結が生じたなら、それは文字通り予測もつかない、想像を絶する恐怖だったのだ。われわれは、ナチを世界に具体化した悪――私はこの言葉を軽々しく用いているのではない――として捉える。それは極めて強力かつ明白な形態をとるため、それに対抗して戦う以外に選択はない。私はもちろん、ここでナチズムに関して詳述することはできない。しかし、そのような詳述はおそらく必要がないだろう。ナチ支配の歴史的な経験に言及することで十分である。そこには人間的価値への極めてラディカルな脅威があったため、その切迫性は疑いなく最高度緊急事態であった。この例は、より小さい脅威がなぜそれにはあたらないのかをわれわれが理解する助けになる。

しかし地図を正確に描くためには、ナチには似ているが、実際のナチのそれと少し異なる危険を想定しなければならない。チャーチルが第二次世界大戦におけるドイツの勝利に関して、それが「われわれにとってのみならず、ヨーロッパにおける小国全部の独立的存続にとっても致命的である」と述べた時、正確な真実を述べていた。危険は全般的であった。しかし、ここでは危険がイギリスにとってのみ存在していたと想定してみよう。特定の脅威――一国のみに向けられた隷属化、または根絶の脅威――は最高度緊急事態にあたるだろうか。軍人と政治家は、自分の政治共同体のために無辜の民の権利を乗り越えても良いだろうか。私は、ためらいや不安を感じながらも、この問いに肯定的に答えたいと思う。彼らに、どのような選択肢があろうか。道徳律を守るためにみずから犠牲になることはできるが、自国民を犠牲にすることはできない。究極の恐怖に直面して選択肢が尽きてしまったら、彼らは自国民を救うためにとらなければならない手段を選ぶだろう。このことは、彼らの決断が不可避のものである（私にはそれを知る術がない）ことを必ずしも意味はしないが、彼らがそのときに感じるであろう義務感と道徳的緊急性の圧倒的強烈さからすれば、他の結末は想像し難い。

にもかかわらず、国内類推が示唆するように、これは答えにくい問いである。ボールドウィンが何と言おうと、国内社会における個人に関して、自己防衛という最高度緊急事態の場合でさえも、襲われている人は必然的《ネセサリー》に無辜の民に殴りかかるものだとか、あるいはそれをしても道徳に許されるとはふつうは誰も言わないだろう。(3) 攻撃してもいいのは、襲ってきた人に対してのみである。しかし、緊急事態に直面した共同体の特権はそれと異質で、より広いものであるように思われる。私はこの違いをうまく説明できるかわからない。共同生活には何らかの超越性があると言ってしまえばその違いを説明することはできるが、共同生活にそのような特質があると私は考えていない。それはおそらく、算術の問題にすぎないのだろう――個人は自分を救うために、他人を殺すことはできないが、国家を救うためには、少数ではあるが一定の人々の権利を侵害してもよいのである。しかしそうすれば、人口の少ない国と人口の多い国の権利は異なってくるので、この議論が正しいとするには大いに問題があろう。それより、こう言った方がよい。つまり、殺人がときには起こる世界に生きることは可能だが、ある国民全体が奴隷化され虐殺されるような世界にいるのは文字通り耐えられないことなのだ。政治共同体――その構成員たちは先祖から子どもへと引き継がれるべく繰り広げられてきた生活様式を共有している――の存続と自由は、国際社会における最高の価値だからである。ナチズムはとてつもない規模でその価値を貶めようとしたのだが、より小さい規模であっても、同じ種類の脅威であれば、同様の道徳的結論が引き出せよう。このような脅威にさらされたなら、われわれは必然《ネセシティ》のルールに従う（そして必然性《ネセシティ》の下ではルールなどない）。

しかし、そのような脅威が認識されるだけではそれは強制力を持たないと再度強調しておきたい。他に戦う手段や勝利を得る方法がある限り、この脅威が認識されるだけで無辜の民を攻撃しなければならないとか、あるいはそれが許されることはないのである。危険性だけでは論拠として不十分で、危急性という論拠も必要である。そこで、この二つが一体となった時期である、フランスの敗北後一九四〇年の夏から一九四二年の夏まで続いた、ヒトラーの軍隊が連戦連勝を収めていた恐るべき二年間を検討してみよう。

戦争のルールを乗り越えて

ドイツ都市爆撃の決断

戦史のなかで、ドイツ都市爆撃の決断ほど重大な決断はほとんど存在しない。イギリスの指導者が採択したテロ爆撃政策の直接的な結果として、その大半は民間人である約三〇万人のドイツ人が殺害され、七八万人が重傷を負った。これらの数字は確かにナチのジェノサイドの犠牲者数と比較すればより小さいが、いずれにしてもそれは、ナチズムが擁護するものすべてを憎悪し、ナチズムがもたらした結果を微塵たりとも真似したいなどとは思いもしなかった、ナチズムと戦った人々の為したことであった。イギリスの政策はさらに別の帰結をもたらした。東京をはじめ、その他の日本の都市大空襲の決定的な前例となり、ハリー・トルーマン大統領による広島と長崎への原爆投下の決断の前例となったのである。第二次世界大戦での連合軍によるテロ行為による民間人犠牲者数は、五〇万人以上の男女子どもに及ぶ。どのようにしてこの究極の武器を用いる最初の選択が擁護されたのだろうか。

その歴史は複雑であり、すでにさまざまな研究書の分析対象となってきた(4)。そのわずか一部しか再検討できないが、特に当時チャーチルやその他のイギリス指導者が持ち出した主張に注意を払って、その時代の性質を見極めながら再検討をしたい。都市爆撃の決断は一九四〇年の終わり頃になされた。同年の六月に発令された指令では、「標的を特定し、狙いを定めるよう、明確に規定されており、無差別爆撃は禁止された」。一一月のドイツ軍によるコヴェントリー空襲後には、「都心部のみを狙うよう、爆撃部隊は指示を受けた」。かつて（一般的に非難されていた）無差別爆撃と称された行為が今や必要になり、一九四二年初頭の頃には、「標的は家屋密集地域であるべきで、たとえば造船所や航空機製造工場ではない」とされ、軍事的標的や工業施設を標的にすることは禁じられた。[5] 空襲の目的は民間人の士気を阻喪させることだと明白に宣言された。一九四二年のチャーウェル卿☆の有名な覚え書きを受け、士気喪失の諸手段が明確化され、主要標的は労働階級の住宅地と定められた。チャーウェルは、一九四三年までにはドイツ国民の三分の一を路頭に迷わせることができると考えていた。[6]

チャーウェルが爆撃を支持する「科学的」論拠を明示する前から、イギリスの決断を根拠付ける理由が幾つか挙げられていた。初期の段階から、攻撃はドイツ軍の電撃作戦の復仇として主張されてきた。（私がすでに精査した）復仇ドクトリンの難点をさて置いても、これは極めて問題のある弁護論である。第一に、ある学者が最近論じたように、チャーチルがベルリンを爆撃し、ロンドンに対するドイツ攻撃を意図的に挑発した可能性もありうる。そうすることによって、それまでドイツ空軍（*Luftwaffe*）の最大の標的とされていたイギリス空軍施設に掛かっていた圧力を緩和することができたのである。[7] ドイツ軍の電撃作戦が開始されて以降は、ドイツ軍の攻撃を阻止することも、相互抑止政策を策定することも、チャーチルの目的ではなかった。[8]

☆「チャーウェル卿」　Lord Cherwell. 本名 Frederick Alexander Lindemann（1886-1957）. イギリスの物理学者。彼はイギリス政府、特にチャーチルに対して強い影響力を持った科学顧問であり、ドイツ都市爆撃を強く支持した。

われわれは敵に好意など求めない。われわれは彼らに良心の呵責を求めていない。逆である。仮にロンドン市民が今晩、爆撃中止協定の実施について投票するよう求められたなら、圧倒的多数が「いいや、われわれはドイツ国民に対し然るべき罰を与えてやる。奴らがわれわれに与えた以上の厳罰を」と叫ぶであろう。

もちろん、そのような協定に関して投票するよう、実際にロンドン市民が求められたわけではない。チャーチルは、ドイツ都市爆撃が彼らの士気に必要なものであり、また、（一九四一年のラジオ放送でチャーチルが語ったことであるが）ロンドン市民が聞きたがっているのは次のニュースだと考えていた。それはイギリス空軍が「人類にドイツ国民が浴びせた悲惨さより強烈なものを、彼らに、月を重ねるごとに味わわさせている」というニュースである。[9] この説は、多くの歴史家に認められている。その中の一人は次のように書いている。復讐は「民衆の叫び」であり、チャーチルに自国民の闘争心を保ち続けるつもりがあったのなら、満たさざるをえない要求であった。特に興味深いのは次の事実である。一九四一年の世論調査で「［復仇空襲］の最も確固たる要求はキャンバーランド、ウェストモアーランド、ヨークシャ北部と、爆撃をほぼ免れた農村地帯で強く、住民の約七五％がそれを望んでいた。他方、ロンドン中心部では、その比率は四五％にすぎない」[10] という点である。テロ爆撃を体験した市民より体験していない市民の方がチャーチル政策をより積極的に支持しているのであった。これは心強い統計であり、イギリス国民の士気は（良く言えば、彼らの因習道徳は）、チャーチルがとったのとは異なった政治的リーダーシップを容認するものであったことを示唆している。ドイツが爆撃されているとの報道は、イギリスにとって吉報であったことに間違いない。しかし一九四四年になっても、他の世論調査によれば、イギリス国民の圧倒的多数はいまだ軍事的標的のみが空襲の対象となっていると信じていた。おそらく、彼らはそう信じたかっただけのことである。その当時にはその逆のことを示すかなりの証拠があった〔からである〕。しかし、これもまたイギリスの士気について何ごとかを語っている。（主に平和主義者が指導していた反テロ爆撃キャンペーンは、国民の支持をほとんど得られなかったこともまた指摘されなければならない。）

復仇は悪しき議論であるが、議論としてより悪いのは復讐である。われわれは次に、ラジオでどんなことを語っていようとチャーチルの心を占めていたようである、テロ爆撃の軍事的正当化に注目しなければならない。私はこれらをただ一般論としてのみ議論することができる。当時多くの論争があり、その中には技術的な性質のものもあれば、道徳的な性質のものもあった。たとえばチャーウェルの覚え書きにある計画は科学者の一団から鋭く批判された。彼らのテロリズムへの反対は道徳的な背景を持ったものであったのだろうが、しかし彼らの立場は、私の知る限り、はっきりと道徳的な用語で述べられることはなかった。(11) 明白な道徳上の意見の食い違いは政策決定過程にたずさわる職業軍人のあいだで最も大きかった。これらの意見の食い違いについては、イギリスの爆撃の拡大を研究する戦略分析家や歴史家によって次のような独特の描写が与えられている。「その討論は議論に加わっていた人の一方の側、つまり道徳原理の問題として市民への攻撃に反対する側の人々の感情によって混乱した」。(12) これらの反対の焦点にあったのはある種の型のダブル・エフェクト論であったようである。（その議論は、戦略分析家の心には、「奇妙なまでにスコラ的な香りがする」ものであった。）ロンドン空襲の最中でも、イギリスの多くの将校たちは依然、空爆は軍事的目標のみを対象とすべきであり、市民の犠牲者を最小化する積極的努力をすべきであると強く感じていた。ヒトラーの真似はしたくはなく、彼との違いを示したかったのである。市民の殺傷の要望を受け容れた将校でさえも依然、彼らの職業上の名誉を維持しようとしていた。(13) そういった死は「軍事目標を攻撃するという主たる目的の副産物である限り」望ましいにすぎないと主張したのである。これはありがちな議論だが、疑いなく、イギリス軍の都市への攻撃は大幅に限定すべしとするものであった。しかしそのような提案のすべては当時用いることのできた爆撃技術の作戦遂行上の限界にぶつかったのである。

戦争初期に、イギリスの爆撃機は事実上夜しか飛べないこと、装備している利用可能なナビゲーション装置は、ある程度の規模の都市よりも小さな目標を狙うには無理があることがはっきりした。一九四一年の研究は実際に目標の攻撃に成功した航空機（これは攻撃部隊の三分の二にあたる）のうち、三分の一しか爆弾を目標の地点から五マイル以内に落とせなかったと指摘している。[14] 一度このことが明らかになると、たとえば計画の目標はこの航空機工場であって、周囲の無差別な破壊は航空機の生産を阻止する正当な試みの、予見可能としても、意図せざる結果にすぎないと主張するのは筋が通らないだろう。本当に予見可能だが意図していなかったのは、工場自体はおそらく無傷のままということである。戦略爆撃が何らかの形で継続されるとすれば、破壊が可能で実際に破壊できているような計画を立てなければならない。チャーウェル卿の覚え書きはそのような計画を狙ったものだった。事実、もちろんのことであるが、戦争が進むにつれナビゲーション装置も急速に改善されたし、特定の軍事目標への爆撃はイギリス空軍の全体的攻撃構想の主要な部分であり、当時（たとえば一九四四年六月のフランス進攻前）都市爆撃に投入できる機材が減っており、最優先事項とみなされていた。今日多くの専門家は、もし空軍の攻撃力をドイツの製油所のような目標に対しより多く集中させていたら、戦争はもう少し早く終わったであろうと信じている。[15] しかし都市爆撃の決定は、勝利が見えず、敗北の不安がある中で行われた。ナチス・ドイツに対して何らかの軍事的攻撃がありうるとしても、この決定のみが可能であるという中で行われたのである。

爆撃部隊は、戦局が悪化していた当時、イギリスが使用できる唯一の攻撃用の武器だった。それを使ったのは単にそれがそこにあったからだという考えは、私は一理あると思う。一九四二年初めから終戦まで爆撃部隊司令官だったアーサー・ハリス☆は「それはドイツに対し攻撃行動がとれる西側陣営の唯一の武力で、敵に到達し、まがりなりにも損害を与えうる唯一の手段だった」と書いている。(16) 攻撃行動は機が熟するまで（もしくはそれを期待して）延期できたかもしれない。戦争慣例が要求するのはそれであり、延期すべしとの軍事的圧力もかなりあった。戦術的な空からの支援――それは、ドイツ軍がいまだいたるところで前進していたので、専守防御的な性格を持った地上行動と連動したものだった――への繰り返される要請に直面し、ハリスは部隊をまとめるという苦境にたたされていた。回想の中で、ときに彼はみずからの役割と職場を擁護する官僚のようにも見えるが、彼は戦争はどのように行うのが最適かというある種の構想を明らかに擁護しようとしていた。彼は自分の命じた武器が、自分が命じたのだから使われるべきだという考えを信じていない。爆撃機の戦術的利用がヒトラーを止めることができるとも彼は信じていなかった。彼が信じていたのは、ヒトラーを止めることができるのは都市の破壊だけだということだったのである。戦争の末期になっても彼は都市の破壊のみが戦闘に早期の終結をもたらすと論じている。これらの議論の最初の部分は、少なくとも、注意深く検討するに値する。それは首相にも受け容れられたようだからである。チャーチルはすでに一九四〇年九月ごろから「ただ爆撃機だけが勝利の手段を与える」と述べている。(17) ただ爆撃機だけ――この言い回しは問題を極めて鮮明に定式化したものではあるが、私がすでに言及した戦略

☆「アーサー・ハリス」　Arthur Harris（1892-1984）．イギリスの軍人で第一次世界大戦にもパイロットとして従軍。第二次世界大戦には空軍中将として従軍し、一九四二年二月爆撃部隊司令官に任命される。精密爆撃に対し、地域爆撃を提唱し、非戦闘員を巻き込む都市爆撃を推進し「ボマー・ハリス」の異名を得た。戦後は元帥となって引退したが、司令官としてただひとり爵位を与えられなかった。（最終的には準男爵を受諾。これは爵位ではない。）

をめぐる論争を念頭に置けば、おそらく問題を不適切な形で定式化したものである。チャーチルの声明は、彼も、ほかの誰も要求することのできないあるひとつの確信を示唆している。しかしその問題は一定の懐疑主義を助長し、われわれのあいだで最も洗練された者さえをも次のような共有された、道徳的に重要な空想に耽らせてしまうものである。私が権力の椅子に座り、爆撃部隊（組織立てて効果的に使える唯一の方法）を都市に向け使うかどうか決定しなければならなかったとしよう。さらにこの方法で爆撃機が使われない限り、結果的にドイツを倒す可能性が著しく減ってしまうとしよう。ここで可能性を量化することは意味がない。私はそれが実際何であり、与えられた手持ちの知識ではどのように計算したらよいのかはっきりとはわからないのである。また異なった数字が、それがよほど異なった数字でない限り、どれほど道徳的議論に影響を与えるのかも確かではない。しかし爆撃をしなければそれだけドイツの勝利が確実となるのであれば、攻撃を開始する決定はそれだけ正当化できると私には思える。それはドイツの勝利が単に恐ろしいからというだけでなく、それが当時非常に切迫したものであったからである。それは単に切迫したものであっただけでなく、非常に恐ろしいものであった。これこそが最高度緊急事態であり、その場合には無辜の民の権利を乗り越え、戦争慣例を破ることが求められるのかもしれない。

私が抱いているようなナチズムについての見方からすれば、問題は次のような形になる。あの測り知れない悪（ナチの勝利）への対抗として、この限定犯罪（無辜の民の殺害）に、私は賭けるべきであろうか。その悪を回避する何らかの別の手法があるなら、あるいは別の手法をとるわずかなチャンスが残されていたなら、私は明らかに別のものに別の仕方で賭けるべきだろう。だが私は決して確信を持てない。賭けは実験ではないからである。たとえ私が賭けに勝ったとしても、私が間違っていたことはありうるし、私の犯罪が勝利のために必要ではなかったかもしれないのだ。しかし、私は、可能な限り綿密にその事例を探究し、得られうる限りの最良の助言を受け、選択可能な代替案を探った、そう主張することはできる。その主張に偽りがなく、悪や切迫した危険についての私の理解がヒステリックでも利己的でもなかったとするなら、必ずや私は賭けに出なければならない。それ以外の選択はない。そうしないことのリスクはあまりにも大きいのである。もちろん、私自身の行為が関わるのはその直接的な帰結に関してのみであるが、他方そうした行為を制約するルールはあらゆる直接的な考慮を凌駕する諸権利の概念に基づいている。それはわれわれの共有された歴史から紡ぎ出され、われわれが共有する未来への鍵となるものである。しかし、私はあえて言うが、私が今ここにおける犯罪の重荷を引き受けない限り、われわれの歴史は無に帰せしめられ、われわれには未来はなくなるであろう。

これは容易に成り立つ主張ではないが、これ以上の安直化の試みには断固抵抗しなければならない。多くの人々は疑いもなく次のような事実にある種の慰めを見出している。爆撃された都市はドイツの都市であり、その犠牲者の一部がナチスであったという事実にである。実際、彼らは、スライディング・スケールを適用し、ドイツ市民の死という惨事を否定ないし過小評価するために彼らの権利を否定し過小評価したのである。これは魅惑的な手続きである。そのことはわれわれが占領下のフランスに対する爆撃を再び検討することでもっともはっきりと理解できるであろう。連合軍の飛行士は多くのフランス人を殺害したが、それは軍事的目標（あるいはそう考えられていたもの）を爆撃する中でのことだった。彼らはフランスの都市の「家屋密集地域」を意図的に狙ったのではない。そのような政策が提案されていたと想定してみよう。もし、状況の何らかの奇妙な重なりによって、その賭けがフランス人を故意に殺害することを要求するものであったとすれば、その賭けを引き受け、擁護することにわれわれの誰もがよりいっそうの耐え難さを感じるであろうと私は確信する。というのも、われわれはフランスに対して特別の責務を有しているからである。われわれは彼らのために戦っていたのである（しばしば爆撃機の操縦士はフランス人であった）。しかしながら、この二つの事例における市民の地位には何の違いもない。戦闘員と非戦闘員とを区別する理論は、連合国の非戦闘員と敵国のそれとを、少なくとも彼らを殺すという問題に関しては区別しはしない。私は次のように言うことが理に適うと考える。ドイツには、ナチズムの悪に（何らかの仕方で）責任を負う人々がフランスの都市よりも多く存在したのであり、彼らに対して全面的な市民権を認める気になどならないこともありうるであろう。しかしたとえその不承不承が正当であるとしても、爆撃する者にとっては然るべき人々を選り分けるいかなる手段もない。それ以外のすべての人々にとって、これはテロリズムであり、それはすでに確立されていたナチスの暴政を繰り返すものでしかなかった。テロリズムは、普通の人々とその政府とを、あたかもこの両者が本当にひとつの全体を形成しているかのように同一視し、彼らを全体主義的な仕方で裁くのである。私が思うに、もし人が都市を爆撃するよう強いられたなら、その際彼は無辜の民を殺すように強いられてもいるのだと認めることが最も的確であろう。

しかしながら、再び私は必要性《ネセシティ》の概念に対して、私自身もそれを用いていたわけであるが、断固とした制限を課したいと思う。というのも、イギリスの爆撃がその最高潮に達するはるか以前に最高度緊急事態は過ぎ去っていたというのが真実だからである。テロ爆撃によって死亡したドイツ市民の圧倒的大多数が道徳的な理由もなく（おそらくはまた軍事的な理由もなく）殺されたのである。決定的な局面は一九四二年七月にチャーチルによってつくられた。[18]

イギリスが単独で戦っていたころ、われわれは「どうして戦争に勝つつもりか」という質問に、「爆撃によってドイツを粉砕する」と答えた。その後ロシアがドイツの陸軍と兵員に加えた大損害、アメリカの兵員と軍需品の到達は、他の可能性を開いた。

確実なことは、そのときが、都市への爆撃を中止し、適法な軍事的目標のみを戦術的かつ戦略的に狙う時機であったということである。しかしそれはチャーチルの視野にはなかった。「それにしてもわれわれは、……当初の思想、すなわちドイツに対する激しくて容赦のない爆撃を強化することが、……戦争努力をくじくのみならず、ドイツの一般大衆にとって我慢できぬ状態を生み出すということを、忘れてはならない」。かくして空襲は継続され、一九四五年の春――戦争に事実上勝利したとき――に約一〇万人もの人々が犠牲となったドレスデンの都市に対する残酷な攻撃、この攻撃において絶頂に達した。[19] そのときになってようやく、チャーチルは考えを改めたのである。「今がそのときであると私には思われる。すなわち、別の口実の下においてではあれ、単に恐怖を増大させるという目的のためだけにドイツの都市を襲撃することの問題性が再考されるべきそのときである。……ドレスデンの破壊は、連合軍による爆撃行為に対する深刻な疑念を残すものである」。[20] 実際そのとおりであった。しかしこのことは、単に恐怖を与えるためだけに攻撃されたハンブルクやベルリン、その他すべての都市の破壊にもあてはまることである。

一九四二年から一九四五年のあいだに、テロ爆撃の擁護のためになされた主張は功利主義的な性格のものであって、強調点は勝利そのものにではなく、勝利の時期と代償に置かれていた。ハリスのような人々によって主張されたところによれば、都市への空襲は、それが生み出した民間人の死傷者にもかかわらず、空襲がない場合よりも戦争をより早く、より少ない人命の犠牲しか出さずに終わらせることになったのである。この主張が真実であるとしても（まったく正反対の主張が幾人かの歴史家と戦略家によってなされていることを私はすでに示した）、それでもなお爆撃を正当化するに十分ではない。思うに、たとえわれわれが功利計算だけしかしないとしてすら、それでは十分ではないのである。というのもそのような計算は、生命の維持にのみ関心を向けなければならないわけではないからである。われわれがその維持を当然のごとく望むであろう他の多くの事柄がある。すなわち、たとえば、われわれの生の質、文明と道徳、そして、たとえ殺人が何らかの目的に役立つように見えるとき――いつもそのように見えるのだが――でさえ、皆が共有している殺人への憎悪、などである。その際、無辜の民を故意に殺害することは、単に他の人々の生命をそれが救うという理由によっては正当化されえない。この最後の主張が、関与する人々の数が少なく、比例性の原則が守られていて、公共の眼からその出来事が隠されている場合などのような、功利主義的な観点からして疑わしいものとなるような状況を想像することが可能であると私は考える。哲学者は、われわれの道徳的教説を試すためにそのような事例を好んで考案する。しかし彼らの考案物はどうやら第二次世界大戦において必要とされた莫大な規模の計算のおかげでわれわれの頭から消え去ったようである。二七万八九六六人の民間人（この数はでっちあげである）を、数は不明だがおそらくはそれより多くの民間人と兵士の死を避けるために犠牲にすることは、疑いもなく異様で、神のみに可能な、おぞましく恐ろしい行為である。*

＊ジョージ・オーウェルはドイツの都市に対する爆撃のための別の功利主義的理由付けを示唆していた。一九四四年に左派の雑誌『トリビューン』に書かれたコラムにおいて、彼は次のように主張した。爆撃は、戦争の影響を体感していないという理由だけで戦争を支持し、享受さえした人々に、現代の戦闘の真の性格を正しく理解させたと。爆撃は「戦争

というものを可能にする条件のひとつであった非戦闘員の保護」を粉砕したがゆえに、将来における戦争をより起こりにくくしたのである。*The Collected Essays, Journalism and Letters of George Orwell*, ed. Sonia Orwell and Ian Angus, New York, 1968, Vol.3, pp. 151-52〔河合秀和訳「私の好きなように」鶴見俊輔他訳『オーウェル著作集　第三巻』、平凡社、一四三−四四頁〕を見よ。オーウェルは過去において非戦闘員が本当に保護されていたと想定しているが、それは誤りである。いずれにせよ、この主張を聞いて、誰かしらが都市を爆撃しようとするとは私は思わない。それは事実を後追いする弁解であって、説得力のあるものではない。

そうした行為は功利主義的理由からはおそらく排除されうると私は述べてきた。しかし功利主義は、その一般的に理解されている形、実際、シジウィック☆自身が理解している形での功利主義は、それらの行為を（道徳的に）可能にする奇妙な計算を奨励する。われわれがそうした行為の恐ろしさを認識しうるのは、われわれがその行為に手を染めることで抹殺している人々の人格と価値を承認するときのみである。そのような計算に待ったをかけ、無辜の者の抹殺はその目的が何であれ、われわれの深奥における道徳的コミットメントに対する一種の冒瀆であると気づかせるのは、この権利の承認なのである。（このことはわれわれがそうするよりほかになすすべのない最高度緊急事態においてさえ真実である。）しかし私は議論の結論を下す前にもうひとつの事例を見ておきたい——そこにおいては功利計算が、どれほど奇妙であろうと、徹底して明快であるように見えるがゆえに、意志決定者はみずからに無辜の民を攻撃する以外のいかなる選択肢も残されていないと思ってしまうのである。

☆「ヘンリー・シジウィック」Henry Sidgwick（1838-1900）. 本書一四三頁の訳注を参照のこと。

計算の限界

ヒロシマ

「彼らは全員『任務』を受け容れ原爆を製造した。なぜか」、ドワイト・マクドナルド☆は一九四五年八月に原子科学者についてこう記していた。「なぜ」、これは重要な問いであるが、マクドナルドはこの問いを不器用に発し、間違った答を出した。「なぜなら彼らは自分たちのことを専門家や技術者とみなし、ひとりのまっとうな人間として考えていなかったからである」[21]。実際は、彼らは任務を受け容れたのではない。みずから発案し、ナチス・ドイツでなされている作業に対抗することが決定的に重要だとルーズヴェルト大統領に対して説得しようとしたのである。また、彼らは自分たちを「ひとりのまっとうな人間」とみなしたからこそまさにそうしたのである。彼らの多くはヨーロッパからの亡命者であり、ナチスの勝利が自分たちの母国や全人類にとって何を意味するかに関して鋭い感覚を持っていた。彼らは深刻な道徳的不安に駆り立てられていたのであり、何らかの学問の魔力に取り憑かれていたからではない（あるいはそれがもっとも決定的な理由でもなかった）。彼らは確かに上からの命令に従う技術者ではなかった。しかしその一方で彼らは、政治的権力もなく支持者も持たない人々であり、いったん自分たちの仕事が完了したら、それがどう使われるかコントロールすることができなかったのである。ドイツの科学者たちが自分たちの仕事にほとんど進展をみせていないということが一九四四年一一月に判明したとき、彼ら自身の最高度緊急事態は終わったが、開始に手を貸したプログラムが終了することはなかった。アルベルト・アインシュタインは次のように語る。「ドイツが原爆の製造に成功しそうにないことを知っていたならば、決して手を貸さなかったであろう」[22]。しかし彼がそのことに気がついたとき、科学者たちは大部分の仕事を終えていた。実際、それは技術者の手に委ねられていたし、その技術者は政治家の手に委ねられていたのである。そして結局、原爆はドイツに対して（あるいはアインシュタインのような人物が考えていたようにヒトラーによる原爆使用を抑止するために）使われたのではなくて、ナチスのように平和や自由に対する脅威とは決してなっていなかった日本人に向けられたのである。*

＊　C・P・スノウ（Charles Perey Snow）はその著『新しい人間たち』[1]で、原爆を使用するべきか否かという点に関しての原子科学者たちの議論を描き出している。その中の語り手が言うには、彼らの幾人かは、この問いに対して「絶対反対」と答えている。何十万もの無辜の民の殺害にその武器が使用されるのであれば、「科学も、また科学を生み、それを血肉にしている文明も、二度と罪から洗い清められないだろう」、と彼らは感じている。しかしもっと一般的だった見解は、私がこれまで擁護してきた見解である。つまり、「多くの人々、おそらく過半数の人たちは、胸の奥にほとんど同じ感情を秘めながら、条件付き反対の態度をとっていた。ヒトラーに対する戦争を終結する道が他になかったとすれば、彼らは原爆を落とすことをためらわなかっただろう」*The New Men*, New York 1954, p. 177（強調はスノウ）〔工藤明雄訳『新しい人間たち』（新しい世界の文学　6）、白水社、一七二頁〕.

それでも、大統領と彼の顧問は、日本が侵略戦争を行っており、さらに不正な戦い方をしていると信じていた

☆　「ドワイト・マクドナルド」　Dwight Macdonald（1906-82）．批評家・編集者。雑誌 *Politics* を創刊。左派の代表的雑誌とみなされ、シモーヌ・ヴェイユやアルベール・カミュ等の著名な知識人たちが寄稿した。

ことが、アメリカが決定を下した重要な特徴である。かくして、一九四五年八月一二日、トルーマンはアメリカ国民に向けて次のように演説した。

われわれは〔原爆を、〕警告なしにパール・ハーバーを攻撃した者たちに対して、アメリカ人戦争捕虜を飢えさせ打ちたたき処刑した者たちに対して、戦争に関する国際法を遵守するそぶりも見せない者たちに対して使用した。われわれは戦争の苦しみを短縮するためにそれを使用したのだ……

ここでは再度、功利計算へ道を開くためにスライディング・スケールが使われている。日本は（いくつかの）権利を剥奪され、ヒロシマの破壊が実際上戦争の苦しみを短縮させるか、または少なくともそう期待できたかぎりは、彼らはヒロシマについて不平を言うことは許されないのだ。しかし、仮に日本が原子爆弾をアメリカの都市の上空で爆発させて何万もの民間人を殺害し、それによって戦争の苦しみを短縮させたのならば、その行為は明らかに、トルーマンが列挙している犯罪に追加されるもうひとつの犯罪となったであろう。しかし、このように区別することは、ある判決を日本の指導者だけでなく広島の一般市民に対しても言い渡しながら、同様の判決が、たとえばサンフランシスコやデンバーの人々に対しては当てはまらないと主張してはじめて、納得できるものとなる。以前に述べたように、このようなやり方を擁護しうるいかなる方法も私には見つけられない。ヒロシマの人々が彼らの諸権利を失う何ほどのことをしたのか。彼らの払った税金はパール・ハーバーの攻撃で使用された船舶や航空機のために使われただろう。戦果をあげてくれるよう祈願しながら自分たちの息子を海軍や航空隊へ送っただろう。自国がアメリカによる差し迫った脅威を目前にしながら大勝利を収めたと聞かされたときにその出来事を祝福しただろう。ここにはこれらの人々を直接攻撃に処すべき理由はまったくどこにもない。（広島への原爆投下の決定を評価することに関係しないとしても、パール・ハーバーの空襲は海軍と空軍の軍事施設に専ら向けられていたのであって、ほんの数発の逸れた爆弾がホノルルの都市に落下したにすぎないという事実は特筆すべきである。）(23)

八月一二日のトルーマンの議論は説得力に欠けていたが、その背後にある議論はもっと説得力に欠けていた。彼はスライディング・スケールを精密に適用しようとしたのではなかった。というのも日本が侵略しているのだからアメリカ人は勝つために（そして戦争の苦しみを短縮するために）どんなことをしてもいいと彼は信じていたように思えるからである。多くの顧問に従い、彼は「戦争は地獄」☆1という教説を受け容れた。これはヒロシマの決定を擁護するためにいつも引き合いに出されてきた。以下はヘンリー・スティムソン☆2の言葉である。(24)

五年間にわたる陸軍長官としての勤務を振り返るとき、私はあまりに多くの厳格で胸を引き裂くような決定を見て、戦争の真の姿から目を背け、それとは違ったもののように偽りたい気分になった。戦争の顔は死の顔だ。死とは戦時の指導者が下すあらゆる命令の不可避的な一要素である。

☆1　「戦争は地獄」　シャーマン将軍の言葉。詳細は本書第二章を参照のこと。

☆2　「ヘンリー・L・スティムソン」　Henry Lewis Stimson（1867-1950）. アメリカの政治家。戦争の気運が高まる一九三〇年代後半、スティムソンはルーズヴェルト大統領に召喚され、陸軍長官となる。彼は西海岸に住む一〇万人以上の日系人の強制収容決定を下した中心的人物であり、また、マンハッタン計画の総監督で、トルーマン大統領の日本への原爆投下決定に対して多大な影響を与えた。

トルーマンの友人であり、国務長官であったジェイムズ・バーンズ[☆1]はこう注釈する。[25]

戦争は依然としてシャーマン将軍[☆2]が述べたことのままである。

政府の科学顧問長官であったアーサー・コンプトン[☆3]も言う。[26]

チンギス＝ハンの騎馬部隊……、三十年戦争……、日本の侵略期間に死んだ何百万もの中国人……、西部ロシアでの大規模な破壊……について考えるとき、どのような仕方で戦われていても、戦争とはシャーマン将軍が言っていたものに他ならないと悟ることになる。

トルーマン自身もこう語る。[27]

武器ばかりに関心を向けて、戦争そのものが本当の悪であるという事実を見失ってはいけない。

戦争そのものは非難されるべきだが、それを始めた人々もまた、非難されるべきである……その一方で、正義の戦いを行う者は、選択の余地なく地獄の戦場に赴くしかない。そこには彼らが責任を問われうるような道徳的決断の余地はない。これは不道徳な考え方、かならずしも不道徳な考え方ではないが、まったく一方的主張である。それはユス・アド・ベルムとユス・イン・ベロのあいだの緊張をはぐらかしており、困難な判断の必要性を等閑視し、われわれの道徳的抑制感覚を鈍らせてしまう。トルーマンが最初の爆撃の標的を選ぶにあたって、彼はスティムソンにこう尋ねたそうである。どの日本の都市が「軍需生産に特化している」か、と。この質問は再帰的（reflexive）である。トルーマンは「戦争法規」を犯したくなかった。しかし、それはたいした問題ではなかった。どのアメリカの都市が軍需生産に特化しているか。このような問いを口にできるのは、その答えがどうでもよいときだけである。いかに戦われようとも戦争が地獄であるならば、どのように戦うかということが何になるだろう。戦争それ自体が悪であるなら、われわれが決断を下すときに冒すリスク（戦略的なリスクは措くとして）が何になるというのだろう。戦争を始めた日本は、それを終わらせることもまたできた。ただ彼らだけが終わらせることができたのであり、われわれにできることは、トルーマンが言う「苦い戦争の日常的な悲劇」に耐えて戦うことだけだった。私はそれがトルーマンの本心であったことを疑わない。それは方便ではなく、確信だったのだ。しかしそれは歪んだ見解である。この見解は、特殊な性質を持ち厳密な定義の余地がある戦争の実際の地獄ぶり（hellishness）を宗教的神話がもつ際限のない苦痛と見誤っている。ただわれわれの作為によってのみ、――われわれと他者が作り上げた限界を、トルーマンの行ったように、乗り越えたときにのみ、戦争の苦痛

☆1　「ジェイムズ・フランシス・バーンズ」　James Francis Byrnes（1882-1972）．一九四五年ルーズヴェルト大統領の後を継いだトルーマン大統領に、国務長官になるよう要請され任務に就く。原爆投下の決定に大きな影響力を与えた。

☆2　「ウィリアム・テクムセ・シャーマン」　William Tecumuseh Sherman（1820-91）．本書一〇一頁の訳注参照。

☆3　「アーサー・H・コンプトン」　Arthur Holly Compton（1892-1962）．物理学者。一九三九年ヨーロッパで戦争が始まった年、コンプトンはその科学的・行政的才能を買われて、アメリカ政府の公務に就く。四一年には、核兵器の製造の可能性を決定する委員会の議長を務め、そこで肯定的な結論を出す。

は際限のないものになる。ときにはわれわれはそれを乗り越えなければならないと私は考えるが、つねにではない。そこでわれわれは、それが一九四五年に必要であったかを問わなければならない。

ヒロシマ攻撃を擁護できるのは、スライディング・スケールを用いずになされた功利計算だけである。しかしその場合、スライディング・スケールの余地がないのだから、その計算は戦争法規と日本の民間人の権利を乗り越える要求にすぎない。私はこの議論をできるかぎり強力に展開したい。一九四五年に、アメリカの政策は日本の無条件降伏という目標に向けられていた。日本の敗戦はそのときには決していたが、彼らはこの要求を受け容れるつもりがまったくなかった。日本の軍の指導者たちは、日本本土への侵攻を予想しており、土壇場の抵抗を準備していた。彼らには二〇〇万人を超える兵士を戦闘に調達する能力があり、侵攻を高くつかせることで、アメリカから和平交渉への同意を引き出せると信じていた。トルーマンの軍事顧問たちもまた、公的な記録には彼らが交渉を勧めたという痕跡はないが、それが高くつくと信じていた。彼らは、戦争が一九四六年末まで続くかもしれないと考え、一〇〇万ものさらなるアメリカ人の死傷者が出るかもしれないと考えていた。日本の損害はもっと大きくなっただろう。沖縄の攻略は、一九四五年四月から六月まで続いた戦闘において、約八万人のアメリカ人死傷者を出した。一方、一二万人の日本の守備隊の、ほぼすべてが殺された（捕虜となったのは、一万六〇〇人だけだった）。[29][2] もし本土が同様の激烈さで防衛されていたら、数十万、おそらくは数百万の日本兵が死んだだろう。その間に、ロシアからの攻撃が間近に予定されていた中国と満州で、戦闘が続いただろう。そして、日本への爆撃も続き、おそらくは強化され、原爆がもたらしたのと変わらない死傷者数に達しただろう。なぜならアメリカは日本において、イギリス〔がドイツに対してとったのと同様〕のテロ政策を採用したからである。一九四五年三月のはじめに東京に実施された大規模な焼夷弾空襲は、火の嵐を起こし、推定で一〇万人を殺した。これらすべてに対して、アメリカの政策決定者の心に原子爆弾の衝撃力――物理的により多くの被害を与えるのではなく、心理的に脅威を膨らませ、おそらくは戦争の早期終結を約束させるという衝撃力がよぎった。チャーチルはトルーマンの決定を支持して次のように書いた。「二、三発の爆弾で、……莫大な、計り知れない殺戮を避けるということは」、「すべての労苦と危機が過ぎてみれば、救いの奇跡のようだ」[30]。

まず確実に数百万の人々の死を伴うであろう「莫大な計り知れない殺戮」。これはたしかに巨悪であるし、仮にそれが切迫したものだったならば、極端な手段もこれを防止するためなら許されると、説得力をもって主張できるかもしれない。陸軍長官スティムソンはこれを、私がすでに説明したようなケース、賭けに出ざるをえない、他に選択肢が残されていないケースとみなしている。「われわれと同じ立場におかれ、われわれと同じ責任を負い、彼らの命を救う可能性のある武器を持つ者なら誰でも、この武器を使わざるをえなかっただろう」[31]。これはまったく理解不能な、または少なくとも表面上は突飛な主張ではない。だがこの主張は、一九四〇年のイギリスのケースで私が示した主張と同一のものではない。この主張は、「もしわれわれがx（都市への爆撃）をしなければ、彼らはyをするだろう（戦争に勝つ、圧制的支配を確立する、敵対者を殺害する）」という形式をとってはいない。スティムソンはまったく異なる主張をしているのである。合衆国政府が実際に執った政策にのっとって言えば、このようになる。「もしわれわれがxをしなければ、われわれはyをするだろう」。二発の原子爆弾は「多くの死傷者」を出した、とジェイムズ・バーンズは認めた。「だがわれわれの航空隊が日本の都市に焼夷弾を落とし続けた場合に生じたであろう数に匹敵するほど多くはなかった」[32]。われわれの目的は、したがって、ほかの誰かが引き起こしつつある「殺戮」を防ぐためではなく、われわれが引き起こしつつあり、すでに実行し始めていた殺戮を防ぐためだったということになる。さてそれでは、どんな巨悪が、どんな最高度緊急事態が、日本の都市への焼夷弾攻撃を正当化するのだろうか。

仮にわれわれが戦争慣例に厳密にのっとった戦闘を行っていたとしても、戦闘の継続がわれわれに強制されていたわけではない。それはわれわれの戦争目的に関係したものだった。軍人死傷者数の見積もりは、日本が最後の一人になるまで戦うだろうという確信だけでなく、アメリカは無条件降伏を一歩も譲らないだろうとの仮定にも基づくものであった。アメリカ政府の戦争目的は、本土侵攻――それはアメリカ兵と日本兵および交戦地帯にとじこめられた日本の民間人の甚大な損害を伴う――か、原爆の使用のどちらかを要請するものであった。選択肢がこのようなものの場合、自分の目的を再考してみることも有益である。仮にわれわれが、日本の軍国主義の性格からして無条件降伏が道徳的に望ましいものであると想定しようとも、それに伴う人的コストが故に、無条件降伏は道徳的に望ましくないかもしれないのである。しかし、これよりもさらに強力な議論を私は挙げることにする。日本のケースはドイツとは十分に異なり、無条件降伏など要求すべきではなかったのだ。日本の統治者たちはより一般的な種類の軍事的拡張を行ったのであって、道徳的に必要だったのは、彼らが敗北しなければならないということであって、彼らが征服され完全に打倒されるべきであるということではなかった。彼らの戦争遂行能力に対するある程度の制限は正当化されるかもしれないが、彼らの国内統治体制は日本国民のみに限られた関心事である。いずれにせよ、彼らを征服し打倒するためには数百万（あるいは数千）の人々を殺すことが軍事的に必須だったのなら――これらの人々を殺さないために――より控えめなことで満足することが道徳的に必要ではなかっただろうか。私はこのことを以前に（第七章で）論じている。ここでの議論はその実践への適用のさらなる実例である。もし人々に戦闘を強制されない権利があるのなら、同じように彼らには、戦争がそうなるべくして終結しそうなときに、ある一線を越えてまで戦闘を続けるよう強制されない権利もあるはずだ。その一線を越えれば最高度緊急事態も、軍事的必要性《ネセシティ》に関する根拠も、人命に関するコスト計算もない。その一線の向こう側にまで戦争を押し進めることとは、侵略という犯罪にふたたび手を染めることとである。一九四五年の夏において、勝利を目前にしたアメリカには日本国民に交渉を試みる責任があった。こうした試みすらもなく原子爆弾を使用し民間人を殺害し恐怖せしめることは、二重の犯罪であった。(33)

これらは、したがって必然性《ネセシティ》の王国の限界ということになる。功利計算は、われわれが単なる敗北にではなく政治的共同体に災厄をもたらす可能性のある敗北に直面する場合にのみ、われわれを戦争のルールに対する違反へと押しやることができる。だがこの計算は、問題となっているのが勝利の時期や見通しにすぎない場合には、同様の効果はもたない。それは勝利と正しく戦うこととの葛藤には関係するが、戦闘それ自体に内在する問題とは無縁である。この葛藤が存在しないときにはいつでも、戦争のルールとそれによって保護されるよう企図されている諸権利によって、計算は終了させられる。これらの諸権利を目の前にして、われわれは結果を計算したり、相対的なリスクをはじき出したり、あるいは推計死傷者数を算出したりするべきではなく、ただ、これを止めて向きを変えるべきなのである。

【原注】

（1）George Quester, *Deterrence Before Hiroshima*（New York, 1966）における引用。
（2）J. Glenn Gray, *The Warriors: Reflections on Men in Battle*（New York 1967）, ch. 5: "Images of the Enemy" を参照のこと。
（3）しかし無辜の人を何があっても殺してはいけないという主張は、強制と合意の問題を無視している。第一〇章で指摘した例を参照のこと。

（4）Quester, *Deterrence*、および F. M. Sallagar, *The Road to Total War: Escalation in World War II*（Rand Corporation Report, 1969）を参照。また、チャールズ・ウェブスター卿とノーブル・フランクランドが描写する正史、Sir Charles Webster and Noble Frankland, *The Strategic Air Offensive Against Germany*（London, 1961年）も参照のこと。

（5）Noble Frankland, *Bomber Offensive: The Devastation of Europe*（London, 1961）, p. 41.

（6）C・P・スノウ（C. P. Snow）, *Science and Government*（New York, 1962）は、チャーウェル卿の覚え書きについて最も辛辣な口調で語っている。

（7）Quester, pp. 117-18.

（8）Quester, p.141における引用。

（9）Angus Calder, *The People's War: 1939-1945*（New York, 1969）, p. 491における引用。

（10）Calder, p. 229. 同じ世論調査はイギリスの爆撃政策への勇敢な反対者であったベラ・ブリテンによっても引用されている。Vera Brittain, *Humilation with Honor*（New York, 1969）, p. 491.

（11）「われわれが懸念したのは〔チャーウェルの〕冷酷さではなく彼の計画であった」Snow, *Science and Government*, p. 48. P・M・ブラケットの狭義の戦略的用語でなされている戦後の爆撃批判と比較せよ。P. M. S. Blackett, *Fear, War, and the Bomb*（New York, 1949）, ch. 2.

（12）Sallagar, p. 127.

（13）Sallagar, p. 128.

（14）Frankland, *Bomber Offensive*, pp. 38-39.

（15）Frankland, *Bomber Offensive*, p. 134.

（16）Sir Arthur Harris, *Bomber Offensive*（London, 1947）, p. 74.

（17）Calder, p. 229.

（18）*The Hinge of Fate*, p. 770〔毎日新聞社翻訳委員会訳『第二次大戦回顧録　第十六巻』、毎日新聞社、三〇七頁〕.

(19) この攻撃についての詳細な説明は、David Irving, *The Destruction of Dresden*（New York, 1963）を参照のこと。

(20) Quester, p.156 における引用。

(21) *Memories of a Revolutionist*（New York, 1957）, p. 178.

(22) Robert C. Batchelder, *The Irreversible Decision: 1939-1950*（New York, 1965）, p. 38. バッチャルダーの説明は、原爆投下の決定に関する最も優れた歴史的説明であり、体系的方法で道徳的問題を扱う唯一のものである。

(23) A. Russell Buchanan, *The United States and World War II*（New York, 1964）, I, 75.

(24) "The Decision to Use the Atomic Bomb", *Harpers Magazine*（February, 1947）, 再版は、*The Atomic Bomb: The Great Decision*, ed. Paul R. Baker（New York, 1968）, p. 21.

(25) *Speaking Frankly*（New York, 1947）, p. 261.

(26) *Atomic Quest*（New York, 1956）, p. 247.

(27) *Mr. Citizen*（New York, 1960）, p. 267. 私はこの引用群をジェラルド・マッケルロイ（Gerald McElroy）に負う。

(28) Batchelder, p. 159.

(29) Batchelder, p. 149.

(30) *Triumph and Tragedy*（New York, 1962）, p.639.

(31) "The Decision to Use the Bomb," p. 21.

(32) *Speaking Frankly*, p. 264.

(33) もし爆弾が軍事的理由でなく（日本よりもロシアを念頭においた）政治的理由のために使用されたのであれば、事態はさらに悪いものといえるだろう。この点に関してマーティン・J・シャーウィンの慎重な分析を参照せよ。Martin J. Sherwin, *A World Destroyed: The Atomic Bomb and the Grand Alliance*（New York, 1975）〔加藤幹雄訳『破滅への道程——原爆と第二次世界大戦』、TBSブリタニカ〕.

【訳注】

〔1〕C・P・スノウの『新しい人間たち』は、原子爆弾という兵器についての通常の概念を上回る巨大な破壊力の開発にはじめて従事し、それが孕む道徳的問題を人類に先駆けて悩んだ「新しい人間たち」つまり原子科学者の物語。

〔2〕ウォルツァーがあげている沖縄戦の犠牲者数はあまり正確とは言えない。まずアメリカ軍側の死傷者数であるが、GlobalSecurity.orgというサイトの中にある沖縄戦、Battle of Okinawaが挙げている数字によれば、アメリカ軍の戦死者約一万二〇〇〇名、負傷者約三万六〇〇〇名であり、さらには激戦によるストレスから精神に異常をきたした者も多く、戦闘以外で二万八〇〇〇名の「負傷者」が出たという。

http://www.globalsecurity.org/military/facility/okinawa-battle.htm

他方、日本側の犠牲者数は現在でも正確には不明である。民間人も巻き込む形で戦闘が進行したからであり、戦死した「兵士」の数を数えることは適切ではない。しかしいくつかのデータはある。援護行政との関わりで犠牲者数を推定している沖縄県生活福祉部援護課のデータ（一九八九年）によると県外出身の日本兵戦死者六万五九〇八名、沖縄県出身軍人・軍属が二万八二二八名、援護法が認定した民間人の戦闘参加者五万七〇〇四名、一般住民の犠牲者が推定三万六九九六名でその合計は一八万八一三六名である。もっともこの数字も、一般人犠牲者数をあらかじめ九万四〇〇〇人と推定した上で、援護対象者数を引いた数を一般住民の犠牲者としているものにすぎない。沖縄戦などで亡くなったすべての人の名を、国籍や軍人、民間人を区別することなく刻むことを目標としている「平和の礎」に刻銘されている犠牲者数（最大限に見積もった犠牲者数とみなしてよい）で見ると、二〇〇八年六月二三日現在で沖縄出身者一四万九一三〇名、県外出身者七万七〇三三名、アメリカ国籍一万四〇〇七名である。

また沖縄での日本兵の捕虜数は労役兵を含めて戦闘の一応の終結をみた六月末の段階で一万七四〇名であったがその後も増え続け、一二月末には一万六三四六名に達している（上原正稔編『沖縄戦アメリカ軍戦時記録』、三一書房、四〇六頁）。

第一七章　核抑止

不道徳な脅しの問題

トルーマンは、彼にとって際限のない恐怖に思える戦争を終わらせるために、原爆を使った。さらにまた、一九四五年八月の数分か数時間、広島の人々は、現実に際限のない恐怖であった戦争を身をもって経験したのである。「第二次世界大戦を終わらせた偉大な行動から、われわれは、戦争は死そのものだという決定的な確証を得た」とスティムソン☆は記した。(1)「決定的な確証」とは、完全に誤った言い回しである。というのも、戦争がかつてこのようなものだったことなどないからである。新たな形の戦争がヒロシマで生まれ、われわれがかいま見たのはその死神の相貌の一側面にすぎない。東京での焼夷弾攻撃の場合よりも、死者の数は少なかったが、彼らは

☆「スティムソン」　Henry L. Stimson（1867-1950）. 本書四八三頁の訳注を参照のこと。

恐るべき容易さをもって殺された。一機の航空機、ひとつの爆弾、東京を空襲した三五〇機の航空機がそのような兵器を装備していれば、日本列島の人々の命を、実質上絶滅させえたかもしれない。無差別で全面的な核戦争は、実際に死を意味する。ヒロシマの後で、どこの国でも政治指導者の第一の任務は、その再現を防ぐことであった。

彼らがとった手段は、同種の方法で復仇するという誓いである。不道徳な攻撃の脅しに対して、彼らは不道徳な応答の脅しを対置したのだ。これが核抑止の基本的な形である。国内社会でも国際社会でも、抑止は、激烈な人間の苦痛のイメージを喚起することで機能している。「彼らのアカデミーの木立の中では、どの樹間を透しても、その果てに見えるのは絞首台だけです」[2]と、罪と罰に関する自由主義論者についてエドマンド・バーク[☆1]は記している。この記述は失礼も甚だしい。というのも、バークは国内の平和は、他の何らかの基礎によるものでなければならないと信じていたからである。しかし絞首台については、あまり言いたくないが述べておくべき事がある。少なくとも原則的には、罪を犯した者だけが、それがもたらす死を恐れる必要があるのだ。だが、抑止の理論家においては、「彼らのアカデミーの木立の中では、どの樹間を透しても、その果てに見えるのはキノコ雲だけです」と言わざるをえない。その雲は、（ヒロシマでそうだったように）無差別の殺戮、大規模な無辜の人々の殺害を象徴する。疑いなくそうした殺戮の脅威は、それが信じられている限りは、核攻撃を根本的に望ましからざる政策にする。潜在的な敵によって返礼される可能性を加味すると、その脅威は「恐怖の均衡」を作り上げる。両方の側が恐怖に縮み上がり、もはやそれ以上の恐怖の必要などない。しかしこの脅し自体は、道徳的に許しうるのか。

この問題は難しい。ヒロシマ以来の長い年月、多くの重要な著述が、抑止と正戦のあいだの関係を探求してきた。[3] これらの仕事はほとんど神学者と哲学者のものだったが、一部の抑止戦略家もまた含まれている。通常兵器を用いる兵士が殺人行為を憂慮するのと同じくらい、彼らは恐怖による脅しを憂慮していた。ここではそれらの文献を論評することはできないが、折にふれて、自由にそれを引き合いに出すことにしたい。抑止に反対する議論は周知のとおりである。戦闘員と非戦闘員の区別にこだわるなら誰でも、抑止理論において召還された、しかも故意に召還された破壊の亡霊にたじろがされることになる。「国家は最悪の場合に、他国で二〇〇〇万人もの子どもを殺す準備ができていることを知りつつも、いかにしてその良心を持ち続けられるか」[4]と、ジョン・ベネット☆2は問う。しかし爾来、今や数十年ものあいだ、われわれはこのことを知りつつも良心を持ち続けてきたのだ。なぜこんなことができたのだろうか。われわれが抑止戦略を受け容れる理由を、ほとんどの人はこう言うだろう。殺す準備をすること、殺すぞと脅かすことの場合はなおさらだが、それは殺すことと同じことではないと。確かにその通りだが、それはぞっとするほど紙一重のものだし（そうでなければ抑止は「機能」しないであろうが）、道徳的問題が存しているのは、この紙一重の差についてなのだ。

この問題には、ポール・ラムゼイ☆3によって最初に示唆され、たびたび繰り返されてきた核抑止に関する次のアナロジーに見られるように、しばしば誤った説明が与えられてきた。[5]

☆1　「バーク」　Edmund Burke（1729-97）. 本書一七五頁の訳注を参照のこと。

☆2　「ジョン・ベネット」　John C. Bennett. アメリカの神学者。国際関係、共産主義、カトリックに関するプロテスタントの立場を表明する論文が多い。

☆3　「ポール・ラムゼイ」　Paul Ramsey（1924-88）. アメリカのキリスト教倫理学者・神学者。プリンストン大学で長く教鞭を執り、法学、政治学、医学など、広範な領域を論じた。主著は *Basic Christian Ethics*, 1950.

ある労働祭の週末に、誰一人交通事故の死傷者がなかったとしよう。このように運転手の傍若無人ぶりに顕著な節度が保たれた理由は、突然、皆が、自分の車のバンパーの前に赤ん坊が結び付けられた状態で走っていることに気づいたからなのである。たとえ交通を完全に統制することに成功したとしても、それは統制したことにはならない。というのも、このシステムは、無辜の人々の命を直接の攻撃目標にし、彼らの命を車の運転手規制のための単なる手段として用いているからである。

もちろん、このような独創的方法で交通を規制しようと提案する者などいるわけがない。だがその一方で、抑止戦略は、事実上反対する者などまったくいないまま採用されているのである。この対照性は、ラムゼイのアナロジーのどこが間違っているのかわれわれに教えてくれよう。アメリカとソ連の民間人を戦争防止のための単なる手段に変えてしまったにもかかわらず、抑止はどのような方法でも、われわれを誰一人として拘束しなかった。ラムゼイは、破壊工作を妨害するために、民間人を軍用列車に乗せるように強いた、普仏戦争時のドイツ将校の戦略を思い浮かばせる。しかしその民間人らと対照的に、われわれは普通の生活を送っている人質である。それは、われわれが捕虜となり収容されることなしに脅されうる、新技術の性質のうちにあった。だからこそ原則的に恐るべきものであるのに、抑止とともに生きることが容易なのだ。それが人質に対して為すいかなることについても、非難することはできない。それは、彼らを殺すどころか、傷つけたり閉じ込めたりもしないし、彼らの権利に対し、直接的または物理的な侵害を加えることも伴わない。結果論にも加担しているような抑止論批判者たちは、精神的な傷害を想像するしかなかった。たとえば、エーリッヒ・フロム☆は、一九六〇年にこう書いている。「どのような期間であれ、不断の破壊の脅威のもとで生きることは、ほとんどの人類に、確実な心理学的影響を引き起こすだろう。恐怖、敵意、冷淡……そしてわれわれが育んできた価値観すべてへの無関心がその帰結である。そのような状態は、われわれを野蛮人へと変えてしまう……」[6]。しかし私は、この主張ないしは予言のどちらをも支持する、いかなる証拠も知らない。また一九四五年のわれわれよりも、われわれが今や野蛮人になり下がってしまったなどということは確実にない。事実ほとんどの人にとって、破壊の脅威は不断に存在するけれども、不可視で、気づかれない。われわれはそれと何気なく共生するようになったのだ。——ラムゼイの赤ん坊の場合には十中八九、一生のトラウマを背負い込んで、そのような何気ない共生はできないし、通常兵器下での戦争の人質もそのような共生などできはしなかったのである。

　抑止がもっと痛みを伴うものだったら、われわれは核戦争を避ける他の手段を見つけなくてはならなかったはずである。そうでなければ核戦争は避けられなかっただろう。もしわれわれが、恐怖の均衡を保つために、何百万もの人々を拘束下に置かなくてはならないとしたら、あるいはわれわれの敵対者に我が方の威信を知らしめるために、何百万もの人々を（定期的に）殺さなくてはならないとしたら、抑止はそれほど長いあいだは受け容れられなかっただろう[7]。この戦略は、簡単だからこそ機能する。実際、それは二重の意味において簡単である。われわれは他人に何もしないし、また、何かをしなくてはならないと信じなくてもよい。核抑止の秘密は、一種のはったりである。あるいはわれわれは、根拠のない一時的均衡という現実の恐怖を認めることを拒絶して、自分自身にはったりをかけているだけかもしれない。われわれの経験を正確に説明しようとするなら、次のことを認

☆「エーリッヒ・フロム」　Erich Fromm（1900-1980）．ユダヤ系ドイツ人の社会心理学者・精神分析研究者。ナチスの台頭によってアメリカへの亡命を余儀なくされたフランクフルト学派第一世代に属した学者で、マルクス主義とフロイトの精神分析理論を統合させた。主著には『自由からの逃走』（東京創元社）がある。

めなくてはならない。身の毛もよだつような可能性を秘めているにもかかわらず、抑止がこれまで流血の事態をもたらすことがなかった戦略であるということがそれである。

現実の帰結に関するかぎり、このようなわけで、抑止と大量殺害は大きくかけ離れている。この二つが似ているのは道徳的態度と意図の問題である。再度言っておくが、ラムゼイのアナロジーは的外れである。彼の赤ん坊は実際には「攻撃の直接目標」ではない。というのは労働祭の週末に何が起ころうと、誰も故意に赤ん坊を殺しはじめたりはしないだろうからである。だが抑止は、まさにその用意があるという点で成り立っている。それはまるで、殺人を犯したらその者の家族や友人を殺すぞと国家が脅すこと――「大量報復」政策の国内版――によって殺人を防止しようとしなければならないかのようだ。それは間違いなく、厭わしい政策となるに違いない。われわれはそれを計画したりその実行を誓う警察官を、仮に彼らが実際に誰も殺さなかったとしても賞賛することはないだろう。私は、このような人々は必然的に野蛮人へと変貌すると言いたいのではない。彼らは、殺人というものがいかに恐ろしいものかという洗練された感覚と、それを避けようとする洗練された欲求をもっているのだろう。彼らは自分たちが実行することを誓った仕事を忌み嫌っており、それを実施する日が来ないことを熱望しているのかもしれない。だがそれにもかかわらず、その計画は不道徳なものである。この不道徳さは脅しそれ自体に存在するもので、それが有する現実の、あるいはありうべき帰結に存するのではない。核抑止にも同じことが言える。われわれが憂慮しなければならないのはわれわれ自身の意図と、そうした意図の潜在的（というのは現実には存在しないからだが）被害者である。この点ではラムゼイはうまく説明している。「やってはいけないことを脅かしにも使ってはいけない。もし後者が『するつもりだ』という意味だとするならば。……もし敵国市民を狙った戦争が殺人だというのなら、敵国市民を狙った抑止の脅しも殺人的である」(8)。あきらかに、何百万の無辜の民を殺すことは、彼らを殺すぞと脅すよりも悪い。誰もこの人々を殺したいとは思っていないというのも本当のことであり、殺すことになると思っていないというのもおそらく本当だろう。そうであってもなお、われわれは状況しだいでは殺人を意図している。それが、われわれの政府が表明している政策なのである。そして大量破壊の技術を修得し、命令に即時に従える訓練をしてきた数千の男たちが、それを実行しようと準備万端で待機している。そして道徳という見地からは、この準備がすべてである。われわれはそれを高いか低いかという危険の程度へと変換し、われわれが無辜の民へと課しているリスクについて憂慮することができる。だがそのリスクはこの準備にかかっているのだ。われわれが、私が挙げた国内類推における警察のように、われわれの政府の場合に非難するのは、殺人へのコミットメントなのである。*

*もしこのコミットメントが機械的に定められたなら、違いがあるだろうか。敵の攻撃にミサイル発射で自動的に対応するコンピューターを設置したと想定してみて欲しい。そして、潜在的な敵に対して、もし彼らがわれわれの都市を攻撃してきたならば、彼らの都市も攻撃されるとの情報を与えたとする。その場合、彼らは両方の攻撃の責任を有しているのだとわれわれは言うかもしれない、なぜならその二つの攻撃の時間差のあいだに、何の政治的決定も、何の意図を持った行為も、われわれの側からは可能ではないからである。私はこのような場合に生じうる効果（あるいは危険）について述べる気はない。しかし、これが道徳的問題を解決するものでないという点は強調しておいて損はないだろう。このコンピューター・プログラムを設計した人々や彼らにそれを命じた政治指導者たちは報復攻撃《セカンド・アタック》の責任を有している、なぜなら彼らはそれを計画、組織していたのであり、それが（何らかの条件下では）引き起こされるべきであるという意図をもっていたのだから。

しかしこの類推も同様に、疑問に付されうる。われわれは、このような奇想天外で非人道的な方法で交通をコントロールしたり、殺人を防ごうとしたりはしない。しかしわれわれは核武装して敵を阻止、あるいは阻止しようとする。おそらく抑止は、その支持者たちが避けようとしている危険の点で異なるものである。交通事故の死者や時おり生じる殺人事件は、どれほどわれわれがそれを嘆こうと、われわれが共有している自由や集団的生存を脅かしはしない。抑止は、われわれを二重の危険から保護するのだと語られてきた。第一に、原爆を使った恐喝と外国による支配から。そして第二に、核による破壊からである。両者は表裏一体である、なぜならわれわれが恐喝に屈して外国に支配されることを恐れなければわれわれは宥和政策を採用するか降伏して、破壊を回避するかもしれないからである。抑止理論は米ソ間の冷戦の頂点において案出されたのであって、これを案出した人々は結局のところ暴力の政治的な用途に最大の関心を持っていたのだ——それは交通や警察の例の場合にはまったく当てはまらない。アメリカのドクトリンの根底には、「アカに染まるなら死んだ方がマシ（ソ連にこれに対応するスローガンがあるのか私は知らない）」というたぐいのスローガンのようなものが潜んでいるように見受けられた。さて、これはそれほど信じるに足るスローガンではない。核のホロコーストがソビエトの力の拡大よりも実際好ましいと考えられたなどとは想像しがたい。抑止を魅力的にしていたのは、それがその両方を避けうるように思えたからである。

この議論の長所を理解するためにはソビエト体制の性質に精通する必要はない。テロ爆撃に対する私の議論がナチズムの悪を主張する見解に依拠したと同じように、抑止理論はスターリニズムを巨悪とみなす見解に（それが極めてもっともらしい見解だとしても）依拠してはいないからである。宥和政策あるいは降伏が独立した国民国家としての存在の中核である諸価値の喪失を意味するとわれわれが思っていることが抑止理論の唯一の前提である。というのも、技術発展によって、世界を脅迫しようとしたり、あるいは潜在的な脅威の陰に隠れてその権威を押し付けたりする強国のなすがままに、自国や他国が翻弄されることは耐え難いことであるからである。ここで挙げられている事例は、戦争において一般的に出現する事例とはまったく異なるものである。一般的には、われわれが戦争慣例を遵守することによって、われわれは彼らに対して不利な立場に置かれる、あるいは置かれることになるであろう。なぜなら、そのたぐいの不利は部分的で相対的であるからで、あらゆる対策や補償措置をいつでもとることができる。しかし核の場合には、不利は絶対的である。現実に核爆弾を使用しようとする敵国に対して、自衛は不可能であり、唯一の補償措置が同種の反応で（不道徳的に）脅迫することであると言っても当然である。そのような脅迫能力を備えている国が、それを手控えることはありえない。耐え難いことが耐えられることはないのである。故に核を保有した敵国に挑発されたいずれの国家も（敵国との関係がどのようなものであるか、敵国がどのようなイデオロギー的形態を持つかはほとんど関係ない）、核開発能力を持っている場合、まず確実に脅迫に踏み切り、恐怖の均衡に安全を求めるであろう*。相互の軍縮という選択肢が明らかに望ましいが、しかしこれは緊密な協調をとる二国のみに可能な選択肢である。それに対して、抑止はいずれかの国が単独でとりがちな選択肢である。両国は相互の臨戦態勢を懸念し、それぞれがそれに対抗することを覚悟する。このような対立の最大の危機はどちらか一方の敗北ではなく、双方の――そしておそらくは万人の――完全破壊であることを認識することになるであろう。これが一九四五年以来、実際に人類が直面してきた危機である。核抑止に関するわれわれの理解は、核抑止の範囲と切迫性を視野に置いて図るべきものである。最高度緊急事態が常態となったのである。抑止は、その状態に対処する手段である。それは悪い手段ではあるが、不信感を抱き合っている主権国家が存在する世界では現実にとれる手段は他にないであろう。われわれは悪を犯さないために悪で脅すのである。悪を犯すことはあまりにも悲惨な出来事であるからこそ、脅迫が、比較すればまだ道徳的に弁護可能に思われるのである。

＊これは明らかに核拡散の動かしがたい論理である。道徳問題に関する限り、拡散によって新たに成立する恐怖の均衡は、最初に成立した均衡と寸分違わないものであり、同じ方法で弁解される（あるいはされない）ものである。しかし地域の諸均衡の成立は、大国間の平衡（great-power equilibrium）の安定性に一般的な影響をも及ぼすことになり、それによってここでは私が取り上げることのできない新たな道徳的考察が必要になるのである。

限定核戦争

もし原爆が一度でも使われていたら、抑止は失敗していただろう。大量報復の特徴は、脅しには一定の合理的な目的があるし、ありえるかもしれないが、それを実行に移すことにはどんな合理的な目的もありえないという点にある。もしわれわれの「はったり」が見抜かれ、人口密集地が突然に攻撃されたとすれば、その結果生じる戦争に（言葉の通常の意味での）勝利はありえない。われわれはただ、自分たちの落ちた奈落に、敵を引きずり込むことができるだけだ。抑止力の使用は、純粋な破壊的行為になるだろう。だからこそ大量報復は、文字通り思考不可能ではないが、つねに実行不可能（undo-able）とみなされ、このことが軍事戦略家たちにとって由々しき懸念の源になっていた。双方が互いに、相手が本当に脅しを実行に移すかもしれないと信じているときにのみ抑止は機能する、と彼らは論じる。しかし、われわれはそれを実行に移すだろうか。ジョージ・ケナンは最近、道

徳的回答と言わざるをえないものを示した。(9)

何らかの核攻撃がこの国にしかけられ、数百万の人々が死傷したと仮定してみよう。さらに、われわれを攻撃した国の中心街に向けて報復する能力がわれわれにあると仮定してみよう。あなたは報復したいか。私はしたくない。……核攻撃に際して目には目を要求する人物に、私は共感しない。

これは人間味あふれる立場である――もっとも、恐怖の均衡を維持しなければならないなら、おそらく公にではなくこっそりと表明されるべき立場である。しかし、もし第一撃（original attack）や予定通りの反撃（planned response）が市街地と住民を避けるとすれば、議論はかなり違ってくるだろう。もし限定核戦争が可能ならば、それはまた、実行可能（do-able）なのではないか。そして、非道徳的でも非説得的でもない脅迫の基礎の上に、恐怖の均衡が再構築されるのではないか。

一九五〇年代後半から一九六〇年代初頭の短期間に、これらの問いに答えようと、おびただしい量の戦略的な議論と考察がなされたが、それは以前に述べたような道徳教訓的文献と重要な点で重複する。(10)というのも戦略家たちは、この種の〔核〕対立も他の対立と変わらないものとして、核戦争を戦争慣例の構造のなかに嵌め込み、正義を支持する議論を行おうと試みることを（それが明示的になされることはまれだったが）討論の焦点に据えたからである。この試みは次のことを含んでいた。第一に、抑止のために、そして抑止が失敗したら、通常兵器ないしは小規模核兵器を用いた攻撃に対抗して、戦術核兵器を使うことを擁護するということである。そして第二に、敵の軍事施設と主要な経済的標的（ただし都市全体ではない）を対象にした、「対兵力攻撃（counter force）」☆1戦術を展開するということである。この二点は同様の目的を持っていた。限定核戦争の約束を守ることは、そのような戦争を実際に行うことを想像可能にした――戦いに勝利することを想像可能にした。このおかげで、抑止の脅しの背後にある意志が強固にされた。「はったり」がもっともらしい選択肢になったのである。

一九五〇年代後半まで、多くの人々は、原子爆弾とその後継の熱核融合兵器を禁じられた兵器とみなしていた。使用の禁止が法的に確立されることはなかったが、それらは毒ガスと同類のものとされた。「核兵器禁止」は誰もが願う政策であり、抑止はその廃絶を実現する実践的な方法以外の何ものでもなかった。しかしその後、戦略家たちは（正当にも）、戦争における理論と実践における重要な区別は、兵器が禁じられているか容認しうるかではなく、標的が禁じられているか容認しうるかであると指摘するようになった。大量報復は、ヒロシマを範とするがゆえに、痛ましく、直視するに耐えない。われわれが殺そうと計画した人々は無辜の民であり、軍事とは無関係だった。彼らは、彼らの指導者がわれわれにどのような兵器で脅威を与えたのか、見たことも聞いたこともなかったが、それはわれわれの指導者が彼らにどのような兵器で脅威を与えたのか、見たことも聞いたこともないわれわれと同じだった。しかし、もし限定的かつ道徳的に容認しうる破壊で相手に脅威を与えることで敵対者を抑止できるとすれば、この異議はなくなる。それどころか、この異議はおそらく消滅してしまい、それが自分たちの有利になると思えばいつでも抑止を放棄しみずから破壊に着手しようという気になってしまう。これはまさしく多くの戦略的な議論の傾向であり、それどころか何人かの著者は限定核戦争の魅力的な様相を描いている。ヘンリー・キッシンジャーはそれを、海での戦争――海のなかには誰も住んでいないがゆえに、それはまさに最善の種類の戦争である――になぞらえた。「適切にたとえるなら、伝統的陸戦ではなく、海上戦略であり、後者では強力な火力を持った［機動力の高い］自足部隊が、目に見える形では領域を占領したり、前線を構築したりすることなしに敵方の同種部隊を破滅させ、漸次優位に立つのである」。(11) 唯一の難点は、キッシンジャーが、ヨーロッパでこのような戦争を行うことを想定していたことである。*

*キッシンジャーは後にこうした見解から離れ、それは戦略的議論からほぼ消えてなくなった。しかし、限定核戦争の様相は、ジョー・ハルデマンの小説（*The Forever War*, New York, 1974）の中で、生々しく詳述されている。そこでは、戦闘は海ではなく宇宙で行われている。一九五〇年代と一九六〇年代の戦略的な思索の多くは、最終的にはＳＦとなった。これは、戦略家たちの想像力が豊かすぎることを意味するのだろうか、それとも、ＳＦ作家たちの想像力が乏しすぎることを意味するのだろうか。

戦術的で対兵力的な戦争はユス・イン・ベロの形式的条件を満たしているが、何人かの道徳理論家たちはそれに心を奪われた。だからといってそれが道徳的に意味を持つようになるというわけではない。戦争の新しい技術がただ古い限定にあわないし、あわせようもないという可能性が残っているからである。この仮定は二つの異なった方法で擁護できる。ひとつは、「正当な」核兵器の使用によって引き起こされうる付帯被害《コラテラル・ダメージ》☆2であっても、戦争の理論によって確立した双方の比例性の限界を侵害するほどの威力を持つと論じることである。戦争の犠牲になる人々をひとまとめに、戦争の目的によって許容することは出来ないだろう。その人々を守るために戦争が

☆1　「対兵力攻撃」　核戦略上の用語で、開戦前に敵の軍事能力を破壊し、無力化してしまうために攻撃兵器・施設だけを狙って攻撃すること。

☆2　「付帯被害」　軍事行動によって生じる付随的な民間人死傷者や物的被害。

行われているのに、その大部分ではないにしても彼らの多くが死者に含まれるようならなおさらである。また個々の作戦行動で犠牲になる人々の数は（ダブル・エフェクト論のもとでは）直接攻撃された軍事目標の価値とは釣り合いがとれない。レイモン・アロンはヨーロッパにおける限定核戦争について考察し、次のように書いている。「そうした戦闘行為にかかるコストと達成できる結果とのあいだの不均衡は膨大なものになるであろう」[12]。実際、攻撃目標の公式的限定が守られたとしてもそれは膨大なものになるだろう。だが限定核戦争に反対する二つ目の議論は、これらの限定がほとんど守られないだろうというものである。

現時点ではもちろん、ありうる戦闘の形と展開を推測することしかできない。学ぶべき歴史もない。道徳家も戦略家も事例に言及できない。代わりに彼らはシナリオを描く。舞台は空っぽであるから、さまざまなやり方でそれを埋めることができるし、核兵器が戦闘で使われた後でさえも限定が維持されると想定することも不可能ではない。限定が維持され、戦争が長びくという見通しは、そうした戦争の戦場になりそうな国々には非常に耐え難いものであるから、各国はみな新しい戦略に反対し、大量報復の脅威に固執するだろう。かくしてアンドレ・ボーフル☆は次のように書いた。「ヨーロッパ人はヨーロッパが限定核戦争の舞台になるよりも、戦争全般を回避しようと試みつつ、全面戦争のリスクを負う方を好むだろう」[13]。しかし実際どのような限定が採られたにせよ、使われる兵器の巨大な破壊力のため、エスカレーションのリスクは大きなものである。むしろ可能性は二つある。それは核兵器を非常に弱いレベルに抑え、通常兵器の爆発と大して変わらない、もしくは通常兵器以上の軍事的効用を持たないようにするというものだ。この場合、核兵器を使う理由はまったくなくなる。あるいは核兵器の使用そのものが攻撃目標の区別をなくさせてしまうという可能性もある。ひとたび爆弾が軍事目標に向けられながら、副次効果として都市を破壊してしまったら、抑止の論理からして（その厳粛さと信用のためにも）相手側も都市を狙うということになる。すべての戦争が必然的に総力戦となるわけではないが、エスカレーションの危険は核兵器の先制使用を不可能にするほど大きい。何者かがその最終的使用を厭わない場合を除いて。アロンは次のように問う。「悲惨な結末を迎えるまで戦い抜く固い決意をしてでもいないかぎり、いったい誰がそのような戦闘行為を始めるだろうか」[14]。しかしそのような決断を正気の人間がするとは考えられないし、人民の安全に責任のある政治指導者の場合は言うまでもない。それは国家の自殺も同然である。

　これら二つの要素、限定破壊とエスカレーションの危険の度合いは、大国間のあらゆる種類の核戦争を不可能にしそうである。それらはおそらく大規模通常戦争を、一九五〇年代から六〇年代にかけて戦略家たちの主な関心事であった通常戦争――ソ連の西ヨーロッパへの侵攻――も含め不可能にする。「大規模なソ連陸軍が西ヨーロッパの国境を、自分たちに向け核兵器は使われないだろうという期待と予期を持って超えてくるような光景――それによって軍自体もソ連政府も全面的なリスクにさらされる一方で武器の選択はわれわれに委ねる――というのは、まったく再考に値しないものだ」[15]。〔核を使用することが〕不可能となっていたのはリスクの総体にあることを強調することが重要だ。それは戦略家が「柔軟な反応」と呼ぶような攻撃範囲の細かい調整の可能性などにあるのではなく、その調整が失敗した際の究極の恐怖の剥き出しの現実にある。「柔軟な反応」は「安直な」段階で最終局面に達してしまうことで敵国の住民に向けられた抑止の力を高めるだろう。だが最後に待っているものを見れば、われわれがそのような段階的エスカレーションを始めようとしたこともないし、これから始めな

☆「アンドレ・ボーフル」　André Beaufre（1902-75）．フランスの軍人、核戦略専門家。第二次世界大戦中は一時ヴィシー政府に拘束されたが、四二年に釈放後、自由フランス軍に加わった。六〇年代には戦略家としても有名になり、フランス独自の核戦力の保持を主張した。著書に『抑止と戦略』（*Dissuasion et Stratégie*, 1965）がある。

いだろうということもまた、より重要なことであるが正しい。だからこそ、敵国住民を狙った抑止への固執があったのだし、だからこそ一九六〇年代の半ばには消えかかっていた戦略的討論も事実上終結したのである。その時点で私は、現在の大量の核兵器の存在とその相対的非脆弱性からして、どのような想定可能な戦略をとろうと、大きな技術的飛躍でもないかぎり、大国間の「中心部での戦争」を抑止するに十分なものであることが明らかになったと考える。戦略家たちのおかげでわれわれはこれを理解することができたわけだが、いったんそれがわかってしまえば、彼らの戦略をとる必要がないし、少なくともその中の特定のものをとる必要がない。われわれは議論を始める前から存在したパラドックスとともに生き続けるのである。核兵器は政治的にも軍事的にも使用不可能であり、ある究極的なやり方でそれを脅しに使うという理由だけから、その限りにおいて説得力があるにすぎない。そういった種類の脅しは不道徳的である。

ポール・ラムゼイの議論

このパラドックスを受け容れることを決断する（あるいは拒絶する）前に、プロテスタントの神学者であるポール・ラムゼイ、正当な抑止戦略が存在することを数年にわたって主張してきたこの人物の著作をいくらか詳しく考察しておきたい。道徳的、戦略的な論争の当初から、ラムゼイは、対都市爆撃による抑止の主唱者と、対都市爆撃のみを唯一の抑止の形態であるとみなすがゆえに核軍縮を選択するその批判者の双方に断固敵対的であった。ラムゼイはこのいずれの側をも彼らのオール・オア・ナッシングな考え方、全面的で不道徳的な破壊か、一種の「平和主義的な」怠惰かという考え方の故に非難するのである。これらの対をなす二つの視点は、戦争は死力を尽くした闘争であって、したがって可能な限り避けるべきものであるとするアメリカの伝統的な戦争観と一致すると彼は論じる。ラムゼイ自身は、私が思うに、それとは異なる伝統におけるプロテスタントの闘士である。彼はアメリカ人に、悪の力との、長期にわたる、継続的な闘いの覚悟を持たせようとしていたのであろう。[16]

さて、もし正当な抑止戦略というものがあるのだとすれば、正当な核戦争の形態もなければならない。ラムゼイは、近代において「正戦が可能であること」を入念に論じてきた。彼は戦略についての論争に対して並々ならぬ関心と知識を有し、さまざまな折に、侵略軍に対する戦術的核兵器の使用や、核施設、通常軍事基地、人里離れた経済的目標に対する戦略兵器の使用を擁護している。このような標的が許容されるのも、「条件付き」の場合のみである。というのも、それぞれの事例において比例性のルールが適用されなければならないだろうし、ラムゼイはその基準がつねに満たされるとは考えていないからである。これらの問題について物を書くすべての者（あるいはほとんどすべての者）と同様、彼は核を用いた戦闘を熱望しているわけではない。彼の主たる関心は抑止にあるのだ。しかしながら、不道徳的な脅しを為すことなく抑止状態を維持しようというのであれば、彼は少なくとも正統な戦争の可能性を必要とするだろう。これが彼の中心的な目的であり、その達成へ向けての努力において、彼は、正戦理論を核戦略に対して非常に込み入った形で適用することになったのである。語の最良の意味において、ラムゼイは彼の想い描く世界のリアリティへと関与している。しかし、この場合のリアリティとは手に負えないものであり、それをめぐる彼の対応の仕方はわれわれの道徳的判断に対して妥当な説明を与えるにはあまりに複雑であまりに回りくどいものである。彼は、周転円を扱う天動説論者のように、細かな区別に区別を加え、G・E・M・アンスコム☆が「ダブル・エフェクトについての二重思考」[17]と呼んだものに最終的に限りなく近づく。とはいえ、ラムゼイの著作は重要である。それは正戦論の臨界と、この限界を拡張しようと努めることがもたらす危険性を示唆するからである。

ラムゼイの中心的な主張は、核攻撃を防ぐことは、その報復としての都市爆撃という脅しがなくても可能であるというものである。「究極の形態である対兵力戦によってもたらされるであろう民間人の付帯被害《コラテラル・ダメージ》」[18]が、潜在的な攻撃者を抑止するに十分であると彼は信じている。このような戦争において生じうる民間人の死は、正当な軍事攻撃の偶然的な犠牲であるので、対兵力戦と付帯被害とを加算した脅しはまた、現在の形態での抑止よりも道徳的に優れているのである。彼らはわれわれが（特定の状況において）殺害する意図を持っている人質ではない。われわれは彼らの死を計画しているのでもない。われわれは単に、われわれの潜在的な敵に対して、正しく戦われた戦争――それは、ラムゼイの提案を採用するならば、われわれが戦いの準備をしている唯一の種類の戦争であると良心に誓っていうことができる――であっても、それが不可避的にもたらすであろう帰結を指摘しているにすぎない。付帯被害は、核戦争の、ご都合主義的な特徴にすぎないのである。それはいかなる軍事的目的にも役立たず、われわれは可能ならばそれを避けようとする。もっとも、避けることはできないというのがミソなのだが。この被害を見込むことがこのように正当化できるのだから、今ここで、その抑止的効果のためにこの見込みを持ち出すこともまた正当化しうるのである。

　しかしこの議論は二つの問題点を抱えている。まず、付帯被害の危険は、予測される被害が戦争の目的、あるいはあれやこれやの軍事的目標の価値とまったく釣り合いがとれないほどのものでないかぎり、抑止として機能しそうもない。したがって、ラムゼイは次のような議論に追い詰められることになる。すなわち、「釣り合いのとれない被害によって脅すことは、必ずしも釣り合いのとれない不均衡な脅しではない」[19]。この言葉は次のような意味を持つ。戦闘においては比例性が、たとえばあるミサイル基地の価値を基準にして測定されるのに対して、抑止に関してはその比例性は世界平和の価値を基準にして測定される。よって、このように予想される被害は

（ダブル・エフェクト論のもとでは）正当化しえないかもしれないがそれにもかかわらず、その被害をもって脅すことは道徳的に許される、ということになる。この議論は正しいかもしれない。しかし、結果としては比例性のルールを台無しにしてしまうことを強調しなければならない。この議論に従えば、殺害するぞと脅す人の数にはもはや限界はない。彼らを直接狙ってではなく、「付帯被害」という形で殺害さえすればいいのである。すでに指摘したように、比例性の理念は、少しでも議論を始めれば、消失してしまう傾向がある。そうなってしまうと、ラムゼイの議論のすべては、間接的な殺害という観念に依拠することになる。この観念は確かに重要であり、通常戦争において行っていいこととといけないことに関しては中心的である。しかし、ラムゼイの議論は、彼が意図していないはずの死者数に依存し過ぎているため、この論拠の妥当性は失われている。彼は、他の抑止の理論家と同様に、無辜の民間人を極めて大量に殺害するという脅迫によって核攻撃を防ごうとしているが、他の理論家と違って、彼は民間人が殺害されるのは分かっているが、ただ彼らを狙ったのではないと主張しているのだ。この違いは、ある程度の道徳的な意義を持つかもしれないが、正当な抑止の議論の礎石になるほどの意義を持つものではない。もし対兵力戦が付帯効果を生じさせないなら、あるいはその被害が比較的に小さく、制御可能な効果しか持たないなら、それはラムゼイの戦略においていかなる役割も演じえないだろう。対兵力戦による実際の

☆「G・E・M・アンスコム」　G. E. M. Anscombe（1919-2001）．イギリスの哲学者・倫理学者。ケンブリッジでヴィトゲンシュタインに出会い、決定的影響を受ける。ヴィトゲンシュタインの遺稿編集・英訳者として知られるほか、意図行為、実践知についての独自の議論を展開し広く影響を及ぼした。主著は *Intention*, 1963〔菅豊彦訳『インテンション』、産業図書〕．

付帯効果と、それがあてがわれている中心的役割からすれば、もはや「付帯的」という言葉は意味を失うだろう。このような戦略を練る者は必ず、彼が決定的に依存しているその効果に対して道徳的責任を負わなければならない。

しかし、われわれはまだラムゼイの企図全体を考察してはいない。というのも、彼は次のような難問を避けたりはしないからである。正当な核戦争がもたらしうるであろう付帯被害が、想定されている攻撃者を抑止するために不十分である場合、どうなるだろうか。また、その攻撃者が対都市攻撃（counter-city strike）の脅しをかけてきた場合はどうなるだろうか。われわれは降伏を容認できないが、しかしそれに対して大量殺害の脅しをかけるわけにもいかない。幸いにもその必要はない。バーナード・ブロディ☆は、「われわれは、……攻撃に面した場合、［核兵器の］使用という脅しをかける必要はない」[20]と書いている。「何ひとつ脅す必要はない。ただ核兵器があるということで十分だ」。ラムゼイはこの議論が対都市攻撃の場合も妥当であるとする。核兵器を持つことだけで、実際に脅す宣言をする必要のない、暗黙の脅迫が成り立つ。脅迫を口にすることのみが不道徳なら、それを実際の場面で避ければよいのである――しかし、このような安易な問題解決はいかがなものか。核兵器にはある種の内在的な両義性がある、とラムゼイは指摘する。「それは、戦略部隊（strategic force）、多数の人口を抱える都心、どちらに対しても使用しうるものである」。このことから、「使用の意図を別にして、核兵器の抑止としての能力は撤廃不可能なものである……われわれはいくら敵の部隊のみを対象にして核を使用すると宣言したとしても、まったく誠実に宣言したとしても、敵の方は、戦争の激烈さや戦火の最中において自分たちの都市が破壊されないことを確信できない」[21]。さて、通常兵器の所有も、ラムゼイが示唆したこととまったく同じように、無害でありまた両義的でありうる。私が剣や銃を持つということは、必ずしもそれを無辜の民に対して使うということにならないが、それでもそれは彼らに対してかなり効果的だろう。その武器には、ラムゼイが核兵器のなかに発見した「二重用途（dual use）」が内在しているのだ。しかし、原爆はそれと異なる。ボーフルが言ったように、ある意味ではそれは決して戦争のために作られたものではない[22]。核兵器は、全住民を殺害するよう企図されたものであり、抑止の価値は（殺害が直接的であるにせよ、間接的であるにせよ）この事実に依存しているのである。核兵器が戦争を防ぐ役割を果たせるのは、こうした暗黙の脅迫によってのみであり、またわれわれはそのために核兵器を持つのである。そして、このような脅迫に頼って生きる人々は、それをはっきりと宣言しなくてもその責任を負うべきである。

ラムゼイはさらに筆を進める。おそらくある種の無謀な攻撃者に対しては、核兵器の所有が抑止として十分ではないだろう。この場合、ラムゼイは「相互的な都市の破壊にコミットする外見と内実」を区別することを提案し、「その場合、外見をつくろうべきである[23]」としている。この文章の意味はやや曖昧であるが、ラムゼイも（珍しく）その意味を解明することをためらっている。おそらく、実際に計画もせず、実行する意図なしに大量報復の可能性をわれわれに思いつかせるための議論であろう。要するに、道徳的な危険の少ない順から四つのレベルを持つ道徳的な尺度が提供されているのだ。この四つのレベルは、明示された付帯的で（不均衡な）民間人の殺害、対都市攻撃の暗黙的な脅迫、こうした報復を実行する「取りつくろわれた」外見、そしてその実際の実行、である。この四つのレベルは、そのそれぞれを実施する政策を想像すれば異なる政策になるという意味で、

☆「バーナード・ブロディ」　Bernard Brodie（1910-78）．核兵器をめぐる戦略の基礎を確立したアメリカ人の軍事戦略家。「アメリカのクラウゼヴィッツ」として知られ、核抑止力の議論を初めて立てた人である。

確かに識別可能なレベルである。しかし、こうした差違はさほどの意味を持たないと私は考えたい。最後のレベルを道徳的な理由で除外しながら、最初の三つを容認することは、道徳的な理由に対して人々をシニカルにさせるだけである。ラムゼイは戦争と征服という二重の脅威を防ぐために彼が必要だと信じている（そして現状においておそらく必要である）政策を禁じることなしに、われわれの意図を浄化しようとしている。しかし、このような政策のすべてが究極的に不道徳な脅迫に依存しているというのは、あらがい難い真実である。われわれは核抑止力に見切りをつけなければ、そのような脅迫に見切りをつけることはできない。少なくともわれわれは、われわれのしていることを率直に認めなければならない。

核抑止の本当の多義性は、口にした脅しを果たして実行するつもりがあるかどうか、われわれも含め誰一人として確信できないという事実にある。ある意味では、われわれの行動すべてが「外見を取りつくろう」ことである。われわれは信頼を得ようと努力するが、われわれが計画し意図しているように外見的に見えることは信用できないものにとどまる。すでに示唆したように、これは、抑止を心理学的に耐えやすいものにするのに役立つし、おそらくまた、抑止のポーズを道徳的観点から見てわずかに優れたものにする。だが同時に、われわれが躊躇し自己を疑っている理由は、われわれの政策が目論んでいるのが途方もない不道徳だからであり、その不道徳ぶりは、戦争における正義の理解と調和することを決して望みえないのだ。核兵器は正戦論を爆砕してしまう。それは、慣れ親しんだ道徳世界とは単純に相容れない人類初の技術革新なのである。あるいはユス・イン・ベロに関するなじみ深い考えからすれば、それを使うぞと脅すことすら非難に値するのだ。しかしそこには侵略と自衛の権利に関わる、これもまたなじみ深い別の考えがあり、それはまさしくそのような脅しを要求する。だからわれわれは正義のために（そして平和のために）正義の限界を不安げに踏み越えるのである。

ラムゼイによれば、これは危険な手である。というのも、彼が言うには、「抑止の問題では、決して悪ではない一連の物事を悪いとわれわれが確信」するようになったら、その悪を回避する方法が見つからないので、われわれは「それにまったく制限を設けなく」(24)なってしまうからである。繰り返すが、この議論は、通常戦争に関してはまったく正しい。それは、私が「戦争は地獄」と名づけた教説の中心的誤りを見抜いている。しかし、核戦争の場合、妥当で道徳的に重要な限界を定めることができるときにのみ、これは説得的になる。ラムゼイはそれをやっていないし、「柔軟な反応」を語る戦略家たちもできないでいるのだ。彼らの議論のすべては、対都市攻撃という究極の悪に依拠している。そうではないというふりをすることはそれ独特の危険を招く。付帯被害、非戦闘員の保護などなどのダブル・エフェクトの形式的なカテゴリーを守るために無意味に境界線を引き、道徳的内実がほとんど残っていない場合、正義を支持する議論は全体として歪み、本来それに関係している軍事活動の領域においてさえ疑わしいものになってしまう。それらの領域は広い。核抑止はそれら領域の臨界を印づけているのであって、決して戦うことができない戦争についてわれわれに考えるよう強いる。その限界内に、戦うことができる、そして実際戦うだろうし、おそらく戦うべきである戦争が存在しているのであり、それに対して従来のルールが完全に適用されるのである。核のホロコーストという幽霊に唆されてわれわれは通常兵器戦争で邪悪な行為を行うのではない。実際そこにも抑止はあるだろう。核保有国のあいだで、通常兵器戦争下でのドレスデンや東京の再演は想像し難い。というのもそのような規模の破壊は、核の応酬を招き、激烈で受け容れがたい戦闘のエスカレーションを引き起こすだろうからである。

核戦争は今日、道徳的に受け容れられないし、将来にわたってもそうであり続けるだろう。その名誉回復などありはしない。それが受け容れ難いのだから、われわれはそれを防ぐために別の方法を探さなくてはならないし、抑止は悪い方法なのだからわれわれは他の方法を探さなくてはならない。代替案がどんなものなのかを示すことがここでの私の目的ではない。私がもっと関心を抱いているのは、抑止それ自体は、その犯罪的性質によって目下のところ必然性の軛のもとにあるのだし、その軛のもとに置かれてよいということを認めることである。しかしテロ爆撃に当てはまることは、テロリズムの脅しにも当てはまる。最高度緊急事態は決して安定的な地位を得ることはない。必然性《ネセシティ》の王国は歴史的変化に左右される。より重要なことは、たとえリスクを背負うとしても、われわれは回避の機会を捉える義務を負っていることである。したがって、殺害する用意ができていることは、平和への代替手段が見つかったらただちに殺害しない用意、殺すぞと脅さない用意によってバランスをとっているのだし、そうでなくてはならない。

【原注】

（1）"The Decision to Use the Bomb," in *The Atomic Bomb*, ed. Baker, p. 21.

（2）*Reflections on the Revolution in France*（Everyman's Library, London, 1910）, p. 75〔半澤孝麿訳『フランス革命の省察』、みすず書房、九九頁〕.

（3）たとえば *Nuclear Weapons and Christian Conscience*, ed. Stein; *Nuclear Weapons and the Conflict of Conscience*, ed. John C. Bennett（New York, 1962）; *The Moral Dilemma of Nuclear Weapons*, ed. William Clancy（New York, 1961）; *Morality and Modern Warfare*, ed. William J. Nagle（Baltimore, 1960）を参照のこと。

（4）"Moral Urgencies in the Nuclear Context," in *Nuclear Weapons and the Conflict of Conscience*, p. 101.

（5）*The Just War: Force and Political Responsibility*（New York, 1968）, p. 171.

（6）"Explorations into the Unilateral Disarmament Position," in *Nuclear Weapons and the Conflict of Conscience*, p. 130.

（7）ありうるシナリオとしては、ユージン・バーディックとハーベイ・ウィーラーによる小説 *Fail-Safe*（Eugene

Burdick and Harvey Wheeler, New York, 1962）を参照のこと。

（8）Paul Ramsey, "A Political Ethics Context for Strategic Thinking," in *Strategic Thinking and Its Moral Implications*, ed. Morton A. Kaplan（Chicago, 1973）, pp. 134-35.

（9）George Urban, "A Conversation with George F. Kennan," 47 *Encounter* 3: 37（September, 1976）.

（10）この文学の批評と批判については、以下を参照のこと。Philip Green, *Deadly Logic: The Theory of Nuclear Deterrence*（Ohio State University Press, 1966）.

（11）*Nuclear Weapons and Foreign Policy*（New York, 1957）, p. 138〔森田隆光訳『核兵器と外交政策』、駿河台出版社、一七一頁〕.

（12）*On War*, trans. Terence Kilmartin（New York, 1968）, p. 138.

（13）*Encyclopedia Britannica*（15th ed., Chicago, 1975）, *Macropaedia*, Vol. 19, p. 509所収の "Warfare, Conduct of" を参照のこと。

（14）*On War*, p. 138.

（15）Bernard Brodie, *War and Politics*（New York, 1976）, p. 404（強調は筆者による）.

（16）ラムゼイの記事、論文、論説の大部分は彼の著作 *The Just War* に収められている。初期の作品 *War and the Christian Conscience: How Shall Modern War Be Justly Conducted?*（Durham, 1961）も参照のこと。

（17）"War and Murder," p. 57.

（18）*The Just War*, p. 252: p. 320も参照のこと。

（19）*The Just War*, p. 303.

（20）Bernard Brodie, *War and Politics*, p. 404.

（21）*The Just War*, p. 253（強調は著者）. p. 328も参照のこと。

（22）"Warfare," p. 568.

（23）*The Just War*, p. 254. pp. 333ff. も参照のこと。

（24）*The Just War*, p. 364. ラムゼイはアンスコムの平和主義批判をパラフレーズしている。"War and Murder," p. 56を参照のこと。

第五部　責任の問題

第一八章　侵略という犯罪——政治指導者と市民

責任の割り振りは正義を支持する議論において決定的な試金石である。なぜなら、もし戦争が必要性《ネセシティ》の管轄のもとに行われるのではなく、大半の場合そうなのだが、自由の管轄のもとに行われるとしたら、兵士と政治家はときには道徳の領域に属する選択をしなければならないからである。そしてそうだとするならば、彼らを賞罰の対象として選び出すことが可能でなければならない。もし認識できる戦争犯罪があるとしたら、そこではかならず認識できる犯罪者がいる。もし侵略のようなものがあるとしたら、そこでは必ず侵略者がいる。戦時における人権に対するすべての侵害に関して、罪を負うべき個人および集団の名前を挙げられるというわけではない。戦争の条件はおびただしい弁解を提供する。恐怖、強制、無知、狂気といった弁解すらあろう。しかし正義の理論はわれわれが正当に責任を要求しうる人々に目を向けさせるものでなければならない。またそれは彼らが提示する（あるいは彼らの側に立って提示される）弁解に対して下す価値判断を方向づけて統制すべきである。それが指し示すのはもちろん、人々の実名ではなく、役目や置かれている状況である。われわれは（時々）、道徳的行動や軍事的行動の詳細に注目しながら事案を順に処理していって初めて、その名前を知ることになる。われわれが正しい名前を示す限り、あるいは少なくともわれわれが行う責任割り振りや価値判断が戦争の実際の経験に一致し、またすべての苦しみに対して敏感である限り、正義を支持する議論は極めて強力になる。究極的には責任を負う人々がいないと、戦争における正義は成り立たない。

ここでの問題は道徳的責任の問題である。われわれの関心は個人を非難できるかどうかにあって、彼らが法的に有罪か無罪かにではない。しかし、侵略や戦争犯罪に関する多くの論争は前者ではなく後者に集中してきた。それでこれらの議論を最後まで読んだり聞いたりすると、そこで言われているのはしばしば次の内容のように思われる。ある個人が特定の行動および怠慢に対して法的責任はなく、いわばただ不道徳的であるだけなら、彼が有罪であると議論する有効性はそれほど大きくはない。なぜなら法的責任は明確な規則であり、よく知られている手続きであり、権威を持つ決定である反面、道徳はすべての発言者が同等に発言する権利を持つ果てしない対話以上のものではないからだ。ひとつの但し書きを受け容れさえすれば、「戦争犯罪の問題」の「本質」は「かなりの明確性や簡潔性」をもってはっきり説明できると信じている現代のある法学教授の見方を例として考えて見よう。「私は何が不道徳的であるか話そうとは思わない[☆1]——それは私が道徳が重要ではないと思っているからではなく、それに対する私の意見はジェーン・フォンダやリチャード・M・ニクソン[☆2]あるいはあなたのそれと同じ重みしか持っていないからだ[(1)]」。もちろん、もしすべての意見が同等なら道徳は重要ではない。なぜならそうなるとどんな特定の意見も強制されえないからである。道徳的権威は疑いなく法的権威とは異なる。それは異なる方法で獲得される。しかしビショップ教授はそれが存在していないと思っている点で誤っている。それは説得的な方法で一般的に受け容れられる原則を呼び起こし、またそれらを特定のケースに適用する能力に関係がある。私がずっと行ってきているように、権威を持った声になろうと努力し、ある特定の「重み」が自分自身にあると主張しないなら、正義と戦争に関して論じることなどできない。

道徳的議論は戦時において特に重要である。なぜなら――私が以前言及したように、またビショップの「簡潔性」が明らかにしているように――戦争の法は根本的に不完全であるからだ。権威ある裁判官が実際の判決作業に招かれるのはまれである。事実、彼らが呼ばれないのにはしばしば堅実さが故の理由がある。なぜなら、よくできた司法的判決文でさえ国際社会の歴史のある特定の瞬間には、単に残酷で復讐的な行為として理解される可能性が高いからだ。第二次世界大戦の後のニュルンベルクで行われた裁判のようなものは私にとっては擁護されうるし、必要であるとも思われる。というのも、われわれの深い道徳的価値が野蛮に攻撃されたときには、法は何らかの頼みの綱となるものを提供しなければならないからだ。しかしそのような裁判で決して価値判断の領域が尽きるわけではない。われわれにはこのような問題においてもっとやることがあるし、それを行うことがここでの私の目的である。すなわち、戦時になされた行為の全範囲において犯罪者やその可能性のある人間を特定することである。そのような人々をどう取り扱うべきかについては、話が脱線した場合を除いて、提示するつもりはないが。(2) 決定的なのは彼らを特定しうるということである。犯罪者を探す覚悟さえあれば、どこで彼らを見つけられるか、われわれには分かっている。

☆1　「ジェーン・フォンダ」　Jane Fonda（1937-　）．アメリカの女優。特にヴェトナム戦争の積極的反戦活動家としても有名である。

☆2　「リチャード・M・ニクソン」　Richard M. Nixon（1913-94）．アメリカの第三七代大統領。在職一九六九―七四年。保守的政治家だが、ヴェトナム戦争を終わらせ、中国との外交関係を結ぶなど冷戦時代の崩壊を開いた。一九七三年のウォーターゲート事件によって辞任。

官僚の世界

私は戦争という犯罪それ自体によって要求される責任割り振りや価値判断からはじめる。つまり戦闘よりは政治、兵士よりは市民からはじめる。というのも侵略とは何より政治指導者たちの所業であるからだ。われわれは古風な執務室の優雅なテーブルの周りに、あるいは近代的な指令室の電子要塞のなかに座って正統性を欠いた攻撃や征服、干渉を企む彼らを（素朴にも）想像するに違いない。疑いなく、これは必ずしもあたってはいない。それでも最近の歴史は直接的で公然たる犯罪計画の十分な証拠を与えてはいるが。「政治家」は一八七〇年のビスマルク[☆1]のようにより婉曲的に、ただ間接的にのみ戦争を目指し、自分自身の苦闘を複雑な思いで見ている。そうだとすると、たとえ私がそれがいつも可能だという前提からはじめるべきだと思っても、侵略者を選び出すのはたぶん容易ではないだろう。自国民を戦争に引きずり込んだ人々は国民とわれわれに責任を負っている。なぜなら死んだ人は全員、落とされた一滴一滴の血は

……痛ましい恨みなのだ。
非道な主張をもって凶刃に鋭さを加えた者に対しての。[1]

政治指導者の弁解や嘘、また真実の説明に耳を傾けながら、われわれは戦闘の裏にある、またその道徳的理由である「非道な主張」を探り出そうとする。

法律家はこのような調査をかならずしも督励はしてこなかった。つい最近まで、少なくとも、彼らは「国家の行為」は個人の犯罪になりえないと主張してきた。このように彼らが拒否する法的理由は、主権理論に基づいているが、たしかにそのように理解されていた時代もあった。主権国家は定義上、それに優越するものを持たないし、外部のどんな審判にも服さないと論じられていた。したがって、国家に帰せられる、つまり承認された当局がその公的義務の遂行過程で実施したような行為の犯罪性を証明する方法は（国内法がそうした証拠を持ち出しうる手続きを提供しないかぎり）ない。(3) しかしこの議論には道徳的に何の効果もない。なぜならこの見解では国家は決して道徳的な主権なのではなく、ただ法的にのみ主権であるからだ。われわれは皆、政治指導者の行為に価値判断を下しうるし、ふだんでもそうしている。法的主権は外部の審判に対してもはや保護壁になりえない。ニュルンベルク裁判はこの決定的な先例である。

他方で、政治的共同体の主権ではなく、指導者の代表性を問題とする、「国家の行為」に関するより形式にとらわれない説もある。われわれは政治家に対する非難を控えるよう、あるいは早まって非難を浴びせないよう、しばしば促される。なぜなら、結局のところ彼らは利己的に、あるいは個人的な理由で行動する訳ではないからである。ヴェトナム戦争時のアメリカの指導者についてタウンゼント・フープス[☆2]が記したように、彼らは「自分なりの考えで広範にわたる国益に資するため……良心を持って闘っているのだ」。(4) 彼らは他の人々のために、そ

☆1　一八七〇−七一年の普仏戦争の時を指す。この戦争を勝利に導いて一八七一年、ドイツは統一に成功してビスマルクは帝国宰相になった。

☆2　「タウンゼント・ワルター・フープス」　Townsend Walter Hoopes II（1922-2004）．アメリカの作家。一九六七年から六九年にかけて空軍次官を務めたこともある。

の名のもとに行動している。激情に駆られたり利己的な動機で罪を犯した場合を除けば、軍人に対しても同じような主張ができるであろう。さらに〔個人的な恨みではなく〕ある大義のために罪のない人を殺す革命活動家に対しても同じような主張ができるであろう。その大義が公認のものではなく、国益と推定上の関係を持つにすぎないものだとしてもである。彼ら〔革命活動家〕とて指導者に違いないからだ。彼らも、従来型の官僚が採用するのとさほど違わない方式でその「役務」に就いているかもしれないのだし、またときには、彼らの運動や革命の行為は国家と対等に国民を代表していると主張しえよう。この主張が政治家、軍人に対して容認しうるのなら、革命家に対してそれを拒否しなければならない理由はひとつとしてない。しかしこのような議論は、これらのいずれの場合でも不適切である。代表機能は道徳的リスクを伴わないと示唆するのは誤りであるからだ。政治家、軍人、革命家は他者のために行動し、しかもその行動は広範囲に影響をもたらすものであるがために、むしろ代表機能は格別なリスクを伴うものである。彼らは、しばしば代表される人々を危険にさらす行動をとり、ときにはわれわれ全員を危険にさらす行動もとる。われわれがそのような行為に対し道徳的判断を行ったとしても、彼らは不平を唱えることはできないであろう。

政治権力は人々が求める財である。人々は官職を渇望し、支配とリーダーシップを黙認し、善も悪もともになしうる地位を得るために競い合うのである。自分のなした善に対し賞賛を望むのなら、彼らはなした悪に対しての非難を免れることはできないであろう。しかし、われわれがそれをどんなに当然であると思っていても、非難はつねに怒りを買うものである。したがって、なぜそうなのかを述べようとすることは重要である。道徳的批判は深いところにまで及ぶものであり、指導者の善意、人格的高潔ささえも問題視されるのだ。政治指導者が自己の業績に対してシニカルになることは稀れであり、シニカルだと受け止められるような振る舞いを極力避けるため、彼らは非難を深刻に受け止め、それを激しく嫌悪する。（民主主義的な指導者であれば）意見の相違は認めるが、犯罪の告発なら話は別である。確かに、彼らはあらゆる道徳的批判を政治的論争の不当なすり替えと扱いがちである。道徳は、しばしば仮面をかぶった政治であると認識する彼らには一理あると私は思う。法律に関しても事情は同じである。法的告訴は実に強力な政治的攻勢の一形態になりうる。実際にしばしばそのように用いられ、悪用される場合は少なくないが、それでも政治指導者も法規範に束縛されていることは確かであり、犯した犯罪行為に対し、正当な責任追及と処罰ができることも確かである。道徳規範についても同様である。毀誉褒貶の条件は普遍的に存在し、しばしば悪用されることもあるが、道徳規範もやはり拘束力を有し、毀誉褒貶は少なくともときには適正な場合もある。法や道徳の悪用は戦時下でありふれたことであるからこそ、戦争を遂行したかどで政治指導者を処罰する場合のみならず、汚名を着せる際には、注意を払わなければならないのだ。しかしながら他国民の権利を侵害し、その国の兵士に戦闘を強いる場合、侵略の汚名を逃れるためのア・プリオリな主張など許されないのである。

　国家行為も特定の個人の諸行為である。そしてそれが侵略戦争の形をとった場合、特定の個人も刑事責任を問われる。その個人が誰であり、何名のものがそれに含まれるのかは必ずしも明白ではない。しかし、国家元首（あるいは事実上の元首）や、実際に政府を支配し、重大決定を下す側近の人々から始めるのは、理に適っていることだ。彼らの説明責任《アカウンタビリティ》は明らかである。軍事行動の司令官が自分が指揮した作戦および戦略に対して負っている説明責任《アカウンタビリティ》と同様に、彼らは上部命令に服従する側ではなく、むしろ発信源である。彼らが自己弁護をするときには、政治的位階秩序を見上げるのではなく、戦線の向こうを見つめるのだ。彼らは、彼らに戦闘を強いたのは相手国であると相手を責めるのである。彼らは戦前の錯綜した複雑な駆け引き、相手国の過大な要求や攪乱行動

を指摘するのだ。彼らには色々と語ることがある。(5)

先制攻撃は誰が仕掛けたのだ。侮辱を甘んじて受けたのは誰だ。
仕掛けた侵略は早くも
否認され、
狡猾な諜報員の仕業によって、
被った被害に侮辱を浴びせるのだ。
彼らとは一触即発の関係で、「私を怒らせるな」、
「やれるものならやってみろ」、「近づくな」、「服従せよ」
といった警告を発する者なのだ。
感情によって刀は鋭くなりうるし、実際そうなったのだ。われわれは
挑発的な国家に住んでいるのだ。

要求および反対要求を理解するために、本書の第二部で私が展開を試みたような理論が必要である。狡猾な諜報員の仕業にもかかわらず、大半の場合理論は即座に適用できる。私の見解からして、疑いの余地が無い歴史的事例を挙げておこう。一九一四年のドイツ軍のベルギー攻撃、イタリアによるエチオピア征服、日本軍による中国攻撃、イタリア軍とドイツ軍のスペイン内戦干渉、ソ連軍によるフィンランド侵攻、ナチスによるチェコスロヴァキア、ポーランド、デンマーク、ベルギー、オランダ征服、ソ連軍によるハンガリーおよびチェコスロヴァキ

ア侵攻、一九六七年のエジプトによるイスラエル挑発などなど——二〇世紀は事例を挙げるのに事欠かない。アメリカがヴェトナムで仕掛けた戦争も同じ類のものであると私は先に主張している。しばしば事がさらに錯綜している場合もあろう。政治指導者はつねに自身が起こした挑発行動を制御できている訳ではない。しかも、戦争は、他者の権利侵害を計画も意図もする者が誰もいないのに勃発することもある。しかし、侵略と認められる限り、国家元首を非難するのはさほど困難なものではないはずである。困難で興味深い問題が浮かび上がってくるのは、ある政治制度内にどれほど侵略に対する責任が根深く浸透しているかをわれわれが問う場合である。

ニュルンベルク裁判では、侵略罪（「平和に対する罪」）は「［侵略］戦争の計画、準備、開始および遂行」を含むものであると定義された。これら四つの行為は、特定の軍事行動の計画及び準備とも区別されたし、実際の戦闘とも区別された。これらは犯罪的性質を有するものでないと（正しく）認められたからである。さて、「計画、準備、開始及び遂行」にはかなりの人数が携わったのではないかと思われるかもしれない。しかし実際には、「ヒトラーの側近顧問」に加わっていた官僚あるいはそれに匹敵する、政策決定、遂行の役割を果たした官僚——すなわち、その者の抗議や拒否が相当の影響を及ぼす有力者——に限り有罪判決が確定するよう、裁判は責任範囲《アカウンタビリティ》を限定したのだ[6]。官僚的位階秩序で下部層の者は、累計的には重要な貢献を果たしたものの、個人的な責任は問われなかったのだ。しかし、どの辺りで区別の一線を引けばよいのかは明らかではない。また道徳的責任を、法的罪責と同様に追及すべきなのかも明らかではない。これらの諸問題を扱うには、決定的な事例にただちに取り掛かるのが最良の手段である。

ニュルンベルク――「閣僚訴訟」

戦争犯罪の責任についての重要な論文の中で、サンフォード・レヴィンソンは、ニュルンベルクの評決を、特にエルンスト・フォン・ヴァイツゼッカー☆の公判に焦点を当てて分析した。フォン・ヴァイツゼッカーは一九三八年から一九四三年にかけドイツ外務省の外務次官を務め、外交政策の位階秩序において、フォン・リッベントロープ（「側近」の一人）に次ぐ二番目の立場にあった。私はレヴィンソンの報告をたどりつつ、そこからいくつかの結論を引き出したいと思う。フォン・ヴァイツゼッカーは平和に対する罪で告発され最初に有罪判決を受けたが、しかしその有罪判決は再審で覆された。彼の弁護では二つの点が強調された。第一に、彼は実際の政策の計画策定に参与していないこと。第二に外務省内部においてナチの侵略に反対し、さらにまた、少なくとも周辺的に、ヒトラー政権に反対する地下活動に携わっていたことである。再審法廷はこの弁護を、二番目の部分を重視して受け容れた。ドイツの戦争計画を「助長し幇助した」フォン・ヴァイツゼッカーの外交活動は非常に大きな影響を及ぼすものであったので、もし彼が省内でヒトラーの政策を批判したり、外部のより行動的な反対活動に情報を渡したりしていなければ、彼は不利な立場に立たされたであろう。このように犯罪責任の境界はフォン・ヴァイツゼッカーのような官僚を含むように引かれたが、彼自身は無罪となった。というのも彼は、はっきりと侵略戦争の「準備」に加担したにもかかわらず、同時にその戦争に「反対し、異議を唱えた」からである。検察当局はこの反対は不十分であると主張した。彼は侵略の計画を知っていたのであるから、犠牲になる可能性のある人々にそれらの計画を明らかにする積極的義務があったといわれたのである。しかし法廷は、そのような行動に伴うであろうリスク、またそれが戦場においてドイツにより巨大な損失をもたらしえたという点からこの主張を却下した。(7)

みずからの国家の破壊を伴う計画を抱く暴君に対して、人は非難を加え、暴力や暗殺をも辞さずに反対することが許されよう。しかし、自国民の破滅と若者の喪失を満足の眼で眺めるごとき何者かの登場する事態に至るにはまだ機は熟していなかった。それ以外の行為基準を適用することは、いまだかつてその適切さを示されたことのないテスト、そしてわれわれがそれを賢明ないし優れたものであるとして受け容れる用意の決してできていないテストを設定することである。

私が思うに、これは言い過ぎである。なぜなら問われるべきことは、明らかに、みずからの側の戦闘での損失を「満足の眼で眺める」かどうかではないからである。人は、その損失を大いに悲しみ、その上さらに、犠牲国の無辜の民を守ることを道徳的に正しいと感じるということもあろう。そしてわれわれは、ドイツの反ヒトラー派の誰かしらが、デンマークやベルギー、ソ連にきたるべき攻撃の警告をしていたとすれば、必ずやそれを賢明かつ立派な、実に英雄的な行為であると考えるだろう。しかしおそらくこのように行動する何の法的、道徳的義務もない。われわれはリスクを冒すよう要求することも、そのようなときに人であれば感じるであろう心の痛みを要求することもできない。だが、その一方で、フォン・ヴァイツゼッカーの実際にとった行動は、裁判官を満足させはしたけれども、われわれの要求を満たすものではない。なぜなら彼は自分が賛成しかねる政策を行う政権

☆　「エルンスト・フォン・ヴァイツゼッカー」　Ernst von Weizsaecker（1882-1951）．ドイツ大統領リヒャルト・フォン・ヴァイツゼッカーの父で外交官。一九三八–四三年ドイツの外務次官、一九四三年から四五年まで駐バチカンドイツ大使を務めた。戦後は平和に対する罪と人道に対する罪で告発され、前者では無罪となったが後者では禁固七年を命じられた。

に仕え続けたからである。彼は辞職しなかった。

辞職をめぐる問題はより直接的に、フォン・ヴァイツゼッカーが戦争犯罪および人道に対する罪について有罪であるという告発と関連して生じてきた。後者はユダヤ人絶滅に関係している。ここでまた彼は「最低限の関与は、なされていたことに対し反対したという事実により取り消されるべきだ」と主張する。しかし、この事例において、省内での反対は十分であったとはみなされなかった。SSはユダヤ人問題の政策に関して公式に外務省の意見を求めていた。フォン・ヴァイツゼッカーはその政策が何であるのかを知りながら、何ら反対の声を上げなかった。明らかに彼はみずからの沈黙を彼の役職の代価と考えていた。彼は「平和交渉を行う試みを進め、援助しうる地位にとどまる」ために、そして地下活動を行うヒトラーの反対派に情報を漏らし続けるために、みずからの役職を維持したいと考えていたのである。しかし法廷は次のように判決を下した。「そうすることによっていつかは社会から重大な殺人者を除去できると期待されるからといって、殺人の命令に……同意してはならない。前者は単に将来の希望にすぎないが、後者は切迫した現実の犯罪である」。裁判官は辞職しなかったことを、それ自体法的責任の問題とは考えなかった。「品位ある人間ならば、この種の大規模な残虐行為を実行した政権下で役職にとどまることなどできるものではない」というのは真実であろうが、品位を欠くことは犯罪ではない。しかし役職を維持し、沈黙を保つことは罰せられるべき罪であり、フォン・ヴァイツゼッカーは七年の禁固刑を宣告された(8)。

さて、「重要な貢献」ないしは「重要な抵抗」があったか否かを基準として処罰を下すことはまったく適切であるように思われる。しかし、道徳的非難の基準は、それよりずっと厳格である。われわれは品位を欠くことについてもっと語る必要があるのである。もしフォン・ヴァイツゼッカーが抗議のために辞職する義務があったとしたら、私はなぜ同様の知識を持った下級官僚に同様の義務がないのかわからない。ヴェトナム戦争期のアメリカでは、非常に少ない数の外交官僚しか辞職せず、そのほとんどは下級官僚だったが、しかしこれらの辞職は（少なくともわれわれのように彼らの辞職の理由を知る者に）、見習われるべき手本を示すことによって人々を道徳的に鼓舞したのである。(9) ドイツにおいて一九三〇年代後半から四〇年代前半に辞職することに要する勇気は、反戦が公衆に広まり声高に唱えられた三〇年後のアメリカにおけるよりもずっと大変なものであった。しかしドイツにおいてさえも、死を賭すだけの勇気が必要とされたわけではなく、それよりも控えめな、普通の人々にも十分に手の届く何かが求められていたのである。辞職することのなかった官僚の多くは、そうしなかったことを釈明した。そのことは、彼らがなすべきであったことを、いかに仄かにであれ、理解していたことを示唆している。たいていの場合、これらの釈明は、将来のためという理由を言い立てるフォン・ヴァイツゼッカーのそれと大差ない。しかしまた役職にとどまって、しばしば重大な個人的リスクを負いながら、具体的で直接的な善行や妨害行為を行った人もいた。このうち最も並外れているのがSSの副官クルト・ゲルシュタインで、彼の事例はサウル・フリートランダーによって入念に記録されている。(10)

ゲルシュタインは、その揺るぎない信念によって、ナチ体制を否定し、心中ではそれを憎みさえしながら、内部からそれと戦うために、またより悪い事態が起こらないようにするために、それに協力したタイプの人間の代表である。

私はここでゲルシュタインの物語を再び語ることはしない。SSの内部においてさえも道徳的生き方をすることが可能であったということを示していると述べるだけで十分である。ただし、わずかな人にしか期待できないような個人的苦痛という犠牲を払ってではあるが（ゲルシュタインは結局自殺した）。辞職はそれよりはるかに容易であり、われわれは辞職することをときには道徳的品位の最低限の標識ととらなければならないと私は考える。

フォン・ヴァイツゼッカーの事例はわれわれにさらなる問題を考えるよう促す。外務次官は上司の指示に基づいて外国との交渉に当たる外交官であった。しかし彼は同時に上司への助言者でもあり、しばしば彼独自の見解を求められた。ところで、助言者は法的、道徳的判断両方の点において奇妙な立場である。彼らの最も重要な助言はしばしば口頭で述べられ支配者の耳にささやかれる。書き留められたものは不完全な形のものが多く、官僚的意見の要求に合わせて仕立て直されているであろう。われわれはニュアンスや留保、かすかな疑いの兆候、私的な強調、ためらいを見過ごす。もし文書が十分に入手できるのであれば、一歩踏み出して、ともかくも価値判断を下しうるだろう。政策決定に責任を負うべきは「幹部」官僚のみで、「事務方」官僚はそうではないということには決してならない。しかし支配者の耳にささやくというのは厄介な問題である。何が語られるべきかを示唆することは、それが語られなかったと疑われるときにわれわれがどう行動するべきかを述べることよりも容易だからである。

フォン・ヴァイツゼッカーの語ったことはおそらく不十分であった。なぜなら彼は、彼自身の言に従うとドイツが敗北するだろうということ以上のものは何も主張しなかったからだ。彼のヒトラーの政策への反対はいつもご都合主義的用語であらわされていた。(11) たぶんそれらは当時のドイツにおいて効果的でありえた唯一の用語だ。そのことはおそらく他の事例、征服の計画にあまり公然とはコミットしていない政府にすら当てはまるであろう。しかし、道徳の言語を用いることはたいていは価値のあることである。たとえそれが、官僚がそれによって自分自身に対してさえも自分の関与している犯罪の度合いと性質を隠している婉曲語と沈黙という表現形式を、ただ打ち破るだけのものにすぎないとしても。ときに助言者にとって「否」と言う一番よい方法は彼が賛成するよう求められている政策に正確な名前をつけることである。この点はシェークスピアの『ジョン王』において見事に主張されている。暗示と間接的な方法で、ジョンは彼の甥であるブルターニュ公アーサーの殺害を命じた。後に彼は殺害を後悔するようになり、殺害を実行した廷臣のヒューバート・ド・バークをなじる。(12)

俺が俺の気持ちを漠然と伝えたときに、
もしお前が頭を振るか、話をとぎらせるか、
あるいはもっとはっきり言ってくれというように、
疑わしげな目を俺の顔に向けるかしておれば、
俺は深く恥じて口をつぐみ、計画を放棄していた……
ところがお前は、俺の表情を暗号と思い、
暗号でもって罪と談合し、さらには時を移さず
お前の心に同意させ、その結果われわれ二人が、
口に出すのもはばかられるような醜悪な行為を、
お前の残虐な手に行わせてしまった。

この台詞は偽善的であるが、しかし官僚的黙従に共通の質をとらえており、助言者と行為主体が、機会があれば、

われわれ皆が知っている道徳言語を使いながら「明瞭な言葉」で話さなければならないことを極めて印象的に示唆している。そのような仕方で話せば、彼らは、逞しさに欠けるし、冷血さに欠けると判断されてしまうだろう。しかし文字通り口に出すのもはばかられる政策を実行するに十分な「逞しさ」を持つことは、極めて臆病な、もしくは極めて卑劣なことなのだ。

民主的責任

その他の人々——たとえば侵略戦争に関与した国家の市民——についてはどうだろう。集団的責任は困難な概念である。ただし、ただちに強調に値するのは、集団的処罰に関しては困難はそれよりも少ないということである。侵略への抵抗はそれ自体が侵略国にとってみれば「罰」であるし、しばしばそうした用語で描写される。現実の戦闘に関しては、すでに論じたように、民間人はどちらの陣営の者も無実、平等に無実であり、決して正当な軍事的標的にはなりえない。しかし、ひとたび戦争が終わると、彼らは政治的・経済的標的になる。つまり彼らは軍事占領、政治的再建、賠償金の取立ての犠牲者である。このうち最後のものをわれわれは集団的処罰のもっとも明白で単純な事例とみなしてよいだろう。たしかに賠償金は侵略戦争の犠牲者に当然支払われるべきものであるが、それを敗戦国の構成員のうちの侵略を積極的に支持した人々のみから回収することはほとんど不可能である。代わりに、コストは税のシステムをつうじて、また一般的には経済システムをつうじてすべての市民へと割り当てられ、しばしばそれは戦争とは無関係の世代にまでいたる長期間にわたることもある。(13) この意味で、シティズンシップは運命を共にすること（collective destiny）であり、そして誰も、それに反対する者であっても

（彼らが政治的難民にならない限り、そしてそれはもちろんコストを伴う）、悪しき支配体制や野心的ないし狂信的なリーダーシップ、行き過ぎたナショナリズムの影響から逃れることはできない。しかし、人々がこの運命を受容する場合、彼らはときには良心の呵責を感じることなくそうすることができる。というのは、そうした受容は、個人の責任とは関わりがないからである。コストの分配は罪の分配ではない。

少なくとも一人の著述家が、政治的運命は一種の罪であって、実存的で、回避不可能で、人を脅かすものであるという議論を試みている。J・グレン・グレイが第二次世界大戦についての哲学的回想の中で書いているのであるが、交戦中の国家の兵士や市民は「粗悪で卑しく思慮に欠けた暴力的な」共同体の構成員であり、好むと好まざるとにかかわらず「どんなコストを支払ってでも勝利するべきであるという精神」に基づく企ての当事者となっているからである。兵士や市民はこの企てからみずからを解きはなつことはできないのである。[14]

彼は自分の祖国《ネーション》が彼に保護と生計の維持手段を与え、どのようなものであれ、彼が自分のものと呼べる教育および財産を支給してくれたことを思わずにはいられない。彼がどこに行こうと、また彼が自分の受け継いでいるものを変えたいとどれだけ欲しようと、彼は祖国《ネーション》に属し、ある意味では永久に属することになるだろう。それゆえ彼の祖国《ネーション》あるいはその一部がおかした犯罪は彼にとってどうでもよいことではない。彼は祖国《ネーション》や軍隊がなした偉大な功績や立派な成果のもたらす満足を共有するのと同じように、その罪をも共有する。たとえ彼が自覚をもってそれらを望んだのでなく、それを防ぐ能力をもたなかったのであっても、彼は集団の行いの責任を完全に逃れることはできないのである。

それはそうかもしれない。しかしグレイが好んで描写しているともいってよい「罪の痛み」から、強引に責任についての厄介な話へもっていくことは簡単ではない。政府や軍（または戦闘の渦中にある同胞）が酷いことを行うのを目撃した忠実な市民については――その市民に特別な関与や黙従という点で実際に責任があるというのでないかぎり――彼らは責任を負っているというよりは恥じている、または恥じるべきであるというのが妥当なところだろう。恥とは、グレイが描写する、相続を受けるためにわれわれが払わなければならない相続税である。「自分の政府がなした行いや、ドイツ軍兵士、警察官によってなされた恐ろしい行為に対して抱く、顔から火が出るような恥の感覚は、戦争の末期における良心的なドイツ人のしるしであった」。それはたしかに正しい。しかしわれわれはそのような良心的なドイツ人を咎めようとも、彼に責任があるとも思わないだろう。また、恐怖のなかにあって彼自身がなすべきで、かつなしえた何かがあったというのでない限り、彼が自分を咎める必要もないのである。

おそらくそのような良心的人物については、この人物は彼が実際になした以上のことをなしえたはずだと言うことがつねに可能である。まちがいなく、良心的な人々は自分自身について、そのように考えるであろう。そう考えることが、彼らが良心的であることのしるしなのである。(15)

あれやこれやの機会において、彼は声を上げるべきときに黙っていた。自分が属して影響力を持っている大小のサークルの中で、彼は自分の力のすべてを尽くさなかった。彼が抗議に出るという市民的勇気を時宜に合わせて実行していたとしたら、なにがしかの個別の不正な行為は避けられたかもしれないのに。

こうした反省は、際限のないものだし、際限なく気を滅入らせるものだ。これがグレイを、集団的責任の背後に「形而上学的罪」が存在するという議論へと向かわせているのだが、その罪は「われわれの潜在能力と善に対するビジョンに調和した生き方をしそこなったという、われわれの人類としてのあやまち」に由来するという。しかしわれわれの中には、確実に他者よりも惨めにあやまちを起こす人々が存在する。またそれだから、それぞれのあやまちを測ることのできる基準を、しかるべき慎重さと謙虚さをもって設定することは必要なのである。グレイは、適切な基準を示唆してはいるが、われわれがそれをわれわれ自身以外の者に対して決して適用できないという考えに彼は早急に飛びつきすぎである。しかし、そのようにして自分で自分を評価するというのは、政治と道徳においてはありえない。自分自身について価値判断する時、われわれは必然的に、われわれと共同生活を分かち合っている他者をも価値判断することになる。そして、われわれが、時折そうしなければならないように、われわれの指導者を批判し咎めておいて、その熱狂的な追従者（である同胞市民）たちをその対象から除くなどということがいかにして可能だというのだろう。責任がつねに個人的で特殊なものだとしても、道徳的生き方はその性格上、つねに集団的なものなのだ。

　これがグレイの原則であり、私はこれを採用し詳しく見ていくつもりでいる。「共同領域での自由な行動の可能性が大きければ大きいほど、全員の名においてなされた悪の行為がもたらす罪の程度も大きくなる」[16]。この原則は、われわれの注意を権威主義体制よりも民主的体制へと向けさせる。最悪の権威主義体制においては自由な行動が不可能だから、ではない。この体制においてさえ、人々は少なくとも、官職を辞したり、身を引いたり、逃げたりはできる。だが民主主義国において人々には積極的応答をする機会がある。そしてわれわれは、悪の行いがわれわれの名において行われた場合に、これらの機会の存在がどの程度われわれに義務を負わせるものなのか、問う必要がある。

アメリカ人とヴェトナム戦争

第六章および第一一章での議論が正しいと仮定するならば、ヴェトナムにおけるアメリカの戦争は、まず第一に正当化しえない干渉であり、そして第二に非常に容赦のないやりかたで遂行された戦争であった。そのやりかたは、たとえ戦争開始が擁護可能なものであったとしても、個別の視点においてではなく全体として見た時非難に値するものであっただろう。私はその説明を繰り返しはしないが、この仮定に依拠するつもりである。そうすることによってわれわれは民主的市民の責任について――そして民主的市民のある特定のグループ、すなわちわれわれの責任について――詳細に検討することができるだろう。[17]

民主政は責任を分配するひとつの方法である（ちょうど君主政がその分配を拒否するひとつの方法であるように）。しかしそのことは、侵略戦争に対して割り当てられる責めをすべての成人市民が平等に負うことを意味しているわけではない。われわれの責任割り当ては実際には、民主的秩序のまさにその性質や、ある特定の人のその秩序において占める位置、その人自身の政治的行動のパターンしだいで、極めて変化に富むであろう。完全な民主政においてさえ、市民一人ひとりが個々の国家政策の決定者であるとは言えない。彼ら一人ひとりが正当にも、その説明責任を要求されうるにしてもである。たとえば、すべての市民が完全にかつ正確に公共の業務について知らされているような小さな共同体を想像してみよう。そこでは市民全員が共同体の利益に関する事柄について参加、議論、投票し、彼ら全員が交替で公務を担当する。さてこの共同体で、――おそらくなんらかの経済的利益か、あるいはこの共同体の（誉れ高い）政治システムの拡大という熱意から――隣国に対する不正な戦争が始められ、遂行されるとする。自衛など問題外である。というのも、誰もその共同体を攻撃してはいないし、そのように計画してもいないからだ。誰がこの戦争に責任を負っているのだろうか。賛成票を投じたり、計画立案や開戦、遂行に携わったりしたすべての人々には確実に責任がある。現実に戦闘に参加する兵士たちは、兵士としては責任はない。だが市民としては、戦うという決定に参与するに十分な年齢に達していたと仮定するなら、彼らには責任があるのだ。* 彼らは全員、侵略戦争を行ったかどで有罪であり、それより軽い告発には値しない。そしてわれわれはこのようなケースであれば、彼らを公然と非難することをためらわないだろう。また、彼らの動機が経済的利己主義だったか、それとも彼らの目にはまったく無私に映った政治的熱意だったのかということもまたどうでもよいことだろう。いずれにせよ彼らの犠牲になった人々が流した血が彼らを訴えるだろう。

*なぜ彼らは兵士としては責任がないのか。もし彼らが戦争に反対票を投じるよう道徳的に義務づけられていたとするなら、戦闘を拒否することも同様に義務づけられていることにならないだろうか。答えは、彼らは個人として投票しており、一人ひとりが自分自身で決定しているが、しかし戦闘では政治共同体の構成員として戦っており、この場合集団的決定はすでに下された後で、私が第三章で説明したようなすべての道徳的、物質的プレッシャーを受けているからである。もし戦闘を拒否するなら、彼らはすばらしい行動をすることになり、自己への確信と同胞に反対する勇気をもったそうした人々——ごくわずかだろうが——をわれわれは褒め称えるべきであろう。別の箇所で私は、民主政はそのような人々を尊重し、彼らの拒否に寛容たるべきであると論じてきた（『義務に関する十一の試論』中の「良心的不服従」という論文を参照）。しかしながらそのことは、そのほかの人々が犯罪者と呼ばれうるという意味ではない。愛国心はならず者の最後のよりどころかもしれないが、それはまた普通の人々の普通のよりどころでもあり、このことはわれわれにもうひとつ別の寛容を要求する。しかしわれわれは、戦争反対者が戦闘にまつわるリスクを同胞と分かち合おうと決心

しているとしても、彼らが将校や官僚になるのを拒否するよう期待して当然なのである。

戦争に反対票を投じた人々や、戦争遂行に協力することを拒否した人々は、非難を免れうるかもしれない。だが投票しなかった市民のあるグループについて、われわれはどう思うだろう。もし彼らが投票していたら、たとえば戦争が回避されたかもしれなかった。しかし実際には彼らは怠惰だったり、無関心だったり、あるいは白熱した議論が交わされている争点のどちらか片方への態度を明確にすることを怖がったりしていた。重大な決定がなされるその日は仕事が休みで、彼らは庭ですごしていた。私は、彼らが侵略戦争に関して有罪ではないにしても非難に値すると言いたい。議会におもむき戦争に反対した彼らの同胞市民は、確実に、彼らの無関心と不作為を非難する資格がある。このことは、「自由な国の市民は当然のことながら誰も、彼の隣人に対して、……国家が戦争を始めることを、あるいは国家があれやこれやの犯罪に手を染めることを防ぐためになすべき最大限のことをしなかったと告発することなどできない。だが一人ひとりが……自身を告発することはできる……」[18]というグレイの断定に対する明白な反証例だろうと思われる。完全な民主政においてであれば、われわれは互いの義務について多くのことを知りうるだろうし、正当な告発も不可能ではないだろう。

では、次のように想定してみよう。投票に敗れた少数派の市民が、仮に単に投票するだけではなく、議会の外で集会を開いたり、行進やデモをしたり、再投票の準備をしたりしていたならば、決定に勝利できた（そして戦争を防げた）としよう。このことのいずれも彼らにとってひどく危険というわけではなかっただろうが、しかし彼らは、それほど強くは戦争に反対していなかったという理由から、こうした手段に訴えないことを選んだと仮定する。彼らはその戦争を不正だと考えてはいたが、戦況が悪い方向に展開していくと恐れてはいなかった。または、彼らは迅速な勝利を期待していたなどの場合である。そういうわけでこのような人々もまた、議会へ足をはこぶ面倒をきらった怠惰な市民ほどではないにせよ、非難に値する。

これら二つの例は、国内社会における良きサマリア人の事例に似ており、それは、危険や多大な犠牲なしに善い行いをなしうるときには人は善行をなす義務がある、と一般的に言われているものである。しかしことが戦争に関する場合、義務はより強制的なものになる。なぜなら問題になるのは善行をなすかどうかではなく、深刻な危害を防ぐかどうかであり、自分の属する政治共同体の名において——したがってある意味では自身の名において——加えられる危害を防ぐかどうか、だからである。ここでも引き続き、共同体で完全な民主政が行われていると仮定すると、市民は自分の署名を取り消す場合にのみ非難を免れるようにみえる。私の考えでは、このことは彼に革命家、あるいは逃亡者たるよう義務づけているわけでもないし、実際に市民権や忠誠心を放棄させることを意味するわけでもない。しかし彼は、恐ろしいリスクを受け容れることは除くとしても、戦争を未然に防いだりやめさせたりするために彼ができるすべてのことをなさなければならない。彼はこの行為（戦争という政策）への関与について自分の署名を取り消さねばならない。ただしそれは必ずしもあらゆる共同行為への関与にあてはまるわけではない。というのは彼は、おそらくそうすべきであるように、彼や同胞市民が達成した民主政にまだ価値をみいだすことができるからである。つまりこれがグレイの格率、人は為しうるだけ為さねばならぬ、の意味するところなのだ。

今度は、完全性の神話を離れて、もうすこし現実的な絵を描いてみよう。戦争に向かおうとしている国家はわれわれの国家のように、巨大な国家であり、一般市民とはかけ離れたところで強い権限を持ち往々にして尊大な官僚によって統治されている。このような官僚、あるいは少なくとも彼らの中で指導的な立場の人間は民主的な選挙を通じて選出されるが、しかし選出の際に彼らの企図や方針が知られることはほとんどない。政治に参加できるのは、そういう機会がある場合に限られ、断続的なものであって、その成果も限られている。そしてこのことは、こうした遠方の官僚によって部分的にコントロールされているような、そしてどんな場合でも少なからぬ歪曲の余地を残すようなニュースの配信システムによって伝えられている。ひとたび政治共同体がある程度の大きさまで達した場合には、この種の政治は（私はそう思わないが）われわれの望みうる最善のものであるということかもしれない。いずれにせよ、完全な民主政の場合にそうできるほどには、責任を課することはもはや容易なことではない。こうした遠方の官僚を王様であるかのようにみなしはしないけれども、秘密裡に準備され突然実行されるような、ある種の国家行為にとって、一種、王の責任のようなものを彼らは負っている。

このような国家が侵略という軍事行動を行う時、その国家の市民（あるいは彼らの多く）は、ヴェトナム戦争のさなかにアメリカ人がそうしていたように追従し、その際次のように論ずるだろう。すなわち、なんだかんだ言ってもやはりこの戦争は正しいのだろう、自分たちにはそれが正しいのかどうか確かめることができないのだ、自分たちの指導者は最善のことを知っているし十分もっともらしく聞こえることを自分たちにあれこれと語っている、どのみち自分たちにできることで重要なことは何もない、という議論である。これらは不道徳な議論ではないが、ただしその議論がなされている社会の品位を損なうものである。これらの議論は、自分自身で戦争について考えた場合に付随するであろう困難を回避しようとする市民たちによって軽々しく口にされるであろうことは疑いない。このような人々は、侵略戦争の故にではなく、市民として信念が欠落しているという点で非難に値し、非難されてよい。だがそのような告発は現実には困難である。なぜなら、日常生活においてシティズンシップが演じる役割はごくわずかな部分にとどまるからだ。「共同領域の自由な行動」がこのような国家の人々にとって可能になるのは、政府による深刻な制限や現実的な抑圧が存在しないという形式的な意味合いのものでしかない。おそらくまた、「共同領域」など存在しないと言うべきでもあろう。なぜなら、そうした領域を創造しそれに意味を与えるのは唯一、責任を日々想定することによってでしかないからである。愛国的な熱狂や戦争熱でさえ、このような人々のあいだでは、進行中の出来事についてのおそらく誤った説明によって刺激されるような、隔たりがゆえに生じる反応、あるいは絶望的な自己確認というのがおそらく最善の理解であろう。彼らに対しては、戦闘中の兵士に言えるのと同じことが言えるかもしれない。すなわち、彼らはその戦争の責めを負うべきではない。なぜならそれは彼らの戦争ではないからだ、と。*

＊ただし、『アンネの日記』の記述を見てほしい。「私は思うのですが、侵略の責任は政府と資本家だけにあるのではありません。〔どういう意図からかウォルツァーはこの『アンネの日記』の英訳版で war（戦争）と訳されている言葉を aggression（侵略）、politicians（政治屋）と訳されている言葉を government（政府）に置き換えている。〕そうですとも、責任は名もない一般の人たちにもあるのです。そうでなかったら世界中の人々はとうに立ち上がって、反乱を起こしていたでしょうから」。私は責任に関して彼女の言うことは正しいと確信するし、弁解しようとは思わない。しかし、にもかかわらずわれわれは一般の人々を戦争犯罪人と呼びはしない。私は、なぜわれわれがそうしないのか、説明をしようとしている〔邦訳は深町眞理子訳『アンネの日記　増補新訂版』、文藝春秋、四八五頁参照〕。

しかしながら、たとえこのような国家においてであれ、すべての市民についての説明としては、これはたしかに誇張である。というのは、専門知識により精通している人々のグループ、すなわち政治学者が外交政策エリートと呼ぶような、国家のリーダーシップからそう極端には離れていないメンバーが存在するからである。そしてこの中には、彼らと接触のある他の人々とともに、戦争への「反対意見」もしくはおそらく反対のための運動さえおこす構えを見せる人々が一部いる。もしその戦争が侵略戦争であり、彼らが反対していないならば、専門知識をもった人々の全体は、少なくとも潜在的には非難に値すると言えるだろう。[19] そのように言うということは、彼らの持っている専門知識と自分たちに何が政治的に可能なのかに関する彼らの感覚に期待しているからである。だが、一九六〇年代後半から一九七〇年代初頭にかけての合衆国のような不完全な民主政の実際の事例に向き合うのであれば、このような仮定も不当なものではないだろう。たしかに、次のような人々には十分な知識と機会が与えられていた。たとえば、国のエリート、政党、中央と地方のリーダー、宗教的支配層、大企業上層部、そしておそらくとりわけ知識人の教師と論客である——このような人々を、ノーム・チョムスキーは現代の統治体制において彼らが果たす役割に敬意を表して「ニュー・マンダリン」と名づけた。[20] これらの人々の大多数が、われわれのヴェトナム侵略に関して道徳的な共犯者だったのは確かである。私は、彼らの多くがみずから口にしたことを彼らについても言えると思っている。それはたとえば、自分たちは戦争に関して単に判断を誤ったのであるとか、あれやこれやのことを誤認してしまったとか、それが真実ではないのに真実だと思ってしまったとか、あるいは決して生じないような結果を期待していたとかいうことである。道徳的生き方一般において、間違った確信や誤報を真に受けること、悪意のない誤りは許容される。しかしどのような侵略や残虐行為が語られる場合にも、もはやこうした許容が与えられることのない段階がある。ここでそうした場合を取り上げることはできないし、特定の人について指摘することにも私は関心がない。また私がそれをできるかどうかもわからない。私が強調しておきたいのはただ、不完全な民主政という条件のもとで、道徳的説明が困難で不正確な場合でさえ、責任をとるべき人々は存在するということである。

アメリカが行った戦争の実際の道徳的重荷は、反対行動によって自分たちの有する知識と可能性の感覚が明らかにされた一部の人々が負っている。彼らこそ、自分にもお互い同士にも非難を投げかける構えを見せた人々だったのであり、彼らは自分たちが戦闘を止めるために十分なことをしたか、時間やエネルギーを十分に捧げたのか、十分精力的に動いたか、できるかぎり効果的に動いたかと絶え間なく問いかけてきた。不安に怯え、無関心で、疎外感を味わっているような、彼らの同胞市民の多くにとっては、（彼らが強制的にそれに参加させられるまでは）この戦争は単に醜悪であるか、あるいは興奮を呼び起こすスペクタクルでしかなかった。反体制を奉じる人々にとっては、グレイが描き出したように、戦争は一種の道徳的拷問――みずからの手による拷問である。もっとも彼らは、何がなされるべきかをめぐって生じた野蛮な内部抗争においては、互いに対しても無駄に拷問しあうのであるが。そして、みずからの手によるこの拷問は、侵略戦争と大衆の黙従という条件下では十分理解できるとはいえ、他者に対するある種の独善、すなわち左翼に特有の失敗の原因となった。しかしながら、このような独善を表明するというやり方は、同胞市民に対して真剣に戦争について考えさせたり反対行動に参加させたりするには有効ではないし、またそれはこの事例においても有用ではなかった。どのような行動がこれらの目的に資するかを知るのは容易ではない。このような時の政治は難しいのである。だが、それよりは難しくはない、取り組まねばならない知的な仕事はある。それは、できる限り生き生きと戦争の道徳的リアリティを描写したり、人々を強制的に戦場で戦わせることが何を意味するかについて語ったり、民主的責任の本質について分析したりしなければならないということである。少なくともこれらのことは達成可能な任務であり、この任務はそれを遂行する訓練を受けている人々に対して道徳的に要求される。またこの任務遂行は遠く離れた国で戦争をしている民主的国家においては危険ではない。そしてこのような国家の市民は、耳を傾け反省する時間を与えられているのである。つまり、彼らも決して切迫した危険にさらされているというわけではない。戦争が課す重荷はこれらの人々の誰が負う重荷よりも過酷である——それは武器を手にする人々の道徳的生き方について最終的に検討する際に見ることになろう。

【原注】

（1）Joseph W. Bishop, Jr. "The Question of War Crimes," 54 *Commentary* 6: 85（December, 1972）.

（2）Sanford Levinson "Responsibility for Crimes of War," 2 *Philosophy and Public Affairs* 270ff.（1973）を参照のこと。

（3）ジョン・オースティン（John Austin）の法学にまでさかのぼってこの問題を扱った、この教説に対する有益な説明としては、Stanley Paulson, "Classical Legal Positivism at Nuremberg," 4 *Philosophy and Public Affairs* 132-58（1973）を参照のこと。

（4）Noam Chomsky, *At War With Asia*, p. 310 における引用。

（5）Stanley Kunitz, "Foreign Affairs, " *Selected Poems: 1928-1959*（Boston, 1958）, p. 23.

（6）*Trials of War Criminals Before the Nuremberg Military Tribunals*, vol. 11（1950）, pp. 488-89; *Modern Law of Land Warfare* における Levinson, pp. 253ff. と Greenspan, pp. 449-50 の議論を参照のこと。

（7）*Trials of War Criminals*, vol. 14, p. 383; Levinson, p. 263 を参照のこと。

（8）*Trials of War Criminals*, vol. 14, p. 472; Levinson, p. 264 を参照のこと。

（9）ヴェトナムの事例の議論については、Edward Waisband and Thomas M. Frank, *Resignation in Protest*（New York, 1976）を参照のこと。

（10）*Kurt Gerstein: The Ambiguity of Good*, trans. Charles Fullman（New York, 1969）.

（11）*Trials of War Criminals*, vol. 14, p. 346.

（12）*King John* 4: 2, ll. 231-41〔小田島雄志訳『シェイクスピア全集　第二巻』、白水社、三三八頁〕.

(13) 現代の賠償法については Greenspan, pp. 309-10, 592-93 を参照のこと。

(14) *The Warriors*, pp. 196-97.

(15) *The Warriors*, p. 198.

(16) *The Warriors*, p. 199.

(17) これらの問題を考えるにあたっては Joel Feinberg の *Doing and Deserving* に収められた論文におおいに助けられた。

(18) *The Warriors*, p. 199.

(19) Richard A. Falk, "The Circle of Responsibility" in *Crimes of War*, ed. Falk, G. Kolko and R. J. Lifton（New York, 1971）, p. 230を参照のこと。「責任の輪は、戦争の違法で不道徳な性質についての知識を持つ、または持つべきすべての人々を囲むように引かれる。」

(20) *American Power and the New Mandarins*（New York, 1969）.

【訳注】

〔1〕この文章はシェークスピアの『ヘンリー五世』からの引用である。本書一三六頁以下を参照のこと。

第一九章　戦争犯罪――兵士とその上官

この章では、戦争全般の正義ではなく、その戦われ方に注目したい。なぜなら、それはすでに示したように、兵士は戦っている戦争の全般的正義に関しては責任を持たないからである。彼らの責任は、彼らの活動と権限の範囲に従って制限されている。しかしながら、この範囲の中で、責任は実際に存在しているし、それはしばしば問われている。六日間戦争☆を戦ったイスラエルの将校は次のように言う。「どこかの時点で、判断したり、選択したり、倫理的な決断をしたりすることを強いられなかった兵士は一人もいなかった……〔戦争は〕素早く近代的だったのにもかかわらず、兵士は単なる一技術者ではなかった。彼は実に重要な決断をしなければならなかったのだ」(1)。このような決断に直面した場合、兵士には明白な義務がある。彼らが殺害と傷害の脅しをかけている人々に対して、その人々の基本的権利に抵触するまで有用性と比例性の基準に従う義務であり、そしてその場合はその人々を殺害したり、傷つけたりしない義務である。しかし、戦場の兵士にとっては、有用性と比例性に関する価値判断は極めて困難である。軍事的な活動を最も効果的に制限するのは権利の教義であり、それは計算を除外し、厳重でゆるぎない基準を確立するからである。ゆえに、最初に検討する事例において、個別具体的な権利侵害と、その侵害に関して兵士が試みる抗弁に注目する。この抗弁には基本的に二つの種類がある。ひとつは、戦闘における興奮、またそこから生じる激情や熱狂である。もうひとつは、軍隊における規律体系とそれが要求する服従である。二つとも、無視しえない抗弁である。交戦状態における自己喪失を示唆するのみならず、ほとんどの兵士がほとんどの場合、自分から戦闘と規律に耐えるのを選んだのではないことを思い出させるからである。彼らの自由と責任はどこにあるのか。

自由の王国を戦争の強制とヒステリーから区別する前に、このことと関連して考えるべき問いがある。戦争慣例は、兵士が無辜の民を殺すことよりも、個人的なリスクを負うことを要求する。この要求はさまざまな戦闘状況によってさまざまな形をとる。私はそのさまざまな形について詳細に論じてきたが、ここでの私の関心はこの要求自体である。このルールは絶対的である。敵に直面したときの自己保存は戦争のルールの侵害への抗弁になりえない。兵士の民間人に対する関係は、定期船の乗組員と乗客の関係ともいえよう。彼らは、自分の命を賭けてでもほかの人々を救わなければならない。たしかにこのことは、言うは易く行うは難しである。しかし、ルールが絶対であっても、リスクはそうではない。それは程度の問題であって、決定的なポイントは、兵士は無辜の民を犠牲にして自分の安全を高めることが許されないということである。*これは、官職としての兵役に伴う義務と呼ぶことができるが、ほとんどの兵士がいやいや任務についていることを考慮すると、その義務を負うべきかどうかは難しい問いになる。さらわれて集められた船員が定期船に就いていることを想像してみよう。船が沈み

☆「六日間戦争」　第三次中東戦争とも呼ばれる六日間戦争は、一九六七年六月五日から一〇日のあいだに、イスラエルが電撃作戦により、シナイ半島、エルサレム旧市街、ゴラン高原を占領した事件を指す。本書一八五頁の訳注も参照のこと。

ゆく場合、こうした乗組員には、自分の安全を確保する前に乗客のそれを確保する義務はあるだろうか。

＊テルフォード・テイラーは、法的文献でしばしば議論される仮想の事例を引用し、このルールにおける例外の可能性を指摘する。特別な任務を果たすために派遣された、あるいは主力部隊からはぐれた小人数の部隊が「捕虜を護送するために割く人数的な余裕がなく、捕虜を連れていくことが任務の成功や部隊の安全をかなり危うくする状況下」で捕虜を捕る場合の例である。テイラーはこの場合、捕虜がおそらく必要性の原理に従って殺されると主張する（*Nuremberg and Vietnam*, New York, 1970, p. 36)。しかし、部隊の安全のみが問題になる場合（たとえば任務が果たされた後）、適切な抗弁は、自己保存に言及することになるだろう。テイラーの主張にもかかわらず、必要性に基づく理論は法曹界において承認されていないが、自己保存に基づく理論は強く支持されている。その例として、連合軍の軍法においてフランシス・リーバーが次のように書いていることが挙げられる。「指揮官は自分の救出・生存を捕虜とともにあることで妨げられる場合、情け容赦なく攻撃するように部下に命令することが許される」（Taylor, p. 36n.)。しかし、このようなケースにおいて捕虜を武装解除した上で、彼らを釈放することはもちろんできる。彼らを連れていくことが「不可能」だとしても、彼らを釈放することは不可能ではない。釈放することによってリスクが生じるかもしれないが、このようなリスクこそ兵士が負わなければならないリスクである。負傷した者を置いて進むことに同じようなリスクがあるからと言って、彼らを殺す理由にはなりえない。このような問題に関する有用な議論については、マーシャル・コーエンの "Morality and the Laws of War," in Held, Morgenbesser, and Nagel, eds., *Philosophy, Morality and International Affairs*, New York, 1974, pp. 76-78を参照のこと。

この疑問にどう答えるべきかは私にはわからないが、強制された乗組員の仕事と徴集兵の仕事は決定的に異なる。前者は後者と違って、船を沈めることが目的ではないからだ。徴集兵は無辜の民にリスクを強いる。その危険の直接的な原因は彼らであって、またその危険をもたらすのも彼らである。ゆえに、ここで問題にされているのは、自分だけ生き延びて他人を見殺しにするということではなく、生き残る可能性を高めるために他人を殺すということである。このことを、兵士はしてはならない。それは誰もしてはならないことだからである。彼らの義務は、彼らの職位から生じるものではない。その活動が自由意志にもとづく活動でなくても、あるいは彼らを道徳的主体として見る限り、たとえそれが強制された道徳的主体だったとしても、彼らが従事している行為から直接に、その義務が生じるのである。(2) 彼らはただの道具ではない。軍隊にとって彼らは、彼らが使う武器と同じようなものではない。まさに徴集兵が（ときに応じて）殺すか否か、リスクを強いるか、リスクを負うかという決断を下すからこそ、われわれは彼らに特定の仕方での決断を要求するのである。この要求は彼らの戦闘における権利と義務の全体的なパターンを形作る。そして、彼らがこのパターンから逸脱する場合、重要なことは、たいていの場合彼らはこの要求は否定しているのではないということである。そうではなく彼らは、文字通りこの要求を満たせなかったと、「犯罪」の瞬間には、まったく道徳的主体ではなかったと主張する。

戦闘の興奮のなかで

二つの捕虜の殺害記録

ガイ・チャップマンの見事な第一次世界大戦回顧録のなかに、次のような話がある。彼はある塹壕の戦列から次の戦列への、距離こそ短いが血塗られた進軍の後、同僚の将校に出会った。その将校の顔は「生気に欠け、やつれていたが、それは疲労によるものではなかった」。チャップマンは彼にどうしたのかと尋ねた。(3)

「いや、分からない。どうもしていない……と思う。ほら、昨日の朝、あの塹壕から捕虜を大量に捕っただろう。彼らの戦列に乗り込んだ時、ある将校が地下壕から出てきたんだ。片手を頭の上に挙げて、もう片手に双眼鏡を持っていてね。Sに双眼鏡を渡しながら……『これをどうぞ、軍曹。投降します』と言った。Sは『感謝する』と言いつつ双眼鏡を左手で受け取ったけど、同時に腕でライフルの銃底をはさみこんでいて、将校の頭をまっすぐ撃ち抜いたんだ。まったく、どうしろっていうんだ」。

「どうしようもなかっただろうな」、私はゆっくりと答えた。「何ができるっていうんだ。それに、Sは責められるようなことをしたのか、そうは思えない。あの塹壕に乗り込んだころには、きっと興奮で半分おかしくなっていたのだろう。彼に自分のしていたことがわかっていたとは思えない。人を殺しはじめたら、エンジンを止めるみたいにはやめられないものさ。そもそも、あいつはいい奴だろう。半分気が狂ったとしか思えない」。「奴だけじゃないよ、絶対ほかの奴も同じことをしているさ」。「とにかく、もう遅いよ。それとも、その場で二人とも撃つべきだったんじゃないのか。今できるのは、忘れることだけだ」。

このようなことは戦争においてよく起こり、また通常は大目に見られる。チャップマンの議論は分からなくはない――事実上、一時的な狂気という抗弁である。それは戦闘に始まり、殺人に終わる、個々の兵士の中では前者と後者の線引きができないような殺しへの熱狂を示唆している。あるいは、危険が去っても、それが認識できないような、恐怖による熱狂を示唆している。たしかに兵士は、スイッチを切ることができるような機械ではないし、彼らの苦境を同情をもって見ないのは、人情味に欠ける独善というものであろう。しかし、しばしば兵士が投降しようとするときに殺されるのは事実でありながら、このように「余分」に殺す者は比較的少ない。他の者は、戦闘自体においてどんな精神的状況になろうと、可能な限り早急に殺害をやめる用意があるだろう。この事実は、助命を乞う権利に対する一般的な承認を意味しているため、道徳的に決定的である。戦闘の混乱においてさえもしばしば、その権利は実際に認められることから、それは証明される。最近ある哲学者が兵士について「戦争によって彼らはみな、多くの重要な面で精神病者となる」(4)と書いていたが、それはまったく正しくない。この議論はより個別的なものでなければならないのだ。われわれが「戦闘の興奮のなかで」個々の兵士がなした行為を大目に見るのは、彼らと他の兵士、あるいは彼らの状況と普段の状況の区別を可能にするような知識を持っている場合にのみである。捕獲者を殺すために降伏の振りをした敵軍に出会ったとすれば、この場合は、いつ殺すのが「余分」なのか定かではないため、こうした敵軍に出会った部隊の戦争下での権利は新しい別の問題を引き起こすことになる。また、極度の緊張下にあることや、長きにわたる戦いのための神経衰弱もそうである。しかし、彼らがなす行為に対し、われわれが大目に見ることを求める一般的なルールはなく、少なくともつねにではないにせよ、兵士は戦闘終了後の殺害に応じて、譴責されたり、罰せられたりするべきである（しかし略式裁判による死刑執行は最善の罰し方ではないだろう）。とにかく、全面的に抑制を欠いた行為が、その原因となった熱情に言及するだけで許されると思わせるようなことは、決して行うべきではないのだ。

しかしながら、まさにこのような思い込みを助長する将校がいる。それは同情ではなく、計算によるものであって、戦闘の興奮が故ではなく、戦闘下の人間の熱情を高揚させるためである。第二次世界大戦中のジャングル戦を語る第一級の小説である『シン・レッド・ライン』において、ジェームズ・ジョーンズは「余分」な殺しに関する別の出来事を語っている。(5)彼はまだ血にまみれたことがなく、自分の戦闘能力に自信のない新参の部隊を描く。ジャングルでの過酷な行進の後、彼らは日本軍の陣地の後方に行き当たる。短く、残忍な戦闘が起こる。

ある段階になると、日本兵は降伏しようとするが、アメリカ側の幾人かの兵士は殺しをやめられない、あるいはやめようとしない。(6) 銃撃戦が完全に終わった後も、降伏しえた日本兵は手荒に扱われた。ジョーンズは、アメリカ兵が、抑制の突然の喪失から生じるある種の陶酔に捕われていたことを示したかったのだ。部隊長は手を出さずに一部始終を観察している。「彼は、ここでの勝利によって男たちの胸にめばえた強靭な精神を損ないたくなかった。この精神は、幾人かのジャップの兵隊が手荒に扱われたり、殺されたりするかどうかなどよりも重要だった。」

兵士は、プラトンの守護者のように「強い精神の持ち主」でなければならないだろうが、ジョーンズの連隊長は、その精神性をとりちがえている。兵士がよく統制され、自制心があって、自分の職務に伴う制限に忠実である時、最も正しく戦うということはおそらく間違いなく正しいであろう。「余分」な殺しは、強さの証しというより、ヒステリーのそれであり、ヒステリーは誤った種類の精神である。しかし、連隊長の計算が正確であったとしても、彼には可能な限り殺害を止める義務がある。日本兵の捕虜を犠牲にして部下を訓練し、鍛え上げてはならないからである。また、彼には将来、そのような殺害が起きないよう手を打つ義務がある。これは「指揮官の責任」の重要な側面であり、それについては後で詳しく述べる。現段階で強調したいのは、この責任の重大さである。実に「余分」な殺害の発生は、戦闘自体の苛烈さよりも、将校と、日々彼らの行動が生み出す環境を通じて表現される軍隊の方針に関わるものだからである。しかし、それは個々の兵士が許されるべきであるという意味ではない。ここでもまた、むしろ問題にされているのは熱情ではなく殺意であることを示唆している。そして自分の殺意に対して、個人はつねに責任を持たねばならない。たとえ軍隊の規律という状況下において、彼らだけがそうだというわけではないにしても。

刑事責任は分割せずに分配できるという特質を有する。すなわち、特定の行為に伴う咎（blame）を分割することなく、複数の人にその咎を負わせることができる。[7] 兵士が降伏しようとして撃たれた場合、実際に撃った者たちは、特別な情状酌量が認められる場合を除いて、自分のした行為に対して全面的な責任がある。同時に、こうした殺人を許したり、助長したりする将校にも、彼の力でそれを制止できたのならば、全面的な責任がある。おそらくわれわれは将校の冷淡さが故に彼をいっそう厳しく非難（blame）する傾向があろうが、そうした問題に関して、兵士に対しても厳しい基準を貫くべきであると私は示唆してきた（そして彼らも疑いなく、敵に対してその厳しい基準が適用されることを願っている）。しかしながら、戦闘員が捕虜を捕らないことや、捕った捕虜を殺したり、敵側の民間人に銃口を向けたりするように実際に命令される場合、議論はかなり異なってくる。その場合、問題にするべきなのは彼らの殺意ではなく、彼らの将校のそれである。兵士は命令に違反することによってしか道徳的に行動しえない。こうした場合、われわれはおそらく責任を分配すると共に、それを分割することになろう。命令に従って行動する兵士を、自分の行為がまったく自分自身の行為であるとはなしえない人間、その行為についての法的責任が、何らかの形で減じられる人間とみなすのである。

上官の命令

ソンミ村の大量虐殺☆

この事件は悪名高く、語りなおす必要はほとんどない。アメリカの歩兵中隊があるヴェトナムの村に進軍した。彼らはそこで敵の戦闘員に出くわすものと予想していたが、そこには民間人、老人、婦女子がいるだけであった。

中隊は、これらの人々を一人ひとり射撃するか、一ヶ所に集めるかして殺害し始めた。彼らの見紛うことなき無力さも、慈悲を求める嘆願も顧慮されることはなく、四、五百人をも殺すまで虐殺はやまなかった。さて、この兵士たちを弁護する次のような主張がなされている。彼らは戦闘の興奮においてではなく（なぜならいかなる戦闘もなかったのだから）、それ自体残忍で、また残忍にさせもする戦争の文脈において行動したというのである。この戦争は実際のところ、公式にはそうでないとしても、ヴェトナムの人民全体に対する戦争であったのである。この主張は次のように続く。この戦争において兵士たちは慎重な区別をすることなく殺害するよう迫られていた――自軍の将校によってそうするよう迫られたとともに、民間人の住民に紛れて戦っては隠れる敵によってもそうすることを強いられていたというのである。(8) こうした言明は真実である。あるいは、部分的に真実である。しかし大量虐殺は、ゲリラ戦とは根本的に異なる。残忍に行われたゲリラ戦であってもそれと同じではない。ソンミ村における兵士たちがこの違いを知っていたというかなりの数の証拠が存在する。というのも、あたかもリスクなしの殺害を熱望するかのごとく進んで殺戮に加わった兵士もいたが、銃を発砲することを拒んだ数人の兵士、また二回、三回と命令されなければ発砲という行為に加担しなかった兵士もいたのである。それ以外には、単に逃げ去った者もあれば、ある男はその状況から逃れるためにみずからの足を撃ち、ある下級将校はヴェトナム人村民とアメリカ人同胞とのあいだに立ちはだかり虐殺を食い止めようという英雄的な試みをした。われわれの知るところでは、彼の仲間の多くは後日、調子を崩し、罪の意識に苛まれた。これは荒れ狂った恐ろしい戦闘の延長などではなく、「自由」で組織的な殺戮であって、それに加わった人々は戦争の魔手に捉えられていたなどということはできない。しかしながら、彼らが合衆国軍の魔手に捉えられ命令に従ったのだとは言うことができよう。

中隊の司令官であるメディナ大尉の命令は、実際のところ曖昧なものであった。少なくとも、その命令を聞いた人々は彼らがソンミ村の住人を「消す」ように言われたのかどうかという点について後になって一致をみることはできなかった。大尉は彼の中隊に対して、進み行く先には草の根一本残らぬようにし、いかなる捕虜をも連れて行くなと言ったとされる。「彼らはすべてヴェトコン（V.C.）である。ただちに行き、彼らをやっつけろ」。しかしまた、彼は「敵」の殺害のみを命じ、「敵とは誰か」と問われた際に（その兵士の中の一人が言うには）次のような定義を与えたとされる。「われわれから逃げる者、われわれから隠れる者、われわれに敵として現れる者、その誰もが、である。男が逃げていたなら、彼を撃て。ライフルをもった女が逃げていたとしても、彼女を撃て」[9]。これは極めて劣悪な定義である。だが、道徳的に狂っているわけではない。敵の「外見」についての拡大解釈を許しでもしないかぎり、この定義はソンミ村で殺されたほとんどの人々にあてはまらない。村に進軍した部隊を実際に率いていたカリー中尉ははるかに具体的な命令を下した。彼は部下に、銃を携えた者はいうまでもなく、逃げも隠れもしていない無力な民間人を殺すよう命じ、部下が服従をためらうとこの命令を幾度も繰り返したのである。* 自分はメディナが命じたことをしたにすぎないと彼は主張したが、軍の司法機構は彼を非難（blame）と処罰の対象として選び出した。カリーが命じたことを行ったとしてリストに上った者たちは決して告

☆「ソンミ村の大虐殺」　一九六八年三月一六日、アメリカ陸軍カリー中尉率いる部隊が、南ヴェトナム・クワンガイ省ソンミ村に進軍し、無抵抗の村民五〇四人を虐殺した事件。軍上層部の隠蔽工作によってこの事件は当初ゲリラ部隊に対する戦いとして報告されたが、翌年末からアメリカの主要新聞にその実態が報道され始め、世界的なヴェトナム反戦運動を巻き起こす契機となった。一九七一年三月二九日カリー中尉は軍法会議によって終身刑を宣告されたがその後減刑、七四年三月に仮釈放された。同会議では、直属の上官メディナ大尉や、カリーの部隊に属する兵士も罪に問われたが、無罪となった。

発されなかった。

＊こうした場合に発せられるべき命令のあり方を示唆するのが有益であろう。以下は、六日間戦争においてナブルスに進軍したイスラエル部隊についての説明である。「大隊の部隊長は軍用電話機へと急ぎ、私の隊にこう伝えた。『民間人に触れるな。……諸君が発砲されるまで発砲してはならないし、民間人に触れてはならない。いいか、諸君は警告されている。……彼らの生死は諸君にかかっている』。まさしくこういった言葉である。隊の男たちは、それについて後々まで話し続けた。……彼らはその言葉を反復し続けた。……『彼らの生死は諸君にかかっている』」。*The Seventh Day: Soldiers Talk About the Six Day War*, London, 1970, p. 132.

命令に従うことは、大いに安心感を与えるにちがいない。「兵士になるということは、みずからの影から逃れるようなものであった」とJ・グレン・グレイは書き記している。戦争の世界は身の毛もよだつ。決断は困難である。責任を脱ぎ捨て、言われたことだけをするのは心地よい。この特別な類の自由を強調する兵士についてグレイは報告している。「自分の右手を掲げ［入隊宣誓を］なしたとき、私は自分の行為の結果からみずからを自由にした。私は彼らがしろということを実行し、誰も私を責めたりはできないんだ」[10]。たとえ兵士たちが「不法な」命令を拒絶しなければならないということも教えられていたとしても、軍の訓練はこういった考えを強化する。いかなる軍隊も規定どおりの服従なくしては効果的に機能することはできないし、強調されているのはこの規定どおりということなのである。兵士はつまらない愚かな命令にも服従するよう教えられている。この教えの手順は兵士の一人ひとりの思慮深さ、抵抗、敵対心、強情などを打ち壊すことを目的とした終わりなき教練の形態をとる。しかし、破壊されえない人間性、その消失をわれわれが受け容れない、いくらかの究極の人間性といったものが存在する。ベルトルト・ブレヒトは、彼の戯曲『処置』において、好戦的な共産主義者を「革命がその指令を書き込む白い紙」[11]と描写している。同様の白紙状態を夢見る多くの鬼軍曹がいると私は推測する。しかしこの描写は誤っており、その夢は幻想にすぎない。兵士が道徳的に白紙であるかのごとく服従することがまったくないというのではない。決定的なのは、兵士ではないわれわれが彼らにその行為について責任を負わせているということである。彼らの宣誓にもかかわらず、われわれは、「不法」で不道徳的な服従に由来する犯罪の廉で彼らを非難する（blame）のである。

兵士たちが、単なる戦争の道具へと化してしまうなどということは決してありえない。引き金はつねに銃の一部であって、人間の一部なのではない。彼らが簡単にスイッチを切って停止できる機械でないとすれば、彼らは同様に簡単にスイッチを入れれば動き出す機械でもないのである。「ためらいなく」従うよう訓練されていようとも、彼らはためらうことができる。私はすでに、ソンミ村における拒絶、逡巡、疑念、苦悶の実例を引いた。それらはわれわれが外から下している価値判断を内側から確証するものである。おそらくわれわれは、こうした価値判断をあまりにも手っ取り早く済ましてしまうこともできる。ためらいや、自分自身への懐疑もなく、戦闘の苛酷さや軍の規律をろくに考えもせずに、そうすることができるのである。しかし、兵士をいかなる価値判断もまったくなさないロボットのように扱うのは誤りである。そうではなくて、われわれは彼らの置かれている状況の個々の特徴を綿密に見なければならず、この状況、この瞬間においてある軍事的命令を受け容れたり拒んだりすることが何を意味するかを理解するよう努めなければならない。

上官の命令という弁明は、二つのより具体的な主張へと分解される。すなわち、無知の主張と強要の主張である。これら二つは標準的な法的、道徳的主張であり、それらは戦争において、国内社会で機能するのと非常に似通った仕方で機能するように思われる。[12] それゆえ、問題となっているのは、兵士を裁くに際してわれわれが（服従は迅速かつ絶対的であるべきであるという）軍事的規律の必要性を、（無辜の民は守られるべきであるとする）人間性の要求[13]に対して均衡させせなければならないということだとしばしば言われるが、そうではない。むしろわれわれは規律を戦時行為の状況のひとつとみなして、個人の責任を決定する際にその特殊な性格を考慮に入れるのである。われわれは、規律のシステムを維持し強化するために個人を免罪したりはしない。軍は兵士の犯罪を隠すか、その目的（あるいは目的と称されているもの）を勘案して彼らの責任を制限しようとするだろう。しかし、そうした努力は正義の概念から導き出された繊細さに代わりうるものではない。正義が要求するのは、第一にわれわれが権利の擁護へとすすんでコミットしようとすることであり、第二に権利を侵害したとの告発を受けている人々の一つひとつの弁明に注意深く耳を傾けることなのである。

無知は、一兵卒のありふれた状態であって、とりわけ、有用性と比例性の計算が要求されるときには安直に持ち出される弁明のひとつである。兵士は、自分が関わっている軍事行動が勝利のために本当に必要なものなのか、その軍事行動が意図せずして民間人を死なすことを許容可能な範囲で計画したものであるのか知らないし、知ることができないと言われれば、それはもっともらしく聞こえる。彼の狭く閉じられた都合の好い観点からは、人権の直接的な侵害——たとえば攻囲戦遂行におけるそれや、反ゲリラ作戦におけるそれ——でさえも気付かないかもしれないし、気づくことができない場合もあろう。彼は正しい情報を追求する義務があるのでもない。戦闘員の道徳的生き方は調査の仕事ではないのだ。彼が参与している戦争への彼の立ち位置と、彼が加わっている軍事作戦に対する彼の立ち位置は同じであるとわれわれは言いうるのである。つまり、彼はそれらの全般的な正義に対して責任を負うことはないのである。戦争がある距離をもって行われている場合は、彼はみずからが殺害する無辜の民に対してさえ責任がないかもしれない。砲兵隊員や操縦士は、彼らの砲火が向けられた標的について無知なままでいることが多い。彼らがもし疑義を差し挟んだなら、標的は「正当な軍事目標」であると規定どおりに保証される。おそらく彼らはつねに懐疑的であるべきだが、彼らが司令官による保証を受け容れたからといってわれわれが彼らを非難するとは私は思わない。その代わりわれわれは遠くまで見通せる司令官を非難するのである。しかしながら、ソンミ村の例が示唆するように、兵卒の無知には限度がある。ヴェトナムの村で兵士は、自分たちが殺害を命じられた人々の無辜を疑うことはほとんどできなかった。われわれが、彼らの不服従を望むのはこのような状況においてである。すなわち彼らが、カリー裁判において軍の判事が述べたように「通常の感覚と理解力を備えた人間であれば、周囲の状況から不法であると知りえたであろう」[14]命令を受けた場合である。

こうなると、このことは状況の理解だけではなく法の理解をも含意する。ニュルンベルク裁判において主張され、それ以降主張され続けてきたのは、戦争法規が非常に曖昧で、不確かで、首尾一貫していないので、それは決して不服従を要求することができないということである。[15]実際、実定法としての地位がそれほど確立しておらず、とりわけ戦闘の要求と関連する場合はそうである。しかし、大量虐殺に対する禁止は十分に明らかであり、兵卒が告訴され、有罪となってきたのは、無辜の民をそうと知っていながら殺したときのみであると言ってさしつかえないと私は思う。無辜の民とは、たとえば水中でもがく難破船の生存者、戦争捕虜、無力な民間人である。ここで問題となっているのは法だけではない。というのも一九四四年のイギリスの戦場教範が述べるように、それらの行為は「戦争の、疑いのないルールを侵害する」だけでなく、「人類共通の感覚を踏みにじる」ものである。[16]通常の道徳的感覚と理解力はソンミ村のそれのような殺害を認めない。その場にいた兵士の一人は、殺戮は「まさにナチの類の行為」だと心の中で思ったことを覚えているという。この価値判断はまったく正しく、われわれが慣例として受け継いできた道徳にはそれを疑わしめるものは何もないのである。

しかし、殺害の命令が処刑の脅威によって支えられているのならば、このような事例においてさえ強要という抗弁は有効であるかもしれない。私は、戦闘中の兵士は戦争のルールに違反したとき自己保存を口実にすることができないと論じてきた。というのも敵の砲火の危険は彼らが従事する活動のリスクにほかならないのであり、彼らはそれに従事していない者を犠牲にしてまでそれらのリスクを低減させる権利は持っていないからである。だが、死の脅威が兵士一般に向けられているのではなく、——法律学者が言うように、「差し迫った、現実の、不可避な」脅威が——個別の兵士に向けられている場合は異なる。それは戦闘や戦争のリスクとは切り離されるのだ。今やそれは、切迫した死の恐怖の下で第三者を殺害するよう他人に強制する国内犯罪のようなものになっている。その行為は明らかに殺人だが、中間にいる者は殺人者ではないとおそらくわれわれは考えるだろう。もしくは、彼を殺人者と考えるとしても、多分われわれは強要という抗弁を受け容れるだろう。もちろん、このようなときに殺害を拒否し、代わりに殺される者は、みずからの義務を果たしているだけではない。彼は英雄のように行為したのだ。グレイは次のような典型的事例をあげる。(17)

オランダの人々は、無辜の人質を撃つように命令された処刑部隊のメンバーであった一人のドイツ人について言い伝えている。突然彼は隊列から出て、処刑に参加することを拒否した。その場で彼は監督の将校に反逆罪で非難され、人質と同じ場所に並べられ、彼の仲間によって即座に処刑された。

ここには一人の人間の驚くべき高潔さがある、だがわれわれは彼の（以前の）仲間について何を言うべきであろうか。発砲したとき彼らは殺人を犯していたということ、犯した殺人に対して彼らに責任がないことを言うべきである。監督者である将校が責任を負い、彼の上官たちの中で人質殺害という方針を決定した者もまた同様である。責任は銃殺部隊のメンバーの頭上を越える。それは彼らの宣誓や命令の故ではなくて、彼らがそうせざるをえないよう追い込んだ直接的脅威の故なのである。

戦争は強要の世界である。脅しと脅しへのお返しの世界である。だから、どんな場合に強要が、そうでなければわれわれが非難するであろう行為の抗弁とみなされ、どんな場合にみなされないかについてわれわれは自覚していなければならない。兵士は徴集され戦いを強いられるが、徴集それ自体は彼らに無辜の民の殺害を強いることはない。兵士は攻撃され戦いを強いられるが、侵略も敵の猛攻撃も彼らに無辜の民の殺害を強いることはない。徴集と攻撃は彼らを重大なリスクと困難な選択とに直面させる。しかし彼らの状況が束縛され、恐怖と隣り合わせにあるものであっても、それでもわれわれは、彼らがみずからの行為に対して自由に選択し責任を負うと言う。頭に銃を突きつけられた者だけが責任を負わないのだ。

しかし上官の命令はつねに、頭に銃を突きつけられた形で強制されるとは限らない。戦争の実際の文脈における軍事規律はしばしば銃殺部隊の事例が示した以上にずっとでたらめである。グレイはこう書いている。「不服従は前線の位置にいるからこそ、可能であることが多い。というのも死の危険が今そこにある場所においては、監視は完全にはなしえないからである」(18)。また前線と同様に後方地帯においても、命令に従わない応じ方がある。つまり、後回し、言い逃れ、故意の誤解、不正確な解釈、過度に文字通りの解釈、等々がそれである。不道徳な命令に対しては無視することもできるし疑問や異議で応ずることもできる。明白な拒絶でさえ懲戒、降格、監禁をときに招くにすぎない。死のリスクはないのだ。これらの可能性に開かれている場合はいつでも、道徳的人間はそれを利用しようとする。法律は同じ心構えを要求しているように思える。なぜなら個々の兵士が与える害が、彼に向けられた脅迫の実行に伴う害と不釣合いではないという場合にのみ、強要されたからという弁解ができるというのが法原則だからだ。[19] 彼は降格という脅しによって無辜の民の殺害を許されることはない。

しかしながら、将校は下士官兵よりも、直面している危険がどれほどかを量るのに遥かに長けているということを言わなければならない。テルフォード・テイラーが記述するには、南北戦争時の南部連合軍の将校であったウィリアム・ピーターズ大佐は、ペンシルヴァニア州のチェンバーズバーグ市を燃やせという直接的命令を拒絶した。[20] ピーターズは、指揮権を奪われ逮捕されたが、軍事裁判には決してかけられなかった。われわれは彼の勇気に感嘆するが、上官が（他の南部連合の将校が述べたように「用心深く」）裁判を避けるであろうことをもしピーターズが予期していたら、彼の決断は比較的容易なものであった。略式裁判の対象になるかも知れず、遠く隔った上官の気分を知ることがほとんどない兵卒の決断はもっと困難である。ソンミ村において、射撃を拒絶した者はその拒絶のために実害を被ることは決してなかったし、おそらく、実害を被ることを予期しなかった。このことが示唆しているのは、われわれは服従者の方を非難すべきであるということである。より曖昧な事例においても、上官の命令という強要が、「差し迫った、現実の、不可避」的なものではなく抗弁とみなすことが不可能だとしても、通常は情状酌量の要因とみなされる。これはとるべき正しい態度であるように思えるが、私が再度強調したいのは、われわれがそのような態度をとるとき、規律の要求へ譲歩しているのではなく、単に兵卒の苦境を認識しているのであるということだ。

法律文献では言及されないが不服従の道徳的説明の中では明白な情状酌量を考慮しなくてはならない別の理由も存在する。私が正しい道として示した道はしばしば非常に孤独な道である。ここでまた、ドイツ兵の事例を見てみる。死刑執行人である仲間との結束を乱し、即座に彼らに処刑されたのは異常で極端なことある。しかし兵士の疑いと不安が広範に共有されるとしても、それらは私的な熟考の対象であり、公的な議論の対象ではない。彼が行動するとき、仲間が自分を支持してくれるだろうという確信なしに一人で行動するのだ。市民的抗議と不服従は通常、共同体の価値観から生ずる。しかし軍隊は組織であり共同体ではない。兵卒の親交はその組織の性格と目的によって形作られるのであり、彼らの私的な係わり合いによって形作られるのではない。彼らの親交は、共通の敵に直面して共通の規律に耐える人々の緩やかな連帯である。戦争の両陣営とも、一体感は条件反射的なものであり、意図的でもなければ前もって熟慮されたものでもない。不服従はこの最低限の繋がりに違反することであり、道徳的分離（又は道徳的優位）を主張することであり、仲間に挑戦することであり、彼らが直面する危険をおそらくは増大させさえすることである。アルジェリアへ行き、その後戦うことを拒絶したフランス人のある兵士はこう書いている。「兄弟愛から切り離され、独白に閉じこもり、理解されないままの状態、これが一番つらいことだ」[21]。

さて、理解されないという語はおそらく強すぎる言葉であろう。というのもこのようなときには共通の道徳的基準に訴えているからである。しかし軍事組織の文脈においてはこの訴えはしばしば無視され、だから、処罰という危険よりももっと巨大な危険を伴うのである。それは、道徳的に心をかき乱すような深刻な孤独という危険である。これは人が一体感のために大量虐殺に加わってもいいということを意味しているのではない。これは軍事規律が排除し一時的に切り離したアソシエーションのようなものに道徳的生き方が根付いていることを示唆しているのである。この事実はわれわれが価値判断を下すときに考慮に入れなければならないものでもある。特に兵卒の場合には考慮に入れなければならない。というのも兵卒と比べて将校はアソシエーションの中でより自由であり、政策と戦略についての議論により多く関与できるからである。彼らはみずからが統括する組織の形態や性格について決定権を持っている。したがって、再度繰り返せば、決定的に重要なことは指揮権者の責任である。

指揮権者の責任

将校であることは決して兵卒であることではない。高位というのは人々が得ようと争い、切望し、誇りにするものであり、将校がもともとは徴集兵であった場合でも、彼らを職務義務に厳格に縛り付けようと思い悩む必要はない。なぜなら兵役を避けられないときでさえ、高位に就くことは避けられるからである。下級将校は戦闘中に高い確率で殺されるが、それでも将校になりたい兵士はいる。それは指揮権という満足感の問題である。市民生活の中にこれに匹敵するようなものは存在しない（と私は聞いた）。しかし満足感の別の側面は、責任である。将校は、これもまた市民生活の中にはありえない巨大な責任を負う。というのも彼らは死と破壊の手段をみずからの支配下においているからである。階級が高ければ高いほど、指揮権の範囲は広くなり、彼らの責任は大きくなる。彼らは軍事作戦を計画し編成する。彼らは戦略と戦術を決定する。彼らはどこを戦場とするか選ぶ。彼らは部下に戦闘を命じる。彼らはつねに勝利を目指さなければならず自軍の兵士たちの必要に気を配らなければならない。しかし彼らは同時により大きな義務を負う。ダグラス・マッカーサーは、山下大将☆1の死刑判決を承認したとき、次のように記した。「およそ軍人たるものは、味方であろうと敵であろうと、弱者や非武装民の保護を本分とすべきである。それこそ軍人の精髄であり、存在理由……［ひとつの］神聖な責務なのである」(22)。銃を手にし、命令ひとつで大砲や爆撃機を動かせる彼自身が、弱者や非武装民に脅威を与えるからこそ、彼は彼らを保護する処置をしなければならない。彼は節度をもって戦わねばならず、リスクを受け容れ、無辜の民の権利に心を配って戦わなければならない。

このことが明らかに意味するのは、彼は大量虐殺を命令することはできないということである。彼は市民を砲撃や爆撃で恐れさせることもできないし、「自由爆撃地帯」☆2を作り出すために全住民を強制退去させることも、囚人に対して復仇の処置をとったり捕虜を殺害するよう脅すこともできない。しかしこれはそれ以上のことを意味する。軍事指揮官は二つのさらなる道徳的に決定的に重要な責任を負う。第一に、軍事作戦を計画する場合、意図していない非戦闘員の死さえをも制限するような積極的措置をとらなければならない（また彼らは戦死者数が期待される軍事的利益と不釣合いにならないようにしなければならない）。ここでは戦争法規はほとんど役に立たない。将校が実際に大量虐殺を犯してでもいないかぎり、あまりにも多くの戦死者を出した廉で刑事上責められることはないだろう。しかしそこに道徳的な責任があるのは明らかであって、その所在は指揮官の職位以外ではあ

☆1　「山下奉文大将」　一八八五―一九四六年。マレー作戦を短期間で成功させ、「マレーの虎」の異名をとる。フィリピンでは退却戦を強いられ、戦争犯罪人として裁判に付された。最初のA級戦犯。主要な起訴理由は、マニラ市が陥落する以前に同市内で行われた残虐行為の責任は山下にあるというもので、審議事項の中心点は、山下のような高級将官はたとえ残虐行為に加わっていないとしても一個の人間としての責任はある、ということであった。

☆2　「自由爆撃地帯」　ヴェトナム戦争中にアメリカがとった戦術のひとつ。北爆とともに、米地上兵力の南ヴェトナムへの大量投入が行われた（一九六五年、南爆開始）際に、南ヴェトナム領内で解放区が存在すると見られる地域のことを示し、わずかでも敵の気配があれば、雨あられと砲弾や爆弾が降り注がれた。

りえない。軍事作戦は一般戦闘員の与り知るものではなく将校の手中にある。将校はすべての入手可能な情報にアクセスできるうえ、より多くの情報を生み出す手段にも同様にアクセスできる。彼は彼が命令し望む行動と結果の総体の概観を持つ（あるいは持つべきである）。もしダブル・エフェクト論によって定められた条件が満たされなかったら、将校にその失敗の責任を帰することにわれわれは躊躇すべきではない。第二に、軍隊を編成する際に軍事指揮官は戦争慣例を遵守させるべく積極的措置をとらなければならず、指揮下にいる部下にその規範を守らせなければならない。彼らはこの点に配慮した訓練に気を配らなければならないし、明確な命令を下し、調査手続きを確立し、無辜の民を殺傷した個々の兵士や下位の将校の処罰を保証しなければならない。もしこのような殺害や傷害が大規模に行われたら、彼らは推定上責任がある。というのも私たちは、その惨事を防止する責任が彼らの権限内にあると想定するからである。戦争中に実際に起こることを考えると軍事指揮官が責任を負うことは非常に多い。

ブラッドレー将軍☆とサン・ローの爆撃

一九四四年七月、ノルマンディーでアメリカ軍を指揮したオマル・ブラッドレーは、一ヶ月前に設営された、海岸の上陸地点から侵攻する強行突破の計画に携わっていた。彼が練っていた計画は、「コブラ」とコードネームを付けられ、モンゴメリーとアイゼンハワーの両将軍にも賛成されたが、これは、サン・ローの郊外にあるペリエ街道沿いに、三マイル半の距離を、一マイル半にわたる幅で絨毯爆撃することを求めていた。「空爆は、われわれの見積もるところ、絨毯の内側の敵を壊滅させるかうろたえさせ」、迅速な進軍を可能にするだろう。しかしそれは、ブラッドレーが自叙伝の中で論じているような道徳問題を提起するものであった。七月二〇日、彼

は来るべき戦いについて、何人かのアメリカの従軍記者に述べた。(23)

記者らはわれわれの計画の概要に静かに耳を傾けていた、彼らは私が絨毯を指し示すと首を伸ばし、われわれに割り当てられた空軍力を集計していた。説明の終わりに、取材記者の一人が、絨毯の領域内に生活しているフランス人に、事前に警告するつもりなのかを訊ねた。私はまるで『いいえ』と答える必要性から逃れるように、首を横に振った。もしわれわれが手の内をフランス人に明かしたら、それはドイツ人にも明かしたことになる……。コブラ作戦の成功は奇襲にかかっており、それは、たとえわれわれの奇襲が無辜の民の殺戮を意味するとしても、なお不可欠だった。

戦線に沿い戦闘部隊を密接に掩護するこの種の爆撃は、実定国際法によって認められている。無差別の発砲さえ、現実の戦闘区域においては認められる。(24) 民間人は戦闘が目前に迫ることによってすでに警告されたとみなされている。しかし記者の疑問が示唆するように、これは道徳的問題を解決するものではない。「無辜の民の殺戮」を避け、損害を軽減するため、どのような明確な措置がとられるべきだったのかを、われわれはなお知りたいと思っている。そのような基準を求めるのが重要であるのは、この事例が明らかにしているように、比例性のルールにはしばしば何の抑止効果もないためである。たとえ多くの民間人がサン・ロー近くのこの五平方マイル圏内

☆「オマル・ブラッドレー」　Omar Nelson Bradley（1893-1981）. 第二次世界大戦中に北アフリカおよびヨーロッパ戦線でアメリカ軍を率いた将軍。

に住んでいようとも、そして彼らのすべてが死ぬだろうとしても、それは戦争終結のきっかけとなる強行突破にとって、小さな代償であると思われるだろう。しかしながらそうは言っても、これらの無辜の命が失われて当然であるということではない。なぜなら、攻撃を中止することなしに彼らを救う方法があっただろうからである。もしかしたら、（特定の区域での奇襲をあきらめることなしに）すべての前線沿いに住んでいる民間人に警告できたかもしれない。もしかしたら、攻撃をより居住者の少ない地域へと向け直すことが（兵士らにはより大きなリスクを伴わせるが）可能だったかもしれない。もしかしたら、航空機がもう少し低く飛ぶことで、特定の敵目標に照準を合わせるか、その代わりに（砲弾は爆弾よりも正確に照準を定めることができるため）大砲を使う方法があったかもしれない。総攻撃に先行して重要地点を奪取するために、パラシュート部隊を降下させるか、偵察隊を送ることができたかもしれない。私はこれらの行動方法のどれかを薦めることなどできようもないが、軍事的観点からでさえ、結局、このうちのどの選択でも、より好ましかっただろう。というのも、爆弾は絨毯爆撃の範囲をはずし、数百のアメリカ軍兵士を死傷させたからである。ブラッドレーは、いかほどのフランスの民間人が死傷したかについて述べてはいない。

どれほどの民間人が死んだにしろ、彼らの死が故意にもたらされたものだと言うことはできない。他方では、私が列挙した類の可能性をブラッドレーが現実化しようとしたのでない限り、彼が彼らを殺さないことを意図していたとは言いがたい。私はすでに、なぜ「殺さないという意図」が兵士たちに求められるべきかを説明した。それは国内社会において、法律家が「然るべき配慮（due care）」と呼ぶものに相当する。（フランク・リチャーズが記述した地下壕の爆破のような）特定の、そして小規模な軍事行動に関して言えば、配慮を行うべき者とは、兵卒とその直属上官である。コブラ作戦のような事例においては、関連する個人はより上の階級に位する。われわれが当然のごとく注目するのは、ブラッドレー将軍であり、その上官たちである。いま一度、私は「然るべき配慮」の必要条件を満たす明確なポイントを特定できないと言わなくてはならない。どの程度の注意が求められているのか。どの程度のリスクは受容されるべきなのか。この線引きは明確ではない。(25) しかし、ほとんどの作戦は、この線引きよりかなり下方で計画され実行されるということ、そして最大限の努力が何を意味するかは正確に知りえないとしても、最小限の努力を行わなかった司令官らを非難することはできるということ、このことは十分に明らかである。

山下大将訴訟

部下の行動に関する司令官の責任について考えるとき、基準をどう特定するかという同様の問題が浮かび上がる。私が述べたように、彼らには戦争慣例を遵守する義務がある。しかし、考えうる最善の遵守システムでさえ、特定の違反を除外することはできない。それは、特定の違反を体系的な方法で捉えることによって、そして他の人々を牽制するため特定の違反にコミットした個人を処罰することによって、そのシステムが考えうる最善のシステムであることを証明するのである。それを統括した司令官に説明責任が求められるのは、この規律システムの大規模な崩壊が生じたときに限られる。これが事実上、一九四五年のフィリピンにおける作戦の直後、アメリカの軍法委員会が公式に課した山下大将への要求である。(26) 山下は、非武装の民間人および戦争捕虜に対する多数の特定的な暴力行為と殺害に責任を負っていると言われた。これらの行動が実際には日本軍の兵士によってなされたということを否定する者はいない。他方で、山下が暴力と殺害を命令したことを示す証拠はなく、彼が特定の暴力行為のどれかを知っていたということを示す証拠すらない。彼の責任は、「自身が率いる部隊の隊員の軍事行動を制御するという司令官としての義務を果たすこと」に失敗し、「彼らに野蛮な残虐行為を許した」ことの中にある。みずからを弁護して、山下は彼の軍隊を制御することはまったく不可能だったと主張した。アメリカの侵攻の成功は、通信および命令系統を撹乱し、ルソン島北部の山岳地帯内に撤退したとき、自分が実際上監督しえたのは、個人的に率いていた兵士たちのみだった、そしてその兵士たちは、残虐行為をしていない、と。委員会はこの弁明を受け容れることを拒否し、山下に死刑を宣告した。上訴はアメリカの最高裁に持ち込まれたが、マーフィとルートリッジ両判事による注目すべき異議申し立てがあったにもかかわらず、再審理は拒絶された。一九四六年二月二三日に山下の死刑は執行された。

軍法委員会と法廷の多数派が山下に適用した基準を記述するには二つの方法がある。被告弁護側は、この基準は無過失責任のひとつであり、刑事裁判の場合には根本的に不適切であると主張した。つまり、山下は彼の犯したいかなる行為にも、彼が避けえたかもしれない不作為にさえ関係なく有罪を宣告されたことになる。彼は彼の職位に含まれている職務がゆえに有罪を宣告されたが、それらの職務は、彼が置かれた状況下にあっては実際には実行不可能なものであった。(27)マーフィ判事はさらに進めて、アメリカ軍の兵士が作り出した状況がゆえに、その義務は実行不可能だったとした。

一九四四年一〇月九日以後のフィリピンの軍事的出来事の背景にてらして判断すれば、起訴理由はこういうことである。「われわれアメリカの戦勝軍は貴下の通信連絡線、人員に対する貴下の効果的な統制、貴下の戦争遂行能力を破壊し、解体するために、可能なあらゆることをした。これらの点においてわれわれは成功した……今やわれわれはわれわれが効果的に貴下の部隊を包囲し、抹殺し、効果的な統制を維持しようとする貴下の能力を封じていた期間に、貴下が十分に部隊を統制することができなかったという理由で、貴下を起訴し、有罪を宣告する」。

これはおそらくこの事例の事実に関する的確な記述である。山下は司令官のなすべきことを行うことが不可能だっただけでなく、議論をたどってみれば、そもそも、不可能になるような状況をつくった人物でさえまったくなかった。しかし、付け加えなくてはならないのだが、他の判事たちは、自分たちが無過失責任の原理を強要しているとは信じていないか、あるいは認めなかった。ストーン主席判事によれば、問題は、「戦争法規が軍司令官に、自分の指揮下にある軍隊を制御するため自己の力の及ぶ限りの適切な処置をとるという義務を負わせるのかどうか」ということだった。この疑問に肯定的に答えるのは容易であるが、いかなる処置が、不利な戦闘状況や混乱、敗北において「適切」なのかを示すのは少しも容易なことではない。

人はその基準を極めて高く設定したがる。その無過失責任を支持する議論は、功利主義的な性質を持つ。将校たちを自動的に戦争のルールの広範な違反の責任者とすることで、彼らが何をなすべきかをわれわれが具体的に挙げることなく、将校たちにそうしたあらゆる違反を避けるためにできる限りすべてのことをさせるよう仕向けることができるというわけだ。(28) しかし、ここには二つの問題がある。まず何よりも、われわれは本当のところ、司令官に彼らのできるすべてのことをして欲しいとは思っていない。というのももし文字通りにこの要求が実行されれば彼らにはほかに何かする時間がほとんど残らないからだ。この点は司令官の場合、政治指導者と国内犯罪の場合ほど有効な議論とはならない。われわれは指導者に強盗や殺人を防ぐために(「適切な処置」は求めるが)あらゆることをするよう求めたりはしない。というのも彼らには他にもすることがあるからだ。しかし彼らは、おそらく、強盗犯や殺人犯を武装させたり訓練したわけではないし、これらの人々が直接的には彼らの監督下にあるわけではない。軍司令官の場合は違う。それゆえに、われわれは彼らが多くの時間と注意を、彼らが世界に送り出した武装した人間への規律とコントロールに費やすことを期待しなければならない。しかしそれでも、それはすべての時間や注意でもないし、彼らの手中にあるすべての資源でもない。

犯罪における無過失責任に反対する第二の論点は、より聞きなれたものである。「すべてを」為すといっても、いつもうまくいくとは限らない。われわれが求めるものは、ある種の真摯な努力である。戦闘状態はいつもうまくいくようなものではないので、成功を求めることはできない。成功の不可能性は必ず失敗の抗弁――真摯な努力があってこそ、その抗弁には十分に納得がいくのであるが――となる。抗弁の受け容れ拒否は、被告を道徳的行為主体とみなすことを拒否することである。なぜなら最善の努力ですらしばしば失敗するのは、道徳的行為主体の（人間の）性質のひとつだからである。そうした拒否は被告の人間性を無視することであり、彼をみせしめ（*pour encourager les autres*）〔1〕のひとつの例にしてしまうことである。われわれは誰に対してもそのようなことをする権利はない。

これら二つの議論は、私には正しいものに思える。この議論は山下大将を赦免するが、しかしそのおかげでまた、少しも明確な基準をわれわれは手に入れることができないままである。実際、そうした基準を定める哲学的、理論的方法はない。これはまた、軍事作戦の計画と組織に関しても当てはまる。ブラッドレー将軍の行動をはかることのできる明確なルールはない。第九章と第一〇章で行ったダブル・エフェクトに関する議論は、われわれがそうした事柄について価値判断を下すときに関係する、ある種の考察に対するかなりおおまかな方法のみを指摘している。適切な基準は決疑論的な推論の長いプロセスを通じて、つまり、道徳的もしくは法的に、一つひとつの事例に注意を払うことによってのみ明らかになる。一九四五年の軍法委員会と最高裁の主要な失敗は、山下大将に対し彼らが公正を損なったという事実を別として、彼らがこのプロセスに、何らの貢献もなさなかったということである。彼らは山下のとりえた処置を明確化できなかったし、またどの程度の組織の混乱が司令官の責任の限界となるのか示唆もしなかった。そうした明確化を繰り返すことによってのみ、われわれは戦争慣例が求めるような線を引くことができるのである。

私が思うに、ソンミの事例に手短かに立ち戻るなら、さらに言えることがある。カリー中尉の裁判で提出された証拠と、大量虐殺について独自の取材を行った記者が集めた物証は、はっきりとカリーとメディナ両者の上官の責任を示唆している。ヴェトナムにおけるアメリカの戦略は、私がすでに論じたように、受け容れがたいようなやり方で民間人をリスクにさらし、一般兵は、その戦略の含意をほとんど無視することができなかった。ソンミ村は自由爆撃地帯で、日常的に砲撃され、爆撃されていた。ある兵士はこう尋ねた。「もし毎晩そこで……お前が大砲を撃てるなら、そこにいる人々にはどれほどの価値があるか」[29]。実際、兵士たちは民間人の命にはたいした価値がないと教えられていて、最も形式的でうわべだけの戦争のルールの教示を除いては、そうした教えを減殺する試みはほとんどなかったようである。もしわれわれが完全に大量虐殺の咎を問うのであれば、多数の非難されるべき将校がいる。私はここでそのリストを提示することはできないし、彼ら全員を法的に告発し、審理することができたか、またすべきであったかということにも――これは山下の判例に応用し、それを改善するのに格好の機会となったかもしれないけれども――疑念を持っている。しかし、多くの将校を道徳的に告発しうるのは確かに思えるし、彼らが非難に値するということは、殺害を実行した者たちより少ない程度なのではない。実際に、彼らのあいだには次のような違いがある。一般兵の場合は、われわれに挙証責任がある。どのような殺人事件でも行われているように、われわれは彼らの故意で能動的な関与を立証しなくてはならないのだ。しかし、将校らは推定上で有罪である。挙証責任は、もし彼らが自身の無実を訴えるならば、彼らにある。そしてわれわれがそうした責任を課す何らかの方法を確立しないかぎり、われわれは「弱く、非武装の」戦争の無辜の犠牲者を守るためになすべきことをすべてやったことにはならないだろう。

必要性《ネセシティ》の性質（四）

最後に、最も難しい問いが残っている。「最高度緊急事態」において、戦争のルールを乗り越え、無辜の民を殺すような軍司令官（もしくは政治指導者）について、われわれは何を言うべきだろう。もちろん、われわれはこのような場合、なされるべきこと――必要なことを進んで行う人々によって指揮されることを欲する。ここにおいてのみ必要性は真の意味で戦争の理論の中に登場するからである。一方でわれわれは、彼らの行うことが何であるのかを、無視ないし忘却してはならない。無辜の人々に対する故意の殺害（killing）は、殺人（murder）である。ときに、極限状態（私はそれを定義し境界付けようと試みたが）において、司令官たちは殺人に関与せざるをえず、あるいは殺人に関与するよう他の人々に命ぜざるをえない。そして彼らにはそのとき、大義があったとしても、彼らは殺人犯なのである。国内社会、とりわけ革命政治の文脈において、われわれはこうした人々の手は汚れていると言う。私は別の場所で、汚れた手を持つ人々は、彼らがよく振る舞い、彼らの任務が要求したことをなした場合であろうとも、それにもかかわらず責任と罪の重荷を負わなければならないと論じた(30)。彼らは、言ってみれば正義それ自体のために不正に殺害した。しかし正義それ自体は、不正な殺害が非難されるよう要求する。明らかにここで問題になっているのは法的処罰ではなく、咎の所在を明らかにし責めを負わせる、ほかの何らかの方法である。しかしながらどの方法をとったらいいのか、まったく定かではない。思いつきそうな答えは、すべて心もとないようである。この心もとなさの本質は、第二次世界大戦時のイギリスのテロ爆撃の事例に再び立ち戻れば、明らかになるだろう。

アーサー・ハリス[☆1]の名誉剥奪

「彼はおそらく、人類の指導者たちのなかの偉人として、歴史に残るだろう。彼は爆撃部隊にその試練を乗り越える勇気を与えた……」。歴史家のノーブル・フランクランドは、一九四二年二月から終戦までドイツへの戦略爆撃[☆2]を指揮したアーサー・ハリスについてこう書いている。(31) ハリスは、われわれの見てきたように、テロリズムの断固たる支持者であり、他の目的のために彼の航空機を使うすべての試みに抵抗した。さて、テロ爆撃は犯罪行為であるし、ヒトラーの初期の勝利が突きつけた差し迫った脅威が去った後には、まったく弁解の余地のない行為であった。それゆえハリスの事例は、本当のところは、汚れた手の問題の好例ではない。彼と、軍事政策の最高責任者だったチャーチルは、何の道徳的ジレンマにも直面しなかった。彼らは単に、爆撃作戦を取り止めさせるべきだったのだ。しかしそれにもかかわらず、われわれはそれを事例として取り上げてもよい。なぜなら

☆1　「アーサー・ハリス」　Arthur Harris（1892-1984）. 本書四七三頁の訳注を参照のこと。

☆2　「戦略爆撃」　敵国の戦力の基礎をなす社会的・経済的総体に打撃をあたえ、その崩壊を通じて敵国の戦争能力を奪うために行われる爆撃。都市・村落の無差別爆撃をふくみ、局地的な軍隊の戦闘行動に協力する戦術爆撃と対置される。

それはイギリスの指導者たちの胸のうち、最終的にはチャーチル自身の胸のうちでさえ、あきらかに汚れた手の問題の形態をとっていたからである。このことが、刑事責任を告発されることがもちろんありえなかったにもかかわらず、戦後にハリスが人類の指導者たちのなかの偉人として扱われなかった理由である。

彼は政府が必要だと考えたことを行ったが、彼が行ったことは卑劣であり、爆撃部隊の手柄を賞賛しない、あるいはその指導者に敬意を払わないという意識的な決断があったように思える。アンガス・カルダーは次のように書いている。「この仕事に、チャーチルと彼の同僚たちは、結局しり込みした。［一九四五年］四月中旬に、戦略的な空襲が公式に終了した後、爆撃部隊は軽視され冷遇された。ハリスは、他の有名な司令官とは異なり、爵位を授与されなかった」。このような雰囲気の中で、名誉を与えないことは屈辱を与えることであり、政府の行為（あるいは不作為）に対して、まさにハリスが感じていたことだった。[32] 彼はしばらく褒賞を待ったあと、憤慨してイギリスを去り、故郷のローデシアへ向かった。そこまで個人的な冷遇ではなかったが、彼が指揮した部下たちも同様に扱われた。ウェストミンスター寺院には戦死した戦闘部隊のパイロットたちを、彼ら全員の名前を記載して称える銘板がある。しかし爆撃パイロットたちには、より多数の死傷者を出したにもかかわらず、銘板はない。彼らの名前は記載されていないのである。それはあたかも、イギリスがロルフ・ホーホフート☆の問いを受け止めているかのようである。[33]

命令のもとに、
居住中心区を爆撃したパイロットは、
まだ兵士と呼べるのか。

非常に間接的で、非常にあいまいなあり方なので、われわれはその道徳的なぎこちなさに気づかずにはいられないけれども、このすべてが当を得ている。ハリスと彼の部下たちには、もっともな不満がある。彼らは自分たちが命ぜられたこと、指導者たちが必要で正しいと考えたことを行ったが、それを実行した廉で名誉を汚され、そして突如、必要で正しかったことが同時に悪でもあったと示唆されたのだ（名誉を汚されることは他に何を意味しえよう）。ハリスは、自分がスケープゴートにされたと感じた。もし爆撃の責任を問うのであれば、チャーチルに全面的な責任があるということは確かに正しい。しかし、チャーチルが自分自身をテロリズム政策から解離させることに成功したことは重大ではない。後になってから加えられる批判のなかには、つねにそれを矯正する方法がある。重要なのは、彼の解離が国家的な解離――道徳的な重要性と価値を有する慎重な政策――の一部であったということである。

しかし、この政策は残酷といえよう。おおまかにいえば結局、正戦を戦っている国家は、絶望的で国家の存続それ自体が危機にさらされているときに、無節操な、あるいは道徳的に無知な兵士たちを使うべきであり、彼らの有用性がなくなるやいなや、彼らと縁を切るべきであるということになる。私はむしろ別のことを言いたい。戦争で追い詰められたまともな人々は、ときに酷いことをしなければならず、その場合には自分たちで覆した価値を再確認する何らかの方法を、自分たちで探さなければならないということである。しかし第一の説明が、おそらくはより現実的である。なぜなら、マキァヴェリが『ローマ史論』のなかで書いたように、邪悪な手段が道

☆「ロルフ・ホーホフート」　Rolf Hochhuth（1931-）. ドイツの劇作家。『兵士たち』（一九六七年）、『神の代理人』（一九六三年）など。『神の代理人』ではローマ法王の戦争責任問題を扱い、議論を呼んだ。

徳的に要求されているときでさえ、「善人が邪悪な手段をいとわず採る」ということは、めったにないからである。[34]そうだとすれば、われわれは善人ではない人々を探し、使用し、そして彼らの名誉を汚さなければならない。それを行うためにはおそらく、チャーチルが選んだ方法よりもいくらか良いやり方がある。もし彼が国民に、生き残るための道徳的コストを説明していれば、そして、飛行士たちがなしたことを誇ることはできない（その不可能性を彼らの多くが感じたに違いない）と主張する一方で、爆撃作戦の飛行士たちの勇気と忍耐を称えていれば、より良かっただろう。しかし、チャーチルはそうしなかった。彼は、爆撃が悪だったとは決して認めなかった。こうした承認の不在のなかで、ハリスに名誉を与えることを拒否したことは、戦争のルールとそれが保護する諸権利にコミットすることをわずかながらも構築し直すことであった。それこそが責任の所在を明らかにしようとする試みが持つ根本的意味であると私は考える。

結論

必要性の世界は、集合的存続と人権の相克によって作り出される。われわれがこうした世界の中に実際いることは、思っているほど多くはない。そんなことを口走ることがあったとしてもだ。しかしこの世界にいるときは必ず、われわれは戦争の究極の暴政を――そしてまた、そう言ってさしつかえなかろうが、戦争の理論の究極の矛盾をも――経験するのである。「戦争と大量虐殺」と題された物騒な論文のなかで、トマス・ネーゲルは、功利主義者と絶対主義者の思考様式のあいだの相克という観点から、このような場合のわれわれの状況について述べている。われわれはいかなる代償を払っても避けなければならないいくつかの結末があることを知っており、決して正当には支払われえないいくつかの代償があることを知っている。われわれは次のような可能性に向き合わなければならない、とネーゲルは論じる。すなわち「これら二つの道徳的直観の形を、単一の、首尾一貫した道徳体系に収斂させることはできないし、世界はわれわれに、そこでは人間がとるどんな高潔な道筋も道徳的な道筋もなく、罪と悪に対する責任を免れるどんな道筋もないような状況を突きつける」[35]。私は政治指導者たちがジレンマのなかで功利主義的な立場を選ばざるをえないと示唆することで、この説明の不毛な不確定性を避けようと努めた。そのためにこそ彼らはそこにいるのである。彼らは集合的な存続を選ばなければならず、突如として存続の障害となった諸権利を乗り越えなければならない。しかし私はネーゲルと同様に、彼らがそうするときに罪を免れているとは言いたくない。罪に問われないのであれば苦悩せずに、彼らは決断を下すだろう。彼らは決断の責任を引き受け、苦難を生き延びることによってのみ、自分自身の名誉を証明できる。彼らの人生をより快適にし、彼らのジレンマを他の人々の目から覆い隠すような道徳理論は、より偉大な一貫性を達成するだろうが、それは戦争のリアリティを見逃すか、抑圧してしまうだろう。

ときに次のようなことが言われる。ジレンマは隠蔽されなければならない。われわれは（チャーチルがそうしようとしたように）、兵士と政治家が避けえない犯罪の上にヴェールをかぶせなければならない、と。あるいは、——おそらくはわれわれが無垢であり、道徳的確信を持ち続けるために——眼をそらさなければならない、と。しかしそれは危険な振る舞いである。目を背けてしまったら、いつ振り返るべきかどうやって分かるだろう。いまに、われわれは戦争と戦闘のなかで生じているあらゆるものから目をそらし、何の邪悪も見ることのない日本の三猿像の見猿のように、何事も咎めなくなるだろう。しかしそれでも、見なければならないものは夥しくある。軍人と政治家は主に、集合的存続の究極の危機の側に生きている。彼らが関与する犯罪の非常に多くは、擁護することも抗弁することもできない。それらは犯罪に他ならない。誰かがそれらを明確に見ようとし、「明瞭な言葉」で記述しなければならないのである。必要とされた殺人でさえ、同様に記述されなければならない。目をそらすことは罪を倍化する。というのもそのとき、われわれは必要性の限界を同定することも、犠牲者たちを記憶にとどめることも、われわれの名の下に殺人を犯した人々に対するわれわれ自身の（ぎこちない）価値判断も行うことができないのである。

たいていの場合、道徳は軍事衝突の際にありがちな圧力を受けることによってのみ試される。たいていの場合、簡単ではないとしても、正義の要求に従って生きることは可能である。そしてたいていの場合、兵士と政治家の行為に対するわれわれの価値判断は一義的ではっきりしたものだ。いかに躊躇しようと、われわれはイエスかノー、正しいか間違っているかを口にする。しかし、戦争の理論の二元的な性格と、われわれの道徳的リアリズムの根深い複雑さを反映して、最高度緊急事態において、われわれの価値判断は重複化する。われわれはイエスか、つノー、正しくかつ間違っていると言う。この重複性はわれわれを不安にさせる。戦争の世界は完全に理解できるような場ではなく、まして道徳的に納得できる場所ではない。しかし、国家と国民の存在が決して脅かされないような世界秩序が存在しないからといって、そこから逃れることはできない。こうした秩序を作りだそうとする理由には事欠かない。難しいのは、われわれにはときに、そのために戦う以外の選択肢がないということである。

【原注】

（1）*The Seventh Day: Soldiers Talk About the Six Day War*（London, 1970）, p.126.

（2）この点はダン・リトル（Dan Little）の指摘に負っている。

（3）Guy Chapman, *A Passionate Prodigality*（New York, 1966）, pp. 99-100.

（4）Richard Wasserstrom, "The Responsibility of the Individual for War Crimes," in *Philosophy, Morality, and International Affairs*, p. 62.

（5）*The Thin Red Line*（New York, 1964）, pp. 271-78.

（6）近代戦の戦闘のただ中で降伏することの難しさに関してはJohn Keegan, *The Face of Battle*, p. 322を参照のこと。

（7）この点に関する議論に関してはサミュエル・デイヴィッド・レズニク（Samuel David Resnik）の未公刊の博士論文、*Moral Responsibility and Democratic Theory*（Harvard University, 1972）を参照のこと。

（8）Seymour Hersh, *My Lai 4: A Report on the Massacre and its Aftermath*（New York, 1970）; David Cooper, "Responsibility and the 'System'" in *Individual and Collective Responsibility: The Massacre at My Lai*, ed. Peter French（Cambridge, Mass., 1972）, pp. 83-100も参照のこと。

（9）Hersh, p. 42.

（10）*The Warriors*, p. 181.

（11）*The Mesures Taken*, in *The Jewish Wife and Other Short Plays*, trans. Eric Bentley（New York,1965）, p. 82〔岩淵達治訳「処置」、『ブレヒト戯曲全集　第八巻』、未來社、二三三頁〕.

（12）現在の法的状況についての最良の説明は、Yoram Dinstein, *The Defense of Obedience to Superior Orders in International Law*（Leiden, 1965）.

（13）Mcdougal and Feliciano, *Law and Minimum World Public Order*, p. 690.

（14）クルト・バイアー（Kurt Baier）のカリー裁判に関する分析 "Guilt and Responsibility," *Individual and Collective Responsibility*, p. 42における引用。

（15）Wasserstrom, "The Responsibility of the Individual"を参照のこと。

(16) Telford Taylor, *Nuremberg and Vietnam*, p. 49 における引用。
(17) *The Warriors*, pp. 185-86.
(18) *The Warriors*, p. 189.
(19) McDougal and Feliciano, pp. 693-94 and notes.
(20) *Nuremberg and Vietnam*, p. 55n.
(21) Jean Le Meur, "The Story of a Responsible Act," in *Political Man and Social Man*, ed. Robert Paul Wolff（New York, 1964）, p. 204.
(22) A. J. Barker, *Yamashita*（New York, 1973）, p. 157-58 における引用。
(23) Omar N. Bradley, *A Soldier's Story*（New York, 1964）, pp. 343-44.
(24) 関連する法については Greenspan, *Modern Law of Land Warfare*, pp. 332ff. を参照のこと。
(25) Fried, *Anatomy of Values*, pp. 194-99 を参照のこと。
(26) 私は A. Frank Reel, *The Case of General Yamashita*（Chicago, 1949）〔下島連訳『山下裁判』、日本教文社〕の説明に従っている。
(27) Reel, p. 280. この本の付録に最高裁の判決が採録されている〔『山下裁判　下巻』、一七七頁〕。
(28) 無過失責任に関しては Feinberg, *Doing and Deserving*, pp. 223ff. を参照のこと。
(29) Hersh, p. 11.
(30) "Political Action: The Problem of Dirty Hands," 2 *Philosophy and Public Affairs*（1973）, pp. 160-80.
(31) Frankland, *Bomber Offensive*, p. 159.
(32) Calder, *The People's War*, p. 565; Irving, *Destruction of Dresden*, pp. 250-57.
(33) *Soldiers: An Obituary for Geneva*, trans. Robert David MacDonald（New York, 1968）, p. 192〔森川俊夫訳『兵士たち：ジュネーヴ鎮魂歌：悲劇』、白水社、一八六頁〕.

(34) *The Discourses*, Bk. I, ch. XVIII〔永井三明訳『マキァヴェッリ全集　2』、筑摩書房、六九頁〕.

(35) 1 *Philosophy and Public Affairs*（1972）, p. 143〔永井均訳『コウモリであるとはどのようなことか』、勁草書房所収〕.

【訳注】

〔1〕pour encourager les autresという表現はヴォルテールが『カンディード』の中で用いている表現で、軍人への重すぎる罰は他人が同じ事をしないようするためであるという意味で使われている。したがってここでは「みせしめ」と訳した。

あとがき——非暴力と戦争の理論

戦争終結のための戦争というドラマ、アルマゲドン（最後の戦い）の神話、子羊の傍らに横たわるライオンという空想——これらのすべてが決定的に平和な時代、ある未知の、ときの終わりの彼方にある、武装闘争と組織的殺害などない、遙か彼方の時代に目を向けている。悪の諸力が決定的に打ち破られ、人類が永遠に征服欲や支配欲から解放された、そのあかつきにならなければそのような時代は訪れない。われわれはそう聞かされてきた。われわれの神話や空想のなかでは、戦争の終焉はまた、世俗的な歴史の終焉でもある。その終焉を垣間見る術もなく歴史のなかに閉じこめられているわれわれには、何らかの他の代替防衛手段が見つからないかぎり、あるいはそれが見つかるまで、自分がコミットしている価値を守るべく闘い続けるしか選択の余地はない。唯一の代替案は非暴力的防衛、その唱道者によってそう呼ばれてきたような「武器なき戦争」である。彼らはわれわれが直面する現実に、われわれの夢の方を合わせようとしているのだ。彼らは、共同体での生活上の価値と自由を戦闘や殺害なしでも維持することができると主張するのだが、この主張は戦争の理論と正義を支持する議論に関して、重要な問い（世俗的で実践的な問い）を提起している。それらの問いを然るべく扱うにはもう一冊の書物が必要になるだろう。私にできるのは、短い論説、これらの方法の部分的で暫定的な分析だけである。そこでは第一に、非暴力が侵略の理論とどういった関係にあるのか、ついで戦争のルールとどう関連するのかを検討したい。

非暴力的防衛は、防衛されるべき国土の荒廃を容認する点で、通常の戦略とは異なる。それは軍事的前進を食い止めたり、あるいは軍事的占領を阻止したりしうるようないかなる障害も設置しない。ジーン・シャープ☆はこう書いている。「外国の部隊や官憲の侵入に対してはそれを遅滞させるための小規模の行為も行うことはできようが、市民的防衛は……そのような侵入の阻止は試みないし、また、たとえそのようなことを試みたとしても、成功を収めることは不可能である」(1)。これはラディカルな譲歩であるし、私はどのような政府でもこうしたことを喜んで行ったことなどないと思う。非暴力は（侵攻に直面して）暴力〔的抵抗〕、あるいは暴力を用いるぞとの脅しが失敗した後でのみ、実行に移されてきた。そういう場合に、その提唱者は勝利に浮かれている軍隊に、市民的抵抗と非協力という組織的政策によってその勝利の果実を収穫させないことを狙っている。彼らは征服された人々に対して統治されないよう訴える。私は強調したい。通常、最後の手段とみなされてきたのは、戦争ではなく市民的抵抗であった。というのも、戦争は少なくとも、抵抗を呼び起こしたり要求したりする占領という事態を避ける可能性を提供するものだからである。もし軍事行動が占領を阻止するのと同じくらいに、抵抗が占領を終わらせる見込みがあり、人命の損失もはるかに少なくてすむという決意をわれわれが持つことがあれば、この順序は逆にできるかもしれない。これまでのところ「市民的防衛が侵略者を撤退へと追い込んだというような……ケースは一例も存在していない」(2)という命題が真である証拠はない。しかし非暴力的闘争が、前もってその

☆「ジーン・シャープ」Gene Sharp（1928-　）．アメリカの非暴力研究家。「非暴力主義のマキァヴェリ」であるとか「非暴力的戦争論のクラウゼヴィッツ」と称される。非暴力的抵抗を研究するアルベルト・アインシュタイン研究所の創立者でもある。主著としてここで取り上げられている『武器なき民衆の抵抗』のほかに *The Politics of Nonviolent Action*（1973）がある。

方法についてトレーニングを受け、（兵士が戦争が勃発した場合にそうしているように）その代償を支払う用意がある人々によって行われたということもない。そうだとすると、やはりこの命題は真なのだろう。そして、もしそれが真であるなら、われわれが現在、行っているのとは極めて異なったやり方で侵略を受けとめなければならないだろう。

非暴力は侵略戦争を廃絶するが、それはひとえに侵略者に対して、軍事的に対応するのを拒絶することによってであると言ってよいだろう。侵攻は第四章で私が描き出したようなやり方で道徳的強制となるのではない。自分たちの国を、他人を殺したり、他人に殺されたりすることなく、別のやり方で防衛することができると信じるようになれば、人々は戦うよう強いられることなどありえない。そして現実に他のやり方が、少なくとも潜在的にであれ実効的に存在するなら、侵略者は彼が人々に戦うよう強いたと非難されることもありえない。非暴力は闘争の規模を縮小させ、その犯罪性を削減する。不服従や非協力、ボイコット、ゼネストの手段を採用することによって、侵攻された国の市民は侵略戦争を政治闘争に変えるのだ。彼らは侵略者を事実上、国内の暴君や簒奪者として扱い、彼の兵士を警察官に変える。もし侵攻者がこの役割を引き受けるなら、そしてもし彼が彼に対する抵抗を夜間外出禁止令や罰金、拘禁罪でしか応えられないなら、そこに開かれるのは闘争が長期化するという見込みだけである。それは民間人にとって困難と苦難をもたらさざるをえないが、短期間の戦争と比べてすら、それによってもたらされる破壊は少ないし、（われわれはそう想定するのだが）この民間人たちが勝利を収める可能性はある。同盟国はこのような闘争に軍事的に干渉する理由など持ち合わせていないだろうし、それはそれで良いことである。というのも、そうした国家が非暴力的防衛にコミットしているなら、干渉しようにもその手段がないからである。しかしそうした国家は侵攻者に対して、道徳的圧力、そしておそらくはまた経済的圧力をかけることはできるだろう。

そうなると侵略者は次のような立場に置かれる。彼らは彼らが「攻撃した」国を手に入れ、好きな場所に軍事基地を設営し、（おそらく他国と額を付き合わせるなかで）それが彼らにもたらすありとあらゆる恩恵を享受できる。しかし彼らの兵站問題は深刻化するだろう。というのも、自前の人員を持ってこないかぎり、彼らは現地の交通・通信システムをあてになどできないからである。そして彼らは全労働力を持ってくることなどできないのだから、侵攻された国の天然資源や工業製品を搾取するのに多大な困難を要するだろう。かくして占領の経済的コストは高く付く。政治的コストとなると、もっとずっと高いだろう。いたるところで彼らの兵士はむっつり顔をした、怒りっぽい、内気で非協力的な民間人に出遭う。これらの民間人は決して武器を執らないだろうが、集会を開き、デモやストライキを行うだろう。そして兵士たちは、暴政体制の憎まれ役の手先のように、強制手段をもって応えなければならなくなる。民間人の敵意と継続中の闘争の重圧にさらされ、彼らの軍事的鋭気は損なわれ、士気は低下する。そこでは彼らは勝敗の決しない闘争に決して安らぎを得ることはできない。結局のところはおそらく、占領はもちこたえられないだろう。そして侵攻者は去らねばならないだけである。勝利を収めたはずなのに、「武器なき戦争」には敗北したのである。

これは千年王国的なイメージではないとしても、魅力的なイメージである。実際、これが魅力的なのは、まさにそれが千年王国的であるからではなく、われわれの知る世界で構想可能だからである。しかしながら、それが構想可能であるのは、私が描き出したような成功は侵攻者が戦争慣例にコミットしている場合にのみであり――彼らはつねにそれにコミットするとは限らないのだ。非暴力それ自体が侵略戦争を政治闘争に置き換えても、非暴力は独自に闘争手段を決めることができない。侵攻軍はつねに国内社会で暴君が用いる常套的方法を採用することができる。それは夜間外出禁止令、罰金、拘禁罪にとどまるものではない。またその指導者は、兵士であるものの、手っ取り早い「勝利」を得んがために、それに手を出す誘惑にかられがちなのである。暴君はもちろん、自国の都市を攻囲したり、それを爆撃、砲撃などしないだろう。非武装の敵対に遭遇する侵攻者も同じである。(3) しかしながら、支配下に置かれた国に住む人々をテロルの恐怖にさらし、抵抗をくじく別の、おそらくはより効率的な方法が存在する。「ガンジーに関する省察」のなかで、ジョージ・オーウェルは、模範的リーダーシップの重要性と非暴力運動における広報の重要性を指摘し、そのような運動が全体主義国家においても果たしてありうるだろうかと自問している。「反体制者たちが真夜中に行方不明となり、二度とふたたびその消息が聞かれなくなる国で、いかにしてガンジーの方法が適用できるのかは理解し難い」(4)。民間人の抵抗は、民間人指導者を殺すべく兵士の分隊を送り出し、被疑者を逮捕・拷問し、強制収容所を設け、抵抗の強い地域から大量の人々をその国の辺鄙で荒廃した地方に追放するような侵攻者にはあまり効き目もないであろう。非暴力的防衛はこのような手段を採用しがちな暴君や征服者に対する防衛にはまったくならない。ガンジーがドイツのユダヤ人に対して与えた次のような倒錯した忠告がこの真実を示していると私は考える。つまりユダヤ人たちはナチの暴政に抗して戦うより、むしろ自殺を遂げるべきだというのだ。(5) ここに極端な条件下での非暴力は、殺人者に対するというより、むしろ自分自身に向けられた暴力に零落していく。もっとも私にはなぜ自分に向けられなければならないのか理解できないのであるが。

ナチスのような敵に直面したなら、そして武装抵抗が不可能なら、占領された国の人々——何とか生き延びる運命にある者だけでなく、おそらく死ぬ運命にある者ですら——が、彼らの新しい主人に屈服し、その制令に従うことはほぼ確実である。沈黙がその国を支配する。レジスタンスは個人的ヒロイズムか小集団のヒロイズムの問題になってしまい、集団的闘争のそれになることはない。

非暴力抵抗が成功するには、民間人の忍耐がすり切れてしまう前のある早い段階で、兵士たち（あるいはその上官や政治指導者たち）がテロリスト的な政策を実行したり支援することを拒絶するということが必要である。ゲリラ戦でそうであるように、その戦略は侵攻軍に民間人の死の恥辱的責任を負わざるをえなくさせることである。ここでは民間人が共謀した武装闘争などドラマチックなまでに存在しないということによって、その恥辱的責任が格別に明白な（格別に耐え難い）ものとなるだろう。彼らが敵意を持っていることはもちろんだが、彼らの手にかかって、あるいは彼らによって密かに支援されているパルチザンの手にかかって兵士が死ぬことがあってはならない。それでも彼らの抵抗が決定的に、そして迅速に打ち砕かれるべきであるならば、兵士たちは民間人を殺害する用意がなければならないだろう。兵士たちには必ずしもその用意があるわけではないし、彼らの将校たちもそのようなことを、仮に必要だとしても繰り替えさなければないと必ずしも確信が持てないので、民間人の防衛は――侵攻軍を追い返すことはできないが、その指揮者が定めた特定の目標達成を阻止することによって――ある限定的な効果を有し続けてきた。しかしながらリデル＝ハートが論じたように、こうした効果は次のような場合にのみ可能である。(6)

その道徳行動規範が根本的に［民間人防衛者のそれと］類似し、その冷酷さがそれによって抑制されているような対向者に対してのみである。非暴力的抵抗が過去におけるタタール人征服者や、それよりも近年におけるスターリンのような人物に対して勝利を収めることができるかどうか、極めて疑わしい。ヒトラーに対しては、彼の目に卑しむべき弱者と映るものを踏みにじろうとする彼の衝動――もっともそのことがよりまともな行動規範のもとで育成されてきた彼の将軍の多くを悩ませたとの証拠は存在するが――を刺激する効果しかもたなかったろう。

「よりまともな行動規範」をあてにすることができて、非暴力的な意志のテスト――軍人の規律に対するところの民間人の団結――を期待できるならば、私が思うに、戦うべき理由など存在しないだろう。たとえ勝利が不確実であっても、政治闘争のほうが戦闘よりよい。というのも、戦争になったところで勝利はどっちみち不確実だからである。そして、戦争になった場合にはそう簡単には言えることではないが、占領された国の市民は、勝利に値するだけの存在であるなら、勝利するだろうと言ってよい。暴君に対する国内での闘争においてそうであるように、（この闘争が大量虐殺に堕していかないかぎり）われわれは彼らをその自助能力で判断する。つまり自分たちの自由を守ろうとする集団的決意の固さで判断するのである。

道徳的行動規範があてにならない場合に、非暴力は次のいずれかの形態をとる。偽装した形態の降伏か、軍事的敗北の後も共同体の価値を最低限擁護していくという道である。私はこの二番目の選択肢が持つ重要性を過小評価したくはない。民間人の抵抗が侵攻軍の兵士のあいだに道徳的承認を芽生えさすことはないとはいえ、その抵抗を担う人たちにとってはそれでも重要でありうる。それは生き残るぞという共同体の意志を示すものだからである。そしてその表現が一九六八年のチェコスロヴァキア☆においてそうだったように、弱々しいものであっても、長く記憶にとどめられよう(7)。民間人の英雄的行為は兵士のそれよりもずっと勇気を与えてくれる。しかしその他方で、テロリスト、ないしは潜在的テロリストである軍隊に対峙した民間人に、短く散発的な抵抗以上のものを期待すべきではない。「非暴力的行為は臆病者のための策ではない。どれほどの痛みに耐えるという代償が伴おうと、どこまでも闘争そのものは継続していくという能力と決意を要求する……」(8)と言うのは簡単である。しかしこの種のお説教は、最後の一兵になるまで戦えと説く将軍のそれと同様、あまり魅力的ではない。私にとっては、将軍のお説教の方がまだ好ましいくらいだ。なぜなら、彼は少なくとも、限られた数の人間に向かって語っており、全住民に向かってではないからである。同じことがゲリラ戦についても言える。それは民間人の抵抗に対して、次の点で優位に立っている。つまりゲリラ戦は、相対的に少数の人々のみが「闘いを継続する」軍事的状況を——われわれが見てきたように、対立する軍が戦争慣例に従って戦おうとしない限り、他の者たちも苦難を被るとはいえ——繰り返すものである。

ゲリラ戦との比較はさらに進めてみる価値がある。武装叛乱においては、敵軍が民間人を強制し殺害することによって、他の民間人が動員され、叛乱陣営に参入してくるという結果が生じる。彼らの敵対者の無差別な暴力はゲリラの要員補充の主たる源泉のひとつである。それに対して非暴力的抵抗は、民間人がすでに動員され、協調行動をとる用意がある場合にのみ有意義な規模で可能となる。抵抗とは、直接的には街頭で、間接的には経済的遅滞行為と政治的受動性を示すことによる、この動員の物理的な表現にすぎない。さて民間人の強制と殺害は、その国全土にテロルを巻き散らし、最終的には無気力な黙従を生み出すことでおそらくは抵抗側の団結を切り崩すであろう。と同時に、それは兵士の士気を損なうものでもあろう。兵士は、彼にはまっとうとは思えない任務

☆「一九六八年のチェコスロヴァキア」　いわゆる「プラハの春」のこと。六八年に党第一書記に就任したA・ドプチェクは国家による検閲の廃止、市場経済方式の導入など、一連の改革政策を打ち出した。これに危機感を募らせたソ連のブレジネフ政権はワルシャワ条約機構軍約二〇万人を投入してその民主化の動きを圧殺した。ドプチェクは解任され、親ソ連派のフサーク政権が誕生した。

を——彼がそう思うかぎり——行うよう命じられているのだ。それはこうした兵士たちの友人や親類のあいだにあった占領への支持をむしばんでいくだろう。ゲリラ戦も同様の士気喪失を生み出しうる。しかし敵意を持った人々に向き合い、彼らのただ中で戦い（そして死ぬ）ことを余儀なくされた兵士たちが感じる恐怖によって、その効果はこじれたものになる。非暴力的防衛の場合には、恐怖は存在しない。そこにあるのは嫌悪感と恥だけであろう。防衛の成功はひとえに、敵軍兵士の道徳的信念と道徳的感性にかかっているのである。

非暴力的防衛は非戦闘員の保護に依存している。こうした理由から、戦争のルールを嘲笑したり、（トルストイがやったように）暴力とはつねに、かつ必然的に抑制できないものだと主張したりしても益するところはない。「武器なき戦争」を遂行するとき、ひとは武器を執る者への自制に訴えかけているのだ。そうした者たち、つまり軍事的規律に服した兵士たちが非暴力的心情に改宗するなどということはありそうにない。彼らが改宗することが「戦争」に勝利するために決定的に重要なのでもない。そうではなくて、彼らが自分たち自身の、おそらく彼らも持っているに違いない基準を遵守することだけが重要なのだ。したがって彼らに向けてなされる訴えかけは次のような形をとる。「諸君は私を撃つことはできない。私が諸君を撃たないからだ。私は諸君を撃つつもりもない。私は諸君の敵であり、諸君がわが国を占領し続けるかぎり、敵にとどまるつもりだ。しかし私は非戦闘員の敵であり、諸君はもしできるのなら、暴力なしで私を強制し、支配しなければならない」。この訴えかけは戦争慣例の根底に存在し、それを実効的たらしめている民間人の権利と軍人たる者の義務に関する議論を言い直したものにすぎない。そしてそれが示唆しているのは、戦争を政治闘争に転換することの前提条件が軍事的闘争としての戦争を抑制するということである。もしわれわれがこの転換を目指しているのなら、そしてわれわれはそれを目指すべきなのだが、戦争のルールに固執し、兵士に定められた規範を厳格に守らせることから始めなければならない。戦争の抑制が平和の始まりなのである。

【原注】

（1）*Exploring Nonviolent Alternatives*（Boston, 1971）, p. 93〔小松茂夫訳『武器なき民衆の抵抗』、れんが書房、一六二―六三頁〕; cf. Anders Boserup and Andrew Mack, *War Without Weapons: Non-Violence in National Defense*（New York, 1975）, p. 135.

（2）Sharp, p. 52〔前掲書九九頁〕.

（3）しかし敵国は侵攻するよりも爆撃の脅しをかけてくることもあろう。この可能性に関してはAdam Roberts, "Civilian Defense Strategy," in *Civilian Resistance as a National Defense*, ed. Roberts（Hammondsworth, 1969）, pp. 268-72を参照のこと。

（4）*Collected Essays, Journalism, and Letters*, vol. 4, p. 469〔鈴木寧訳「ガンジーについての感想」、『オーウェル著作集Ⅳ 1945-1950』、平凡社、四五一頁〕.

（5）Louis Fisher, *Gandhi and Stalin*, quoted in Orwell's "Reflections," p. 468〔注（4）の前掲書、四五〇頁〕.

（6）"Lessons from Resistance Movements — Guerrilla and Non-Violent," in *Civilian Resistance*, p. 240.

（7）チェコのレジスタンスに関する簡潔な説明としてはBoserup and Mack, pp. 102-16を参照のこと。

（8）Sharp, p. 66〔前掲書一一二頁〕; しかし彼は耐えなければならない痛みの程度と範囲は通常の戦争状態より「問題にならないくらい小さい」と信じている（p. 65〔前掲書一一八―一一九頁〕）。

訳者あとがき

本書は Michael Walzer, *Just and Unjust Wars: A Moral Argument with Historical Illustrations*. New York: Basic Books, 1977; 3rd Edition, 2000; 4th Edition, 2006 の全訳である。新旧の版のあいだには、誤植も含めて（!）異同はなく、序文のみが差し替えられている。その序文の内容の変遷には、ウォルツァーのその時々の関心の置き所や微妙な政治上の見解の変化、背景となる時代状況などが反映されており興味深い。そこでこの訳書では第二版の序文（一九九二年）を除きそれぞれの版の序文も併せて訳出しておいた。第二版の序文を収録しなかったのは、それが先に風行社より翻訳刊行された『戦争を論ずる——正戦のモラル・リアリティ』の第六章に、「湾岸戦争の正義と不正義」というタイトルで、後半の二ページ分を削った形で採録されているからである。できればそちらも併せて参照していただきたい。これらの序文を並べて読み直してみるだけでも、いろいろな面白い発見があることだろう。

訳出にあたってはほぼ全文をドイツ語訳 *Gibt es den gerechten Krieg?* Klett-Cotta, Stuttgart, 1982（タイトルを日本語に訳すと「正戦は存在するか」となる）と比較対照しながら検討し、さらにはフランス語訳 *Guerres Justes et Injustes*, Gallimard, 2006 も参照できたことが大きな助けとなった。

短期間で翻訳を完成させなければならないという出版社側の事情があったものの、なにぶんにも大著であるので、翻訳作業の進め方としては、比較的にウォルツァーの思想や国際法、国際政治に明るい友人たちの手を借り、部分的に下訳を作る作業にあたっていただいた。以下はその分担である（肩書きは翻訳時のもの）。注釈を含めたその他の部分のすべては萩原が責任担当した。

第一章：藤田潤一郎（関東学院大学法学部教授）
第二・三章：有賀誠（防衛大学校人文社会科学群准教授）
第四・五章：向山恭一（新潟大学教育学部准教授）
第六・七章：松元雅和（慶應義塾大学先導研究センター講師）
第八・一三章：宮野洋一（中央大学法学部教授）
第九・一〇章：明石欽司（慶應義塾大学法学部教授）
第一一・一二章：赤木完爾（慶應義塾大学法学部教授）

また慶應義塾大学大学院に設置された特殊研究で二年間かけてこのテキストを使用しつつ、右にあげた友人たちに作っていただいた訳文を検討するという作業に加わってくれたのは、広い意味で私の研究室に在籍していた次の院生諸君である。

山下孝子、川上洋平、速水淑子、ルシュ・マティス、高橋義彦、飯塚洸基（以上、二年間）、市川彩佳、クリスティーナ浅津、長尾真知子、金伶姫（以上、一年間）。

大学院でのこの作業は単にウォルツァーの思想理解を深めるという以上に意義深くかつ楽しいものであった。というのも本書では古今東西のさまざまな事例や文献が引かれており、ウォルツァー独自の、時にはオーソドックスとは言えない読解のしかたを通じて、改めてアリストテレスやトゥキュディデス、ホッブズの思想解釈の可能性について院生諸君と討論しあうきっかけを得ることができたし、また例としてあげられているさまざまな戦史の事実関係について調べ直し、学ぶところが多かったからである。

しかしながら、時間の関係で大学院の授業ではテキスト全体にわたって訳文を検討することはできなかったし、訳語の統一も含め、すべての下訳を整理し直し、訳を改め、校正したのは監訳者の萩原である。したがって前記の分担分も含めすべての誤りの責任が私にあるのは言うまでもない。

この「訳者あとがき」では、あえて本書全体の論旨の要約であるとか、あるいはウォルツァーの思想紹介のようなものは記さないことにする。本書でのウォルツァーの主張が多岐にわたるものではあっても、改めて解釈を施さなければならないほど難解なものではないということもその理由のひとつである。読者は彼があげている一つひとつの事例を読むことで、あたかもさまざまな戦争映画で一度は見た記憶のある、どこかなじみの光景がありありと眼前に広がってくるような錯覚を覚えることだろう。またウォルツァーの正戦論そのものの特徴に関しては前述の『戦争を論ずる』の末尾に付された松元雅和氏の訳者解題や、『はじめて学ぶ政治学——古典・名著への誘い』（岡崎晴輝／木村俊道編、ミネルヴァ書房、二〇〇八年）に収録された早川誠氏の「ウォルツァー『正戦と非正戦』」など、すぐれた解説がすでに存在している。なおその他の邦語先行研究に関しては上記松元解題の注（4）を参照して欲しい。

しかし最低限、次のことくらいは監訳者の義務として強調しておくべきかもしれない。本書を理解する鍵になる「道徳的リアリティ」という用語に関してである。

政治は「境界線の暴力」(杉田敦)から逃げることが許されない。どこかに彼らとわれわれを分かつ線を引かざるをえないという暴力、そしてその境界線の向こう側にいる人々に対して、積極的に戦争という名の殺人をはたらかなくても、少なくとも彼らが生きようが死のうが、どのような過酷な運命に翻弄されようが知ったことではないという冷淡な態度をとるという暴力がつねにそこに存在している。人はしばしば、この自己の暴力に無頓着で、その存在すら自覚しないまま、それから目をそらして生きる道を選ぶ。ウォルツァーはその暴力に目を凝らし、その重みと責任に耐えようとする。その感覚が彼のいう「道徳的リアリティ」なのだろう。言い換えれば、ウォルツァーは「われわれの道徳規準」が適用されるべき領域、つまり境界線で切り分けられた内部領域を可能なかぎり押し広げようと試みているのである。古来からある諺「恋愛と戦争では手段を選ばない」(本書四五頁)、つまり恋愛ではどんな策略や嘘も許され、戦争ではいかなる暴力も開放されるとする考え方にウォルツァーは異を唱える。もし本当にわれわれが恋愛と戦争では何でもありだと感じているのなら、なぜわれわれは恋愛と戦争についてかくもしばしば道徳的に語るし、道徳的に語ってきたのか。道徳的原則とは人間的規準であって、不動の真理のごときものではない。人間的時間から隔離された「永遠の相のもとに(sub specie aeternitatis)」構想されるものではない。もっとも、人は恋愛については笑顔で、嬉々として語ることができても、戦争について語るときには陰鬱にならざるをえない。恋の女神ヴィーナスを前にして人々は口やかましく、軍神マルスを前にして臆病になるのだ(本書四六頁)。だからこそウォルツァーは数々の歴史的事例に立ち会い、その道徳規準の限界を繰り返し語り継いでいこうとする。正戦論を批判のために編み出された、権力への抵抗理論として転用するために。

彼が思想的に対決しようとするのは軍事的リアリズムと平和主義である。戦争においても守られるべき道徳的ルールが存在するし、存在しなければならないという信念がウォルツァーを支えている。その基準はしかも自国の側の大義が有する正義が大きければ大きいほど、この大義のためにそれだけ多くの規則を破ることが許されるといった自由自在に伸び縮みするもの――ウォルツァーはそれを「スライディング・スケール」と呼ぶ――であってはならない（本書四二五頁以降）。これがひとたび容認されてしまえば「正戦」に従事している軍人は戦争に勝つためには何をしてもいいということになってしまい、事実上戦争のルールは無効化されてしまうからである。そのとき戦争は地獄となる。

このような功利主義的なスライディング・スケールの議論に唯一対抗しうる理論的立場は道徳的絶対主義であろう。事実、ウォルツァーはギリギリまで、この立場を貫こうとする。「たとえ天が落ちてこようと正義を行え」というカント的な道徳的絶対主義に対して、彼が提案するのは「天が（本当に）落ちてこない限り、正義を行うべし」（本書四二八頁）である。そしてその一線を越えた「天が本当に落ちてきた」状態こそ、「最高度緊急事態」に他ならない。

国家にとってこの最高度緊急事態がいつ始まるのか、ウォルツァーはその拡大解釈を避けようと定式化に慎重である。危険は深刻なものであり、差し迫ったものでなければならない。どちらか片方だけでは足りないと彼は言う。その際、彼が念頭に置いているのはナチズムの脅威であるが、それにしても最高度緊急事態において、戦争のルールを無視して非戦闘員への無差別爆撃までもが正当化される理由は何であろうか。しかも本書の第一六章でも議論されているようにウォルツァーは広島への原爆投下の場合は、それを正当とは認めていないのである。

この点についての彼の説明にはいささか不器用なところがある。「殺人がときには起こる世界に生きることは可能だが、ある国民全体が奴隷化され虐殺されるような世界にいるのは文字通り耐えられないことなのだ。政治共同体——その構成員たちは先祖から子どもへと引き継がれるべく繰り広げられてきた生活様式を共有している——の存続と自由は、国際社会における最高の価値だからである」(本書四六七頁)。ここにウォルツァーのコミュニタリアン的側面を垣間見ることができるのかもしれない。もっとも、戦闘員と非戦闘員の区別を重視し、無辜の民間人の保護を最優先しようとする際のウォルツァーの論拠は、根本的には兵士が自分の自由な意志で兵士たることを選択したからであるという点にあり、その意味では彼の展開する議論はリベラリズムの伝統に忠実でもあるのだ。

繰り返しになることを恐れず強調しておくが、ウォルツァーの構想は、従来の政治理論が「例外状態」として一般的ルールの適用を避けてきた戦争という領域をもわれわれの道徳世界の延長とみなして、そこにも可能なかぎりルールの適用を求めていこうとする試みである。しかしそれでも究極的にはルールの適用が「乗り越えられる」例外状態が想定されている点は見逃しがたい。境界線は歴然と存在するのだ。境界線の暴力そのものを否定してしまうようなユートピア主義はウォルツァーのとるところではない。フーコーやシュミット、そしてアレントの議論を踏まえて近年、アガンベンが繰り返し語っているように、戦争状態とは、例外状態が常態化する事態であるとすれば、われわれ人間はいつしか「戦争の魔力」に飲み込まれてしまう存在であり続けるだろう。それが政治である。われわれ人間には千年王国のようなユートピアは似つかわしくない。『戦争を論ずる』の末尾で、ウォルツァーはこう語る。「きわめて現実的であり、常に理性的であるとは言えない私たちにとって、政治とはいわば『天性の』活動である」(二六一頁)。

訳者あとがき

翻訳とは「解釈」である。よく言われることだが、ウォルツァーのこの書の翻訳作業にあたって、改めてそのことを痛感させられた。下訳をお願いした友人たち、院生たちと私とのあいだで解釈がわかれ、場合によっては正反対の意味になってしまう二つの解釈のあいだで訳を確定すべく長時間にわたる議論をかわすことも再三再四あった。その理由の多くはウォルツァーの議論のスタイルと文体にある。彼が本書で用いている分析手法は、序文でも説明されているように「決疑論(casuistry)」である。つまりルールの適用にあたって誰からも異論のないような典型的事例から議論をはじめ、徐々に白黒のはっきりしない確定の難しい臨界事例にたいして、類推をもとに論を進めていくという極めて古典的な、しかし昨今ではあまり目にすることのない手法である。本書全体はまさに決疑論の教科書的模範演技を示すものといえよう。しかし決疑論という方法は、自分がたてた設問に対して、みずから否定的な答えを出すという自問自答の論証形式をとりがちである。それが本書の「分かりにくさ」の原因の一端となってしまっているという側面も否定できない。決疑論という手法はつねにせっかちな「正解」を求めたがり、議論のプロセスを省略して結論だけを聞きたがる現代人には回りくどすぎる方法かもしれない。

また戦争という深刻きわまりないテーマを論じつつ、本書のなかにウォルツァーが散りばめている機知にとんだ、寸鉄人を刺すような皮肉やジョークをどこまでそれとして受けとめきれたか怪しい。読者諸兄のお叱りやご批判はありがたく頂戴したい。自由自在に時空を飛び回り、古今東西の文献、小説、詩、映画から事例を採集してくるウォルツァーの博覧強記ぶりにも手を焼いた。しかしこれこそウォルツァーの本領であろう。ややもすれば「コミュニタリアン」とのレッテルを貼られがちなウォルツァーであるが、私はウォルツァーをヨーロッパの知的伝統のなかで「モラリスト」の系譜に位置づけるのがもっとも妥当なような気がしている。彼が探求しているのは一貫して人間性そのものであり、われわれの不完全で、時には矛盾する道徳世界を改善することが彼の目標である。その際に彼は、自分の信じる道徳規範をむやみに押し付けようとはしない。また理論の論理的一貫性よりも重視されているのは人々の「生きられた経験」である。それでも彼は人間本性の変わることのない普遍性を信じている。それはひとつの万能なルールを万人におしつけるような普遍性、時と場所が変わろうと同一のことを同じように行うことを強いる普遍性ではなく、異なることを異なる仕方で行ってきたし、これからも行っていくであろう、繰り返し語り、繰り返し実践されてきた人間的創造的力の普遍性、道徳世界を作り上げてきたし、これからも作り上げていく創造の力の普遍性である。

最後になるが本書の刊行にあたっては、先に記した友人や大学院生諸君以外にもさまざまな方のご協力をいただいた。訳者の一人でもある松元雅和氏には索引作成の労をとっていただいた。しかし何よりも風行社の犬塚満氏には、さまざまな局面でアドバイスや誤りの指摘をいただき、時には励ましの言葉をいただいた。共訳者の一人といっても過言ではないほどである。記して謝意を表しておきたい。

二〇〇八年九月

萩原能久

【訳者紹介】（第６刷刊行時）
萩原能久（はぎわら・よしひさ）
1956 年生　慶應義塾大学法学部教授　政治哲学・政治理論

〔以下担当順。担当章は 599 頁参照〕
藤田潤一郎（ふじた・じゅんいちろう）
1969 年生　関東学院大学法学部教授　西洋政治思想史
有賀　誠（ありが・まこと）
1960 年生　防衛大学校公共政策学科教授　政治理論
向山恭一（さきやま・きょういち）
1964 年生　新潟大学人文社会科学系教授　政治思想
松元雅和（まつもと・まさかず）
1978 年生　日本大学法学部教授　現代政治理論
宮野洋一（みやの・ひろかず）
1955 年生　中央大学法学部教授　国際法
明石欽司（あかし・きんじ）
1958 年生　九州大学法学研究院教授　国際法
赤木完爾（あかぎ・かんじ）
1953 年生　慶應義塾大学名誉教授　国際政治

《索　引》

＊索引は原書の索引を参考に作成した。事項索引の一部は、その用語が登場するすべてのページではなく、その事項について論じられているページが拾われている。

＊人名索引の一部は、原注で引用著作があげられ、そこではじめて著者名が登場する箇所ではなく、本文中でその著者の文章を引用しているページが拾われている。

【ア】

アイアンサイド将軍、エドマンド（Ironside, General Edmund）　449-52, 461
アイゼンハワー将軍、ドワイト・D（Eisenhower, General Dwight D.）　84, 239, 570
　—とヒトラーの将軍たち（and Hitler's generals）　111-5
アイルランド共和国軍（IRA）（Irish Republican Army）　380, 383
アインシュタイン、アルベルト（Einstein, Albert）　480-1
アーヴィング、デイヴィッド（Irving, David）　297
アクィナス、聖トマス（Aquinas, St. Thomas）　33
アザンクールの戦い（Agincourt, battle of）　70-4
アチソン国務長官（Acheson, Dean）　247-8
アテナイ（Athens）　48-64, 159, 165, 166-7n, 240
アトランタ炎上（Atlanta, burning of）　100-2
アメリカ合衆国（United States）
　南北戦争（Civil War）　149, 288, 334, 566
　—とヴェトナム（and Vietnam）　211-7, 362-75, 525, 529, 540-8, 577
　—とキューバ叛乱（and Cuban Insurrection）　218-23
　—とスペイン内戦（and Spanish Civil War）　210
　—と朝鮮戦争（and the Korean War）　245-55
　—とハンガリー革命（一九五六年）（and Hungarian Revolution（1956））　207-8
　—と山下大将（and General Yamashita）　573-8
アリストテレス（Aristotle）　378
アルキビアデス（Alcibiades）　56-9, 78
アルザス＝ロレーヌ問題（Alsace-Lorraine）　142-4, 157, 159, 445
アルジェの戦い（Algiers, battle of）　388-90
アロン、レイモン（Aron, Raymond）　506
暗殺（Assassination）　354-5, 358, 370, 379-87
アンスコム、G・E・M（Anscombe, G. E. M.）　292, 314, 509, 518
イェーガー、ヴェルナー（Jaeger, Werner）　53
イギリス（Great Britain）
　—とスペイン継承戦争（and War of Spanish Succession）　180-1
　—とスペイン内戦（and Spanish Civil War）　210
　—とソ連・フィンランド戦争（and Russo-Finnish War）　166
　—と第二次世界大戦におけるノルウェーの中立（and Norwegian neutrality in World War II）　446-59

—とドイツ都市爆撃（and bombing of German cities） 468-79
—とハンガリー革命（一八四八—四九年）（and Hungarian Revolution (1848-49)） 201-8
イスラエル（Israel）
—とエンテベ空港急襲（and Entebbe raid） 218n
—と六日間戦争（and Six Day War） 184-91, 550, 560n
—の復仇政策（reprisal policy of） 406-13
イタリア・エチオピア戦争（Italian-Ethiopian War） 439n, 528
意図（Intention）
核抑止における—（in nuclear deterrence） 498-9, 512-4
—とダブル・エフェクト（and double effect） 303-8, 318-21
—と予防戦争（and preventive war） 174-82
インド（India）
東パキスタンへの介入（intervention in East Pakistan） 223-7
ヴァイツゼッカー、エルンスト・フォン（Weizsaecker, Ernst von） 530-6
ヴァッサーシュトローム、リチャード（Wasserstrom, Richard） 555 引用
ヴァッテル、エムリッシュ・デ（Vattel, Emmerich de） 154, 179-82, 184, 191
ヴァン、ジェラルド（Vann, Gerald） 161-3
ヴィットリア、フランシスコ・デ（Vitoria, Francisco de） 33, 116, 152, 271, 431
ウィルソン、ウッドロー（Wilson, Woodrow） 235-8, 254, 422, 440
ウィルソン、エドマンド（Wilson, Edmund） 149, 162
ヴェイユ、シモーヌ（Weil, Simone） 273n, 424
ウェイレル将軍、バレリアーノ（Weyler y Nicolau, Valeriano, General） 219
ウエストレイク、ジョン（Westlake, John） 38, 139 引用, 225 引用, 416, 437
ウェストン、ジョン（Weston, John） 156
ヴェトナム戦争（Vietnam War） 28, 34
アメリカの干渉（American intervention） 211-7, 529
ソンミ村の大量虐殺（My Lai） 557-68, 577
—における「交戦規則」（"rule of engagement" in） 362-75
—に対する責任（responsibility for） 525, 540-8
ウェブスター、ダニエル（Webster, Daniel） 172-4, 183
ヴェモルク奇襲（Vemork raid） 309-13
ウールゼイ、T・D（Woolsey, T. D.） 404n
エウリピデス（Euripides） 52
エジプト（Egypt）
—と六日間戦争（and Six Day War） 184-91, 529
エスカレーション（Escalation） 85-7, 95, 502-8, 515
エバン、アバ（Eban, Abba） 136
エルサレム攻囲（Jerusalem, siege of） 317-24
オーウェル、ジョージ（Orwell, George） 281-3, 478-9n, 592
オーウェン、ウィルフレッド（Owen, Wilfred） 88, 92, 280
沖縄戦（Okinawa, battle of） 486
オースティン、ウォーレン（Austin, Warren） 246
オーストリア帝国（Austrian Empire）
—とハンガリー革命（and Hungarian revolution） 201-8
オッペンハイム、L（Oppenheim, L.） 154

オフュルス、マルセル（Ophuls, Marcel） 343
オマーン、C・W・C（Oman, C. W. C.） 70
恩恵的隔離（Benevolent quarantine） 127, 344-5, 358, 383, 395

【カ】

カエサル、ユリウス（Caesar, Julius） 333
革命（Revolution） 36, 197, 377-9, 388n, 420, 526
核抑止（Nuclear deterrence） 403-4n, 493-518
カストロ、ラウル（Castro, Raul） 351
カタンガの分離（Katangan secession） 205n
カミュ、アルベール（Camus, Albert） 379-80, 386
カリー中尉、ウィリアム（Calley, Lieutenant William） 559, 563, 577
ガンジー、マハトマ（Gandhi, Mohandas） 592
キーガン、ジョン（Keegan, John） 78
騎士道（精神）（Chivalry） 69, 106-9, 112, 125-6, 130
　＊名誉も参照のこと
偽善（Hypocrisy） 36, 75-6
キッシンジャー、ヘンリー（Kissinger, Henry） 504, 505n
キッチナー副将軍（Kitchener, General H. H.） 265, 356n
キビエ攻撃（Khibye, attack on） 408-9
キャンベル＝バナーマン、ヘンリー（Campbell-Bannerman, Henry） 87n
キューバ（Cuba）
　—革命（revolution） 351
　—の対スペイン叛乱（insurrection against Spain） 218-23, 368
脅威／脅し（Threats）
　侵略の—（aggressive） 178-84, 189-91
　不道徳な—（immoral） 498-9, 508-16
強制（Coercion）
　—と責任（and responsibility） 320-4, 330-2, 339n
　＊強要も参照のこと
強制再定住（Forced resettlement） 219, 368-9
恐怖の均衡（Balance of terror） 494, 501, 503
強要（Duress） 47, 67, 118, 127, 128, 143, 388n
　＊強制も参照のこと
ギリシアの反乱（Greek rebellion） 354
クセルクセス（Xerxes） 53n
クニッツ、スタンリー（Kunitz, Stanley） 528 引用
クラウゼヴィッツ、カール・フォン（Clausewitz, Karl von） 83-7, 103, 138, 181, 254
グリーン、T・H（Green, T. H.） 93, 94n
グリーンスパン、モリス（Greenspan, Morris） 289 引用, 415
グレイ、J・グレン（Gray, J. Glenn） 537-9, 542, 560, 564
グレイヴス、ロバート（Graves, Robert） 281
クレオン（Cleon） 56-7, 61
グロティウス、フーゴ（Grotius Hugo） 34, 191, 329, 454n
ケチケメーティ、ポール（Kecskemeti, Paul） 235-6, 241-2
血讐（Feud） 243, 269, 277
決闘（Duel） 87n, 183, 388n
ケナン、ジョージ（Kennan, George） 239, 502
ケネディ、ジョン（Kennedy, John） 216
ゲバラ、チェ（Guevara, Che） 373
ゲリラ（Guerrillas）
　＊権利・ゲリラ戦士の—、戦争・ゲリラ戦を参照のこと

ゲルシュタイン、クルト（Gerstein, Kurt） 533
ケルゼン、ハンス（Kelsen, Hans） 413
堅実さ（Prudence） 160, 207-8
権利（Rights） 28
ゲリラ戦士の—（of guerrillas） 348-59
国際社会における—（in international society） 151
個人の—（individual） 139-42, 238n, 270-4
商船の船員の—（of merchant seamen） 293-301
侵略の—（of conquest） 238n
生命と自由への—（生存権）（to life and liberty） 36, 140, 273, 278-9
戦争慣例の基礎としての—（as basis of war convention） 270-6
兵士の—（of soldiers） 110-1, 287-90, 291n
民間人の—（of civilians） 274-6, 291n, 291-3, 301-13, 330-2, 360-75
領有の—（to property） 142-6
—の集合的形態（collective form of） 139-42, 238n
—の乗り越え（overriding of） 429, 455-6, 474
＊交戦権、主権、戦争捕虜、中立、非戦闘員の保護、無辜、領土保全も参照のこと
攻囲（Siege）
＊戦（闘）・攻囲戦を参照のこと
「交戦規則」、ヴェトナムにおける（"Rules of engagement" in Vietnam） 362-75
交戦権（Belligerent rights） 202, 209, 359n
降伏（Surrender）
攻囲された都市の—（of besieged city） 320
兵士個々人の—（of individual soldiers） 127-8, 344-5, 553-7, 585
民族の—（national） 345-7
無条件—（unconditional） 235-44, 486-9
功利主義（Utilitarianism） 36, 128, 160, 195, 199n, 583
極限状況での—（of extremity） 428
—とスライディング・スケール（and the sliding scale） 426-7
—と戦争慣例（and the war convention） 263-70, 419-25
—とテロ爆撃（and terror bombing） 477-9
—と復仇（and reprisal） 396-400
—と無過失責任（and strict liability） 575
—と予防戦争（and preventive war） 174-82
コーエン、マーシャル（Cohen, Marshall） 552n
国際社会（International society） 146-8, 151, 243
国際法（International law） 30, 150, 173, 273, 344, 449, 571
—とゲリラ戦（and guerrilla war） 354, 367-8, 381
—と責任（and responsibility） 111-9
—と戦争慣例（and war convention） 123-5
—と中立（and neutrality） 434-6, 443
—と復仇（and reprisal） 397-8, 400-3, 410-4
＊国際連合、ニュルンベルク裁判も参照のこと
国際連合（United Nations） 30, 227
朝鮮における—（in Korea） 152, 245-6
—とイスラエルの復仇（and Israeli reprisals） 410-4
国際連盟（League of Nations） 439n, 452-3
国内類推（Domestic analogy） 146-7, 158, 168
交通のコントロール（traffic control）

500
自衛（self-defense）　275-6
然るべき配慮（due care）　308
自己保存（self-preservation）　564
氏族間における血讐（family feud）　243, 269
先制行動（pre-emption）　189-90
中立（neutrality）　435-8
犯罪者の検挙（criminal round-up）　247-8
武装強盗（armed robbery）　261-2
封建的収奪行為（feudal raid）　243
宥和（appeasement）　159-60
「国家の行為」に関する説（Act of state doctrine）　525
国境線の重要性（Boundaries, importance of）　145-6, 197-8
コッシュート・ラヨシュ（Kossuth, Lajos）　202
コンプトン、アーサー（Compton, Arthur）　484

【サ】

最高度緊急事態（Supreme emergency）　476-7, 487-9, 501, 578, 584
チャーチルの議論（Churchill's argument）　452, 454-9
定義（defined）　462-8
最後の手段（Last resort）　189, 400-1, 409
ザゴナーラの戦い（Zagonara, battle of）　90-1
サックヴィル、トマス（Sackville, Thomas）　97
サラガー、F・M（Sallagar, F. M.）　468 引用
サルトル、ジャン＝ポール（Sartre, Jean-Paul）　388-90
ザンクト・ペテルブルク宣言（Declaration of St. Petersburg）　129
三十年戦争（Thirty Years War）　333, 484
自衛（Self-defense）　139-42, 146-53, 173, 185, 200
シェークスピア、ウィリアム（Shakespeare, William）
『ジョン王』（*King John*）　535
『トロイラスとクレシダ』（*Troilus and Cressida*）　250-1n
『ヘンリー五世』（*Henry V*）　71-2, 115-6, 136-7
シェル、ジョナサン（Schell, Jonathan）　364
然るべき配慮（Due care）　308, 309n, 408, 572
自決／民族自決（Self-determination）　95, 204, 210, 226
—に関するミルの擁護（Mill's defense of）　194-201
自己保存（Self-preservation）　551, 552n, 564
シジウィック、ヘンリー（Sidgwick, Henry）　143, 158, 304, 479
—と戦争慣例の功利主義的説明（and utilitarian account of war convention）　263-70
自助（Self-help）　194-201, 209, 217, 413n
社会契約（Social contract）　140, 140-1n
シャープ、ジーン（Sharp, Gene）　589, 594-5 引用, 597
シャーマン将軍、ウィリアム・テクムセ（Sherman, General William Tecumseh）　125, 334
—と「戦争は地獄である」の教説（and the "War is hell" doctrine）　100-3, 113, 388n, 427, 485
ジャレル、ランダル（Jarrell, Randall）　116 引用, 232-3
自由（Freedom）
—と戦争のルール（and the rules of war）　106-19
—と道徳的責任（and moral responsibility）　522
—と道徳的討議（and moral discourse）　55-60
＊強制、強要、同意、暴政も参照の

こと
十字軍（Crusade）　36, 168, 235, 239-40, 247, 255
集団的安全保障（Collective security）　166, 439
主権（Sovereignty）　138, 139-40, 151-2
　定義（definition）　197-8
　—と責任（and responsibility）　525-6
シュテルン団（Stern Gang）　380, 383
ジュネーヴ協定（一九五四年）（Geneva Agreement（1954））　212
ジュネーヴ条約（一九二九年と一九四九年）（Geneva Conventions（1929 and 1949））　32, 344, 395, 402
上官の命令（Superior orders）　557-68
襄公（宋）（Hsiang, Duke of Sung）　419-25, 431
少数民族（National minorities）　141n, 217
植民地化（Colonization）　144
処罰／懲罰（Punishment）
　集合的—（collective）　251, 536
　—としての正戦（just war as）　152-3
　—と復仇（and reprisal）　396-8, 412
　—と無条件降伏（and unconditional surrender）　242-3
ジョーンズ、ジェームズ（Jones, James）　555-6
シンプソン、ルイス（Simpson, Louis）　107
「申命記」（Deuteronomy）　272, 333
侵略（Aggression）　81-2, 99, 255
　定義（defined）　135-8
　—と脅威／脅し（and threats）　190
　—と中立（and neutrality）　433-61
　—と非暴力（and non-violence）　590-1
　—と宥和（and appeasement）　159-68
　—に関する法律家のパラダイム（legalist paradigm of）　150-3
　—に対する責任（responsibility for）　521-49
　—の理論の前提（theory of, presupposition）　168
スアレス、フランシスコ（Suarez, Francisco）　33
スウィフト、ジョナサン（Swift, Jonathan）　180
スウェーデン（Sweden）　165-6, 448, 450
スエズ動乱（Suez War）　186
スターリン、ヨシフ／スターリニズム（Stalin, Joseph: Stalinism）　164-5, 500
スタンダール（マリ＝アンリ・ベール）（Stendahl（Marie-Henri Beyle））　66
スダンの戦い（Sedan, battle of）　157
スティムソン、ヘンリー（Stimson Henry）　483, 487, 493
ストーン、ジュリアス（Stone, Julius）　191, 228 引用
ストーン判事、フィスケ（Stone, Harlan Fiske）　575
スノウ、C・P（Snow, C. P.）　481n, 490
スパイ活動（Espionage）　355
スパルタ（Sparta）　50, 57
スピアーズ、エドワード（Spears, Edward）　448
スペイト、J・M（Spaight, J. M.）　38, 334, 397 引用
スペイン（Spain）
　—とキューバ叛乱（and the Cuban Insurrection）　218-23
　—内戦（Civil War）　210, 281, 528
　＊スペイン継承戦争も参照のこと
スペイン継承戦争（Spanish Succession, War of）　179-82, 333
「スライディング・スケール」（“Sliding scale”）　425-31, 453-5, 486
正義（Justice）
　自警的—（vigilante）　385-6
　戦争への—と戦争における—（ユ

ス・アド・ベルムとユス・イン・ベロ）の区別（of war and in war (jus ad bellum and jus in bello), distinguished） 81-2, 114-5
調停の―（in settlements） 244-55
法律家のパラダイムにおける―（legalist paradigm of） 146-53
―と堅実さ（and prudence） 159-60, 207-8
―と責任（and responsibility） 521-3
―と戦争慣例（and war convention） 261-3
―に関するマルクスの見方（Marx's view of） 157-9
―に対するリアリストの批判（realists' critique of） 233-5
―の意味（meaning of） 59-61
―の理論における緊張（tensions in theory of） 38, 82, 256, 424
＊権利、侵略、戦争慣例も参照のこと
正統（当）性（Legitimacy） 140, 186n, 213-4, 374
征服（Conquest） 158, 197, 238n
勢力均衡（Balance of power） 174-82, 253
責任、道徳的（Responsibility, moral） 66-7, 110, 114-8, 521-3
攻囲と封鎖における―（in sieges and blockades） 320-40
集合的―（collective） 242-3, 537-40
侵略に対する官僚の―（for aggression: of officials） 524-36
侵略に対する民主的市民の―（of democratic citizens） 536-48
戦争犯罪に対する上官の―（指揮権者の責任）（for war crimes: officers (command responsibility)） 568-78
戦争犯罪に対する兵士の―（soldiers） 550-68
責任、法的（Responsibility, legal） 522, 525-6
戦時反逆（War treason） 345, 394
戦時反乱（War rebellion） 345, 394
先制攻撃（Pre-emptive strikes） 173, 182-91
戦争（War）
核―（nuclear） 502-16
ゲリラ戦（guerrilla） 343-4, 348-59, 593, 595-6
限定―（limited） 85-6, 95, 102-3
「人民の―」（"people's"） 349, 356, 372
帝国主義―（imperialist） 149
内戦（civil） 208-17
予防―（preventive） 168, 174-82
＊十字軍、侵略も参照のこと
戦争慣例（War convention）
定義（defined） 123-7
―と侵略の理論のあいだの緊張（tension with theory of aggression） 38, 82
―の基礎（basis of） 263-76
―の乗り越え（overriding of） 429-30
戦争の暴政（Tyranny of war） 95-103, 582
戦争のルール（Rules of war） 261-3
二種類の―（two sorts of） 119-23
―を乗り越えて（overriding the） 468-79
＊戦争慣例も参照のこと
戦争犯罪（War crimes） 28
―に対する責任（responsibility for） 550-82
戦争捕虜（Prisoners of war）
アザンクールの戦いにおける―の殺害（killing of, at Agincourt） 70-4
ゲリラ戦における―（in guerrilla war） 348-59
戦闘の興奮における―の殺害（killing of, in heat of battle） 553-7
復仇における―の殺害（killing of, in reprisals） 394-6
―の権利（rights of） 127-8
戦争目的（Ends of war） 235-55

要約（summary）　251-2
戦（闘）（Warfare）
攻囲戦（siege）　316-32
塹壕戦（trench）　92, 96, 109-10
潜水艦戦（submarine）　293-301, 336
対都市戦（counter-city）　510, 512-3
対兵力戦（counter-force）　503-4, 510-2
戦闘員／非戦闘員の区別（Combatant/noncombatant distinction）　96-7, 274-6, 369-70, 475-6, 495
—の考案（worked out）　288-93
＊権利、非戦闘員の保護、無辜も参照のこと
戦闘部隊（R. A. F.）（Fighter Command（R. A. F.））　580
一八一二年の戦争（War of 1812）　399
戦略的荒廃（Strategic devastation）　332-40, 367
戦略の言語（Strategy, language of）　64-8
占領（Occupation）　242, 252n, 536
—とゲリラのレジスタンス（and guerrilla resistance）　346-7
—と非暴力抵抗（and non-violent resistance）　590-1
ソリナス、フランコ（Solinas, Franco）　388n
ソルジェニーツィン、アレクサンドル（Solzhenitsyn, Alexander）　75
ソ連・フィンランド戦争（Russo-Finnish War）　163-8, 450, 528
ソンミ村の大量虐殺（My Lai massacre）　557-68, 577

【タ】

大量報復（Massive Retaliation）　498, 504-6, 513
タウゼント陸軍大尉、ヘルムート（Tausend, Captain Helmut）　343
タッカー、ロバート・W（Tucker, Robert W.）　130, 413
ダビデとゴリアテ（David and Goliath）　121
ダブル・エフェクト説（Double effect, doctrine of）　370, 398, 471, 506, 511, 515, 570, 576
定義と修正版（set out and revised）　301-13
ダラディエ、エドアール（Daladier, Edouard）　161, 448
タルムード法、攻囲に関する（Talmud: law of sieges）　329
チェコスロヴァキア（Czechoslovakia）
ソ連軍の—侵攻（Russian invasion of）　528-9, 594
第二次世界大戦における—（in World War II）　137
—とミュンヘン原則（Munich）　160-3
チャーウェル卿（F・A・リンデマン）（Cherwell, Lord（F. A. Lindemann））　469-72
チャーチル、ウィンストン（Churchill, Winston）
—と原爆（and the atomic bomb）　486-7
—と「最高度緊急事態」（and “supreme emergency”）　455, 462, 466
—とドイツ都市爆撃の決断（and decision to bomb German cities）　468-79, 578-83
—とノルウェーの中立（and Norwegian neutrality）　446-59
—と復仇（ and reprisals）　405
—と無条件降伏（and unconditional surrender）　236
チャップマン、ガイ（Chapman, Guy）　553-4
チャドウィック提督、F・E（Chadwick, Admiral F. E.）　222
中立（Neutrality）　433-61
—の権利（right of）　152, 434-41
—の侵害（violations of）　441-4, 453-5, 457-9
徴集／徴兵（Conscription）　92-4, 382,

552-3
朝鮮戦争（Korean War） 119, 152, 215
—におけるアメリカの目的（U. S. ends in） 245-51
—における爆撃（bombardment in） 305-7
チョムスキー、ノーム（Chomsky Noam） 546
チンギス、ハーン（Genghis Khan） 69
「チンジット」（“Chindits”） 353
罪（Guilt） 537-40
＊責任、道徳的も参照のこと
ディオドトゥス（Diodotus） 57
ディオニシウス、ハリカルナッソスの（Dionysius of Halicarnassus） 51-2
ディキンソン、G・ローズ（Dickenson, G. Lowes） 393 引用
ティトゥス皇帝（ローマ）（Titus, emperor of Rome） 319, 324
テイラー、テルフォード（Taylor, Telford） 552n, 566
ティルジットの戦い（Tilset, battle of） 158
デーニッツ提督、カール（Doenitz, Admiral Karl） 295-301
テロリズム（Terrorism） 349-50, 364, 377-92, 407, 476, 579, 581, 593-4
ドイツ（Germany） 137, 197, 528, 531, 538
第二次世界大戦における—のフランス占領（occupation of France in World War II） 343-8, 394-5
第二次世界大戦における—爆撃（World War II bombing of） 468-79
第二次世界大戦における—復仇（reprisal in World War II） 399
—とアルザス＝ロレーヌ（and Alsace-Lorraine） 142-3, 445
—とスペイン内戦（and Spanish Civil War） 210, 528
—とノルウェーの中立（and Norwegian neutrality） 446-59
—と普仏戦争（and Franco-Prussian War） 155-9
—とベルギーの中立（and Belgian neutrality） 434-5, 443-6, 528
—の無条件降伏（unconditional surrender of） 235-44
＊ナチズムも参照のこと
同意（Consent）
攻囲における—（in sieges） 320-32
戦争一般における—（in war generally） 88-95, 140
＊社会契約、自由、徴集／徴兵も参照のこと
同害報復法／復讐法（Lex talionis） 397
トゥキュディデス（Thucydides） 46-64, 65n, 85, 234
東京大空襲（Tokyo, firebombing of） 317, 468, 486, 493, 515
道徳的絶対主義（Moral absolutism） 427-8, 582
道徳的相対主義（Moral relativism） 59-77
道徳的リアリティ、戦争の（Moral reality of war）
定義（defined） 66-7
道徳の言語（Morality, language of） 59-68
毒ガス（Poison gas） 405, 504
「特別奇襲命令」（“Commando Order”） 113-4
ドライデン、ジョン（Dryden, John） 73
トルコ（Turkey） 327, 354
トルストイ、レフ（Tolstoy, Lev） 92 引用, 115 引用, 126, 596
トルーマン、ハリー（Truman, Harry）
—と朝鮮戦争（and the Korean War） 245
—とヒロシマの決断（and the Hiroshima decision） 74, 480-9, 493
トレヴェリアン、ラーレー（Trevelyan, Raleigh） 282-4
ドレスデンの爆撃（Dresden, fire-

bombing of）317, 477, 515
トロツキー、レオン（Trotsky, Leon）95, 196 引用
トンプソン、レジナルド（Thompson, Reginald）305-6 引用

【ナ】

内政干渉（Intervention）193-231, 255
　人道的介入（humanitarian）217-28
　対抗干渉（counterintervention）199, 208-11
　＊自決、自助、内政不干渉も参照のこと
内政不干渉（Nonintervention）151, 210, 230
　ミルの―擁護（Mill's defense of）194-201
ナセル、ガマール・アブドゥン（Nassar, Gamel Abdel）187-8
ナチズム（Nazism）160-3, 217, 233, 456, 592
　究極的な脅威としての―（as an ultimate threat）465-6, 474, 500
　―と無条件降伏（and unconditional surrender）235-44
ナポレオン、ボナパルト（Napoleon Bonaparte）95, 138, 158, 274, 275n
ナポレオン三世、フランス（Napoleon III, of France）156
ニコライ一世、ロシア（Nicholas I, of Russia）203
日露戦争（Russo-Japanese War）327
ニーバー、ラインホルト（Niebuhr, Reinhold）257
日本（Japan）
　第二次世界大戦における―（in World War II）197, 239, 480-9
　日露戦争における―（in Russo-Japanese War）327
ニミッツ提督、チェスター（Nimitz, Admiral Chester）298
ニュルンベルク裁判（Nuremberg Trials）
　「閣僚訴訟」（"Ministries Case"）530-6
　デーニッツ（Doenitz）295-301
　フォン・レープ（von Leeb）326-8
ネーゲル、トマス（Nagel, Thomas）582-3
ノージック、ロバート（Nozick, Robert）117n, 339n, 432
ノルウェー（Norway）
　第二次世界大戦における―の中立（neutrality in World War II）446-59
　―とヴェモルク奇襲（and Vemork raid）309-13

【ハ】

賠償（Reparations）444, 536
ハイド、チャールズ・チェイニー（Hyde, Charles Chaney）319 引用, 326
パキスタン（Pakistan）
　―とバングラデシュ（and Bangladesh）223-7
バーク、エドマンド（Burke, Edmund）175, 182, 494
爆撃部隊（RAF）（Bomber Command（R. A. F.））468-79, 578-82
恥（Shame）538
バッチャルダー、ロバート（Batchelder, Robert）491
パーデベルクの戦い（Paardeberg, battle of）265
バーナード、モンタギュー（Bernard, Montague）210, 213
パーマストン、ヘンリー・ジョン・テンプル（Palmerston, Henry John Temple）201-8
ハミルトン提督、L・H・K（Hamilton, Admiral L. H. K.）378 引用
ハリス空軍中将、アーサー（Harris, Air Marshal Arthur）473, 477, 579-82
ハルデマン、ジョー（Haldeman, Joe）505n

パール・ハーバー（Pearl Harbor）482-3
パレスチナ人（Palestinians） 406-10
ハンガリー（Hungary）
ソ連軍の一侵攻（一九五六年）（Russian invasion（1956）） 205, 528
一革命（一八四八一四九年）（revolution of 1848-49） 201-8
バングラデシュ（Bangladesh） 223-8
バーンズ、ジェイムズ（Byrnes, James） 484, 487
ビショップ、ジョセフ・W、ジュニア（Bishop, Joseph W. Jr.） 522-3
ビスマルク、オットー・フォン（Bismarck, Otto von） 153-9, 248, 524
非戦闘員の保護（Noncombatant immunity）
ゲリラ戦における一（in guerrilla war） 360-70
戦争慣例における一（in war convention） 121-2, 273-6
抑止論における（in deterrence theory） 515
一とテロリズム（and terrorism） 382, 386-7
一と非暴力（and non-violence） 596
一と復仇（and reprisal） 402-3
一の資格（who qualifies） 273-315
＊権利・民間人の一も参照のこと
ピーターズ大佐、ウィリアム（Peters, Colonel William） 566
必要性／必然性（Necessity） 36, 82
軍事的一の定義（military, defined） 288-91, 297-8
トゥキュディデスにおける一（in Thucydides） 48-50, 55-6
一と最高度緊急事態（and supreme emergency） 462-8, 476-7, 488-9, 515-6
一と責任（and responsibility） 578-82
一と戦争慣例（and the war convention） 262, 266
一の主張への批判（claim of, criticized） 445
ビーティ提督、デイヴィッド（Beatty, Admiral David） 451-2
ヒトラー、アドルフ（Hitler, Adolf） 111, 161, 239, 241-2, 448, 456, 481, 529-32, 534
＊ナチズムも参照のこと
非暴力抵抗（Nonviolent resistance） 148n, 588-97
一とゲリラ戦の比較（compared to guerrilla war） 595-6
ヒューム、デイヴィッド（Hume, David） 72-4, 175-6n, 253
比例性のルール（Proportionality rule） 248-9
核抑止における一（in nuclear deterrence） 505-12
戦争慣例における一（in war convention） 263-4
復仇における一（in reprisals） 398-400, 405, 409
一とダブル・エフェクト（and double effect） 303-9, 309n
ヒロシマ／広島（Hiroshima） 74, 317, 388n, 468, 480-9, 493-4
ファインバーグ、ジョエル（Feinberg, Joel） 258, 549
ファノン、フランツ（Fanon, Franz） 388
フィリピン（Philippines, The） 220, 573-4
フィリモア、ロバート（Phillimore, Robert） 240 引用
フィンランド（Finland）
一とソ連との戦争（and war with Russia） 163-8, 450, 528
封鎖（Blockade） 124, 183, 220, 332-40, 367, 393
フェリシアーノ、フロレンティーノ・P（Feliciano, Florentino P.） 38, 398, 403 引用
フォーク、リチャード（Falk, Richard）

413n, 549
フォード、ジョン・C、S・J（Ford, John C., S. J.） 315
フォーブス、アーチボルド（Forbes, Archibald） 288 引用
フォール、バーナード（Fall, Bernard） 371
復仇（Reprisal） 121n, 124, 336, 469-71
交戦的―の論拠（belligerent, rationale of） 393-8
平時―（peacetime） 406-15
―の犠牲者（victims of） 400-5
フッド将軍、ジョン（Hood, General John） 100
フープス、タウンゼント（Hoopes, Townsend） 525
普仏戦争（Franco-Prussian War） 155-9, 326, 339n, 496
フラー、J・F・C（Fuller, J. F. C.） 66, 94 引用
プラット修正条項（Platt Amendment） 222-3
ブラッドレー将軍、オマル（Bradley, General Omar） 570-3, 576
プラトン（Plato） 556
フランク、アンネ（Frank, Anne） 545n
フランク、トマス・M（Franck, Thomas M.） 226 引用
フランクランド、ノーブル（Frankland, Noble） 579
フランス（France）
第二次世界大戦における連合国の―爆撃（Allied bombing of, in World War II） 312-3, 475-6
ドイツの占領に対する抵抗（resistance to German occupation） 343-8
―とアルザス＝ロレーヌ（and Alsace-Lorraine） 142-4
―とスペイン継承戦争（and War of Spanish Succession） 179-82
―とスペイン内戦（and Spanish Civil War） 210
＊フランス国内軍も参照のこと
フランス国内軍（French Forces of the Interior） 394-6, 401
ブリテン、ベラ（Brittain, Vera） 490
フリード、チャールズ（Fried, Charles） 315
フリートランダー、サウル（Friedlander, Saul） 533
ブル、ヘドリー（Bull, Hedley） 170
プルタルコス（Plutarch） 56
ブルック、ルパート（Brooke , Rupert） 89n
ブレヒト、ベルトルト（Brecht, Bertold） 561
ブロック、マルク（Bloch, Marc） 291n
ブロッシェ、H（Brocher, H.） 394 引用
ブロディ、バーナード（Brodie, Bernard） 507 引用, 512
フロム、エーリッヒ（Fromm, Erich） 496
分離（Secession） 201-8, 223
＊領土保全も参照のこと
併合（Annexation） 157, 159, 164, 252n, 269
兵士（Soldiers）
貴族的―（aristocratic） 88-9, 106, 148, 321, 421-2
職業軍人（professional） 92, 106, 125, 378
徴集兵（conscripts） 92-4, 109, 552-3
傭兵（mercenary） 90-2, 112, 271
＊権利・兵士の―も参照のこと
兵士の道徳的平等性（Equality of soldiers） 106-19, 261, 276, 424
米西戦争（Spanish-American War） 218-23, 326-7
ベイルート急襲（Beirut raid） 409-13
平和（Peace）
規範的状態としての―（as a normative condition） 135, 235, 596-7

戦争目的としての―（as the end of war）252-3
ベーコン、フランシス（Bacon, Francis）53n, 176, 178
ベートマン・ホルヴェーク、テオバルト・フォン（Bethmann Hollweg, Theobald von）443-6, 456
ベネット、ジョナサン（Bennett, Jonathan）315
ベネット、ジョン（Bennett, John）495
ベル、A・C（Bell, A. C.）341-2
ベルギー（Belgium）
―の中立（neutrality of）434-5, 443-6, 528
ヘロドトゥス（Herodotus）53n
ペロポネソス戦争（Peloponnesian War）48-64, 333
ヘンリー五世（イングランド）（Henry V, of England）70-4
ボーア戦争（Boer War）87n, 265, 334, 356n, 368
妨害行為（Sabotage）128, 355, 358, 533
法執行（Law enforcement）146, 152, 210-1, 226-7, 275-6
復仇としての―（reprisal as）396-8
＊処罰／懲罰も参照のこと
法実定主義（Legal positivism）30, 548
法律家のパラダイム（Legalist paradigm）
規定（stated）151-3
修正版（revised）189-90, 199-200, 228, 251
墨子（Mo Tzu）421
ホッブズ、トマス（Hobbes, Thomas）85, 90, 145, 162, 176n
―とリアリズム（and realism）47, 50, 54, 59-60, 63-4
ホフマン、スタンリー（Hoffmann, Stanley）38
ボーフル、アンドレ（Beaufre, André）506, 513
ホーホフート、ロルフ（Hochhuth, Rolf）580
ポーランド（Poland）
第二次世界大戦における―（in World War II）137, 163
捕虜（Hostages）328, 350, 399, 402-3
ホリンシェッド、ラファエル（Holinshed, Raphael）70-4
ホール、W・E（Hall, W. E.）38, 329 引用, 335-6 引用
ボールドウィン、スタンリー（Baldwin, Stanley）463-4, 467
ホロウィッツ、ダン（Horowitz, Dan）188-9 引用, 408 引用
ポンペ、C・A（Pompe, C. A.）154 引用

【マ】

マイモニデス、モーゼス（Maimonides, Moses）33, 329
マキァヴェリ、ニッコロ（Machiavelli, Nicolo）91, 323, 392, 581
マクドゥーガル、マイヤーズ（McDougal, Myres）38, 398, 403 引用
マクドナルド、ドワイト（Macdonald, Dwight）480
マーシャル、S・L・A（Marshall, S. L. A.）279
待ち伏せ（攻撃）（ambush）120, 288, 343-4, 354, 361
マッカーサー将軍、ダグラス（MacArthur, General Douglas）246-7, 568
マッキンリー、ウィリアム（McKinley, William）221
マーフィ、フランク（Murphy, Frank）574
マラヤ（Malaya）368, 374
マルクス、カール（Marx, Karl）155-9, 199n, 252n
マンデ＝フランス、ピエール（Mendes-France, Pierre）310
マンネルヘイム元帥、K・G（Mannerheim, Marshal K. G.）164
ミュンヘン原則（"Munich principle"）

160-9
ミリス、ウォルター（Millis, Walter） 231
ミル、ジョン・ステュアート（Mill, John Stuart） 194-201
民間人（Civilians）
　＊権利・民間人の一を参照のこと
民主主義（Democracy） 167n, 212
　一と騎士道（精神）（and chivalry） 108-9
　一と責任（and responsibility） 540-8
　一と無条件降伏（and unconditional surrender） 235-8, 253
民族解放（National liberation） 199, 202
　＊革命、分離も参照のこと
民族解放戦線（アルジェリア）（Front Liberation National（Algeria）） 388-91
民族解放戦線（ヴェトナム）（National Liberation Front（Vietnam）） 349, 384
ムーア、ジョン・ノートン（Moore, John Norton） 196-7引用
六日間戦争（Six Day War） 184-91, 550, 560n
無過失責任（Strict liability） 574-5, 586
無辜（Innocence）
　定義（defined） 96-7, 292-3
名誉（Honor） 50, 106, 108, 113, 183, 250-1n, 265, 378, 386, 419-24, 445, 471, 579-82
　＊騎士道（精神）も参照のこと
メッテルニヒ、K・フォン（Metternich, K. von） 95, 201
メディナ大尉、アーネスト（Medina, Captain Ernest） 558-9, 577
「メリルの略奪者」（"Merrill's Marauders"） 353
メルツァー、イェフダ（Melzer, Yehuda） 249
メロス（Melos） 48-64, 159, 165, 166-7n
モイン卿（W・E・ギネス）（Moyne, Lord（W. E. Guinness）） 380, 383
毛沢東（Mao Tse-tung） 350, 357, 367, 419-25, 431
　一の「八項注意」（his "Eight Points for Attention"） 350-1
モーゲンソー、ハンス（Morgenthau, Hans） 257
モルトケ将軍、H・C・B・フォン（Moltke, General H. C. B. von） 129, 267n
モンテスキュー、シャルル・ド（Montesquieu, Baron de） 238n

【ヤ】

野蛮人（Barbarians） 198-9n, 349, 497-8
山下奉文大将（Yamashita, General Tomoyuki） 568, 573-8
宥和（Appeasement） 46, 159-68, 500
ユーゴスラヴィアのパルチザン（Yugoslav partisans） 353
ユダヤ人（Jews） 318, 386, 532, 592
傭兵（Mercenaries）
　＊兵士・傭兵を参照のこと
ヨセフス（Josephus） 317-24

【ラ】

ラコニア号事件（Laconia Affair） 293-301
ラスキン、ジョン（Ruskin, John） 88-91
ラムゼイ、ポール（Ramsey, Paul） 495-9, 508-16
リアリスト（Realist） 234, 235, 244, 254, 257
リアリズム（Realism） 46-64
リスク（Risk） 289, 297-9, 308-13
リチャーズ、フランク（Richards, Frank） 301-5, 572
リッケンバッカー、エドワード（Rickenbacker, Edward） 130
リデル＝ハート、B・H（Liddell Hart,

B. H.）　245, 252 引用, 336, 391, 451, 458, 593
リーバー、フランシス（Lieber, Francis）　288, 354, 375, 401 引用, 552n
略奪（Sack）　271
領土保全（Territorial integrity）　136, 139-46, 151
＊権利・領有の―、分離も参照のこと
ルイ一四世（フランス）（Louis XIV, of France）　142, 179-80
ルソー、ジャン＝ジャック（Rousseau, Jean-Jacques）　238n
ルッス、エミリオ（Lussu, Emilio）　284-8
ルトウォーク、エドワード（Luttwak, Edward）　188-9 引用, 408 引用
ルムール、ジャン（Le Meur, Jean）　567 引用
レイス、ジェフリー（Race, Jeffrey）　357 引用, 362-3 引用
レイツ、デニーズ（Reitz, Deneys）　356n
レイプ（Rape）　262, 270-6, 277
レヴィンソン、サンフォード（Levinson, Sanford）　530
レーニン、V・I（Lenin, V. I.）　149, 446
レニングラード攻囲（Leningrad, siege of）　324-32
レバノン（Lebanon）　406-13
レープ陸軍元帥、R・フォン（Leeb, Field Marshal R. von）　326-8
ロシア／ソ連（Russia）
―と核抑止（and nuclear deterrence）　500
―とハンガリー革命（一八四八年）（and Hungarian revolution of 1848）　203-5
―とハンガリー革命（一九五六年）（and Hungarian revolution of 1956）　205
―とフィンランド（and Finland）　163-8, 450, 528
＊レニングラード攻囲も参照のこと
ロック、ジョン（Locke, John）　396, 414
ロッドリー、ナイジェル・S（Rodley, Nigel S.）　226 引用
露土戦争（Russo-Turkish War）　327
ロバーツ陸軍元帥、フレデリック・スレイ（Roberts, Field Marshal Frederick Sleigh）　265
ロールズ、ジョン（Rawls, John）　425
ローレンス、T・E（Lawrence, T. E.）　360
ロンドン海軍議定書（一九三六年）（London Naval Protocol（1936））　295
ロンメル将軍、エルヴィン（Rommel, General Erwin）　113-7

【ワ】

ワーテルローの戦い（Waterloo, battle of）　66, 107-8

正しい戦争と不正な戦争

2008年10月31日　初版第1刷発行
2020年12月25日　初版第6刷発行

著　者　マイケル・ウォルツァー
監訳者　萩　原　能　久
発行者　犬　塚　　　満

発行所　株式会社 風 行 社
〒101-0064　東京都千代田区神田猿楽町1－3－2
電話 03-6672-4001／振替 00190-1-537252

印刷・製本　中央精版印刷株式会社
装　　丁　矢野徳子（島津デザイン事務所）

ISBN978-4-938662-44-8